中国科学院科学出版基金资助出版

河流水沙生态综合管理

Integrated Management of Water, Sediment and Ecology of Rivers

王兆印 刘 成 余国安 何 耘 著

科学出版社

北 京

内 容 简 介

本书以河流水沙过程和河流生态为基础,系统阐述了河流综合管理的理论体系和科学方法。作者在总结 30 余年科研实践的基础上,对泥沙运动及河床演变、筑坝河流管理等传统河流泥沙学科问题作了系统回顾;同时,对河流泥沙学科新兴发展的重要研究方向,如植被-侵蚀动力学模型和应用、山区下切河流演变及管理、河流生态评价和生态修复方法及河流综合管理方略等作了深入阐释。其中,关于河流综合管理的基本理论的总结,包含了作者在雅鲁藏布江、长江、黄河、东江、三江源的大量野外调查、试验和长期思考得出的规律性认识。

本书可供泥沙运动力学、河流地貌学、河流生态学、自然地理学等专业的研究人员和高校师生,以及从事河流治理和管理工作的工程技术人员参考。

图书在版编目(CIP)数据

河流水沙生态综合管理/王兆印等著.—北京:科学出版社,2014.7
ISBN 978-7-03-033509-8

Ⅰ.①河… Ⅱ.①王… Ⅲ.①河流泥沙-生态管理:综合管理-研究
Ⅳ.①TV15

中国版本图书馆 CIP 数据核字(2012)第 019490 号

责任编辑:周 炜 / 责任校对:彭 涛 刘亚琦
责任印制:肖 兴 / 封面设计:陈 敬

科 学 出 版 社 出版
北京东黄城根北街 16 号
邮政编码:100717
http://www.sciencep.com
中国科学院印刷厂印刷
科学出版社发行 各地新华书店经销

*

2014 年 7 月第 一 版 开本:720×1000 1/16
2014 年 7 月第一次印刷 印张:40 插页:8
字数:789 000
定价:198.00 元
(如有印装质量问题,我社负责调换)

前　言

本书的写作始于 1997 年，但启迪于早期的合作科研。1994 年德国 Plate 教授和我组织了中德非恒定流输沙合作研究，得到德国科学基金会和国家自然科学基金委的资助，双方合作交流 10 年，取得了重要成果。这项合作使我认识到河流各方面的问题，如侵蚀、植被、崩塌滑坡、泥沙运动和河床演变、栖息地的形成和破坏及底栖动物和鱼类等是相互纠缠、相互影响的。孤立地研究某一方面难以成功。近百年来，人类治理河流的力量增长得非常快，在应该如何管理河流还没有定论的时候，就已经能够完全改变和决定河流的命运。所以，河流综合管理的研究是我们面临的急迫任务。

1997 年我参加了由中央统战部组织的西部考察，活动的主题之一是建设西部秀美山川。这启发我思考干旱和半干旱地区荒山秃岭是否可能及怎样才能秀美。之后几年，我和我的团队研究并建立了"植被-侵蚀动力学"理论和模型，这成为本书第 2 章的主要内容。在发展这一理论的过程中，与英国 Thornes 博士的讨论使我获益良多。同年荷兰 Klaassen 博士邀请我就中国的黄河治理和长江三峡工程在荷兰代尔夫特研究生院开设一个短期培训课。为此撰写的讲课材料成为本书第 6 章和第 7 章的主要内容。为研究河床下切的控制方略及河流生态，我的研究团队在云南小江流域、四川绵远河和广东东江设立了野外实验站，从实地调查和试验获得的研究成果构成了本书第 3 章和第 4 章的主要内容。我从 1984 年开始研究泥石流，并每年到中国科学院东川泥石流观测研究站，在那里亲眼目睹了泥石流的发生过程。康志成先生在东川泥石流观测研究站工作 20 多年，我们的合作富有成效。2008 年"5·12"汶川地震引发大量山体滑坡和泥石流。其后两年我们在震区开展了滑坡、崩塌和泥石流防治方面的大量研究。中国科学院水利部成都山地灾害与环境研究所崔鹏研究员给予热情合作和大力支持。这方面的研究结果丰富了本书第 3 章的内容。

1999 年以来，我和香港李行伟教授合作开展了多个项目研究。我们研究渤海和香港水域的富营养化及藻华现象，讨论了河流综合管理中的理论和方法。这为本书写作提供了有益思想。1999 年，美国严本琦教授、宋大伟博士、Melching 教授和我发起中美环境泥沙合作。在访问美国期间我与美国联邦河流修复工作组（The Federal Interagency Stream Restoration Working Group）就河流修复问题进行了讨论。这次讨论为本书第 8 章提供了建设性的思路。从那时起我的团队开始研究河流水生态。2003 年国家科学技术部"973"项目流域生态与水利工程优化调控(2003CB415206)关于长江河流生态研究课题,以及 2007 年国家自然科学基金关于河流底栖无脊椎动物的研究项目的成果构成本书第 8 章的主要内容。Melching 教授对第 8 章提出了非常有价值的建议。本书第 9 章是关于河流综合管理的基本理论的总结,包括在雅鲁藏布江、长江、黄河、东江、三江源的大量野外调查、试验和我长期思考得出的规律性认识。另外,以实例说明如何从河流综合管理的角度进行地质灾害的防治、河床下切和土壤侵蚀的控制、植被生态和水生态修复及泥沙概算的研究。

泥沙运动是河流动力学的一个重要方面。本书第 5 章有关泥沙运动和河床演变的主要思想来自钱宁先生。我从 1979 年在钱宁先生的指导下开展泥沙研究,包括高含沙水流的研究。钱宁先生是我的良师益友,我从他那里不仅学习科学研究的方法,更重要的是学习他为人师表的高尚品德。我们相处 7 年,情谊深切。令人悲痛的是,钱宁先生在 1986 年不幸去世。在此聊志数语,以寄托我对钱宁先生的深切哀思和怀念。

本书以易于使用为撰写原则,为读者提供了河流各方面的基本知识,不拘泥于数学细节,而更注重一些新的概念和方法,可以作为相关专业科学家和工程师的参考书。从 2003 年开始,本书英文版在清华大学作为研究生教材使用。本书的不同章节也被用做香港大学、荷兰代尔夫特研究生院、意大利巴里大学(University of Bari)和国际泥沙研究培训中心主办的培训课程的教材。1996 年以来,我一直担任《国际泥沙研究》(*International Journal of Sediment Research*)期刊主编,2003 年以来还兼任国际水利与环境工程学会(International Association for Hydro-Environment Engineering and Research, IAHR)会刊《国际流域管理期刊》(*International Journal of River Basin Management*)副主编。这些经历使我有机会接触本领域最新的研究成果,使本书包含学科生长点的最新内容。

撰写本书过程中,我的学生和同事以不同方式贡献了智慧及汗水,他们是刘成、余国安、王旭昭、段学花、徐梦珍、张康、漆力健、易雨君、刘怀湘、施文婧、田世民、刘丹丹、杨吉山、贾艳红、王费新、刘乐、李艳富、黄文典、李昌志、潘保柱、何耘、王文龙、周静、何易平、何晓燕、徐江、程东升、谢小平、吴永胜、胡世雄、金鑫和王春振等,江永梅悉心描绘了本书的插图,在此向他们表示衷心感谢。

限于作者水平,不妥之处,敬请指正。

王兆印

2013 年 12 月 12 日于清华大学

目　　录

彩图

第0章 绪 论

地球上所有的陆地都是流域的一部分,水在陆地中穿行,塑造了所有的景观。图 0.1 所示是我国黄土高原被河流雕琢的景观。即使在干旱的埃及,一年到头几乎不下雨,地表形态仍然主要由水流冲积而成(图 0.2)。实际上,地球上大部分陆地地貌都是由河流冲刷或淤积形成,因此河貌比地貌更贴切。河流不仅仅输水入海,而且还挟带泥沙、溶解物和动植物营养碎屑。河床、河岸和地下水都是河流整体的组成部分,甚至草地、森林、沼泽和河漫滩也可看成是河流的一部分;当然,河流也可以看成是它们的一部分。

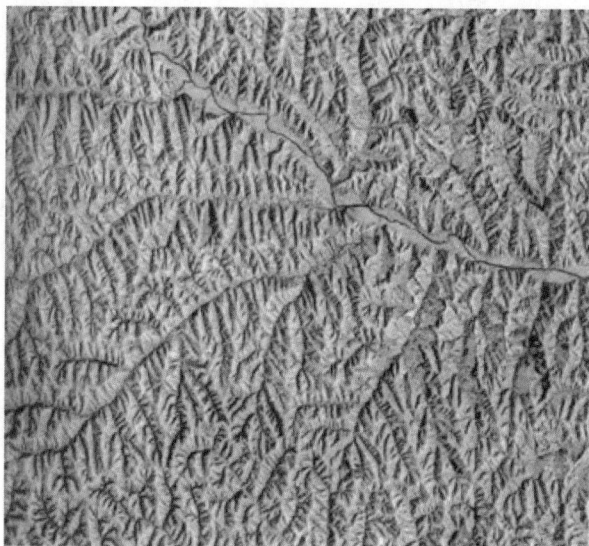

图 0.1 水流塑造的我国黄土高原

生态是指生物在一定的自然环境下生存和发展的状态,包括生物与生物之间的相互关系、生物与供其生存并维系其繁衍生息的环境之间的相互关系。生态系统是具有以上关系的各个单元构成的复杂系统。河流生态是指栖息于河流并依赖于河流而生存的生物与河流之间的相互关系。

河流的主要功能是排洪、供水、灌溉、输沙、发电、排污、航运、鱼类生存和维持生态等。人类通过建造坝堰和引水渠、开辟航道和捕鱼等方式开发河流资源,这些开发活动改变了河流的水文、径流、泥沙运动,同时也改变了滨河及河道的生物栖息地及水质。

图 0.2 干旱的埃及水流形成的地貌

流域是指河流的干流和支流的整个集水区域,始于山顶。融雪和降水流经高地汇成小溪,小溪进而交汇成急速流动的山溪。水流在向下游流动过程中,支流和地下水的汇入使其水量增加,从而形成河流。当河流离开山区后,流速减缓,河道形状开始变得弯曲,并出现分叉,在上千年挟沙洪水淤积而成的冲积滩地上,寻找着阻力最低的路径。最后,河流流入湖泊或海洋。当河流挟带着泥沙流经平坦陆地处时,泥沙淤积会形成三角洲。

图 0.3 显示河流系统、河流输移物质及河流影响的主要方面。

图 0.3 河流系统、河流输移物质及河流影响的主要方面

河流由山区河流、冲积河流和河口区构成。

山区河流是河流的最上游部分,包括河源和穿行于山区的河流上游,其水流受山体所限制。山区河流河床通常由卵石和砾石组成。山区河流多是下切河流,由此引发岸坡不稳、沟道侵蚀、滑坡和泥石流。山区河流的主要管理问题是植被发育、控制侵蚀和河道下切、防治滑坡和泥石流。

冲积河流是在过去冲积地貌上经水流下切侵蚀而形成的河流,或具有侵蚀性边岸的河流。冲积河流系统自身具有自我调节的反馈机制。从河流的形成历史看,冲积河流挟带的泥沙塑造了河道,并不断重新塑造其横断面,以维持一定的水深和河道比降来产生可维持河道平衡的挟沙能力。冲积河流大多数是常年流水的河流,其河床组成物质主要是沙和粉沙。大河通常发源于山区,流经冲积平原,最终汇入海洋。所以,其上游为山区河流,中下游为冲积河流。冲积河流多是大河的平坦部分,如黄河下游和长江中下游,为了防止洪水泛滥,这些冲积河流通常被人工建造的大堤所控制,河流形态和河型主要取决于泥沙输移和沉积。冲积河流是农业灌溉、城市供水和工业用水的主要水源。洪水是冲积河流地区主要的自然灾害,其造成的损失占自然灾害总损失的1/3。河流水质对人类的健康非常重要,洪水和输沙是河流的自然过程,而引水、渠道化和航运是人类对河流主要的干扰。因此,冲积河流最重要的管理问题就是泥沙、河床演变、水资源开发和防洪。

河口区是河流与其所流入水体(湖泊、海洋或海湾)的连接部分,包括河口、感潮河段和河水影响的水域。河口区是河流淡水和海洋咸水交汇的地方,是河流和海洋生物生产力最丰富的一部分。近年来,沿海城市与海洋资源可持续发展的需求已经对环境问题带来挑战。城市发展导致大范围的土地利用变化和人口增长,排污量增加给生态系统带来很大的压力。赤潮是藻类大量繁殖引起海水变色的一种现象,有些藻类产生很强的毒素,毒素在食用这些藻类的贝类中累积,通过食物链引起人类患上藻类毒素综合征。在过去的几十年,赤潮事件在全球均有明显增加,我国渤海、东海和南海海域在20世纪90年代都曾发生罕见的赤潮。因此,三角洲和近岸过程、富营养化和赤潮等是河口管理的主要挑战性问题。

过去,各种各样的河流利用是社会发展的动力,而现在,河流利用在经济和文化发展中变得更加重要。河流及其所维系的丰富动植物为人类提供了水、食物、药材、染料、纤维和木材等资源。农业生产上,农民利用河水灌溉提高农作物产量;城镇利用(和滥用)河流排泄污水;同时,河流也用做商业、探险和开辟新大陆的通道。河流维系着生命和繁衍,大千世界,河流所到之处充满生机。

河流综合管理协调多方面的河流利用,得到各国的重视。像我国这样的发展中国家,除了通过支持高效和可持续发展的农业及轻工业以减轻贫困外,现在也特别强调重视防洪、水资源开发和环境保护。一般认为,水通过农业、给排水、公众健康、发电、防洪等方面而对经济发展潜力产生显著的影响。除此之外,水因维系了生态系统而具有经济价值,水生态反过来又能支持健康的河流利用。贫困人口通过对水的利用改善生活条件,而富裕并受过良好教育的人认识到水资源紧缺的压力,能够更加谨慎地利用水资源,以免预支下一代从河流系统中可以获得的利益。

河流综合管理的目标是协调河流沿岸居民的防洪安全和水土资源的可持续利用,同时也促使水的利用经济有效、社会公正和环境可持续。通过河流综合管理,人们优先考虑共同的长远利益,而不是个人的近期利益。目前,全球很多地方实施了"基于流域"的水管理方式。对于河流综合管理而言,必须充分了解整个水系统,包括了解河流的所有问题、自然和人为系统的方方面面及其相互间的联系。

据第一次全国水利普查数据（2011 年度），我国流域面积超过 $100km^2$ 的河流 22 909 条，其中流域面积大于 $1000km^2$ 的有 2221 条。大部分河流位于我国的东部和南部。其中，最重要的 7 条河流是长江、黄河、松花江、辽河、海河、淮河和珠江。

本书第 1 章简述基本概念和我国河流的主要问题，为理解全书打下基础。第 2 章论述侵蚀和植被发育的基本知识，介绍近年发展起来的植被-侵蚀动力学。第 3 章讨论滑坡和泥石流及其治理方法。第 4 章描述河道侵蚀下切及其影响，重点介绍其治理措施。第 5 章讲述冲积河流泥沙运动和河床演变。第 6 章以黄河为例介绍防洪的主要措施和冲积河流的管理。第 7 章讨论水库管理，特别以长江三峡工程为例讨论拦河筑坝的影响。第 8 章介绍河流生态的主要理论及生态评估和生态修复方法。第 9 章探讨河流综合管理基本理论，以实例介绍河流水沙生态景观综合治理方法。

本书为读者提供了河流各方面的基本知识，不拘泥于数学细节，而更注重河流综合管理及一些新的概念和方法。通过对诸如阶梯-深潭系统的生态作用、栖息地多样性和生物多样性之间的关系、河流健康管理及植被-侵蚀动力学等多方面实例的深入讨论，期冀读者能从中得到启示，在河流动力学和河流管理的研究方面获得灵感。

第1章 基本概念与河流管理问题

1.1 河流基本概念

1.1.1 水循环

（1）降水量。降水量是每年以雨雪的形式降落在陆地上的水量。降水能够蒸发返回大气，下渗进入土壤，或流经地表进入溪流、湖泊、湿地或其他水体。我国陆地降水量中一半以上蒸发至大气，一小半以径流的形式汇入海洋。造成大半降水量没形成地表径流的原因是截留和蒸腾，由于降水被植被和其他自然或人造建筑物所拦截，有一部分降水不会到达地面，拦截的水量取决于地表以上的截留容量。

（2）蒸腾。蒸腾是指植物体内的水分从活的植物体表面（主要是叶子）以水蒸气状态散失到大气中的过程。被截留的水来自降水，而蒸腾的水则源于植物根系吸收的水分。

（3）土壤水蒸发。此过程相对缓慢，这是由于维持土壤湿气的动力是毛细管力和渗透力，并且水汽必须在较低的水汽压力下沿土壤空隙散发至地表大气。

（4）下渗。下渗又称入渗，是指水从地表渗入土壤和地下的运动过程。对土壤表面进一步观察，可看到无数沙粒、粉沙和黏土颗粒被不同大小的通道分开。这些大型孔隙包括裂隙、由朽根和虫洞留下的小洞及土块与土壤颗粒之间的孔隙。水在重力和毛细管力作用下进入这些孔隙。流入较大的孔隙（如虫洞和根形成的通道）中的水，重力起主导作用；而在具有非常细小孔隙的土壤中的水，毛细管力则起主导作用。下渗率是指单位面积单位时间内渗入土壤中的水量，常用毫米/分钟（mm/min）或毫米/小时（mm/h）表示。

（5）地下水。埋藏于地表以下的各种状态的水，统称为地下水。土壤孔隙的大小和数量决定了土壤断面内水的运动。重力使水垂直向下运动，在较大的孔隙中很容易发生。随着孔隙的减小，毛细管力渐渐起主导作用，使得水可以向各个方向运动。水不断地向下运动直至到达完全浸润区——潜流区或饱和带。潜流区的顶部确定了地下水位或潜流基面。在很多山区，河道切割得很深，并低于邻近山区的潜流基面，地下水流经岩石缝隙和河岸进入河流，如图1.1所示。返回到河流中的这部分地下水维持河流长年不断并相对稳定。

图 1.1　地下水流经岩石缝隙和河岸进入河流(长江三峡附近的车溪)

　　如果降水强度小于土壤的下渗率,水以相当于降水强度的速率下渗;如果降水强度大于土壤的下渗率,多余的水要么停留在地表,要么沿坡流动形成地表径流(图 1.2)。影响径流的因素包括气候、地质、地形、土壤特征和植被。在我国,年径流量从 0(沙漠)到大于 1m。地表径流汇流形成溪流和河流最终流入海洋。流量是指在单位时间内通过河流某一横断面的水量,常用单位为立方米每秒(m^3/s,有些文献中用 cms)。

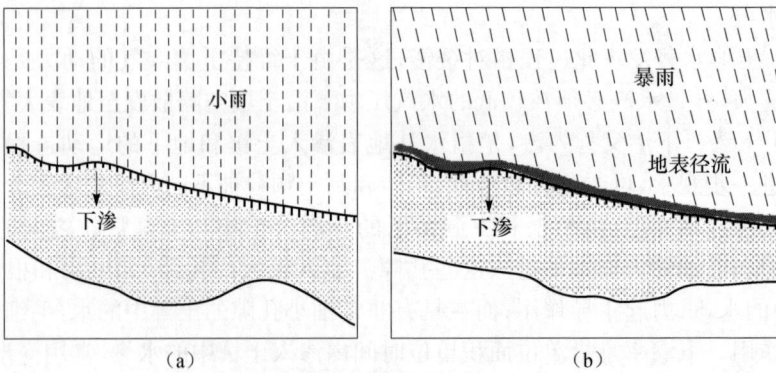

图 1.2　地表径流的形成
(a) 降水强度小于土壤的下渗率;(b) 降水强度大于土壤的下渗率

1.1.2　河网

　　虽然河网仅占流域的一小部分,但河网却一直受到地貌和水文研究的关注,特别是 Horton(1945)的论文发表之后更是如此。Horton 提出了定量描述河网的方法,开启了对复杂地貌系统的研究和理解之门。Horton 对河网的描述方法被"哥伦比亚学派"的 Strahler 和他的学生采用并加以发展。之后,许多学者对流域和河网开展了很多的研究。

（1）河流分级。Horton(1945)首先提出对流域中天然河道进行分类、分级和排序的方法，Strahler(1957)后来对此进行了改进，目前用得最多的是 Strahler 体系。图 1.3 显示 Strahler 的河流分级方法。河系中最上游的河流，即上游没有支流的河源水流，称为一级河流。两条一级河流汇合形成二级河流，两条二级河流汇合产生三级河流，依此类推。从图 1.3 中可以看出，一条河流和另一条比它级别低的河流交汇并不能提高交汇后河流的级别，如一条四级河流和一条二级河流相交之后仍然是四级河流。在一个流域中，河流级别与流域其他参数具有很好的联系，如流域面积或河道长度。因此，知道一条河流的级别就可以推出它的其他特征，如其纵向位置、与其相关的河道尺度和深度等。

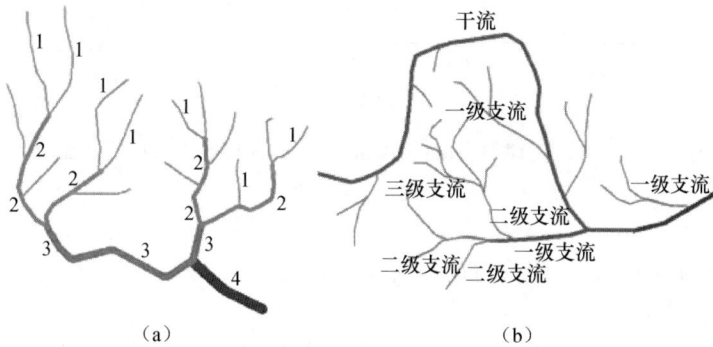

图 1.3　河流分级

(a) Horton-Strahler 的河流分级系统(FISRWG,1998)；(b) 工程上的河流分级

Horton(1945)提出了流域中河流级数(u)与河流长度、平均坡降及同一级别的河流数量的关系：

$$\ln N_u = A - Bu \tag{1.1}$$

$$\ln L_u = C + Du \tag{1.2}$$

$$\ln s_u = E - Fu \tag{1.3}$$

式中，u 为河流级数；N_u 为 u 级河流的条数；L_u 为 u 级河流的平均长度；s_u 为 u 级河流的平均坡降；A、B、C、D、E、F 均为常数，B、D 和 F 为非负数。图 1.4 给出了 Horton 定律的一个实例：美国的 Big Sandy 河是密西西比流域中 Ohio 河的一条 43km 长的支流，图中给出此流域河流级数(u)与河流长度、平均坡降及同一级别的河流平均坡降和同一级别的河流数量的关系(Yang et al.,1971)。

Horton 和 Strahler 的河流分级方法常用于河网的理论分析，但是在工程中没有实际应用意义，因为在流域中不能确定哪条是一级河流。工程实践中常采用如图 1.3(b)所示的河流分级方法：汇入海洋的大河为干流，流入干流的河流称为该

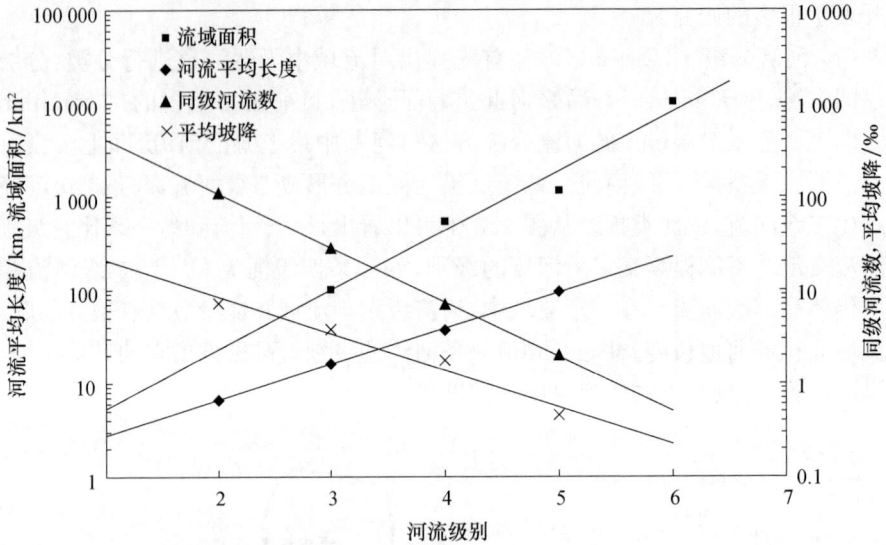

图 1.4　Horton 定律的实例:美国密西西比流域 Big Sandy 河河流分级
(Yang et al.,1971)

河流的一级支流;流入一级支流的河流为二级支流;流入其中一条二级支流的河流为三级支流,依此类推。

(2) 河网发育模式。Horton(1945)不仅是定量描述和分析河网的先驱,建立了河网组成的法则,还提出了陆上水流发育为河网的模式。Horton 提出,在一个陡峭暴露的地表,会产生一系列互相平行的小溪,随着时间的推移,这些小溪相互交叉和袭夺产生了整体上枝状的河网[图 1.5(a)]。第二个河网发育模式为向前发育模式(Smart,1969;Howard,1971),河网逐渐向无切割区发育[图 1.5(b)]。第三个模式由 Glock(1931)提出,流域先被大河切割,然后快速地被小河道细分,增加的支流逐渐填充所有的空间[图 1.5(c)]。

在上述三个不同的河网发育模式中,Horton 模式较为极端[图 1.5(a)],在此模式中,平行的溪流几乎是瞬间就在表面发育了,最终的河网形态由内在变化(袭夺流)和小溪初始形态的替代逐渐演化而成。向前发育模式也较为极端,在一级河流的顶端,也就是向前发育的河网的活跃区,发生切割波(Schumm,1956;Howard,1971)[图 1.5(b)]。当切割波发展到无切割区域时,河道顶端延长并分叉,形成几乎完全发育的河网系统。在河网继续延伸过程中,已经发育的河网部分中河道几乎不再增加和消失。这个模式的显著特征是当切割波延伸到某一片后,河道网络几乎完全发育。Glock 提出的模式[图 1.5(c)]介于这两个极端之间,应当是河网发育的最普通模式。

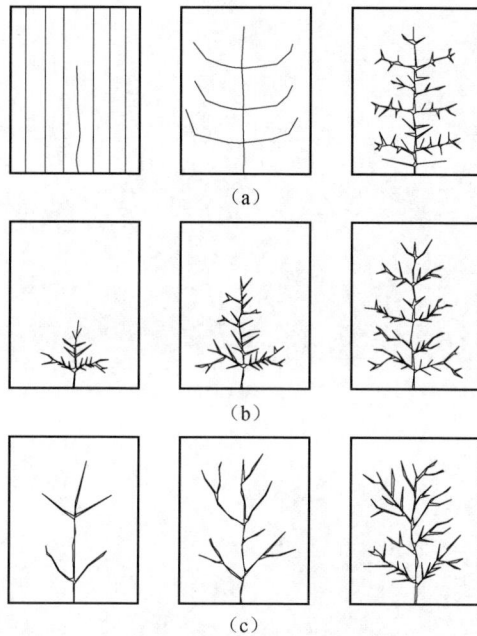

图 1.5　三种河网发育模式

(a) 互相平行的小溪相互交叉和袭夺形成树枝状的河网;(b) 河网逐渐向无切割区扩展;

(c) 流域先被大河切割,然后被小河道细分(Schumm et al.,1987)

　　图 1.6 显示黄土高原南部正在发育中的 b 型河网,可见侵蚀作用下河网从河川向黄土塬发展,现在尚未占领黄土塬,但是已经切割的部分具有发育完整的河网。图 1.7 显示长江上游小江支流一个典型的 c 型河网发育,图 1.7(a)是正在发育中的 c 型河网,图 1.7(b)是基本发育形成的 c 型河网。

图 1.6　黄土高原南部正在发育中的 b 型河网

(a)

(b)

图 1.7　长江上游小江支流是典型的 c 型河网

(a) 正在发育中的 c 型河网；(b) 基本发育形成的 c 型河网

　　(3) 随机游走模型。随机游走模型是 Leopold 和 Langbein(1962)提出的，模型利用矩阵或方格坐标图解法，在其内发育河网。每方格代表可能发育的一个单元。如图 1.8 所示，方形单元代表用于维持单位长度河道的单位面积。每单位面积上的降水形成了最小径流，径流的方向由随机数决定。根据我国的地形，我们选择的水流方向概率：西—东 $P=0.5$；东—西 $P=0.1$；北—南 $P=0.2$；南—北 $P=0.2$。

　　图 1.8 中，箭头代表每一个单元上的水流方向，箭头的方向由计算机产生的随机数确定。例如，如果随机数为 $0\sim5000$，水流方向由西到东；如果随机数为 $5001\sim7000$，水流方向由北到南；如果随机数为 $7001\sim8000$，水流方向由东到西；如果随机数为 $8001\sim9000$，水流方向则由南到北。两个相邻的箭头，如果不是方向相反，则可以连接起来形成一条一级河流；两条一级河流汇合形成一条二级河流，依此类推。图 1.8 中，大河由西向东流，如我国的黄河和长江。

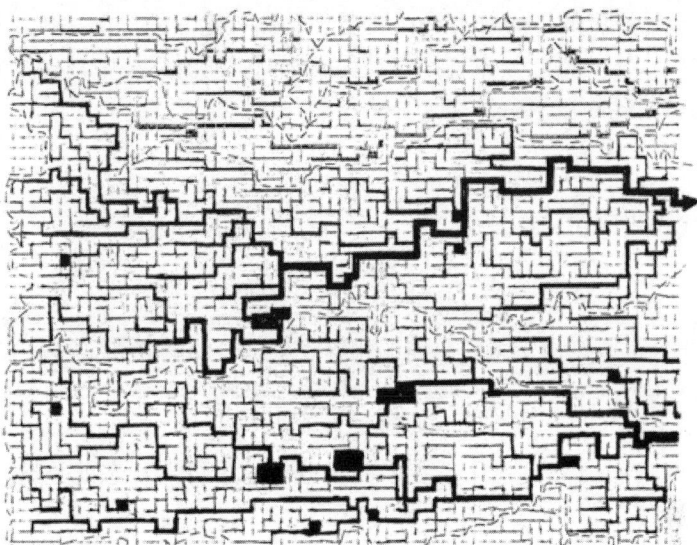

图 1.8　利用随机游走模型生成的河流系统,大河由西向东流(如我国的黄河和长江)

Howard(1971)指出,尽管在模拟方面做出了如此多的努力,"随机游走模型模拟了天然河流的很多特征,但是,它对天然河流系统的演变过程能模拟到何种程度还不能确定"。天然河流表现出与有拓扑结构的随机河网相似的数值关系,但是相应的地貌过程是确定的,同时大量的独立因素(如小气候和岩性)使其产生了明显的随机性(Abrahams,1984)。这表明按自然发育规律产生的河网与随机过程产生的河网具有相似性,因而 Stevens(1974)曾断言"随机可表现出规律和规律性的随机"。

1.1.3　最小能耗原理

杨志达提出了河床演变的最小能耗原理(Yang,2005)。在热力学中,系统的熵(Φ)定义为

$$\Phi = \int \frac{\mathrm{d}E}{T} \tag{1.4}$$

式中,E 为单位质量的总热能;T 为热力学温度。仿照热力学,杨志达提出河流系统的熵(Ψ)为

$$\Psi = \int \frac{\mathrm{d}H}{Z_m} \tag{1.5}$$

式中,H 为单位质量水体的总势能;Z_m 为最高级数为 m 级的河流系统的平均海拔高程。与热力学温度相似,Z_m 只有正值。由此可以推导出 Ψ_u,即

$$\Psi_u = k \int \frac{\mathrm{d}Y_u}{Y_u} \tag{1.6}$$

式中，Y_u 为 u 级河流的平均总水头；k 为势能与高程之间的比例常数。

河流单位水体的势能分布直接与高程成比例。河流系统中某 u 级河流中的某一部分势能被消耗的概率（p_u）为

$$p_u = \frac{Y_u}{Z_m} \tag{1.7}$$

将式（1.7）代入式（1.6）可得

$$\Psi_u = k\int \frac{\mathrm{d}p_u}{p_u} = k\ln p_u + c_u \tag{1.8}$$

式中，c_u 为积分常数。由于系统总体的熵等于各部分的熵之和，所以，有

$$\Psi = \sum_{u=1}^{m} \Psi_u = k\sum_{u=1}^{m} \ln p_u + c \tag{1.9}$$

式中，$c = c_1 + c_2 + \cdots + c_m$。一个系统中能量分布的最可能状态就是熵值达到最大的状态，所以，有

$$\sum_{u=1}^{m} \ln p_u = \max \tag{1.10}$$

根据概率定义，$\sum_{u=1}^{m} p_u = 1$，显然当总水头平均分布时总熵达到极大，即

$$p_1 = p_2 = \cdots = p_m \tag{1.11}$$

根据 Prigogine（1967）的描述，在河流系统向着稳定状态演化时，在给定的约束条件下，单位质量或重量水体熵的变化率达到极小值，即

$$\frac{\mathrm{d}Y}{\mathrm{d}t} = \min \tag{1.12}$$

可以写为

$$\frac{\mathrm{d}Y}{\mathrm{d}t} = \frac{\mathrm{d}Y}{\mathrm{d}x}\frac{\mathrm{d}x}{\mathrm{d}t} = sV = \min \tag{1.13}$$

式中，s 为坡降；V 为流速。将式（1.13）积分可得

$$\int sV\mathrm{d}A = Qs = \min \tag{1.14}$$

式中，$\mathrm{d}A$ 为过流断面的微小单元。

定义水流功率 $P = \gamma Qs$，式（1.14）可以写为

$$P = \gamma Qs = \min \tag{1.15}$$

这就是最小功率或最小能耗原理。

河流汇合机理。根据杨志达的河流最小能耗原理，河流系统的发育总是朝着单位距离能耗最小的方向发展。两条 u 级河流相汇合，形成 $u+1$ 级河流时，水流功率的变化为

$$\Delta P = \gamma Qs - \gamma(Q_1 s_1 + Q_2 s_2) \tag{1.16}$$

式中，s 为汇流后的河流比降；s_1 和 s_2 为汇流前两条河流的比降；Q 为汇流后的总流量，Q_1 和 Q_2 为汇流前两条河流的流量。根据水流连续性，$Q=Q_1+Q_2$。取 u 级河流的平均坡降 s_u 代替 s_1 和 s_2，用 $u+1$ 级河流的平均坡降 s_{u+1} 代替 s，式(1.16)可以写为

$$\Delta P = \gamma(Q_1 + Q_2)(s_{u+1} - s_u) \tag{1.17}$$

由式(1.3)可知，s_{u+1} 小于 s_u，因此 ΔP 必然为负值。这说明，一般情况下两条河流汇成一条较大河流之后河流功率变小了。所以通常情况下，低级别的小河总是汇成较高级别的大河。图 1.9 显示较小的冲沟汇聚成较大冲沟的情况。当两条流量较小的河道汇合成一条较大的河流时，流量和水深增大，坡降比两条小河更小，流速可能变化不大，河道更加蜿蜒。一般为了使河流功率降到最小，小溪流会汇合成较大的河流。

图 1.9　平行冲沟汇合成大的冲沟(小江流域)

　　另外，较大流量的河流冲刷侵蚀强度大，河床高程低，水往低处流，因此小流量溪流入汇主河。一般情况下，河流不分成两个分支，特殊情况下河流分汊，如网状河型。

1.1.4　泥沙

　　与河流有关的地貌过程主要有以下三个：①侵蚀，即土壤颗粒的剥离；②输沙，即侵蚀的土壤颗粒在水流中的运动；③淤积，即泥沙在流速降低的地方沉积到水体底部。泥沙的定义为经过流水、风、波浪、冰川及重力等作用搬运离开原来位置的固体颗粒。输沙率的定义为单位时间内通过河流某一断面的泥沙质量或体积，常用单位为吨/秒(t/s)或吨/天(t/d)。为了区分不同类型的泥沙颗粒，采用以下几种术语描述不同大小的泥沙颗粒。

　　(1) 泥沙分类。Attenberg 在 19 世纪初提出泥沙的分类法,1927 年为国际土壤科学协会所采用,作为土壤分析的标准,在欧洲广泛采用。大部分美国地质学家采用 Wentworth 分类法(Wentworth,1922)。1947 年美国地球物理协会编制了泥沙的新分类标准。该标准以 Wentworth 分类法为基础,对每一组又进行了细分,所以分类命名更加复杂。中国水利工程界采用苏联的泥沙分类的方法,这种分类法与欧美的分类法略有出入。本书采用中国分类法,两种分类法如下所示。

　　中国分类法:

　　漂石(>200mm)> 卵石(20~200mm)>砾石(2~20mm)>沙粒(0.05~2mm)>粉沙(0.005~0.05mm)>黏土(<0.005mm)

　　Attenberg 分类法:

　　漂石(>200mm)>卵石(20~200mm)>砾石(2~20mm)>粗沙(0.2~2mm)>细沙(0.02~0.2mm)>粉沙(0.002~0.02mm)>黏土(<0.002mm)

　　虽然各国采用的分类标准不同,但却具有一些共同的特点。各粒径组的间隔多不相等,这是因为泥沙范围跨度很大,石块和黏土的粒径相差百万倍。显然,泥沙分类必须遵循几何尺度,即相邻粒径组之间必须具有一定合适的比例。Attenberg 分类法和中国分类法的比例是 10,而美国地球物理协会采用的比例是 2。与此相对应,分析泥沙颗粒级配用的筛子的各级筛孔也有一定的比例,如泰勒网筛的各级筛孔孔径比为 $2^{0.25}$。另外,普遍选用 0.005mm、0.05mm 和 2mm 的粒径作为分组的阈值,主要是因为在这些值上下的泥沙常具有截然不同的特征(РухИН,1957)。

　　流域产沙与岩性有很大的关系。图 1.10 显示不同地区不同岩性所产泥沙的差别,其中图 1.10(a)是珠江流域东江上游花岗岩风化产生的沙粒。花岗岩主要由石英、长石和云母结晶颗粒组成,其中长石容易风化成高岭土,使得岩石解体为石英、云母和细小的高岭石颗粒成为沙粒。图 1.10(b)是长江上游小江流域泥石流沉积物。该区主要覆盖太古代变质板岩、泥岩和千枚岩,风化产生各种粒径的固体碎屑混合物。图 1.10(c)是云南大理北部的地貌。由于该区主要覆盖灰岩和白云质灰岩,主要发生化学风化,灰岩被含有碳酸的雨水溶解,随流水而去。在此过程中很少产生泥沙,只有水流侵蚀底部造成的岩崩产生大小不同的石块。所以,这个地区山上土层很薄,不能发育林木植被。

　　(2) 级配。泥沙通常不是指单个颗粒,而是指由很多大小不同、形状和矿物质组成各异的颗粒组成的混合物(图 1.11)。虽说泥沙颗粒没有黏合在一起形成一个实体,但是许多性质是通过泥沙颗粒的群体特性显现出来的。泥沙颗粒级配直接反映了母岩的性质和河流的分选强度,是最重要的群体特性。

(a)

(b)

(c)

图 1.10 不同地区不同岩性所产泥沙的差别

（a）珠江流域东江上游花岗岩风化产生的沙粒；（b）长江上游小江流域太古代变质板岩、泥岩和
千枚岩风化产生各种粒径的泥沙砾石混合物；（c）云南大理北部山区灰岩化学风化很少产生泥沙

描述泥沙粒径级配的最常用方式是粒径累积频率曲线,它以粒径(取对数)为横坐标,以小于某一粒径的泥沙质量百分比为纵坐标。累积频率曲线最好用特种图纸绘制,其横坐标为对数坐标,纵坐标为概率坐标。图 1.12 所示是一条在对数-概率图上绘制的累积频率曲线。如果泥沙颗粒级配符合正态分布,则在对数坐标中点绘的累积频率曲线是一条直线。天然泥沙的累积频率曲线一般接近于直线。

颗粒名称及尺寸/mm	搬运中的主要现象				沉速(ω)与粒径(D)间的关系			沉积物的成分			颗粒分析方法			
	推移	悬移	絮凝作用	布朗运动	$\omega=f(D^{0.5})$	$\omega=f(D^{0.5\sim2})$	$\omega=f(D^2)$	岩石碎屑	矿物碎屑	黏土矿物	直接测量法	筛析法	沉降法	离心作用法
漂石(200~100)														
砾石(100~10)														
卵石(10~2)														
砂(2~0.05)														
粉砂(0.05~0.005)														
黏土(<0.005)														

图 1.11　泥沙粒径与泥沙性质之间的关系(钱宁等,1983)

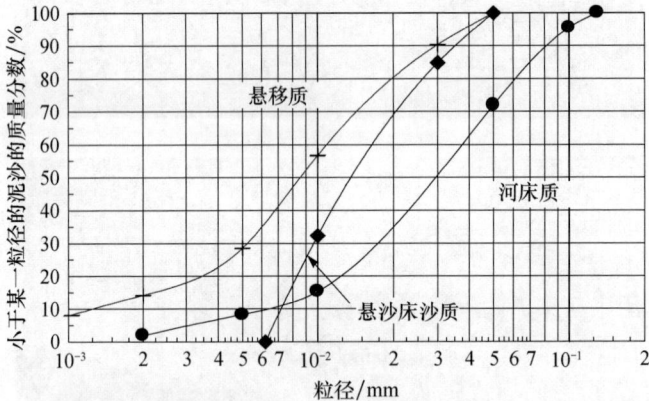

图 1.12　在对数-概率坐标尺度中绘制的一条累积频率曲线(Wang et al.,2001)

泥沙级配曲线可以反映泥沙样品的群体特性,但是在定量描述和进行样品对比时很不方便。所以,人们提出各种特征参数来描述泥沙粒径级配,并在这些参数的基础上进行统计分析。最常用的参数是中值粒径(D_{50}),即横坐标上对应于纵坐标为 $P=50\%$ 的粒径值。另外,定义 $(D_{84}/D_{16})^{0.5}$ 为分选系数,常用来反映沙样的均匀程度。

1.1.5　输移质

泥沙输移是指泥沙在水流挟带作用下进入运动状态。输移质按照运动形式可以分为接触质、跃移质、悬移质和层移质,其中,接触质、跃移质和层移质又统称为推移质。

（1）推移质。图 1.13 所示为不同的泥沙运动方式。床面上的颗粒受到水流的拖曳力,向前滑动或滚动,同时频繁地与床面接触,称为接触质。如果在颗粒从床面开始滚动的瞬间,上举力忽然增加,它可能从床面跃起。当颗粒上升到一定高度时,其运动速率就接近于当地水流速率,从这一点开始,颗粒开始下沉,以这种方式运动的颗粒称为跃移质。接触质和跃移质属于推移质。

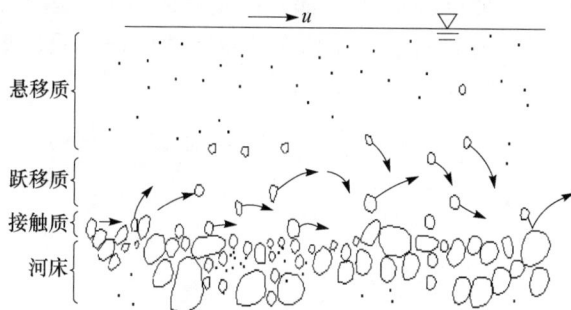

图 1.13　水流挟带的各种输移质

如果颗粒跃起比较高,颗粒从水流中获得了较高的动量,它可能会在下降后回弹并冲击河床。在有些情况下,颗粒不仅回弹,还会使其所撞击的床面上的其他颗粒跃入水流。颗粒碰撞时发生动量交换,因而产生一种作用力,称为离散力。推移质依靠离散力维持在一定的平均高度向前运动。如同在地板上拍皮球,皮球与地板的连续碰撞产生了维持皮球在空中运动的力,同时作用在地板上一个反作用力。推移质运动作用于河床上的力称为离散压力。正是这个力平衡了水流对河床沙粒的吸力,保持河床不受到连续冲刷。在水流功率很高时,床面上可能有很多层颗粒作推移质运动,各层之间通过碰撞传递动量和作用力,碰撞限制了跃起的高度,成为层移质。

颗粒跃移可以达到的高度与颗粒和流体的密度差成正比。在室温下,水的密度比空气的密度大 800 倍,所以天然泥沙颗粒在风中的跃移高度要比在水流中的跃移高度高 800 倍。风沙在运动时,颗粒跳得很高,从风中获得了较高的动能,在颗粒下降到床面时,又会溅起更多的颗粒。这种连锁反应的结果,使得沙漠中的泥沙刚起动不久,输沙强度骤增。水流中的跃移质的跃移高度仅是其粒径的几倍,落到床面时的动能不足以引发连锁反应。

（2）悬移质。高速水流是紊动的，并且充满着大小不同的漩涡。当泥沙颗粒从床面跃移遇到上移的漩涡，泥沙颗粒可能会从床面上被带走。一般来说，要能带走泥沙，漩涡必须比沙粒大得多，而且漩涡向上的分速率也要超过沙粒的沉速。所以悬移质往往是较细的颗粒。如果漩涡与沙粒大小差不多，则泥沙很容易掉在漩涡之外，漩涡对之失去作用。如果漩涡比沙粒大得多，则漩涡可以在较长时间内挟带颗粒，这样，等泥沙掉在漩涡之外时，沙粒已经被带入了主流区。显然，悬移颗粒的输移主要是大尺度漩涡的作用，这些被漩涡挟带向下游运动的颗粒称为悬移质（图 1.13）。悬浮颗粒消耗水流紊动能，所以悬移质的存在降低紊动强度。

如图 1.14 所示，悬移质的浓度分布是不均匀的，具有负浓度梯度。泥沙越粗，浓度分布差异越大。在恒定紊流中，漩涡一次挟带的向上层运动的泥沙量同浓度梯度成正比，同时，泥沙由上向下运动的泥沙量为浓度（S_v）乘以沉速（ω），如果浓度分布达到平衡，可以得到以下方程：

$$\varepsilon_y \frac{\mathrm{d}S_v}{\mathrm{d}y} + S_v \omega = 0 \tag{1.18}$$

式中，ε_y 为泥沙扩散系数。许多研究者假设

$$\varepsilon_y = \kappa U_* y \frac{h-y}{h} \tag{1.19}$$

式中，$\kappa = 0.41$ 为卡门常数；$U_* = \sqrt{gsR}$ 为剪切流速，s 为床面坡度，R 为水力半径，在宽浅河流中等于平均水深；h 为水深；y 为距河床高度。把式（1.19）代入式（1.18）积分求得悬移质浓度沿垂线的分布，即

$$\frac{S_v}{S_{va}} = \left(\frac{h-y}{y} \frac{a}{h-a} \right)^z \tag{1.20}$$

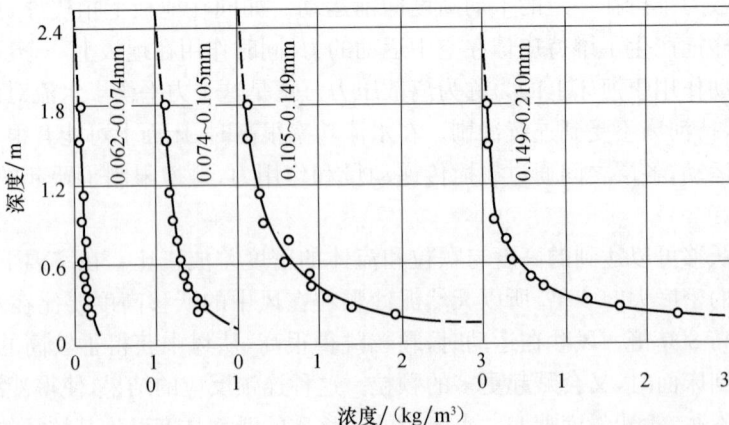

图 1.14 天然河流中不同粒径的悬移质浓度分布图与式（1.20）的比较

式中，a 为某参考点相对高度；S_{va} 为该点实测浓度，而

$$z = \frac{\omega}{\kappa U_*} \qquad\qquad (1.21)$$

是一个无量纲数，称为 Rouse 数。

　　（3）床沙质和冲泻质。Einstein 等（1940）分析了大量沙样的粒径级配曲线，发现床沙与运动中的泥沙的细沙和粗沙之比大不相同。与运动中的泥沙相比，床沙中的粗沙比细沙多。水流中的细沙没有达到饱和，细沙输移浓度只取决于上游来沙量，而与流量没有明确的关系。相反，水流挟带的粗沙量取决于水流的挟沙力，并且与水流流量具有明确的关系。因为粗沙在运动过程中经常与床沙交换，因此被称为床沙质。细沙在河道中运输很长一段距离，不发生沉积，称为冲泻质。冲泻质通常以悬移形式运动。冲泻质对河床演变没有影响。冲泻质浓度通常只与来沙量有关，也就是说，流域和河岸能产多少冲泻质，水流就能挟带多少冲泻质。床沙质由河床中各种粒径的泥沙组成。床沙质可以滚动、滑动或跳跃着向下游运动，还可能受紊动卷吸进入水流，成为悬移质的一部分。床沙质由水力条件控制，可用输沙公式计算。

　　水流中的全部输移质可以以多种方式组合成全沙质：

全沙质 ＝ 床沙质 ＋ 冲泻质

或

全沙质 ＝ 推移质 ＋ 悬移质

或

全沙质 ＝ 推移质 ＋ 悬移质中的床沙质 ＋ 冲泻质

　　对于如何划分床沙质和冲泻质，Einstein 建议采用床沙的 D_5（$P＝5\%$ 所对应的粒径）作为分界，水流挟带的泥沙中粒径小于床沙 D_5 的为冲泻质，大于床沙 D_5 的为床沙质。Partheniades（1977）采用 0.06mm 作为床沙质和冲泻质的分界粒径，因为对于粒径小于 0.06mm 的细沙，颗粒间的黏性是一个重要因素，而粗沙是无黏性的。有些研究者认为划分床沙质和冲泻质，不仅要考虑粒径，还要考虑水流强度。Wang 和 Dittrich（1992）分析黄河不同水流强度下的输沙率时发现，比 0.06mm 粗得多的泥沙也可以向下游运动几百千米而不与床沙发生交换。所以，他们提议用下述方法区分推移质、悬移床沙质和冲泻质：

推移质 ＞ $z＝3$ ＞ 悬移床沙质 ＞ $z＝0.06$ ＞ 冲泻质

式中，z 为 Rouse 数。

　　表 1.1 列出了床沙质和冲泻质的主要特征及区别。

表 1.1　床沙质和冲泻质的主要特征及区别

特征	床沙质	冲泻质
来源	流域内土壤侵蚀	流域内土壤侵蚀
直接来源	上游河床	流域产沙
床沙组成	床沙的主体,组成一般不变,多沙河流除外	聚集床面,因来沙多寡和水流强度而变化
运动泥沙的组成	一般只占运动泥沙中的一小部分	运动泥沙的主体
运动形式	推移和悬移	悬移
输沙率	主要取决于水流强度,与上游来沙量关系不大,但对于多沙河流,则与来水、来沙条件皆有关	主要取决于上游来沙条件
输沙率与水流间的关系	一般可以从力学规律出发建立挟沙力公式	一般需要实测或根据流域条件用经验关系确定
意义	床沙质的输沙率决定河床的稳定性	冲泻质的输沙率决定水库的淤积速率
鉴别标准	粒径大于 D_5 的泥沙颗粒	粒径小于 D_5 的泥沙颗粒

1.1.6　河型

(1) 具有阶梯-深潭系统的山区河流。山区河流经常存在一种微地貌元素——阶梯-深潭。阶梯-深潭系统常出现在具有巨石和卵石的山区河流中,阶梯和深潭交替呈阶梯状(图 1.15),是坡降大于 3%～5% 且生态条件较好的山区河流的典型特征(Abrahams et al.,1995;Chin,1999)。阶梯-深潭系统的形成需要级配范围宽广的床沙,具有一般水流难以冲动的大石块,来沙量小,且河道宽深较小,大小石块簇合构成牢固的结构(Grant et al.,1990)。除了需要关键性的巨石外,上游来沙量和输沙条件对阶梯的发展影响也很大。阶梯之间的深潭可以储存较细的床沙。阶梯-深潭系统在湿润和干旱环境中均有发现(Chin,1999),甚至在冰河时期的河流也发现了相似的形式(Knighton,1981)。

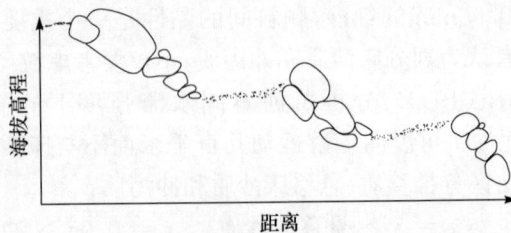

图 1.15　阶梯-深潭系统的阶梯状纵剖面

图 1.16 是珠江上游东江支流野趣沟发育的阶梯-深潭系统。阶梯-深潭系统制造了很大的水流阻力,消耗很多能量,所以能够保护床面免受持续侵蚀。从山区

河流的健康和生态考虑,阶梯-深潭系统是最好的河道形态,此类河道两岸常常具有完善的植被。阶梯-深潭系统高度稳定了河床,并提供了多样性高的水生栖息地。

图 1.16　珠江上游东江支流野趣沟发育的阶梯-深潭系统

（2）弯曲型河流。天然河流很少是直的。弯曲度为河道中心线长度与流域中心线长度的比值。如果一条河流的弯曲度大于 1.3,则认为是弯曲型河流。图 1.17 所示是穿行在银川平原上的一条典型的弯曲型河流——黄河支流白河。

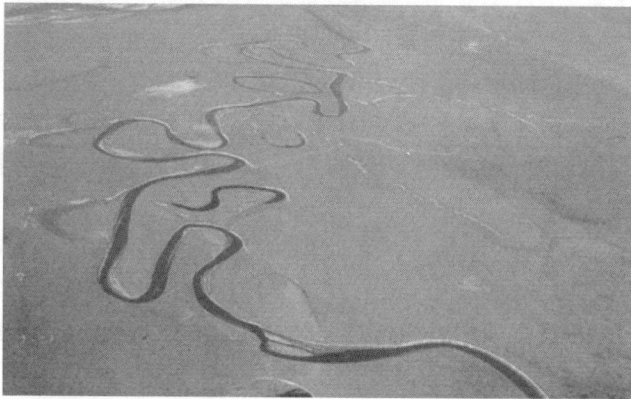

图 1.17　典型的弯曲型河流:穿行在我国银川平原上的黄河支流——白河

（3）顺直型河流。顺直型河流通常是河流比较顺直的一段,一般不会很长。河流渠道化和防洪堤的修建使河流顺直。即使河流是顺直的,其深泓线或水深最大的线也会从一岸到另一岸摆动游荡。对应于河岸一侧的最深点,另一侧沿岸往往出现沙洲或淤泥堆积,并且沙洲在河道的两侧交替出现。

（4）分汊型河流（辫状河流）。河流具有一个或几个江心洲,有两股或更多的汊道,这种类型称为分汊型河流。河流中的江心洲在低流量时露出水面,而在大流量时往往会被淹没。图1.18所示为岷江上的分汊型河道,即著名的都江堰灌溉工程,此河段被长满植被的江心洲分割成几条河道。江心洲通常由沙砾、沙和土壤组成。观察新沙砾滩上植被的生长年龄可以发现,这些滩坝在下游端一般会继续增大,也有可能在侧边界的某些部分发育。虽然分汊型河流不像单一流道河流那么常见,但各种环境中都有可能产生,无论是冰川河,还是半干旱环境小河;而且分汊型河流可能有各种尺寸,可能为山区的小溪,也可能是平原上的大河。

图1.18　岷江上的分汊型河道(都江堰灌溉工程)

(5)游荡型河流。河道不稳定的河流称为游荡型河流。游荡型河流一般挟带大量泥沙,而且其流量和水流挟沙力不稳定,因此,常常伴有河道淤积。虽然游荡型河流中也有沙洲,但通常在一段时期内,水流通过某一条河槽,而在另一段时期流过另外一条河槽。这与分汊型河流不同。游荡型河流的一个重要特征是主河槽的迁徙速率非常快。

黄河下游属于游荡型河流,其床沙是由中值粒径0.02~0.05mm的粉沙和细沙组成,易受侵蚀,因此,河道常常在一岸发生冲刷,而同时在另一岸发生淤积。图1.19所示为1960~1964年和1981~1985年黄河郑州上游一段河道的游荡运动(Wang et al.,2001)。在1980~1985年,发生多次高含沙洪水,河道急速游荡,河床淤积。在1984~1985年,罗村坡断面南移了5km多。

(6)网状河流。Schumm(1968)和Rust(1981)对网状河流(anastomosing river)作过比较严格的定义。Smith等(1980)作了更细致的阐述:网状河流被发育植被的河间地分隔,由比降较小、中等弯曲、相互连通的河道组成的稳定多河道体系。网状河流的河间地是从连续的泛滥平原上切割而成的,其规模远大于河道的尺寸。网状河流的泛滥平原及河道间湿地空间上呈现下凹的碟形,可以称为泛滥盆地。王随继等(2000;2002)分析了网状河流的特点,认为网状河流的发育是泛滥平原的河道化过程。这与分汊型河流的形成过程相反,分汊型河流的多河道是河道内的

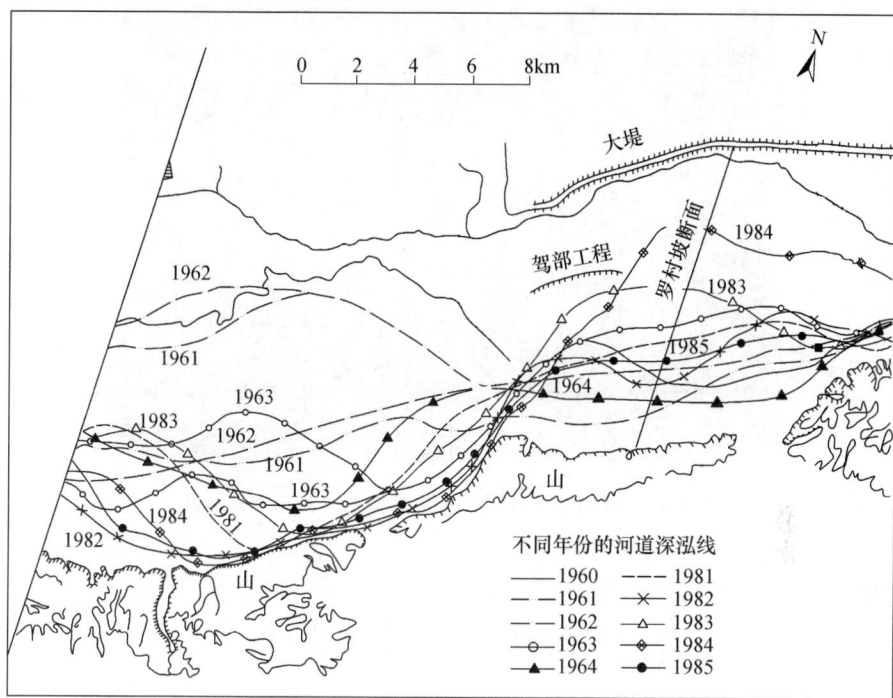

图 1.19 1960～1964 年和 1981～1985 年黄河郑州上游一段河道的游荡运动

江心洲化形成的。倪晋仁等分析了网状河流与分汊型河流和弯曲型河流之间的差异及其相互转化(Ni et al.,2000)。然而,到目前为止,网状河流仍没有得到足够的重视。一些研究者将网状河流归结为广义的分汊型河流,把网状河流看成是分汊型河流范畴中粒度细、动能低的亚类。我国和世界上的网状河流很多,图 1.20 是我国东北牡丹江发育的网状河流的卫星照片,可以看出,多条河道把大地分割成网状。

1.1.7 河流特征

(1)坡降。河道坡降为河道中两端的高程差与两端之间的水平距离之比。河道坡降直接影响水流流速、搬运能力和水能,而这些特性是侵蚀、输沙和淤积等地貌演变的动力,因此,河道坡降是河道形态和河型的主要控制因素之一。

(2)纵剖面。大部分河流的纵剖面是下凹的。根据前述动态平衡规律,河流通过调整其剖面和形态使水流的势能或功率消耗达到最小。下凹的纵剖面是河流为使水流功率达到最小而调整的结果。河流功为流量和坡降的乘积,对于大多数河流,流量沿下游方向递增。因此,为了使功率消耗最小,坡度必须递减,于是形成了下凹的纵剖面。根据最小河流能耗原理,冲积河流的河流功率最终变化率为零,

图 1.20　我国东北牡丹江发育的网状河流的卫星照片

可以用下面的公式表示（Yang，1983）：

$$\frac{dP}{dx} = \frac{d}{dx}(\gamma s Q) = \gamma\Big(Q\,\frac{ds}{dx} + s\,\frac{dQ}{dx}\Big) = 0 \tag{1.22}$$

式中，P 为河流功；γ 为水的密度；s 为河床坡降；x 为沿河长度；Q 为流量。对于大多数河流，由于沿途支流入汇，流量沿程增加，所以 $s\,dQ/dx$ 为正，根据式（1.22），$Q\,ds/dx$ 必须为负，或河床坡降必须是沿程减少的。因此，河床纵剖面就呈现下凹的状态。图 1.21 所示是长江沿程的年平均流量和平均水位的分布。水面比降实际上反映了河床平均比降，随着流量的增加坡降变缓，河床纵剖面成为下凹形状。

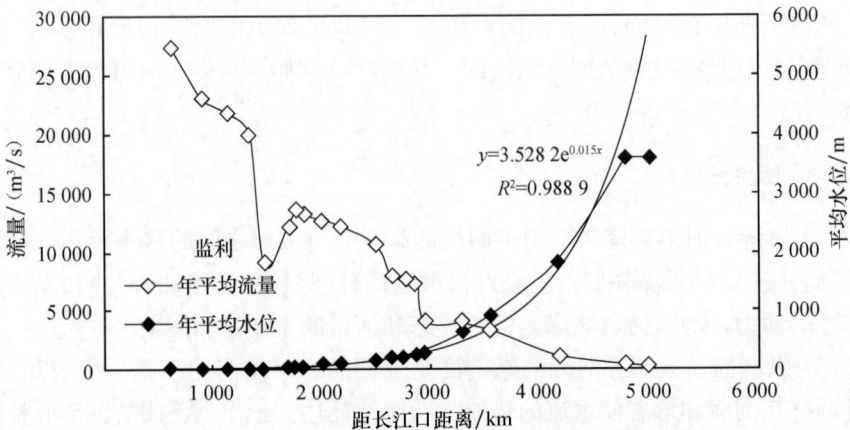

图 1.21　长江沿程年平均流量和平均水位的分布

（3）弯曲度。弯曲度不是河流剖面特征，但却影响河流坡降。弯曲度为河道中心线长度与河道起点至终点距离的比值。例如,如果某河从起点 A 到终点 B 的河道总长为 2200m,而两点的距离为 1000m,则河流的弯曲度为 2.2。河流弯曲度增加,则河道长度增加,从而使坡降减小。

(4) 河道横断面。图 1.22 所示为冲积河流河道横断面的主要组成部分,一般由大堤、河漫滩和主河道组成。在稳定的冲积河流中,两岸的高点代表了漫滩河道的顶端。

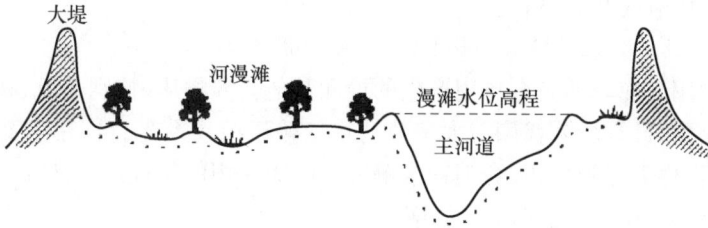

图 1.22　河道横断面

(5) 水流阻力和断面平均流速。河道比降和糙率是确定水流流速的重要因素。一般通过测量水流流速来计算通过断面的流量。流量增加,流速或过水断面增加,或二者同时增加。糙率在河流中扮演着重要的角色,它代表河床河岸对水流的阻力。如果糙率增大,水流流速减慢,则水深必会增加,以输送上游来水量,这个原理就是水流连续性。构成糙率的典型因素包括:不同粒径的泥沙颗粒;床面形态;不规则边岸;活的或死的植被类型、数量和分布及其他障碍物。

1.1.8　化学特征

在多种常见的水体溶解物循环和相互依赖关系中,其核心是氧、碳和营养物质的循环,营养物质包括氮(N)、磷(P)、硫(S)和少量的常见痕量元素。水中所有离子的总浓度称为盐度,其变化范围很大。降水中通常只含有百万分之一(ppm)的溶解质,而海水中平均盐度约为 35ppt(千分之一)(FISRWG,1998)。

(1) 酸碱度。水的酸碱度用 pH 表示,pH 等于氢离子浓度的负对数。pH 等于 7 时,溶液呈中性;pH 小于 5 时,溶液呈强酸性;pH 大于 9 时,溶液则呈强碱性。很多生物过程(如繁殖)在酸性或碱性水体中不能进行。

(2) 溶解氧。溶解氧是指溶解在水中氧的量,通常记作 DO(dissolved oxygen),是健康水生态系统的基本必要条件。大多数鱼类和水生昆虫"呼吸"水体中的溶解氧。虽然有些鱼类和水生生物可以适应贫氧环境,但是大多数洄游鱼类(如鳟鱼和鲑鱼)难以忍受 DO 浓度低于 3mg/L 的贫氧环境。幼鱼更加敏感,需要更高的 DO 浓度(USEPA,1997)。在遭遇短期低 DO 浓度后,很多鱼类和水生生物可以恢复,但是,水体 DO 浓度长时间处于 2mg/L 或更低,则会变为"死水"。

水体不仅从大气中直接吸收氧气,还可通过水生植物的光合作用获得氧气。水体持氧能力受到温度和盐度的影响。水体中耗氧主要通过动物、植物和微生物的呼吸。未受干扰的河流由于水深不大、暴露在空气中的表面积大和水体的流动DO供给丰富。但是,当河流排放耗氧污水,或因植物死亡和分解产生营养物造成植物过度生长,都会使河流中的氧消耗殆尽。

氧气可由河流内的水生植物产生。通过光合作用,植物吸收太阳光能量,将二氧化碳转变成氧气和有机物:

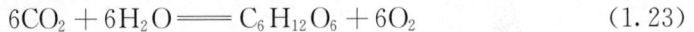

$$6CO_2 + 6H_2O \Longrightarrow C_6H_{12}O_6 + 6O_2 \qquad (1.23)$$

植物利用其简单的光合作用产生的糖和其他营养物质(特别是氮、磷和硫及少量的痕量元素)进行新陈代谢。大多数动物依赖于植物在光合作用中蓄积能量的释放,此过程称为呼吸作用,会消耗溶解氧。呼吸作用的实际过程涉及一系列能量转化的氧化还原反应,此即为生物需氧量。

(3) 底泥需氧量(sediment oxygen demand,SOD)。底泥需氧量是指水底泥沙中有机物分解和生物活动等原因造成的单位面积氧的消耗速率。泥沙耗氧有以下两个方面的原因:一个是水底生物群落的呼吸;另一个是有机物的生物降解。在某些条件下,底泥需氧量占总耗氧的大部分,小溪流更是如此,而且在缓流、高温的情况下尤为明显。因为随着温度升高,微生物的活动会更剧烈。

(4) 营养物质。水生植物(包括藻类或更高级的植物)要维持其生命体和新陈代谢,除了需要二氧化碳和水,还需要很多其他元素。与陆生植物一样,最重要的元素是氮和磷。其他营养物如钾、铁、锶和硅等需要不多,而且一般不会成为植物生长的限制因素。当氮和磷有限时,植物的生长会受到限制。但是,藻类和其他水生植物过度的生长会给河流带来麻烦,而在非光合作用期间,植物的呼吸及死亡植物的降解会消耗氧气,影响水生生物的生存条件。

磷以颗粒相或溶解相存在于淡水系统,两相都包括有机部分和无机部分。有机颗粒磷包括有生命的和无生命的微粒物质,如浮游生物和碎屑。无机颗粒磷包括磷沉淀物和吸附在颗粒上的磷。在水环境中,氮可以以多种形式存在,如溶解氮(N_2)、游离氨和离子状态铵盐(NH_3 和 NH_4^+)、亚硝酸盐(NO_2^-)、硝酸盐(NO_3^-)及以蛋白质物质或以溶解相或微粒相存在的有机氮等。氮能对水质造成迅速影响,其主要存在形态是铵盐、亚硝酸盐和硝酸盐,具有能固定空气中氮能力的只有少数几种生命形态(如某些细菌和蓝藻),大多数植物只能利用游离氨[NH_3,在水中一般以离子铵(NH_4^+)的形式存在]或硝酸盐形式的氮。

(5) 有毒化学物质。有毒化学物质最常见的是有毒有机化学物质(toxic organic compound,TOC),是一种含碳的人工合成化合物,如聚氯联二苯(PCB)、大多数杀虫剂和除草剂等。由于这种化合物在自然生态系统中不易分解而在环境中持续存在并累积。例如,在美国,虽然如DDT和PCB一类的剧毒有机化合物已经被禁用几十年,但许多河流的水生生态系统中仍因此而引发问题。人们已经制造的许多有用的有机化学物品,如塑胶、油漆、染料、燃料、杀虫剂、医药品及现代生活中的其他物品,这些产品及其废品和副产品会影响水生生态系统的健康。

(6) 降解。人工合成有机化合物(synthetic organic compounds,SOC)可转化成各种降解产物,最终的降解或矿化是把有机碳转化为二氧化碳。主要的转化方式有光解、水解和氧化还原反应,其中,氧化还原反应在生物系统中常起到关键作用。光解是指利用光能破坏化合物。光能的强度与其波长成反比,长波光的能量不足以破坏化合键,而短波光(X 射线和 γ 射线)非常具有破坏性。对地球生物而言,幸运的是大多数短波光已经被大气层所阻隔。接近于可见光光谱的光线能到达地球表面,并且能破坏 SOC 中一般的化学键。氧化还原反应是生物圈中大部分新陈代谢的动力。SOC 一般看成是还原碳的来源,在这种情况下,降解需要的是一个具有合适酶的新陈代谢系统,酶用于化合物的氧化。同时还需要有充足的营养物质和末端电子受体。

1.1.9　河流生态

(1) 陆生生态系统。河流廊道的生物群落是由陆生生态系统和水生生态系统的特性共同决定的。陆生生态系统是由生活在流域内的生物群落组成的生态系统。陆生生态系统和土壤内部过程存在本质联系。土壤储存和循环营养物质与其他元素的能力依赖于土壤的特性和微气候(即湿度和温度)及土壤中的生物群落。

(2) 陆生植物群落。流域内的植物群落是生物群落的重要能量来源,植物为其他生物提供了栖息地,为周围水生或陆生生态系统遮挡光的直射。若有适宜的湿度、光照和温度,植物群落在一年内经历着快速生长/繁殖、衰老和相对冬眠的生命循环。生长期受助于太阳辐射,太阳辐射可以促进光合作用,通过光合作用,无机碳转化为有机植物物质。

植物群落的分布和特征取决于气候、水源、地貌特征和土壤的物理化学特征(包括湿度和营养成分)。植物群落的特征直接影响动物群落的多样性和完整性。例如,与草地这样相对均质的植物群落相比,覆盖面积大且在纵向和横向上富有结构变化的植物群落可维持更多样的动物群落。由于植物群落和动物群落之间存在着复杂的空间和时间关系,因此,这些生物群落的当前生态特征可以反映该区近期(100 年以内)的历史物理条件。

陆生植被的数量及其物种组成可直接影响河道特征。河岸植被的根系可以固定河岸泥沙,并减缓侵蚀过程。落入河流中的树木和枝杈可使水流变向,从而在局部区域引起侵蚀或淤积。因此树木枝杈堆积物可影响深潭分布,影响栖息地水生生物群落的形成。

　　动物群落对植物特性具有敏感性。大量的动物物种与特定的植物群落紧密相关,其中,很多动物依赖于植物群落的特定发展阶段,有些则依赖于植物群落中的特定栖息地要素。河边植物群落的结构还直接影响水生生物,这些影响途径包括通过向水体提供合适的有机质、沿岸植被,以及通过树木枝杈的输入影响内河栖息地结构(Gregory et al.,1991)。

　　植物群落可从其内在性质来观察,包括植被层数量、每一层的物种组成、种间的竞争作用和碎屑成分,植被结构的物种和年龄构成也非常重要。植被的质量和活力影响果实、种子、树枝、树根和其他植物形式的生产力,缺乏活力会导致食物贫乏和消费者(野生动物)的减少。植物群落是动态的,并随时间而改变。植物群落的动态主要包括群落的形成、发育和变化、演替及演化。演替(succession)是一个植物群落被另一个植物群落所取代的过程。它是植物群落动态的一个最重要的特征。

　　(3)陆生动物。河道走廊是野生动物利用最多的栖息地类型(Thomas et al.,1979),且是野生动物种群的主要水源。河道走廊中的动物组成是食物、水、植被和空间分布相互作用的结果(Thomas et al.,1979)。河流廊道为许多种野生动物提供了最佳栖息场所,不仅由于其接近水源,而且由于很多河流廊道的生态群落能提供花、花蜜、芽、果实和种子等食物来源(Harris,1984)。

　　植被的空间分布和边缘效应也是野生动物生存的一个关键因素。所谓边缘效应是指在两个或多个不同的生态系统或景观元素的边缘带,有更活跃的能量流和物质流,具有丰富的物种和更高的生产力。边缘带可沿着多种栖息地类型之间出现,如水面、滨河和高地等。栖息地之间的森林通道建立起了森林高地间的连续性,成为动植物的生命线,使其能够分散生长并利于繁殖。所以,一个生态系统的连通性对保持该景观中的生物多样性和遗传完整性非常重要。河流的线性分布使边缘效应最大化,使物种丰度增加,这是因为多种物种可以同时获得多种植被作为栖息地,并利用其资源(Leopold,1933)。

　　(4)爬行动物和两栖动物。几乎所有的两栖动物(蜥蜴、蟾蜍和青蛙)都依赖于水生栖息地来繁殖和越冬;而爬行动物较少受到水的限制,主要生存于河流廊道和河边栖息地中。在美国的亚利桑那州西部中心发现的63种爬行动物和两栖动物中有36种生活在滨河地带。在美国大盆地地区,22种爬行动物中有11种需要或更喜欢生活在滨河地带(Ohmart et al.,1986)。

　　(5)鸟类。鸟类是河边走廊中最常见的陆生野生动物。鸟类的物种丰度能反映植被的多样性和河流廊道的宽度。大多数鸟类在植物树叶间寻找昆虫(绿鹃、莺)或在地上寻找种子觅食(鸽子、金莺、蜡嘴鸟、麻雀),其他鸟类多为在地上或树上寻找食物的食虫物种(画眉、啄木鸟)。

　　(6)哺乳动物。滨河地带具有良好的植被、水和食物来源,成为大型哺乳动物的理想栖息地,如可以利用多种类型栖息地的鹿、驼鹿和麋鹿。其他的哺乳动物也部分或全部依赖于滨河地带。Hoover 等(1984)报道了科罗拉多河滨河林地具有59 种哺乳动物物种,其数量在该地区 8 种其他林地中居于第二位。根据美国土地管理署记录,在亚利桑那州西部中心发现的 68 种哺乳动物中有 52 种生活在滨河栖息地。Stamp 等(1979)及 Cross(1985)发现,与邻近的高地相比,滨河地带内小型哺乳动物的多样性和生物量更高。

　　(7) 水生生态系统和水生栖息地。河流中的生物多样性和物种丰度取决于栖息地的多样性。从自然功能来说,稳定的河流系统支持栖息地的多样性和可用性。河流的横断面形状和尺度、坡度和河堤、床沙的粒径级配、甚至其平面形态都会影响水生栖息地。在基本未受干扰的条件下,虽然窄且陡的横断面没有宽且缓的横断面提供的水生栖息地物理面积大,但却具有更丰富的生物栖息地类型。堤化的河流限制了栖息地的数量、多样性和稳定性。

　　(8) 栖息地定律。河流廊道中的生物多样性与可利用的生物栖息地的多样性成正比。

　　(9) 栖息地。栖息地是植物和动物(包括人类)能够正常的生活、生长、觅食、繁殖及进行生命循环周期中其他重要活动的区域。栖息地为生物和生物群落提供生命所必需的一些要素,如空间、食物、水源及庇护所等。河道通常会为很多物种提供非常适合生存的条件,栖息地随河道弯曲度的增加而增加。泥沙颗粒均匀的河床与泥沙粒径多样化的河床相比,栖息环境多样性较差。栖息地子系统可具有不同尺度范围(Frissell et al.,1986),从数百千米到数米长。几十米尺度的栖息地由碎石坝、巨石叠层、急流、阶梯-深潭系统、深潭-浅滩系统或其他河床形式或结构联合而成。Frissell 的最小尺度栖息地子系统包括尺度不大于几十公分①的结构。这种微栖息地的例子有树叶和木棒碎屑、卵石或其他粗糙物质上的沙粒或粉沙、基岩上的苔藓或小的砾石碎屑等。

　　(10) 湿地。在国际自然和自然资源保护联盟(International Union for the Conservation of Nature and Natural Resources,IUCN)的主持下,1971 年 2 月 2 日,来自 18 个国家的代表在伊朗南部海滨小城拉姆萨尔签署了《关于特别是作为水禽栖息地的国际重要湿地公约》(Convention on Wetlands of International Importance Especially as Waterfowl Habitat),简称《湿地公约》(Wetland Convention)。《湿地公约》对湿地的定义为:"湿地是指天然或人工、长久或暂时的沼泽地、泥炭地、静止或流动的淡水、半咸水、咸水水域,包括低潮时水深不超过 6m 的海水区。"同时,还包括邻接湿地的河湖沿岸、沿海区域及位于湿地范围内的岛屿或低潮时水深不超过 6m 的海水水体。按此定义,湿地包括湖泊、河流、沼泽(森林沼泽和

――――――――――

　　①　1公分=1cm,下同。

草木沼泽)、滩地(河滩、湖滩和沿海滩涂)、盐湖、盐沼及海岸带区域的珊瑚滩、海草区、红树林和河口等类型(图 1.23)。

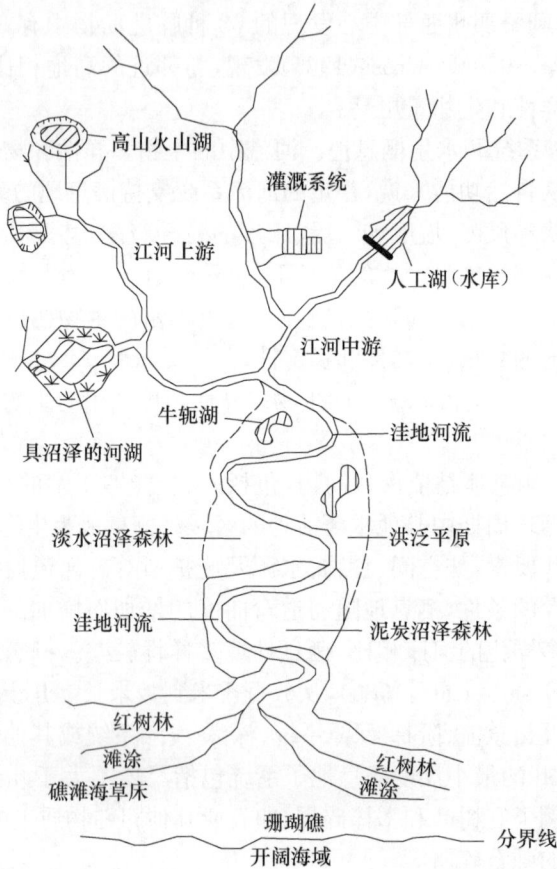

图 1.23 《湿地公约》中定义的湿地

湿地最基本的特征是在其表面或附近保持周期性的、持续淹没或饱和状态,出现反映淹没或饱和状态的物理、化学或生物特性。湿地的通用判断要素是含水土壤和水生植被,任何湿地都具有这些要素,除非因物理、化学、生物或人为因素移除这些要素,或阻碍其形成(National Academy of Sciences,1995)。湿地可出现在河流内、滨河区和河道走廊的河漫滩中,它是陆生系统和水生系统的过渡区域,其水位通常在表面及其附近,或陆地表面被浅水所覆盖(Cowardin et al.,1979)。对生长植被的湿地来说,水创造了适于水生植物在水中生长的环境,形成了至少定期缺氧的底质(Cowardin et al.,1979),并且促进含水土壤的形成。含水土壤为在生长季节长时间被水饱和或淹没的土壤,这样,在其上层部分形成厌氧环境(National

Academy of Sciences,1995)。

　　湿地的功能包括:鱼和野生动物的栖息地、涵养水源、拦蓄泥沙、减少洪灾、改善水质/控制污染和补充地下水。湿地一直被认为可为濒危鱼类及野生物种提供高繁殖的栖息地,据估测,湿地为美国 60%~70%的濒危动物提供栖息地。

　　(11)红树林。红树林是热带和亚热带生长在淤泥质海岸潮间带的热带雨林。红树因为可以从其树皮中提炼红色染料而称为红树。目前全世界的红树林面积约为 1400 万 hm^2,其中分布密度最大的在印度洋和西太平洋,如越南、泰国、马来西亚,这些区域的红树林面积就占了全世界红树林总面积的 20%。红树分属于 10科 16 属 55 种。世界上面积最大的红树林位于孟加拉,达 100hm^2,其次为非洲的尼罗河三角洲,面积为 70 万 hm^2。我国红树林有 37 种,主要分布在广西、广东、台湾、海南、福建和浙江南部沿岸。无论是种类还是分布范围,在太平洋西岸,我国的红树林都具有代表性。红树林对于维持滨海湿地生态、防风和抗海潮侵蚀具有重要的作用。红树林支持很高的动物多样性。例如,广西山口红树林有 111 种大型底栖动物,104 种鸟类,133 种昆虫。图 1.24(a)显示我国深圳湾淤泥质海岸的红树林。

　　红树具有独特的胎生苗繁殖、排盐保水的叶片、多功能的支持根和呼吸根等有趣的特征。红树开花结果后,种子不从树上脱落,包藏在果实体内的开始发育,渐渐变为带有胚茎的“笔状胎生苗”;胎生苗长到成熟可脱离母树,尖尖长长的“笔”像一个小椎子,直直落下并插入软泥中,迅速发根并长出新叶。图 1.24(b)显示笔状胎生苗插入软泥后迅速长出新叶。

(a)　　　　　　　　　　　　　　　　　　(b)

图 1.24　红树林及幼苗
(a)我国深圳湾淤泥质海岸的红树林;(b)笔状胎生苗插入软泥后迅速长出新叶

　　红树比较耐污染,对某些重金属,如镉、汞、锌及铅有相当程度的吸附及固定作用。许多国家及地区(包括我国深圳)利用自然或人工湿地的红树林作为较廉价的污水处理系统。红树林如同绿色长城,在促淤保滩、巩固堤岸、抵抗风浪袭击等方面有着其他植物和设施所不能替代的作用。

(12)滨河区。滨河区包括常年流动或间歇流动的急流或静水水体(河流、溪流、湖泊和排水通道)及其周边区域,生长在滨河区的植物群落受到其表层和底层水文特征的影响。滨河区至少具有以下两种特征之一:①其植物种类与邻近区域截然不同;②物种与邻近区域相似,但是更加有活力,生长更繁盛。滨河区通常是湿地和陆地的过渡区。

(13)水生植物。水生植物通常包括藻类和附着在河流底质上的苔藓。当底质条件适宜且大水不冲刷河底时,会出现有根水生植物。

(14)底栖无脊椎动物。河流底栖无脊椎动物群落包括多种动物群系,有细菌、原生生物、轮虫、苔藓虫、蠕虫、甲壳类、水生昆虫幼虫、贝类、蛤、小龙虾及其他无脊椎动物。水生无脊椎动物可生存在河流的多种微型栖息地中,包括植物、朽木、岩石、硬底质的间隙和软底质(淤泥)中。一般来讲,卵石砾石河床比沙床中的底栖无脊椎动物多。图1.25展示了一些生活在卵石砾石河床溪流中的一些常见大型无脊椎动物。

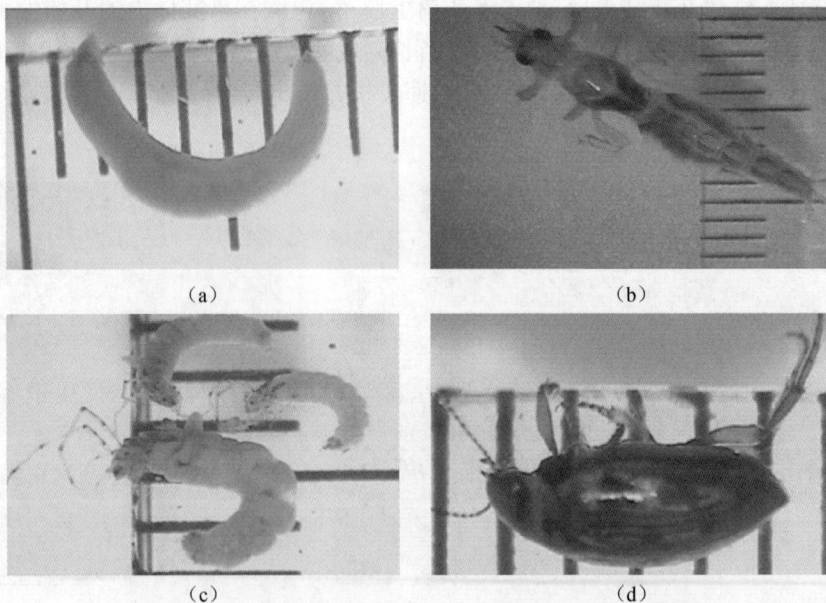

图1.25　生活在卵石砾石河床溪流中的大型无脊椎动物
(a)水蛭(蛭纲);(b)蜉蝣(蜉蝣目);(c)石蛾(毛翅目);(d)龙虱科

(15)鱼。鱼类在河流生态系统中具有重要的生态意义,因为它们通常是水生系统中最大的脊椎动物和顶端食肉动物。溪流中鱼类的数量和种类组成取决于地理位置、进化史和一些内在因素,如栖息地物理特征(水流流速、水深、底质、浅滩/深潭比、木头障碍和下切河岸)、水质(温度、DO、固体悬浮物、营养物质、有毒化学物质)和生物间的相互作用(索食、捕食和竞争)。

1.2 我国河流管理的主要问题

1.2.1 水资源

水资源是指人类可直接或间接利用的水,应具有足够的数量和可利用的质量,并能在某一地点为满足某种用途而被利用。只有可利用的水(如河流径流)及地表和地下蓄水层水体中的水,才被统计作为水资源量,是水文循环的一部分。我国的水资源总量丰富,但人均水量少,时空分布不均,洪涝灾害、干旱缺水、水土流失和水污染等问题严重。据水利部 1986 年水资源评价资料,全国降水总量 6.19 万亿 m^3、河川径流量 2.71 万亿 m^3、浅层地下水资源量 8288 亿 m^3,扣除重复计算水量 7279 亿 m^3,水资源总量 2.8 万亿 m^3,居世界第 6 位,但人均占有量只有 2300m^3,约为世界人均水平的 1/4,排在世界第 121 位。我国陆域约有 65% 属于外流入海的流域,35% 属于内陆河流域或盆地。其中,约有 27% 的天然径流流入邻国,主要分布在西南部,还有注入东北边界的河流,以及最靠西北部北流汇入西伯利亚鄂毕河的额尔齐斯河。我国总径流中有 0.6% 是来自境外。冰川储量大约有 5.1 万亿 m^3,年冰川融水量约占内陆河总补给量的 2%。

我国水资源空间分布很不均匀,南多北少,东多西少,与人口、耕地、矿产等资源分布极不匹配。长江以北水系的流域面积占全国国土总面积的 63.5%,其水资源量却只占全国水资源量的 19%;西北内陆河地区面积占 35.3%,水资源仅占全国水资源总量 4.6%。大部地区受东南季风和西南季风的影响,东南部多雨湿润、西北部干旱少雨。图 1.26 为十个流域分布及湿气输入、输出情况示意图。主要的水分输入来自我国的南部,它占水分总输入的 42%;主要的水分输出分布在东部,占水分总输出的 60%。因此,我国的水分流路为从南部边境到东部边境,这使我国的东南部变得湿润。只有 10%～23% 的水分是通过西部和北部边境输入、输出的。因此,我国北部和西部的降水量远远少于东部和南部的降水量。西南部的年平均降水量约为 2000mm,平均降水量最多的地方出现在中国印度边界处,约为 5000mm。长江以南地区年平均降水量约为 1000mm,从长江到秦岭和黄河下游之间的区域年平均降水量为 800～900mm,再往北年平均降水量减少为 600～400mm,而往西北更少。降水量最少的地方为吐鲁番盆地,年平均降水量仅为 7.1mm。更为不利的是降水时间分配不均。在我国的南方,降水量最大的 4 个月的降水量约占年降水总量的 60%,而在北方可以达到 80%。年际变化系数为平均年最大降水量与平均年最小降水量的比值,在我国西北该值大于 8、东北为 3~4、南方为 2~3。

图 1.26　我国十大流域分布及湿气输入、输出情况示意图

　　表 1.2 列出了 7 条主要河流的地表径流。从表中可以看出,珠江流域人均水资源占有量大于 4000m³,而在海河-滦河流域仅为 260m³。

表 1.2　我国主要河流的水资源状况(陈家琦,1991)

河流流域	径流量/亿 m³	人口/百万	土地/百万 hm²	人均水量/(m³/人)	公顷均水量/(m³/hm²)
珠江	3 360	83	4.7	4 097	71 670
长江	9 510	380	23.4	2 505	40 575
松花江	740	52	10.4	1451	7 110
黄河	660	93	12.2	716	5 430
淮河	620	142	12.3	439	5 055
辽河	150	34	4.4	435	3 345
海河-滦河	290	110	11.3	262	2 550

注:我国地下水总量为 8720 亿 m³。

　　最近 20 年,由于经济和城市化发展使水的需求量快速增加。我国的城市数量由 1985 年的 295 个增加到 1995 年的 640 个,而同期城市人口从 1.4 亿增加到 4

亿,人均水资源消费量也随着生活水平的提高快速增长。最近 20 年,城市供水系统的快速扩张非常明显,不仅体现在城市系统和供水范围的增加上,还体现在对居民用水和工业用水的供给上。1996 年,居住在城市边界内 95% 非农业人口纳入城市系统。

《中华人民共和国水法》规定:开发、利用水资源应当首先满足城乡居民生活用水,并兼顾农业、工业、生态环境用水及航运等要求。20 世纪 50 年代早期到 70 年代晚期,我国总用水量增加了 4 倍,而同期城市用水和工业用水(包括热能用水)分别增加了 8 倍和 22 倍。我国的城市供水水质必须满足《地表水环境质量标准》,市政自来水水质必须满足居民饮用水标准。给排水系统必须及时排放相当于供水量 60%～70% 的生活污水,还必须对一定量的生活污水进行适度处理后二次利用。全国范围内,有超过 2/3 的城市抽取地下水来满足其全部或部分供水需要,并且国内的公共用水有 1/4 来自于地下水。城市供水是水资源开发的主要目标。

目前我国需水总量为 5300 亿 m^3,到 2040 年将增至 11 000 亿 m^3,之后将维持这个水平,而目前水资源的开发速率将落后于水资源的需求增长。跨流域调水是缓解水资源短缺的主要策略,7 项短距离跨流域调水工程已经完成,包括引滦济津工程、引黄济青工程、引碧入连工程等。从长江调水到我国北方的远距离跨流域调水工程也已经启动,三条路线调水,即东线从扬州到天津、中线从丹江口到北京、西线从长江上游及上游支流调水到黄河的总调水量为 400 亿～500 亿 m^3。但这只能在一定程度上缓解水资源短缺问题,却并不能从根本上解决这个问题,要解决水资源短缺问题还需要新的策略。

1.2.2 洪水

20 世纪 90 年代世界范围内发生了几次灾难性的洪水,每次洪水事件造成死亡的人数过千,财产损失超过 10 亿美元(Kundzewicz,1997)。1994 年莱茵河遭遇了百年一遇的洪水,科隆的水位高达 10.69m,而这距上一次发生在 1993 年的洪水才不过 13 个月,当时水位为 10.63m。密西西比河在 1993 年发生的洪水被认为是美国近代历史上最具破坏力的洪水灾害,密西西比河主河道上的一些观测站的洪水水位超过记录 1.2m。在密苏里州的圣路易市,超过以往最高洪水位时间长达 3 周多。在 1990～1998 年,我国发生了 5 场死亡人数过千的洪水。根据慕尼黑再保险公司资料(Munich,1999),1990～1999 年记载中损失超过了 200 亿美元的最大洪水出现于 1996 年和 1998 年。1998 年我国长江、松花江、嫩江发生的洪水和 1996 年黄河、海河发生的洪水是水位最高、经济损失最大的洪水事件,对环境、社会及洪水控制策略造成的影响也是最深的。

我国遭受洪水的损失在过去的几十年中增长很快。图 1.27(a)比较了 1991～1999 年的洪水损失与 20 世纪 80 年代的年平均损失(Cheng,2002)。90 年代每年的洪水损失都超过 80 年代的洪水年平均损失（200 亿元），1996 年和 1998 年的洪水损失均超过 2000 亿元。洪水造成的损失持续增长的一个原因是经济发展，而另一个原因则是洪水灾害加重了。

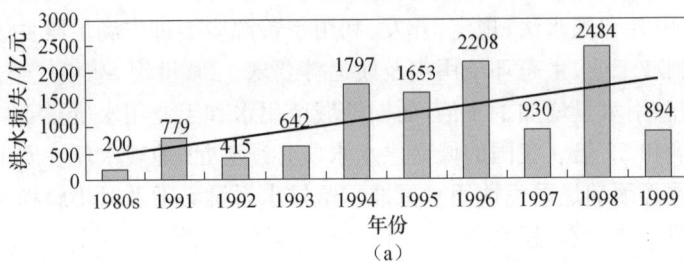

（a）

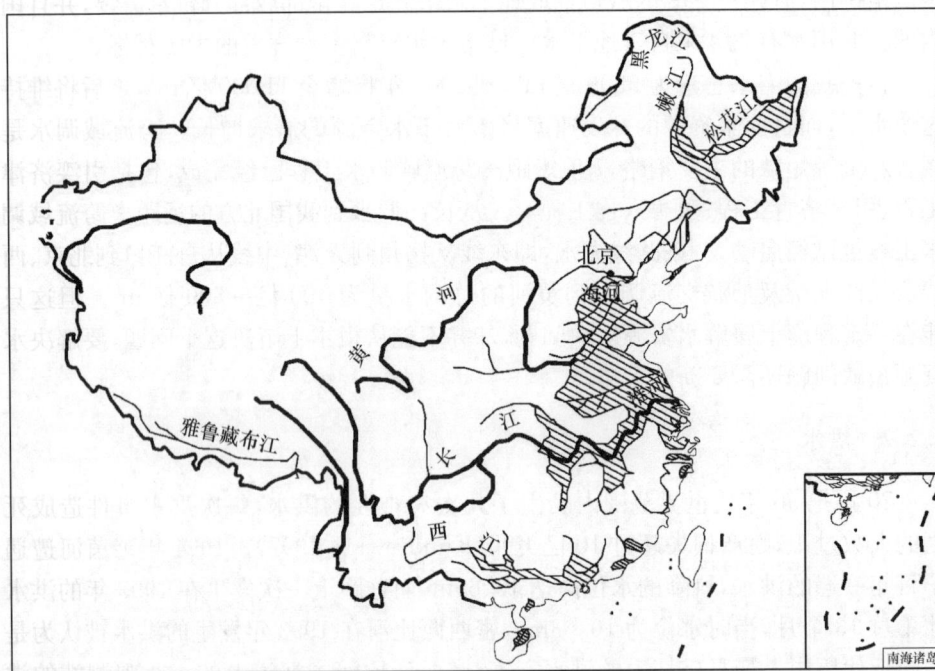

（b）

图 1.27　1991～1999 年洪水损失与 20 世纪 80 年代洪水损失的比较（Cheng，2002）（a）和
主要河流及洪水高风险区示意图（阴影部分）（b）

如图 1.27(b)所示，我国的洪水高风险区主要位于黄河下游、长江中下游周围地区、海河流域、淮河流域和松花江-嫩江流域。这些地区人口密度大，并且工业化进程快，所以洪水破坏的损失也较大。我国主要是季风气候，夏季会发生暴雨洪水，降水集中于少数几个月。例如，长江的洪水期为 6 月下旬到 9 月，黄河的洪水

期为 7～8 月,海河的洪水季节为 7 月中旬到 8 月,松花江-嫩江的洪水期为 8～9
月。我国降水强度大,造成洪峰流量大。图 1.28 所示为我国不同流域面积相应的
最大洪峰流量与世界上同流域面积最大洪峰流量的比较。由于洪峰流量大且洪水
期短,我国河流的洪水很难预报和控制。

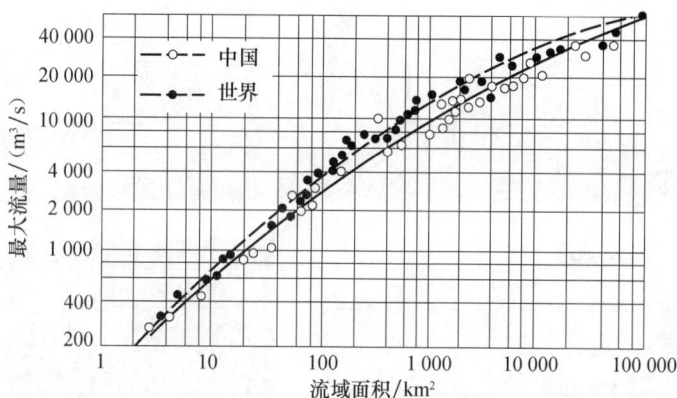

图 1.28　中国与世界最大洪峰流量-流域面积曲线的比较

　　2005 年的西江洪水,1998 年的长江、松花江洪水和 1996 年的黄河、海河洪水,
显示出洪水灾害加重的趋势。长江、黄河、松花江和海河的 1998 年洪水和 1996 年
洪水,虽然洪水重现期不高,但是经济损失巨大。1996 年 8 月,黄河发生流量为
$7860m^3/s$ 的洪水,冲溃堤坝,摧毁了滩地上 2898 个村庄和 212 个城镇,受灾人口
约 241 万,经济损失 8 亿美元。根据 1950～1996 年的数据资料统计分析,洪峰流
量达到 $8000m^3/s$ 的洪水的重现期仅为两年。虽然这场洪水洪峰流量远远小于
1958 年($22\,300m^3/s$)和 1982 年($15\,000m^3/s$),但洪水水位却达到了历史最高水平。
1996 年的洪水水位比 1958 年同流量下洪水水位高出 2m。图 1.29(a)是黄河 1996 年
洪水中,居住在河南郑州附近黄河河滩上的从洪水淹没区撤离的群众;图 1.29(b)、
(c)是 2005 年遭遇了一场百年一遇洪水袭击了的我国南部西江流域的梧州市。
　　造成 1996 年黄河洪灾的主要原因是异常的高水位和泥沙淤积造成的河道过
水能力的降低。洪水的高水位是主河道的淤积造成的,而河道淤积很大一部分是
人为干扰因素造成的。黄河下游的漫滩由两岸的高堤——黄河大堤约束限制,但
由于经济的快速发展和人口的迅速增长,人们对河流漫滩的侵占扩张越发严重。
现在,在黄河大堤内的下游漫滩内的居住人口超过 170 万,耕地 $270\,000hm^2$。人
们沿主河道修筑堤防使漫滩不再受淹,于是泥沙主要淤积在主河道内。在 20 世纪
50 年代,80%～100%的泥沙淤积在河漫滩中。1986～2000 年,74%～113%的泥
沙淤积在主河槽内。所以,虽然黄河下游平均年沙量减少了,但主河槽内的泥沙淤

(a)

(b)

(c)

图 1.29　1996 年黄河洪水与 2005 年西江洪水

(a) 1996 年黄河洪水时撤离的群众；(b) 洪水漫过梧州市的防洪大堤；(c) 洪水进入梧州市城区

积量却是增加的。导致河槽横断面逐渐变小，其过水能力也大大降低。

　　1996 年海河流域也遭遇了洪水袭击。8 月，海河流域南部地区发生了一场特大暴雨，造成海河流域大洪水。其中，吴家窑村 3 天的降水强度达 670mm，野沟门水库 3 天降水强度为 616mm，景山为 514mm。表 1.3 比较了 1996 年与 1939 年及 1963 年洪灾。1996 年的总洪量和洪峰流量都大于 1963 年洪水的相应值，但由于加强了系统过流能力，其总损失不大。

表 1.3　海河流域 1996 年洪灾情况和历史事件的对比

时间	区域	流量和重现期	测站	洪水总径流/亿 m³	损失
1939.7	北部	14 000m³/s，百年一遇；16 700m³/s，50 年一遇	苏庄潮白河通县北运河	304	经济损失 5 亿美元,受灾人数 6500 万，淹没土地 330 万 hm²,天津被淹、冲毁铁路 160km、高速公路 600km、死亡人数 13 320,受伤人数 12 万
1963.8	南部	12 000m³/s，40 年一遇；14 500m³/s，60 年一遇	黄壁庄滹沱河恒水恒水河	302	经济损失 33 亿美元,受灾人数 1000 万,摧毁铁路 116km、房屋 150 万座,淹没耕地 400 万 hm²,死亡人数 5030 人
1996.8	南部	18 200m³/s，50 年一遇	黄壁庄滹沱河	389.5	经济损失 60 亿美元,受灾人数 1500 万,摧毁房屋 114 万座,淹没耕地 100 万 hm²

　　1998 年,长江发生罕见洪水,造成严重的经济损失,800 万人受淹。受 20 世纪强大的厄尔尼诺现象的影响,1998 年夏天长江流域出现强降水,此次厄尔尼诺现象在 1997 年末达到最高峰,在 1998 年 5 月结束。气象学者认为,厄尔尼诺现象造成欧洲和青藏高原的积雪量增加,积雪越多,东亚季风季候就越弱或出现更大衰退。主要降水带将向南移,更多的雨水降落在长江流域。1997 年冬,青藏高原的积雪多于往年,由此带来的亚热带高压是影响我国降水强度和降水地点的主要因素。从 1998 年 6~8 月,亚热带高压非常强烈,高压脊保持东北—西南向,使来自西伯利亚的寒流南下至我国,这种现象已经 40 多年没有出现。在这 3 个月内,整个长江流域降水达 670mm,比正常年份的降水量高出 183mm,仅仅比 1954 年洪水期间降水量(706mm)少 36mm,是 20 世纪第二大降水量年。在洞庭湖流域降水量观测值达 2023mm,这是迄今观测到的最大降水量。图 1.30 所示为 1950~1998年 3 个月降水量的变化(Zhou,1999),除了 1954 年左右的峰值,1998 年降水量明显大于其他年份。

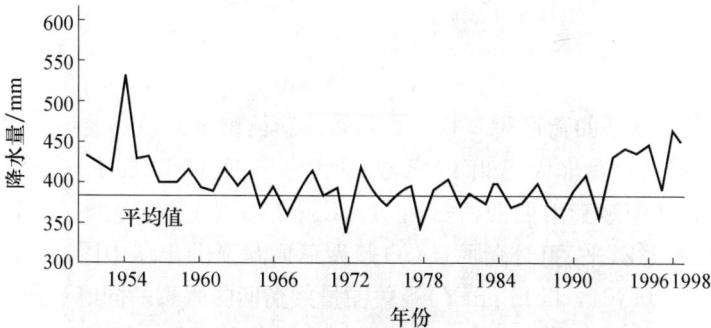

图 1.30　1950~1998 年 3 个月降水量的变化

　　表 1.4 给出了长江历史洪水的主要数值(宜昌站)。与历史上其他洪水相比,

1998 年洪水超警戒水位持续时间长,但其洪峰流量重现期只有 8 年。另外,根据洪峰流量,1998 年的洪水重现期约为 100 年(中华人民共和国水利部,1999)。虽然 1998 年长江洪水量级小于 1954 年,而"两口"(洞庭湖口及鄱阳湖口)附近洪水位却明显高出 1954 年,其中螺山站 1998 年流量明显小于 1954 年,而洪水位高于 1954 年 1.78m。其他站,如城陵矶高 1.72m、监利高 1.69m、沙市高 0.55m,仅在汉口(武汉)低 0.4m。因此,根据洪水水位,1998 年洪水的重现期要大于 100 年。

表 1.4   长江上的历史洪水(宜昌测站数据)

年份	洪水位/m	流量/(m³/s)	重现期/a	洪水主要来源
1153	58.06	92 800	210	全流域
1788	57.17	86 000	140	全流域
1840	—	71 000	50	上游
1860	—	92 500	150～200	全流域
1870	—	105 000	—	上游
1896	—	71 100	—	上游
1905	—	64 400	10	上游
1917	—	61 000	5～10	岷江
1931	55.02	64 600	—	全流域
1935	—	56 900	—	中游
1954	55.73	66 800	10	全流域
1998	—	63 300	8	全流域

在 1998 年洪水期间,长江沿岸只有九江大堤发生决口,并且几天后就被堵上。城市及主要铁路和高速公路没有受到洪水影响。长江中下游地区及洞庭湖和鄱阳湖地区有 1075 个围垦堤垸的堤防被冲毁,32.1 万 hm² 土地被淹,其中耕地面积 19.7 万 hm²。229 万生活在这些地区的人受到影响。除了湖南省安造垸和湖北省孟溪垸以外,其他的堤垸都很小。图 1.31 是孟溪垸内的一幢楼,洪痕记录了当时

图 1.31   孟溪垸内的楼房上的洪痕

的洪水位,其第一、二层都被淹没。总计有 213 万座房屋倒塌,死亡人数为 2292
人,大部分是在山洪暴发和山区泥石流中遇难的。表 1.5 为长江 1998 年洪水与
1954 年、1931 年洪水总径流量对比,表 1.6 列出了长江洪水的灾害。从表 1.6 中
可以看出,同量级洪水相比,1998 年洪水的损失要小于 1931 年和 1954 年洪水的
损失。

表 1.5　1998 年洪水和 1954 年、1931 年洪水总流量对比(单位:亿 m³)

测站	1998 年		1954 年		1931 年	
	30 天	60 天	30 天	60 天	30 天	60 天
宜昌	1382	2547	1386	2323	1065	1893
汉口	1851	3520	1730	3830	1922	3302
大通	2025	3942	2194	4210		

表 1.6　1998 年洪水灾害和历史洪水灾害的对比

年份	堤坝决口数	淹没面积/km²	死亡人数/人
1788		70 个村庄	10 000
1870		30 000	—
1931	300	40 000	145 000
1935			142 000
1954	60	31 700	33 000
1998	1	3 210	2 292

　　与传统的洪灾相比,近年的洪灾表现出一些新的特征。表 1.7(Cheng,2002)
总结了这些特征并与传统洪灾进行了对比。简而言之,由于人口压力和经济的发
展,河流状态发生了改变,但防洪体系却不能与这种变化相匹配,使得我国的洪水
灾害比过去更加频繁发生。出现了"小洪水,高水位,成大灾"的新现象。这些现象
与河流的水沙管理的矛盾有关,而此矛盾很难找到有效的解决办法。海河排洪体
系利用人工溢洪道成功地减少了洪水灾害,而泥沙淤积引起通往渤海入海口河道
断面萎缩又带来了新的问题。1998 年长江灾难性的洪水是由异常暴雨引起的,但
是极端的高水位却是由沿河湖泊分洪能力和调蓄能力降低及河道泥沙淤积造成
的。因此,需要新的河流管理和洪水控制策略来应对洪水的挑战。

表 1.7　现代洪水灾害与传统洪水灾害特征对比

类别	传统乡村类型	现代城市类型
原因	主要是自然因素	人为因素增加,甚至成为主要因素
类型	河水泛滥,暴风雨,暴雨,洪水决堤	人为洪水增加,如大坝决口、供水管道爆裂事故
淹没范围	被淹区域很大但相对固定	被淹面积减少,受影响范围增加并且不确定
发生概率	不同重现期的洪水可能形成不同的洪水	大洪水的突发性仍然存在,偏远地区遭受洪水的可能性会增加

类别	传统乡村类型	现代城市类型
影响方面	漫滩、农田、村庄、城镇和城市	上游水库区域,新的城市化地区,地下空间,如地铁和地下室
发生时间	确定的洪季	有可能会人为提前或推迟,供水系统的事故随时都可能发生
持续时间	依赖于降水面积和历时,地理特征	可能会人为延长或缩短
危害种类	主要是庄稼、农房、农具和人员伤亡	工业和商业设施,公共设备和家庭财产,城市生活系统
影响	造成饥荒,瘟疫,较大的人员伤亡,贫穷,交通瘫痪,严重受影响地区几年之后可以重建	有增加或降低危害双重影响,总灾害增加,受影响范围将远远超出受淹范围,有些损失无法复原,但会很快恢复
防洪系统	防洪系统水平较低	防洪和排水系统调节水平较高,暴雨洪水可能蓄积在城市中
减灾方法	撤退,受灾人必须承担风险	灾害预报和警报系统,社会安全系统逐渐完善

1.2.3　土壤侵蚀

根据世界范围内的初步统计,流域年表层土壤侵蚀量达到 600 亿 t,其中有 170 亿 t 流入海洋,相当于每年损失 500 万～700 万 hm^2 农田。此外,在剥蚀了表层肥沃的土壤后,风蚀会进一步加快裸露土地的荒漠化进程。侵蚀土壤中含有氮磷及其他营养物质,这些侵蚀土壤沉积在湖泊河流中后,会引起水体富营养化现象,并发生其他生物化学过程进而污染水体。

我国土壤侵蚀非常严重,根据全国第二次遥感调查结果,我国水土流失面积 356 万 km^2,占国土面积的 37%,其中水力侵蚀面积 165 万 km^2,风力侵蚀面积 191 万 km^2,水蚀、风蚀交错区面积 26 万 km^2(刘震,2005)。我国的部分领土被黄土覆盖,包括整个黄河流域、东北地区的南部和西北地区的东南部。黄土广泛蔓延向西延伸至青海省的东部,北到长城遗址,南至秦岭,东到沿海地区。黄土的粒状结构使它存在构造上的缺陷,即它主要由钙质硫酸盐凝聚在一起,这种钙质硫酸盐具有高溶解性,并且极易被雨水溶解。另外,孔隙率高达 40% 的黄土具有纵向节理的特征,使其极易侵蚀并易受天气影响。在历史演变过程中,由于黄河流域的植被被破坏,土壤侵蚀也越来越严重。虽然我国在水土保持工作上做出了巨大努力,但严重的土壤侵蚀还没有得到完全控制。经初步统计,黄河中游区域年平均水土流失速率为 $3700t/(km^2 \cdot a)$,大约是世界平均年水土流失速率 $[134t/(km^2 \cdot a)]$ 的 27.5 倍。大量泥沙从流域流经山间河流和小溪带入河流,使河流含沙量比世界上其他任何地区都要高。图 1.32 所示即为土壤侵蚀严重的黄土高原。

图 1.32　土壤侵蚀严重的黄土高原

黄河流域每年总土壤侵蚀量大约为 23 亿 t,相比之下,长江流域每年总土壤侵蚀量约为 22 亿 t(唐克丽,2004)。1950～1996 年,我国改善了水蚀土地约 70 万 km²,但与此同时,总的水土流失面积却从 116 万 km² 增加到了 182 万 km²。因此,没改善的水土流失土地仍有 113 万 km²(王兆印等,2003)。侵蚀面积增加的主要原因是森林破坏、过度放牧、中草药采集、陡坡耕地、采矿业和城市化发展等。例如,在云贵高原小江流域,1958 年砍伐树木,燃烧木材大炼钢铁。因为树木砍伐,森林覆盖率从 23% 下降到 18%,而侵蚀速率是双倍发展的。就长江流域来说,人们仍在耕种的斜坡地还有 1100 万 hm² 之多。1998～2000 年,神府-东胜煤矿采矿开挖了 16 200 万 t 土壤,极大地加快了侵蚀速率。

土壤侵蚀会带来很多问题。由于侵蚀每年有超过 50 万 t 的肥沃土壤流失,其中约含有 5000 万 t 氮、磷、钾,这比全国的化肥年产量(3000 万 t)还高很多。侵蚀还使土地恶化、粮食减产。此外,营养物质随着泥沙输运到环境水体中,造成富营养化和赤潮。20 世纪 90 年代,240 多种有害海藻繁盛生长而使经济损失惨重。侵蚀对植被施加生态应力是最大的,在黄土高原北部,因为剧烈的土壤侵蚀带走了植物赖以生存的表层土壤,植被难以发育;在有植被覆盖的地方,如长江上游河段,土壤侵蚀破坏着植被,冲垦着土地表层。

上游的土壤侵蚀给河流带来了大量泥沙,造成河道泥沙淤积而使洪水的危险性加大。例如,黄河以其频繁改道和洪水灾害而著称,主要原因是由于黄土高原的侵蚀而使其含沙量极高。黄河的泥沙不仅造成自身下游河道淤积,还使海河排水系统的排水通道口萎缩。如图 1.33 所示,黄河口的泥沙沿海岸带输移并沉积在子牙新河河口,子牙新河是海河排水系统一个主要的排水通道。该河道被淤积抬高了 6m,过水能力减少了 60%(Hu et al.,1999)。

图 1.33　来自黄河口的泥沙沉积在子牙新河河口

　　我国水土保持的方法有很多种,在干旱和半干旱地区常用的方法是在沟道内设置拦沙堰、将斜坡改造成梯田及建造淤地坝,在湿润地区植树造林,通用的方法是小流域综合治理。黄土高原水土保持采取的主要策略为小流域综合治理,该地区属于干旱、半干旱气候,仅靠植树造林很难实现控制侵蚀的目标。因此,为了控制水土流失,在此区修建了淤地坝和高产的梯田,梯田边高约 20cm,几乎可以拦住所有的降水,大大减少了侵蚀。河流上建坝蓄水可供饮用、灌溉和植树造林。在斜坡上种草,在田地周围和路边植树。这样,1984 年以来,从黄土高原侵蚀流入河流的泥沙大大减少。

　　在湿润地区(如我国南方)植树造林是水土保持最有效的方法。植树造林的成功更大程度上依赖于政策而不是技术。自 20 世纪 80 年代起,土地所有权从公有变为私有,激励了农民植树造林的热情。1998 年洪水过后,国家拨出资金资助长江上游的植树造林工程,加快了绿化进程。植树造林在很多地方是成功的。然而,山区的居民仍依赖木材来煮饭、取暖,因此,选择区域种植灌木和生长较快的树木,以供给当地居民燃料木材,是有效保护森林的方法。

1.2.4　污染和富营养化

　　大多数河流还用于排放生活污水和工业废水,使河水遭受污染,河流环境遭受损害。随着人们生活水平的提高,过去的 30 年人均用水量增加了几倍。我国城市污水排放量在 20 世纪 80 年代和 90 年代增加了 400%,同时污水处理和回收量也在增加。图 1.34 展示了城镇和城市年废水排放量的变化情况。工业废水排放量在 1990 年后有所减少,这是水污染控制和废水回用率增加的结果。然而,城市污水排放量每 4 年就要翻一番,并且这个趋势仍在持续。现在年污水排放量已经超过了 220 亿 t。

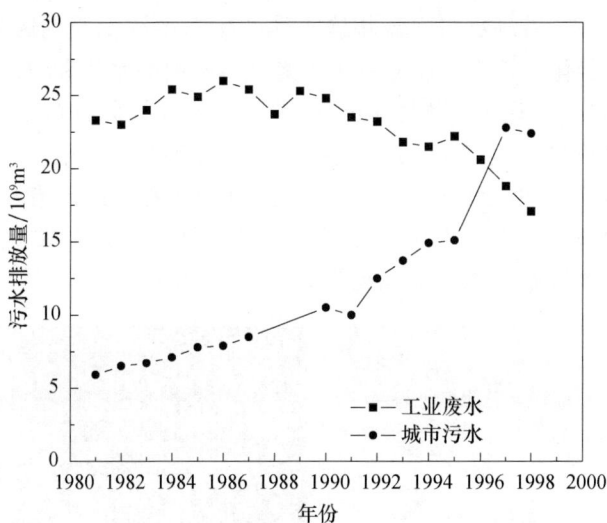

图 1.34　1980～2000 年排入我国河流和海洋的工业废水及
城市污水排放量(Wang et al. ,2001)

　　在一些地方,工业废水未经任何处理就直接排入河流,废污水中的重金属、有
毒物质和营养物质严重污染了河水。20 世纪 80 年代以前淮河曾作为居民饮用
水,而在 90 年代大量造纸厂和化工厂的废水排入,造成淮河水严重污染,鱼类死
亡,沿岸居民不得不挖深井取水或买瓶装矿泉水饮用。黄河最大的支流——渭河
也出现同样的情况,河水污染非常严重,水质达到水质标准的劣Ⅴ类。图 1.35 所
示是渭河的污染情况。渭河河水被严重污染,河中的鱼无法生存,几千米的河水散
发着臭味,河水却直接汇入黄河。

图 1.35　污染的渭河

　　由于河水污染,沿河及与河流相连水体的生态系统也受到影响。20世纪80年代以来,富营养化已经成为社会关注的焦点。湖泊的水华和海水的赤潮现象是富营养化引起的。藻类过度繁殖造成的水体变色现象统称为赤潮。一些赤潮藻类在其数量顶峰期间会产生大量黏液,这些黏液附着在鱼、虾、贝类的鳃上,导致其窒息死亡。有些有害藻类(如甲藻)还分泌毒素,并通过食物链传给人类。1998年渤海的赤潮蔓延面积达50 000km²,导致很多鱼类死亡,造成8000万美元的经济损失。图1.36所示为赤潮现象及赤潮造成大量鱼类死亡。

（a）　　　　　　　　　　　　　　（b）

图1.36　被有毒藻类致死的鱼(a)和赤潮现象(b)

　　20世纪80年代以前,我国海洋很少发现赤潮现象。最近几十年,由于人类活动增强,水域富营养化日益加重,赤潮事件也频繁暴发。图1.37所示为我国50～

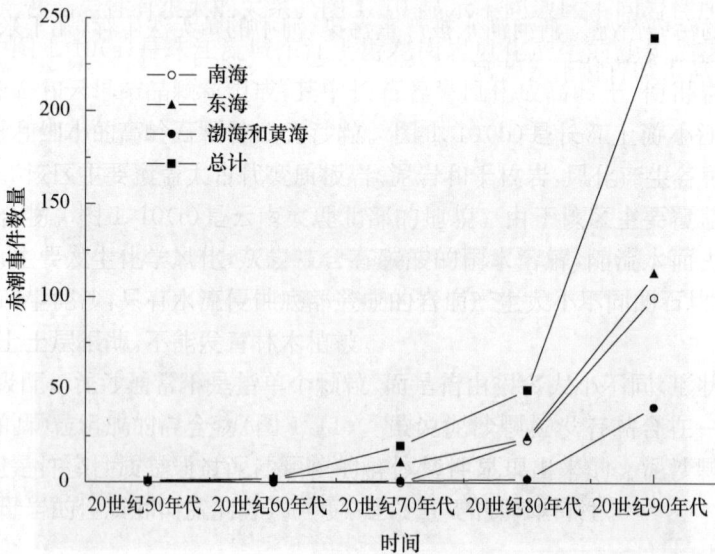

图1.37　20世纪50～90年代我国海洋每10年发生的赤潮数

90 年代每 10 年发生的赤潮事件数。从图 1.37 中可以看出,在 20 世纪 50 年代和 60 年代几乎没有赤潮发现,但之后赤潮却以爆炸式发展,到 90 年代赤潮事件数达到 240 多。对比图 1.37 和图 1.34,可以发现,赤潮数目几乎与城市人口和污水排放量以同样的曲线增长。这些曲线的明显拐点均出现在 1980 年,也就是我国经济起飞的转折点。毫无疑问,赤潮的频繁发生是化肥的大量使用和废水排放的结果,而两者又分别是经济高速发展和工业化的产物。如果这个趋势持续下去,我国的海洋生物将面临严重威胁。

1.2.5　水库管理

在过去的几十年中,随着我国经济的高速增长,也加速了大坝的建设。我国大多数河流上均有多座水坝,用于防洪、发电、供水、灌溉和航运。1957~1993 年,黄河上已经修建了 11 座主要水库。从上游到下游依次是龙羊峡水库、李家峡水库、刘家峡水库、盐锅峡水库、八盘峡水库、青铜峡水库、三盛公水库、万家寨水库、天桥水库、三门峡水库和小浪底水库,水库总库容为 558 亿 m^3,相当于整个流域的年径流量。这些水库拦截了超过 100 亿 t 的泥沙,减少了黄河下游总的泥沙淤积量。图 1.38 所示是龙羊峡大坝和刘家峡水库。

(a)

(b)

图 1.38　黄河上的龙羊峡大坝(a)和刘家峡水库(b)

　　小浪底水库作为河南、山东和河北的水源,还用来调水调沙。小浪底拦沙库容为 70 亿 m^3,至少可拦截泥沙 20 年。另外,水库还用来调水调沙,形成人造洪水冲刷下游河道,以缓解洪水威胁。2002～2006 年小浪底水库进行了 4 次调水调沙实验,下游河道的大量泥沙被冲刷带入大海。

　　河流建坝常会衍生出一些新的问题。例如,三门峡水库 1960 年开始蓄水,渭河在水库的回水区内汇入黄河。水库的高蓄水位导致泥沙在汇水口淤积,继而引起严重的溯源淤积。泥沙淤积造成河床抬高,渭河的过洪能力衰退,古城西安受到威胁。虽然改建后有所缓解,仍有学者提出废弃三门峡水库。图 1.39 所示为三门峡原址和三门峡大坝。

(a)

（b）

图 1.39　建坝前的三门峡（a）和三门峡大坝（b）

表 1.8 列出了我国库容大于 1 亿 m³ 的水库淤积的问题（陈家琦，1991；田海涛等，2006），对于小型水库，泥沙淤积造成的库容损失百分比会更大。控制水库泥沙淤积和恢复库容的主要方法是蓄清排浑、泄降冲刷、泄空冲沙、疏浚和利用异重流排沙。

表 1.8　我国大型水库由于泥沙淤积造成的库容损失

水库	河流	总库容/亿 m³	调查年份	淤积体积/亿 m³	库容损失/%
三门峡	黄河	96.40	1960~2000	70.16	72.80
盐锅峡	黄河	2.32	1958~1998	1.89	81.50
青铜峡	黄河	6.06	1967~1996	5.81	95.80
刘家峡	黄河	57.20	1968~1986	10.78	18.85
龚嘴	大渡河	3.74	1971~1998	2.43	65.00
汾河	汾河	7.21	1961~2001	3.63	50.40
红山	老哈河	25.60	1960~1999	9.41	36.80
官厅	永定河	22.70	1953~1985	6.12	26.96
丹江口	汉江	160.50	1968~1986	11.29	7.06

对于处于含沙量大而径流量小的河流上的水库，一般采用泄降冲刷和泄空冲沙的方法。在洪季打开大坝底孔，泄降或泄空水库，在水库导流段内形成泄洪水流，冲刷并下泄水库中淤积的泥沙。泥沙冲刷会引起溯源侵蚀，侵蚀可能延伸到坝上游。位于山西唐峪河上的恒山水库是一座小型峡谷型水库，水库库容为 1300 万 m³。该地区干旱，非汛季几乎没有水流。水库用来在汛期蓄水，供给非汛期的灌溉用水。在建库的最初 8 年，水库迅速淤积，损失了 30% 的库容。在 1974 年和 1979 年的洪水季节，水库泄空冲沙，恢复了近 200 万 m³ 的库容。

位于甘肃蒲河上的巴家嘴水库,当入流含沙浓度高于 $200kg/m^3$ 时会在水库内形成异重流,异重流随上层清水通过水库河道流向大坝,然后通过底孔流出水库。出流浓度与入流浓度相比约为 100%。也就是说,高浓度泥沙可在不损失蓄水的情况下排出水库。另外,叶榆河上的黑松林水库,它的出流浓度与入流浓度之比达 91%。

长江三峡工程是当今世界上最大的水利枢纽工程,装机容量居世界第一,2004年就已开始发电。工程的主要目标是防洪、发电和内河航运。为实现这些目标,水库中需要保持足够的蓄水量。三峡工程将提高航运能力,允许万吨级货轮船队和3000t 客轮通过,直达大坝上游内陆的大都市重庆。因此,在大坝的左侧修建了双线五级船闸和升船机永久通航建筑物。三峡工程也会带来很多问题,在这些问题中,泥沙问题也许是最重要的技术问题。泥沙问题的解决方法是:在含沙量很高的7~9 月的汛期,把水位高程从 175m 降到 145m,允许浑水从水库冲到下游。当10月来水变清时,水库开始蓄水。图 1.40 所示为宜昌至三峡工程所在地的泥沙浓度的典型变化过程及控制泥沙的库水位运行方案。通过蓄清排浑,水库在减少泥沙淤积的同时,仍可蓄足够的水用于枯水期发电。多种模型证明,水库运行 150 年后,水库中的泥沙冲淤将达到平衡,最终将损失 170 亿 m^3 的库容,但仍有 220 亿 m^3 的库容可供利用。

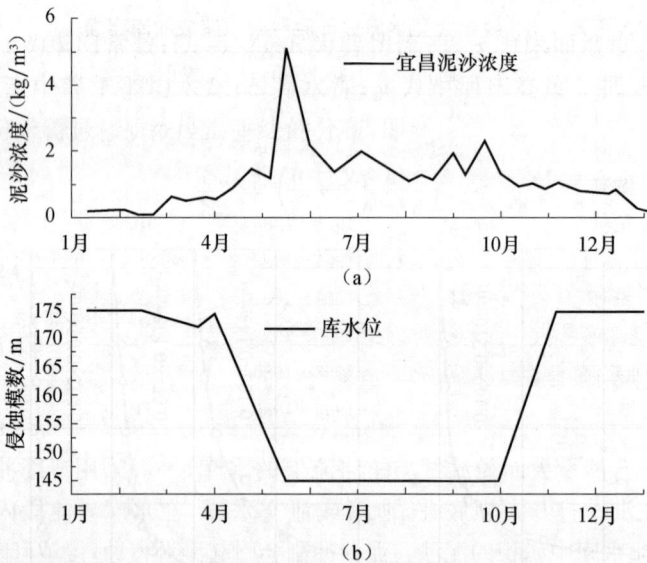

图 1.40　三峡坝址处典型的泥沙浓度变化过程(a)和控制泥沙淤积的水库水位运行方案(b)

林秉南(2000)提出了一个新的水库运行方案,当来水量为 45 000~56 700 m^3/s 时,把汛期水位从 145m 降到 135m。根据长期平均情况,每年将有 7 天大坝前水库水位低于 145m。在此短时间内,船闸将暂停使用。该方案如果被采用的话,应该在此工程验收后的第 11 年之前开始应用。淤积物将向前推移,更多的泥沙将被水流带出水库。因此,水库中的淤积物将减少。数学模型证明,采取该项建议方案,运行在 145～175m 水位将可获得 35 亿 m³ 库容用于防洪。这是同等水位下原有可用库容 220 亿 m³ 的 15.9%。除了船闸的短期停用外,该计划对航运特别有利。它将增加变动回水区的水深。更重要的是,它还可以减少重庆港的淤积。因为该方案采用了另外一个防洪控制水位——135m,被称为双汛限水位方案。

1.2.6　河流利用

1. 水电开发

截至 1999 年年底,我国水电总装机容量已达到 70 000MW,年发电量 210 万亿 Wh,在世界分别排名第二、第三。现在约有 220 座大中型水电站已完工或正在建造中,其中有 20 座装机容量超过 1000MW,37 座装机容量大于 500MW,有 53 座大坝的高超过 100m。20 世纪 50 年代,我国建造了第一座大型水电站——新安江水电站,坝高 102m,装机发电容量 662.5MW。之后,在广东新丰河、湖南柘溪河、云南迤逦、贵州毛条河和北京永定河等中小河流开始实施水电梯级开发。

20 世纪 60 年代,建造了许多大中型水电站,如甘肃刘家峡(装机容量 1160MW)、湖北丹江口(900MW)、湖南柘溪(447.5MW)、鸭绿江的云丰(400MW)等。70 年代,湖南凤滩(400MW)、甘肃碧口(330MW)、四川龚嘴(700MW)、黄河的青铜峡(272MW)等水电工程完工。

20 世纪 80 年代,更大规模的水电工程开始建造。贵州乌江渡(630MW)、吉林白山(900MW)、青海龙羊峡(1280MW)和长江的葛洲坝(2715MW)完工并投入运行。

20 世纪 90 年代,水电开发管理制度的改善大大促进了水电发展,大型水电站主要建筑物的建设周期与过去 4～5 年相比普遍减少了 1～2 年,如鲁布革、广蓄一期、水口、隔河岩、盐滩、漫湾、五强溪、李家峡、天荒坪、十三陵、莲花、二滩和天生桥水电工程。抽蓄能电站的建设也有很大进步,已完工的有广东广州水电站(2400MW)、北京十三陵水电站(800MW)、天荒坪水电站(1800MW)、浙江溪口水电站(80MW)等。

我国发电工程总装机容量从 1980 年的 65.9GW 增加到 1996 年的 236.5GW,再到 1997 年的 254.2GW。虽然相对净增加幅度很大,但其增长速率落后于 GDP 的增长速率。水电装机容量占总装机容量的 25%,包括装机容量超过 250MW 的大型水电站,这些大型水电站的装机容量和年输出发电量均占水电容量的 50% 左右。目前,水电的份额已呈下降趋势,我国火电站大多位于北方(山西、河北、河南和陕西)的煤矿区,也有一些建在经济中心城市,如上海和广州。大部分的大型水电站建在黄河、长江及西南诸河上游河段的偏远山区。在不同地区,水电站所占份额也大不相同,东部和北方特别低,而西北、南部中心、福建和四川明显要高。

不过,我国只开发了可开发水电资源的 17%。我国的大坝建设仍处于发展过程中,这与讨论废除大坝的发达国家不同。

2. 灌溉

我国是一个农业大国,灌溉和排水在农业中起着重要作用。按气候我国可划分为 5 个区域:非常湿润、湿润、半湿润、半干旱和干旱。根据农作物对灌溉排水需求的不同,可以把农业划分为三个区:多年平均降水量小于 400mm 的常年灌溉区,多年平均降水量在 400～1000mm 的不定期灌溉区,多年平均降水量大于 1000mm 的水稻灌溉区。常年灌溉渠分布在西北内陆的大部分地区和黄河中上游河段,占我国陆地总面积的 45%。不定期灌溉区主要分布在黄河下游、淮河、海河流域(简称黄淮海地区)和我国东北,这些地区的灌溉需水指数(灌溉量与农作物需水量相比)可能达到 50%,干旱年甚至更高。水稻灌溉区分布在长江中下游、珠江闽江流域和我国东南部分地区。

施肥和灌溉是提高农业产量的主要途径。在我国一些地区,化肥的使用已经达到了极限,施更多化肥对增产不再起明显作用。因此,增加灌溉面积将成为农业增产的主要方法。我国计划在 50 年内净增加灌溉面积 82%～122%。表 1.9 列出了主要河流流域灌溉工程发展情况。

表 1.9　主要河流流域灌溉工程发展情况

流域	发达灌溉区/百万亩[①]				欠发达灌溉区/百万亩			
	2010 年	2030 年	2050 年	累计增量	2010 年	2030 年	2050 年	累计增量
松花江-辽河	97.8	112.5	115.6	42.5	92.4	100.4	100.9	27.8
海河	111.0	114.5	114.9	6.6	111.0	113.1	113.2	4.9
淮河	156.0	160.4	161.5	11.3	156.9	159.5	160.2	10.0
黄河	81.5	86.9	89.6	17.8	80.5	84.5	85.5	13.7
长江	226.9	234.2	236.9	17.9	224.9	228.8	228.6	9.6
珠江	66.8	69.3	70.6	7.7	65.3	67.7	68.2	5.3
东南诸河	29.2	29.3	29.4	0.3	29.0	28.7	28.4	−0.7
西南诸河	12.6	13.2	13.6	2.3	11.9	12.6	12.8	1.5
内陆河	70.4	72.8	74.0	15.7	65.2	68.8	69.3	11.0
北方	517.5	547.0	555.6	93.8	505.9	526.2	529.1	67.3
南方	335.6	346.0	350.5	28.3	331.2	337.8	338.0	15.8
总和	853.1	893.0	906.1	122.1	837.1	864.0	867.1	83.1

① 1 亩 ≈ 666.7m²,下同。

3. 内陆航运

内陆航运的成本较低,一般只占铁路的 1/3、公路的 1/10。长江、淮河、京杭大运河和珠江是我国主要的内陆航运通道。长江及其支流的航道长 70 000km,淮河航道长 20 000km,京杭大运河航道长 1035km,珠江航道长 14 100km。然而,水深超过 2.5m 且允许千吨船队通过的航道不足 5000km。开凿运河,建造港口、船闸和升船机将会促进内陆航运。

1.2.7 生态保护与河流综合管理

近年来,生态和生态保护已经成为我国出现频率最高的关键词之一。生态是生物之间及其与生物生存于其间并维系生物繁衍生息的环境之间的相互关系。生态保护意味着保护这种关系或尽可能维持这种关系不改变。四川九寨沟在开发旅游的同时注意生态保护,在景区的所有通道上用木板铺设了小径,如图 1.41 所示。许多游客欣赏了九寨沟美丽的景观,离开九寨沟后他们才意识到实际上并没有真正踏足于九寨沟的土地上。

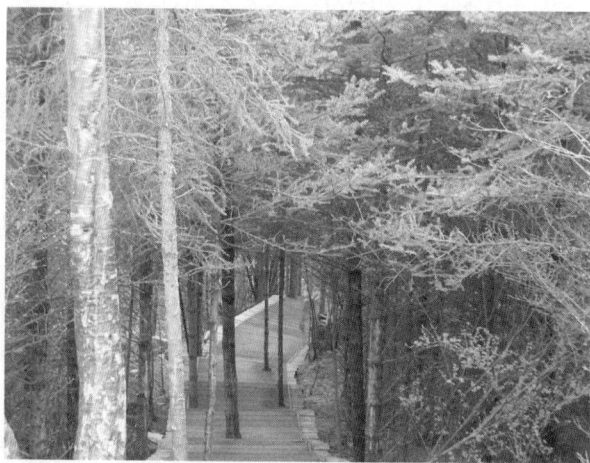

图 1.41 九寨沟景区木板小径保护景区生态

但是,当经济发展与生态保护发生矛盾时,决策者常常把经济发展放在首位,忽视了生态保护。例如,上海经济的高速发展增加了对土地的需求,为了解决土地资源不足的问题,采用开发占用湿地的方法。长江口泥沙的淤积在自然条件下发育成可供大量生物栖息的湿地,许多珍稀鸟类、鱼类生存于其间。图 1.42 所示为长江口崇明东滩新淤积湿地不断被围垦的情景。图 1.42(a)显示随着滩地淤积延伸,人们不断将围堤向外延伸,把新淤积湿地变成农田,图 1.42(b)为 2001 年的新围堤。

图 1.42　长江口崇明东滩围垦造地
(a) 新淤积湿地变成农田;(b) 2001 年的新围堤

　　同样是河口海港城市,威尼斯人具有不同的思考方式。他们尽可能不改变自然生态,顺应自然规律。实际上,威尼斯之所以成为旅游者的首选目标之一,原因主要在于其有趣的生态景观。余秋雨在他的《行者无疆》中这样评价威尼斯:"它身在现代居然没有车马之喧,一切交通只靠船楫和步行,因此它的城市经络便是蛛网般的河道和小巷。……对于世界各国的旅行者来说,徜徉于威尼斯的河道小巷,就像来到童年时代的梦境。"图 1.43(a)为泥沙淤积形成的处于威尼斯潟湖的威尼斯古城,图 1.43(b)为威尼斯的一条小水巷。每天早上,潮水应约来到窗前,叫醒沉睡的市民。尽管每年都有大海潮造成水灾,几百年来人们仍然保持天然生态不改变。

　　许多河流的利用目标单一,缺乏综合管理。水力发电管理者要求最大的发电效益,而不考虑河流输沙及河流生态系统对流量过程的要求。同样的,水资源管理者尽量满足各项用水要求,不介意引起河床演变规律的改变。土壤侵蚀和河流泥沙淤积造成许多环境和生态问题,但是在河口,泥沙是用于造陆的重要资源。河流综合管理要求对上中下游和河口、河流利用和防洪安全、眼前利益和可持续发展及区域经济发展和河流生态健康进行综合分析及规划,使河流利用具有经济有效性、社会公正性和环境可持续性。为此必须充分了解整个河流系统,研究河流涉及的问题,发现其中的自然规律,并提出和实施综合管理河流的方略。

(a)

(b)

图 1.43　水城威尼斯

（a）处于威尼斯潟湖的威尼斯古城；（b）威尼斯的水巷

思　考　题

1. 河流的主要功能是什么？
2. 什么是河流综合管理？
3. 请利用随机游走模型画出一个河网。
4. 泥沙和输移质种类有哪些？它们之间有什么不同？
5. 什么是水循环？
6. 主要的河型有哪些？
7. 河流的化学特征是什么？
8. 请陈述河流生态的主要组成部分及其作用。

9. 利用最小功率理论解释河流交汇机理。

10. 我国主要的河流管理问题是什么?

11. 我国东南湿润、西北干旱的原因是什么?

12. 缓解水资源短缺的措施有哪些?

13. 洪灾损失增加的原因是什么?

14. 土壤侵蚀的后果有哪些?

15. 什么是赤潮? 为什么赤潮事件在近几十年来迅速增加?

16. 河流建坝带来哪些主要问题? 如何解决?

参 考 文 献

陈家琦. 1991. 中国的水资源//钱正英. 中国水利. 北京:水利电力出版社:1-42.

程海云,葛守西. 1998. 1998 年长江洪水初析. 长江水利委员会水文局.

林秉南. 2000. 林秉南论文选集. 北京:中国水利水电出版社.

刘震. 2005. 加快水土流失防治步伐,促进人与自然和谐发展//敬正书. 2005 中国水利发展报告.
　　北京:中国水利水电出版社:483-495.

钱宁,万兆惠. 1983. 泥沙运动力学. 北京:科学出版社.

唐克丽. 2004. 中国水土保持. 北京:科学出版社.

田海涛,张振克,李彦明,等. 2006. 中国内地水库淤积的差异性分析. 水利水电科技进展,6(6):
　　28-33.

王随继. 2002. 两类多河道河流的形成模式及河道稳定性比较. 地球学报,23(1):89-93.

王随继,尹寿鹏. 2000. 网状河流和分汊河流的河型归属讨论. 地学前缘,(s2):79-86.

王兆印,林秉南. 2003. 中国泥沙研究的几个问题. 泥沙研究,(4):73-81.

中华人民共和国水利部. 1999. 中国"98"大洪水. 北京:中国水利水电出版社.

Abrahams A D. 1984. Channel networks:A geomorphological perspective. Water Resources Re-
　　searces,20(2):161-168.

Abrahams A D,Li G,Atkinson J F. 1995. Step-pool stream:Adjustment to maximum flow resist-
　　ance. Water Resources Research,31(10):2593-2602.

Alearts G J,Hartvelt F J A,Patorni F M. 1999. Water Sector Capacity Building:Concepts and In-
　　struments. Oxford:Taylor & Francis:13-84.

Cheng X T. 2002. Change of flood control situation and adjustments of flood management strate-
　　gies in China//Flood Defence 2002. New York:Science Press:98-106.

Chin A. 1999. The morphologic structure of step-pool in mountain streams. Geomorphology,27:
　　191-204.

Cowardin L W,Carter V,Golet F C,et al. 1979. Classification of wetlands and deep water habitats
　　of the United States. Washington DC:US Fish and Wildlife Service.

Cross S P. 1985. Responses of small mammals to forest riparian perturbations. General Technical
　　Report RM-120. Fort Collins:USDA Forest Service:269-275.

Daniel P,Durand R,Condolios E. 1953. Introduction to the study of saltation. Denver:US Bureau of Reclamation.

Einstein H A,Anderson A G,Johnson J W. 1940. A distinction between bed load and suspended load in natural streams. Transition of American Geophysical Union,21(2):628-633.

Federal Interagency Stream Restoration Working Group(FISRWG). 1998. Stream corridor restoration:Principles,processes,and practices. FISRWG.

Frissell C A,Liss W L,Warren C E,et al. 1986. A hierarchical framework for stream habit at classification:Viewing streams in a watershed context. Environmental Management,10:199-214.

Glock W. 1931. The development of drainage systems:A synoptic view. Geographical Review,21:475-482.

Grant G E,Swanson F J,Wolman M G. 1990. Pattern and origin of stepped-bed morphology in high gradient streams,western Cascades,Oregon. Geological Survey of America Bulletin,102:340-352.

Gregory S V,Swanson F J,McKee W A,et al. 1991. An ecosystem perspective on riparian zones. Bioscience,41:540-551.

Hallegraeff G M. 1993. A review of harmful algal blooms and their apparent global increase. Phycologia,32:79-99.

Harris L D. 1984. The Fragmented Forest. Chicago:University of Chicago Press.

Hoover R L,Wills D L. 1984. Managing forested lands for wildlife. Denver:Colorado Division of Wildlife.

Horton R E. 1945. Erosional development of streams and their drainage basins:Hydrophysical approach to quantitative morphology. Geological Society of America Bulletin,56:275-370.

Howard A D. 1971. Drainage analysis in geologic interpretation:A summation. Bulletin of the American Association of Petroleum Geologists,51:2246-2259.

Hu S X,Wang Z Y,Ding P X. 1999. Shrinkage of the estuarine channels of the Haihe drainage system and its influences on flood hazard. International Journal of Sediment Research,14(2):65-76.

Knighton A D. 1981. Asymmetry of river channel cross sections:Part I. Quantitative indices. Earth Surface Processes and Landforms,6:581-588.

Kundzewicz Z W. 1998. Floods in perspective—setting the stage//Proceedings of European Expert Meeting on the Oder Flood,Potsdam.

Leopold A. 1933. The conservation ethic. Journal of Forestry,31(10):636-637.

Leopold L B,Langbein W B. 1962. The concept of entropy in landscape evolution. USGS Professional Paper.

Munich R. 1999. Flooding and insurance. Munich:Munich Reinsurance Company:1-79.

National Academy of Sciences. 1995. Wetlands:Characteristics and Boundaries. Washington DC:National Academy Press.

Ni J R,Wang S J,Wang G Q. 2000. River patterns and special and temporal transformation modes. International Journal of Sediment Research,4:357-370.

Ohmart R D,Anderson B W. 1986. Riparian habitat∥Inventory and Monitoring of Wildlife Habitat. Denver:US Department of the Interior,Bureau of Land Management Service Center:169-201.

Partheniades E. 1977. Unified view of wash load and bed material load. Journal of the Hydraulic Division,ASCE,103:1037-1058.

Prigogine I. 1967. Introduction to Thermodynamics of Irreversible Process. 3rd ed. New York:John Wiley & Sons.

Рухин А В. 1957. 论碎屑颗粒和碎屑沉积的分类. 地质译丛,11:33-43.

Rust B R. 1981. Sedimentation in an arid-zone anastomosing fluvial system:Cooper's creek. Central Australia. Journal of Sedimentary Petrology,51:745-755.

Schumm S A. 1956. The evolution of drainage systems and slopes in badlands at Perth Amboy,New Jersey. Geological Society of America Bulletin,67:597-646.

Schumm S A. 1968. Speculation concerning of paleohydrologic controls of terrestrial sedimentation. Geological Society of American Bulletin,79:1573-1588.

Schumm S A,Mosley M P,Weaver W E. 1987. Experimental Fluvial Geomorphology. New York:John Wiley & Sons.

Smart J S. 1969. Topological properties of channel networks. Geological Society of America Bulletin,80(9):1757-1774.

Smith D G,Smith N D. 1980. Sedimentation in anastomosed rivers system:Example from alluvial valleys near Banff,Alberta. Journal of Sedimentary Petrology,50(1):157-164.

Stamp N,Ohmart R D. 1979. Rodents of desert shrub and riparian woodland habitats in the Sonoran Desert. Southwestern Naturalist,24:279.

Stevens P S. 1974. Patterns in Nature. Boston:Atlantic Monthly Press.

Strahler A N. 1957. Quantitative analysis of watershed geomorphology. American Geophysical Union Transactions,38:913-920.

Thomas J W,Anderson R G,Maser C,et al. 1979. Snags∥Wildlife habitats in managed forests—the Blue Mountains of Oregon and Washington. Forest Service Handbook.

United States Environmental Protection Agency(USEPA). 1997. The quality of our nation's water:1994. EPA841R95006. Washington DC:US Environmental Protection Agency.

Wang X K,Li D X,Xu S T. 2001. Experimental study on sedimentation in excavated trench under the action of tidal flow. International Journal of Sediment Research,16(2):184-188.

Wang Z Y,Dittrich A. 1992. A study on problems in suspended sediment transportation∥Proceedings of the 2nd International Conference on Hydraulics and Environmental Modeling of Coastal. Estuarine and River Waters,Ashgate:467-478.

Wang Z Y,Wu Y S. 2001. Sediment-removing capacity and river motion dynamics. International Journal of Sediment Research,16(2):105-115.

Wang Z Y, Wu Y S, Wang G Q. 2001. Eutrophication and red tide as a consequence of economic development. International Journal of Sediment Research, 16(4):508-518.

Wentworth C K. 1922. A scale of grade and class terms for clastic sediments. Journal of Geology, 30:373-392.

Yang C T. 1983. Minimum rate of energy dissipation and river morphology// Proceedings of D B Simons Symposium on Erosion and Sedimentation. Fort Collins:Colorado State University.

Yang C T. 2005. A Unified Approach to Erosion, Sedimentation, River Morphology, and River Restoration Studies, Lecture note. Fort Collins:Colorado State University.

Yang C T, Sayre W W. 1971. Stochastic model for sand dispersion. Journal of the Hydraulics Division, ASCE, 97:265.

Zhou Z D. 1999. 1998 floods in the Yangtze River valley. Beijing: International Research and Training Center on Erosion and Sedimentation.

第 2 章 植被-侵蚀动力学

土壤侵蚀是河流泥沙的主要来源。土壤侵蚀的长期作用导致了地貌演变,改变了土壤组成,甚至在一定程度上影响了气候。广义来说,所有河流都是由地表侵蚀下切过程中的细沟和冲沟发育形成的。植被是影响侵蚀过程和地貌发育的最重要的因素。植被、侵蚀和人类活动是流域地貌演变的主要作用力。本章首先讨论侵蚀与植被的关系,然后介绍作用于流域植被的各种生态应力,再阐述近年来发展起来的植被-侵蚀动力学,2.5 节讨论滨河植被。

2.1 侵蚀与植被

2.1.1 侵蚀

据估计,长江流域和黄河流域每年由降水和径流产生的坡面泥沙侵蚀量达 45 亿 t(唐克丽,2004),这是众多湖泊和河流的主要泥沙来源。侵蚀和沉积会对环境和经济两方面产生影响,虽然对两方面的影响都很重要,但是通常对经济方面的影响更易引起关注,对环境方面的影响难以察觉,往往持续作用多年后才产生明显后果,以至错过纠正这一问题的时机。

流失的土壤中含有氮、磷及其他营养物质,当这些营养物质进入水体后会触发水华现象,降低水体透明度,耗尽氧气,导致鱼类死亡,并且散发异味。例如,美国 Tahoe 流域的侵蚀严重降低了湖水的品质,目前水下透明度要比 16 年前少 6.5m,海岸岩石上附着的藻类明显增加。溪流河岸及邻近区域的侵蚀毁坏了岸边的植物,而这些植物为水生及陆生生物提供栖息地。

河流中泥沙过量沉积铺盖了河底,覆盖了底栖生物的栖息地,破坏了鱼类产卵地。泥沙使河水浑浊,减弱了水中的光合作用,导致食物和栖息地的减少。侵蚀移走表层土壤中细小而非密实的组分,这部分土壤主要为黏土、细粉砂颗粒及有机物,含有植物生长所需要的养分。侵蚀剩下的底层土壤通常会比较坚硬,多岩石,贫瘠,并且干燥。因此,植被恢复变得困难,而被侵蚀过的土地生产力也会下降。

侵蚀实际上分为两个过程。一个是土壤颗粒分离过程,主要动力因素为雨滴击溅和流水冲击。其他因素包括冻融循环和干湿循环。另一个是泥沙颗粒输运过程,主要动力因素为水流。最易发生侵蚀的地点有地表坡面、冲沟、农业用地、伐木区、矿区及建设用地。当地表受到建设活动的扰动,土壤侵蚀量比施工前增加 2～40 000 倍(Wang et al.,1999)。建设用地的侵蚀率一般是农田侵蚀率的 10～20

倍,最高可达到 100 倍。Wolman 等(1967)发现,马里兰一处建设用地的侵蚀量高达 49 200t/km²,与之相比,附近一处较为稳定区域的侵蚀量仅为 380t/km²。Goldman 等(1986)发现,在旧金山海湾地区,非建设用地(牧地、农田、森林等)的平均侵蚀率大约为 1780t/(km² · a),而建设用地的侵蚀率达 11 600 ～ 15 700t/(km² · a),有时更高。建设用地的侵蚀率一般是非建设用地的 20 倍。虽然文献记录的侵蚀率差异很大,但是很明显,建设活动导致侵蚀的增加。

1. 侵蚀类型

侵蚀主要可分为以下几种类型。

(1) 溅蚀。如果没有植被,土壤表面就直接暴露在雨滴冲击下。对于某些土壤,一场大雨溅起的土壤量就能高达 22 400t/km²(Buckman et al. ,1969)。如果溅蚀发生在坡面上,重力就会使这些溅起的颗粒向坡下运动。当雨滴冲击裸露的土壤时,土壤结构遭到破坏,细颗粒和有机质从大的土壤颗粒上分离开来,这种冲击作用破坏了土壤结构。当土壤干燥时通常会形成一层坚硬的结皮,阻止水分下渗和植物生长,径流和侵蚀因而增加。溅蚀与雨滴的大小密切相关,大雨滴的冲击力远大于小雨滴。

(2) 面蚀。面蚀是由一层较薄水流流过土壤表面而形成的[图 2.1(a)]。这片非常浅薄的水流层一般不足以使土壤颗粒分离,但它会输运由雨滴冲击分离产生的土壤颗粒。浅层表面水流通常持续不过数米的距离,就会集中到地表不规则处(VSWCC,1980)。

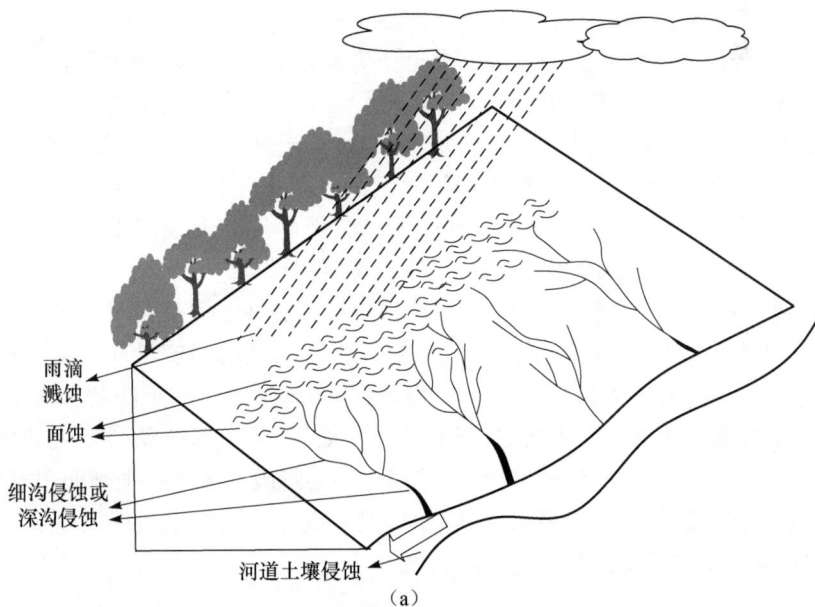

雨滴
溅蚀

面蚀

细沟侵蚀或
深沟侵蚀

河道土壤侵蚀

(a)

图 2.1　土壤侵蚀类型
(a) 侵蚀类型；(b) 暴雨侵蚀形成的深沟

　　（3）细沟侵蚀。浅层表面水流在地表下部汇聚产生细沟侵蚀［图 2.1(a)］。水流在下部汇流加深，速率增大，紊动加剧。汇聚水流的能量足以分离和输运土壤颗粒。这种作用开始下切地表形成微型沟道，被称为细沟。细沟很小但具有完整的沟道，这些沟道深度一般只有几到几十厘米（VSWCC，1980）。

　　（4）深沟侵蚀。深沟的形成是一个至今仍未完全明了的复杂过程。一些深沟是由于细沟继续下切变深变宽，或若干细沟水流汇集从而形成一个更大的沟。深沟的发育可以是沿坡向上也可以是沿坡向下，水流流过深沟引起下切。此外，大块的土壤会从深沟边壁掉落。这些土壤被随后的暴雨产流冲走，一场大雨可以在一夜之间使一条细沟变成深沟。图 2.1(b) 所示为暴雨侵蚀形成的很多深沟。深沟一旦形成，就很难阻止其继续发育，并且难以修复。

　　（5）河槽侵蚀。河槽侵蚀发生于岸坡植被遭到破坏或河流流量增大之时。经过长期的调整，天然河流已经适应了流域内经常性出现的径流量和流速。在这种稳定情况下，河边的植被和石头足以防止侵蚀。若流域的某些条件发生变化，如植被破坏、未被保护的地表面积增加、河道铺设护面等，河道水流就会发生变化。典型变化有洪峰流量增加及流速增大，这些变化都会打破河流原有平衡而引发侵蚀。侵蚀常出现在河流弯道及河道束窄处，如桥梁架设处。侵蚀也可能发生在暴雨入汇处。侵蚀河岸的修复困难且耗费巨大。

2. 影响土壤侵蚀的要素

影响土壤侵蚀的四要素为气候、土壤特性、地形和地表覆盖,它们是一般土壤流失方程的基础。

(1) 气候。气候对侵蚀既有直接影响也有间接影响。直接影响方面,降水是侵蚀的驱动力。雨滴分散土壤颗粒,产生的径流将颗粒运走。降雨侵蚀力由降水强度和雨滴直径决定。表 2.1 列出了不同降水强度对应的动能。见表 2.1,暴雨时直径 6mm 雨滴的动能是毛毛雨时直径 1mm 雨滴的 2000 倍。一场短历时高强度的降水可能造成远大于一场低强度长历时降水的侵蚀。同样,大雨滴暴雨比小雨滴雾雨更具侵蚀性。虽然美国西北太平洋地区年降水量通常超过 2540mm,但该地区多为小雨滴低强度的降水,所以侵蚀并不严重(Lull,1959;Gray et al.,1982)。

表 2.1　不同降水强度和液滴粒径降水的动能

降水	降水强度 /(mm/h)	中值粒径 /10^{-3}m	降落速率 /(m/s)	雨滴数 /[个/($m^2 \cdot s$)]	动能 /[J/($m^2 \cdot h$)]
雾气	0.127	0.01	0.003	67 425 135	5.896×10^{-7}
薄雾	0.051	0.10	0.213	27 017	1.159×10^{-3}
细雨	0.254	0.96	4.115	151	2.160
小雨	1.016	1.24	4.785	280	11.632
中雨	3.810	1.60	5.700	495	61.896
大雨	15.240	2.05	6.706	495	342.537
霾雨	40.640	2.40	7.315	818	1 087.011
暴雨	101.600	2.85	7.894	1 216	3 165.584
暴雨	101.600	4.00	8.900	441	4 025.210
暴雨	101.600	6.00	9.296	129	4 388.617

除了降水,气候还可能通过周期性的冻融直接造成土壤甚至岩石侵蚀。土壤缝隙里的水分结冰而后融化,土壤的结构就会被破坏,从而变得酥软。图 2.2(a)所示为我国黄土高原西昭沟冻融引起的侵蚀,该区岩石形成于地质古近纪和新近纪,结合松散。水分进入岩石裂隙,结冻造成石块分解,该区的岩石侵蚀率高达每年 2~10mm。寒冷气候伴有冻融交替。例如,处于高海拔的加拿大 Rocky Mountain,冻融侵蚀造成高强度的侵蚀和产沙,如图 2.2(b)所示。

气候与侵蚀间的间接关系很微妙。年降水模式和气温分布大体上决定了植被的分布范围和生长速率。正如后面所要提及的,植被是侵蚀防治中最重要的一环。全年温和且多雨且降水分布较规则(如中国南部、美国东南部和不列颠群岛)的气候非常适于植物生长,植物生长快速,并且完全覆盖地表,阻止土壤侵蚀。即使建设破坏了植被,只要植被重建措施恰当,也容易再次绿化。寒冷的气候地带,如中

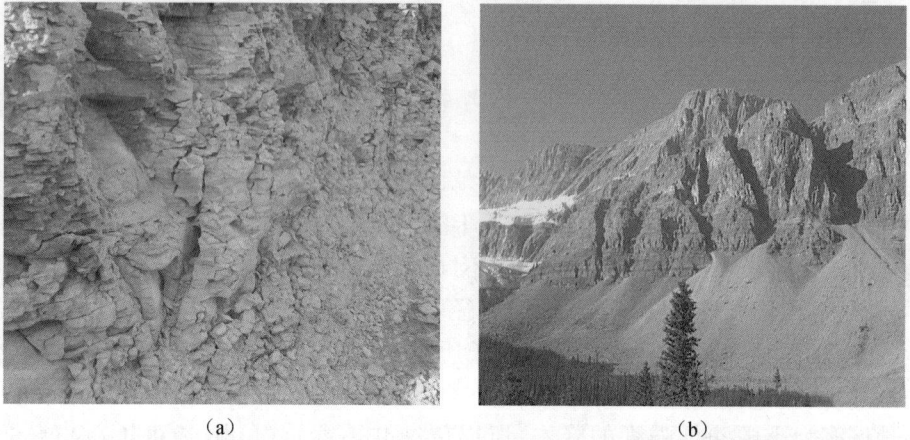

(a)　　　　　　　　　　　　　　　　(b)

图 2.2　冻融侵蚀

(a) 我国黄土高原西昭沟冻融引起的侵蚀；(b) 加拿大落基山冻融交替造成强烈的侵蚀和产沙

国的青藏高原及美国和加拿大境内的内华达山脉、卡斯卡底山脉和落基山脉高海拔地区，干燥的气候地带，如我国西北的黄土高原和沙漠、美国西南部，非常不适合植物生长，因而这些地区易发生侵蚀。这两种极端气候条件下，天然植被形成需要很长的时间。它们适应恶劣环境形成脆弱的平衡。由于气候条件恶劣，植被一旦遭到破坏，修复非常困难。沙漠地带降水稀少，一旦出现降水，通常强度很高。由于缺乏植被覆盖保护土壤，侵蚀率也会很高。寒冷地区植物生长季节非常短，植被修复是一个困难而且昂贵的过程，即使全力以赴，也不见得能成功(White et al.，1978)。

　　(2) 土壤特性。衡量土壤可蚀性的 4 个重要特性是：①级配；②有机质含量；③结构；④渗透性。土壤级配是指组成土壤的颗粒的大小及比例，沙粒、粉沙和黏粒是土壤颗粒的三种主要成分。沙粒含量高的土壤被称为粗粒土，这类土壤因为水易于渗入，因此表面径流较少，土壤侵蚀相对较低。粉沙和黏粒含量高的土壤称为细粒土或黏土，这类土壤由于具有黏性，土壤颗粒黏合在一起，能够抵抗侵蚀。但是，一旦被大雨或高速水流冲走，这些细颗粒将被输送很远才沉积下来。通常黏粒和粉沙会在输移流域末端的宽阔、平静的水体中沉积下来，如海湾、湖泊或水库等。粉沙和黏土还是常见的水体污染物挟带者。粉沙和细沙含量高而黏粒和有机质含量低的土壤通常最易侵蚀(Mills et al.，1976；VSWCC，1980)。充分固结的黏土类土壤最不容易侵蚀。

　　有机质由处于不同分解阶段的动植物残骸组成，它改善了土壤结构，提高了渗透性、持水能力和土壤肥力。未扰动土壤中或具有覆盖层的扰动土壤中含有有机质，可以减小径流，从而减轻土壤侵蚀。地表覆盖物还可以降低雨滴冲击力。

　　土壤的结构是指土颗粒组成团聚体的形式。团粒结构是最佳的一种。土壤结构影响土壤吸收水分的能力。土壤表层致密或形成结皮时,水将形成径流而不下渗。侵蚀危害随径流量的增加而增加。疏松的、粒状的土壤吸收并保持水分,从而减小径流并促进植物生长。

　　土壤的渗透性是指土壤容许水和空气在其中流动的能力。土壤级配、结构和有机质都会影响土壤的渗透性。与渗透性低的土壤相比,渗透性高的土壤上产流更小,因而能将土壤侵蚀降到最低。渗透性高的土壤中高水分含量有利于植物生长,虽然在某些情况下可能降低边坡稳定性。

　　在水土保持规划过程中,了解了土壤类型,就可以确定本地区最需要采取的防治侵蚀措施。在裸地上铺设覆盖层或植树种草,减少裸露的易侵蚀土壤面积,是防止土壤迁移的有效技术手段。但是,由于有些土壤侵蚀是不可避免的,采取相应的泥沙控制设施也是必要的,如设置沉沙池。

　　(3) 地形。坡长和坡度是土壤侵蚀的决定性因素,因为径流流速的大小取决于它们。水流的能量与流速的平方成正比。当坡面长而连续时,径流产生冲力大。高速径流更易集中至狭窄的通道中,侵蚀形成细沟和深沟。坡形对土壤侵蚀也有重要的影响。坡脚比坡顶更易侵蚀,因为当径流抵达坡脚时具有更大的冲力,流量更集中。凸形坡会加重侵蚀,而凹形坡侵蚀较轻。若坡脚处相对平坦,不仅可以减少侵蚀,还可以使上坡产生的泥沙在此处堆积。

　　坡向也是决定土壤侵蚀的重要因素之一。在北半球,阳坡比其他方向坡面相对干热。在气候干燥地区,阳坡植被相对稀少,植被的重建也相对困难。与此相反,阴坡相对湿冷,日照也少,植被较好但植物生长缓慢。

　　(4) 地表覆盖。地表覆盖主要是指植被,也包括一些人工覆盖物,如覆盖层、麻织物、碎木片和碎石等。非植物的地表覆盖只能减弱降雨溅蚀和面蚀。毋庸置疑,植被是侵蚀控制的最有效形式,任何人工产品都无法与其耐久性和有效性相比。植被覆盖了土壤表面,使之免受降水直接打击,减小径流流速,固定土壤,并且增加土壤吸水能力。图 2.3 显示植被对保护山区坡面土壤免受侵蚀的作用。植物的作用及植被与侵蚀间的动力学相互作用将在下面的章节详细讨论。

　　3. 冲沟侵蚀的速率

　　冲沟侵蚀(包括深沟侵蚀和细沟侵蚀)是侵蚀产沙的主要形式。据估计,流域产沙的 3/4 来自冲沟侵蚀。野外调查时,可以采用如下方法粗略估计冲沟侵蚀发育的速率。如图 2.4 所示,在有植被的坡面(或以前的沟面)上侵蚀切割的新鲜冲沟的深度除以植被年龄就是冲沟每年的侵蚀下切率。这种方法假设:当植被在坡面开始发育时,由于不均匀性,有的部位发生冲刷不能发育植被,其他部位逐渐发育植被。冲沟越冲越深,植被越长越大。因此沟深与植被年龄成正比。

图 2.3　植被保护山区坡面土壤免受侵蚀

图 2.4　通过冲沟中植被年龄可估算冲沟的侵蚀下切速率

2.1.2　植被

　　一般来说,植被对河道下切过程、河床演变和流域水系的发育都有影响。山地丘陵地带植被的发育取决于当地的气候、降水、土壤级配、母岩、地形、土壤侵蚀、土地利用情况及人类活动。其中,土壤侵蚀是影响植被发育最重要的自然因素,而人类活动是最重要的非自然要素。Kosmas 等(2000)研究了希腊的 Lesvos 岛土地参数对植被和侵蚀的影响。该岛分为半干旱区和半湿润区。在半干旱区,低降水量和高蒸散能力对植被状况及侵蚀程度有显著影响,植被覆盖度随着降水和土壤厚度的增加而增加。同时发现,坡度对侵蚀的影响在不同气候区大不相同。由于植被的控制作用,在相同坡度下,侵蚀随着降水的增加而减少。

　　影响植被发育的因素很多,最主要的是气候、土壤和人类活动。可以说,降水和气温是植被发育的决定因素。只要有一定降水和冰雪融化的天数,就能发育植被,只有终年冰封的南极和无降水的沙漠没有植被。植被由数以万计的物种组成,不同的物种适应不同的环境条件,植被作为整体具有很高的可塑性。即使在沙漠冰川,亦可以发育一定程度的植被。图 2.5(a)是加拿大 Banff 附近的冰川植被,此地一年中只有 1~2 个月植物生长,树木生长极其缓慢。不少树木虽然胸径只有几十厘米,但已有数百年的树龄。图 2.5(b)是埃及西奈半岛的戈壁沙漠植被。西奈半岛降水极少,蒸发量很大,仅在山麓附近可以生存这种极耐旱的树木(Wang et al.,2006)。

(a)

(b)

图 2.5　不同环境条件下的植被

(a) 加拿大 Banff 附近的冰川植被;(b) 埃及西奈半岛的戈壁沙漠植被

　　土层的厚度、土壤的组成和结构是植被发育的重要控制因素。图 2.6 显示我国太行山北部植被发育与土层厚度的关系。太行山北部拒马河上游主要分布太古代白云质灰岩,岩石通过化学侵蚀溶解于流水,结构被破坏后发生岩崩,产生石块并在搬运过程中变成卵石。在长期风化过程中很少产生泥土,所以山上表面土层很薄。只有少量草本植物和善于利用岩石缝隙里少量泥土的灌木荆条可以生长。

图 2.6(a)为生长在薄土层和石缝里的荆条。在较新的层位,白云质灰岩中夹有泥岩,风化后产生的土层略厚,可以发育包括木本植物的复杂植被。图 2.6(b)显示两种土层的植被对比。在云南大理和丽江地区主要覆盖灰岩,以化学风化为主,风化过程中同样很少产生泥沙。在缺少泥土的山区,植被的平均高度与土层厚度成正比。几厘米厚的土层上生长苔藓类植物,十几厘米厚的土层上生长草本植物,几十厘米厚的土层上生长灌木和木本植物。

(a)

(b)

图 2.6　我国太行山北部植被发育(见彩图)

(a) 生长在薄土层和石缝里的荆条;(b) 厚土层(前)和薄土层(后)发育的两种植被的对比

　　人类活动常常是植被发育过程中最重要的干扰因素。根据人类活动对植被的干扰强度可以将植被分成三类:原始植被、半人工植被和驯化植被。原始植被是完全在自然条件下发育的植被,基本上没有人类活动的干扰,保持着复杂的物种组成,如原始森林。现在原始植被已经很少。半人工植被包括人工植树造林、飞机播种、森林砍伐后重新发育的植被,这种植被的物种组成显著地受到人工选择的影响。但是,这种植被的下层仍然生长着一些自然发育的草本和灌木。图 2.7 是印度加尔各答恒河边上的植被,上层木本物种由人工种植,但是中下层的灌木和草本都是自然发育而成。半人工植被的物种多样性仍然比较高。

图 2.7　印度加尔各答恒河边上的人工植被

驯化植被与人工造林植被是两个概念。在城市化进程中,人们种植并驯化各种植物以美化自身的生活环境,种植农作物以生产粮食和水果蔬菜,这些都是驯化植被。因此,驯化植被主要分布在城市和农村。这种植被完全依赖人类而生存,如播种、灌溉、除虫、防风等,离开了人们的照顾,它们无法正常生存和发育。图 2.8(a)是拉斯维加斯干旱条件下为种植的每一棵树木而设置的灌溉系统,图 2.8(b)是埃及西奈半岛沙姆沙伊赫别墅区靠海水淡化人工浇灌培养起来的美化环境的驯化植被。

(a)

(b)

图 2.8　驯化植被

(a) 拉斯维加斯为每一棵树木设置的灌溉系统;(b) 埃及西奈半岛依赖海水淡化水浇灌培养起来的驯化植被

　　植物承受着各种各样的生态应力,包括侵蚀、干旱、风暴、放牧、空气污染、森林大火、砍伐和植树造林等。人类活动是作用于植被的最直接也是最强烈的生态应力,包括采矿、修路、伐木和植树造林等。在多山和丘陵地区,干旱是导致植被活力下降的最有影响的自然生态应力。干旱最终可能导致植被死亡,因为绝大多数死亡的树木在死亡之前经历了活力的下降。Bussotti 等(1998)研究了大气污染对欧洲某处森林的影响,发现污染达到一定程度后将对森林产生不利的影响。臭氧会造成叶片损伤,这在不同国家不同本地森林物种上得到证实。由环境因素导致的植被衰退包括:①被污染的海水喷溅导致的一些近海森林的退化;②由于物种和生境之间缺乏生态协调性导致的人工造林(尤其是针叶林)的退化;③由于气候应力和病虫害的相互作用导致的落叶橡树林的衰退。暴风是一种瞬时生态应力,能造成树木的毁坏和倾倒。Clinton 等(2000)研究了美国暴风导致森林树木倾倒的情况。暴风造成了大规模的森林扰动,但历史上有影响的林区倾倒现在大多已经恢复植被,进入植被成熟期。

　　侵蚀会对植被产生严重影响。在我国黄土高原的北部地区,由于极高侵蚀率剥蚀表层土,植被几乎没有发育。在有植被覆盖的地区,如长江上游区域,侵蚀损伤、破坏植被,并且在地表留下疤痕。侵蚀不仅造成土壤流失,还导致水分和养分的流失。Kosmas 等(1998)发现在半干旱气候条件下,土壤吸附的水蒸气比降水产生的水分还多。他们观测了 1996 年 2~8 月的情况,发现土壤吸附水蒸气总量达 226mm,而同期降水量仅为 179mm。土壤侵蚀减少了对植物生长很重要的吸附水分。土壤中有机碳含量约为 15 500 亿 t,另有 12 000 亿 t 的碳蕴藏于石油、天然气和煤之中(Schapenseel et al.,1998)。全世界的河流每年向海洋输送大约 5亿 t 的有机碳,碳输移在河流输运的溶解质和非溶解质中的含量大体相当(Spitzy et al.,1991),其中相当一部分最终被氧化并散逸到大气中。由于侵蚀,全球每年土壤中有机碳释放进入大气层的量估计为 11.4 亿 t(Lal et al.,1998)。这对碳循环和全球气候变化、加快温室效应的作用是不可忽视的。

植被和侵蚀是流域相互竞争、相互影响的两个方面。植被是控制侵蚀的最有效因子,且具有自我恢复能力。植被通过以下几个方面减少侵蚀:①消耗雨滴的冲击;②降低水流速率和冲刷能量;③增加降水渗透量从而减少径流量;④根系固土;⑤防止风蚀(Goldman et al.,1986)。黄土高原王家沟由于天然林木植被大量截留泥沙,河床在 120 多年抬高了 5m 多,且变宽变浅,在河床上又发育出了大量的灌木和水草(李倬,1993)。根据某些小流域植树种草控制侵蚀减少产沙量的调查结果,40%的面积植树种草可使土壤侵蚀率减少 62%,而 54%的面积植树种草可使土壤侵蚀率减少 80%(李敏等,1997)。黄河中游遭受风力侵蚀和水力侵蚀(Xu,2000),植被覆盖是影响黄土地区土壤含水量的重要因素(傅伯杰等,2001),因此,在这些地区植被的防风固沙、蓄水保土功能效果十分明显。研究表明,黄土高原上侵蚀率随树林覆盖度增加几乎呈直线减少,当树林覆盖度大于 0.6 时,侵蚀率降到 0(Wang et al.,1999)。

为了研究植被在各种生态应力作用下的演变,一些学者提出了一些简化模型。Svirezhev(1999)研究了气候应力和人为应力作用下的植被(草和森林)模式,并提出了三种不同的方法来解决该问题。第一种方法假定温度、降水等气候因素是全球植被分布的决定因素,由此得出植被在全球范围内的大致分布(Monserud et al.,1993)。第二种方法以对植物生理生长过程及其所依赖的局部气候参数的描述为基础,这种方法主要为分析全球碳循环。第三种方法尝试将数学生态学(mathematical ecology)和数学进化遗传学(mathematical evolutionary genetics)引入动力学模型。引入 $p(x,y,t)$ 为某一地块为森林的概率,而 $q(x,y,t)=1-p$ 是这一地块为草地的概率,假设概率分布与气候等因素有一定关系,由此得出森林植被的分布(Svirezhev,1999)。

Maley 等(1998)分析了非洲 Barombi Mbo 的沉积物中的花粉含量随着气候变化在过去 28 000 年中的演变,指出气候是森林长期动态变化的主要因素。Pedersen(1998)建立了一个生态应力作用下树木死亡过程的概念模型。为模拟短期和长期生态应力,该模型测试树木活力的变化。其结果还给出了树木死亡前短期环境应力对树木生理影响的机理。Mulligan(1998)建立了示范生态系统模型,检验气候变化对水文和植被的影响。Thornes(1985)提出了一种考虑植被变化速率与侵蚀关系的动力学模型,给出了植被与侵蚀耦合的方程组,但模型中除了野生动物,没有考虑其他生态应力的作用。

　　以上模型和理论没有定量描述生态应力,给出的植被和侵蚀的动力学变量多是概念上的。实际上,植被发育和侵蚀变化之间互相作用,遵循一定的动力学规律。对于一个流域,如果环境长期保持不变,植被和侵蚀将达到一种平衡,然而这平衡是不稳定的。生态应力,尤其是人类活动会破坏这种平衡,并引发新一轮的动力学过程。王兆印等(2003b)提出的植被-侵蚀动力学就是一种研究各种生态应力作用下的植被发育规律的边缘学科。

　　流域植被长期影响河网的发育,而滨河植被对河槽冲淤的影响却是直接的和短期的。滨河植被是指淹没在造床流量或平滩流量下,或生长在滨河区饱和土壤上的植被(Hupp et al.,1996)。滨河植被生长在大多数洪泛平原的河边湿地、河岸及河道上,一般来说,只有洪水重现期超过 3 年的阶地不适于滨河植被生长。滨河植被带被认为是维持景观生物多样性的决定性要素(Nilsson et al.,1995),是"地球陆地上最多样化、最具活力和最复杂的生物栖息地"(Naiman et al.,1993)。在温带地区,滨河植被带生长的植物种类比其他任何栖息地都要多(Nilsson,1992)。在北美洲西部,滨河地带面积不到总土地面积的 1%,但 80% 的陆生脊椎动物一生中至少有一段时间依赖于滨河地带(Miller et al.,1995)。在北美和欧洲最近 200 年内,超过 80% 的滨河地带消失了(Naiman et al.,1993)。

　　流域内植被的大量减少会减少入渗量,增加径流,从而导致洪峰流量增加。基流(指由地下水外渗进入水系中的水流)减少而暴雨径流增加,可能导致常流河流变为间歇性河流或季节性河流。

2.2　作用于植被的生态应力

2.2.1　自然生态应力

　　植被在发育过程中常常承受各种生态应力的作用。生态应力为植被发育过程所受到的改变植被覆盖度或影响植被演变过程的各种自然或非自然的扰动(王兆印等,2003b)。生态应力分为自然生态应力和非自然生态应力。侵蚀是最重要的自然生态应力之一,而人类活动对植被产生各种非自然生态应力。植被和土壤侵蚀两者间相互影响,遵循一定的动力学规律。对于一个流域,植被和侵蚀在环境长期不变的情况下会达到平衡状态。

　　自然生态应力中影响植被结构和功能的有侵蚀、森林火灾、干旱、风暴、洪水、飓风、龙卷风、冰雪、闪电、土壤盐碱化、火山爆发、地震、病虫害、滑坡、极端温度和动物啃食等。在许多地区侵蚀是作用于植被的最重要的生态应力。土壤侵蚀剥蚀了表层土壤,严重破坏了植被。在侵蚀严重的坡面上难以发育灌木和树木。图 2.9 显示几种常见的自然生态应力对植被造成的破坏。

图 2.9　几种常见的自然生态应力对植被造成的破坏

(a) 云贵高原坡面侵蚀造成植被破坏;(b) 黄河三角洲盐碱化导致灌木、草本和乔木死亡;

(c) 台湾 1999 年地震引发滑坡摧毁了九峰二山上的植被;(d) 病虫害降低植被活力;

(e) 张家界冰雪压断树木;(f) 珠江流域东江上游森林火灾烧焦林地

　　自然扰动有时也是植被再生与恢复的动力。例如,一些滨河植被种类会改变自身的生命周期以适应一些有害的扰动,如交替出现的洪水和干旱。总体上,滨河植被具有生态弹性。一场洪水会摧毁一片白杨成林,但也会为新林的成长提供育苗条件(Brady et al.,1985),由此促进河岸系统的发展。

2.2.2　人为生态应力

　　人为生态应力对植被的影响正不断增加,包括土地利用类型的转变、城镇化、空气污染、污水和工业废物污染、农耕、伐木、垦荒、采矿、修路和植树造林等。图 2.10 显示了开矿、农业、放牧和道路建设对植被的影响。为减少采矿造成的山体裸露,常在采石表面铺上泥土并且种草来绿化采石场,如图 2.10(a)所示。

图 2.10　人为生态应力对植被的影响
开矿(a)、农业(b)、放牧(c)和道路建设(d)对植被的破坏作用

　　(1) 采矿。煤、金属矿物、沙石材料的勘探、开采、加工和运输对植被有很大的影响。不论是露天开采、井下开采,甚至水力采矿都会导致植被破坏。某些情况下,采矿作业会扰乱绝大部分甚至整个流域。采矿常常大面积破坏矿区、运输带、加工厂、尾矿场及相关活动地区的植被。搬运、分段运输、装载、处理及类似活动会导致包括表土流失和土壤压实等大范围的土壤变化。尾矿残渣等物质的堆放覆盖了地表,也产生相同的作用。这些活动降低了土壤渗透性,加速了侵蚀和泥沙淤积。矿山酸性排水非常普遍,它们由黄铁矿之类的硫化物矿物氧化形成。当黄铁

矿尾矿沉积物暴露于水体和空气中时,其中的硫化物被氧化,同时析出铁、有毒金属(铅、铜、锌)和过多的酸。汞常用于从矿石中分离出金,导致一部分汞进入了溪流。现在使用吸入式采砂船采砂时,还常发现河床底沙中残留着数量可观的汞。含毒的水流和沉积物会导致滨河植被死亡,或者使植被向更耐采矿环境的物种演变。这将对多种物种遮蔽、觅食和繁殖所需的生物栖息地产生影响。

(2)耕种。农业也是一种明显扰动植被的人为生态应力。农民通常尽可能开垦最大量的肥沃土地来种植庄稼,导致河边的、坡地上的和高地的天然植被被移除。由于植被的组成和分布发生了变化,植被结构和功能间的相互影响被打断。植被移除可能引发片蚀、细沟侵蚀和沟谷侵蚀,增加地表径流及污染物输运,使河道变得不稳定,破坏生物栖息地植被。

农业排水系统将湿地改造成农田,同时也降低了地下水位。地下排水管道系统集中排水,使地下缺少了原有地下水流的入渗。许多环城镇地区的地下水供给减少的速率惊人,破坏或威胁原有的生物栖息地。耕作和土壤压实干扰了土壤的分层特性,控制了景观内的水流,增加了地表径流量,并且降低了土壤的保水能力。耕作常常会形成一个高密度、低渗透性的土层,该土层限制水分下渗至其下的土层,从而导致周围植被的变化。生长季节所使用的农药和肥料(主要是氮、磷、钾)淋溶进入地下水或流入地表水,或被溶解,或被土壤颗粒吸附。

(3)伐木。植被是影响流域生物群落的关键因素。维护森林时,常常砍伐部分林木,为余下的林木提供更多的生长空间。林木成熟后,被单株或成片砍伐。这两种过程都减少了植被覆盖度。另外,伐木也降低了流域的营养成分含量,因为树木将近一半的养分都储存在主干中。在伐木时期,如果大的树枝落入水中并且腐烂,水中的养分含量会增加。伐木会减少野生动物所需的洞穴或影响生态系统,引起鱼类、无脊椎动物、水生哺乳动物、两栖动物、鸟类和爬行动物的栖息地的消亡。表层土壤的流失、土壤压实及机械搬运木材,会导致土壤生产力长期下降,造成孔隙率降低、土壤渗透性减弱、径流量和土壤侵蚀量增加。伐木设备对土壤的扰动直接影响两栖类、哺乳类、鱼类、鸟类、爬行类等许多动物的栖息地,危害野生动物。遮蔽、食物和其他需求的减少会对生物造成非常危急的局面。

(4)畜牧。饲养和放牧家畜(主要是牛和羊)都会对植被造成应力。牲畜对草地情有独钟,若管理不善,很容易放牧过度,严重破坏草地植被。放牧的主要影响就是由牲畜的啃噬和践踏造成的植被的损失。植被减小会引发土壤压实、表土层厚度减少、生产能力下降。中上层植被冠层减少会导致水温增加。

牲畜的踩踏等放牧活动使土壤密实,影响土壤水分含量,显著地改变了土壤类型和水分含量。非常干燥的土壤几乎不受压实的影响,非常潮湿的土壤也能抵御压实,但湿润的土地易遭受压实作用的破坏。放牧引发的土壤密实会增加土壤颗粒密度,减少渗流,增加径流。毛细作用的丧失降低了水在土壤剖面内垂直向和侧向运动的能力。土壤水分含量的减少不利于低地植物的生长却有利于高地植物的生存。牲畜的踏踩路径易导致深沟的形成,最终引起河道的扩展和迁移。放牧严重损害植被。图 2.10(c)为牧羊损坏的树木,放牧的山羊啃食树木的幼芽和树皮,毁坏了植被。

(5) 娱乐。娱乐活动也会对植被产生影响,其程度取决于土壤类型、植被覆盖、地形和活动强度。娱乐中,践踏和车辆碾压会破坏滨河植被及土壤结构。所有的机动车都会造成侵蚀量的增加和生物栖息地的减少。在娱乐场所,由于土壤密实导致渗透减弱,使地表径流增大,导致流入河流的泥沙增强(Cole et al.,1988)。集中或分散的娱乐活动都会扰动植被,引起生态变化。露营、打猎、钓鱼、划船和其他形式的娱乐,也会对植被和鸟群产生干扰。摩托车运动和骑马对植物的伤害要远大于步行,并留下更多的痕迹。

2.2.3　长期生态应力、短期生态应力和瞬时生态应力

植被的发育状况可用灌乔木密度、树冠透明度、树木活力、单位面积生物量和植物的年龄及健康状况等来描述。根系固土是植被控制侵蚀的一项很有效的功能,所以单位面积的植物根系质量是一个重要参数。然而单位面积植物根系的质量难以测量,并且测量会损害植物。因此,通常用植被覆盖密度(简称植被覆盖度)和植被活力来描述植被发育状态。植被覆盖度为灌乔木覆盖面积(有时包括草本植物覆盖面积)占地区总面积的百分比。植被活力对各种应力做出动力学响应,是研究植被时反映其瞬时状态的一项重要指标。

作用于植被的各种自然和人为的生态应力,可分为长期生态应力(10 年以上),如侵蚀、空气污染和放牧等;短期生态应力(季节或年),如干旱、病虫害和酸雨等;瞬时生态应力(小时或天),如火山爆发、森林火灾、伐木和风暴等。对不同生态应力采用不同的数学描述(Wang et al.,2004)。但是,为了能够将不同的生态应力体现于同一个方程中,所有的生态应力必须无因次化。

对于长期生态应力,如空气污染,可用式(2.1)表示为

$$A_\tau = a_1 Po_1 + a_2 Po_2 + a_3 Po_3 + \cdots \tag{2.1}$$

式中,A_τ 为长期生态应力,Po_1、Po_2、Po_3 为污染物 1、污染物 2、污染物 3 的浓度;a_1、a_2、a_3 为污染物对植被的影响因子。此处,长期是指现有植被发育所经历的时期。

对于短期生态应力,如干旱,作用于植被的时间短但强度大,可以采用式(2.2)表示为

$$P_\tau = \frac{P - P_e}{P_e} \tag{2.2}$$

式中,P_τ 为短期生态应力;P 为年降水量;P_e 为植被需水量。植被需水量可通过生态学或水文学方法进行估算。可以根据组成植被的种类计算需水量。如果降水

量大于植被需水量,那么短期生态应力就是正的,会促进植被生长和活力增加。如果出现旱灾,短期生态应力就是负的,植被受损害。

对于瞬时生态应力的数学表达,引入阶梯函数 $\Delta(t)$ 和脉冲函数 $\delta(t)$:

$$\Delta(t_0) = \begin{cases} 0, & t \leqslant t_0 \\ 1, & t > t_0 \end{cases} \tag{2.3a}$$

和

$$\delta(t_0) = \frac{\mathrm{d}\Delta(t_0)}{\mathrm{d}t} = \begin{cases} 0, & t \neq t_0 \\ 1, & t = t_0 \end{cases} \tag{2.3b}$$

瞬时生态应力可采用 δ 函数表示:

$$f_\tau = K_{\mathrm{inst}}\delta(t_0)$$

式中,K_{inst} 为由于 t_0 时发生的应力引起植被覆盖度的减少量。例如,1980 年美国 St. Helens 发生的火山爆发对附近 10 000 多平方千米地区森林植被施加了强烈的、瞬时的应力。森林植被覆盖全部摧毁,变成光秃秃的山脉。作者于火山爆发 13 年后参观火山区,植被仍然没有恢复,如图 2.11 所示。如果忽略其他应力,此过程可以用式(2.4)简单描述:

$$\frac{\mathrm{d}V}{\mathrm{d}t} = -K_{\mathrm{inst}}\delta, \quad t_0 = 1980 \tag{2.4}$$

式中,V 为植被覆盖度;t 为时间。火山爆发前该区植被覆盖度约为 80%,火山爆发后全部摧毁,因此 $K_{\mathrm{inst}} = 0.8\mathrm{a}^{-1}$。积分后,可得到植被演变过程为

$$V(t) = \begin{cases} 0.8, & t < 1980 \\ 0, & t > 1980 \end{cases}$$

图 2.11 瞬时生态应力对植被的作用

1980 年 St. Helens 火山爆发摧毁了森林植被

森林砍伐也可以用脉冲函数来表示。例如,由于 1958 年"大炼钢铁"进行森林砍伐,我国云南小江流域的植被覆盖度减小了 5%,则作用于植被的应力为

$$f_\tau = K_{inst}\delta(1958)$$

式中,$K_{inst}=0.05a^{-1}$。风暴的生态应力也可以用此种方法表示。

植树造林是最有影响的人为正值生态应力。植树造林一般是连续多年的,可以用连续函数来表示。假设每年植树造林面积率为 V_R,则植树造林应力为

$$F_\tau = V_R(t) \tag{2.5}$$

当然,新种植的树木不能像成年树木一样立刻起作用,但只要持续人工造林,以前种植树木长成,采用式(2.5)表示人工造林应力还是可以的。

2.2.4　致死应力和损伤应力

流域植被的生态功能包括:控制土壤侵蚀(包括雨蚀、流水侵蚀和风蚀)、生物栖息地和初级生产力。例如,我国西北毛乌素沙漠,灌木、草皮的根系和落叶使沙丘的表面结皮,从而防止了风蚀,固定了沙丘。总体来说,植物的生态功能取决于植被覆盖度和植被活力。

植被的功能,可以定量表示为植被覆盖度、植被活力和功能指数三者的函数,即

$$F = VV_g{}^\xi \tag{2.6}$$

式中,F 为植被功能强度;V 为植被覆盖度;V_g 为植被活力;ξ 为功能指数,对于不同的功能 ξ 取不同的值。植被控制风蚀、生物栖息地和初级生产力等功能比较依赖植被活力,ξ 值较大;此时损伤应力和致死应力都起着重要作用。但植被控制流水侵蚀的功能主要依靠根系,植被覆盖度起主要作用,受植被活力的影响较小,ξ 值接近于零。此时损伤应力的作用较小,主要考虑致死应力的作用。

植被由相互交错的乔木、灌木和草本构成。在山区,草皮的根系不如树林的根系强壮,不足以保护深沟的坡岸不受侵蚀。植被活力可用枝叶覆盖度、树冠透明度、单位面积生物产量、植物年龄和健康状况等来描述。它可采用某时期单位面积生物产量与不受应力作用下生物产量的比值来表示。当植物在生态应力作用下死亡,植被活力减为零。相对于植被覆盖度而言,植被活力在生态应力作用下更具动力学特性,一直处于波动状态。

从动力学上划分,生态应力还可以分为致死应力和损伤应力。致死应力为直接导致植物死亡的应力,如火山爆发、森林火灾、伐木等。泥石流和滑坡某些情况下也是致死应力。损伤应力为仅仅导致植被活力降低的应力。干旱、污染、放牧、病虫害、风灾和洪灾等都是损伤应力。干旱是最重要的损伤应力,如果持续干旱,植被活力会极度下降,甚至降为零。在损伤应力作用下,植物会改变自身以适应恶化的环境。如果损伤应力很强并且持续时间较长,植物死亡,植被活力减为零。如

果在植被死亡之前，损伤应力消失，植被活力可能很快恢复。图 2.12 为阿尔卑斯山某山坡发生滑坡后几年恢复的植被，滑坡对植被影响很大但并未导致植被死亡。即使原有植被在致死应力或损伤应力的长期作用下破坏殆尽，一旦应力消除，植被仍然可以慢慢修复。植被这种自我修复的能力称为生态弹性。植被自我修复得越快，生态弹性越高。植被恢复的速率或生态弹性依赖于植被的结构、气候和土壤（Wang et al.，2006）。

图 2.12　阿尔卑斯山上滑坡损伤植被的恢复

关于植被活力，我们有如下认识。

(1) 植被活力可用参数 V_g 来描述，其取值为 0~1。$V_g=1$ 表示植被能完全发挥植被功能，包括光合作用、侵蚀控制、为生物群落提供栖息地和提供初级生产力、防风、吸尘、截留降水、增加土壤入渗能力等。$V_g=0$ 表示树木死亡，完全丧失生态功能。

(2) 受损伤应力作用时植被活力下降，即 $V_g<1$。当损伤应力消失时，植被活力逐渐恢复。

(3) 植被活力恢复的速率依赖于植被的结构，或植被的生态弹性。生态弹性 r_e 是植被物种组成、气候、降水和土壤组分等的函数。

(4) 如果损伤应力长时间作用，植被活力将降为零，即导致植被死亡。

致死应力和损伤应力都是负应力，因为它们降低植被活力或导致植被死亡。人工造林和育林会增加植被覆盖和植被活力，是一种正应力。

2.2.5　脆弱植被

有些情况下，植被没有外加应力扰动，但其所处的生态条件非常严酷，因而经历了很长时间发育形成。这类植被的生态弹性很低或为零，任何强应力（损伤应力或致死应力）都会导致植被死亡，这样的植被称为脆弱植被。例如，图 2.5 所示的冰川森林,一旦遭遇火灾将难以恢复。由于气温低、降水少,我国青藏高原的草场发育经历了很长时间。近年来,人们滥采药材(草本植物的根),部分草原已经遭到破坏。即使外界应力减弱或消失,植被也很难恢复。又如,在黄土高原北部的毛乌素沙漠,人们用草方格固定沙丘种植草和灌木,如图 2.13(a)所示。在沙漠种植灌木并不难,但要使其在风沙中存活下来并不容易。图 2.13(b)为人们如何保护灌木抵抗大风。图 2.13(c)为沙丘上的脆弱植被,任何强应力都可以完全摧毁它们。经过几十年努力,沙丘上培育出灌木和草皮,在沙漠表层形成了结皮,可以抵抗风蚀。但这种植被是脆弱植被。一旦遭到人为破坏,这些植被在自然条件下不能再恢复。结皮在人和牲畜践踏下极易破坏,沙丘一旦重新流动,沙漠植被会毁于一旦,如图 2.13(d)所示。

图 2.13　脆弱植被的保护(见彩图)

(a) 用草方格种植草和灌木,固定沙丘;(b) 新种植灌木的保护;

(c) 沙丘上的脆弱植被易于摧毁;(d) 沙漠植被形成的结皮非常脆弱

2.2.6　植被演替

植被修复要经历植被演替过程。有两种与河流管理有关的植被演替过程,一是流域中由于土地利用的改变或各种生态应力导致植被完全破坏后植被的重新发育过程;二是植被逐渐占领河中新生岛屿或河岸新生陆地的演化过程。前者一般从地衣和苔藓类等低等植物,到强阳生草本植物,再到阳生草灌混合植被,再到乔灌草混合植被,如图 2.14 所示。后者一般从承受较高淹没频率的草本植物,逐渐

(a)

(b)

(c)

图 2.14　云南高原金沙江流域植被演替过程(见彩图)

(a) 从地衣和苔藓类等低等植物到强阳生草本植物的演化;(b) 逐渐发育阳
生草灌混合植被;(c) 乔灌草混合植被

演变为多年生灌木和乔木,同时伴随着岛屿或陆地的升高和增长。在自然条件下,植被演替过程要经过几十年到上百年甚至更长的时间才能完成。

2.3　植被-侵蚀动力学

植被-侵蚀动力学是一门新的边缘学科,研究流域植被与侵蚀在人类活动影响下的演变规律(王兆印等,2003a)。与其他应力不同的是,土壤侵蚀不仅影响植被也受植被影响。植被和侵蚀是流域中相互竞争、相互作用的两个方面。自然情况下,植被发育和侵蚀变化相互影响,遵循一定的动力学规律。如果流域环境长时间保持不变,植被和侵蚀将达到一种平衡状态,如图 2.15 所示。但这种平衡是不稳定的。各种生态应力,尤其是人为破坏会打破平衡,引发新一轮动力学演变。

图 2.15　云南东川蒋家沟流域上游地区植被和侵蚀平衡状态

树木的活力对各种应力做出动力学响应,是研究植被瞬时状况的重要指标。植被覆盖度和植被活力对植被在控制风蚀、作为栖息地和提供初级生产力等方面的功能都具有重要影响,在任何动力学模型中都需要考虑。而对于控制雨蚀和流水侵蚀,植被活力并不重要,只需要研究和模拟植被覆盖度的演变。

2.3.1　损伤应力作用下植被活力的动力学响应

如果植被持续遭受干旱应力作用,植被活力将会下降。同时,植被内部结构将作出调整以适应新的环境。因此植被活力下降的速率并不是常数,而是越来越小。持续干旱应力作用下植被活力变化的动力学方程为

$$\frac{\mathrm{d}V_{\mathrm{g}}}{\mathrm{d}t} = P_{\tau}\mathrm{e}^{-K_p t} = \frac{P - P_{\mathrm{e}}}{P_{\mathrm{e}}}\mathrm{e}^{-K_p t}, \quad P \leqslant P_{\mathrm{e}} \tag{2.7}$$

式中,P 为年平均降水量;P_e 为植被需水量;K_p 为反映植被耐旱能力的指数。如果 $P_\tau < 0$ 且为常数,则方程的解如下:

$$V_g = V_{g0} + \frac{P_\tau}{K_p}(1 - e^{-K_p t}) \tag{2.8}$$

　　如果植被由耐旱品种组成,则其指数 K_p 较大。图 2.16 显示了不同耐旱指数的植被在持续干旱应力作用下活力下降的过程。如果耐旱指数只有 0.1,在干旱应力 P_τ 为 -0.6 或 -0.4 的情况下,植被活力在 2~3 年就降为零,如图 2.16(a)所示。如果植被耐旱指数为 0.7,即使持续多年干旱,植被活力也不会降为零,如图 2.16(d)所示。在后面的例子里,植被通过调整自身的生物结构、减少生物产量能够适应干旱条件。只有当干旱特别严重($P_\tau = -0.8$)时,植被才在持续多年干旱后死亡。

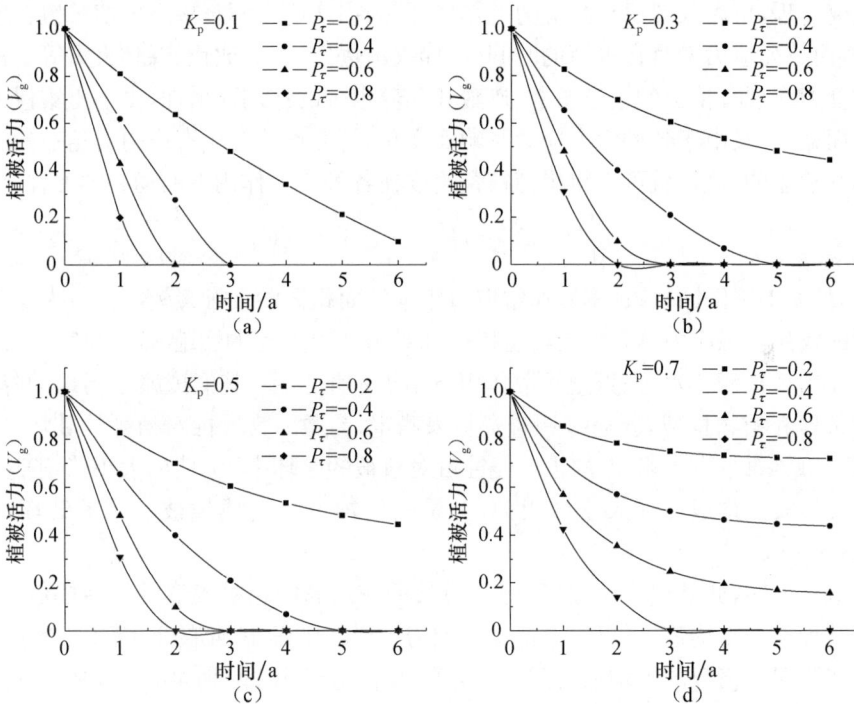

图 2.16　不同耐旱指数的植被在持续干旱应力作用下活力下降的过程

耐旱指数为 $K_p = 0.1$(a)、$K_p = 0.3$(b)、$K_p = 0.5$(c)和 $K_p = 0.7$(d)的植被,在干旱应力(P_τ)分别为 -0.2、-0.4、-0.6 和 -0.8 的情况下,活力下降曲线图

　　当然,干旱应力 P_τ 一般不为常数。这时,式(2.7)仍然有效,只需将 P_τ 换成关于时间的函数 $P_\tau(t)$。但如果干旱应力 P_τ 按变量考虑,则植被的弹性也需要考虑,因为若降水量大于 P_e 且持续时间够长,下降的植被活力会得到恢复。活力恢

复所需时间取决于植被的弹性。

除了干旱,植被还受其他应力的作用。大体上植被活力的变化可表示为不同应力和植被弹性的函数:

$$V_g = f(P_\tau, A_\tau, r_e) \tag{2.9}$$

式中,P_τ 为短期生态应力(如干旱);A_τ 为长期生态应力(如空气污染);r_e 为植被的弹性,对于不同的应力,植被的弹性是不同的。植被活力对损伤应力的响应过程复杂,需要深入研究。

2.3.2　植被-侵蚀动力学方程组

植被覆盖抑制降水侵蚀,而侵蚀又破坏植被,二者的相互作用遵循一定的动力学规律,同时又受到各种生态应力的干扰。如果我们模拟降水侵蚀和植被覆盖度的演变过程,可以仅考虑致死应力的作用,因为损伤应力不直接造成植被覆盖度的减少,而致死应力发生在极短的时间内,如火山爆发、森林砍伐、森林火灾等。植被覆盖度因为现有植被的繁殖扩散、遮蔽和涵养水分的作用而增加,由于土壤侵蚀的作用而减少,又由于各种生态应力影响而变化,再假设这些生态应力对植被的影响是相互独立的,这样就可以得出植被覆盖度在各种应力作用下的动力学方程:

$$\frac{dV}{dt} = aV - cE - K_i\delta(t_0) + V_R \tag{2.10}$$

式中,E 为土壤侵蚀模数(率),通常取每年单位面积泥沙侵蚀量;$K_i\delta(t_0)$ 为发生在 t_0 时的致死生态应力;V_R 为人类植树造林对植被覆盖度的影响;a、c 为特征参数。参数 a 为植被涵养水分、繁殖扩散作用下植被的增长率,其值依赖于当地的降水、环境条件和植物构成,要通过调查资料来确定;参数 c 为侵蚀对植被的破坏作用,相当于每年每平方千米 1t 的土壤侵蚀量对植被的破坏率。c 值的大小依赖于土壤条件和植被的构成。如果土层很薄,少量的侵蚀就会造成植被的严重破坏,c 值较大。

应该说明,此处侵蚀模数(E)是通过长期作用影响植被发育的侵蚀模数值,相当于某种滑动平均值。例如,取滑动周期为 10 年,则第 10 年的 E 值等于第 $6\sim15$ 年的实测侵蚀模数的平均值,而第 11 年的 E 值等于第 $7\sim16$ 年的平均值,依此类推。因此,E 不是如实测侵蚀模数那样剧烈波动的随机变量。$E(t)$ 曲线是反映趋势性演变的光滑曲线。为了方便,本书仍称 E 为侵蚀模数。安家沟是黄土高原祖历河支流东河右岸的一条支沟,位于甘肃省定西县。图 2.17 是安家沟流域径流模数、侵蚀模数和侵蚀模数 10 年滑动平均值的实测曲线。从图 2.17 中可以看出,侵蚀模数随径流模数波动的脉动变量较大,而滑动平均值则平稳得多,只反映侵蚀模数的长期趋势性变化。在植被-侵蚀动力学中,植被对侵蚀模数的控制作用反映在侵蚀模数的长期变化上,所以应该采用滑动平均值。

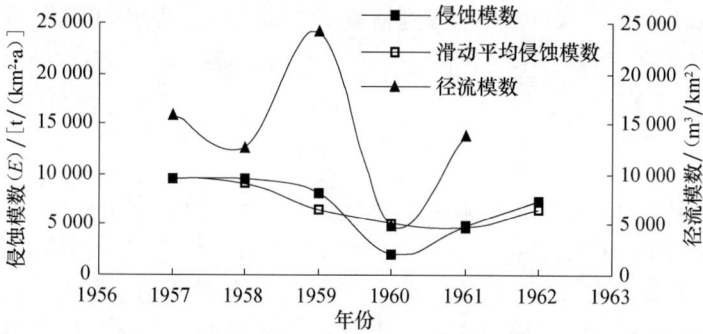

图 2.17　黄土高原安家沟流域径流模数、侵蚀模数和侵蚀模数 10 年滑动平均值的变化曲线

　　土壤侵蚀影响植被发育,反过来又受到植被的影响。式(2.10)中侵蚀项随植被覆盖度变化而变化,因此,必须寻找另一个方程来求解植被覆盖度和侵蚀模数两个未知函数。Thornes(1985)对植被与侵蚀的相互作用过程提出了耦合数学方程组,利用其中的侵蚀模数变化方程并引进人类活动对侵蚀模数的影响加以改造得到

$$\frac{\mathrm{d}E}{\mathrm{d}t} - bE + fV = E_{\mathrm{R}} \tag{2.11}$$

式中,E_{R} 为人类活动对侵蚀模数的影响值,包括开矿、修路、耕作等引起的侵蚀模数的增加和修梯田、固坡、筑拦沙淤地坝等造成的侵蚀模数的减少;b 和 f 为特征参数。土壤侵蚀松动了土表层,破坏了土壤中的植物根系,会进一步促进侵蚀。参数 b 为这种作用增大的侵蚀模数。植被发育稳定土层,限制侵蚀。参数 f 为植被对侵蚀模数的减少率。图 2.18 显示一旦表层土层被侵蚀破坏,侵蚀会加速发展,表层破坏区明显侵蚀下切。

图 2.18　云南小江流域表层被侵蚀破坏后侵蚀加速发展

将式(2.10)和式(2.11)联立,得到植被-侵蚀动力学方程组(王兆印等,2003b):

$$\begin{cases} \dfrac{dV}{dt} - aV + cE = -K_i\delta(t_0) + V_R \\[2mm] \dfrac{dE}{dt} - bE + fV = E_R \end{cases} \tag{2.12}$$

如果知道 t_0、E_R 和 V_R,且确定了参数 a、c、b、f 和 K_i,则由式(2.12)可以计算生态应力作用下的植被演化。式(2.12)中 t 的量纲为 $[T]$;E 的量纲为 $[M/AT]$;参数 a 和 b 的量纲为 $[1/T]$;c 的量纲为 $[A/M]$;f 的量纲为 $[M/AT^2]$;V_R 的量纲为 $[1/T]$,E_R 的量纲为 $[M/AT^2]$。其中,T 为时间;A 为面积;M 为质量。式(2.12)中参数 a、c、b、f 是气候、降水量、土壤和地貌的函数,应该根据实测资料并采用试算法来决定。

式(2.12)是非齐次线性微分方程组,可以推导得出理论解:

$$V = c_1 e^{m_1 t} + c_2 e^{m_2 t} + e^{m_1 t} \int \left[e^{-m_1 t} e^{m_2 t} \int e^{-m_2 t} \left(\frac{dV_\tau}{dt} - bV_\tau - cE_\tau \right) dt \right] dt \tag{2.13a}$$

$$E = c_1 \frac{a - m_1}{c} e^{m_1 t} + c_2 \frac{a - m_2}{c} e^{m_2 t} + e^{m_1 t} \int \left[e^{-m_1 t} e^{m_2 t} \int e^{-m_2 t} \left(\frac{dE_\tau}{dt} - aE_\tau - fV_\tau \right) dt \right] dt \tag{2.13b}$$

式中,c_1 和 c_2 为由边界条件和初始条件确定的积分常数。

$$\begin{cases} V_\tau = -K_i\delta(t_0) + V_R \\ E_\tau = E_R \end{cases} \tag{2.14}$$

并且假设为时间的连续函数,而指数 m_1、m_2 由式(2.15)给出:

$$m_{1,2} = \frac{1}{2} \left[(a + b) \mp \sqrt{(a + b)^2 - 4(ab - cf)} \right] \tag{2.15}$$

对任一流域或地区,如果已知生态应力,将 V_τ 和 E_τ 代入理论解式(2.13a)和式(2.13b)就可以得出植被与侵蚀的演变过程。

2.3.3　植被-侵蚀动力学模型及参数的确定

植被-侵蚀动力学模型首先应用于我国西部的黄土高原和云南小江流域。黄土高原上的安家沟流域面积 9.06km²,沟深 30～50m,沟壑密度 3.14km/km²,海拔 1900～2250m,地势西低东高。该地区年降水量 427mm,60% 集中在 7～9 月,年蒸发量为 1526mm,年均气温只有 6.3℃。流域内土壤发育于黄土母质上的灰钙土型轻壤土,大部分为淡灰土及暗灰钙土,局部地方有垆土,沟坡及沟底为盐渍土。治理前侵蚀模数约 10 000t/(km²·a),植被覆盖度仅 5.7%。根据文献(叶振欧,1986;张富等,1986),安家沟流域综合治理 1956～1987 年大体可分成三个阶段。第一阶段为 20 世纪 50 年代中期至 60 年代初期,兴修梯田植树种草,并在

50 年代末修建了 4 座淤地坝。第二阶段为 60～70 年代,期间治理工作中断十
多年,林草被破坏,虽然"学大寨"修了一些梯田,但是治理没有得到全面巩固和
提高。第三阶段为 70 年代末和 80 年代,在原来治理的基础上开展了小流域综
合治理试验研究,大量植树造林,并在 70 年代末又兴建了 3 座淤地坝,取得了明
显的效果。

　　流域中土地利用结构变化以耕地、林地和荒地的变化最大,而果园及其他用地
变化不大并且所占比例较小。耕地的变化主要是总面积减小及坡地改梯田,而林
地、草地的变化则是植树造林种草的结果。利用收集到的资料,将每年植树造林面积
除以流域总面积作为 V_τ 值,而 E_τ 值包括两部分,即坡地改梯田和拦沙淤地坝减少侵
蚀值,坡地改梯田对侵蚀模数的减少率用当年单位面积改梯田比率乘以侵蚀模数得
到,而淤地坝对侵蚀模数的减少率用淤地坝累积淤积过程取微商再除以总面积得到。

　　根据该流域 1956～1987 年的土地利用和土壤侵蚀资料,经过多次试算确定了
流域植被-侵蚀动力学参数:

$$a = 0.001a^{-1}, \quad c = 0.000\,001\,8km^2/a$$
$$b = 0.01a^{-1}, \quad f = 400t/(km^2 \cdot a^2) \tag{2.16}$$

由于作用于植被和侵蚀模数的人为应力不是常数且不能用简单函数拟合,不能利
用理论解式(2.13),而采用方程组(2.14)和差分法做数值解。对以上每个参数都
要进行多次试算,与实测结果比较后再作调整,直至计算结果与实测值最佳吻合。
由于植被覆盖度 V 是定义在[0,1]的变量,而侵蚀模数 E 定义区间是[0,∞),如果
算得 $V<0$ 则令 $V=0$;$V>1$ 则令 $V=1$;$E<0$ 则令 $E=0$。图 2.19 给出了植被-侵
蚀动力学方程组的计算曲线与实测植被覆盖度和侵蚀模数滑动平均值的变化过程
的对比。二者符合得非常好,说明植被和侵蚀模数的演变过程可以用动力学方程
组(2.14)来描述。

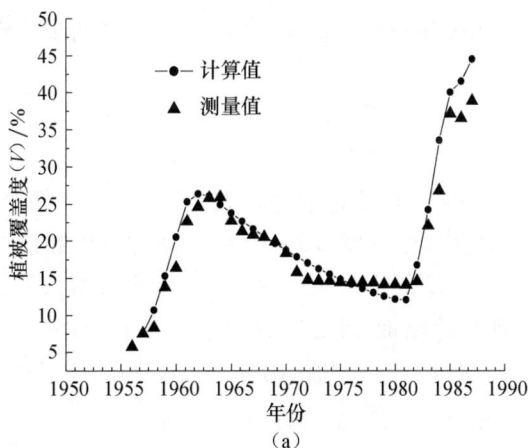

(a)

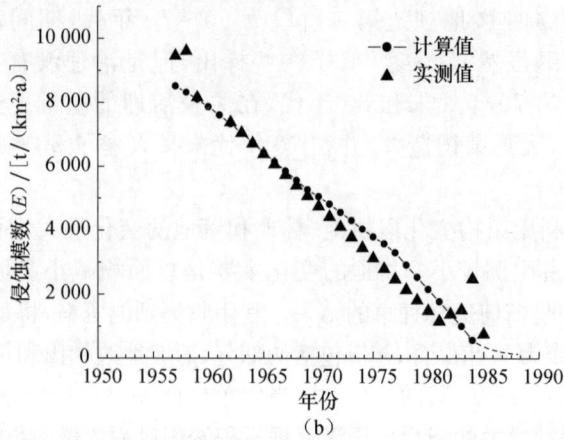

图 2.19　黄土高原安家沟流域植被覆盖度(a)和侵蚀模数滑动平均值
(b)的演变过程与计算值的比较

　　小江是金沙江的支流,位于云南高原的东北缘,处于亚热带,年均气温 20℃。小江中下游为昆明市东川区(原东川市),面积 1881km²,年降水量 688mm,上游年降水量超过 1000mm。该区山体破碎,泥石流发育,在 90km 长河段有 107 条泥石流沟。流域内覆盖着大量的泥石流沉积物,厚度达 30~100m。降水造成的地表土壤侵蚀十分严重,侵蚀模数达 1.3 万 t/(km²·a),植被发育与侵蚀密切相关。历史上小江流域曾经发育十分繁茂的植被,由于该区富产铜矿,自清朝以来因炼铜植被不断受到破坏。20 世纪 50 年代植被覆盖度还有 25%,1958 年"大炼钢铁"期间砍伐林木炼铜又使覆盖度减少了 5%,由于侵蚀增加导致植被进一步减少。自 70 年代后期开始大量植树造林,治理强度增加,植被减少的情况缓和,并且在 90 年代有所改善。但在同时,由于经济发展的要求,开发矿产和道路建设及城镇化使侵蚀模数上升。根据野外调查和搜集的资料,经过多次试算初步确定了这个地区的植被-侵蚀动力学参数

$$a = 0.03a^{-1}, \quad c = 0.000\,005km^2/a$$
$$b = 0.054a^{-1}, \quad f = 200t/(km^2 \cdot a^2) \tag{2.17}$$

该地区很少出现旱灾,最主要的生态应力是人类活动。50~70 年代,除了 1958 年大量砍伐减少了 5% 的森林覆盖度以外,人类活动对植被和侵蚀的影响较小。采用 1950~1957 年的 V 和 E 的平均值作为 1954 年的初始条件。从 1979 年起,人类绿化荒山,同时开矿修路增加侵蚀。函数 $V_\tau(t)$ 和 $E_\tau(t)$ 为

$$\begin{cases} V_\tau(t) = -K_i(1958) + V_{\tau_0}\Delta(1979)e^{n(t-t_0)} \\ E_\tau(t) = E_{\tau_0}\Delta(1979)e^{n(t-t_0)} \end{cases} \tag{2.18}$$

式中,$K_i = 0.05a^{-1}$,$V_{\tau_0} = 0.01a^{-1}$,$n = 0.1$,$E_{\tau_0} = 60t/(km^2 \cdot a)$。将式(2.18)代入

式(2.13),可以得到理论解

$$V(t) = c_1 e^{m_1 t} + c_2 e^{m_2 t} - K_{inst} \Delta(1958) + \Delta(1979) \frac{V_{\tau_0}(n-b) - cE_{\tau_0}}{(n-a)(n-b) - cf} e^{n(t-t_0)}$$

(2.19)

$$E(t) = c_1 \frac{a - m_1}{c} e^{m_1 t} + c_2 \frac{a - m_2}{c} e^{m_e t} + \Delta(1979) \frac{-fV_{\tau_0} + (n-a)E_{\tau_0}}{(n-a)(n-b) - cf} e^{n(t-t_0)}$$

(2.20)

式中,t 是从 1954 年计起的时间;$t - t_0$ 是从 1979 年计起的时间;m_1 和 m_2 由式(2.15)给出;c_1 和 c_2 由初始条件确定。图 2.20 给出了理论解的曲线与实测结果的对比。

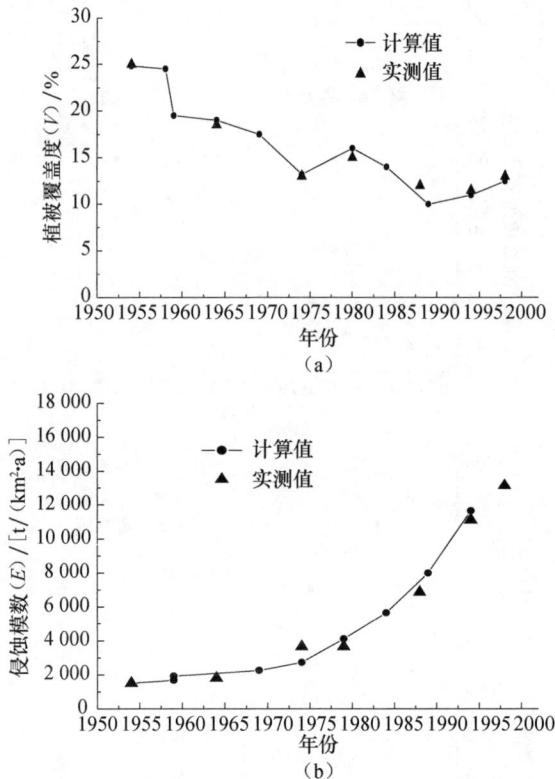

图 2.20　小江流域植被覆盖度(a)和侵蚀模数(b)的演变过程理论解计算曲线与实测结果的对比

图 2.20 中理论解与实测结果符合得很好。因为通过试算得到的参数值式(2.17)是由流域实测资料率定得到的,适用于小江整个流域。参数 a、c、b、f 取决于流域的气候、土壤条件和地形,不因起始条件和人为应力的变化而不同。因此,这些参数应该可以应用于此流域中的子流域。黑水河是小江支流大白河的一

条支流,长 3.9km,流域面积 9.94km²,平均坡度 11°。由于地处小江断裂带,山体破碎,水土流失十分严重,经常发生滑坡泥石流。1978 年开始重点治理,其时覆盖度仅为 7.6%,侵蚀模数高达 7243t/(km² · a)。采用植树造林和建造一系列谷坊拦挡坝控制侵蚀,平均每年植树造林率高达 4%,平均每年减少侵蚀模数 650t/(km² · a)。经过 20 年努力,覆盖度增加到 70%,而侵蚀模数减少到 200t/(km² · a)。采用植被-侵蚀动力学方程组的解来模拟这一过程,由于黑水河是小江的子流域,所有的参数都直接采用小江流域的参数值式(2.17)。由理论解式(2.13a)和式(2.13b)直接积分就可得出人工干扰条件下的覆盖度与侵蚀模数的变化过程,其中 $V_\tau = 0.04a^{-1}$, $E_\tau = -650t/(km^2 · a)$。一直计算到 2000 年,并将实测结果与之对比,如图 2.21 所示。

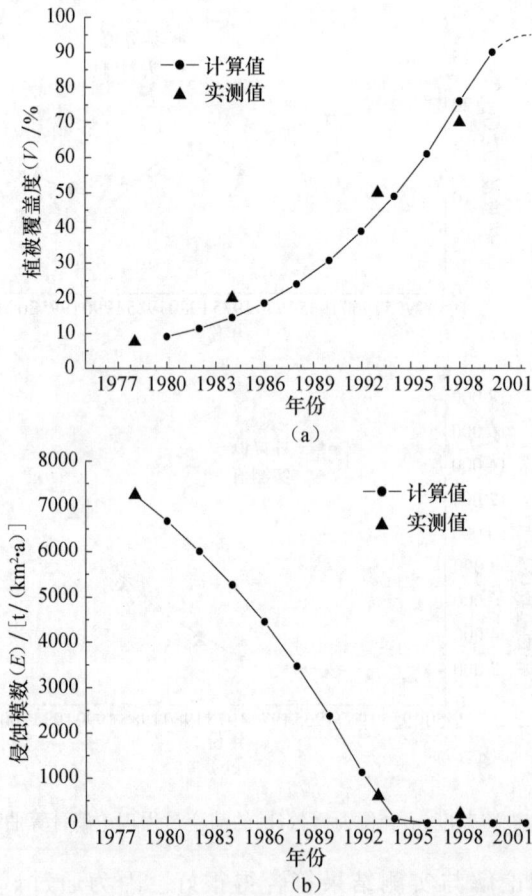

图 2.21　直接将小江流域参数计算子流域黑水河流域植被覆盖度(a)
和侵蚀模数(b)的理论解与实测结果的对比

又如,位于东川市郊区的深沟流域,20 世纪 50~70 年代,深沟流域侵蚀模数很高,植被严重退化。泥石流经常毁坏农田、工厂,甚至多次冲入市区。70 年代,深沟流域侵蚀模数高达 8000t/(km² · a),植被覆盖度仅为 6%。1976 年启动了防蚀造林工程,建造 200 多座谷坊,并以每年 4% 的速率植树造林,绿化荒山。在这些努力下,深沟流域每年减少侵蚀 700t/(km² · a)。至今没发生泥石流。

深沟流域的生态应力和植被-侵蚀方程组的解与黑水河流域相同,只是初始值和应力的大小不同:$V(t=1976)=0.06, E(t=1976)=8000t/(km² · a), V_{\tau_0}=0.04a^{-1}, E_{\tau_0}=-700t/(km² · a)$。$a$、$c$、$b$ 和 f 与式(2.17)所给的值相同。图 2.22 为理论解与实测值之间的对比。两者相吻合再次证明,只要知道了地区的气候、地形和土壤组成,植被-侵蚀动力学是可用于预测地区植被演变过程的一个强大的工具。同样,图 2.22 所示前十年植被发展慢而后十年发展快,表明要有效改善植被状况,植树造林和水土保持是一项长期工作。

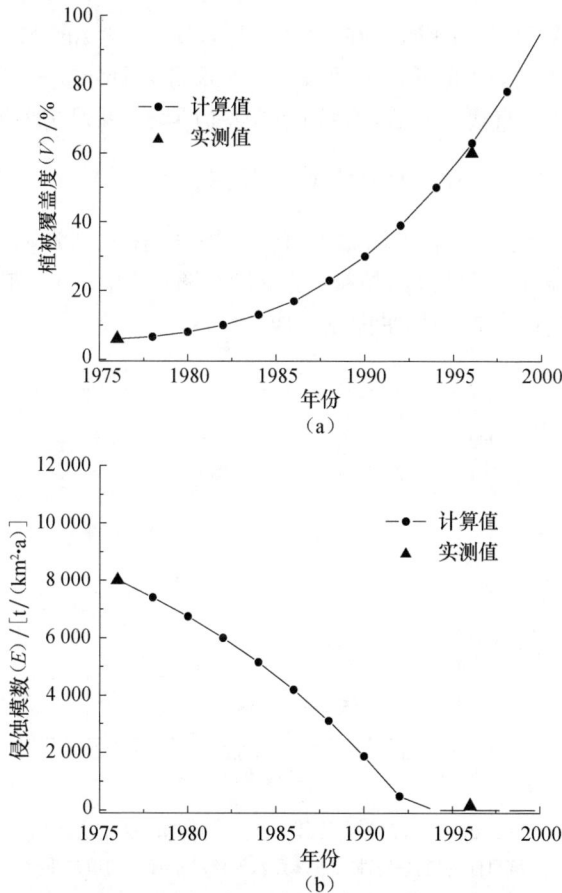

图 2.22　用小江流域参数计算深沟流域植被覆盖度(a)和
侵蚀模数(b)的理论解与实测结果的对比

实测数据与理论曲线符合良好,表明参数 a、c、b 和 f 与应力和初始条件无关。一旦流域的参数确定,就可以直接用于子流域及与邻近气候、地形、土壤和植被组成相类似的地区。

2.3.4　植被-侵蚀状态图及其应用

利用植被-侵蚀动力学方程组可以做出植被-侵蚀状态图(王兆印等,2005),讨论植被和侵蚀在没有或停止人类干扰作用后的演变趋势。在方程组(2.12)中令生态应力项为零,得到齐次微分方程组:

$$\begin{cases} V' = aV - cE \\ E' = bE - fV \end{cases} \qquad (2.21)$$

式中,$V' = \dfrac{\mathrm{d}V}{\mathrm{d}t}$、$E' = \dfrac{\mathrm{d}E}{\mathrm{d}t}$ 分别为覆盖度的变化率和侵蚀模数的变化率,这个方程组将它们表示为 V 和 E 的函数。在 $V \in [0,1]$,$E \in [0,\infty)$ 的坐标平面上,V'、E' 可以分别取正值或负值,由此可把 V 和 E 为坐标的平面分成三部分,划分边界为 $V'=0$、$E'=0$ 的两条直线。在式(2.21)中令左边为零,得到这两条直线为

$$E = \frac{a}{c}V, \quad E = \frac{f}{b}V \qquad (2.22)$$

如果知道参数 a、c、b、f 值,就可以做出植被-侵蚀状态图。例如,对于小江流域,参数值由式(2.17)给出,可以得出植被-侵蚀状态图(图 2.23)。图 2.23 中 $V'=0$、$E'=0$ 的两条直线将 V-E 坐标平面划分成三个区。

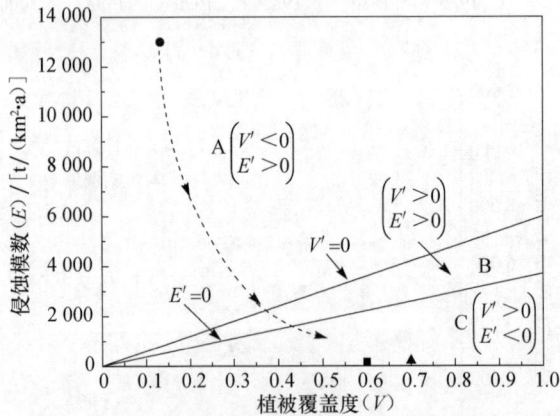

图 2.23　小江流域及其子流域的植被-侵蚀状态图
●小江流域目前的植被-侵蚀状态;▲黑水河流域治理后的植被-侵蚀状态;
■深沟流域治理后的植被-侵蚀状态

A 区:$V'<0$、$E'>0$,如果一个地区的植被-侵蚀状态处于该区,在没有人类干

扰条件下会向着侵蚀模数增大和植被覆盖度降低方向自动发展。显然,A 区越大,流域越不容易治理。A 区的大小依赖于 $\max\left\{\dfrac{a}{c},\dfrac{f}{b}\right\}$ 值,其值越大,A 区越小。

C 区:$V'>0$、$E'<0$,处于该区的生态系统自动向着侵蚀模数降低植被完善的方向发展。$\min\left\{\dfrac{a}{c},\dfrac{f}{b}\right\}$ 值越大,良性循环的 C 区越大。处于此区的植被系统(如林区)在适量砍伐后仍会自动恢复。

B 区:$V'>0$、$E'>0$,处于此区的植被-侵蚀状态不稳定,植被和侵蚀模数都增长。如果侵蚀模数增长得快或人类活动破坏植被使系统进入 A 区,生态系统就会自动向着侵蚀模数增大、植被破坏恶性发展;反之,系统进入 C 区就会自动向着侵蚀模数减小植被发育良性发展。

D 区:$V'<0$、$E'<0$,处于此区的植被-侵蚀状态不稳定,植被和侵蚀模数都减少。如果侵蚀模数减少得快使系统进入 C 区,生态系统就会自动向着侵蚀模数减小植被发育良性发展;反之,系统进入 A 区就会向着侵蚀模数增大、植被破坏恶性发展。任一个地区的植被-侵蚀状态图,在 A 区、C 区之间,或存在 B 区,或存在 D 区。B 区和 D 区不能同时存在。

植被-侵蚀状态图完全由参数 a、c、b 和 f 决定,而这些参数又由长期观测的植被和侵蚀变化来确定。对于气候、地形、土壤和植被组成相同的地区,这些参数的取值为常数并可通用。如果参数 a 和 f 较大,系统在大多数情况下处于 C 区且向植被完善的方向发展。如果 c 和 f 较大,系统一般处于 A 区,且向植被少、侵蚀高的方向发展。

图 2.23 中标出了小江流域、黑水河流域和深沟流域目前的植被-侵蚀状态。黑水河和深沟流域都是小江流域的子流域,因此可以用同样的植被-侵蚀动力学参数作状态图。黑水河和深沟流域经过 20 多年的重点治理,植被-侵蚀状态从 A 区移到了 C 区,且远离分界线。如果没有较强生态应力的破坏,这两个流域都会自动逐渐向着植被完善的方向发展。但是,小江流域植被-侵蚀状态还处于 A 区,有向植被恶化、侵蚀增大的趋势发展,这在一定程度上抵消了人们治理改善的努力,必须通过治理将其移到 C 区,才能彻底改善生态环境。图 2.23 中的虚线给出了建议的治理途径。首先要降低侵蚀,将流域植被-侵蚀状态点下移入 B 区。进入 B 区后系统自动增加植被,此时加大植树造林和控制侵蚀的强度,最终将流域植被-侵蚀状态移入 C 区。

类似地,对于黄土高原安家沟流域,参数值由式(2.16)给出,可以得出植被-侵蚀状态图(图 2.24)。在图 2.24 中没有出现 B 区而有 D 区,该区中 $V'<0$、$E'<0$,处于此区的植被-侵蚀状态亦不稳定,植被和侵蚀模数都减少。如果植被很快减少或人类活动破坏植被使系统进入 A 区就会恶性发展,如果侵蚀模数很快减少或人

类植树造林使系统进入 C 区就会自动向着植被逐渐发育的良性发展。

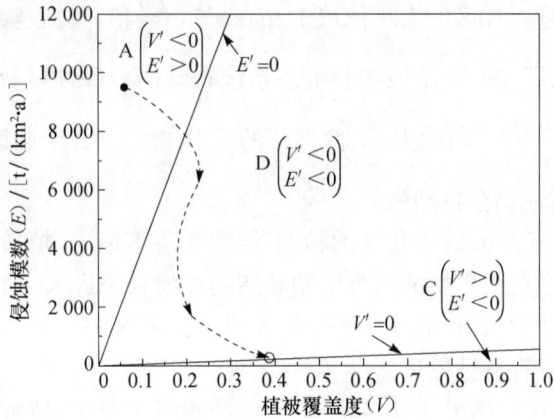

图 2.24　黄土高原西部安家沟的植被-侵蚀状态图

●治理前的植被-侵蚀状态；○治理后的植被-侵蚀状态；--►治理与植被-侵蚀状态的演变过程

对比图 2.23 和图 2.24 可以得出，在雨量较丰、气温较高的云南高原小江流域，减少侵蚀对促进植被发育有很好的作用，或者说，减少侵蚀是改善植被的重要措施。系统进入 C 区后比较稳定，林木长大后适量砍伐仍能保持系统处于健康发展状态。而在比较干旱、气温较低、水土流失严重的黄土高原上，增加植被能够明显地减少侵蚀，但控制侵蚀对促进植被发育没有太大的作用。因此，在这一地区，植树种草可以作为控制侵蚀的重要方略。但是由于 C 区很小，即使植被已经大大改善，仍然不稳定，还需要不断地护理才能维持系统的良性状态。

由植被-侵蚀动力学和植被-侵蚀状态图，可以归纳出以下几点：①植被受到不同生态应力的影响。这些应力可用数学式表示，在此基础上建立植被-侵蚀动力学耦合微分方程组。②方程组中的 4 个参数 a、c、b 和 f 根据野外数据通过试算法确定。③将植被-侵蚀动力学耦合微分方程组的理论解与黄土高原的安家沟及云贵高原的小江流域和其子流域植被及侵蚀的实际演变过程进行了比较，理论曲线与实测结果符合得很好。④利用 4 个参数和动力学方程组可做出植被-侵蚀状态图，用于预测植被及侵蚀的发展趋势，提出改善地貌环境的最佳策略。⑤一个流域或地区的植被系统都可能存在三种状态，即植被发育/侵蚀下降，侵蚀增加/植被退化，以及两者之间的过渡状态。人类活动可使一个流域从一种状态转变到另一种状态，所要施加的应力取决于状态图中原状态点到目标状态点的距离。⑥在雨量较丰气温较高的云贵高原，控制侵蚀有效促进植被发育，植被改善后比较稳定。而在气候干冷的黄土高原，植被能有效控制侵蚀但控制侵蚀对于促进植被发育没有太大作用。这一地区植被不稳定，需要持续的人为护理来维持植被。

为了比较不同气候、土壤和地形条件地区的植被-侵蚀状态图，王兆印等（2003c）搜集了黄土高原东缘的王家沟和北京近郊西山地区的相关资料。将植被-侵蚀动力学方程组运用于这两个地区，并得到了式（2.12）最符合实际资料的 4 个参数 a、c、b 和 f 的取值。由此绘出两个地区的植被-侵蚀状态图如图 2.25 所示。图 2.25 同时给出安家沟和小江流域的植被-侵蚀状态图以作为比照。4 个典型地区的地理位置示意图如图 2.26 所示，基本特征及参数 a、c、b 和 f 值见表 2.2。

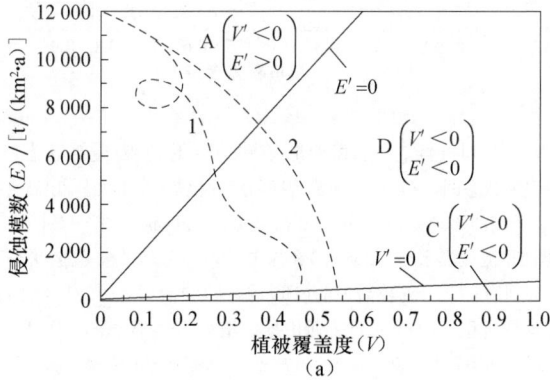

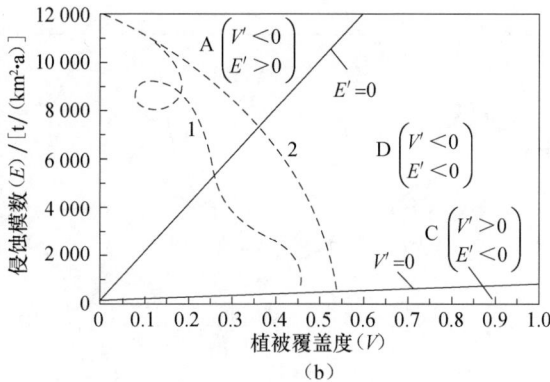

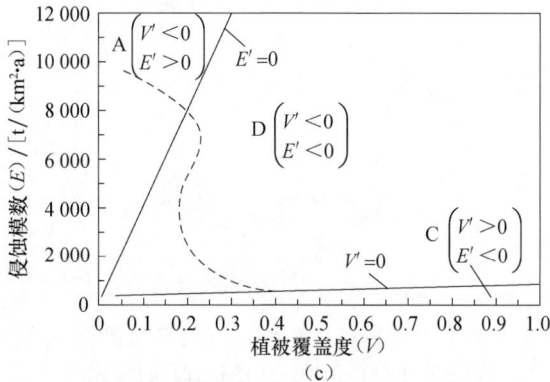

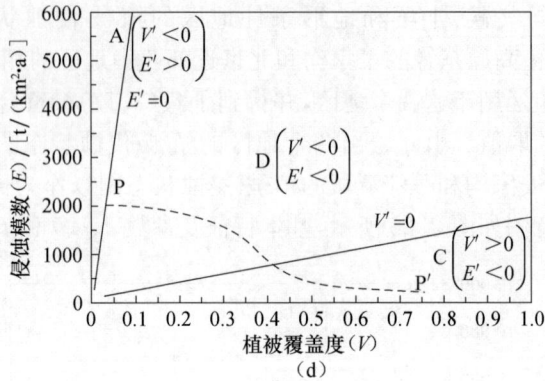

图 2.25　不同气候、土壤和地形条件地区的植被-侵蚀状态图比较

(a)王家沟流域植被-侵蚀状态图。●王家沟流域治理前后的植被-侵蚀状态(1955 年和 1981 年);--- 1 实际治理过程;--- 2 效率最高的治理途径。(b)小江流域植被-侵蚀状态图。● 1999 年小江流域的植被-侵蚀状态;▲、■分别为小江子流域黑水河(1998 年)和深沟(1996 年)的植被-侵蚀状态。(c)安家沟流域植被-侵蚀状态图。●、○分别为安家沟流域治理前(1956 年前)和治理后(1981 年)的植被-侵蚀状态;---、-->为植被-侵蚀状态演变过程。(d)北京近郊西山地区植被-侵蚀状态图。P、P'分别为西山地区治理前(1954 年)和治理后(2001 年)的植被-侵蚀状态;---植被-侵蚀状态演变过程

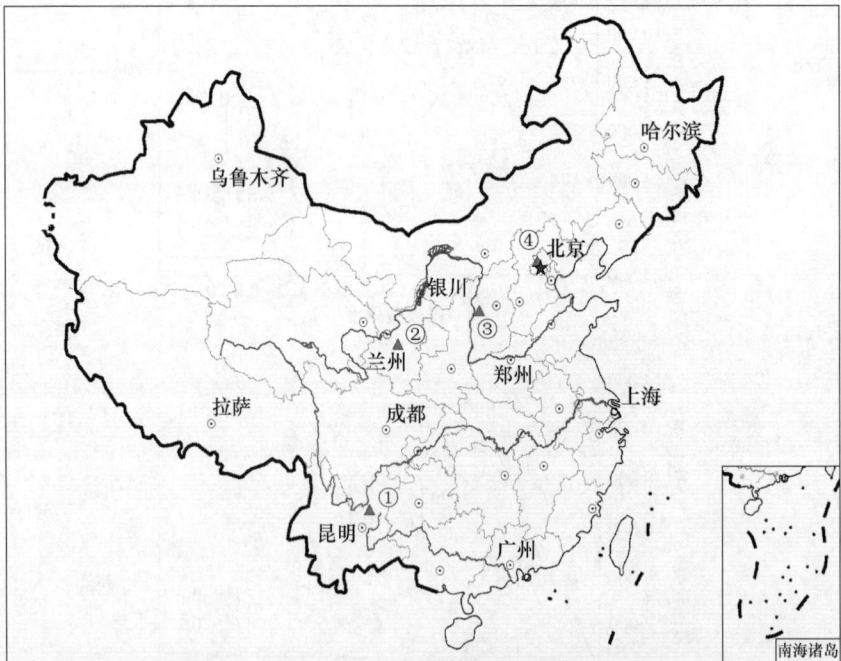

图 2.26　云贵高原小江流域①、黄土高原安家沟流域②、王家沟流域③、
及北京近郊西山地区④的地理位置示意图

表 2.2　4 个典型地区植被-侵蚀动力学参数与流域气候土壤地形特征

项　目	典型流域			
	安家沟	王家沟	北京西山	云南小江
气候	温带季风	温带季风	温带季风	亚热带季风
年降水量/mm	427	495	608	688~1000
平均温度/℃	6.3	8.8	11.8	20
土壤特性	黄土	黄土	岩石风化的残积、坡积物,含卵砾石	泥石流沉积物
地形条件	黄土丘陵沟壑	黄土丘陵沟壑	丘陵坡度 15°~35°	山区 15°~45°
a/a^{-1}	0.001	0.001	0.0075	0.030
$c/(km^2/a)$	0.000 001 80	0.000 001 37	0.000 004 50	0.000 005 00
b/a^{-1}	0.010	0.020	0.003	0.054
$f/[t/(km^2 \cdot a^2)]$	400	400	200	200

比较结果表明,参数 a、c、b 和 f 值是流域气候、地形和土壤特性的函数,与侵蚀、植被、生态应力和人类活动无关。云贵高原高温多雨,植被-侵蚀状态图中 C 区较大(图 2.23)。如果侵蚀得到控制,植被发育良好,且植被改善后状态稳定。在干燥寒冷的黄土高原,植被能有效控制侵蚀,但减少侵蚀对促进植被发育作用不大。状态图中 C 区很小(图 2.24)。这一地区的植被状态不稳定,需要持续的人力护理来维持植被。在西山地区,植被和侵蚀状况介于两者之间。

从表 2.2 可以得出,参数 a 值随着降水量增加而增大。这是由于一般地区植被固坡、遮蔽和增殖作用促进植被发育,但是对于干旱地区,树木个体之间相互争水又不利于植被发育。所以干旱地区参数 a 值小,降水量大的地区参数 a 值大。参数 c 代表单位侵蚀模数对植被的破坏率,黄土高原上侵蚀土层较厚,c 值小;北京西山和小江地区侵蚀土层较薄,c 值较大。参数 b 代表植被受到破坏对增大侵蚀模数的作用。北京西山表层以下含有较多的卵砾石而且土层较薄,即使表层植被破坏,侵蚀不会显著增大,b 值较小;小江流域泥石流沉积物有易动性,全靠表层植被保护,表层植被的破坏显著增大侵蚀,b 值较大。参数 f 代表植被对侵蚀模数的减少率。黄土高原上植树造林能够明显减少侵蚀,f 值较大。北京西山和小江地区植树造林对减少侵蚀的作用比黄土高原上的小,f 值较小。

2.4　我国主要流域植被-侵蚀动力学分析

2.4.1　我国典型水土流失地区的选取

应用植被-侵蚀动力学理论可以分析我国典型水土流失和生态退化地区的植被-侵蚀演变趋势,探讨人类活动的影响,判断能否和如何彻底改善这些地区的生态面貌。选取黄土高原、长江上游、云南高原及南方红壤侵蚀区、华北土石山区等典型水土流失地区,通过野外调查和搜集资料,做出植被-侵蚀状态图,分析和评价植被-侵蚀现状,并依此提出区域治理和防护策略。

根据我国土壤侵蚀类型区划(唐克丽,2004),我国土壤侵蚀类型划分为水力侵蚀为主类型区、风力侵蚀为主类型区、冻融侵蚀为主类型区 3 个一级类型区,其中水力侵蚀为主类型区又划分为西北黄土高原区、东北低山丘陵和漫岗丘陵区、北方山地丘陵区、南方山地丘陵区、四川盆地及周围山地丘陵区、云贵高原 6 个二级类型区。以上所选取的 4 个典型地区基本上包括了除东北丘陵区外的其他 5 个二级类型区。由于资料所限,南方红壤侵蚀区及华北土石山区只是南方山地丘陵区、北方山地丘陵区的部分区域,而长江上游则是四川盆地及周围山地丘陵区、南方山地丘陵区、云贵高原等类型区在长江流域的部分。根据植被-侵蚀动力学理论及植被-侵蚀动力学参数特点,自然条件(气候、地形地貌、土壤特性)相似的地区其植被-侵蚀动力学参数取值相近,与当地人类活动及自然应力无关(王兆印等,2005),所以对以上各典型地区的讨论结果可以推广应用到邻近自然条件相似地区。

限制植被-侵蚀动力学广泛应用的一个难点是缺少资料,而确定植被-侵蚀动力学参数至少需要 20 年以上植被和侵蚀发展演变过程及人类活动对植被和侵蚀影响程度的数据资料。搜集这些资料在许多地区都是困难的。如前所述,植被-侵蚀动力学参数仅仅依赖于气候、土壤和地形,与植被-侵蚀现状和人类活动无关。换句话说,对于给定地区,植被-侵蚀动力学参数是不变量。为此本节先对资料较多的黄土高原地区利用已经确定的流域植被-侵蚀动力学参数与流域气候土壤和地形进行相关分析,找出它们之间的经验关系。然后对全国 4 个主要流域进行植被-侵蚀动力学分析。

2.4.2　植被-侵蚀动力学参数的经验关系

黄土高原是黄河流域的主要产沙区,也是我国水土流失最严重的地区。自 20 世纪 50 年代末以来,我国一直将这一地区作为黄河流域乃至我国水土流失的重点治理区,40 余年来取得了十分显著的成效。黄土高原水土流失治理依据水土流失的轻重程度及地形、气候、土壤、植被等特点划分为不同类型区,并以小流域为代表。选取 13 个典型小流域,分别代表风沙区、黄土丘陵沟壑区、黄土高原沟壑区等各类型区,可以作为黄土高原水土流失各类型区的代表。图 2.27 为 13 个小流域所在市、县位置。这些小流域的相关资料从相关文献得到(杨文治等,1992;蒋定生,1997;唐克丽,2004;江忠善等,2004)。各小流域名称及气候、地形地貌、土壤特性见表 2.3。其中平均坡度是根据小流域地貌坡度组成经计算得到的,即将每一坡度分级的中值乘以相应坡度分级面积占流域总面积比例,然后相加并取正切值得到的。黄土颗粒中值粒径 D_{50} 及沙粒含量($>$0.05mm)和黏粒含量($<$0.001mm)由许炯心

(2004)的不同地带黄土颗粒组成表中各小流域所在市、县黄土粒径分布整理得到。

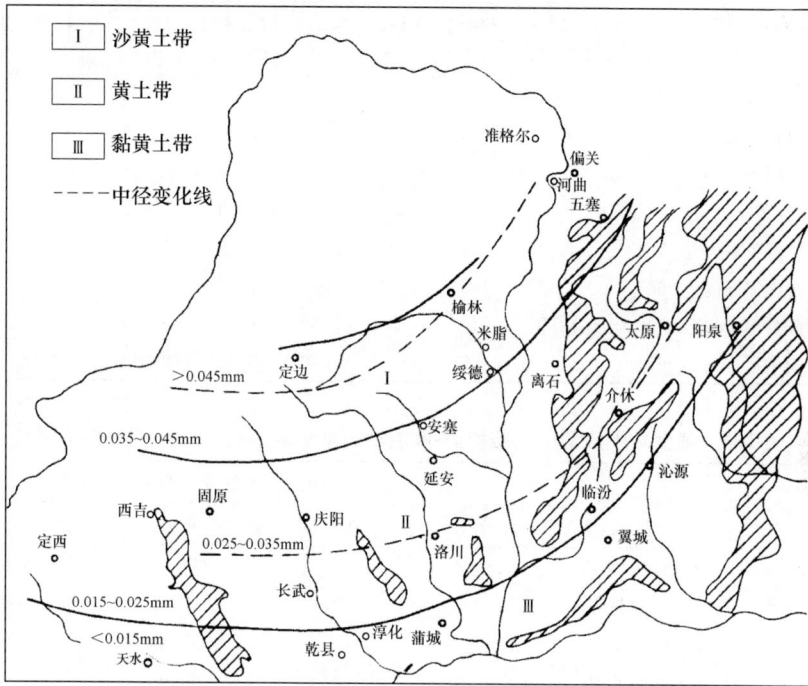

图 2.27　黄土高原黄土中值粒径变化及 13 个典型小流域所在市、县分布

　　通过收集整理各小流域植被覆盖度、侵蚀模数及人类活动影响等相关资料,植被-侵蚀动力学参数 a、c、b、f 的取值可采用试算法确定,结果列入表 2.4。黄土高原植被-侵蚀动力学参数有如下特点:参数 a 值较小,基本为 $0.001\sim0.0045a^{-1}$,与黄土高原气候条件相符;参数 c 变化范围较小,基本为 $1\times10^{-6}\sim2\times10^{-6}\,km^2/a$;参数 b 值基本为 $0.01\sim0.033a^{-1}$;参数 f 值则为 $300\sim500t/(km^2\cdot a^2)$。

表 2.3　典型小流域及其气候、地形、土壤特性参数

编号	流域名称	气候参数			地形地貌参数			土壤参数		
		降水量 (P)/mm	温度 (T)/℃	无霜期 /d	平均坡度(S)	主沟道比降	沟壑密度 /(km/km²)	D_{50} /mm	沙粒含量/%	黏粒含量/%
1	准格尔川掌沟	400.0	7.2	138	0.172	0.004	3.9	0.046	27.6	10.9
2	河曲南曲沟	462.9	6.8	136	0.708	—	3.74	0.044	34.9	9.0
3	河曲砖窑沟	447.5	8.8	140	0.695	0.029	6.24	0.042	34.9	9.0
4	米脂榆林沟	451.6	8.5	162	0.780	0.014	4.38	0.038	32.0	5.5
5	绥德王茂沟	513.0	10.0	160	0.836	0.027	4.31	0.036	32.1	6.0

续表

编号	流域名称	气候参数			地形地貌参数			土壤参数		
		降水量 (P)/mm	温度 (T)/℃	无霜期 /d	平均坡 度(S)	主沟道 比降	沟壑密度 /(km/km²)	D_{50} /mm	沙粒含 量/%	黏粒含 量/%
6	安塞纸坊沟	549.1	8.8	159	0.680	0.037	8.06	0.034	18.2	10.6
7	离石王家沟	506.1	8.8	180	0.412	0.027	7.00	0.032	14.6	13.3
8	定西安家沟	427.4	6.3	140	0.398	0.101	3.14	0.022	18.5	15.9
9	西吉黄家二岔	402.2	5.8	121	0.323	0.073	3.32	0.029	24.3	14.5
10	长武王东沟	584.1	8.3	171	0.462	0.060	2.78	0.020	5.2	14.2
11	淳化泥河沟	600.6	9.48	183	0.368	0.040	2.13	0.014	5.2	22.1
12	乾县枣子沟	590.0	10.9	210	0.202	0.059	1.51	0.012	5.2	22.1
13	天水吕二沟	574.1	11.0	185	0.661	0.040	3.82	0.011	4.7	24.5

表 2.4　黄土高原典型小流域植被-侵蚀动力学参数取值(王费新等,2006a)

编号	流域名称	植被侵蚀动力学参数			
		$a \times 100$/a^{-1}	$c \times 10^6$/(km²/a)	b/a^{-1}	f/[t/(km²·a²)]
1	准格尔川掌沟	0.001	1.9	0.033	450
2	河曲南曲沟	0.001	1.3	0.03	450
3	河曲砖窑沟	0.0015	1.3	0.025	450
4	米脂榆林沟	0.0015	1.4	0.021	470
5	绥德王茂沟	0.002	1.5	0.015	510
6	安塞纸坊沟	0.0022	1.7	0.014	500
7	离石王家沟	0.002	1.75	0.02	470
8	定西安家沟	0.001	1.7	0.014	480
9	西吉黄家二岔	0.001	2	0.015	480
10	长武王东沟	0.02	1.8	0.019	380
11	淳化泥河沟	0.003	1.5	0.012	350
12	乾县枣子沟	0.0045	1.1	0.011	300

分析参数 a、c、b、f 与流域气候、地形及土壤特性之间的单参数相关关系,结果表明,参数 a 与流域气温、降水及无霜期之间有较强的相关性;参数 b 与土壤中值粒径(D_{50})及沙粒、黏粒含量比值有一定的相关性;参数 f 与黏粒含量 D_{50}、沙粒、黏粒含量比值有一定的相关性;参数 c 与各参数之间相关性较差。但以上相关系数大都在 0.7 以下。进一步考虑 a、c、b、f 与流域气候、地形地貌及土壤特性各参数组合的相关关系。结合实际情况,现选取年平均气温(T)、降水量(P)、中值粒径(D_{50})、平均坡度(S)4 个参数,并只考虑参数 a 与 P、T,参数 c、b、f 与 D_{50} 及 S 之间的相关性。考虑采用两种曲线形式:第一种将组合参数的乘积作为新的参数,采用一元二次多项式模型;第二种采用二元正交多项式回归模型。

1. 植被-侵蚀动力学参数与流域气候、地形、土壤特性的关系

经分析、计算和比较,得到参数 a 与 P、T,参数 c、b、f 与 D_{50} 及 S 之间的相关关系式,见表 2.5。

表 2.5　小流域参数 a、c、b、f 与流域气温、降水量、中值粒径、平均坡度参数相关关系

参数	相关关系式	相关系数 R^2	公式号
a/a^{-1}	$a \times 10^6 = -0.027P^2 - 87.2T^2 + 7.5PT$ $-30.2P - 1\,850T + 13\,700$	0.967	式(2.23)
$c/(\mathrm{km}^2/\mathrm{a})$	$c \times 10^6 = -0.3S^2 - 1\,660D_{50}^2 - 53.7SD_{50}$ $+1.322S + 126.6D_{50} - 0.234$	0.906	式(2.24)
b/a^{-1}	$b = 0.052\,1S^2 + 29.1D_{50}^2 - 0.226SD_{50}$ $+0.054\,2S - 0.981D_{50} + 0.010\,28$	0.901	式(2.25)
$f/[\mathrm{t}/(\mathrm{km}^2 \cdot \mathrm{a}^2)]$	$f = -619\,400(SD_{50})^2 + 257\,00SD_{50} + 255$	0.732	式(2.26)

由表 2.5 可见,参数 a 与流域年均气温(T)、年均降水量(P)之间具有显著的相关关系,参数 c、b、f 与流域 S、土壤 D_{50} 具有较明显的相关关系,相关系数都在 0.7 以上。

2. 小流域植被-侵蚀动力学模型模拟实例

为了检验以上关系式的适用性,现将其应用于吕二沟小流域。吕二沟小流域是渭河支流藉河右岸的一条支流,属黄土丘陵沟壑区第三副区,测站控制面积 12.01km²,流域内丘陵起伏,沟壑纵横。该流域于 1953 年被列为丘三区典型小流域开展综合治理(高小平等,1995;张志强等,2005)。吕二沟小流域气候、土壤及地形参数见表 2.3。将这些参数代入表 2.5 中的公式可得植被-侵蚀动力学 4 个参数值:

$$a = 0.004\mathrm{a}^{-1}, \quad c = 0.000\,001\,31\mathrm{km}^2/\mathrm{a}$$
$$b = 0.0144\mathrm{a}^{-1}, \quad f = 409\mathrm{t}/(\mathrm{km}^2 \cdot \mathrm{a}^2) \tag{2.27}$$

将式(2.27)代入植被-侵蚀动力学模型,计算得到吕二沟小流域植被覆盖度及侵蚀模数变化过程。图 2.28 显示计算植被覆盖度及侵蚀模数变化与实测结果的对比,表明采用表 2.5 给出的经验公式估算参数值的结果与小流域实际情况符合较好。利用流域气候、土壤及地形的相关数据和表 2.5 中的公式估算植被-侵蚀动力学参数 a、c、b、f 是可行的,可以推广应用到黄土高原其他小流域。

3. 植被-侵蚀动力学 4 个参数取值分布图

由式(2.23)～式(2.26)可以绘制出各参数在不同 T、P 或 S、土壤 D_{50} 组合情况下取值的分布图(图 2.29),利用这些图可以方便地查询各小流域各参数取值,并分析比较不同参数(P、T、S、D_{50})对植被-侵蚀动力学各参数取值的影响。

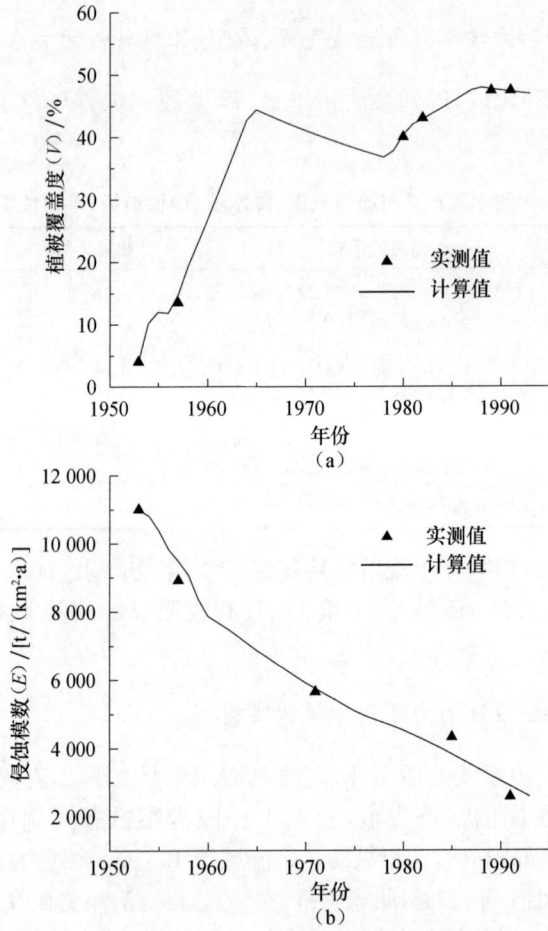

图 2.28　吕二沟小流域植被覆盖度（a）和侵蚀模数（b）变化过程实测值与计算值对比

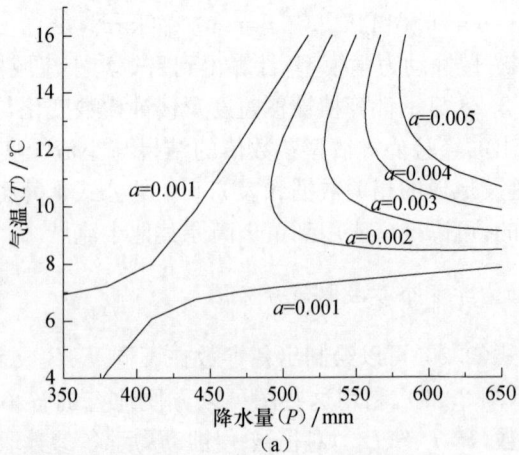

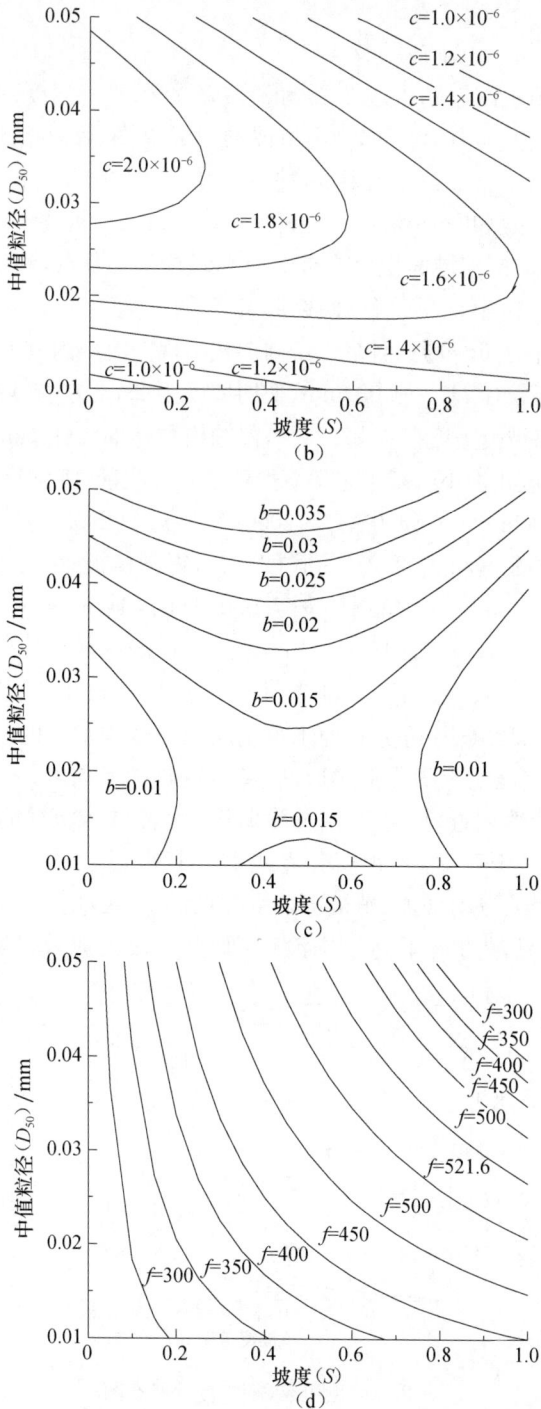

图 2.29　黄土高原植被-侵蚀动力学参数取值分布图(王费新等,2006a)

4. 小流域应用

对于黄土高原的小流域,由图 2.29 和流域降水量、平均温度、平均坡度及土壤特性可以得到植被-侵蚀动力学参数,做出植被-侵蚀状态图,可以据此分析植被-侵蚀演变趋势,对水土保持措施效益做出评价,进一步提出治理方略。下面以燕儿沟小流域为例进行简要说明。燕儿沟小流域位于延安市南 3km 处,属黄土高原丘陵沟壑区第二副区,主沟长 8.6km,流域面积 46.88km²。流域内地形复杂,沟壑纵横。流域处于暖温带半湿润气候向半干旱气候过渡带,年平均气温 9.8℃,多年平均降水量为558.4mm,主要集中在 6～9 月,且多以暴雨形式出现。流域内成土母质为黄土,由图2.29 查得土壤中值粒径 $D_{50}=0.031$mm;平均坡度为 29.5°左右,取 $S=0.566$。治理前(1997 年)流域植被覆盖度仅为 27.21%,侵蚀模数达 6000 t/(km²·a)以上。经过集中整治,2003 年燕儿沟小流域生态环境得到了明显改善,植被覆盖度超过 70%,侵蚀模数下降到 79t/(km²·a)(琚彤军等,2000;刘普灵等,2005)。

利用以上相关数据和式(2.23)～式(2.26),得到植被-侵蚀动力学各参数值:

$$a = 0.003\text{a}^{-1}, \quad c = 0.000\,001\,81\text{km}^2/\text{a}$$
$$b = 0.018\text{a}^{-1}, \quad f = 515\text{t}/(\text{km}^2 \cdot \text{a}^2) \tag{2.28}$$

将式(2.28)代入式(2.21),绘制燕儿沟小流域植被-侵蚀状态图(图 2.30)。比较图 2.30 和图 2.25(a),可见同处于黄土高原丘陵沟壑区的王家沟小流域和燕儿沟小流域植被-侵蚀状态图非常接近,后者 C 区略大于前者,A 区略小于前者,这两个小流域自然特性相近,同处于生态脆弱区,后者自然状况略好于前者。治理前,燕儿沟小流域处于 D 区,且距离分界线 $E'=0$ 很近,如果不治理,则若干年后该小流域会进入侵蚀自动增加、植被覆盖度降低的 A 区,生态环境将进一步恶化。1998～2003 年,小流域进行了高强度治理,取得了很大成效,植被覆盖度大大增

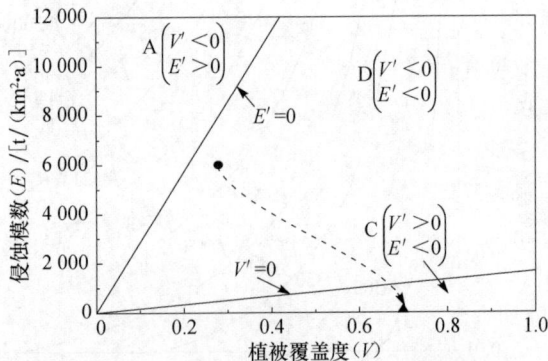

图 2.30　燕儿沟植被-侵蚀状态图
●治理前;▲治理后

加,土壤侵蚀得到有效控制,植被-侵蚀状态进入 C 区。但由于 C 区较小,仍需要加强管理,以防止意外植被破坏和增加侵蚀使植被-侵蚀状态返回 D 区。

2.4.3　黄土高原植被-侵蚀动力学分析

黄土高原位于黄河中上游地区,其范围指太行山以西、贺兰山以东、秦岭以北、长城以南,总面积 48 万 km²。地理位置 N33°43′～41°16′、E100°54′～114°33′。黄土高原属大陆性季风气候区,年平均降水量 200～700mm,由东南向西北递减,以 400～500mm 的降水量分布较广,该降水量分布区也是黄土高原土壤侵蚀最严重的地区,年降水量分配不均匀,多集中在 6～9 月汛期,可占全年降水量的 60% 以上(唐克丽,2004)。黄土高原水土流失面积 45.4 万 km²,多沙粗沙区面积 7.86 万km²。全区年均输入黄河泥沙 16 亿 t,是我国乃至世界水土流失最严重、生态环境最脆弱的地区。黄土高原以流水侵蚀为主,其边缘山地以重力侵蚀为主。最严重的区域包括陕西北部、内蒙古南部、山西西北部及渭河、泾河、洛河的上游,面积11.4 万 km²,其中大部分属于黄土丘陵区,年均输沙量占全区的 80%,占入黄泥沙总量的 74%(盛海洋,2006)。

许多学者对黄土高原土壤侵蚀和植被生态进行了分区研究(唐克丽等,1990;王义凤等,1991;舒若杰等,2006)。蒋定生(1997)根据资源环境、生态条件、社会经济条件和水土保持状况的差异性,以及综合治理与开发模式的类型与发展方向,将黄土高原划分为 8 个不同的治理与开发模式类型区,即长城沿线风沙滩地及丘陵区(Ⅰ区),长城以南宁陇干旱半干旱区(Ⅱ区),晋陕黄河峡谷丘陵区(Ⅲ区),陕北、陇东、宁南丘陵沟壑区(Ⅳ区),宁南陇中丘陵沟壑区(Ⅴ区),晋陕黄河峡谷高原沟壑区(Ⅵ区),渭北旱塬黄土高原沟壑区(Ⅶ区),陇东黄土高原沟壑区(Ⅷ区)(图 2.31)。分区时选用了植被覆盖度、侵蚀模数、汛期雨量、地形地貌、土壤特性及人类活动等多方面因子,基本包括了植被-侵蚀动力学分区所要考虑的影响因子。以下即以该分区为基础,考虑流域植被-侵蚀参数取值及各分区气候、地形、土壤、植被和侵蚀强度等进行适当的调整,组合成以下 4 个分区:第一分区为长城沿线风沙滩地及丘陵区(Ⅰ区及Ⅲ区晋北部分)、第二分区为黄土丘陵沟壑东区(Ⅲ区其他部分及Ⅳ区)、第三分区为黄土丘陵沟壑西区(Ⅴ区)、第四分区为黄土高原沟壑区(Ⅵ区、Ⅶ区、Ⅷ区)(图 2.32)。原Ⅱ区由于缺乏相关资料,暂未列入分区,其应与长城沿线风沙滩地及丘陵区类似。

植被-侵蚀状态图是分析研究植被和侵蚀演变趋势的重要工具。利用 2.3 节提出的估算植被-侵蚀动力学参数的方法,结合考虑各分区已经得到的小流域植被-侵蚀动力学参数值,给出各分区植被-侵蚀动力学参数的平均值范围(表 2.6)。表 2.6中各分区植被覆盖度以中国科学院水利部水土保持研究所黄土高原生态环境数据库网站提供的土地利用现状的数据(http://www.loess.csdb.cn/stat/index.jsp)为基础

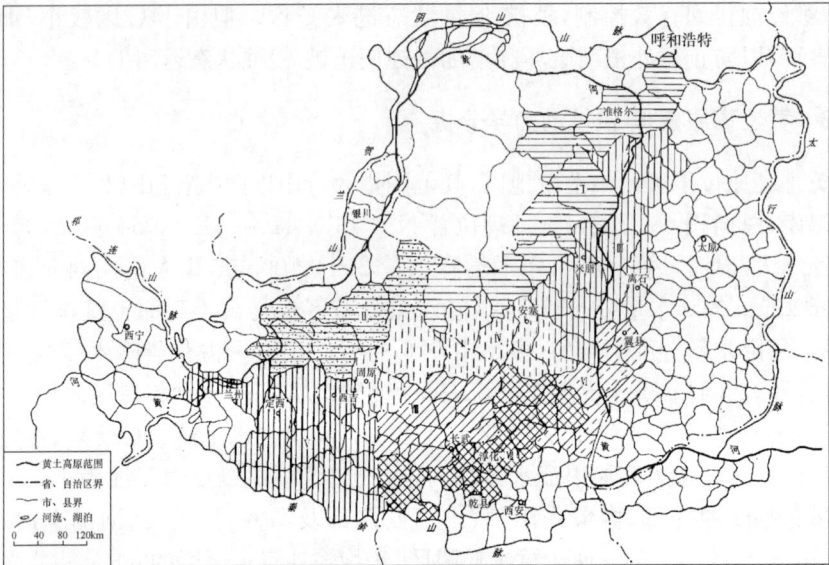

图 2.31   黄土高原水土流失严重地区综合治理与开发类型分区图(蒋定生,1997)

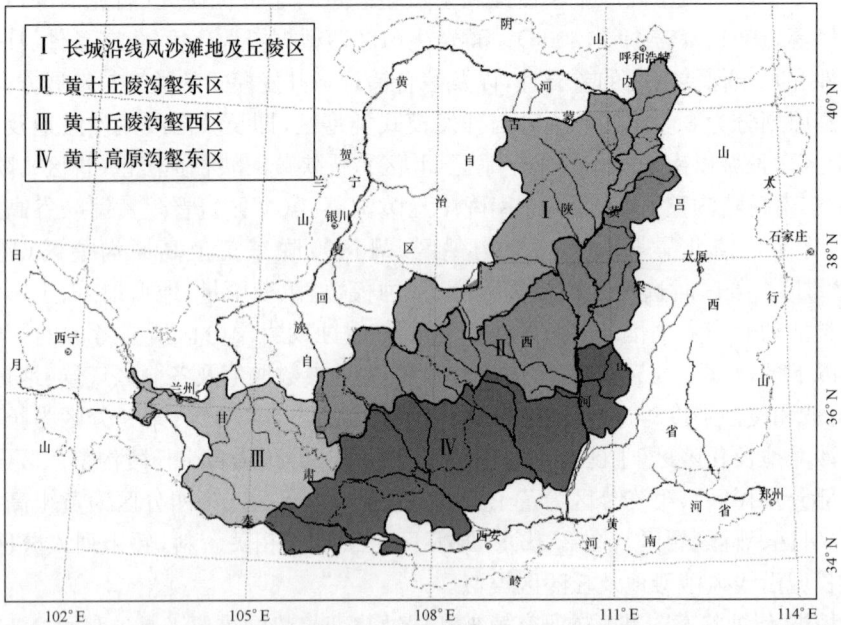

Ⅰ 长城沿线风沙滩地及丘陵区
Ⅱ 黄土丘陵沟壑东区
Ⅲ 黄土丘陵沟壑西区
Ⅳ 黄土高原沟壑东区

图 2.32   黄土高原植被-侵蚀动力学分区图(王费新等,2007)

计算得到,侵蚀模数则参考唐克丽(2004)关于黄土高原地区土壤侵蚀强度区域图进行估算得到。对各参数取其平均值,可以绘制出各分区植被-侵蚀状态图(图 2.33)。各区植被-侵蚀状态图的共同特点是:良性区 C 区非常小而恶性区 A 区较大,过渡区

D区很大。说明黄土高原各分区增加植被都能有效控制侵蚀,而控制侵蚀对于改善植被作用不大。现阶段各分区植被-侵蚀状态点都位于 A 区或 D 区,必须治理才能改善。如果没有人类的管理,黄土高原的植被不会自动增加,土壤侵蚀会继续加重。黄土高原自然条件恶劣,生态环境相对脆弱。治理时应以小流域为单位展开,进行集中快速治理。治理时同时采取生物措施和工程措施,使其快速进入 D 区和 C 区,此后可以维持管理并对其他流域采取同样的治理措施。

表 2.6 黄土高原各水土流失分区植被-侵蚀动力学参数取值及植被-侵蚀现状

编号	分区	植被-侵蚀动力学参数取值				植被-侵蚀现状	
		$a \times 10^3/\mathrm{a}^{-1}$	$c \times 10^6/(\mathrm{km}^2 \cdot \mathrm{a})$	$b \times 10^2/\mathrm{a}^{-1}$	$f/[\mathrm{t}/(\mathrm{km}^2 \cdot \mathrm{a}^2)]$	V	$E/[\mathrm{t}/(\mathrm{km}^2 \cdot \mathrm{a})]$
Ⅰ	长城沿线风沙滩地及丘陵区	1~1.5	1.3~1.9	2.5~3.3	450~470	0.293	11 500
Ⅱ	黄土丘陵沟壑东区	1.5~3	1.5~1.8	1.4~2.1	470~520	0.380	11 000
Ⅲ	黄土丘陵沟壑西区	1~2	1.7~2.0	1.4~1.5	450~490	0.309	5 400
Ⅳ	黄土高原沟壑东区	2~4.5	1.1~1.8	1.1~1.8	300~400	0.440	3 500

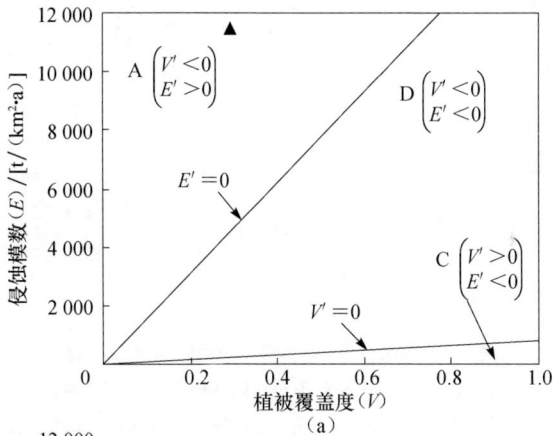

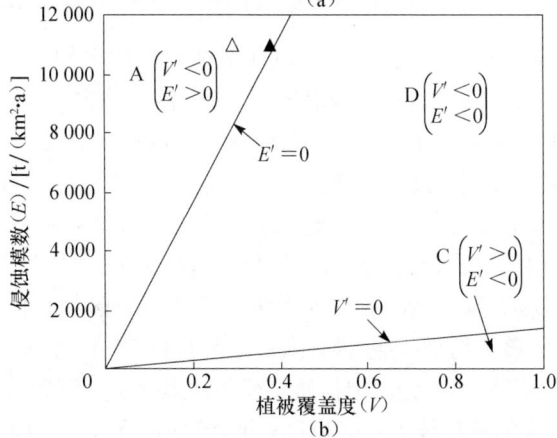

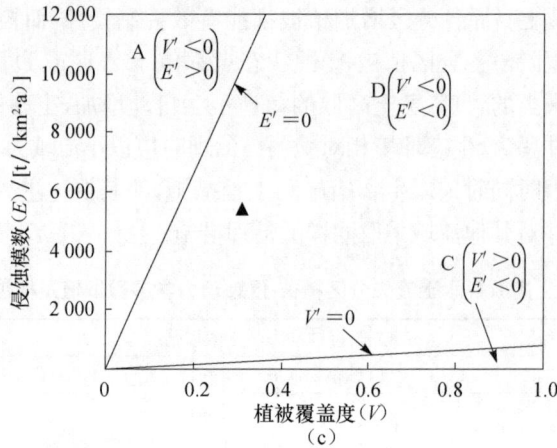

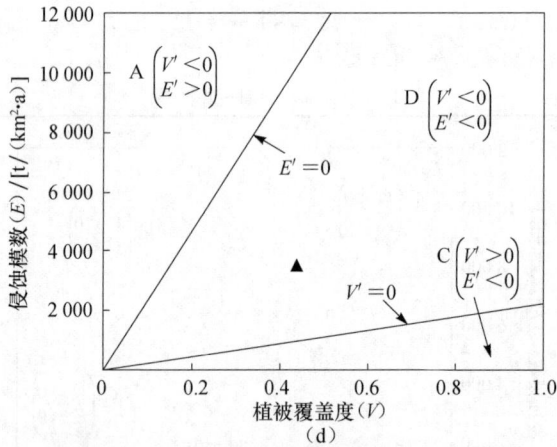

图 2.33　黄土高原各分区植被-侵蚀状态图

(a) 长城沿线风沙滩地及丘陵区；(b) 黄土丘陵沟壑东区；(c) 黄土丘陵沟壑西区；(d) 黄土高原沟壑区

▲各分区目前的植被-侵蚀状态；△第二分区除了延安之外的植被-侵蚀状态

图 2.33(a)为第一分区,即长城沿线风沙滩地及丘陵区的植被-侵蚀状态图。该区位于山西、陕西、内蒙古接壤的长城沿线附近,包括内蒙古的和林格尔、清水河、准格尔旗、东胜市、伊金霍洛旗,陕西的神木、榆林市、府谷、横山、靖边和定边,以及山西的偏关、河曲、保德等县、市(旗)。长期以来,由于土地资源的不合理利用,滥垦、滥牧及战争破坏,该区水土流失十分严重,土壤侵蚀模数达到3950~19 000t/(km²·a),为黄河中游粗泥沙的主要来源地。该区内的皇甫川、窟野河、秃尾河和无定河都是黄河中游主要的多沙粗沙支流。该区参数 a 为黄土高原各分区最小值,参数 c 则为最大值。图 2.33(a)显示该区植被-侵蚀状态图良性区 C 区最小,而 A 区大于其他 3 个分区,表明该区在黄土高原 4 个分区中自然环境条件最恶劣。现阶段植被-侵蚀状态位于 A 区,并且与 D 的分界线 $E'=0$ 相距较远,治理难度较大。由于 A 区很大,单纯

的增加植被或控制侵蚀都不能使其很快进入过渡区 D 区,只有高强度生物措施和工程措施双管齐下,才能达到较好的治理效果。即使通过高强度治理达到 C 区,仍需要严格执行水土保持法,加强监督和防护,否则一旦遭到破坏,该区极易迅速退化。

图 2.33(b)为第二分区,即黄土丘陵沟壑东区的植被-侵蚀状态图。该区包括山西的神池、五寨、岢岚、兴县、临县、方山、离石、中阳、柳林、石楼,陕西的佳县、米脂、绥德、吴堡、子洲、清涧、子长、延川、延长、延安、甘泉、安塞、志丹、吴旗,甘肃的华池、环县,宁夏的固原和彭阳等县、市。延安以北是黄土高原主要产沙地区,地面支离破碎,沟壑密度高达 5.06~7.01km/km²,侵蚀模数 2500~24 700t/(km²·a),三川河、皇甫川河、无定河为重点投资治理区(蒋定生,1997)。延安以南、以西人口稀少,牧业比重较大,土壤侵蚀模数达 955~15 311t/(km²·a)。延安东部靠近劳山和子午岭次生梢林区。延安所辖各县森林覆盖度多在 40% 以上,全区平均植被覆盖度值达到 38% 左右,若不计延安各县,则该区其他部分植被覆盖度只有 29.2% 左右,与长城沿线风沙滩地及丘陵区大体相当。该区植被-侵蚀动力学参数中,a 值、b 值均大于第一分区和第三分区,仅次于第一分区,f 值为各区最大。这是由于该区气候条件要好于第一分区和第三分区。在植被-侵蚀状态图上,第二分区的 A 区相对较小,C 区相对较大,现阶段植被-侵蚀状态位于 A 区但接近于 A 区和 D 区的分界线 $E'=0$。现状比第一分区略好,远不如第三分区、第四分区,亟须治理。该区治理应采取增加植被的生物措施和控制侵蚀的工程措施相结合的方略,使状态点进入良性区 C 区。经治理的小流域仍需要加强防护和监督,禁止人为破坏导致植被减少,侵蚀加剧。

图 2.33(c)为第三分区,即黄土丘陵沟壑西区的植被-侵蚀状态图。该区包括宁夏的隆德、泾源、西吉,甘肃的会宁、定西、静宁、庄浪、通渭、秦安、陇西、武山、甘谷、兰州、渭源、榆中和永靖等县、市。该区内六盘山、兴隆山、秦岭北坡植被较好,其他大部分地区植被较差,平均植被覆盖度为 30.9%。土壤侵蚀模数为 3300~9500t/(km²·a)(蒋定生,1997)。该区参数 a 值较小,c 值在 4 个分区中取值略大,b 值和 f 值则介于第二分区、第四分区之间。在植被-侵蚀状态图[图 2.33(c)]上 A 区较小,C 区也较小。目前植被-侵蚀状态点位于过渡区 D 区,现状明显好于第一分区、第二分区,但仍需要进行治理,否则可能会向 A 区退化。小流域治理应以控制侵蚀为主,并附以适当的生物措施促进植被发育。同时,要加强防护和监督,以杜绝人为破坏导致的植被减少、侵蚀加剧,生态环境恶化。

图 2.33(d)为第四分区,即黄土高原沟壑区的植被-侵蚀状态图。该区包括山西的永和、隰县、大宁、蒲县、吉县、乡宁,陕西的宜川、韩城、合阳、澄城、白水、富县、洛川、黄龙、黄陵、宜君、铜川、耀县、旬邑、淳化、长武、彬县、永寿、乾县、礼泉、麟游、千阳、陇县、宝鸡,甘肃的合水、宁县、正宁、庆阳、西峰市、镇原、泾川、平凉市、崇信、灵台、华亭、天水、张家川、清水等县、市。该区是黄土高原 4 个分区中自然环境条件最好的区。气温较高、降水量较大,植被覆盖度达到 44% 左右,明显高于其他分

区。土壤侵蚀率相对较小,为 3500t/(km² • a)左右。植被-侵蚀动力学参数 a 值大于其他分区,f 值则较其他分区要小,c 值、b 值也略小。在植被-侵蚀状态图[图 2.33(d)]上 C 区明显较大,A 区也相对较大。现阶段植被-侵蚀状态点位于过渡区 D 区,且略接近于 D 区和 C 区的分界线 $V'=0$。若加强防护和管理,防止人为破坏植被及增加侵蚀,即使不采取工程措施,也有可能最终进入 C 区,但需要相当长的时间。如果采取适度的水土保持和植树造林措施,则能明显改变其演变方向,快速进入 C 区。该区的治理应着重减少侵蚀,并附以适当的生物措施。由于 C 区相对较大,该区完成治理的小流域可以承受微量的植被破坏。在黄土高原 4 个分区中,黄土高原沟壑区可能是能够改变生态条件达到山川秀美的地区。

2.4.4 长江上游地区植被-侵蚀动力学分析

长江上游流域横跨我国地势的三大阶梯,水土流失严重。流域内水土流失面积 56.2 万 km²,占土地总面积的 31.2%,占全国水土流失面积的 15.3%,年侵蚀量大约 22 亿 t,年侵蚀模数 3981.8t/km²。上游区流失面积为 35.2 万 km²,占全流域流失面积的 62.6%,主要集中在金沙江下游,嘉陵江、沱江、乌江上游及四川东部、湖北西部的山区。流域内土壤侵蚀类型主要是水力侵蚀,其次是重力、混合、风力及冰川冻融侵蚀。水力侵蚀以面蚀、沟蚀为主,还有山洪侵蚀(王禹生等,1998)。一个地区的植被-侵蚀状况主要取决于当地的气候、地形地貌及土壤条件,因此,可以气候分区为基础来进行植被-侵蚀动力学分区。由此将长江上游地区划分成高寒湿润区、干热河谷区、云贵川区(图 2.34)。

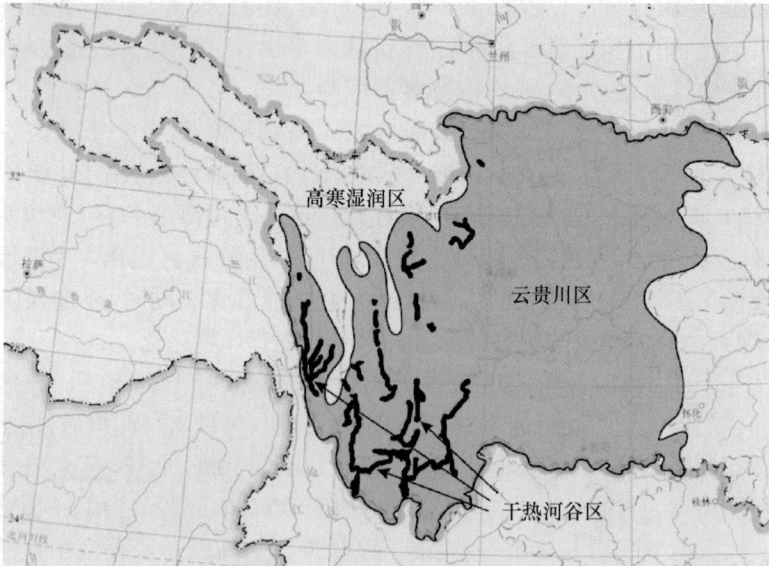

图 2.34　长江上游植被-侵蚀状态分区示意图

图 2.35 为长江上游各典型气候区气候状态图。图上标出了气象站海拔、年平均温度、年降水量。例如,攀枝花站,海拔 1990.1m,年平均气温 20.8℃,年降水量 849.3mm。气候状态图是由 Walter(1985)提出的,作为揭示陆生植被分布和气候之间关系的一种工具。气候状态图概括了大量有用信息,包括气温和降水的季节变动、干季和湿季的长度及强度,还有一年中月平均最低气温在零度以上和零度以下的时间。

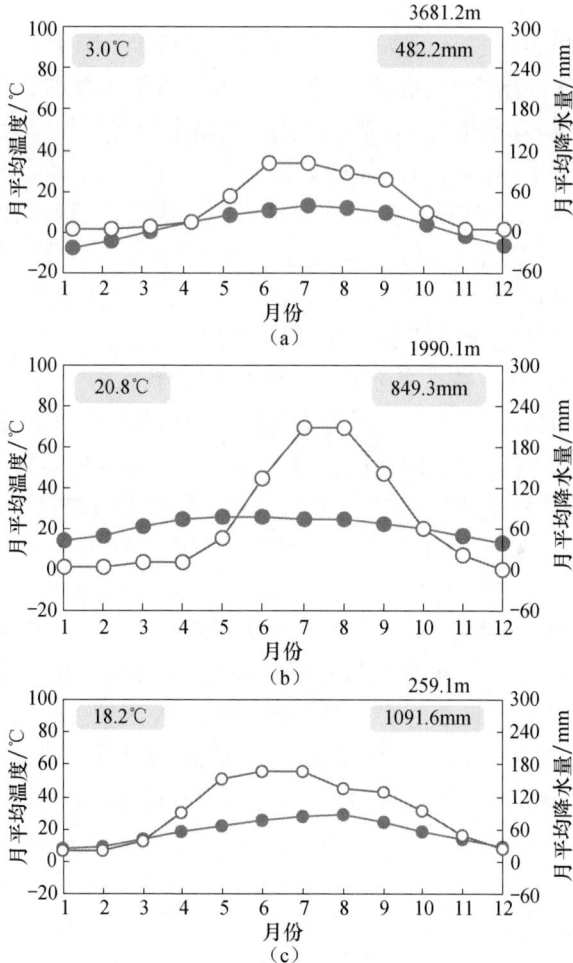

图 2.35　长江上游高寒区(青海玉树)(a)、干热河谷区(四川攀枝花)(b)
和云贵川(重庆沙坪坝)(c)气候状态图
图右上方为海拔;图中左上方数字为年平均温度;图中右上方数字为年降水量
●月均温度线;○平均月降水量线

图 2.35 中,左纵轴为气温,右纵轴为降水量。气温和降水量分别用不同的比

尺点绘,这样 10℃ 的气温就与 30mm 的降水量对应。理论上,当降水量线位于温度线之上时存在植物生长的足够湿度,降水量线在温度线之上越高气候越湿。如果温度线位于降水量线之上,潜在的蒸发量超过了降水量,温度线在降水量线之上越高气候越干。相当于 10℃ 气温的降水量值对于不同的地区是不同的,Walter 用每月 20mm 来代表美国和欧洲 10℃ 气温的当量降水量,而用每月 100mm 来代表热带雨林 10℃ 气温的当量降水量。我们建议用每月 30mm 来代表我国 10℃ 气温的当量降水量。

青海玉树站代表高寒湿润型气候,该区的气候特点为降水量少,但年均气温很低,蒸发量小,降水线始终位于温度线之上,为高寒湿润型气候。四川攀枝花站代表干热河谷型气候,降水量大于高寒湿润区,但是由于终年气温较高,形成明显的干湿季。夏季为雨季,高温多雨,降水线高于温度线;冬春为旱季,降水很少而气温较高,温度线明显高于降水线。重庆沙坪坝站则代表云南、贵州、四川温暖湿润型气候区,与干热河谷型气候区相比,降水量有所增加,气温变化不明显。长江上游地区这种气候特点,一方面受到地势地貌的影响;另一方面影响区域植被发育、土壤特性,并在一定程度上影响和改变了区域的地形地貌。

图 2.36(a) 为长江上游高寒湿润区的植被-侵蚀状态图。高寒湿润区包括金沙江上游及其以上地区,以及长江上游各大支流(如雅砻江、岷江、嘉陵江等)的源头。该区的特点是气候寒冷湿润,因此植被生长缓慢。青海玉树孟宗沟是该区典型小流域。经计算,孟宗沟小流域植被-侵蚀动力学参数取值如式(2.29)所示:

$$a = 0.001a^{-1}, \quad c = 0.000\,001\,4km^2/a$$
$$b = 0.01a^{-1}, \quad f = 190t/(km^2 \cdot a^2) \tag{2.29}$$

式(2.29)用做高寒湿润区植被-侵蚀动力学参数取值。由于缺乏全区的相应资料,图 2.36 中植被-侵蚀状态点为松潘县现状,而非整个分区的现状。该区植被-侵蚀状态图的特点是良性的 C 区很小而恶性的 A 区较大。虽然松潘县侵蚀模数不是很大,但由于 C 区很小,现阶段松潘县植被-侵蚀状态处于过渡区 D 区,接近 D 区和 C 区的分界线。需要指出的是,与黄土高原地区不同,这里采用的植被覆盖度为森林覆盖度,并没有考虑草地覆盖度,即使加上草地覆盖面积比例,植被覆盖度增加,植被-侵蚀状态点仍处于 D 区。该区其他地区的植被-侵蚀现状应与之类似。由于人类活动影响较小,因此侵蚀不甚严重。近期人类活动有逐渐加强的趋势,导致该区植被覆盖度有所降低,侵蚀有所增加,植被-侵蚀状态有逐步恶化的趋势。由于植被恢复缓慢,该区治理应以预防为主,要严格控制对森林和草场的破坏,防止人为导致侵蚀增加。否则一旦植被遭到严重破坏,侵蚀加剧,生态环境状况将急剧退化,并在较长时间内难以修复。

图 2.36(b) 为长江上游干热河谷区的植被-侵蚀状态图。干热河谷区是长江中上游地区侵蚀最严重、生态环境状况最恶劣的一个分区。长江上游干热河谷主

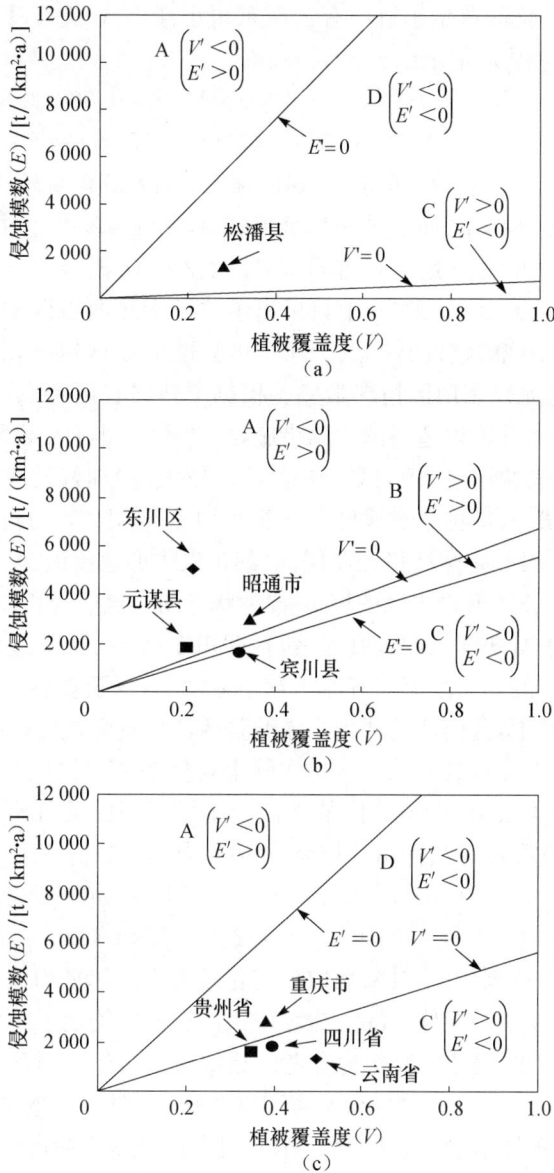

图 2.36　长江上游高寒湿润区(a)、干热河谷区(b)、云贵川区(c)的植被-侵蚀状态图

要分布在金沙江干流巴塘县以下至永善县,雅砻江雅江以下,大渡河丹巴县城以下,岷江理县甘堡以下,杂谷脑河、色尔古以下,黑水河和石大关至汶川间干流,以及南坪段附近的白龙江上游白水江等流域河谷地带(张荣祖,1992)。图 2.36(b)中标示了横断山区干热河谷的大致分布,包括金沙江干流及其支流,以及怒江、澜沧江、元江等其他河流。横断山区高山峡谷相间,地势起伏变化很大,因此干热河

谷分段零散分布。该区典型小流域有云南东川小江流域、元谋牛街小流域。该区植被-侵蚀动力学参数取值范围为

$$a = 0.017 \sim 0.03 a^{-1}, \quad c = 0.000\,002 \sim 0.000\,005 \mathrm{km}^2/a$$
$$b = 0.045 \sim 0.054 a^{-1}, \quad f = 200 \sim 350 \mathrm{t}/(\mathrm{km}^2 \cdot a^2) \qquad (2.30)$$

参数取值的特点是参数 c 值较大, b 值很大,而 f 值相对较小,表明该区侵蚀对植被有很大的破坏作用,而植被一旦遭到破坏,侵蚀极易发生并加剧。干热河谷区植被-侵蚀状态图的特点是 A 区非常大,C 区较大,过渡区 B 区很小。由于该区分段零散分布的特点,图 2.36(b)中只标出了位于干热河谷区的东川区、元谋县、昭通市及宾川县的植被-侵蚀状况点。除宾川县位于 C 区以外,其他 3 个市、县区都位于 A 区,其中尤以东川区情况最差。根据干热河谷区特点,该区流域治理首先应大力控制侵蚀,并附以适当的生物措施,当初步治理进入 B 区后,再加大生物措施力度,则能使其快速进入 C 区。该区 C 区较大,治理好的流域能承受少量的砍伐而保持健康状态;但由于过渡区 B 区很小而 A 区很大,一旦侵蚀增加,可能从 C 区退化至 A 区,因此必须严格控制侵蚀,禁止人为加速侵蚀。

图 2.36(c)为长江云贵川区的植被-侵蚀状态图。该区为长江上游高寒湿润区及干热河谷区向中游湘鄂区的过渡区,包括四川东南部、重庆、贵州大部及云南部分地区。位于该区的典型小流域有四川遂宁老池、宣汉黄金槽、云南曲靖西山、贵州德江板桥河。其中,云南曲靖西山小流域是西江干流南盘江一级支流,但其自然状况与该区类似,因此将其归入该区。实际上自然条件与该区类似的地区不仅局限于长江上游,位于云南、贵州境内的珠江上游、澜沧江、元江等部分区域也可列入。利用实测数据和试算法得出的植被-侵蚀动力学参数值范围为

$$a = 0.01 \sim 0.024 a^{-1}, \quad c = 0.000\,001 \sim 0.000\,005 \mathrm{km}^2/a$$
$$b = 0.01 \sim 0.03 a^{-1}, \quad f = 250 \sim 400 \mathrm{t}/(\mathrm{km}^2 \cdot a^2) \qquad (2.31)$$

由于该区分布范围较广,其参数取值变化较大。按其平均值得到该区植被-侵蚀状态图,其特点是 A 区和 C 区都较大。图 2.36(c)中给出了四川、重庆、贵州、云南 4 省(直辖市)植被-侵蚀状况作为参考。除重庆市位于过渡区 D 区之外,四川、贵州、云南 3 省都位于 C 区,其中云南省现状最佳,表明该区整体状况良好。由于 C 区较大,该区植被能承受一定程度的破坏。因此,该区现阶段应以防护和管理为主,可以进行适当的砍伐,但不能超过其能承受的极限。

2.4.5　华北土石山区植被-侵蚀动力学分析

该区属于温带大陆性季风气候,地形特点为山地丘陵环抱平原、高山—低山—谷地—平原呈梯级状分布,山地基岩以砂页岩、石灰岩为主,部分山地丘陵上覆薄层粗骨土,地面多出露强烈风化剥蚀的碎屑石砾,坡度陡峻,土层浅薄,植被遭到破坏的情况下,一旦发生暴雨,形成各种形式的强烈的水蚀,乃至发生灾害性的泥石

流(唐克丽,2004)。该区主要包括北京、天津、河北北部等省(直辖市)。

该区典型小流域有北京西山地区,北京门头沟区苇甸沟、怀柔庄户沟,天津蓟县黄土梁子等小流域。经计算,该区植被-侵蚀动力学参数取值为

$$a = 0.006 \sim 0.009\mathrm{a}^{-1}, \quad c = 0.000\,004 \sim 0.000\,004\,5\mathrm{km}^2/\mathrm{a}$$
$$b = 0.003 \sim 0.005\mathrm{a}^{-1}, \quad f = 180 \sim 210\mathrm{t}/(\mathrm{km}^2 \cdot \mathrm{a}^2) \tag{2.32}$$

该区参数取值的特点是 a 值较小,仅大于黄土高原地区;c 值较大;b 值很小,为四大分区中最小;f 值较小。图 2.37 为该区的植被侵蚀状态图,其特点是 A 区和 C 区都较小,过渡区 D 区很大,其中 C 区仅比黄土高原各分区和长江中上游高寒湿润区略大,A 区则小于以上各分区。过渡区较大说明在较大范围内处于不稳定状态,容易受人类活动的改变。目前北京市和河北省都位于过渡区 D 区,且距离 D 区和 C 区的分界线很近,表明该区植被-侵蚀状况正向良性状态发展。只要现阶段加强防护措施,防止植被破坏,制止人为增加侵蚀事件,一段时期后将进入植被自动发育、侵蚀逐渐减小的良性循环状态,适当的植树造林措施能够加快这一进程。由于该区整体上侵蚀不强,工程措施控制侵蚀只适于局部侵蚀较严重的地区。因此,该区防治措施应以防护为主,防止人为破坏植被和增加侵蚀,加强封山育林及植树造林,提高植被覆盖度,并在局部侵蚀严重地区辅以工程措施。

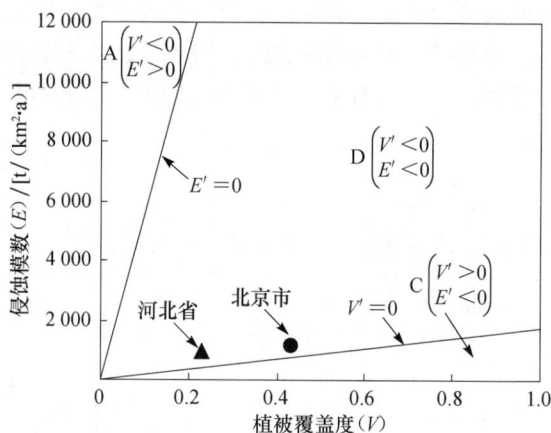

图 2.37 华北土石山区植被-侵蚀状态图

2.4.6 南方红壤侵蚀区植被-侵蚀动力学分析

南方红壤侵蚀区主要分布在江西南部赣江上游、广东东部山地丘陵区、福建省山地丘陵、广东西部及广西东部山地丘陵等地。此外还有福建和广西,因为缺少这两个省的资料,本章结果不应用于这两个省。根据对广东东江流域实地考察和对广东惠阳上杨试验站、江西兴国县塘背河小流域的植被-侵蚀动力学模拟,发现这

一带植被破坏后可以快速修复。该区属于亚热带季风气候区,典型植被类型为亚热带长绿阔叶林和南亚热带季雨林。地形复杂,多山地、丘陵、台地,土壤为红壤。由于受人类活动影响,植被曾遭到严重破坏,山地丘陵基岩裸露,土壤侵蚀以发生在花岗岩风化物上的面蚀和沟蚀为主,其次为发生在紫色砂页风化物和第四纪红黏土上的侵蚀。此外,鳞片状侵蚀、崩岗侵蚀也较常见(唐克丽,2004)。该区后经大面积高强度治理,植被得到了较大恢复,侵蚀得到控制,生态环境条件明显改善。经计算,南方红壤侵蚀区植被-侵蚀参数取值范围大致为

$$a = 0.026 \sim 0.040 a^{-1}, \quad c = 0.000\,003 \sim 0.000\,003\,5 km^2/a$$
$$b = 0.007 a^{-1}, \quad f = 400 \sim 460 t/(km^2 \cdot a^2) \tag{2.33}$$

该区参数取值特点是 a 值相当大,为全国各区最大的一个区,表明该区植被具有很大的生态弹性;c 值较大;b 值小于其他分区;f 值较大。用以上参数值做出植被-侵蚀状态图,如图 2.38 所示。其特点是 C 区很大,为全国各区之首,A 区小于全国各分区。从图 2.38 上看该区是全国各植被-侵蚀动力学分区中自然条件最优越的一个区。正是由于这种特点,南方红壤侵蚀区植被遭到破坏后,可以通过人工诱导,加快植被演替过程,缩短植被演替时间几十年。2.5 节将讨论这种过程。目前广东省及江西省整体上都位于良性的 C 区,且距离 C 区与 D 区的分界线较远。即使受到较强的植被破坏,仍可以保持在 C 区,迅速修复。但是局部地区植被破坏严重,侵蚀剧烈,已经脱离 C 区,必须通过治理才能改善和修复。该区应以防护为主,加强管理、合理利用和开发林业资源,以防止植被遭到严重破坏,同时控制人为增加侵蚀的发生。

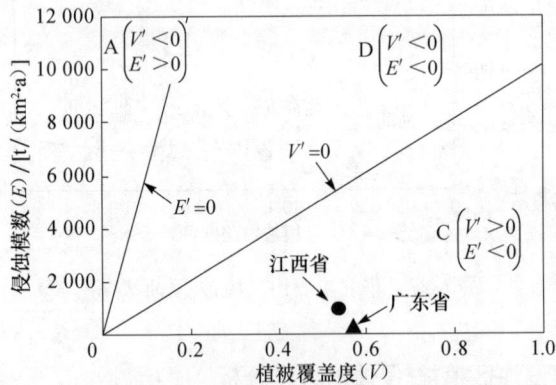

图 2.38　南方红壤侵蚀区植被-侵蚀状态图

2.4.7　水土流失地区人工加速植被演替的动力学过程

我国南方红壤地区具有全国最好的植被-侵蚀状态图,如图 2.38 所示。图中

C 区很大,植被覆盖度超过 20％就可能进入 C 区,越深入 C 区,植被发育速率越快。即使植被完全破坏、水土流失严重,仍然可以通过植树造林和控制侵蚀进入 C 区,并且使得状态点在 C 区内深入,这样就可能在较短的时间内修复植被,并且使物种组成迅速达到较高的生物多样性,大大缩短自然修复和演替过程。

本研究区域位于惠州市惠阳区,属亚热带季风气候区,气候温暖,雨量充沛。多年平均气温 21.8℃,多年平均降水量 1726.3mm,年内干湿季节明显,其中 4～9 月为雨季,降水量占年降水量的 72.6％(图 2.39)。受海洋性气候影响,台风暴雨多而且降水集中,降水年际变化较大,最大年降水量与最小年降水量之比达 3.25。

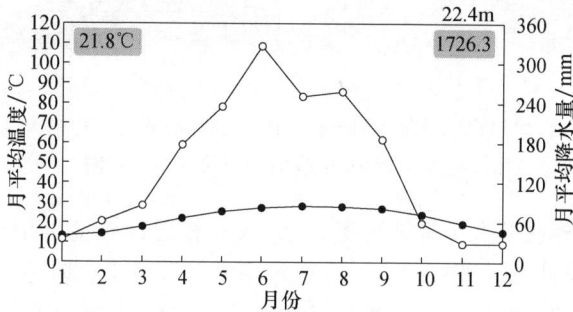

图 2.39　广东省惠州惠阳站气候状态图

惠阳区为丘陵台地地貌,地带性土壤为赤红壤,母质主要以花岗岩及砂页岩为主,植被类型为季风常绿阔叶林。由于长期人类活动影响,尤其是 20 世纪 50～70 年代大面积的毁林开荒及砍伐薪柴,大部分地区植被遭到严重破坏,土壤侵蚀严重,不少地方红色基岩裸露。其后进行了大面积的植树造林活动,形成了马尾松林、湿地松林、大叶相思林及针阔叶混交林等人工林及次生林。此外,仍有少数地方为人为破坏后残存植被在自然封育状态下逐渐恢复形成的次生荒坡草地、次生常绿灌丛。

选取位于惠阳区淡水镇南郊一块低丘荒坡地(以下简称对照样地)及位于淡水镇东南的上杨试验站内典型人工林地作为研究样地,分别代表自然封育及人工造林两种情况。这两个样地自然条件相似,都为丘陵坡地,基岩为砂砾岩。由于长期人类活动影响,原有植被荡然无存,面状侵蚀及沟状侵蚀严重,基岩裸露。20 世纪 70 年代末停止人为干扰后,对照样地逐渐发育出部分草本和灌木,形成了低矮稀疏的次生灌草丛,现有植被覆盖度在 35％左右,还有不少部分基岩裸露(图 2.40)。70 年代末以后,上杨试验站采取了一系列水保措施,彻底治理了水土流失;植被快速恢复和发育,形成了各种人工林地,并诱发生长了各种灌木、草本及乔木(廖安中等,1997)。此外,选择位于试验站东部的风田水库大坝右岸处坡地上人工大叶相思纯林地为参考,以空间序列代替时间序列,对大叶相思纯林地下植被发育演替过程进行探讨。

（a）   （b）

图 2.40　自然封育 26 年后对照样地植被现状（a）和人工种植大叶相思林
加快植被演替 24 年后植被现状（b）（见彩图）

试验站内部分典型人工林地现况如下：大叶相思纯林地种植于 1981 年，原样
地条件为赤红壤斜坡地，种植时土地进行过平整并开成水平阶地，造林时采用营养
杯育苗，曾施有机肥，并在大叶相思生长的头两年进行过追肥，现已郁闭成林，郁闭
度在 65% 左右，大叶相思树高 12～20m，胸径 7～30cm，林下灌草丰富（图 2.40）。
大叶相思-湿地松混交林种植于 1980 年及 1984 年，原样地条件为赤红壤缓坡及陡
坡地，未采取土地平整措施，现除坡底及坡沟等部分地区外，多数地区生长情况差
于大叶相思纯林地，郁闭度在 50% 左右，大叶相思、湿地松树高 4～12m，胸径为
5～20cm，部分形成了"小老头树"，林下植被种类相对较少。火烧林地为原大叶相
思-湿地松-小叶桉混交林经 1997 年前后火烧形成，经过 5～7 年的恢复发育，现有
植被覆盖度在 30% 左右，以灌草为主，还零星分布有残存及新生的大叶相思和湿
地松。

2.4.8　造林加速植被恢复发育与土壤侵蚀变化过程

通过野外调查，并搜集相关资料，汇总分析得到了各样地植被覆盖度及土壤侵
蚀模数变化过程，如图 2.41 所示（王费新等，2006b）。

在自然封育状态下，严重水土流失区植被恢复需要 60 年或更长的时间。由于
植被遭到严重破坏，长期严重水土流失导致土层薄弱，土壤极度贫瘠，甚至基岩裸
露，植被恢复困难。严重的水土流失和贫瘠的土壤是制约植被恢复发育的重要因
素。经过 26 年左右的封育，对照样地植被的有效覆盖度也只有 35%，仍有 40% 左
右陡坡地基岩裸露。植被主要以阳生性耐贫瘠的草本及灌木植被为主，形成稀疏
的桃金娘、岗松-芒萁灌草丛群落。同时，水土流失依然相当严重。值得注意的是，

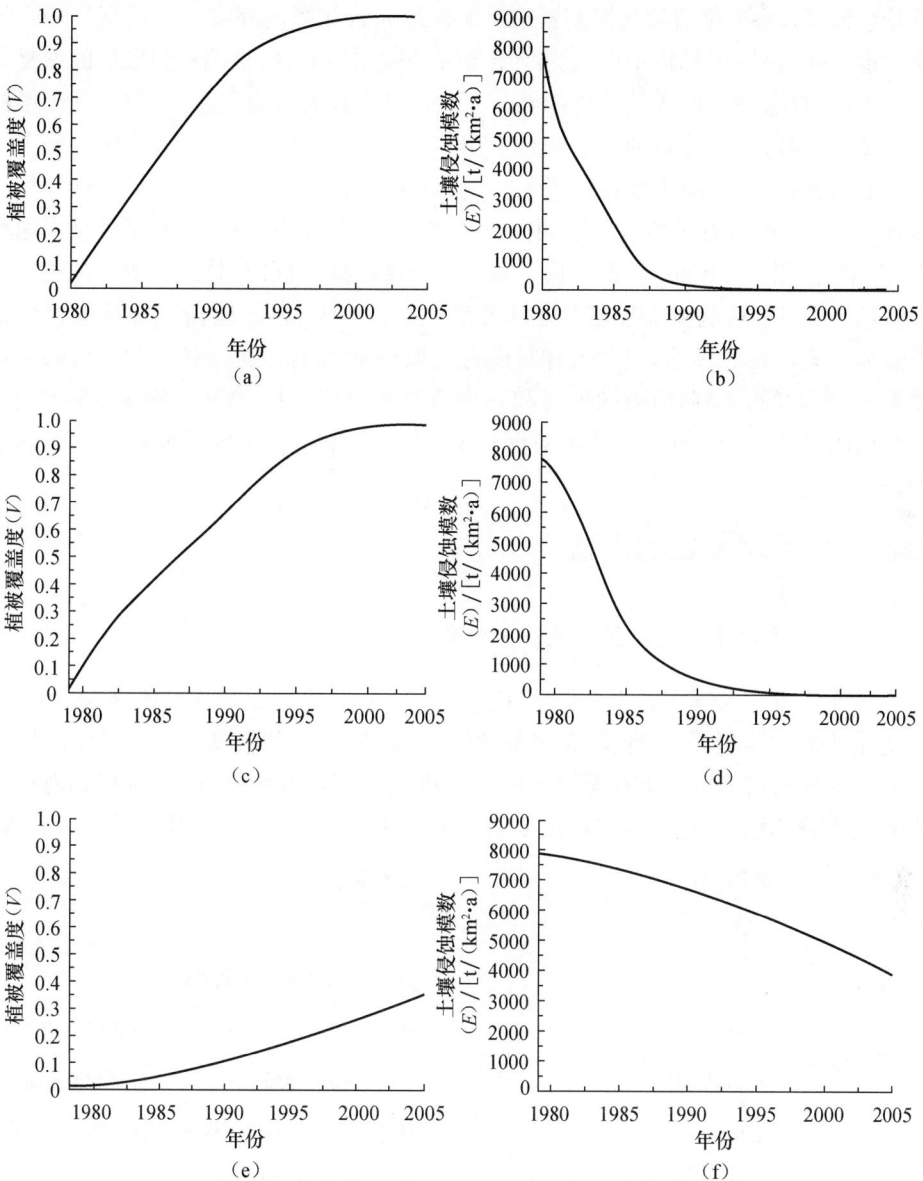

图 2.41 各样地有效植被覆盖度及土壤侵蚀模数变化情况
（a）、（b）大叶相思纯林地；（c）、（d）大叶相思-湿地松混交林；（e）、（f）对照样地

不同的人为破坏形成的次生裸地,其土壤侵蚀强度、残留土壤状况、是否残存原生植被繁殖体、周围植被状况等因素都会影响裸地植被恢复发育的快慢。例如,试验站内的火烧林地,虽然火烧当年地表植被完全烧毁,土壤侵蚀在一定程度有所增加,但是由于土壤中仍存有植物根系、种子及植物生长所需要的营养物质,植被能

够较快恢复,5~7 年植被就恢复至与对照样地大致相当的程度。张振克(1998)的研究也表明,在周围林地中由人为挖土形成的裸露坡面,植被能得到较快的恢复。

与此对比,适当的人工造林能够明显加快植被恢复发育过程,有效降低土壤侵蚀强度,并促进林下植被的发育和演替(图 2.41)。其中,大叶相思纯林地采用了适宜的造林措施,并对土地进行了平整,植被覆盖度迅速增加,12 年左右森林郁闭度就达 70%,植被有效覆盖度达到 90%。造林 23 年左右,林下生长了各种当地草本、灌木、藤类及乔木种类,并形成了明显的分层结构。同时,林地土壤侵蚀强度迅速降低,10 年左右就基本控制住了水土流失。大叶相思-湿地松混交林地初始情况类似于大叶相思林地,但是造林时没有采取整地措施,大叶相思、湿地松的生长受到一定程度的限制,植被的恢复和发育速率稍低于大叶相思纯林地,15 年左右林地郁闭度达 50%,植被有效覆盖度达 90%。14 年左右土壤侵蚀基本上得到了控制。

2.4.9 造林加速植被演替过程

1. 南亚热带季风气候区植被演替模式

南亚热带季风气候区森林群落在自然状况下遵循一定的客观规律,趋向于向更优化的气候顶极群落演替,从裸地到终极群落的演替模式包括 6 个阶段(图 2.42)(彭少麟,1996;刘世忠等,1998)。在形成稳定的次生林前,土壤侵蚀对植被有较大的破坏作用,是制约植被恢复演替的最主要因素;在形成稳定的次生林后,

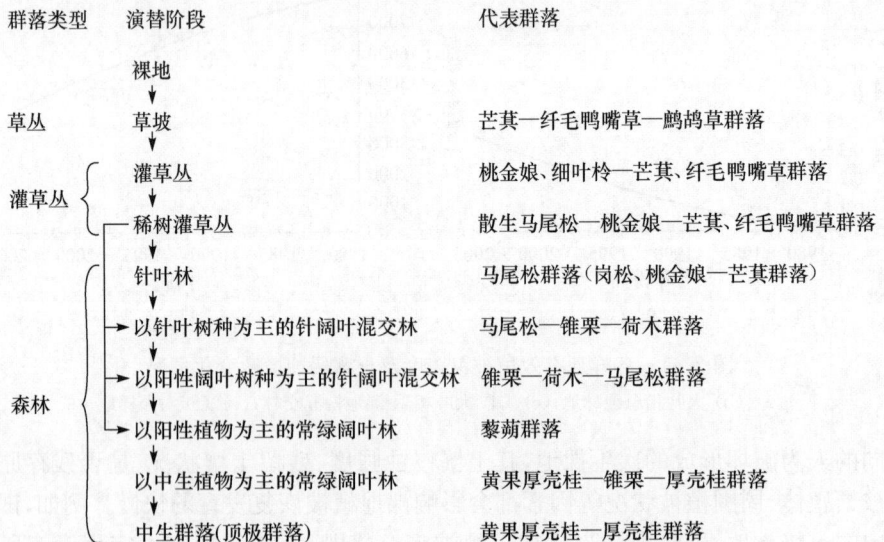

群落类型	演替阶段	代表群落
	裸地	
草丛	草坡	芒萁—纤毛鸭嘴草—鹧鸪草群落
灌草丛	灌草丛	桃金娘、细叶柃—芒萁、纤毛鸭嘴草群落
	稀树灌草丛	散生马尾松—桃金娘—芒萁、纤毛鸭嘴草群落
森林	针叶林	马尾松群落(岗松、桃金娘—芒萁群落)
	以针叶树种为主的针阔叶混交林	马尾松—锥栗—荷木群落
	以阳性阔叶树种为主的针阔叶混交林	锥栗—荷木—马尾松群落
	以阳性植物为主的常绿阔叶林	藜蒴群落
	以中生植物为主的常绿阔叶林	黄果厚壳桂—锥栗—厚壳桂群落
	中生群落(顶极群落)	黄果厚壳桂—厚壳桂群落

图 2.42　南亚热带季风常绿阔叶林区典型植被演替模式

土壤侵蚀基本上得到控制,植被演替主要受气候条件、植被类型等其他环境条件的制约。以下主要探讨该地区植被由次生裸地至形成较稳定次生林阶段植被演替过程。

2. 自然封育状态下植被演替过程

通过调查,可以得到对照样地及大叶相思人工造林情况下植被演替过程,如图 2.43 所示(王费新等,2006b)。自然封育状态下南亚热带水土流失区次生裸地植被恢复缓慢。严重的水土流失和贫瘠薄弱的土层严重制约了植被演替的进程。经过 26 年左右的恢复发育,对照样地形成以阳生性耐贫瘠的草本及灌木为主的桃金娘、岗松-芒其灌草丛群落。仍需要相当长的时间才能发育演替到相对稳定的次生林阶段。封育前,整个坡地只有零星分布的鹧鸪草、百足草等强阳性耐贫瘠耐干旱

图例

乔木

| □ | 大叶相思 *Acacia auriculaeformis* | 乌毛蕨 *Blechnum orientale* | 粗毛鸭嘴草 *Ischaemum barbatum* | 蒲桃 *Syzygium jambos* |

臭椿 *Ailanthus altissima*　地稔 *Melastoma dodecandrum*　桔草 *Cymbopogon goeringii*　小叶米兰 *Aglaia odorata*

樟树 *Cinnamomum camphora*　狗尾草 *Setaria viridis*　其他 Others　其他 Others

鸭掌木 *Scheffera actinophylla*　山芝麻 *Helicteres angustifolia*

山乌桕 *Sapium discolor*　百足草 *Eremochloa ciliaris*　灌木及竹类

其他 Others　鹧鸪草 *Eriachne pallescens*　桃金娘 *Rhodomyrtus tomentosa*　藤类

草本　Herbage　类头状花序藨草 *Scirpus subcapitatus*　岗松 *Baeckea frutescens*　山石榴 *Rhododendron simsii*

芒其 *Dicranopteris pedata*　球柱草 *Bulbostylis barbata*　野牡丹 *Melastoma candidum*　小叶海金沙 *Lygodium japonicum*

糖蜜草 *Melinis minutiflora*　藨百年 *Exacum*　马缨丹 *Lantana camara*　菝葜 *Smilax china*

五节芒 *Miscanthus floridulus*　牛筋草 *Eleusine indica*　鬼灯笼 *Clerodendrun fortunatum*　两面针 *Zanthoxylum nitidum*

黑莎草 *Gahnia tristis*　小画眉草 *Eragrostis poaeoides*　九节 *Psychotria rubra*　单面针 *Fructus zanthoxyli* Planispini

黑鳞珍珠茅 *Scleria hookeriana*　铺地蜈蚣 *Lycopodium cernuum*　苦梅 *Prunus mume*　尖叶菝葜 *Smilax china*

白茅 *Imperata cylindrica*　山菅兰 *Dianella ensifolia*　刺竹 *Bambusa stenostachya*　其他 Others

柞木 *Xylosma congestum*

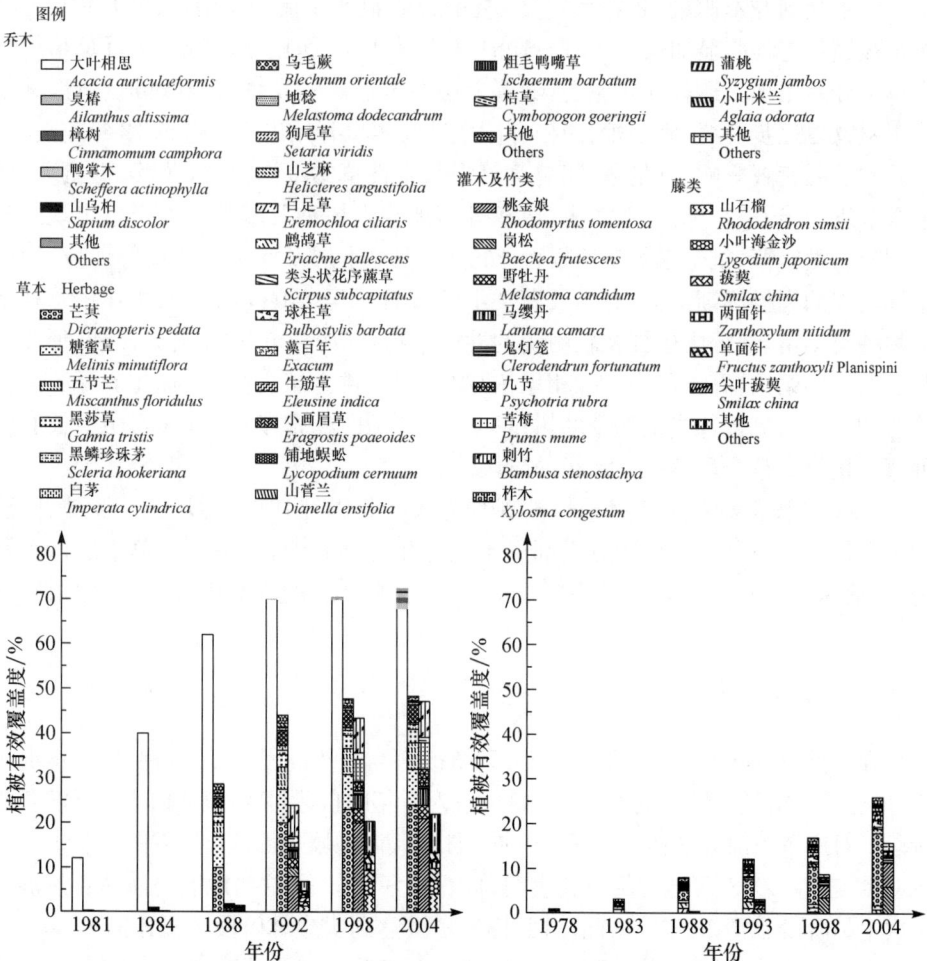

图 2.43　大叶相思人工林地及对照样地植被演替过程

一年生草本植物。采取封育措施后,这些草本植被在缓坡地段缓慢发育,同时其他强阳生性耐贫瘠草本植物种类逐渐侵入,如小画眉草、糖蜜草、牛筋草等,蕨类植物芒萁也开始出现。经过 10 年封育,局部环境得到一定程度的改善,桃金娘、岗松、鬼灯笼等阳生性灌木逐步出现,同时出现多种草本植物种类,芒萁迅速发育。20 年后其他阳生性灌木种类出现,同时芒萁、桃金娘、岗松等逐步占据优势位置,先锋物种百足草等逐渐消退,初步形成桃金娘、岗松-芒萁灌草丛群落。再经过漫长的时间,灌木、草本进一步发育,环境进一步得到改善,先锋乔木树种逐步出现,整个群经由稀树灌丛发育形成次生林。

3. 人工造林加速植被演替过程

由于受到乔木遮蔽、涵养水分及一定程度控制水土流失作用,人工大叶相思林下植被演替进程明显加快。1981~1984 年造林 4 年后,白茅、糖蜜草、百足草等阳生草本开始出现。造林 8 年左右,随着上层乔木冠层的发育,芒萁迅速发育,其他草本植物也逐步发育,桃金娘、岗松等阳生性灌木也开始出现。造林 12 年左右,受到乔木冠层遮蔽影响,百足草、鹧鸪草等强阳生性草本逐渐消失,芒萁、糖蜜草、桃金娘等进一步发育,樟树、鸭掌木、菝葜等当地乔木树种及藤类植物开始出现。其后,芒萁、糖蜜草、桃金娘等迅速发育,分别占据草本层及灌木层的优势地位,而阳生性较强的岗松逐渐消失,乔木及藤类继续发育。至 2004 年,人工大叶相思林下植物种类丰富,部分中生性及较耐阴的乔灌木物种(如九节等)也开始出现,形成了明显的三层结构:乔木层为大叶相思树;灌木层以桃金娘为主,另有九节等灌木及樟树、鸭掌木、臭椿等当地乔木幼树;草本层以芒萁、糖蜜草为主;其间还生长有各种藤类植物。整个群落向更高级的阶段演替。

大叶相思-湿地松人工林地植被现状与大叶相思纯林地类似,但在植被种类、物种多样性及林分郁闭度等方面都逊于大叶相思纯林地,林下植被草本层以芒萁为主,灌木层以桃金娘为主,分别占据草本层合灌木层的绝对优势,而其他植物种类稀少。

4. 植被演替过程的历时

在自然封育状态下,严重水土流失区植被恢复演替过程缓慢。对照样地情况表明,南亚热带季风气候严重水土流失区,经过 26 年的自然封育,植被初步达到灌草丛阶段。对广东东部五华县(彭少麟,1996)、江西赣南红壤侵蚀区(谢宝平等,2001)、香港(庄雪影等,1998)等地区的研究表明,自然封育状态下,这些地区的灌丛自然演替至次生林阶段需要 30 年。据此,对照样地植被达到次生林阶段大概还需要 30~40 年。由此可以推断,南亚热带季风气候地带,生态系统严重退化的水土流失区,自然封育情况下植被恢复发育至较稳定的次生林需要 60 年左右。

人工造林能够明显加快植被恢复发育和演替过程。试验站大叶相思纯林等典型林地植被发育状况表明,适当的人工造林措施能显著加快水土流失区植被的恢复和发育,加速植被演替的过程,经过 20 年左右就能形成了较稳定的人工林,并向更高层次的次生林阶段演替。可见,选择适当物种人工造林可以将南亚热带水土流失区植被的恢复演替过程缩短 30~40 年,明显地加快了恢复演替过程。

2.5　滨河植被

滨河植被的物种组成和分布都受到河型和河床演变的控制。而河型和河床演变过程又是水文条件和泥沙冲淤的产物。滨河植被、河槽形态、河川径流是相互调整适应的滩地景观要素,任一要素的变化都将导致其他要素的调整。例如,河道发生严重的侵蚀后,大部分滨河植被带仅受最大流量引起的河床演变的影响。与此同时,滨河植被带对河床演变和水生生物的影响也被削弱,通常会导致水生生态系统的退化和水质的下降。虽然人们在利用植被缓解河道下切影响方面已经开展了一些研究(Shield et al. ,1993;1995),但目前还很少研究滨河植被在河道下切及随后的恢复过程中所起的作用。

2.5.1　冲积河流的滨河植被

在平衡的河流系统中,其特有的植被物种及其模式已经适应于特有的河型及其环境(Hack et al. ,1960;Zimmermann et al. ,1982)。跨学科(河流地貌学和植物生态学)研究清楚显示了滨河植被是平衡状态河流系统中不可或缺的一部分。此外,在冲蚀地貌自然恢复过程中,入侵植物和杂草在平衡状态重建过程中起着很重要的作用,有时甚至是决定性的作用(Osterkamp et al. ,1987;Hupp,1992;Friedman et al. ,1996a)。滨河植被对河床演变的影响表现在以下五个方面(Hickin,1984):①在大部分过流表面产生水流阻力;②通过根系发育加固河岸;③增加河滩上泥沙沉积;④产生大树干残骸,显著影响河床演变过程,包括壅塞河道、改变流向和保护河岸;⑤增加河岸附近及其他缓流区泥沙沉积及稳定河岸。上述作用在河流沿岸均可观察到,尤其在河道侵蚀下切之后的恢复阶段(Hupp,1992;Fetherston et al. ,1995;Diehl,1997)。

对于大多数平衡状态下的冲积河流,在河岸不同部位生长着不同的河边植物种类。在水分充足的温带,植被构成的复杂程度与河岸带相对高度呈正相关(Hupp et al. ,1996)。在干旱和半干旱区,可供植物占据的土地相对充足,但水分补给有限。所以,干旱气候下,植被分布受到泛滥洪水和地下水位的强烈影响(Zimmermann,1969;Friedman et al. ,1996b)。图 2.44 为分布在冲积河流上的各种植被群落的典型带状分布。一种植物能否在河边某一部位生存,取决于该处是否适于该物种的萌芽和成长,以及周围环境是否允许这种植物至少生存到繁殖年龄。植被的分布模式取决于主要生态应力对物种的制约,同时也受到物种对环境条件的承受能力的制约。在河流系统中,滨河植被在不同地形上的分布主要取决于河流过程对植被的作用强度和物种的承受能力,也取决于物种与其他河边植物的竞争能力。

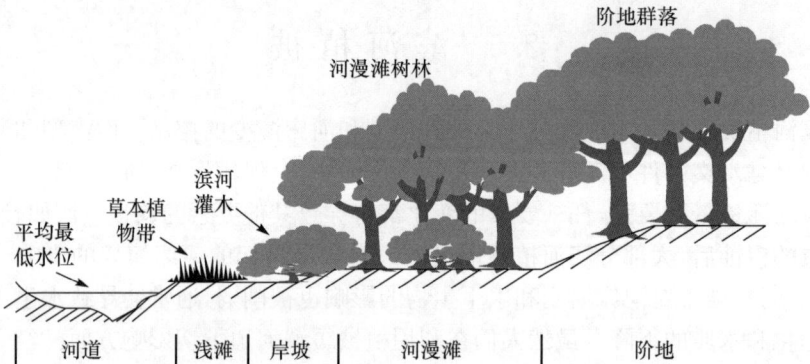

图 2.44　典型滨河植被群落分布与河岸地形的关系

　　滨河带从河床向外按相对高度依次为河道、浅滩及河边湿地、岸坡、河漫滩和阶地,如图 2.44 和表 2.7 所示(Hupp,1992)。河道指在流量低于年平均流量时全部或部分有水流的部分,一般只有水生植物或没有植被发育。浅滩略高于低水位,经常被淹没,植被由少数耐淹没的强阳生草本先锋植物构成河。岸坡有缓坡带和陡坡带,发生洪水时期会被淹没,发育由灌木和多年生草本植物构成的河岸植被。河漫滩指平均每 1～3 年被洪水淹没一次的滩地,植被由灌木、草本植物和少数耐短期水淹的木本植物构成,可以发育滩地树林。阶地被淹的频率小于河滩,一般 3 年以上一次(Howard et al.,1968),植被多样性较高,由木本植物、灌木和一些草本植物构成阶地植物群落。

表 2.7　典型滨河植被群落分布与河边带地形的关系

河边带地形	植被种类	过流时间	洪水频率
浅滩	无大型植被	约 40%	—
岸坡	滨河灌木	5%～25%	—
河漫滩	河漫滩树林	—	1～3 年
阶地	阶地群落	—	3 年以上

　　图 2.45 为美国某小河的滨河植被。河岸树林的根系增加了河床糙率并减少了河岸侵蚀。

图 2.45　美国某小河的滨河植被

2.5.2　滨河植被在河床演变中的作用

大多数溪流都生有木本滨河植被,即使是在半干旱地区也是如此。在发生侵蚀下切的河床里,初期侵蚀对滨河植被无直接影响。然而,随着侵蚀向河滩发展,生长在河岸上的植物根系固岸作用开始凸显,它们阻止了河岸的崩塌,也限制了溯源冲刷向上发展(Germanoski et al.,1988)。过去几十年对滨河植被的研究显示,滨河植被产生的大树干残骸是河流地貌形态及过程的重要影响因素。当水流冲刷力超出河滩及植被的抗剪强度,河边植物与河滩一起倾倒,成为河道中树干残骸的一部分(Simon et al.,1987;1992)。树干残骸通过增加河床糙率、促进水流改向或增加粗大沉积物来改变河道侵蚀条件,降低流速及减少侵蚀(Fetherston et al.,1995),从而在一定程度上影响河床演变过程。如果河道比降接近平衡条件,滨河植被和树干残骸将有利于拦沙、淤积及河道恢复(Simon et al.,1992)。与非侵蚀性河道相比,下切河道产生更多的漂移物或树干残骸(Diehl,1977)。

Williams 和 Wolman(1984)总结了河道冲刷对滨河植被的影响,尤其是大坝下游对滨河植被的影响,认为在大坝建成后,由于大坝的洪峰调节作用,漫滩高程以下的滨河植被分布范围扩大了。然而,由于洪峰的削减和大坝拦截泥沙,坝下游粗沙量减少,限制了沙洲、河心洲的生成,而这对于某些种类的滨河植被生长必不可少(Ligon et al.,1995;Scott et al.,1996)。因此,大坝建成后,物种多样性减少,群落组成也发生了变化(Baker,1989;Stromberg et al.,1992;Nilsson et al.,1995)。20 世纪初在美国内布拉斯加州北普拉特河上的几座大坝建成后,沿北普拉特河的沙洲和河心洲上生长出了大量滨河植被。这些植被促成了河心洲与沙洲的合并,威胁到沙洲鹤的栖息地。Collier 等(1996)观察到,由于春季流量和全年流量减少,白杨(杨属)、榆树(榆属)、柳树(柳属)侵入了原本光秃秃的沙滩和河心洲。

　　对于生长在下切河道原有漫滩上的植被来说,侵蚀对其有不利的影响,随水面下降,这些植被面临着水分供给不足的问题。Johnson 等(1976)将密苏里河大坝下游几种滨河植被减少的原因部分归结于大流量水流的减少,因为大流量水流能挟带营养物,维持高水位。Reilly 等(1982)认为,类似河段残存漫滩植被生长率的明显降低,与大坝建成后漫滩洪水的消失和地下水位下降有关。

　　河道演变是一种复杂的地貌响应,是不平衡条件造成的,经历侵蚀到重新建立平衡的过程,可分成数个临界点(Schumm,1973)。其中之一为河床由冲刷变为淤积,这标志着由河道下切开始转为河道恢复。全面冲刷转向全面淤积反映了河流从竖向发展为主转向以横向发展为主,竖向发展主要表现为河床的侵蚀和下切,横向发展主要表现为心滩的发育、弯道出现并扩展(Schumm et al.,1984;Harvey et al.,1986;Simon,1989;Hupp et al.,1991)。

　　河床达到平衡时,河岸并不一定处于平衡状态。如果河床侵蚀造成河岸高度超过其极限值,在河床稳定后或开始淤积时,河岸崩塌而河岸加宽过程继续进行,直到河岸坡度降到可以保持稳定的程度(图 2.46 中的 A1～A3)(Simon et al.,1987;Hupp et al.,1991)。上游来沙和(或)河岸崩塌产沙在河床上沉积下来,随后沉积在变得平缓的岸坡上(图 2.46 中的 D1～D3)。岸坡下部处泥沙持续沉积,表明达到了稳定条件,这种沉积与茂密的木本植被生长同步,同时也为其所促进(Hupp et al.,1991;Hupp,1992)。新近稳定的河岸和河漫滩上,木质植物的出现,一方面通过根系加固了土壤,另一方面通过增加岸坡糙度降低了流速(Williams et al.,1984;Hupp et al.,1991;Shields et al.,1993,Shields et al.,1995)。

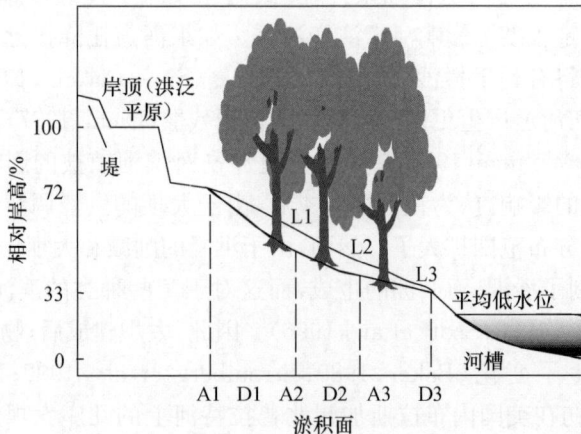

图 2.46　典型的沉积性河岸

A. 河岸角度;B. 淤积量;L. 位置

覆盖植被的沉积区从岸坡低处扩展(图 2.46 中的 L3),其扩展范围视之前的侵蚀规模而定,最后可能会伸展到从前的河漫滩高程处。

　　植被覆盖度、植物年龄和物种丰度随河道恢复阶段的不同而不同(图 2.47)(Simon et al.,1987)。在渠化河段之上,阶段Ⅰ和阶段Ⅲ的植被覆盖度高,此处滨河植被未受河道下切的影响。而在渠化河段,阶段Ⅱ和阶段Ⅳ的植被覆盖度最低,阶段Ⅱ(即工程建设期),木本植被通常被清除;在阶段Ⅳ,频繁的河岸崩塌不仅毁掉了原有的木本植被,也使新生植被无法生长(图 2.47)。阶段Ⅳ后期到阶段Ⅵ为恢复期(图 2.47),植被覆盖度和物种数量增加。由于一些显然的原因,河道演化过程中,木本植物年龄与覆盖度的变化趋势(图 2.47)基本一致。物种种类(物种丰度)的变化趋势与覆盖度及年龄也一致(图 2.47)。阶段Ⅰ、阶段Ⅲ河岸越稳定,所能支持的物种丰度也越高;而在严重不稳定的阶段Ⅳ和阶段Ⅴ早期,除了能适应严苛环境的杂草外,其他物种都不能生长。

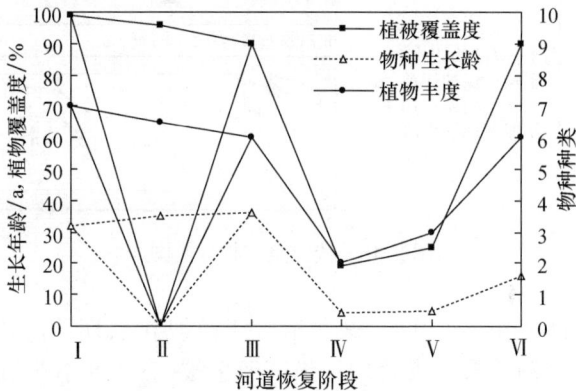

图 2.47　河道各恢复阶段植被生长年龄、覆盖度和物种种类

　　Wallerstein 等(1997)发现树干残骸引起的泥沙沉积要超过其引起的侵蚀量,因而残骸堵塞的总体效应是控制坡降、加速淤积,从而促使能启动河流恢复的稳定条件的形成。他们还根据树干残骸长度和河槽宽度给出了树干残骸堵塞的分类图(图 2.48),可用于预测下切河道中树干残骸类型。现场试验表明,人工放置树干残骸可以增加下切河道的稳定性,而清除树干残骸加剧了侵蚀(Shields et al.,1995)。在树干残骸的诸多影响中,最重要的是其在新生土地及其稳定上所起的作用,用以发育木本滨河植被(Fetherston et al.,1995;Abbe et al.,1996)。

　　植被的发展主要取决于土壤表面稳定情况、植物忍耐淤埋和淹没的能力,对于某些植物来说,日照条件也是影响因素之一。例如,在美国西田纳西州的下切河道中,确认了三组截然不同的植被为恢复植被(Hupp et al.,1991;Hupp,1992),按

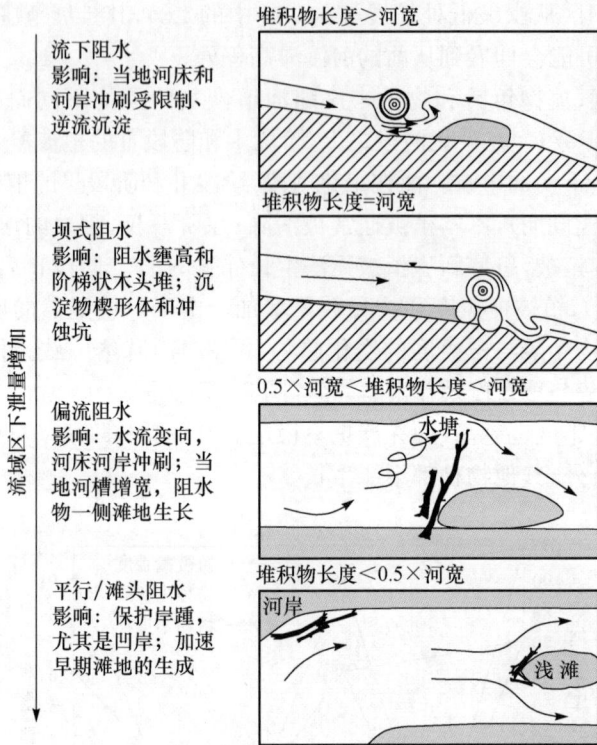

图 2.48　残骸阻塞物分类图

Simon 等(1987)的河道演变模型,这些植被于阶段Ⅳ后期至阶段Ⅵ相继开始发育(图 2.46、图 2.47)。最先发育的先锋滨河植被(表 2.8 中的第 1 组)出现在阶段Ⅳ后期和阶段Ⅴ前期,这种耐寒且生长极快的物种在晚春时节迅速蔓延,此时河水水位较低,有大片可供植物生长的土地裸露。这些物种可以忍受较大程度的坡移和泥沙淤埋,通常需要充足的光照。此外,高地杂草在原来的河漫滩和河岸上发育,由于河道侵蚀,河漫滩水流已经不会或基本不会出现。第 2 组居中的滨河植被(表 2.8 中的第 2 组)于恢复期后期(阶段Ⅴ后期)发育,此组植被一般要求河岸稳定、淤埋不重,能耐阴或完全遮蔽环境。第 3 组为阔叶植被(表 2.8 中的第 3 组),典型的无干扰系统,在河道完全恢复为弯曲型河道并形成自然堤防之后,才会在新的河漫滩上形成。虽然恢复过程中具体的植物种类会因地区不同而不同,但可以认定全球下切河流恢复过程中的植被组群的特性是相似的。

表 2.8　美国西田纳西州下切河道恢复过程中出现的先锋、居中和阔叶型物种种类及其特性总结

植物演替	先锋型(第1组)	中间型(第3组)	阔叶型(第3组)
时间	阶段Ⅳ后期	阶段Ⅴ	阶段Ⅵ
物种	棕柳、棕桦、岑叶槭、欧洲悬铃木、美洲黑杨	卡罗来纳鹅耳枥、宾夕法尼亚椴、落羽松、美洲黑杨、水紫树	提琴叶栎、水栎、柳叶栎、大山毛榉
岸滩稳定条件	杂草丛生,不稳定的地点	稳定的条件	成熟、稳定的条件
光照要求	不耐阴	较耐阴	耐阴
植物生命周期	生长快、生命期短	生长慢、生长期长	生长慢、生长期长
繁殖	大量无性繁殖	很少无性繁殖	很少无性繁殖
种子寿命	种子量多而寿命短	种子寿命长	种子寿命长
种子传播	风传播或水传播	风传播或水传播	动物传播
种植时间	种子春末成熟	种子夏末成熟	种子夏末或秋季成熟

2.5.3　树木年轮地貌学

利用滨河植被可以分析河床演变过程(Shroder,1980;Shroder et al.,1987),通过各种河流地形上发育树木的年轮可估计河槽展宽速率、河岸和河漫滩淤积(Hupp,1998)。树木的年生长特性是运用年轮验证重要水文、地貌事件的规模和频率进行研究的基础。河岸上的成木或树苗可能会在发生坡移时倾倒或留下伤疤,也可能在河岸或漫滩沉积时被部分掩埋。因此,可以从河边采集树木样本或树干横断面来鉴定树龄,追溯地貌事件的时间。如果结合树干年代数据和坡移体宽度或淤埋深度,就可以估算出相应的河道展宽速率和河岸沉积速率。这种分析方法称为树木年轮地貌学(dendrogeomorphology)。图 2.49 为河岸坍塌、河道迁徙、河滩淤积等地貌事件的植物学证据(Hupp,1988)。在河床演变的研究中,至少可以利用 4 种基本的植物学证据(图 2.49):①树干擦痕和分叉;②倾斜主干上的新枝;③偏心年轮;④淤埋主干的次生根(Hupp,1988;Wang et al.,2006)。倾斜主干上的擦痕和分枝能够反映河岸滑坡发生的准确时间(一般准确到年),一般可以截取擦痕或倾斜分枝基部处的生长样木或横断面来确定树木受影响的时间。从淤积泥沙里生出的次生根准确地记录了不同时期泥沙淤积的速率。从图 2.50(a)可以看到一条河边倾斜的小树主干上生长出垂直枝条,枝条只有半年。可以推断出半年前发生了一场洪水,把小树冲倒,造成河岸冲刷。图 2.50(b)所示为四川小金川河中濒死的树,可以说明河中曾有相对稳定的沙岛存在数十年之久,沙岛上植被覆盖良好。最近一次洪水过程冲去了沙岛,并可推断此次洪水具有较高的输沙力。

当树木主干倾斜偏离中心时,通常发生偏心生长。可以查看横断面来确定偏心生长,即观察是否有原本相对同心排列的树轮突然转变为偏心排列这一现象。根据年轮偏心排列的样式,可以推测树干倾斜的确切年代,一般可以精确到树干倾

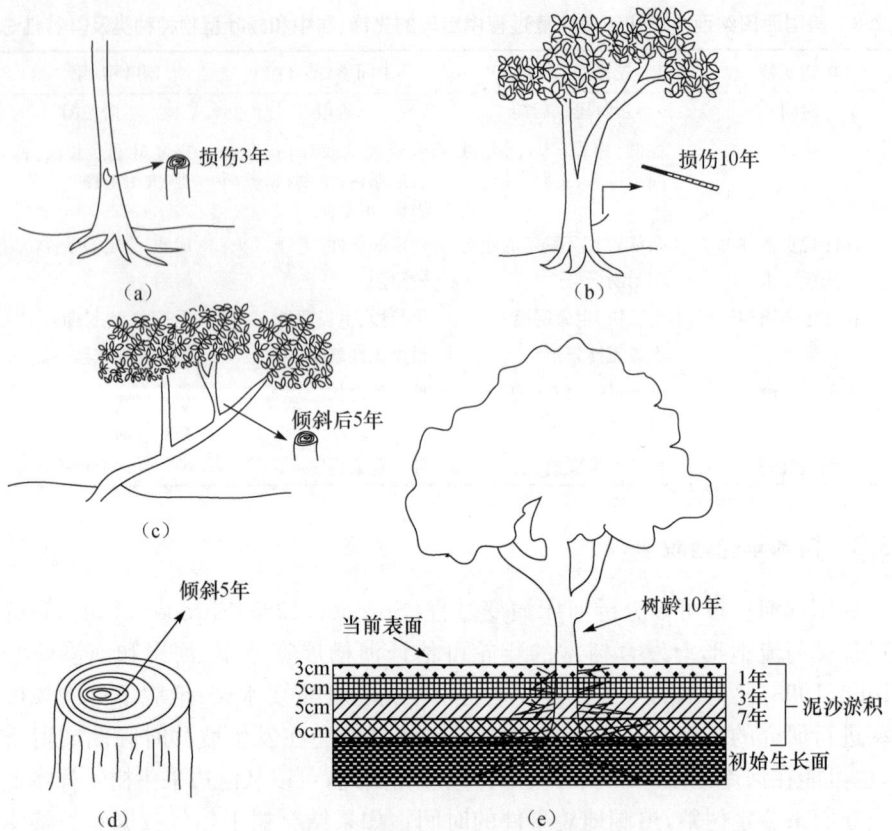

图 2.49　包括洪水和水土流失等地质事件的植物学证据
（a）动力侵蚀创痕；（b）主干分蘖；（c）倾斜主干长出分枝；（d）偏心圆生长；
（e）通常幼苗时淤积可反映淤积年份及泥沙淤积厚度

（a）

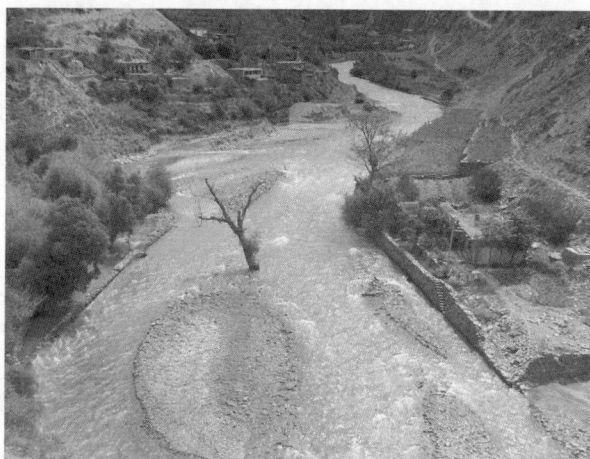

(b)

图 2.50　植物学证据用于河床演变研究(见彩图)

(a) 河边倾斜的小树主干上生长出垂直的枝条,可以推断半年前一场洪水;

(b) 四川小金川河中濒死的树说明河中曾有相对稳定的沙岛

斜发生的季节。在估计河槽拓宽时,首先要确定因河岸崩塌造成的树干变形的年代,然后测量滑坡体的宽度或树木与河岸最高点的距离(图 2.51)。不同年代的滑坡体和受其影响的乔木记录了指定河段的河岸崩塌的历史。

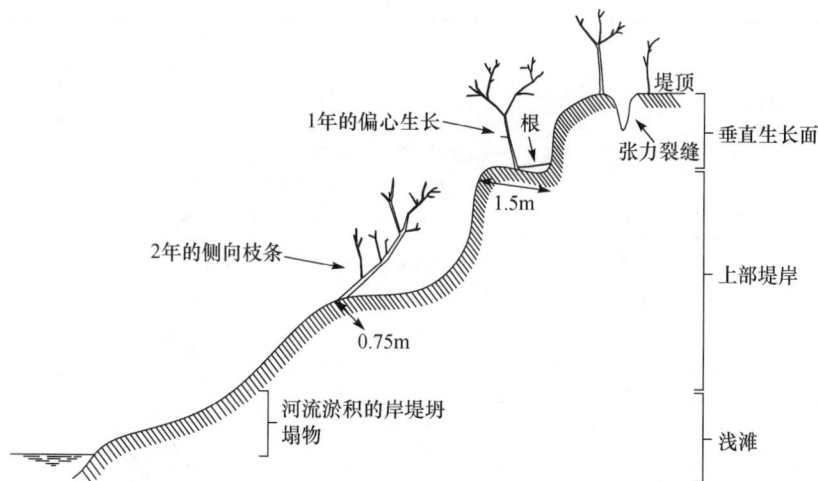

图 2.51　下切河道河岸横断面上的生物学证据

当河流水位高时,水流挟带的泥沙会沉积在河滩上生长的树和树苗的根部[图 2.49(e)]。通过对主干、树枝和不定根(即主干根部长出的丛生须状的根)的淤埋情况分析,可估算出泥沙沉积的速率。挖掘淤埋树干附近地面至原生根系层,截取枝干确定年龄,然后按树干年龄划分沉积厚度。

用树木年轮地貌学的方法估算河流发生演变的时间,目前大部分仍局限于学术研究还没有得到广泛应用,但这种方法相对廉价而准确,有着广泛的应用前景。

2.5.4　河边植被调查方法

以珠江支流东江中游泗湄洲的河边植被调查为例,说明河边植被分布和多样性的调查方法。东江干流河道全长 562km,流域总面积达 35 340km²。东江流域属亚热带季风气候,四季不甚分明,年平均气温为 20.4℃。年平均降水量为 1500～2400mm。东江年平均流量为 815m³/s,汛期径流量占全年径流量的75%～85%。东江流域动植物资源丰富,种类繁多。在大部分河段的河边植被发育比较完整,为东江生态系统的重要组成部分。泗湄洲位于惠州市博罗水文站下约 2km 河道分叉处[图 2.52(a)],河宽 40～50m,河道比较顺直,坡降较小,河道较为稳定。泗湄洲受人类活动的影响较小,比较完整地反映了自然状态下植被的发展演替状况。在相对稳定的冲积河流中,河边植被的发育受河边特定地形的影响。在泗湄洲,从低滩到高滩,植被发展演替层次明晰,具有流域代表性。分别在 5 月和 9 月对泗湄洲的河边植被分布和多样性进行调查。两次调查共设置样方 7 个,样方的布置如图 2.52(b)所示。

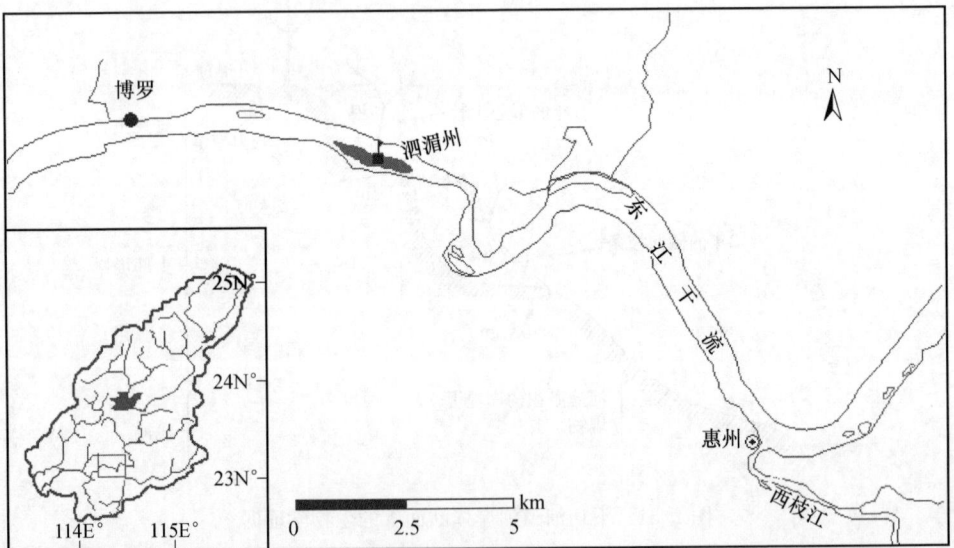

(a)

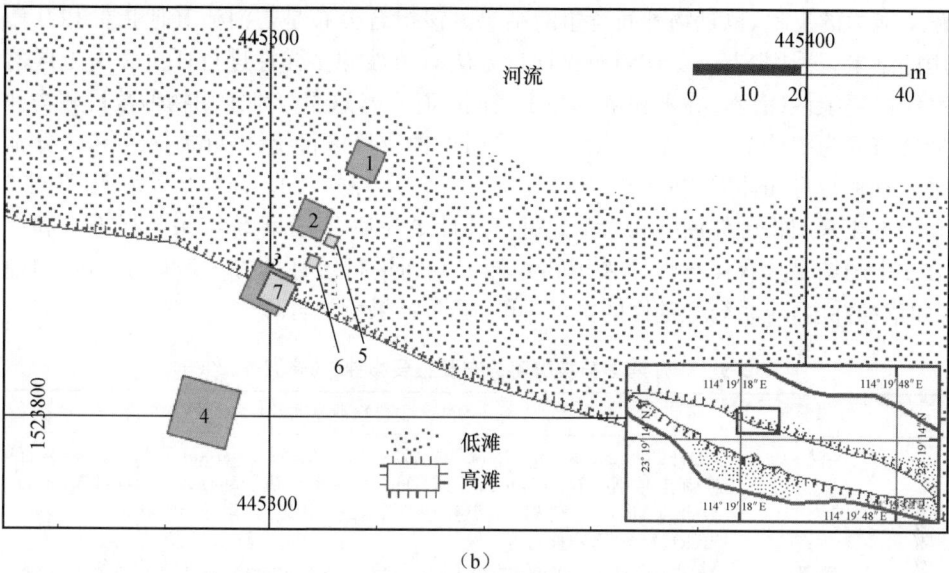

(b)

图 2.52　东江中游泗湄洲的地理位置(a)和东江河边植被分布多样性调查采样点(b)示意图
样方 1、2、3、4 是 5 月调查取样点;样方 5、6、7 是 9 月调查取样点;图示水位及河床出露为 5 月时的情况

　　东江泗湄洲河边植被分布情况如图 2.53 和表 2.9 所示,实线表示洪水期,虚线表示枯水期。近水低滩主要是草本植物,向河岸方向,逐渐由草本向灌木、乔木演替。

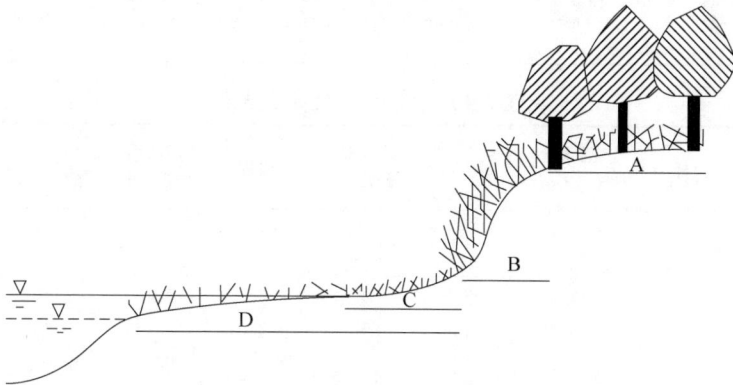

图 2.53　泗湄洲河边植被分布情况
A. 高滩;B. 岸坡;C. 低滩;D. 枯水期出露河床和沙洲。—洪水期;---枯水期

　　表 2.9 为图 2.53 中不同区间的群落类型及主要物种(马晓波等,2006)。调查显示,乔木(蚊惊树等)只生长在 A 区,灌木(马樱丹等)生长在 A 区和 B 区,耐水的禾本科植物(双穗雀稗等)只在洪水期生活在 C 区,一些草本植物(马齿苋、含羞草等)生活在枯水期的低滩上,即 D 区。不同物种在河岸上的分布是其对环境因子

耐受能力的反映,也是物种间竞争的结果。该组合分布是与河流其他指标相互作用的结果。采用 Shannon-Wiener 评价方法对植被的多样性进行评价。由于群落系统的复杂性(灌木、乔木和草本为主或同时存在),这里分别采用物种数目和物种伸展空间为统计单元。样方 1、2、5、6 采用物种数目进行统计,样方 3、4 和 7 分别采用物种数目和伸展空间为统计单元,评价结果见表 2.10。计算结果表明,样方 3 和样方 4 采用物种伸展空间为单元进行统计更为适合,其评价结果与样方 1 和样方 2 中的结果具有连续性。采用物种伸展空间进行统计的方法考虑了不同物种(如草和乔木)对系统稳定性的贡献率的不同,结果更为合理。

表 2.9　东江河边植被群落分布及主要物种(马晓波等,2006)

区间	群落类型	主要物种
A	乔-灌-草	马缨丹(*Lantana camara* Linn.)、蚊惊树(*Distylium racemosum* Sieb. et Zucc.)、苦楝、刺毛越橘(*Vaccinium carlesii* Dunn)、越南山矾[*Symplocos cochinchinensis* (Lour.) Moore]、鹧鸪草、小叶桉、叶下红、生艾、狗尾草(*Panicum plicatum* Lamk)、竹节草、古楝树等
B	灌-草	一枝黄花(*Solidago decurrens* Lour.)、芦苇[phragmite(reed)]、大花忍冬(*Lonicera macrantha* Spreng.)、铺地蜈蚣[*Palhinhaea cernua* (L.) A. Franco et Vasc.]、白花鱼藤(*Derris alborubra* Hemsl.)、滨豇豆[*Vigna marina* (Burm.) Merr.]、乌毛蕨(*Blechnum orientale* Linn.)、阔叶丰花草(*Borreria latifolia* K. Schum.)、含羞草(*Mimosa pudica*)、马缨丹、蟛蜞菊等
C	草	双穗雀稗[*Paspalum paspaloides* (Michx.) Scribn]、千里光、雀稗、含羞草、竹节草、假臭草(*Eupatorium catarium* Veldkamp)、铺地黍(*Panicum repens* L.)等
D	草	马齿苋(*Portulaca oleracea* Linn.)、含羞草、假臭草、双穗雀稗、阔叶丰花草(*Borreria latifolia* K. Schum.)、刺子莞[*Rhynchospora rubra* (Lour.) Mark.]、白花鱼藤、一枝黄花等

表 2.10　植物多样性评价结果

采样时间	样方	面积/(m×m)	高程/m	距河床的距离/m	种数	多样性指数(H)	均匀度指数(E)	优势度指数(D)
2004 年 5 月	1	5×5	5.0	10	14	1.01	0.14	6.00
2004 年 5 月	2	5×5	5.7	25	9	0.90	0.50	8.67
2004 年 5 月	3	7×7	10.0	35	23	1.95	2.56	2.09
2004 年 9 月	4	10×10	12.6	60	21	2.23	0.40	3.29
2004 年 9 月	5	1×1	5.7	29	5	0.11	0.07	9.11
2004 年 9 月	6	1×1	5.9	32	6	0.13	0.07	9.10
2004 年 9 月	7	5×5	10.0	37	18	1.74	1.19	6.01

表 2.10 中 H 为 Shannon-Wiener 多样性指数,由式(2.34)给出:

$$H = -\sum_{i=1}^{T} P_i \ln P_i \tag{2.34}$$

式中,P_i 为第 i 种物种个体数 n_i 占总个体数 N 的比例,即 $P_i = n_i/N$;T 为物种数。H 一般为 1.5~3.5,很少超过 4。Shannon-Wiener 多样性指数包含两层含义:第

一是物种的多样性;第二是物种分布的均匀程度。物种的数目越多,均匀度越高,
物种的多样性越高。

E 为 Shannon-Wiener 均匀度指数,定义为

$$E = H/H_{max} \qquad (2.35)$$

式中,H_{max} 为最大多样性,设群落中物种总数为 T,当所有物种都以相同比例
$(1/T)$ 存在时,将有最大的多样性,即 $H_{max} = \ln T$。物种相对丰度越均匀,E 值
越大。

D 为 Shannon-Wiener 优势度指数,定义为

$$D = \ln T + \sum_{i=1}^{T} P_i \ln P_i \qquad (2.36)$$

群落中占统治地位的物种越占优势,D 值越大。

图 2.54 为植被物种多样性指数与高程的关系,结果显示,河边植被多样性指
数随着高程的增加而提高。低滩的物种数目少,优势物种明显,主要优势种为禾本
科双穗雀稗,优势度较高。相对来说,高滩物种丰富,系统相对稳定。

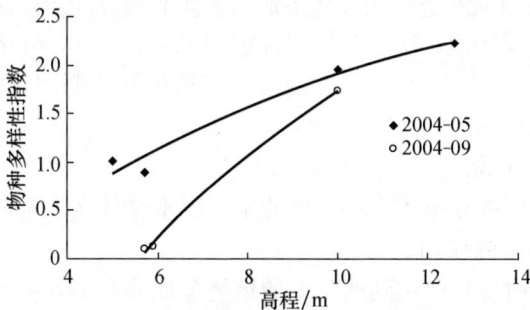

2.54　东江河边植被物种多样性指数与高程的关系

思　考　题

1. 回答下列问题。

(1) 植被的生态功能是什么? 作用于植被的应力主要有哪些?

(2) 为什么侵蚀是一种特殊的应力? 生态应力如何分类? 请列举损伤应力和
致死应力。

(3) 损伤应力作用于植被会出现什么情况?

(4) 何谓脆弱植被? 请举例说明。

(5) 植被侵蚀动力学主要研究什么,能解决哪些问题?

(6) 由搜集到的数据,得到的参数值如下:$a = 0.02 a^{-1}$,$c = 0.000\,01 km^2/a$,$d = 0.05 a^{-1}$,$f = 50 t/(km^2 \cdot a^2)$。请绘制植被-侵蚀状态图。如果目前的植被覆盖度

$(V)=50\%$,侵蚀模数为 $800\text{t}/(\text{km}^2 \cdot \text{a})$。请在图中标出植被-侵蚀状态对应位置,并定性给出改善植被和控制侵蚀的措施(不需要确切的造林和减蚀数据)。

(7) 什么是滨河植被? 它们如何影响河流地貌?

(8) 请描述木本滨河植被覆盖下河流的退化和恢复过程,概述植被变化过程,包括物种数量、覆盖面积和年龄。

(9) 什么是树木年轮地貌学? 树木年轮地貌学中用到的基本的植物学证据有哪几类?

(10) 3~5 年前发生一次塌岸。试解释如何用树木年轮地貌学方法估计塌岸发生的确切时间?

2. 由测量数据得到植被-侵蚀动力学微分方程组参数如下:

$$\begin{cases} \dfrac{\mathrm{d}V}{\mathrm{d}t} - aV + cE = -K_i\delta(t_0) + V_\mathrm{R} \\[2mm] \dfrac{\mathrm{d}E}{\mathrm{d}t} - dE + fV = E_\mathrm{R} \end{cases}$$

$a=0.02\text{a}^{-1}$,$c=0.000001\text{km}^2/\text{t}$,$d=0.05\text{a}^{-1}$,$f=50\text{t}/(\text{km}^2 \cdot \text{a}^2)$。请绘制植被-侵蚀状态图,并预测在无生态应力作用下的植被演变趋势($V_\tau=0$、$E_\tau=0$)。

如果现有植被覆盖度(V)为 5%,侵蚀模数(E)为 $4000\text{t}/(\text{km}^2 \cdot \text{a})$。请在图中标出植被-侵蚀状态对应位置,并定性给出改善植被和控制侵蚀的措施(不需要确切的造林和减蚀数据)。

3. 读图并回答问题。

(1) 影响滨河植被分布和物种组成的主要因素是什么? 请陈述滨河植被在河道冲刷和淤积过程中的作用。

(2) 树木年轮地貌学中用到的基本的植物学证据有哪几类?

(3) 下图为一个经历了 10 年持续沉积的河漫滩。试分析该图并陈述泥沙沉积过程。

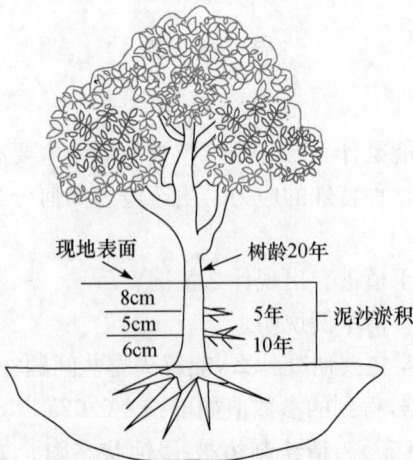

参 考 文 献

傅伯杰,杨志坚,王仰麟,等.2001.黄土丘陵坡地土壤水分空间分布数学模型.中国科学D辑:地球科学,31(3):185-191.

高小平,康学林,郭宝文.1995.坡面措施对小流域治理的减水减沙效益分析.中国水土保持,(6):13-15.

江忠善,郑粉莉.2004.纸坊沟流域水土流失综合治理减沙效益评价.泥沙研究,(2):56-61.

蒋定生.1997.黄土高原水土流失与治理模式.北京:中国水利水电出版社.

琚彤军,刘普灵,郑世清.2000.燕儿沟流域泥沙监测初报.水土保持研究,7(2):176-178.

李敏,张丽.1997.植物在黄河中游治理与开发中的作用//第三届海峡两岸水利科技交流研讨会论文集.下册.北京:中国水利水电出版社.

李倬.1993.论林木的固沟减蚀作用.泥沙研究,(1):14-21.

廖安中,张淑光,邓岚.1997.东江流域水土流失区水土资源评价——以上杨试验区为例.水土保持研究,(9):78-89.

刘普灵,郑世清,琚彤军.2005.黄土高原燕沟流域生态环境建设模式及效益研究.水土保持研究,12(5):88-99.

刘世忠,敖惠修,何道泉.1998.粤东五华县亚热带季风常绿阔叶林退化生态系统恢复的初步研究.热带亚热带植物学报,6(1):57-64.

马晓波,王兆印,程东升,等.2006.东江中游河边植被多样性调查评价.水利学报,37(3):348-353.

彭少麟.1996.南亚热带森林群落动态学.北京:科学出版社.

盛海洋.2006.黄土高原水土流失的地质环境研究.人民黄河,28(1):76-78.

舒若杰,高建恩,赵建民,等.2006.黄土高原生态分区探讨.干旱地区农业研究,24(3):143-148.

唐克丽.2004.中国水土保持.北京:科学出版社.

唐克丽,陈永宗,景可,等.1990.黄土高原地区土壤侵蚀区域特征及其治理途径.北京:中国科学技术出版社.

王费新,王兆印.2006a.植被-侵蚀动力学模型:参数的确定及在黄土高原的应用.生态环境,15(6):1366-1371.

王费新,王兆印,杨正明,等.2006b.水土流失地区人工加速植被演替过程.生态学报,26(6):2558-2565.

王费新,王兆印.2007.非线性植被-侵蚀动力学模型初探.北京林业大学学报,29(6):123-128.

王义凤,姜恕,孙世州,等.1991.黄土高原地区植被资源及其合理利用.北京:中国科学技术出版社.

王禹生,朱良宗.1998.水土保持是长江流域可持续发展的基础.中国水土保持,(3):1-12.

王兆印,李昌志,郭彦彪,等.2005.植被-侵蚀状态图在典型流域的应用.地球科学进展,21(2):149-157.

王兆印,王光谦,高菁.2003a.侵蚀地区植被生态动力学模型.生态学报,23(1):98-105.

王兆印,王光谦,李昌志,等.2003b.植被-侵蚀动力学的初步探索和应用.中国科学D辑:地球科学,33(10):1013-1023.

谢宝平,牛德奎,杨先锋.2001.赣南红壤侵蚀区植被退化和恢复演替的初步研究.江西林业科技,(6):4-9.

许炯心.2004.黄河中游多沙粗沙区水土保持减沙的近期趋势及其成因.泥沙研究,(2):5-10.

杨文治,余存祖.1992.黄土高原区域治理与评价.北京:科学出版社.

叶振欧.1986.安家沟流域治理效益调查及分析//水土保持实验研究成果分析选编.甘肃省定西地区水土保持研究所:8-16.

张富,李登贵,万庭朝.1986.安家沟小流域综合治理试验研究及效益分析//水土保持实验研究成果分析选编.甘肃省定西地区水土保持研究所:44-53.

张荣祖.1992.横断山区干旱河谷.北京:科学出版社.

张振克.1998.人为裸露坡面植被自然恢复的初步研究.水土保持通报,(1):26-28.

张志强,王盛萍,孙阁,等.2005.黄土高原吕二沟流域侵蚀产沙对土地利用变化的响应.应用生态学报,16(9):1607-1612.

庄雪影,邱美玲.1998.香港三种人工林下植物多样性的调查.热带亚热带植物学报,6(3):196-202.

Abbe T B,Montgomery D R. 1996. Large woody debris jams,channel hydraulics and habitat formation in large rivers. Regulated Rivers:Research and Management,12:201-221.

Baker W L. 1989. Macro and micro scale influences on riparian vegetation in western Colorado. Annals of the Association of American Geographer,79:65-78.

Brady W,Patton D R,Paxson J. 1985. The development of southwestern riparian gallery forests // Proceedings of Riparian Ecosystems and Their Management: Reconciling Conflicting Uses. General Technical Report RM-120. Fort Collins:USDA Forest Service,Rocky Mountain Forest and Range Experiment Station:39-43.

Buckman H O,Brady N C. 1969. The Nature and Properties of Soils. New York:The MacMillan Company.

Bussotti F,Ferretti M. 1998. Air pollution,forest condition and forest decline in south Europe:An overview. Environmental Pollution,101:49-65.

Clinton B D,Baker C R. 2000. Catastrophic windthrow in the souther Appalachians:Characteristics of pits and mounds and initial vegetation responses. Forest Ecology and Management,126:51-60.

Cole D N,Marion J L. 1988. Recreation impacts in some riparian forests of the eastern United States. Environmental Management,12:99-107.

Collier M,Webb R H,Schmidt J C. 1996. Dams and rivers. A primer on the downstream effects of dams. US Geological Survey Circular,1126:94.

Diehl T H. 1997. Drift in channelized streams//Management of Landscapes Disturbed by Channel Incision. Oxford:University of Mississippi:139-144.

Fetherston K L,Naiman R J,Bilby R E. 1995. Large woody debris,physical process,and riparian forest development in montane river networks of the Pacific Northwest. Geomorphology,13:

133-144.

Friedman J M,Osterkamp W R,Lewis W M Jr. 1996a. Channel narrowing and vegetation development following a great plains flood. Ecology,77:2167-2181.

Friedman J M,Osterkamp W R,Lewis W M Jr. 1996b. The role of vegetation and bed-level fluctuations in the process of channel narrowing. Geomorphology,14:341-351.

Germanoski D,Ritter D F. 1988. Tributary response to local base level lowering below a dam. Regulated Rivers:Research & Management,2:11-24.

Goldman S J,Jackson K,Bursztynske T A. 1986. Erosion & Sediment Control Handbook. New York:McGraw-Hill.

Gray D H,Leiser A J. 1982. Biotechnical Slope Protection and Erosion Control. New York: Van Nostrand Reinhold.

Hack J T,Goodlett J C. 1960. Geomorphology and forest ecology of a mountain region in the central Appalachians. US Geological Survey Professional Paper,347.

Harvey M D,Watson C C. 1986. Fluvial processes and morphological thresholds in incised channel restoration. Water Resources Bulletin,22:359-368.

Hickin E J. 1984. Vegetation and river channel dynamics. Canadian Geographer,28:111-126.

Howard A D,Fairbridge R W,Quinn J J. 1968. Terraces,fluvial introduction//The Encyclopaedia of Geomorphology. New York:Reinhold:1117-1123.

Hupp C R. 1988. Plant ecological aspects of flood geomorphology and paleoflood history//Flood Geomorphology. New York:John Wiley & Sons:335-356.

Hupp C R. 1992. Riparian vegetation recovery patterns following stream channelisation:A geomorphic perspective. Ecology,73:1209-1226.

Hupp C R. 1998. Relations among riparian vegetation,channel incision processes and forms,and large woody debris//Incised Rivers. Channels:Processes,Forms,Engineering and Management. Hoboken:John Wiley & Sons.

Hupp C R,Osterkamp W R. 1985. Bottomland vegetation distribution along Passage Creek,Virginia,in relation to fluvial landforms. Ecology,66:670-681.

Hupp C R,Osterkamp W R. 1996. Riparian vegetation and fluvial geomorphic processes. Geomorphology,14:277-295.

Hupp C R,Simon A. 1991. Bank accretion and the development of vegetated depositional surfaces along modified alluvial channels. Geomorphology,4:111-124.

Johnson W C,Burgess R L,Keammerer W R. 1976. Forest overstory vegetation and environment on the Missouri River floodplain in North Dakota. Ecological Monographs,46:59-84.

Kosmas C,Danalatos N G,Gerontidis S. 2000. The effect of land parameters on vegetation performance and degree of erosion under Mediterranean conditions. Catena,40(1):3-17.

Kosmas C,Danalatos N G,Poesen J,et al. 1998. The effect of water vapour adsorption on soil moisture content under Mediterranean climatic conditions. Agricultural Water Management,36:157-168.

Lal R,Kimble J M. 1998. Soil conservation for mitigating the greenhouse effect// Towards Sustainable Land Use. Reiskirchen:Catena Verlag GmbH:185-192.

Ligon F K,Dietrich W E,Trush W J. 1995. Downstream ecological effects of dams:A geomorphic perspective. Bioscience,45:183-192.

Lull H W. 1959. Soil compaction on forest and range lands. Washington DC:US Department of Agriculture Miscellaneous Publication.

Maley J,Brenac P. 1998. Vegetation dynamics,palaeoenvironments and climatic changes in the forests of western Cameroon during the last 28 000 years B P. Review of Palaeobotany and Palynology,99:157-187.

Miller J R,Schulz T T,Hobbs N T,et al. 1995. Changes in the landscape structure of a southeastern Wyoming riparian zone following shifts in stream dynamics. Biological Conservation,72:371-379.

Mills T R,Clar M L. 1976. Erosion and sediment control in surface mining in the eastern US. Washington DC:US Environmental Protection Agency.

Monserud R A,Denissenko O V,Tchebakova N M. 1993. Comparison of Siberan paleovegetation to current and future vegetation under climate change. Climate Research,3:143-159.

Mulligan M. 1998. Modelling the geomorphologic impact of climatic variability and extreme events in a semi-arid environment. Geomorphology,24:59-78.

Naiman R J,Decamps H,Pollock M. 1993. The role of riparian corridors in maintaining regional biodiversity. Ecological Applications,3:209-212.

Nilsson C. 1992. Conservation management of riparian communities// Ecological Principles of Nature Conservation. London:Elsevier Applied Science:352-372.

Nilsson C,Jansson R. 1995. Floristic differences between riparian corridors of regulated and freeflowing boreal rivers. Regulated Rivers:Research and Management,11(1):55-66.

Osterkamp W R,Costa J E. 1987. Changes accompanying an extraordinary flood on a sandbed stream// Catastrophic Flooding. Boston:Allen & Unwin:201-224.

Pedersen B. 1998. Modeling tree mortality in response to short and long term environmental stresses. Ecological Modelling,105:347-351.

Reilly P W,Johnson W C. 1982. The effects of altered hydrologic regime on tree growth along the Missouri River in North Dakota. Canadian Journal of Botany,60:2410-2423.

Schapenseel H W,Pfeiffer E M. 1998. Impacts of possible climate change upon soils,some regional consequences// Towards Sustainable Land Use. Reiskirchen:Catena Verlag GmbH:194-208.

Schumm S A. 1973. Geomorphic thresholds and complex response of drainage systems// Fluvial Geomorphology. New York:State University of New York:299-310.

Schumm S A,Harvey M D,Watson C C. 1984. Incised Channels:Morphology,Dynamics and Control. Littleton:Water Resources Publications.

Scott M L,Friedman J M,Auble G T. 1996. Fluvial processes and the establishment of bottomland trees. Geomorphology,14:327-339.

Shroder J F Jr. 1980. Dendrogeomorphology:Review and new techniques of tree-ring dating. Progress in Physical Geography,4:161-188.

Shroder J F Jr,Butler D R. 1987. Tree-ring analysis in the earth sciences// Proceedings of the International Symposium on Ecological Aspects of Tree-Ring Analysis. US Department of Energy,Tarrytown:186-212.

Shields F D Jr,Knight S S,Cooper C M. 1995. Use of biotic integrity to assess physical habitat degradation in warm water streams. Hydrobiologia,312:191-208.

Shields F D Jr,Cooper C M,Knight S S. 1993. Initial habitat response to incised channel rehabilitation. Aquatic Conservation: Marine and Freshwater Ecosystems,3:93-103.

Shields F D Jr,Gippel C J. 1995. Prediction of effects of woody debris removal on flow resistance. Journal of Hydraulic Engineering,121:341-354.

Sigafoos R S. 1964. Botanical evidence of floods and flood-plain deposition. US Geological Survey Professional Paper,485-A:1-35.

Simon A. 1989. A model of channel response in disturbed alluvial channels. Earth Surface Processes and Landforms,14:11-26.

Simon A,Hupp C R. 1987. Geomorphic and vegetative recovery processes along modified tennessee streams:An interdisciplinary approach to disturbed fluvial systems// Forest Hydrology and Watershed Management. Wallingford:IAHS Publication.

Simon A,Hupp C R. 1992. Geomorphic and vegetative recovery processes along modified stream channels of West Tennessee. US Geological Survey Open-File Report.

Spitzy A,Ittekkotm V. 1991. Dissolved and particulate organic matter in rivers// Ocean Margin Processes in Global Change. Chichester:John Wiley & Sons.

Stromberg J C,Patten D T. 1992. Response of Salix lasiolepis to augmented stream flows in the upper Owens River. Madrono,39:224-235.

Svirezhev M. 1999. Simplest dynamic model of the global vegetation pattern. Ecological Modelling,124:131-144.

Thornes J B. 1985. Environmental systems-patterns,processes and evolution// Horizon in Physical Geography. Oxford:Macmillan Education:27-46.

VSWCC. 1980. Virginia Erosion and Sediment Control Handbook. 2nd ed. Richmond:Virginia Soil and Water Conservation Commission.

Wallerstein N,Thorne C R,Doyle M W. 1997. Spatial distribution and impact of large woody debris in northern Mississippi// Management of Landscapes Disturbed by Channel Incision. Oxford:University of Mississippi:145-150.

Walter H. 1985. Vegetation of the Earth. 3rd ed. New York:Springer-Verlag.

Wang X D,Wang Z Y. 1999. Effect of land use change on runoff and sediment yield. International Journal of Sediment Research,14(4):37-44.

Wang Z Y,Huang G H,Wang G Q,et al. 2004. Modeling of vegetation-erosion dynamics in watershed systems. Journal of Environmental Engineering,130(7):792-800.

Wang Z Y,Lee J H W,Melching C S. 2006. Integrated River Management. Beijing:Tsinghua University.

White C A,Franks A L. 1978. Demonstration of erosion and sediment control technology,Lake Tahoe Region of California. Final Report. California State Water Resources Control Board.

Williams G P,Wolman M G. 1984. Downstream effects of dams on alluvial rivers. US Geological Survey Professional Paper,1286.

Wolman M G,Schick A P. 1967. Effects of construction on fluvial sediment,urban and suburban areas of maryland. Water Resources Research,3:451-464.

Xu J X. 2000. The winder two-phase erosion and sediment-producing processes in the middle Yellow River basin,China. Science in China Series D:Earth Sciences,(2):176-186.

Zimmermann R C. 1969. Plant ecology of an arid basin,Tres Alamos-Redington area,southeastern Arizona. US Geological Survey Professional Paper,485-D.

Zimmermann R C,Thom B G. 1982. Physiographic plant geography. Progress in Physical Geography,6:45-59.

第3章　滑坡和泥石流

3.1　简　　介

3.1.1　崩塌与滑坡

我国 2/3 的山区会发生山体滑坡和崩塌,尤其在西南和西北地区。每年因山体滑坡和崩塌造成的经济损失高达亿元。广义上讲,崩塌与滑坡包括山区河流陡峭岸坡上发生的岩石倾倒、岩崩、落石、崩塌和滑坡。图 3.1 展示了几种崩塌与滑坡现象。倾倒是在岩石裂理发育地区柱状石块向河流倾斜倒下的现象;岩崩是岩

<table>
<tr><td>(a)</td><td>(b)</td></tr>
<tr><td>(c)</td><td>(d)</td></tr>
</table>

图 3.1　4 种类型的滑坡和崩塌的实例(见彩图)

(a) 太行山北部白云质灰岩柱状岩石崩析发生的岩体倾倒;(b) 北京市郊区拒马河侵蚀下切引发的岩崩;

(c) 四川省汶川震区绵远河文家沟崩塌;(d) 四川省汶川震区绵远河支流文家沟滑坡

石崩裂的现象;落石是大石块在震动作用下从陡坡滚下的现象;崩塌是大量岩石碎屑沿陡坡滚落的现象;滑坡是岩体和土体在重力作用下沿一个或多个滑动面整体下滑的现象。滑坡分为沿岩石沉积层面的基岩滑坡、沿着与下游基岩的交界面的风化层或坡积物滑坡。由于崩塌和滑坡等具有相近的发生条件及机理,所以放在一起讨论。

　　滑坡可分为两种类型,即弧形滑坡和平移(位移)滑坡。弧形滑坡[图3.2(a)]沿弧形滑动面运动,常形成座椅状,上部滑动面形成椅背,滑动体停止运动后,上表面形成椅面;图3.2(b)为小江流域蒋家沟发生的平移滑坡,滑坡体沿平坦剪切面滑动了数百米。

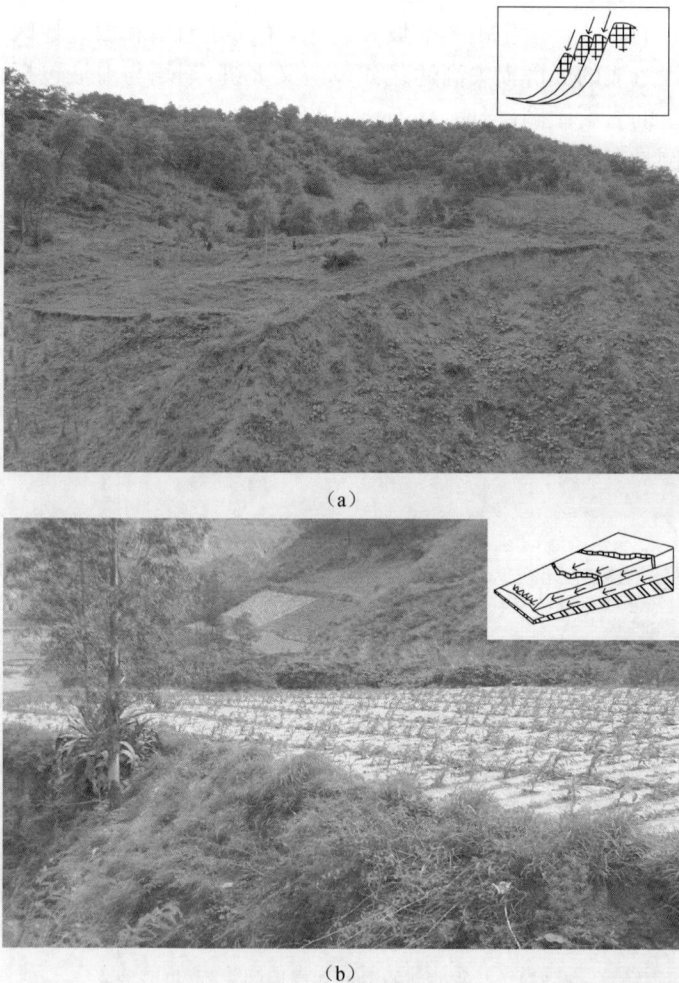

(a)

(b)

图3.2　滑坡类型

(a)甘肃省西汉水刘家沟发生的座椅状滑坡;(b)云南省小江流域发生的平移滑坡

滑坡还可以按照其规模分类:特大型滑坡——滑体体积超过 1 亿 m³;大型滑坡——滑体体积为 100 万~1 亿 m³;中型滑坡——滑体体积为 1 万~100 万 m³;小型滑坡——滑体体积小于 1 万 m³。只有弧面滑坡和平移滑坡才可能在中型、大型和特大型滑坡中出现,岩崩和倾倒通常都是小型滑坡。滑坡也可根据成因分为地震滑坡、暴雨滑坡、山崩、液化滑坡、水库诱发滑坡、公路诱发滑坡和采矿诱发滑坡。降水引起的滑坡在丘陵和山区广泛发生。根据滑体的含水量,滑坡可以分为干滑坡、不饱和滑坡和饱和滑坡三种。而根据滑体的组分,滑坡可以分为岩石滑坡、半固体滑坡和土质滑坡。

发生滑坡后,常产生大量碎屑材料,往往在暴雨时形成泥石流。图 3.3(a)是 2008 年汶川地震时引发的文井江鞍子河火石沟大滑坡。滑坡产生了大约 800 万方[①]泥沙碎屑物质的堆积物,几天后的一场暴雨冲击这些松散堆积面,引发了一场罕见的泥石流,沿着沟床冲到鞍子河薤子坪,形成沿程 1~10m 厚的淤积层。图 3.3(b)是这场滑坡导致的泥石流淤积物。

(a)　　　　　　　　　　　　　　　　(b)

图 3.3　汶川地震引发的滑坡及泥石流
(a) 文井江鞍子河火石沟大滑坡;(b) 滑坡导致的泥石流淤积物

3.1.2　泥石流

泥石流是一种饱含大量泥沙、石块和巨砾的固、液两相流体,通常在暴雨或融雪时期的山地沟谷中突然暴发。它呈黏性层流或稀性紊流等运动状态,是各种自然因素(地质、地貌、水文、气象、土壤、植被等)和人为因素综合作用的结果。泥石流在我国的山区分布很广,发生频繁。泥石流因其形成过程复杂,暴发突然、来势凶猛、历时短暂、破坏力大等,常给山区人民生命财产和经济建设造成

---

① 1 方＝1m³,下同。

重大灾害。

　　泥石流与滑坡的区别在于其流动性。流动意味着有无数的相对滑动面,而滑坡只有一个和几个相对滑动面。在强烈的重力作用下,泥石流可发生在陡坡沟谷中,而在强降水条件下,山洪的猛烈冲刷作用也可在缓坡沟谷中触发泥石流。含少量细颗粒的泥石流是湍流,含较多细颗粒的泥石流又常常是层流,此时其基质具有很高的黏滞性和屈服强度。泥石流在陡坡上极易发生,它会沿着溪谷推进并且沉积在溪谷的出口处。

　　泥石流的性质在很大程度上取决于固体物的浓度及组成。根据固体物质的成分,泥石流(debris flow)分为泥流(mud flow)、泥石流(mud-rock flow)和水石流(water-rock flow)。泥石流中有泥沙也有石块,固体颗粒包括粒径小于 0.001mm 的黏土到几米甚至十几米的巨石,黏土颗粒在总泥沙量中一般占 3%～5%。黏土颗粒的絮凝结构对泥石流的运动性质和输移能力影响很大。泥石流经常发生在我国的黄土高原;水石流主要发生在岩性为大理石、白云石、石灰石和砾石的地区,部分发生在花岗岩山区。水石流中的固体物质主要是粗砂、卵石及巨砾。泥石流也可以根据它们的成因分为冰川泥石流和降雨泥石流。冰川地区人口稀少,造成灾害的多为暴雨泥石流。

　　根据运动机理和泥石流组成的不同,可以把泥石流划分为黏性泥石流和两相泥石流。黏性泥石流由黏土、沙和砾石组成的混合体,表现出巨大的屈服应力,在许多情况下为层流且有阵流运动的特征。我国东川泥石流观测站又进一步把伪一相泥石流划分为黏性泥石流、亚黏性泥石流和稀性泥石流。两相泥石流由大石块和砾石构成固相,水和少量黏土沙构成液相。液相是牛顿体,液相固相之间存在明显的相对运动。3.3.2 节对这两种泥石流会有更详细的讨论。

3.2　滑坡和泥石流引起的灾害

3.2.1　滑坡和泥石流在我国的主要分布

　　我国山区较多,滑坡和岩崩时有发生。灾难性的滑坡和泥石流频发于构造运动活跃的地区和河道侵蚀地区。而我国 2/3 的山地都是这样的地区,西南地区尤为如此,很多滑坡发生在长江的上游沿岸。

　　图 3.4 为滑坡和泥石流在我国的分布状况[国家防汛抗旱总指挥部办公室(简称国家防总)和中国科学院成都山地灾害与环境研究所(简称山地所),1994]。图中可见,泥石流主要发生在四川省、云南省和西藏自治区。全国有泥石流记录的城市 800 多座(占全国城市总数的 40%),有 60 多座城镇曾被泥石流毁坏。据初步调查得知全国共有 10 000 多条泥石流沟。暴雨泥石流通常发

生在云南省、四川省和甘肃省。云南省的小江流域面积为 3220km²,分布着 107
条泥石流沟谷,是名副其实的泥石流博物馆。每年在这些沟谷中发生 100 多次
具各种特征的泥石流,有时甚至超过 2000 次,泥石流每年搬运的固体物质达
2000 万～3000 万 t 或超过 3000 万 t。在这些泥石流沟中蒋家沟最为严重,平均
每年发生泥石流 10 次以上,其中 1965 年共发生了 28 次泥石流。蒋家沟上游的
河床平均每年下切 2～3m,这种下切引发了泥石流。相反,由于固体碎屑的沉
积,沟口平均每年抬高 1.36m。位于甘肃省的白龙江中游地区,几乎所有的冲沟
都是泥石流沟。沿着白龙江平均每千米有 10 处泥石流沟。

图 3.4　滑坡和泥石流在我国的主要分布区域示意图(国家防汛抗旱总指挥部办公室,1994)

冰川泥石流主要发生在青藏高原。位于高原上的古乡沟就是一个巨大的冰川
泥石流沟,每年都有数十次冰川泥石流发生。1953 年这里发生了一次特大冰川泥
石流。据估计,泥石流的最大深度达到了 40～95m,最大流量达到了 28 600m³/s,
这次泥石流共输送了约 1000 万 m³ 的固体物质。

黄河中游流过黄土高原。黄土高原为第四纪黄土所覆盖,最厚处可达 400m。
这种黄土极易被侵蚀,整个高原被切割成千沟万壑的形态。这些沟壑侵蚀会形成
含泥量高达 1700kg/m³ 的泥流。这种泥流非常黏稠,属于非牛顿体,很多情况下
是层流。

泥石流呈现了明显的周期性,泥石流的活跃周期为 50～70 年,其间还有 6 年、

11 年和 22 年的短周期。20 世纪 60 年代和 80 年代是泥石流的两个活跃期。1981
年,青藏高原、四川省、甘肃省、陕西省、辽宁省和吉林省都发生了泥石流。仅在四
川省就有 61 座村镇受到了泥石流的袭击。图 3.5 为云南省小江蒋家沟泥石流暴
发次数和输沙量的变化规律,呈现出明显的大约 6 年的周期性。

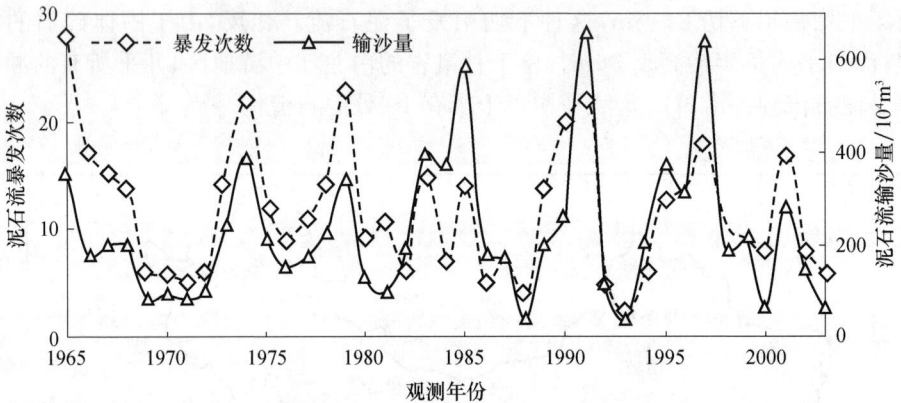

图 3.5　云南省小江蒋家沟泥石流暴发次数及输沙量

3.2.2　滑坡灾害

在我国西藏自治区,沿川藏公路曾发生过 30 多处大规模滑坡,公路堵塞 1500
多天。约 200 年前,帕隆藏布河(雅鲁藏布江的一条支流)被一次滑坡堵塞后形成
了然乌湖,该湖海拔 3850m、长 26km、宽 1～2km。1966 年,在拉月公路段发生了
一次滑坡,滑体体积 2000 多万立方米,毁坏了 5km 的公路,公路不得不改道。
1966 年的 6～8 月,西藏自治区的古乡沟共发生了 648 次滑坡,这些滑坡为大规模
泥石流提供了充裕的固体碎屑。西藏林芝东久村位于鲁朗河和川藏公路边。1991
年 9 月的一次特大暴雨诱发了东久滑坡,滑体冲进鲁朗河并堵塞河道,迫使河水冲
刷破坏川藏公路。

长江三峡地区共观察到滑坡和崩塌 404 次,总体积达 30 亿 m^3,多次堵塞河
道、中断航运。图 3.6 为三峡大坝附近长江上游沿岸发生的大规模滑坡和岩崩分
布。很多村庄和城镇都坐落在旧的滑坡区域甚至仍坠落在运动的滑坡体上,人们
的生活和安全受到威胁。区内绝大多数滑坡为基岩滑坡,主要发育在含有较软岩
石夹层的地层中。只有少数滑坡是堆积层滑坡,主要是老基岩滑坡再次触发而引
起的。鲤鱼沱滑坡位于巫山县,长江左岸,滑坡残体体积约 1000 万 m^3。1979 年 9
月,一场持续了 10 天的大雨诱发了滑体前部的表面滑坡,体积为 78 万 m^3。随后,
老滑坡体后缘和东侧壁产生数条拉裂缝。

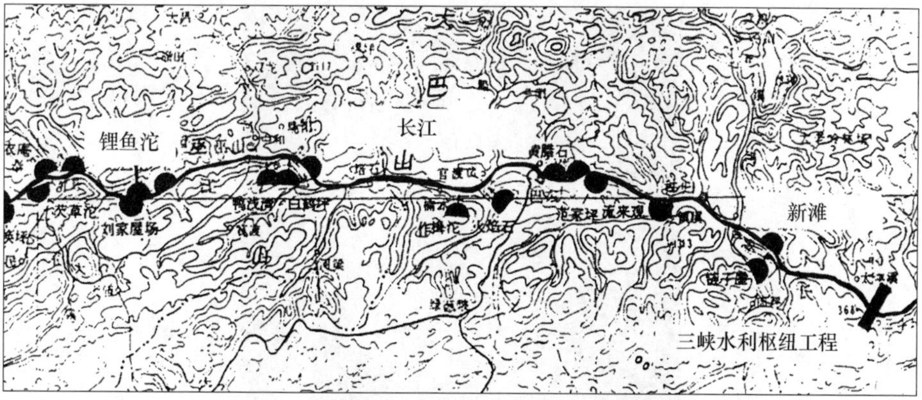

图 3.6　三峡大坝附近长江上游沿岸大规模滑坡和岩崩分布

　　新滩滑坡发生在 1985 年,这一次大规模滑坡引起了全国的关注。图 3.7 是新滩滑坡滑动体的照片。新滩镇位于长江西陵峡左岸,在三峡工程上游约 37km 处。1985 年 7 月 12 日的 3 点 45 分,一块厚约 50m、长约 2000m、宽 200~700m 的滑坡体,挟带着新滩镇滑进了长江,新滩镇就此消失。滑体的总体积为 3000 万 m^3,其中 200 多万立方米冲进了长江,引发了巨大的涌浪。第一个涌浪高达 90m,第二个涌浪高达 50m,掀翻了 13 艘轮船和 64 艘木船,共有 10 人死亡,8 人失踪。

　　滑坡是香港最主要的地质灾害。图 3.8 为 1948~1996 年香港每年滑坡造成的死亡人数。1972 年的滑坡灾难夺走了 150 人的生命,造成了巨大经济损失。

(a)

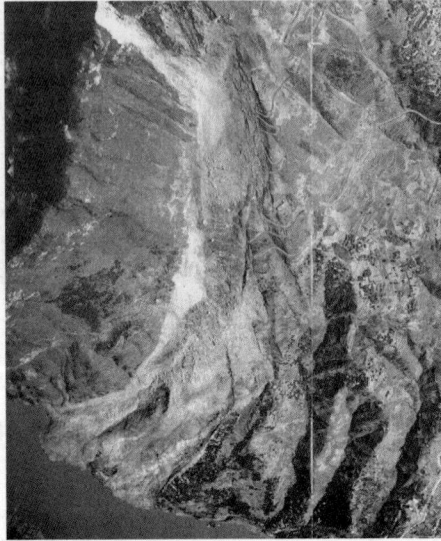

（b）

图 3.7　1985 年发生在三峡大坝附近长江左岸的新滩滑坡

（a）滑坡前；（b）滑坡后

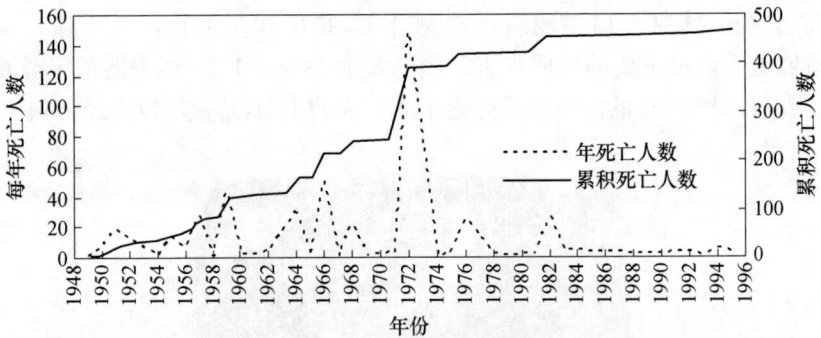

图 3.8　1948～1996 年香港每年滑坡灾难的数量

3.2.3　泥石流灾害

1. 城镇

　　泥石流常给城镇、乡村人民生命财产和经济建设造成重大灾害。据统计,我国每年有近百座县城受到泥石流的直接威胁和危害。例如,四川省的汉源、泸定、得荣、西昌、南坪、芦花和金川等城镇,云南的东川、巧家、南涧和迪庆等城镇,甘肃的兰州、天水、庆阳等城镇,西藏的拉萨、昌都等城镇。1891 年在四川省的西昌市市郊发生了大规模泥石流。这次泥石流毁坏了 5 条街道并导致 1000 多人伤亡。

1984 年 7 月 8 日,四川省南坪镇的关庙沟发生了泥石流。泥石流挟带着 60 块直径为 5~10m 的巨砾和 430 块直径为 2~5m 的石头,以 9.2m/s 的速率冲向了该镇。一幢三层楼的楼房被削去了一半,一座监狱 1m 厚的混凝土围墙被冲毁,岩石、砂砾和淤泥淤埋了整个街道。

1978 年位于太行山东坡上的河北省平山县,大雨从 8 月 18 日持续到 20 日,土壤逐渐饱和。8 月 20 日晚,一场 4h 内降水量达 400mm 的暴雨最终引发了泥石流。泥石流头部高达 13m,它挟带着 1200 万 m^3 的固体碎屑以极高的速率冲进了牛圈沟村。整个村庄被夷平,共有 20 人在灾难中死亡。

云南省的大盈江流域共有 116 条泥石流沟,梁河县城位于两条泥石流沟的冲积扇上。1975 年发生的两次泥石流掩埋了该县长途汽车站和梁河高中。1977 年,泥石流冲进了九保乡,毁坏了 100 幢房屋,造成 1 人死亡。1968 年,在大盈江的支流南怀河发生了一场可怕的泥石流,冲毁了 3 个村庄,造成了 97 人死亡,200 多公顷的农田和数段公路被淤埋。

1967 年,四川省西德县的红莫镇被泥石流夷为平地,所有房屋和建筑都被摧毁,80 人丧生,镇上的居民不得不搬迁到附近区域。1989 年 7 月 10 日,来自华蓥山的泥石流淤埋了溪口镇的马鞍坪村、溪口水泥厂及第 12 号煤矿。砂砾和泥沙淤埋了大量的建筑、运输工具,死亡 221 人。

1984 年 5 月 27 日,云南省昆明市东川区(原东川市)的因民铜矿被泥石流淤埋,迫使矿山停产半年,损失了上千万元。

2. 铁路和公路

泥石流会淤埋铁轨和车站、损坏铁路建筑物、中断铁路运输、造成列车出轨,极大地危害铁路的安全运行,威胁乘客生命安全。有 20 条铁路干线经过 1368 条泥石流分布区,先后发生中断铁路运行的泥石流灾害 292 起,41 座车站被淤埋。1950 年以来,铁路因泥石流而中断运行达 7500h(Shen et al. ,1991)。

1959 年 7 月 7 日和 1979 年 8 月 5 日,在邻近青藏铁路的巴颜和萨马隆峡谷发生了暴雨泥石流。泥石流毁坏了数座桥梁,堵塞了数个涵洞,冲毁了几百米长的铁轨,淤埋了 27 间房屋,推翻了一辆货车并造成了 17 人死亡。铁路因此停止运行 2 天。1964 年 7 月 20 日在兰州市南郊,由暴风雨引发的泥石流在皋兰山的冲沟中暴发。泥石流冲毁了 1 座小桥梁,并向兰州站倾泻了 25 万 m^3 的泥沙及砂砾。25 天后,另一次泥石流再次淤埋了城关营火车站(在兰州火车站附近),交通中断达 34h。

1969 年,来自普威沟的泥石流冲毁了建设成昆铁路的建筑工人宿舍,造成了 23 人伤亡。同年,来自沙马拉达沟的泥石流又造成了 40 位铁路工人死亡。1974 年,一场泥石流淤埋了埃岱火车站并导致 2 人丧生。1978 年 7 月 12 日,发生在宝鸡-天水地区的暴风雨引发了菜子沟(流域面积 0.4km²)和米唐沟(流域面积

0.5km²)的山体滑坡。滑坡不久就转化为泥流并冲进了陇海线。此次泥流冲毁了
1座桥梁和80座房屋,堵塞了1座直径为2.25m的拱形涵洞,所挟带的200 000m³
的泥沙淤埋了铁路。铁路上的堆积物达到了4m高,清除它们整整花了360h。
图3.9为被埋住的铁路及扭曲的铁轨。

（a）   （b）

图3.9　被泥石流埋住的铁路(a)及扭曲的铁轨(b)(康志成,1996)

　　1981年7月9日,一股头部高达8m的泥石流以13.2m/s的速率从冲沟涌向
了成昆铁路。挟带数米大小的石块,泥石流容重估计达到2.32t/m³。泥石流毁坏
了大渡河上长110m的成昆铁路利子依达大桥,一座桥墩被冲垮。第422次旅客
列车冲下了桥面,300名乘客遇难。这次灾难造成了2000多万元人民币的经济损
失,使铁路中断运行达384h。1981年8月21日在宝鸡-洛阳地区,持续暴雨形成
了大洪水,造成45次泥石流。沿着宝鸡-洛阳铁路线,泥石流淤埋了5座车站和数
段铁轨,冲毁了8座桥梁,淤塞了4座隧洞。交通中断了2个月。

　　沿川藏公路共有341条泥石流沟。过去30年中共发生了超过1300次堵塞、
掩埋和毁坏公路的泥石流。泥石流冲毁了共48座桥梁中的17座,损坏或堵塞了
200个涵洞,公路运输累计中断1500多天。每年因泥石流造成的经济损失超过
8000万元人民币。1985年川藏公路波密-东久段的培龙沟发生了大规模泥石流,
泥石流冲毁了几百米长的路段,掀翻了卡车、公共汽车和轿车共80辆。公路中断
运行6个多月(吴积善等,1993)。

3. 河流

　　大多数泥石流的路径与主河道是垂直的。泥石流挟带着大量的固体物质冲向
汇合处,往往会堵塞河道。当这种淤积坝足够高时就会形成堰塞湖。回水会淹没上
游的农田、道路、公路和村庄。而当这种淤积坝被冲溃时,下游又将遭受更大的灾难。

　　据记载,云南省白水沟的泥石流堵塞长江两次。来自海螺沟的泥石流堵塞长
江的支流龙川河三次。1984年7月18日,来自四川省南坪县关庙沟的泥石流淤

堵了白龙江,30min 后淤积坝被冲溃,形成的洪水挟带着泥沙冲向下游,毁坏村庄、房屋、农田和公路。洪水还造成下游河槽的淤高及下切。

来自蒋家沟的泥石流在历史上淤堵过小江很多次,且每次都持续了较长时间,1919 年 48 天、1937 年 40 天、1949 年 30 天、1954 年 19 天、1961 年 48 天、1964 年 98 天、1968 年 90 天。因堵塞抬高了的河水淹没了 600hm² 农田、公路和铁路。图 3.10(a)为淤堵小江长达 2 周的泥石流沉积物。图 3.10(b)为金沙江几乎被来自小江的泥石流所堵塞。

(a)

(b)

图 3.10　蒋家沟泥石流

(a) 泥石流堵塞了小江达 2 周;(b) 金沙江几乎被小江流下的泥石流所堵塞

泥石流可以使河流改道至新河道。小江过去是一条比较稳定的河流。从 19 世纪开始,该流域变成了一个泥石流非常活跃的地区。泥石流挟带大量泥沙进入河道,加速了河道的淤积。因此,小江变成了一条游荡型河流。泥石流同样会造成水库的迅速淤积。

4. 环境

泥石流可以使沟床下切 3~5m,有时候甚至超过 10m,同时将 10 万~1000 万 m³ 的固体物质带到了下游河道或坡前冲积扇。剧烈的侵蚀使山坡变得不稳定,岸坡崩塌,毁坏山坡植被。泥石流挟带的沙砾和大、小卵石堆积在沟口,淤埋了农田和草地,沟口变为一片石海。泥石流还将大量的泥沙输送到江河,使其含沙量变大、水质恶化。

泥石流会毁坏森林、扩大温差、使风速加剧。泥石流地区在干旱季节变得更为干旱,而在湿润季节又将遭受更剧烈的暴风雨。由于雨水在地表面停留的时间变短、地表径流流速加快,地下水补给变少,最终导致地下水水位下降。由于农田被泥石流毁坏,农民不得不在坡地上耕作,从而加剧了坡地侵蚀。图 3.11 为贵州省一片被泥石流沉积物破坏的森林。

图 3.11　被泥石流堆积物毁坏的森林(康志成,1996)

3.3　滑坡、泥石流的机理

3.3.1　滑坡

1. 简化的滑坡模型

滑体的稳定性和滑坡的临界条件可以通过图 3.12 来解释。滑坡在如下条件时发生:

$$W\sin\alpha > \tau_y + (W - U)\cos\alpha\tan\phi' \qquad (3.1)$$

式中,W 为滑动面上单位面积承受的质量;U 为由地下水所产生的扬压力;α 为滑动面的倾角；$\tan\phi'$ 为摩擦系数；τ_y 为材料的屈服强度，或最大静摩擦应力。此方法适合倾角较缓且土壤均质的平移式滑坡。

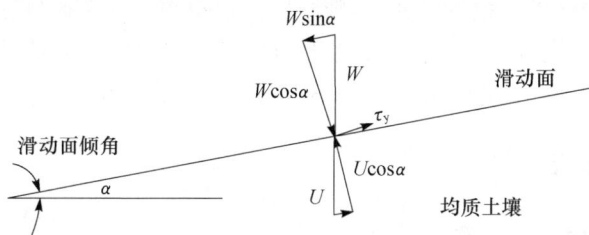

图 3.12　均质土壤缓坡上的滑体稳定性和滑坡发生的临界条件

负荷的增加(如降水和其他供给使土壤水增加)、滑动面倾角的增大(如河床下切和滑体底部侵蚀)或 τ_y 和 $\tan\phi'$ 减小(地震和长时间降水)时，滑坡产生。

地震发生时，滑动体的摇动使屈服应力突然降到零，式(3.1)右边突然减小，原来的平衡被破坏，就发生滑坡。由于震区许多河流岸坡都是靠静摩擦力保持平衡稳定的，地震时所有滑坡体 τ_y 都降到零，所以大量滑坡同时发生。

2. 人类活动诱发滑坡

一些滑坡是人类活动引起的，如采矿废料的处置、森林砍伐及岸坡的工程等。对美国阿拉斯加东南部森林砍伐和滑坡关系的研究表明，森林砍伐影响滑坡发生的频率和规模(Swanston，1969)。阿拉斯加东南部地区坡度陡且土层薄，覆盖着浓密的原始森林，每年降水 1524~5080mm。由于土壤渗透性高，斜坡的排水主要依靠表层土，地表径流极小甚至没有。在暴风雨季节，坡面土壤的高含水率和局部饱和大大增加了表层土的不稳定性。在这种情况下，地下水产生的扬压力(U)增加，静摩擦力(τ_y)和动摩擦系数($\tan\phi'$)都减小，而滑动体质量(W)增加，从而触发滑坡。在大规模森林砍伐前的 20 世纪 60 年代初，Tongass 国家森林南部的林区发生了 1374 次失稳现象，大多数失稳与强降水期间的地下水水位暂时上升有直接关系(Swanston，1969)。早期自然失稳的调查中，87％是岩塌或泥石流(Varnes，1978)。1960~1961年，该地区遭受了一次大规模的森林砍伐。分析表明，第一次大规模森林砍伐引起的滑坡是自然情况下发生滑坡的 4 倍。1963~1983 年，对 Tongass 国家森林公园开展了为期 21 年的滑坡航拍调查，提供了该地区滑坡的类型、频率、分布及与伐木活动大致关系的数据。该调查包括 1962 年之后发生的初始滑体体积大于 80m^3 的所有滑坡的位置、类型和土壤特性。由于照相尺度和边界条件相似，1962 年前研究案例的选取也遵从同样的原则。最新数据表明，20 年未伐木区的滑坡发生率是 1.5×10^{-3} 次/($\text{km}^2 \cdot \text{a}$)(41 503$\text{km}^2$ 的面积上发生 1277 次)。同时期伐木区的滑坡发生率是 5.3×10^{-3} 次/($\text{km}^2 \cdot \text{a}$)(980$\text{km}^2$ 的面积上发生 103 次滑坡)，是自然发生率的 3.5 倍。

进一步的研究表明,在完全砍伐区的低坡角和低海拔处也会发生滑坡,而非伐木区一般在此处较少发生滑坡,只有大约 10％的滑坡形成于冲沟内。然而,与非伐木区相比,完全砍伐区的滑坡规模较小,滑移距离也更短。完全砍伐区超过 30％的滑坡发生于冲沟内。可能是由于植被被除去、冲沟侧壁上的堆积物及不断增加的沟底不稳定碎石产生的不稳定作用造成的(Swanston et al. ,1991)。

3.3.2 两相泥石流

1. 两相泥石流和伪一相泥石流

野外调查发现,小江流域发生的泥石流有两类,分别为伪一相泥石流和两相泥石流。①伪一相泥石流:粒径小于 2mm 的黏土和沙占固体物质的 60％。这种泥石流为典型的非牛顿体,具有间歇性流动、"铺床作用"、减阻现象、显著弯道超高及沉积物不分选等特征。砾石和石块随基质一起运移,液体和固体之间无明显的相对运动。典型的伪一相泥石流见于小江支流蒋家沟、小白泥沟和大白泥沟。②两相泥石流:由固相和液相构成。固相为大石块和砾石;液相是一种流体混合物,由水和少量黏土及沙组成。典型的两相泥石流见于小江中游的吊嘎河和左侧豆腐沟,日本许多山区沟谷也常发现两相泥石流。两相泥石流头部高而陡,由滚动、碰撞并发出声响的大石块组成。液相基本上是牛顿体,液相和固相之间存在明显的相对运动。

图 3.13 为蒋家沟伪一相泥石流沉积物照片,可见表面流线结构。图 3.14 为豆腐沟两相泥石流的沉积物照片,拍摄于泥石流发生后 2 天。泥石流运动中,大石块集中在头部,运动停止时,头部堆积大石块,而液相流走。

图 3.13　云贵高原小江流域蒋家沟伪一相泥石流的沉积物(见彩图)

图 3.14　云贵高原豆腐沟两相泥石流的沉积物(见彩图)

2. 两种本构方程模型

许多学者认为泥石流是一种流变流,表现出非牛顿体特性,似乎两种泥石流都需要用流变方程或本构方程表示其应力-应变率关系。在过去的几十年里,人们做了很多的努力,在黏塑流模型和膨胀流模型的基础上建立伪一相泥石流和两相泥石流的本构方程及各种模型(MeTingue,1982;Shen et al.,1982;Iverson et al.,1993;Julien et al.,1991)。这些模型都用来研究泥石流的速率分布。坡面上重力的切向分力会使泥石流产生切向流动,使用本构方程的思想是建立切应力与运动时阻力的平衡方程,如果方程所有的参数和系数都已知,就能得到速率分布。

Johnson(1965)及 Yano 等(1965)假定伪一相泥石流是均质黏塑性连续流,首次建立了有关泥石流阻力的理论。很多学者都采用这种模型来研究伪一相泥石流(Shen et al.,1982;Chen,1988),利用黏塑性流体的本构方程解释了具有层流流核的速率分布,这种层流流核通常出现在泥流和伪一相泥石流中。黏塑流模型同样可以解释显著的泥石流阵流波现象。王兆印等(1990)用实验法并从理论上研究了黏塑性流体从连续流演变成一系列滚波的间歇流过程。他们推导出了这种现象的微分方程,并且证明了屈服强度影响流动的稳定性,是导致泥石流滚波的主要因素(王兆印等,2001)。图 3.15 为黏塑流模型和膨胀流模型的应力-应变率关系。

对两相泥石流来说,Bagnold(1956)和 Takahashi(1978;1980;1981)在构建颗粒间相互作用理论方面取得了最为卓越的成就。他们理论的中心特征是颗粒流离散应力的概念。这个概念最初由 Bagnold(1954)提出。该理论假定泥石流是膨胀流体,流动中的剪切阻力主要由颗粒之间的碰撞产生(图 3.15)。科学家用这个模型研究两相泥石流(Savage,1984;Savage et al.,1983)。它提供了运动阻力和使砾石不下沉的支撑力机理,并且表明了泥石流不同于水流的运动速率分布,以及泥石流具有较大阻力的原因。该理论似乎也能解释泥石流中大颗粒和小颗粒自动分离现象,这种分离导致了构成泥石流头部的主要是大石块,并且发生逆向分选沉积,即沉积物的粒径越往低处越小。

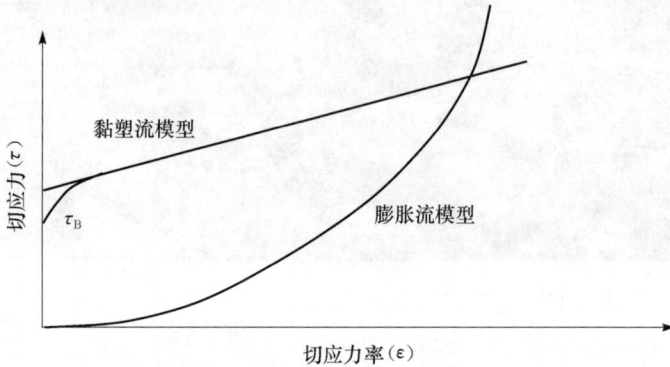

图 3.15　黏塑流模型和膨胀流模型的切应力-切应变率关系

　　尽管如此,黏塑流模型和膨胀流模型都存在缺点。黏塑流模型不能很好地解释伪一相泥石流的阻力减小问题。由于泥石流混合物的黏性和屈服切应力都远大于水,该模型预测泥石流的运动速率远小于水流速率。事实上,在我国云南高原的蒋家沟,伪一相泥石流的运动速率有时甚至高于水流的运动速率。蒋家沟的伪一相泥石流由高浓度细粒物构成,其流态多为层流。这意味着如果泥石流确实是黏塑性流体,阻力可以用黏度表示。但正好相反,减阻现象在伪一相泥石流中发生,减阻率高达 60%(Wang et al.,1999;王兆印等,2001)。换句话说,蒋家沟的伪一相泥石流运动速率是水流速率的 2 倍。这说明泥石流的阻力问题不能由黏塑流模型的本构方程解决。

　　两相泥石流的膨胀流模型的缺点是忽略了两相之间的相互作用,并认为泥石流中不同的固体物质作用相同。只有当流体的所有部分都呈现出相同的流变性,本构方程才能适用。这对大多数的泥石流来说是不真实的。膨胀流模型理论的另一个重要的缺陷是它忽略了流体的不稳定性。在不稳定流体中,切应力与驱动力不平衡,流体的惯性或动能在运动中发挥了重要作用,这尤其表现在泥石流开始阶段及沉积阶段。例如,在坡度极缓情况下泥石流体还能维持运动一段距离,这是惯性作用的结果。

3. 石街

　　两相泥石流都具有大石块构成的高而陡的头部,大石块滚动、碰撞发出声响并消耗大量能量,因此头部阻力很大,前面石块的运动速率要低于后面石块的运动速率。这种头部低速后部高速的泥石流运动机制将在后面解释(王兆印等,1989;

Wang et al.，1999；王兆印，2001）。两相泥石流中大颗粒的平均速率大于小颗粒的平均速率，结果越来越多的大石头块来到头部。另外，由于沟谷两侧的驱动力较小，石块与边坡的碰撞所产生的阻力又较大，有些石块就会被挤到沟谷的两侧。这些大石块停留在沟谷两侧形成"石街"。图 3.16 为豆腐沟内形成的这种石街，图上清楚地看出大石块在冲沟两侧排列成行。沟的中间并没有大石块，因为头部经过后泥石流的尾部留在沟的中间，而尾部主要由较小的颗粒组成。

图 3.16　豆腐沟中由两相泥石流产生的石街现象（见彩图）

4. 两相泥石流的产生

暴雨形成的洪水自沟谷流下对河床产生了侵蚀，泥石流通常在这期间产生。两相泥石流实验研究在一个长 10m、宽 0.5m，带有玻璃边墙的斜槽中进行（王兆印等，1989；Wang，2002）。采用了 5 种天然沙，从 5～10mm 的卵石到 50～90mm 的大卵石。液相为清水和黏土含量为 100kg/m³ 的稀泥浆。实验开始前先在槽底铺上 20cm 厚的卵石形成可动河床，再将清水或稀泥浆按一定流量从进口放入。通过分析得出泥石流头部含水量和后续流的卵石含量、输沙率及颗粒级配。在水槽上方和侧面用两台摄像机记录泥石流的发生、发展和运动过程。

如图 3.17 所示，对于给定的卵石床面，当坡降或流量较小时，不会发生泥石流。这种情况下，水在床面上流过，个别颗粒被水流带动，在床面上滚动、跳跃，如同一般的推移质运动。这时水流在前面，头部低平，速率较高并且不含或含有少量的颗粒[图 3.17(a)]，含沙量只有 0～80kg/m³。水流的速率大于泥石流的速率，因为泥石流头部挟带颗粒较少，消耗能量少，流动波速率大，与后续流表层速率十分接近。这就是一般的含推移质的水流。

图 3.17　两相泥石流产生过程试验现象(Wang et al. ,2005)

(a) 缓坡上的流体挟带少量颗粒作推移质一样的运动；(b) 当坡降和液相流量较大时，紊动水流
波带动床面颗粒阻挡住水流使其不流散；(c) 水流不断激发起更多的颗粒，颗粒越聚越多，头部发
育起来；(d) 部分颗粒运动速率大于头部，因而越来越多的颗粒运动到了头部，形成了一个由滚动
颗粒组成的头部；(e) 粗颗粒运动速率大于细颗粒，它们之间及它们与床面之间相互碰撞；
(f) 整个头部如同压路机一样滚滚向前运动

当坡降和液相流量较大时，紊动水流波前部带动床面颗粒，滚动的颗粒阻挡住水流使其不流散[图 3.17(b)]。水流不断激发起更多的颗粒,如此颗粒越聚越多,头部也发育起来[图 3.17(c)]。较大颗粒的运动速率大于头部,因而越来越多的颗粒运动到了头部,形成了一个由滚动颗粒组成的头部[图 3.17(d)]。头部的颗粒和床面相互碰撞,消耗了大量的能量,使头部的运动速率小于液相及后部主流颗粒的运动速率。如图 3.17(e)所示,主流中的颗粒赶上并翻过头部,落在床面,停止向前运动,头部变得非常高,达到了最大石块直径的数倍。这样,整个头部如同压路机一样滚滚向前运动[图 3.17(f)]。头部的颗粒相互碰撞并发出巨响,在龙头的后面,大量颗粒跟随运动,含沙量达 $1100\sim1600\mathrm{kg/m^3}$。这就形成了泥石流。很多自然状况下的泥石流是由暴雨或洪水引发的,所表现出的实际图像和实验相同。

5. 泥石流发生的临界坡度

J_c 是一个临界坡度,对于给定的卵石床面,坡度低于此值时不会有泥石流发生。床面材料越粗糙,临界坡度越大。图 3.18 为实测临界坡降(J_c)与沟床卵石中值粒径(D_{50})的关系,大致服从公式:

$$J_c = 0.024D_{50}^{2/3} \tag{3.2}$$

式中,D_{50} 用毫米(mm)计。可知当床面材料粒径很小时,即使坡度不大也可能发生泥石流。野外资料证明,大多数情况下,如果沟谷的坡度大于式(3.2)给出的临界坡度,就可能发生泥石流,反之则不会发生。换句话说,对于给定坡度的沟谷,当床面材料为细砾石时,该沟谷可能为泥石流沟;反之,若床面材料由大石块构成,该沟谷不是泥石流沟。

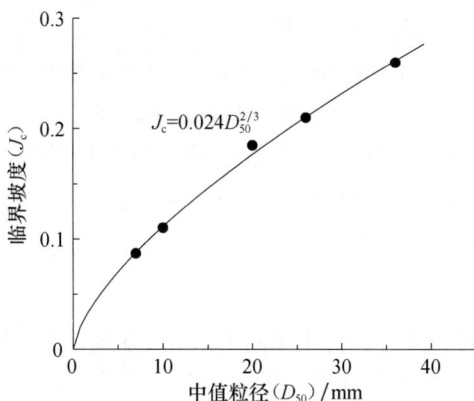

图 3.18　形成泥石流的临界坡降与床沙中值粒径的关系

Takahashi(1978;1980)提出一种泥石流的发生模型。在此模型中,当流体的剪切应力超过堆积物某一层的抗剪阻力时,泥石流就会发生。随后这一层堆积物滑下坡面和液相一起向前运动。因此,泥石流是作为固体堆积物和液相混合的结

果发育起来的。按此计算得出发生泥石流的临界坡角为 14.3°,或临界坡度为
0.23。Takahashi 的理论能够应用于滑坡及滑坡引发的泥石流,但不能应用于大
洪水侵蚀床面引发的泥石流。洪水引发泥石流的临界坡度要小于由 Takahashi 模
型得到的临界坡度。例如,蒋家沟河床物质的中值粒径为 5～12mm,由式(3.2)求
得临界坡度为 0.13,沟谷上游的坡度为 0.15,又有大量碎屑物质,所以只要有足够
大的降水强度就能形成泥石流。

6. 泥石流头部高度

一般来说,泥石流发生初期,头部增长,随后达到稳定。图 3.19 为泥石流头部
沿水槽向下传播的增长过程,其中,L 为泥石流头部到入口处的距离,h_d 为泥石流
的头部高度。Miyazawa(1998)用 5～10mm 卵石做实验研究泥石流龙头的形成和
变化,得出了类似的结果。

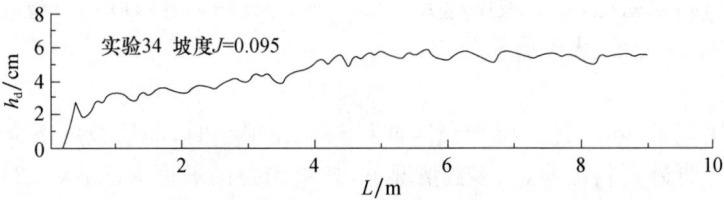

图 3.19　泥石流龙头高度的沿程变化
L. 到入口处的距离;h_d. 泥石流头部高度

Wang 等(2005)的实验还表明,即使是沟谷坡度超过了临界坡度,只有当输入
的流体流量足够大时,泥石流才会被引发。泥石流头部的高度主要取决于泥石流
中卵石的大小。图 3.20(a)为实验中由中值粒径为 7.3mm 的卵石所构成的泥石
流的头部高度只有 4cm(与图 3.17 中的泥石流相比较)。图 3.20(b)为发生在某
泥石流沟中的一次泥石流,构成其头部的卵石中值粒径为 200mm,头部高度达
1.2m。如图 3.21 所示,泥石流的头部高度与组成头部的卵石的大小成正比。h_d
和 D_{50} 之间的经验关系可以用数学式表达为

$$h_d = 5.5D_{50} \tag{3.3}$$

通过观察发现,泥石流头部含水量较低,甚至有时在头部的最前端只有干燥的
卵石。泥石流后部主流的液相和卵石的运动速率比头部高,小卵石的瞬时速率要
大于大卵石的瞬时速率,这就产生了两个悖论:①瞬时速率快的小卵石移动速率较
慢,而瞬时速率慢的大卵石移动速率却较快;②头部卵石消耗了大量的动能,因为
这些卵石不仅相互碰撞还与床面发生碰撞,因此,头部的运动常受到的阻力大于由
重力沿流向的分力产生的驱动力,但是泥石流头部仍然能够持续生长流动。这些
现象的机理将在后面章节中讨论。

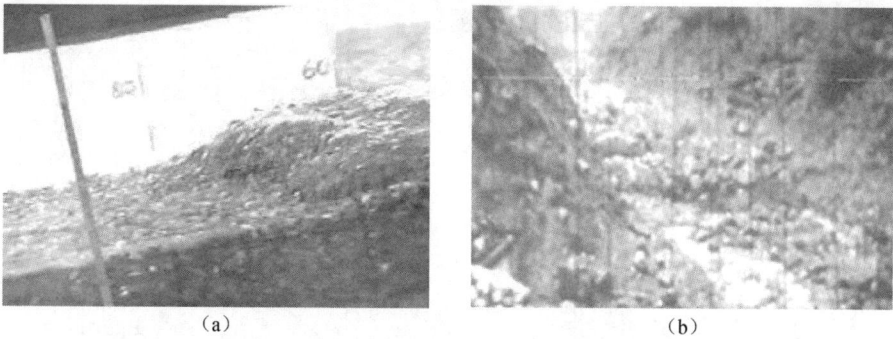

（a）　　　　　　　　　　　　　　　　　　（b）

图 3.20　实验室和实际泥石流的头部高度

（a）中值粒径为 7.3mm 的卵石所构成的泥石流的头部高度只有 4cm；（b）发生在某泥石流
沟中的泥石流，构成其头部的卵石中值粒径为 200mm，头部高度达 1.2m

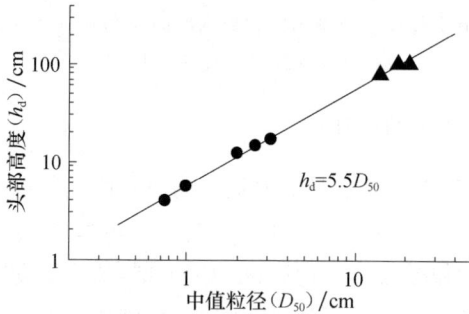

图 3.21　泥石流的头部高度与组成头部的卵石大小之间的关系

●实验；▲野外观测

7. 固体颗粒的速率分布

通过分析泥石流实验的录像资料可以得出固体颗粒的速率分布。实验中，滚动的龙头顺着水槽冲下来，主流尾随其后。图 3.22（a）、（b）为实验 15 和实验 17 中泥石流头部和主流中固体颗粒的剖面速率分布。主流中颗粒的速率剖面与 Tsubaki 等（1983）所做实验中颗粒的速率剖面类似。显然，头部中颗粒的速率剖面与主流中颗粒的速率剖面有显著的不同［图 3.22（a）、（b）］。头部中的颗粒速率比主流中处于同样相对高度的颗粒慢得多，主流中的颗粒速率是头部中颗粒速率的 2 倍。速率剖面的形状同样也不同，头部的速率剖面近乎直线，而主流中的速率剖面更接近反 S 形曲线。

头部和主流颗粒速率分布不同的机理可能在于主流颗粒不断接受流体传递的能量，速率加快。主流中的颗粒追上头部并与之冲撞，其能量也随之传递给了头部的颗粒，自身速率减慢。头部的颗粒浓度远大于主流中的颗粒浓度。由于头部颗粒不仅相互之间发生冲撞，与床面也发生冲撞，因此消耗了大量的能量。所以它们受到很大的阻力,运动速率也就相对较慢。

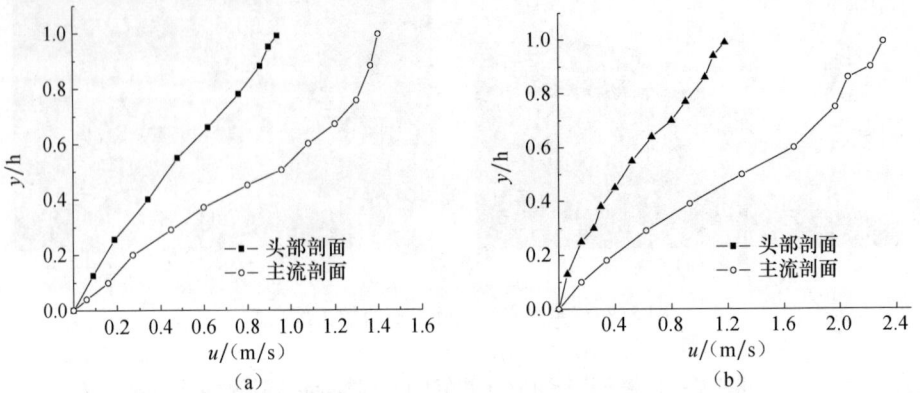

图 3.22　泥石流头部和主流中固体颗粒的剖面速率分布(Wang et al.,2005)

(a) 实验 15;(b) 实验 17

8. 大颗粒在龙头集中的机理

实验观察到泥石流的头部主要由大颗粒构成。由此可以推断大颗粒的运动速率高于小颗粒,因而最后集中到了头部。有的学者解释其机理为离散力与粒径的平方成正比,从而大颗粒被抬升到速率高的最上层,最终运动到前方的头部。事实上,颗粒的质量与粒径的立方成正比,大颗粒会沉到床面上。小颗粒的瞬时速率比大颗粒大,但其平均速率却小于大颗粒。图 3.23(a)为实验中泥石流头部颗粒的速率分布、大颗粒(d 为 40~60mm)和小颗粒(d 为 10mm)在主流中的速率分布。在流体的上层,小颗粒的运动速率要大于大颗粒的速率,在流体的下层,小颗粒的速率却小于大颗粒的速率。

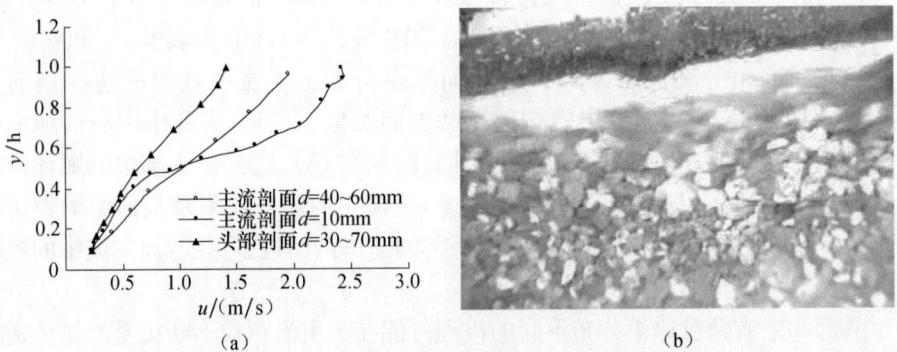

图 3.23　实验中头部颗粒的速率分布及颗粒运动照片

(a) 实验 26 中头部颗粒的速率分布及大、小颗粒在主流中的速率分布;

(b) 在床面与运动着的颗粒之间形成一个细颗粒层

　　在液相流体的作用下,小颗粒的运动速率加快并超过了大颗粒。它与挡在前方的大颗粒发生碰撞,其动能在碰撞中传递给了大颗粒。之后,小颗粒停下来落在床面上。这个现象表现为:随着泥石流沿水槽向下运动,越来越多的小颗粒沉积在泥石流过后的床面上。因此,如图 3.23(b)所示,可以看到在静止的床面和运动着的颗粒之间有一层细颗粒。另外,大颗粒从小颗粒上获得能量,稳定向前运动并最终集中到头部。这个事实表明,用膨胀流模型解释头部集中大颗粒的理论是不对的。该理论认为,离散力与粒径的平方(D^2)成正比,大颗粒受到较大的上举离散力的作用,从而运动到速率较高的流体表面,所以大颗粒运动更快。与小颗粒相比,大颗粒运动得更快并最终集中到泥石流的头部。从实验现象分析,此理论是错误的。大颗粒运动得"更快"并追上了头部是因为它在连续不断地向前运动,而小颗粒在运动一段距离与大颗粒发生碰撞后会停下来并沉积在床面上。

　　9. 两相泥石流的阻力

　　两相泥石流的阻力通常可以用曼宁系数(n)表示。图 3.23 为式(3.4)计算出的泥石流的曼宁系数(n):

$$n = \frac{1}{u_d} h_d^{2/3} \cdot J^{1/2} \qquad (3.4)$$

式中,u_d 为泥石流或挟沙水流的速率;h_d 为泥石流的头部高度;J 为床面坡度。图 3.24 为曼宁系数(n)与河床卵石中值粒径的关系。对于相同的床面物质,在挟沙水流中,颗粒随着流体在河床上滚动、跳跃。在泥石流中,颗粒之间不仅相互碰撞,而且还与床面碰撞,如此产生了一种支撑力——离散力。碰撞消耗了大量的能量,也产生了巨大的阻力。因此,两相流与普通的流体相比呈现出非常高的阻力。随着固体物质直径的增大,泥石流的阻力也会增大。这是由于大的颗粒碰撞会消耗更多的能量,从而产生更大的阻力。

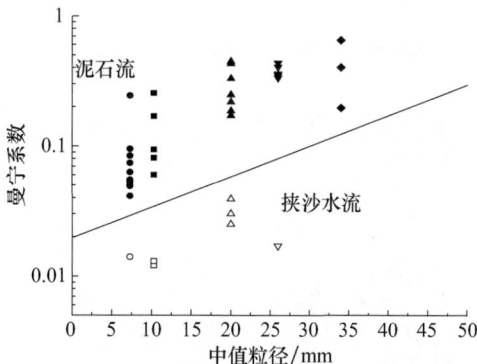

图 3.24　曼宁系数与河床卵石中值粒径的关系

泥石流受到的阻力是普通挟沙水流受到的阻力的 10 倍

3.3.3　伪一相泥石流

1. 伪一相泥石流的发生过程

云贵高原上小江流域的蒋家沟常发生伪一相泥石流,其所含的固体物质较细,包括黏土、沙和卵石。东川泥石流观测研究站进一步将其划分为黏性泥石流、亚黏性泥石流和稀性泥石流。据康志成(1985)报道,蒋家沟的泥石流发生在夏季暴雨过程中或暴雨之后,一般随山洪暴发而发生。顺着谷床的侵蚀,山洪在 $10 \sim 20 min$ 发展成高浓度流体,其浓度达 $100 \sim 160 kg/m^3$,或流动混合物的密度约为 $1.1g/cm^3$。随后短时间内,流体发展为稀性泥石流和亚黏性泥石流,流动混合物的密度也从 $1.1g/cm^3$ 增至 $1.8g/cm^3$。然后这一过程达到高潮,出现间歇性黏性泥石流,此时密度可达 $1.8 \sim 2.3g/cm^3$,一系列的泥石流波一个接一个的向下涌去。这个过程一般可持续 $2 \sim 3h$,其间通过的泥石流阵流波可达 $80 \sim 100$ 个,每个泥石流波只持续 $20 \sim 30s$。在波与波之间,混合物会停止流动 $1 \sim 5min$。泥石流后期,发生混合稀释,间歇的黏性泥石流又转化成亚黏性泥石流和稀性泥石流。

2. 间歇性泥石流

图 3.25 为黏性泥石流的间歇性流动过程(康志成,1985)。图 3.25 中可以看到泥石流的流量和流速都是间歇性的,泥石流波的速率高达 8m/s。如图 3.26 所示,黏性泥石流发展成一系列的滚波,其密度达 $1.8g/cm^3$,固体浓度达 $1280kg/m^3$。每个波都表现为一个由大卵石和石块组成的"龙头"、深度和速率相对一致的"龙身"及深度较小的"龙尾"。波与波之间没有流体,只有固液混合物。黏性泥石流的基质由水、泥沙和黏土组成,泥沙和黏土的浓度非常高,因而基质表现出非牛顿体特性且具有屈服应力。间歇性泥石流的发育与基质的屈服强度及 Fr 数有关。

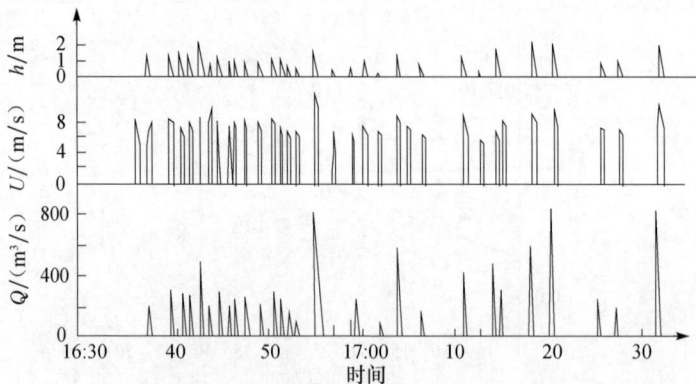

图 3.25　在蒋家沟发生的一次典型黏性泥石流过程

h.泥石流高度;Q.泥石流流量;U.在东川站测到的泥石流滚波运动速率

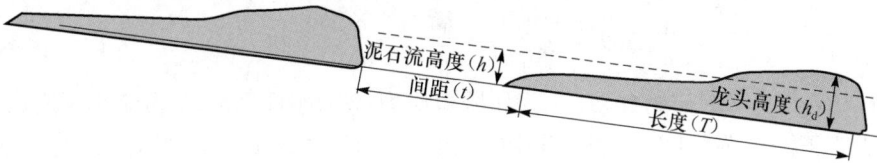

图 3.26　黏性泥石流发展成一系列滚波

3. 泥石流阵流和滚波的机理

王兆印等(1990)用实验方法并从理论上验证了滚波的发展机理。实验在一个长 26m、宽 50cm 的水槽中进行,以黏土泥浆为流动介质。黏土泥浆是一种黏塑性流体,其特性与黏性泥石流相似。一般来说,只要泥石流的运动速率发生轻微扰动,其表面就会出现一些细波纹。在泥石流向下传播的过程中,波纹逐渐发育成滚波,同时又有更多的波纹形成。有时滚波会变得很大,其最大流量达到输入流量的2 倍,滚波过后,剩余的泥浆停止运动,形成间歇阵流。当滚波达到一定波幅时,滚波就会停止发育。图 3.27 为滚波的发育过程,图 3.28 为一个完全发育的滚波,其中的流体流线根据摄像机跟踪滚波捕捉到的流线绘制而成。

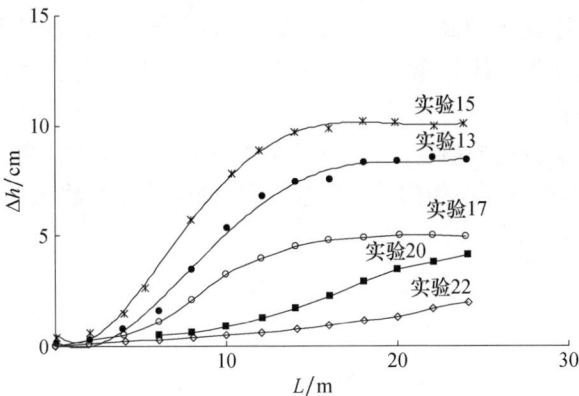

图 3.27　滚波的发育过程

随着流程(L)的增加,波高($\triangle h$)也在增加。如果屈服应力和 S_y 足够大,
任何波纹都可以发育成滚波。当达到一定波幅时,滚波就会停止发育

滚波总是比滚波之间的流体运动得快。一部分泥浆受到滚波的推挤像喷泉一样向上涌出。之后它分成两部分:一部分以 2 倍于滚波的速率向前运动,形成了滚波的锋面;另一部分速率低于滚波并逐渐滞后于滚波。

Wang(2002)用宾汉模型和圣维南方程组推导出了下面的公式:

$$\frac{\mathrm{d}}{\mathrm{d}t}(\Delta u) = \frac{1}{2\rho_{\mathrm{m}}h}\left[\frac{\tau_{\mathrm{B}}}{\sqrt{gh}} - \frac{\eta}{d}(1 - Fr)\right]\Delta u \tag{3.5}$$

式中,Δu 为速率的初始扰动;τ_{B} 为屈服剪应力;η 为刚性系数;h 为流体深度;g 为重力加速率;ρ_{m} 为密度;d 为剪切层的厚度;Fr 为液体的 Froude 数,方程的推导见本章的附录。

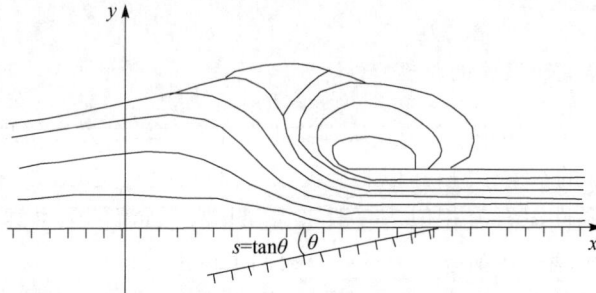

图 3.28　完全发育的滚波

　　如果流体具有较大的屈服强度且 Fr 数大于 1,流动会非常不稳定,并将迅速发展成滚波。蒋家沟有很多黏性泥石流都是这种情况(康志成,1985)。如果 Fr 数小于 1,但刚性系数很小,屈服强度很大,流体同样不稳定,也会发展成为滚波。黄河支流中一些不稳定的高含沙水流就属于这种情况。屈服强度和 Fr 数很小、刚性系数很大的非牛顿体是稳定的。例如,天然石油和熔岩是稳定的,因为它们具有很高的刚性系数。

　　屈服强度影响流动的稳定性,是导致黏性泥石流滚波的主要因素。用重力加速度对式(3.5)右边的两项作归一化处理,得出两个无量纲数 S_{y} 和 S_{vis} 来表示屈服强度和黏度的影响:

$$S_{\mathrm{y}} = \frac{\tau_{\mathrm{B}}}{g\rho_{\mathrm{m}}h} \tag{3.6a}$$

$$S_{\mathrm{vis}} = \frac{\eta u}{g\rho_{\mathrm{m}}hd} \tag{3.6b}$$

　　如果 S_{y} 很大,S_{vis} 等于零,流体深度的任何扰动波都会发展成大的滚波。扰动波高度随距离的增长率如下:

$$\frac{\Delta h}{L} = \frac{\tau_{\mathrm{B}}}{2\gamma_{\mathrm{m}}h} = \frac{1}{2}S_{\mathrm{y}} \tag{3.7}$$

　　由式(3.7)可知,屈服强度越大,流体深度越小,扰动波的增长率就越大。图 3.29 是实验得到的扰动波发展过程,可见扰动波的增长率与 S_{y} 成正比,这与理论结论一致。不过,实际的增长率要相对小一些,这是因为式(3.7)假定 S_{vis} 等于零($\eta=0$)是不真实的。

伪一相泥石流可能发展为滚波,这本质上与流体的屈服强度有关。如果 S_y 远大于 S_{vis},即使输入流体流量是恒定的,流体的自由表面也会因为任何扰动而失去稳定且会发展成滚波。波高的增长率取决于参数 S_y,S_y 越大,增长率越大,波也越高。

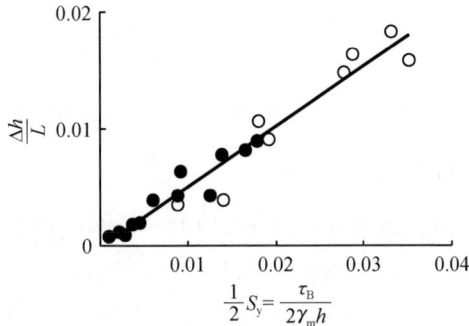

图 3.29　扰动波高度随距离的增长率($\Delta h/L$)与无量纲参数($\tau_B/2\gamma_m h$)的关系

4. 铺床作用

伪一相泥石流通常发展成一系列的滚波。当滚波流过时,沟谷床面上会附着一层水沙混合物。由于混合物不断损失,滚波变得越来越小,最终停止运动,形成一条铺有一层水沙混合物的通道。之后,另外一个滚波接踵而至。我国学者将此过程称为铺床作用。在蒋家沟,一个滚波的平均铺床距离为50m。

黏性泥石流具有屈服应力,在恒定流条件下只有当驱动剪应力大于屈服剪应力时才能流动,或者说泥石流深度超过临界值 h_0 时,它才会顺着坡降为 J 的沟谷流下来。这个临界深度(h_0)由式(3.8)确定:

$$h_0 = \frac{\tau_B}{\gamma_m J} \tag{3.8}$$

如果泥石流尾部泥深小于 h_0,虽然在惯性作用下还能继续运动一定的距离,但最终会在屈服应力的作用下停下来。因此,滚波变得越来越短并最终停留在床面上。最初的泥石流滚波必须为后面的泥石流滚波铺路,而后续的泥石流滚波因为沟床上已经有一定泥深的浆体,泥深总是大于 h_0 而能顺利通过沟谷。

对于流经已经铺了一层小于 h_0 的泥石流浆体的床面的泥石流来说,如果速率较慢,它就可能损失一部分体积(尾部);如果速率较快,它可能从床面上获取一部分浆体混合物,从而体积增大。泥石流可能增大也可能减小,这取决于先前铺在床面上的混合物层的厚度和阵流波的速率。这给泥石流流量预测带来了麻烦。图 3.30为俄罗斯小阿尔马京卡河中泥石流沿途流量的变化过程。4km 内,流量从不到 20m³/s 增加到 150m³/s。再前进 0.4km,流量又由 150m³/s 减少到 60m³/s,之后又经过 1.6km,流量再次增大,达到 230m³/s。

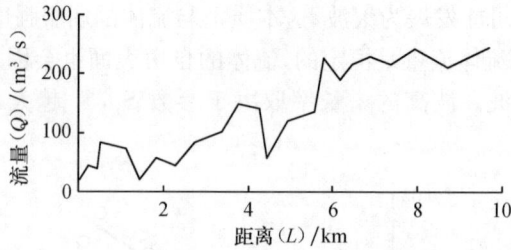

图 3.30　泥石流流量沿小阿尔马京卡河的变化

5. 极大的弯道超高和爬坡

伪一相泥石流能爬坡,并有极大的弯道超高。弯道超高是在弯道流动时凹岸泥位与凸岸泥位的高度差,主要是由流体的惯性作用产生的。表 3.1 列出了在日本和美国测得的弯道超高(Sieyama et al.,1981;Pierson,1986)。作为对比,表 3.1 中也列出了计算的水流弯道超高。可以看到,测量到的泥石流弯道超高为几米到几十米,远远大于计算的水流的弯道超高。此外,泥石流能够爬上一些较缓的坡,有时甚至爬上小山。当泥石流在流动路线上遇到高耸的障碍物时,其头部会冲起达到一定高度。图 3.31 为蒋家沟一处由泥石流泥浆所标记的极大的弯道超高。图 3.32 为泥石流爬过的一条公路。

表 3.1　伪一相泥石流的弯道超高

地点	R_c/m	U/(m/s)	B/m	Δh_d/m	Δh_w/m
Yakitakai	442	5	13.5	2.6	0.08
	212	5	20.0	4.0	0.24
	74	5	13.0	3.4	0.43
	94	5	15.0	3.5	0.40
Miaokao 高原	365	17	110.0	50.0	8.90
St. Helensch	—	—	70.0	20.0	—

注:R_c 为弯道半径;U 为流体速率;B 为渠道宽度;Δh_d 为泥石流弯道超高(测量值);Δh_w 为水流弯道超高(计算值)。

图 3.31　蒋家沟的一处弯道,泥石流具有极高的弯道超高

图 3.32 小江一处被泥石流翻越的公路

6. 泥石流粒径频率分布的双峰现象

泥石流大多呈双峰形粒径分布。图 3.33(a)是我国西北柳弯沟实测到的几条泥石流粒径分布曲线,D 为泥石流固体颗粒粒径(mm),P 为相应粒径(D)范围的颗粒所占的百分数。图 3.33(a)中的每条曲线都具有双峰,第一个峰出现在 D 为 0.01~0.1mm 处,第二个峰出现在 D 为 2~40mm 处。当然,粒径分布特征与泥石流所在流域的泥沙条件紧密联系。另外,它也受到流动分选作用的影响。图 3.33(b)

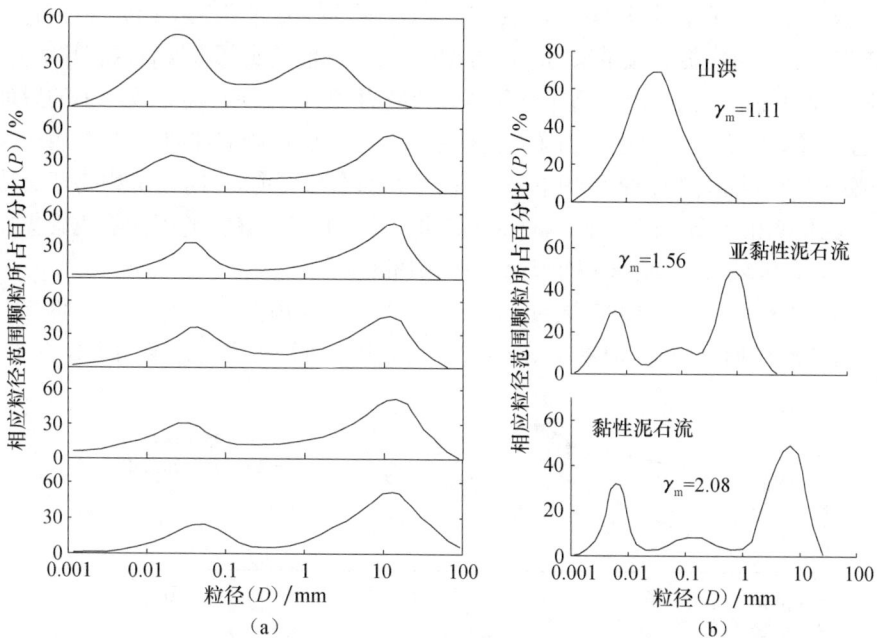

图 3.33 泥石流粒径分布曲线

(a)柳弯沟泥石流粒径的双峰形分布;(b)蒋家沟粒径分布变化(康志成,1985)

为蒋家沟粒径分布变化,图示为山洪到亚黏性泥石流再到黏性泥石流的发展过程(康志成,1985)。山洪中泥沙主要是悬移质,其粒径分布为单峰形。亚黏性泥石流和黏性泥石流中主要由构成基质的黏性颗粒和挟带的砾石构成,粒径分布中除细颗粒峰之外,多了粗颗粒峰。

7. 泥石流沉积物的分选

一般来说,含有黏土、沙和卵石的黏性泥石流沉积物不分选(李鸿琏等,1985)。在白龙江,泥石流沉积物厚达 30～50m,其剖面显示黏土和沙裹着巨大的石块及卵石混杂在一起。但是两相泥石流有时候会产生反相的分级沉积(从下到上粒径逐渐增大),与河流中泥沙的自然沉积不同。这是两相泥石流沉积的独特现象。另外,稀性泥石流沉积物通常具有正相的分级沉积(从下到上粒径逐渐减小)。所以多数情况下泥石流沉积物不分选,有时也可能是正相分级沉积,也有时可能是反相分级沉积。

8. 严重的下切和淤积

泥石流通常会导致冲沟上中游严重下切及下游和沟口严重淤积。例如,西藏自治区波密县古乡沟的上游在 1954～1963 年被下切了 140～180m,每年约下切 16m(邓养鑫,1985)。根据观察可知,泥石流沟的下切常常由于泥石流发生时的溯源侵蚀。1964 年发生在古乡沟的一次泥石流中,1m 深的侵蚀下切点以 1m/min 的速率向上游移动。有时候泥石流带来另一种类型的侵蚀,汹涌的头部裹挟着巨石呼啸向前,沿途冲蚀出一条壕沟。由于高速率和高剪切应力,泥石流同样会导致严重的岸坡侵蚀,甚至导致泥石流沟改道。当泥石流挟带着大量的固体碎屑冲向沟口时,由于渠道坡度迅速减小,固体颗粒将沉积下来,出现巨大的扇形石海,有时候沉积物还会堵塞河流,沉积率相当高。据统计,1953～1965 年,超过 1.15×10^8 t 的固体物质聚集在古乡沟的沟口区域,该区域的床面因此上升了 16m。

图 3.34 为 1957～1985 年和 1957～2002 年蒋家沟上中游的侵蚀下切及下游和河口的淤积抬升情况(何易平等,2003)。冲沟侵蚀是蒋家沟侵蚀的主要方式,它

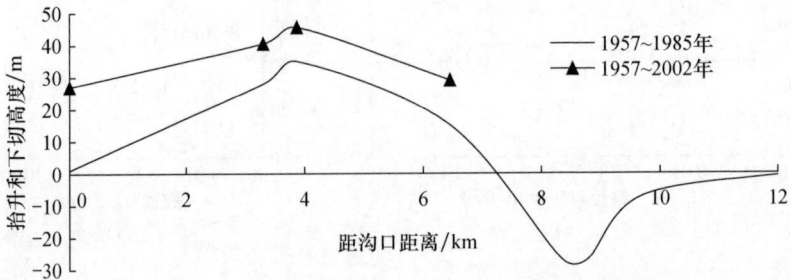

图 3.34　1957～1985 年和 1957～2002 年蒋家沟上中游侵蚀下切及下游和沟口的淤积抬升

产生的泥沙量占总泥沙量的 $75\%\sim83\%$。从图 3.34 中可以看出，1957～2002 年，蒋家沟上中游冲深 30m，下游和沟口最高淤积抬升了 40 多米。

9. 黏性泥石流的减阻现象

正如前面讨论过的，两相泥石流的阻力大于水流的阻力。相反，黏性泥石流的阻力有时小于水流的阻力。图 3.35 为蒋家沟黏性泥石流的阻力和清水水流糙率的对比（王兆印等，2001）。泥石流的糙率不到清水的一半，这就意味着同样坡降和流动深度的情况下，泥石流流速是水流的 2 倍。泥石流阻力显著减小一定存在着特殊的减阻机制。

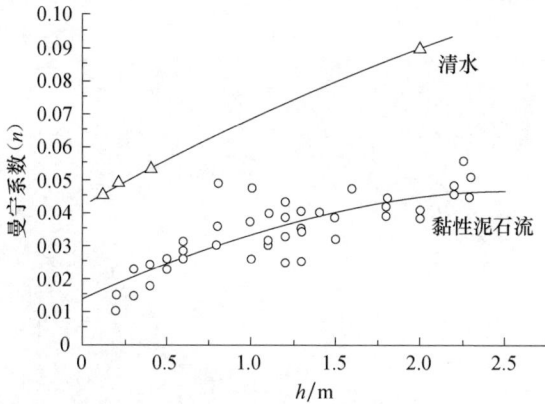

图 3.35　用曼宁系数表示的蒋家沟黏性泥石流阻力和清水水流阻力的对比

减阻现象是科学家和水利工程师关注的焦点之一。减阻现象可能是由细颗粒沉积物改变边界条件引起的。Chanson(1994)提出减阻现象是由气泡作用引起的。Wang 等(1998)研究了粗糙边界上高含沙水流的阻力后提出，减阻现象是由于高黏性抑制了粗糙边界产生的紊动剪力的结果。黏性泥石流多为层流，其阻力可以用其流变参数，如黏度和屈服强度表示(Johnson,1965；Yano et al.,1965)。从层流理论推理，黏性泥石流的黏度和屈服强度很高，阻力应该很大，而不是减阻。如果泥石流是紊流，那么控制流动的主要是紊动剪力产生的阻力，目前尚没有估计这种阻力的理论方程。渠道的形状及床面形态同样增加了问题的复杂性。水利工程用曼宁系数(n)来表示作用在流体上的综合阻力，并在糙率估算上积累了丰富的经验。

泥石流的减阻现象非常明显，也很重要，但受到的关注不多。在蒋家沟、大白泥沟，有时泥石流的流量数倍于它们汇入小江的流量。减阻作用可以解释这种突发高流量现象。较为合理的解释是黏性泥石流的减阻现象可能是铺床作用和气垫作用的结果。图 3.36 为蒋家沟铺床前后床面的对比。铺床后，床面明显比铺床前平滑。

(a)

(b)

图 3.36　铺床前(a)和铺床后(b)床面的对比

图 3.37　蒋家沟泥石流沉积物中气泡留下的洞

　　另一个产生减阻现象的原因是泥石流混合物中的气泡形成气垫。图 3.37 为
蒋家沟泥石流沉积物中气泡留下的洞。图 3.38 为减阻率与气泡体积比含量的关
系。减阻率 R_D 为

$$R_D = (n_w - n_d)/n_w \tag{3.9}$$

式中，n_d 为用式(3.4)计算得到的糙率；n_w 清水水流的糙率。黏性泥石流中气泡可
占体积的 5%，而减阻率高达 60%。黏性泥石流中的气泡在运动中形成了气垫，使
泥石流阻力减小。从图 3.38 中可以看出，随气泡的浓度增加，减阻率从 30% 增加
到 60%，约有 30% 的减阻效果归因于这种气垫效应。

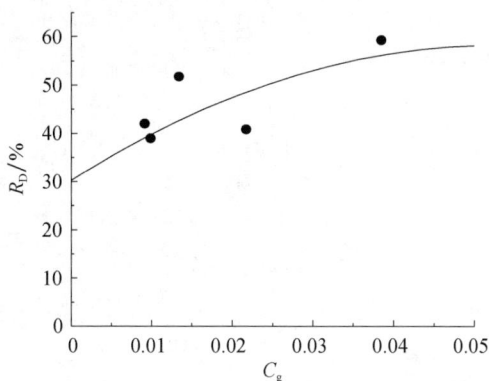

图 3.38　气泡体积比含量(C_g)与减阻率(R_D)的关系

3.4　滑坡和泥石流的预报与防治

3.4.1　滑坡的预报和防治

　　由于预报精确，新滩滑坡(见 3.2 节和图 3.7)非常幸运地没有造成大的灾难。
1000 年间，新滩镇已经有 20 多次滑坡记录。1030 年，一次地震诱发的滑坡堵塞长江
达 20 年之久。1559 年的一次滑坡摧毁了一座村庄并且导致 300 人死亡。这个古老
的滑坡体于 1936 年再次滑动并摧毁了 20 座房屋。1958 年，一个体积 3 万 m^3 的滑
坡体再次滑动，摧毁了一家工厂，死亡 2 人。1964 年，发生了一次体积 10 万 m^3 的滑
坡。1964 年以后的一段时期内，新滩还发生了一系列的小规模滑坡。
　　1985 年 6 月 12 日的滑坡预报非常成功。图 3.39 所示为新滩的滑坡监测系
统。从 1982 年起，该系统监测到滑坡体开始缓慢移动。1983 年起，滑坡体的移动
开始加大。在一些监测点上，测量到 1984 年 7 月～1985 年 11 月位移达 1～7m。
1985 年 6 月 9～11 日，山坡上出现很多的裂缝，地面上冒出热气，村民也听见了地
下传来一些奇怪的声音。6 月 11 日，负责监测的科技工作者预报 24h 内将发生大

规模的山体滑坡。由于这次精确的预报,住在镇上的1371人全部安全撤离,避免了大规模的人员伤亡(李绍武,1985)。

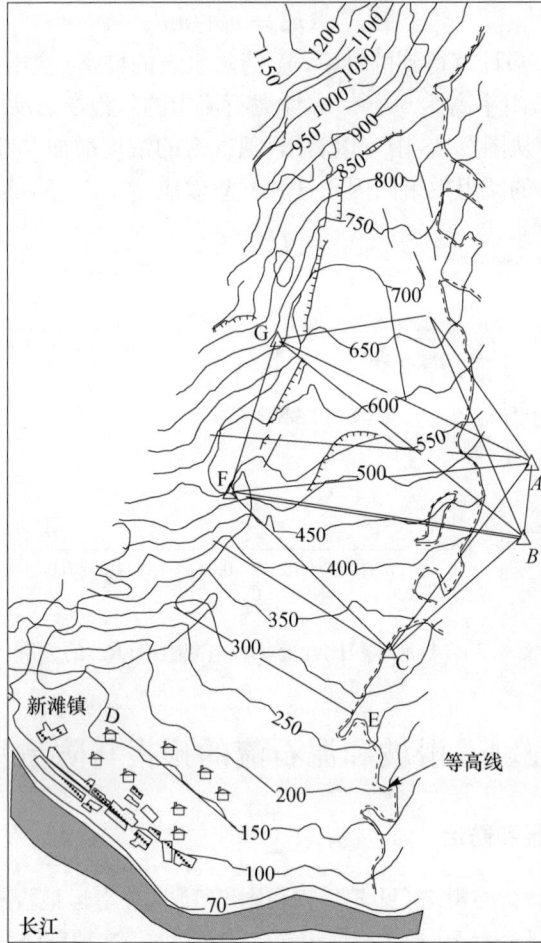

图3.39　新滩滑坡监测系统(单位:m)

人们可以采取一些工程措施来防治滑坡和崩塌。在长江三峡河段,通过改进排水系统以减少土壤中的含水量,建造混凝土墙以降低滑坡的危险。图3.40为长江鸡扒子滑坡体的排水系统,用以减小地下水压力。图3.41为长江三峡河段用来支撑掉落岩石的混凝土墙。

从1975~2000年,香港政府不断增加用于滑坡防治的预算。图3.42所示为此期间政府用于滑坡防治的年度预算和增加支出。图3.43是加固岩坡和保护公路用的锚杆和混凝土的示意图。图3.44为香港大学附近锚杆。

图 3.40　长江鸡扒子滑坡体用以减小地下水压的排水系统

图 3.41　长江三峡河段用来支撑掉落岩石的混凝土墙

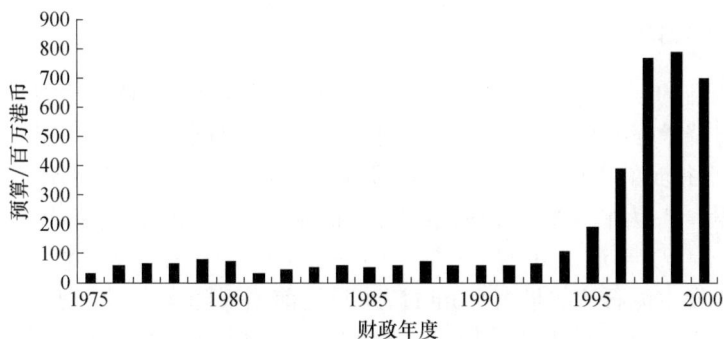

图 3.42　1975～2000 年香港用于滑坡防治的年度预算

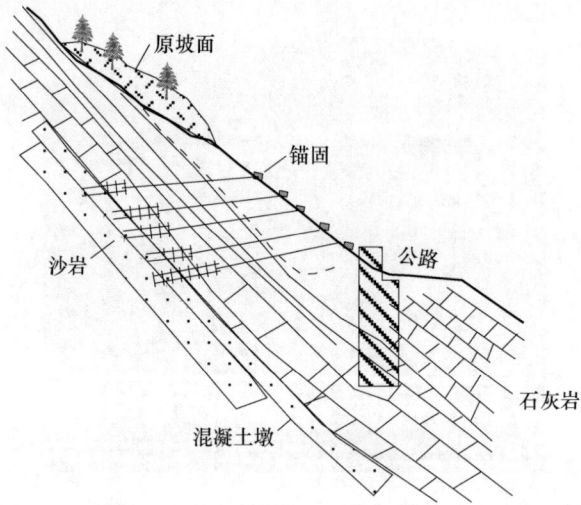

图 3.43　加固岩坡和保护高速公路用的锚杆和混凝土墩的示意图

图 3.44　香港大学附近锚杆

3.4.2　泥石流的预报

对泥石流的预报仍处于发展阶段。预测暴雨泥石流的关键在于找出激发泥石流的 10min 降水强度及泥石流的前期降水。根据蒋家沟流域近 100 场降水和几十次泥石流数据,得到的主要结果如图 3.45 所示,其中,I_{10} 是 10min 降水强度,或 10min 最大降水量。P_a 为最近 20 天内的累积降水指标,按式(3.10)计算(陈景武,1985):

$$P_a = P_0 + 0.8P_1 + 0.8^2P_2 + 0.8^3P_3 + \cdots + 0.8^{20}P_{20} \qquad (3.10)$$

式中,P_0 为发生泥石流的最大 10min 降水量之前当天降水量;P_i 为 i 天前的日降水量,i 是与当天相隔的天数,图 3.45 显示当达到如下条件时发生泥石流。

$$10.33I_{10} + P_a > 62mm \qquad (3.11)$$

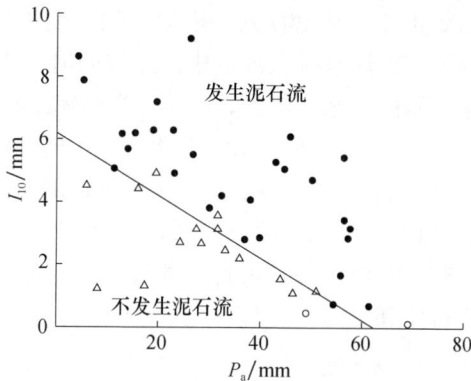

图 3.45　蒋家沟引发泥石流的临界 10min 降水强度和 P_a（陈景武，1985）

经过分析还可得出，如果 P_a 小于 30mm，I_{10} 大于 4mm，会发生阵发性短时泥石流，如果 P_a 小于 60mm，I_{10} 大于 2mm 时，会发生低黏性泥石流。结合计算结果和暴雨预报，就可以预报该地区的泥石流。其他泥石流沟也可用同样的方法和判断准则来预报泥石流。

3.4.3　预警系统

为保护铁路、公路、桥梁、工厂和矿井免遭泥石流毁坏，已经建立起一些探测与预警泥石流系统。这些探测与预警系统基于不同的工作原理。例如，振动传感器接受泥石流引发的振动，然后向被保护对象发出预警信号。泥石流泥位探测器在泥石流深度超过特定值时向被保护对象发出预警。这些预警系统在众多泥石流区运行，及时地把信号发送给铁路、桥梁和城镇的有关部门，保护了人民生命财产安全。

UJ-2g 型地声波探测预警系统由成都山地灾害与环境研究所于 1984 年研制成功。该系统使用电池能自动工作 3 个月。1984～1985 年进行了系统测试，系统成功地向下游 2.8km 处的保护地区发送了 12 场泥石流的预警信号。预警信号比泥石流早 8min 到达受保护对象处。此系统工作状况良好，只是预警距离较短。

VI-1 型和 DFT-3 型泥石流遥测预警系统由上海长宁集团开发。该系统在泥石流达到临界状态时向被保护对象发送预警信号。预警信号比泥石流早到 8min。

3.4.4　泥石流控制工程

泥石流控制工程在我国有着悠久的历史。几百年前，居住在泥石流高发地区的人们就修建堤坝和泥石流排导沟，避免或减少泥石流灾害。控制泥石流的工程措施包括以下几种。

1. 泥石流导流设施

建造导流渠道和导流槽是为了排出泥石流沟上游来的洪水，减少洪水的流量和水流的动能,以达到防止和控制泥石流规模的目的。四川省的新康石棉矿建造了一条隧洞,把大洪沟上游的洪水排入河流中。隧洞的泄洪流量达 $190\mathrm{m}^3/\mathrm{s}$,相当于这条泥石流沟 20 年一遇的洪水。隧洞修建后,洪水流量已经大大减少,过去的 20 年里都没有泥石流发生。图 3.46 为泥湾沟和蒋家沟的导流槽。泥湾沟导流槽把发生在泥湾沟中的泥石流引入了白龙江的上游,使农田免受泥石流的淤埋。蒋家沟导流槽先把泥石流引至一个泥石流沉积区,再引至小江的下游,从而避免泥石流堆积物堵塞小江。图 3.47 所示为甘肃省武都县一处泥石流倒流渠,将泥石流导流至白龙江,保护下游村庄和农田。

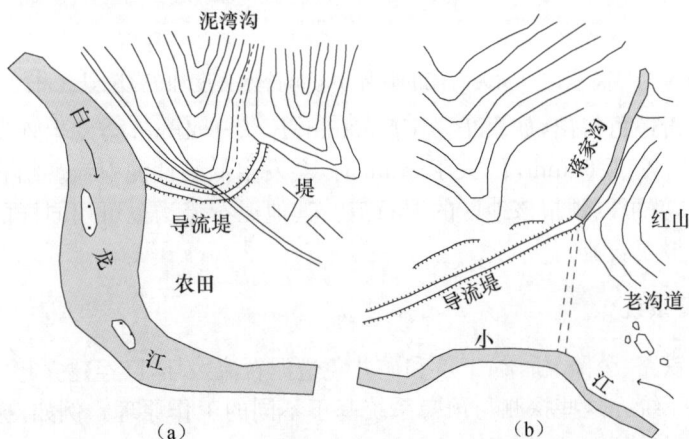

图 3.46 泥石流控制工程——导流槽
(a)泥湾沟的导流槽转移了泥石流,保护了农田;(b)蒋家沟导流槽
把泥石流引入了一个泥石流沉积区,使小江不被堵塞

图 3.47 甘肃省武都县一处泥石流导流渠

2. 谷坊和梯级坝群

在泥石流沟建造谷坊和梯级坝群是为了拦截和控制泥石流。小江右岸的大桥

河是一条活跃的泥石流沟。沿着 7km 长的沟谷，一共修建了五座拦沙坝。这些坝在相当程度上减少了输送到小江中的泥沙量，而且，无论这些坝是否被淤满，它们都能有效地抬高侵蚀基准面，控制河床下切，减少泥石流的发生。如今格栅坝应用较为广泛，因为格栅坝不仅能拦截泥石流带来的大石块以减少其危害，而且它的淤积速率较慢，具有较长的寿命。图 3.48 为在四川省黑水县后山沟修建的用于控制泥石流的阶梯坝(康志成,1996)。每个坝坝高 3～5m,宽 10～20m。它们的作用是拦截泥石流并相互之间提供保护。图 3.49 为在台湾省修建的梳形坝。这种坝拦截大石块,把水和泥沙排到下游。

图 3.48　我国四川省黑水县后山沟修建的防治泥石流的阶梯坝(康志成,1996)

图 3.49　台湾省修建的梳形坝

　　通过溢流堰的泥石流能量巨大,会导致坝基被局部冲刷,很多坝因此失事冲毁。故必须采用一些消能结构:①在距离主坝下游 2 倍坝高处修建坝高为主坝

1/4～1/3高的辅坝,以消耗泥石流的能量,保护大坝免受局部冲刷损坏,如有必要可以修建2条或3条辅坝;②修建混凝土防护墙来稳定大坝下游的沟床;③在狭窄型的沟谷中修建拱形重力坝以抵抗局部冲刷;④修建护坦以保护床面不被冲刷。

3.泥石流渡槽

修建泥石流渡槽跨越公路和铁路效果很好,在我国应用广泛。仅在甘肃省就建有25座渡槽。这些渡槽引导泥石流跨越了铁路和公路,从而保护铁路和公路免受泥石流破坏。图3.50为甘肃省武都的一座跨越公路的泥石流渡槽。

(a)

(b)

图3.50　甘肃省武都的一座跨越公路的泥石流渡槽
(a)横跨公路的泥石流渡槽;(b)渡槽保护了公路免受泥石流冲击

4. 稳定坡地

在可能发生泥石流的坡耕地上修建水平梯田可以稳定坡地和防治泥石流。图 3.51 所示为云南省泥石流多发区邓前河流域上修建的梯田。该梯田长 3700m，宽 2m。坡地和梯田上可以种植果树等。这种梯田有效控制了坡面侵蚀和泥石流。

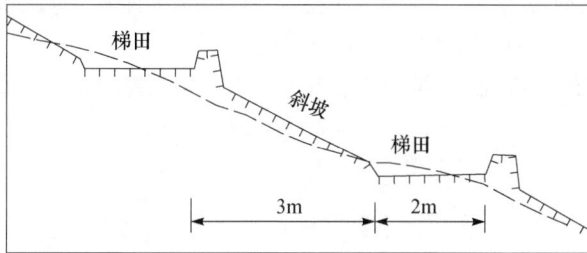

图 3.51　邓前河流域上的梯田减轻了泥石流灾害的影响

5. 控制泥石流的生态措施

植树造林是从根本上防治泥石流的生态措施。四川省的南坪县自 2002 年实施退耕还林工程，在坡地上耕作逐步停止，改为植树造林和种草。这种方法有效减少了泥石流灾害。在特殊的地方修建挡土建筑物对防治滑坡和泥石流是非常必要的。这也同样有利于植被保护层的形成。在一些地区，人们把柳木桩锤入沟床中，1m 在地下，0.5m 露出地表。泥石流挟带的泥沙被柳木桩拦截起来。随着泥沙在柳木桩前的沉积，柳树也逐渐成长起来，并且变得越来越强壮。最后形成柳树林，泥石流也就得到了控制。图 3.52 为云南昆明东川区的深沟流域，通过实施修建泥石流控制坝和植树造林相结合的全面的泥石流防治战略，从前的泥石流沟被改造成了如今的森林公园。

图 3.52　云南昆明东川区的深沟流域(见彩图)

附录 非牛顿体滚波现象的数学推导

黏性泥石流可以用宾汉模型来模拟：

$$\tau = \tau_B + \eta\varepsilon \tag{3. A1}$$

式中，τ 为流体的剪应力；τ_B 为流体的屈服剪应力；η 为刚性系数（也称为宾汉黏滞系数）；ε 为剪应变率，在层流中等于流速梯度。

对于不稳定的明渠流，圣维南方程组（一维连续方程和动量方程）为

$$\frac{\partial h}{\partial t} + u\,\frac{\partial h}{\partial x} + h\,\frac{\partial u}{\partial x} = 0 \tag{3. A2}$$

$$\frac{\partial u}{\partial t} + u\,\frac{\partial u}{\partial x} + g\,\frac{\partial h}{\partial x} = gJ - \frac{\tau_0}{\rho_m h} \tag{3. A3}$$

式中，u 为断面平均流速；τ_0 为流体作用在床面上的剪应力，或是床面对流体的阻力。利用特征值方法，两个偏微分方程能够转化为两个常微分方程组，其中一个对应 C_1 特征曲线簇：

$$\frac{\mathrm{d}x}{\mathrm{d}t} = u + \sqrt{gh} \tag{3. A4}$$

$$\frac{\mathrm{d}}{\mathrm{d}t}(u + 2\sqrt{gh}) = gJ - \frac{\tau_0}{\rho_m h} \tag{3. A5}$$

另一个对应 C_2 特征曲线簇：

$$\frac{\mathrm{d}x}{\mathrm{d}t} = u - \sqrt{gh} \tag{3. A6}$$

$$\frac{\mathrm{d}}{\mathrm{d}t}(u - 2\sqrt{gh}) = gJ - \frac{\tau_0}{\rho_m h} \tag{3. A7}$$

在恒定流中，速率（u）和深度（h）都是常数，且摩擦阻力必须与驱动拖曳力相等，即

$$gJ = \frac{\tau_0}{\rho_m h} \tag{3. A8}$$

如果一微扰动引起增量 Δu、$\Delta(2\sqrt{gh})$ 和 $\Delta[\tau_o/(\rho_m h)]$，则式（3. A5）变为

$$\frac{\mathrm{d}}{\mathrm{d}t}[u + 2\sqrt{gh} + \Delta u + \Delta(2\sqrt{gh})] = gJ - \frac{\tau_0}{\rho_m h} - \Delta\left(\frac{\tau_0}{\rho_m h}\right) \tag{3. A9}$$

从式（3. A9）中减去式（3. A5）得

$$\frac{\mathrm{d}}{\mathrm{d}t}[\Delta u + \Delta(2\sqrt{gh})] = -\Delta\left(\frac{\tau_0}{\rho_m h}\right) \tag{3. A10}$$

式（3. A10）称为沿着 C_1 特征曲线簇的扰动方程，沿着 C_2 特征曲线簇的扰动方程为

$$\frac{\mathrm{d}}{\mathrm{d}t}[\Delta u - \Delta(2\sqrt{gh})] = -\Delta\left(\frac{\tau_0}{\rho_m h}\right) \tag{3. A11}$$

对于宾汉体的稳定层流,剪应力(τ_0)由式(3.A12)给出:
$$\tau_0 = \tau_B + \eta\varepsilon \tag{3.A12}$$
图 3.A1 给出了明渠中宾汉流体通常的速率分布。上部是流核,其中的流体以均匀的速率 u_p 流动,该速率几乎等于平均速率。只有在靠近床面的区域,速率才会从 u_p 变化到 0。该层(剪切流动层)的厚度取为 d,因此速率梯度大约等于 u/d。
$$\frac{\mathrm{d}}{\mathrm{d}t}\left[\Delta u + \Delta(2\sqrt{gh})\right] = -\Delta\left(\frac{\tau_B}{\rho_m h} + \eta\frac{u}{\rho_m hd}\right) \tag{3.A13}$$

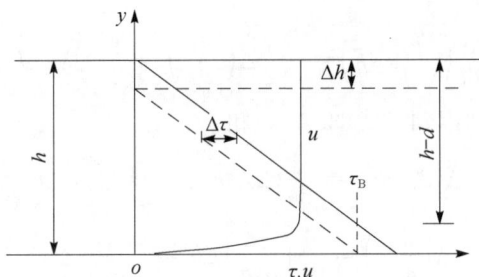

图 3.A1　明渠中非牛顿流体的速率分布

如图 3.A2 所示,发生在 $x\text{-}t$ 平面上的点 $A(x,t)$ 处的一个小扰动将沿着特征曲线 AB 和 AC 传播。对于通过点 $A(x,t)$ 的 C_1^1 特征曲线,特征曲线 C_2^2 与 C_1^1 在其上的任意一点 B 处相交。B 点(C_1^1 特征曲线上的任意一点)处的 Δu 和 $\Delta(2\sqrt{gh})$ 存在一定的关系。

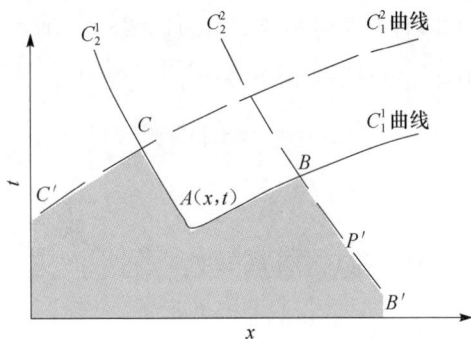

图 3.A2　$x\text{-}t$ 坐标面上的特征曲线

如果在点 A 处发生过一个小的扰动,它将顺着 C_1^1 曲线向下游传播,顺着 C_2^2 曲线向上游传播

曲线 CAB 下方的阴影区域不受最初扰动的影响,流速 u 和深度 h 都是常量。对式(3.A11)沿 C_2^2 特征曲线进行积分得

$$\Delta u - \Delta(2\sqrt{gh}) = \int_{B'}^{B} - \Delta\left(\frac{\tau_0}{\rho_m h}\right) \mathrm{d}t \tag{3. A14}$$

当 P 点从 B' 点趋近 B 点时,始终在未受干扰的区域。除了在 B 点,在整个积分过程中 $\Delta(\tau_0/\rho_m h)$ 一直为 0。由于 $\Delta(\tau_0/\rho_m h)$ 在 B 点并非无限大,根据式(3. A14)可以得到:

$$\Delta u - \Delta(2\sqrt{gh}) = 0 \quad 或 \quad \Delta u = \Delta(2\sqrt{gh}) \tag{3. A15}$$

如果泥浆的屈服应力较大,流量、流速较小时,扰动方程(3. A13)右边的第二项可以忽略,可变为

$$\frac{\mathrm{d}}{\mathrm{d}t}\left(\sqrt{\frac{g}{h}}\Delta h\right) = -\frac{1}{2}\Delta\left(\frac{\tau_B}{\rho_m h}\right) = \frac{1}{2}\frac{\tau_B}{\rho_m h^2}\Delta h \tag{3. A16}$$

在这一过程中,利用到了式(3. A15)和

$$\Delta(2\sqrt{gh}) = \frac{\mathrm{d}}{\mathrm{d}h}(2\sqrt{gh})\Delta h = \sqrt{g/h}\,\Delta h \tag{3. A17}$$

$$\Delta\left(\frac{\tau_B}{\rho_m h}\right) = \frac{\mathrm{d}}{\mathrm{d}h}\left(\frac{\tau_B}{\rho_m h}\right)\Delta h = -\frac{\tau_B}{\rho_m h^2}\Delta h \tag{3. A18}$$

对式(3. A16)积分可得

$$\frac{\Delta h}{\Delta h_0} = \mathrm{e}^{\frac{\tau_B}{2\sqrt{gh}\rho_m h}t} \tag{3. A19}$$

式中,Δh_0 为在深度上的初始扰动。

式(3. A19)意味着初始扰动 Δh_0 将会增大,而且,屈服应力 τ_B 越大、泥浆深度 h 越小,波增长的越快。当初始扰动发展成为滚波后,其速率和深度的连续性不再能维持,式(3. A19)就不再正确了。所以,波高不可能无限增长。

如果平均速率 u 和刚性系数 η 较大,屈服应力较小,则式(3. A13)右边的第二项远大于第一项,利用式(3. A18)、式(3. A13)可以写为

$$\frac{\mathrm{d}}{\mathrm{d}t}(\Delta u) = -\frac{1}{2}\Delta\left(\frac{\eta u}{\rho_m hd}\right) \tag{3. A20}$$

由于

$$\Delta\left(\frac{\eta u}{\rho_m hd}\right) = \frac{\partial}{\partial u}\left(\frac{\eta u}{\rho_m hd}\right)\Delta u + \frac{\partial}{\partial h}\left(\frac{\eta u}{\rho_m hd}\right)\Delta h = \frac{\eta u}{\rho_m hd}\left(\frac{\Delta u}{u} - \frac{\Delta h}{h}\right) = \frac{\eta}{\rho_m hd}(1 - Fr)\Delta u$$

$$\tag{3. A21}$$

式(3. A20)可以改写为

$$\frac{\mathrm{d}}{\mathrm{d}t}(\Delta u) = -\frac{\eta}{2\rho_m hd}(1 - Fr)\Delta u \tag{3. A22}$$

或者积分后得到

$$\frac{\Delta u}{\Delta u_0} = \mathrm{e}^{-\frac{\eta(1-Fr)}{2\rho_m hd}t} \tag{3. A23}$$

式中,Δu_0 为速率上的初始扰动;$Fr=u/\sqrt{gh}$ 就是 Fr 数。

式(3.A23)说明高流速低屈服应力的情况下,一旦 $Fr<1$,速率上的初始扰动总是衰减的,因而流动是稳定的。

式(3.A19)和式(3.A23)给出了两个极端情况的结果。对于一般的情况,式(3.A13)右边的两项都需要考虑,即

$$\frac{\mathrm{d}}{\mathrm{d}t}(\Delta u)=\frac{1}{2\rho_{\mathrm{m}}h}\left[\frac{\tau_{\mathrm{B}}}{\sqrt{gh}}-\frac{\eta}{d}(1-Fr)\right]\Delta u \qquad (3.A24)$$

如果流体具有较大的屈服应力,Fr 数大于 1,流动将会非常不稳定,并会迅速发展成滚波。蒋家沟有很多黏性泥石流都是这种情况(康志成,1985)。如果 Fr 数小于 1,但刚性系数很小,屈服应力很大,流体同样不稳定,也会发展成为滚波。黄河支流中一些不稳定的高含沙水流就属于这种情况。但是如果屈服应力很小,刚性系数很大,Fr 数低的非牛顿体也是稳定的。例如,天然石油和熔岩是稳定的,因为它们具有很高的刚性系数。

思　考　题

1. 我国的哪些地方发生滑坡和泥石流?
2. 滑坡和泥石流会引发哪些灾害?
3. 请列出黏性泥石流和两相泥石流的主要现象,并对其机理作简单解释。
4. 防治滑坡和泥石流的主要措施有哪些?

参 考 文 献

陈景武.1985.云南东川蒋家沟泥石流爆发与暴雨关系的初步分析∥中国科学院兰州冰川冻土研究所集刊(4).北京:科学出版社:88-96.

邓养鑫.1985.我国泥石流的分布与堆积特征∥中国科学院兰州冰川冻土研究所集刊(4).北京:科学出版社:241-250.

国家防汛抗旱总指挥部办公室,中国科学院成都山地灾害与环境研究所.1994.山洪泥石流滑坡灾害及防治.北京:科学出版社:80.

康志成.1985.云南东川蒋家沟泥石流运动流态特征∥中国科学院兰州冰川冻土研究所集刊(4).北京:科学出版社.

康志成.1996.中国泥石流灾害与防治.北京:科学出版社.

李鸿琏,邓养鑫.1985.我国泥石流的分布与堆积特征∥中国科学院兰州冰川冻土研究所集刊(4).北京:科学出版社:251-255.

李绍武.1985.新滩滑坡滑动机制的探讨.水土保持通报,(5):1-8.

王兆印.2001.泥石流龙头运动的实验研究及能量理论.水利学报,(3):21-29.

王兆印,张新玉.1989.水流冲刷沉积物形成泥石流的条件及运动规律.地理学报,44(3):291-301.

王兆印,崔鹏,俞斌. 2001. 泥石流的运动机理和减阻研究. 自然灾害学报,10(3):37-43.

王兆印,林秉南,张新玉. 1990. 非牛顿体明渠流的不稳定性. 力学学报,22(3):266-275.

吴积善,田连泉,康志成,等. 1993. 泥石流及其综合治理. 北京:科学出版社.

Bagnold R A. 1954. Experiments on a gravity free dispersion of large solid spheres in a Newtonian fluid under shear. Proceedings of the Royal Society of London,225A:49-63.

Bagnold R A. 1956. The flow of cohesionless grains in fluids. Philosophical Transactions of the Royal Society of London,Series A,249(964):235-297.

Chanson H. 1994. Drag reduction in open channel flow by aeration and suspended load. Journal of Hydraulic Research,32(1):87-101.

Chen C L. 1988. Generalized viscoplastic modeling of debris flow. Journal of Hydraulic Engineering,ASCE,114:237-258.

Iverson R M,Denlinger R P. 1993. The physics of debris flow-aconceptual assessment // Erosion and Sedimentation in the Pacific Rim. Wallingford:IAHS Publication:155-165.

Johnson A M. 1965. A Model for Debris Flow[PhD Dissertation]. Pennsylvania: Pennsylvania State University.

Julien P Y,Lan Y. 1991. Rheology of hyperconcentrations. Journal of Hydraulic Engineering,ASCE,107:346-353.

MeTingue D F. 1982. A nonlinear constitutive model for granular material. Journal of Applied Mechanics-Transactions of the ASME,49(6):291-296.

Miyazawa N. 1998. Flow behavior of head of stone debris flows flow on unsaturated erodible bed // River Sedimentation-Theory and Application. Netherlands:Balkema Publishers.

Pierson T C. 1986. Flow behavior of channelized debris flow,Mount St. Helens,Washington // Hillslope Processes. Boston:Allen & Unwin:269-296.

Savage S B. 1984. The mechanics of rapid granular flows. Advances in Applied Mechanics,24:289-366.

Savage S B,McKeown S. 1983. Shear stress developed during rapid shear of dense concentrations of large spherical particles between concentric cylinders. Journal of Fluid Mechanics,127:453-472.

Shen H H,Ackermann N L. 1982. Constitutive relationships for fluid-solid mixtures. Journal of Engineering Mechanics Division,ASCE:748-763.

Shen S C,Zhang M,Li F X,et al. 1991. Debris flow along railways in China // Proceedings of the International Symposium on Debris Flow and Flood Disaster Protection,Emeishan:1-13.

Sieyama T,Woemoto S. 1981. Characteristics of debris flow at bends. Journal of Civil Engineering,5:39-47.

Swanston D N. 1969. Mass wasting in Coastal Alaska. US Department of Agriculture Forest Service Research Paper.

Swanston D N,Marion D A. 1991. Landslide response to timber harvest in southeast Alaska // Proceedings of the 5th Federal Interagency Sediment Conference,Las Vegas.

Takahashi T. 1978. Mechanical characteristics of debris flow. Journal of the Hydraulic Division, ASCE,104:1153-1169.

Takahashi T. 1980. Debris flow on prismatic open channel. Journal of the Hydraulic Division, ASCE,106:381-386.

Takahashi T. 1981. Debris flow. Annual Review of Fluid Mechanics,13:57-77.

Tsubaki T,Hashimoto H,Suetsugi T. 1983. Interparticles stresses and characteristics of debris flow. Journal of Hydroscience and Hydraulic Engineering,1(2):67-82.

Varnes D J. 1978. Slope movements:Types and processes//Landslides-analysis and control. Special Report 176. Washington DC:Transportation Research Board,National Academy of Sciences:11-33.

Wang Z Y. 2002. Free surface instability of non-Newtonian laminar flow. Journal of Hydraulic Research,4:449-460.

Wang Z Y,Larsen P,Nestmann F,et al. 1998. Resistance and drag reduction of hyperconcentrated flows over rough boundaries. Journal of Hydraulic Engineering,ASCE,1:1-9.

Wang Z Y,Wang G Q,Liu C. 2005. Viscous and two-phase debris flows in southern China's Yunnan Plateau. Water International,30(1):14-23.

Wang Z Y,Wai O W H,Cui P. 1999. Field investigation on debris flows. International Journal of Sediment Research,4:10-23.

Yano K,Daido A. 1965. Fundamental study on mudflow. Bulletin of the Disaster Prevention Research Institute,Kyoto University,14(2):69-83.

第4章　山区下切河流的演变与管理

下切河流是指河床高程不断侵蚀下降的河流。大多数山区河流都是下切河流，一些大河在上游是下切河流，而到了下游则是冲积性河流。滨河植被是影响河流演变的一个重要因素，山区河道侵蚀下切的发展与降水、流域植被、土壤及岩石组成等因素有关。河道下切可能会引发滑坡和河床淘刷，同时伴随着河岸侵蚀，也可能引发泥石流。本章将讨论下切河流的成因、发展过程、阻止下切的自然结构、阶梯-深潭等问题，并探讨河流下切的影响和控制措施。

4.1　概　　述

从根本上说，如果没有下切，就不会有河道。从广义上讲，河道下切是侵蚀作用、河网发育和地貌演变的根本原因(Darby et al.，1999)。河道下切会破坏交通、毁坏农田、威胁周边建筑物、改变环境状况，还会产生大量泥沙，给下游河道带来更多的问题。因此，河道下切一直是河流治理需要关注的主要问题。而且，其产生的原因也引起科研工作者浓厚的兴趣，希望能够了解这种现象，防止河道下切的发生。

河道下切主要发生在坡度陡且输沙能力大于来沙量的山区河流中，有时也会在坡度较缓的河流中发生。例如，我国西南山区河流由于青藏高原的抬升而不断下切，造成许多滑坡等地质灾害。再如，水库下泄清水会引起下游的河道下切，河流的渠化引起对河床的持续冲刷(Wang et al.，1999)。1960年黄河三门峡水库开始蓄水，自9月起下泄清水。当泄水流量达到$1000\mathrm{m}^3/\mathrm{s}$时，水库下游400km长的河道受到冲刷；当下泄流量超过$2000\mathrm{m}^3/\mathrm{s}$时，受到冲刷河道的长度达到800km(杨庆安等，1995)。1960年9月～1964年10月，水库清水下泄冲刷下游河床20亿t的泥沙。河床下切对桥墩的安全造成了危害，使埋于河床下的输油管道露出地表。秦皇岛市北部的大石河河床主要由砂砾石构成，从大庆油田至秦皇岛的输油管道横穿此河，管道穿越河床的管段长1126m，埋设深度在床面以下2m，在埋设点上游3km处建有一个库容0.7亿m^3的水库。1984年夏，水库泄流，下泄流量达$4250\mathrm{m}^3/\mathrm{s}$，相当于百年一遇的洪水，下游的河床受到严重冲刷，输油管道暴露于水流中，并被水流冲击断裂，大量原油泄漏河中，导致严重的环境污染。

美国密西西比河中游河道较浅，而且不稳定，19世纪末美国人开始整治这条河流。经过整治，河流变成了由大堤和丁坝控制的渠化河流，结果，其主河槽被冲刷了 2m 深(Stevens et al. ,1975)。德国在 19 世纪也整治了莱茵河,使之渠化,河流变成一条人为控制的顺直河道。由于上游支流上的坝和堰拦蓄了泥沙,导致洪水冲刷莱茵河河床,河流附近区域的地下水位下降了 1~2m,河道的航运条件恶化。为了防止河床继续冲刷下切,自 1978 年,每年不得不向莱茵河人工喂砂 20 万 t (Nestmann,1992)。

　　根据大小和位置的不同,下切河道可以分为 4 种类型——细沟、冲沟、深切河槽和混合下切河流(表 4.1)。细沟指形成于陡坡上的细槽,它们的存在时间可能很短,冰冻作用和农田耕作都会使其消失[图 4.1(a)]。除了使河水变得更浑浊外,细沟侵蚀很少引起人们的注意,但是,细沟能变深而成为永久的冲沟。冲沟是指在原来没有水道的地方下切而形成的沟槽,一般在峡谷边缘或谷底形成[图 4.1(b)]。深切河槽是指在现有河流上发生深切现象的河流。图 4.1(c)所示为四川省长江上游流域的一条溪流,由于河道下切,形成深切溪流。混合下切河流是指不同河段由冲沟和深切河槽组成。依据设计和施工情况,渠化的河流也可以是混合下切河流。图 4.1(d)是美国科罗拉多河的大峡谷,它是一条混合下切河槽,有着各种各样的谷地冲沟。在大峡谷中,侵蚀形成了陡坡,支流冲沟上发生溯源侵蚀,谷底下切形成阶地。在谷底上,细沟继续发育,最终发育形成冲沟,冲沟结合形成排水水系。

表 4.1　下切河槽的分类(Schumm et al. ,1984)

河槽类型	说　明
细沟	形成于陡坡上的尺度很小、历时短暂的小沟(几十厘米)
冲沟	在原先没有沟槽的地方形成比较深(数米)的下切河道。有谷边冲沟和谷底冲沟两种,连续或不连续
深切河槽	在现有河道上发生下切现象的河流,形成不稳定的深切河槽,如我国西南地区的许多河流(如雅砻江等)
混合下切河槽	由不同类型河段组成的下切河道,如由冲沟和深切河槽组成(如黄河中游河段)

　　下切河流是被扰动了的生态系统。Brookes(1988)提出的河流渠化对河流生态的影响同样适用于下切河流,即"生物栖息地多样性减少、生境功能降低,系统中物种的特性和功能发生改变"。

　　下切河道产生的泥沙会影响附近及其下游的水质,河中鱼类和底栖大型无脊椎动物(水质好坏的一个标志)的数量也大受冲击(Brookes,1988;Shields et al. ,1994;1995)。运动的、不稳定的河床破坏了鱼类产卵地和深槽-浅滩系列,岸坡坍塌导致滨河植被覆盖度下降,继而引起水温上升,水体浑浊度增加。泥沙淤积会引起河床质组成的改变,或造成河底砾石基质的淤埋,导致水生生物栖息地的破坏。由于河岸坍塌,岸边植被覆盖度降低,下切河流沿岸的哺乳动物和鸟类数量减少(Carothers et al. ,1975;Possardt et al. ,1978;Barclay,1980)。河流下切也给航运带来了很多问题,由于河道下切引起地下水位下降会给洪泛平原和湿地动植物带来更持久的影响。

(a)　　　　　　　　　　　　　　(b)

(c)　　　　　　　　　　　　　　(d)

图 4.1　下切河道的 4 种类型(见彩图)

(a) 坡面上因侵蚀形成的细沟;(b) 细沟形成冲沟;(c) 四川省长江上游杂谷脑河的一条小溪
出现深切现象;(d) 美国科罗拉多河的大峡谷是一条复合下切河流

河流下切对水利工程、河流管理和河流规划是一个严峻挑战,主要是因为下切河流非常不稳定。在同样大小的水流下,下切河流中的冲蚀能力要大于非下切河流,因此,在跨河和其他水工构筑物的设计上,必须考虑在设计使用年限内可能发生的河道地貌形态的最大变化。同样,也必须研究水工构筑物对河道演变的影响。例如,采取各种措施控制尼克点(指河流纵剖面上坡度的突变点)向上游传播和随之而来的河道侵蚀冲刷。然而,如果大坝拦蓄了水流,导致泥沙沉积于大坝上游,下泄的清水将引发下游新的侵蚀冲刷波(Simon et al.,1997c)。在冲积河段,通常展宽作用活跃,建桥处维持河床横断面形状的措施常常达不到预期效果。流量大时,桥梁处束窄的河道会产生壅水作用,水流通过桥孔形成跌水,继而在桥墩下游形成巨大的冲刷坑,冲刷坑最终会向上游移动,威胁桥梁和公共安全。

因塌岸而进入水中的树木常被桥墩拦在桥梁上游,树木的聚积拦截更多其他碎屑,改变主流方向,二次流引起桥墩周围的冲刷、岸脚掏蚀及岸护面破坏。因此,在下切河流中,大树残骸及其作用是导致桥梁毁坏的原因之一(Robbins et al.,1983;Melville et al.,1992;Wallerstein et al.,1996;Hupp,1997)。

4.2　河道下切的原因

造成河道下切的原因很多,按时间和空间尺度可以分成 6 种(表 4.2)(Schumm,1999)。地质成因和地貌成因的作用需要多年才会显现,而气候水文变化、放牧和人类活动的影响则很快出现。例如,湿润的气候(C2)会增加径流量(D1),雨强的增加(C3)会增加洪峰流量(D2)。并且,水文过程对人类和动物的活动也有反应。例如,表 4.2 中人类活动的 1、3、4、5、13、15、16 项都会改变河流的流量和输沙量。

表 4.2　河道下切的原因(Schumm,1999)

类　型	原　因	研究者
A. 地质型	A1. 隆起	Burnett 等(1983)
	A2. 下陷	Ouchi(1985)
	A3. 断层	Keller 等(1996),Mayer(1985)
	A4. 侧向倾斜	Reid(1992)
B. 地貌型	B1. 河流袭夺	Shepherd(1979),Galay(1983)
	B2. 基准面下降	Begin 等(1980,1981)
	B3. 裁弯取直	Winkley(1994),Love(1992)
	B4. 改道	Kesel 等(1992),Schumm 等(1996)
	B5. 河槽横向运动	LaMarche(1966),Galay(1983)
	B6. 河岸后退	Schumm 等(1986)
	B7. 泥沙淤积(坡度增加)	Patton 等(1975),Trimble(1974),Meade 等(1990),James (1991),van Daele 等(1996)
	B8. 滑坡、泥石流	Martinson(1986),Rodolfo(1989),Ohmori(1992)
	B9. 地下水基蚀	Higgins(1990),Jones(1997)

续表

类　型	原　因	研究者
C. 气候	C1. 降水量减小	Knox(1983)、Graf(1983)、Hall(1990)
	C2. 降水量增大	Knox(1983)、Graf(1983)、Bull(1991)
	C3. 雨强增大	Knox(1983)、Balling 等(1990)
D. 水文	D1. 径流量增加	Burkard 等(1995)
	D2. 洪峰流量增加	Macklin 等(1992)
	D3. 输沙量减少	Lane(1955)、James(1991)
E. 动物	E1. 啃食	Alford(1982)、Graf(1983)、Prosser 等(1994)
	E2. 踩踏	Trimble 等(1995)
F. 人类	F1. 建坝	Williams 等(1984)
	F2. 分沙	Galay(1983)
	F3. 引水	Maddock(1960)
	F4. 城市化	Morisawa 等(1979)
	F5. 拆坝、废坝	Galay(1983)
	F6. 降低湖水位	Born 等(1970)、Galay(1983)
	F7. 裁弯取直	Lagasse(1986)、Winkley(1994)
	F8. 采矿	Goudie(1982)
	F9. 地下水开采、石油开采	Lofgren(1969)、Goudie(1982)、Prokopovich(1983)
	F10. 采砂	Harvey 等(1987)
	F11. 疏浚	Lagasse(1986)
	F12. 修路筑堤	Burkard 等(1995)、Gellis(1996)
	F13. 渠道化	Schumm 等(1984)、Simon(1994)
	F14. 束窄河道	Petersen 等(1992)
	F15. 砍伐森林	Macklin 等(1992)
	F16. 火灾	Laird 等(1986)、Heede 等(1988)

　　表 4.3 采用表 4.2 同样的编号,对河道下切的成因分别根据其结果和下切的类型(向上游、向下游或上、下游均有发展)进行分类(Galay,1983)。河道下切向下游发展的最典型例子是大坝下游河道的侵蚀。也可以将河道下切的成因分为两类:水能增加和河道阻力降低。例如,任何引起河道坡度增大的情况都增加了水能,增大了河流的下切能力。除了 B8 和 B9 外,所有的地质、地貌、气候和水文原因都可以被归为水能增加这一类。与此不同,动物成因是动物破坏植被而使阻力减小;人类成因则两种作用都有:通过增加或汇集水流(F3、F4、F12、F13、F14、F15),增加坡度(F5、F6、F7、F8、F10、F11)和减少输沙量增加水能(F1、F2、F10、F11)。仅一种成因就可以形成冲沟、嵌入河或二者兼有,其侵蚀影响或向上游传播,或向下游传播,或两个方向兼有。

表 4.3　下切的影响

形成新的河道（冲沟）	使现有河道变深（嵌入河）
A1、A2、A3、A4	A1、A2、A3
B2、B4、B6、B7、B8、B9	B1、B2、B3、B5、B6、B9
C1、C2、	C2、C3、
D1、D2、D3	D1、D2、D3
E1、E2	
F3、F4、F8、F9、F12、F14、F15、F16	F1、F2、F3、F4、F5、F6、F7、F8、F9、F10、F11、F13、F14、F15

地质成因。隆起、下陷和断层均会改变谷底和河道的坡度。例如,河道下切应发生在抬升段的下游陡峭处和沉陷段的上游陡峭处,当一条河流由断层的隆起段向凹陷段流过时,也会发生下切。如果抬升的地面呈圆顶形,则发育的冲沟呈发散状。谷底的侧向倾斜会引起河溪改道并形成新河道,横向断层的错动同样会引发下切和冲沟发育。台湾省的“921”地震(1999 年 9 月 21 日)是由于地壳构造运动引起的。这次构造运动形成了一个巨大的断层,一些河谷发生侧向倾斜。如图 4.2(a)所示,河的右岸抬高而左岸下降了 8m,导致河道的冲刷和下切。图 4.2(b)为四川省的大渡河,由于河流上游处于不断抬升的青藏高原,造成大渡河持续下切。河道下切的程度取决于坡度增加的大小和河流通过增大弯曲度改变坡度的调节能力(Schumm,1985)。

地貌成因。由地貌成因引起的河道下切多与河道坡降增加有关,如河流的袭夺、基准面下降、裁弯取直、河流改道、河岸后退、泥沙蓄积和主河槽的横向偏移等,这些都会使河床局部坡度增加,产生下切。研究证实,当坡面稳定性或水能超过其临界值时,沟谷和冲积扇上沉积和蓄积的泥沙最终会使坡度增加,形成不连续的冲沟和冲积扇状的沟壑(图 4.1)(Schumm et al.,1984)。河岸后退和横向河槽位移能缩短河道从而使之变陡。

其他成因也会产生河道下切,如滑坡和泥石流。泥流和泥石流均具有很强侵蚀和展宽河道的能力。崩塌、滑坡会输送大量泥沙进入沟谷,蓄积的泥沙最终会被已有的河流冲蚀并且下切。另外,坡面上地下水流出处,可能会形成向流域分界线或地下水源头延伸的河道。

气候和水文成因。河道下切与气候和水文成因密切相关。气候变化改变植被条件。例如,降水量减少会引起植被覆盖度降低,从而使水流输沙量和洪峰流量增加;降水量增大则使植被覆盖度上升,从而使河流输沙量减小,平均年径流量增加。这种气候变化引起的水文条件变化导致河床下切。水文过程反馈气候的波动,如大洪水、流量加大的周期及输沙量变化等。

动物成因。美国曾有过过度放牧导致其西南部河道干涸的争论,不论事实是否如此,放牧引起的植被退化确实会引发河道下切。动物的踩踏使土壤的渗透率降低,导致坡面和踩踏线路上径流增加。

(a)

(b)

图 4.2　河流下切的地貌成因
(a) 台湾省的"921"地震(1999 年 9 月 21 日)引起河谷侧向倾斜,造成桥梁断裂;
(b) 青藏高原的抬升造成高原边缘的大渡河持续下切

　　人为成因。多种人类活动都会引起河道下切。其原因按效果可分为 4 类:减少输沙量;增加年径流量和洪峰流量;水流汇集和增加河道坡降。减少输沙量的原因可能是上游建坝、城市化、向其他河道分沙、采砂和疏浚等。水流汇集的原因可为河道采砂、疏浚、修路筑堤、渠道化及束窄河道等使水能增大。坡降增加可能源于拆坝、降低湖泊和水库水位、裁弯取直、采矿、洪水消退、河道采砂、疏浚和渠道化等。

　　图 4.3(a)为湖南省澧水中的挖砂船。随着我国经济的高速发展,城市化进程加快,河流泥沙作为建筑材料的需求量增加很快。虽然河流各级主管部门出台各种河流采砂管理条例和禁采令,受低投入高产出和巨额利润的驱使,很多地方违章无序滥采河砂现象严重,采砂量大大高于年粗沙(推移质)输移量。结果造成河床

下切数米,甚至 20 余米。图 4.3(b)为伊朗 Chaloos 河因为渠道化而引起的河道下切,下切引起河岸和岸边道路的破坏。Chaloos 河岸为光滑的硬质岸坡,因此在河岸附近水流流速较大,引起岸脚侵蚀。而且,因为城市建设需要,河道束窄并变直,水流流速加大,从而引起河床下切、河岸崩塌。

(a)

(b)

图 4.3　河流下切的人为成因
(a)湖南省澧水人工采砂;(b)伊朗 Chaloos 河渠道化引起河道下切

4.3　下切河流的演变

河道下切。河道下切表明河流由于侵蚀刷深而处于垂向不稳定或不平衡状态。如果满足式(4.1)的条件,则河道发生侵蚀(Lane,1955)。

$$Qs > KQ_sD_{50} \qquad (4.1)$$

式中,Q 为造床流量(m^3/s);s 为河道坡度;Q_s 为单位床沙质输沙率(m^2/s);D_{50} 为床沙质颗粒中值粒径(m)。图 4.4 表示影响河道侵蚀和淤积作用各要素之间的动力学关系。河道下切或淤积是由河流能量、坡降、流量与泥沙粒径、泥沙量之间的平衡决定的。

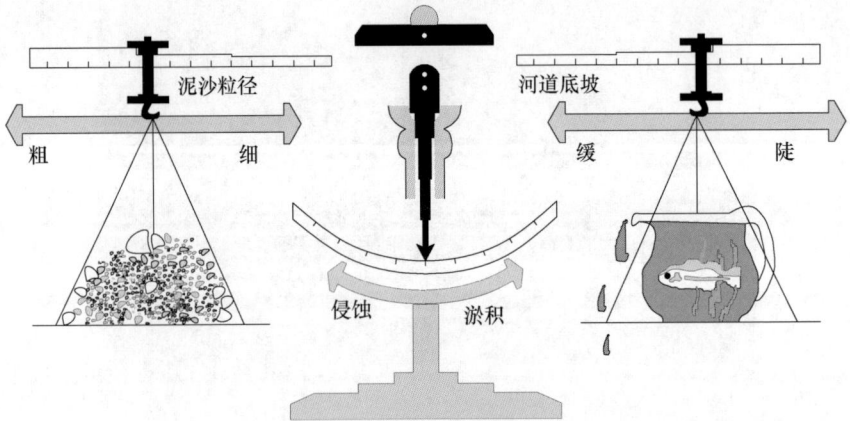

图 4.4 影响河道下切和淤积的因素(据 FISRWG,1997)

一般认为,非下切稳定河流的平滩流量重现期为 1~2 年(Wolman et al.,1957;Williams,1978)。由于侵蚀发展,河道横断面的增大使河道过流能力增加,河滩被淹没的频率减小,重现期低于 1~2 年,这样河漫滩就变成了阶地。此过程具有重要的地貌学意义,在出现中等重现期或较高的洪水时,过去洪水会漫过河漫滩而耗散能量,但下切后的河道不再发生此现象。在下切系统中,水流被限制在更深更窄的断面中,剪应力更大,在相同的水流条件下(同样重现期的流量),河道比侵蚀前输沙量更大(Simon,1992;Simon et al.,1997a)。因此,通过长期输沙率-流量的幅频分析而确定的河流造床流量,对下切河流和非下切河流是明显不同的(Wolman et al.,1960;Andrews,1980;Thorne et al.,1993;Andrews et al.,1995)。基于河相关系的地貌分析和其他开发设计工具(Leopold et al.,1953;Hey et al.,1986),依赖于平滩流量或造床流量的规模(Rosgen,1996),因而上述结论非常重要,必须特别注意鉴别平滩流量的水位,判定此水位的流量是否真正代表造床流量。

河岸侵蚀。冲积型下切河道的主要特点是河岸侵蚀和河宽调整。随着河道下切的发展,河岸变得越来越高,边坡变得越来越陡。在重力作用下,依据河岸物质的强度,河道最终会发生滑坡或泥石流(Daniels,1960;Thorne et al.,1981;Little et al.,1982;Schumm et al.,1984;Simon et al.,1986;1992;Simon,1989;Darby et al.,

1996；Simon et al.，1997a）。因此，下切河道的常见特征是，在河道不稳定处，河道突然由蚀深转变为展宽。下切河道展宽的速率跨越几个数量级。例如，石质峡谷的展宽速率小于 0.01m/a，黏性土质河岸的展宽速率小于 1.0m/a，而非黏性土质河岸的展宽速率达到 100m/a。

如图 4.5 所示，下切河道的河岸高度比下切前的要高，洪水消退时，可能发生河岸坍塌，滑坡使河道展宽，形成新河岸地貌（Simon，1989），这些地貌现象的形式依赖于河岸坍塌的类型和方式。平面滑坡破坏一般发生于陡峭的河岸，伴随着张力裂隙在地表面形成，并向地下延伸。圆弧面滑坡破坏沿最高河岸且岸坡较小处发生，一般在随后的调整过程中还会发生。板状破坏发生在河岸下部被掏蚀后，河岸上部倾倒崩落（Thorne，1990），或由于毛细压力造成爆裂破坏（Bradford et al.，1980；Simon et al.，1997b）（图 4.5）。

图 4.5　典型下切河流的地貌特征示意图（Darby et al.，1999）

河道展宽是加速下切河道恢复非常重要的过程，在一定流量下，此过程能够降低水深、有效剪力和输沙能力。伴随着河道拓宽，河岸泥沙受侵蚀进入河流，泥沙的输入起到减缓河床侵蚀率的作用。这个过程引起下游的淤积，有助于形成更加稳定的纵剖面。在下切河道演变分析或数值模拟时，如果忽视河道展宽作用，所得出的河道演变或稳定形态结果将存在严重偏差（Darby et al.，1996；Simon et al.，1997a）。

下切河道的演变。一般情况下，下切河流的地貌演变会经历图 4.6 所示的 4个阶段。

第 I 阶段地壳构造运动后河道调整所发生的快速下切过程。这一阶段河谷呈狭窄的 V 形，两岸岸坡很难被人类开垦利用。

第 II 阶段下切继续发生，河谷开始展宽。河床下切使其纵坡趋缓，一定流量可获得的水流能量随时间逐渐减小。同时，河岸高度增加，岸坡变陡，导致河岸崩塌和滑坡。尤其在地震时,发生大量的崩塌、滑坡,河谷横向加宽。这一阶段,河谷呈宽阔的 V 形。由于河谷展宽,岸坡坡度变缓,人类能利用两岸山坡建房、种植作物和修建公路。

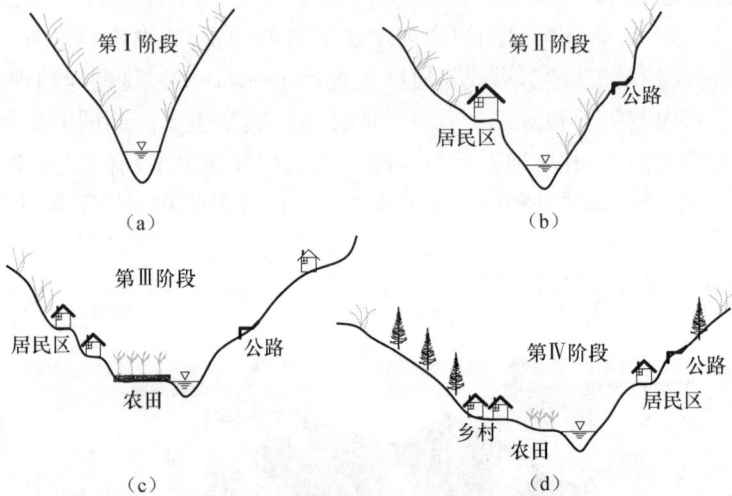

图 4.6　下切河流地貌演变的 4 个阶段

(a) 第 I 阶段快速下切阶段,形成狭窄的 V 形河谷;(b) 第 II 阶段下切和展宽同时进行,
形成宽阔的 V 形河谷;(c) 第 III 阶段展宽和淤积阶段,形成 U 形河谷;
(d) 第 IV 阶段平衡阶段,维持 U 形河谷形态

第 III 阶段河床下切向上游传播,堆积作用逐渐成为以前侵蚀下切河段的主要过程。因为河床坡度减小后,河道已不能有效输送从上游输入的泥沙,使河床变得较平坦,河谷呈现 U 形。就人类开垦和利用河谷而言,这一阶段相对于第 II 阶段更为安全。

第 IV 阶段动态平衡阶段。这种动态平衡得到维持主要体现在以下三个方面:①河谷加宽,继而岸坡变缓,滑坡形成尼克点和堰塞湖,或人类兴建大坝;②泥沙沉积和河床结构发育,滨河植被生长增加河道阻力,提高河岸抗冲能力,减小水流功率;③尼克点处的水流能量得到耗散,尼克点上游河床坡度减小。

图 4.7(a)显示小江上游一支流正处于下切河流地貌演变的第 I 阶段。在这一阶段,深切的河流常在山坡和河道岸坡交界处形成"内嵌峡谷"(inner gorge)的地貌形态。内嵌峡谷表现为河流两岸山体轮廓呈现外凸形态,河道岸坡下部的坡度比上部坡度大得多。因而,山坡可分为上部岸坡和下部内嵌峡谷岸坡两部分。图 4.7(b)显示四川大金川处于河道演变的第 II 阶段;图 4.7(c)显示长江上游支流块河处于地貌演变的第 III 阶段;而图 4.7(d)则显示四川境内大渡河处于河流地貌演变的第 IV 阶段,其河谷宽阔平整。河流中形成的尼克点耗散了水流能量,尼克点

之间的河床坡降很小。这一河谷呈宽阔的 U 形,河流生态良好,适合人类生存。

图 4.7　下切河流地貌演变的 4 个典型阶段实例(见彩图)
(a) 小江支流处于快速下切阶段;(b) 大金川处于下切和展宽阶段;
(c) 长江上游块河处于淤积展宽阶段;(d) 大渡河上游处于平衡阶段

　　滨河植被。在很多下切河流系统中,滨河植被在影响水流和近岸水力条件、河岸稳定性及河流生物栖息地中起着重要作用。在潮湿的环境中,下切河流滨河植物的特征和数量伴随河道演变过程及形式的变化而变化(Hupp et al.,1991;Hupp,1992;Simon,1992;Hupp,1997)。在河道调整过程中,滨河植被可能会因为河岸扰动或整体崩塌而损坏。下切河道上重新生长的木本植物,一般首先出现在河岸的下部表面,并且伴随着坍塌物重组和河流沉积过程(Simon et al.,1986;Hupp et al.,1991)。随着时间推移,当植被向岸坡上部蔓延时,表示河岸已经恢复到相对稳定状态。

　　滨河植被增加水流阻力,使局部水流减速,促进泥沙沉积。相反,位于河岸底部的植被会导致漩涡、偏流,并引起河水对对面河岸或沙洲岸脚处的冲刷。通过植被根系的加固(Wu et al.,1976)、渗透性增加(Collison et al.,1996)、孔隙压力分布(Huck et al.,1970)及由于抗冲力变大而增加抗剪强度等的作用,滨河植被对河岸的剪切阻力发挥不同作用。图 4.8 所示为密西西比河流域的一条小河,岸边植被阻止了河岸侵蚀,树根保护了河岸土壤免受冲蚀。根系增加河岸抗剪强度的作用与滨河植被的根深有关。野外研究表明,直径为15～20mm 或大于 20mm 的根并没有大大增加河岸的抗剪强度(Coppin et al.,1990),所以将粗根看成土壤中的锚比较合适(Gray et al.,1982)。当圆弧形滑坡或其他破坏面深度超过河岸树根的深度时,河岸树木植被的作用其实仅限于增加了一个额外的负荷,使潜在破坏面上的法向力增加。植被对下切河流河岸稳定的各种影响作用尚未见有详细的阐述,Abernethy 和 Rutherfurd(1998)对北美、欧洲和澳大利亚的有关研究进行了综述。

图 4.8　密西西比河流域一条小河
岸边植被阻止了河岸侵蚀,树根保护了河岸土壤免受冲蚀

　　热带地区切削的斜坡具有深切而剖面异质的特点,针对这种边坡的有关技术和结论对分析下切河流的河岸或许有效(Anderson et al.,1996;Collison et al.,1996)。要检验滨河植被对下切河流河岸稳定性的影响,改进的边坡水文-稳定模型 CHASM(Anderson et al.,1991)可能特别有效。

4.4　基　岩　河　道

　　基岩河道是指地貌和坡降直接受到基岩控制的河道(Wohl,1998)。基岩河道至少有超过河长一半的基岩裸露于河床或河岸,或在洪水时,河床淘刷、河岸侵蚀的强度和位置受到基岩的限制。超过一半河长的基岩裸露,说明河道泥沙淤积没有积累到足够深度,使河道完全为淤沙覆盖。在大流量时,当基岩出现成为河道边界时,与冲积性河流的通常情况相比,其流态、输沙和河型简化了。岩性河谷边壁限制了河漫滩的发育,因而对基岩河道来说,有低位水流和高位水流之分,而不是主槽流和漫滩流之分(图 4.9)。

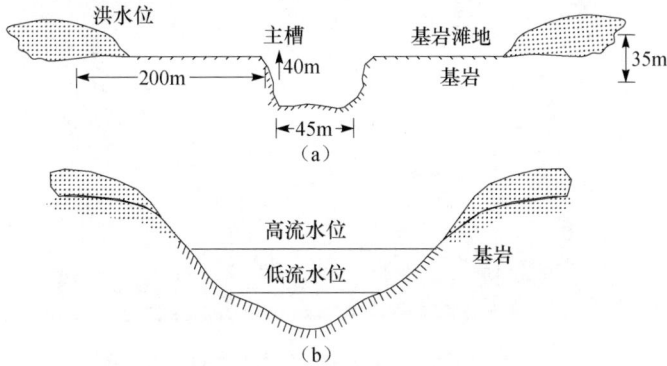

图 4.9　U 形(a)和 V 形(b)断面基岩河道的形态示意图(Wohl,1992)

　　基岩河道多出现在地形起伏显著的地区,这种地形起伏可能是新近地质构造抬升的结果,如中亚的喜马拉雅山脉、美国西南部的科罗拉多高原。在一个流域中,显著的地形起伏易于形成很大的河流坡降,使单位流量水流具有较高的输沙能力和水能。基岩裸露常常表明,该河道在洪水期间极其缺沙。

　　当洪水沿着高度风化、质地松软,或层叠或裂隙状基岩下切的河道奔流而下时,受溶蚀、磨蚀或气蚀作用,河道发生强烈的侵蚀下切。图 4.10 所示为一个黄河中游河道的基岩河床下切的例子。黄河中游河床由多层石灰岩构成,水流挟带高浓度的悬移质泥沙,具有更强的磨蚀能力,主槽侵蚀冲刷深度最深处可达 40m。图 4.11 显示的是渭河的一个支流——泾河裸露的基岩河床,其河道断面呈 V 形,与图 4.9(b)所示的类型类似。

图 4.10　黄河中游的基岩河道
高浓度悬移质泥沙侵蚀基岩形成很深的主河槽

图 4.11　泾河一处裸露的 V 形断面的基岩河床

基岩河道常常下切至低于周围的边坡和高地。由于基岩河道的下切作用通常持续成百上千年,所以对基岩河道而言,下切作用所引起的河道不稳定问题不像冲积性河道那么突出。不过,某些情况下基岩河道快速的下切也会引起灾害。从表 4.4 可以看出,基岩河道下切侵蚀的速率受基岩性质、水流状况和坡降的影响,侵蚀速率为 0.5～1000mm/ka。我国黄土高原的泾河,每年挟带大量的泥沙进入渭河,其年均含沙量高达 140kg/m³。由于泥沙颗粒细小,河中无底沙,泾河的基岩暴露于河水的冲刷作用下,河床下切速率约为 5mm/ka。

表 4.4　基岩河道长期平均下切速率(Schumm et al.,1983;Wohl et al.,1994)

速率 /(cm/ka)	岩 性	地 点	流域面积/km²	气候和地质构造	下切持续时间	资料来源
9	花岗岩 安山岩	美国加利福尼亚州 内华达山脉	35 000	干旱, 抬升	上新世至 第四纪	Huber(1981)
30	沉积岩	美国科罗拉多州	11 800	半干旱, 抬升	中新世至 第四纪	Larson 等(1975)
7	变质岩	美国科罗拉多州		半干旱, 抬升	上新世至 第四纪	Scott(1975)
45～130	沉积岩	以色列 Nahal Zin	1 540	极其干旱, 抬升	第四纪	Goldberg(1976), Schwarcz 等(1979), Yair 等(1982)
10	沉积岩	以色列 Nahal Paran	3 600	极其干旱, 抬升	第四纪	Wohl 等(1994)
30	玄武岩 石灰岩	美国犹他州	9 900	半干旱, 抬升	第四纪	Hamblin 等(1981)
9.5	沉积岩	美国亚利桑那州	68 500	半干旱, 抬升	第四纪	Rice(1980)

续表

速率 /(cm/ka)	岩性	地点	流域面积/km²	气候和地质构造	下切持续时间	资料来源
23~25	玄武岩	墨西哥西部哈利斯科州		干旱，抬升	上新世至第四纪	Righter(1997)
15		中纬度平均河槽下切速率				Pitty(1971)
25~47	沉积岩	美国犹他州	115 000	半干旱，抬升	第四纪	Harden 等 (1989)
1000	火成岩变质岩	巴基斯坦	260 000	半干旱，抬升	第四纪	Leland 等(1995)
70~180	沉积岩	美国加利福尼亚州北部	655	地中海气候，抬升	全新世	Merritts 等(1994)
<25	沉积岩侵入火成岩	美国加利福尼亚州中部	10~20	地中海气候，抬升	第四纪	Rosenbloom 等 (1994)
0.5~8	玄武岩	美国夏威夷	0.1~90	季节性炎热至半干旱，抬升	上新世至第四纪	Seidl 等(1994)
40~100*	玄武岩	美国夏威夷	0.1~90	季节性炎热至半干旱，抬升	上新世至第四纪	Seidl 等(1997)
50~690	沉积岩	美国蒙大拿州	1 420	温带湿润气候，抬升	第四纪	Foley(1980)
≤1000	泥岩	日本南部	0.15~0.4	温带湿润气候，抬升	第四纪	Mizutani(1996)
5.7	石灰岩	新几内亚岛	0.02	热带湿润气候，抬升	第四纪	Chappell(1974)
≤1.57*	沉积岩	加拿大安大略省	686 000	温带湿润气候，地层活动不活跃	第四纪	Tinkler 等(1994)
0.5~3	玄武岩变质岩	澳大利亚东南部	20~400	温带湿润气候，地层活动不活跃	中新世至第四纪	Young 等(1993)
300	玄武岩沉积岩	挪威斯瓦尔巴特群岛		亚寒带气候，地层活动不活跃	第四纪	Budel(1982)
2.7	碳酸盐石英岩	美国弗吉尼亚州		温带湿润气候，地层活动不活跃	第四纪	Granger 等(1997)

＊尼克点向上游移动。

三种作用，即溶蚀、磨蚀和气蚀侵蚀基岩河槽。溶蚀是指化学风化和溶解作用,可以直接侵蚀基岩(如碳酸岩),更普遍的现象是使基岩强度降低,使基质在其后更易受到磨蚀和气蚀作用(Carling et al.,1994)。对河道直接进行化学风化作用的估算很少见于文献,大多数化学侵蚀速率是流域的平均值,其中包括地下水和土壤过程的共同作用,或者对暴露于山坡的岩石表面、建筑物或墓石进行测量而得到的化学侵蚀速率。流域化学侵蚀速率一般为 0.005～0.2mm/a(碳酸岩和页岩)或 0.7mm/a(蒸发岩)(Lerman,1988)。对河槽开展化学侵蚀的量化研究很少,其中,Smith 等(1995)测量得到澳大利亚东部碳酸岩地区的化学侵蚀速率为 0.022～0.200mm/a。图 4.12 所示为长江中游三峡区域受化学侵蚀的基岩河槽,河床由石灰岩构成,易受溶蚀作用侵蚀。

图 4.12　长江中游三峡区域受化学侵蚀的石灰岩基岩河槽

　　磨蚀是指推移质沿河道运动对河道基岩的磨损侵蚀。仅由磨蚀引起的基岩河道侵蚀速率尚未见有文献报道,这一方面是由于很难区分磨蚀和其他原因造成的侵蚀;另一方面是由于相对于大多数野外试验研究持续的时间而言,基岩河道的侵蚀速率通常很低。最大的磨蚀侵蚀率一般发生在大洪水期间,而且水流挟带大量粗沙,沿着抗磨蚀能力较弱的基岩河道流动。受磨蚀作用控制的河道在其河床或岸壁上呈现大量的壶穴、纵向沟纹和尼克点等侵蚀特征。长江葛洲坝附近的基岩河道床底最低点高程为-10m,比周围河床低 60～70m,这种局部下切作用主要是推移质颗粒作用于相对较软的基岩上磨蚀而形成的。图 4.13 为广西漓江基岩河道,美丽的河流风光先是由溶蚀过程雕蚀而成,但其基岩河道主要是河床上的砾石运动磨蚀形成的。

　　气蚀是由于流速脉动引起压力波动时发生的,压力波动生成气泡并爆裂。气泡破灭时产生的冲击波会降低基岩强度,在岩石表面上击出坑槽。在持续的高水流条件下,气蚀的侵蚀能力很显著。1983 年,科罗拉多河上的格林峡谷大坝溢洪道泄流,流量达到 900m³/s,发生气蚀。仅数天,就在直径 12.5m 的混凝土衬砌的溢洪道上侵蚀出阶梯状、深达 10m、长达 6m 的深坑(Eckley et al.,1986)。对基岩河道侵蚀的实际过程目前还知之甚少。定量试验研究常用于估计磨蚀速率,一般在水槽内铺上黏性粉沙和黏土,并使用实际的岩石和泥沙进行模型试验。

图 4.13　漓江基岩河道

尼克点是指河流纵剖面上坡度的突变点,即在河流的平滑纵剖面上,在急流、险滩或瀑布处出现弯折的地方。由于尼克点的存在,基岩河道向下游坡度是变化的。尼克点可能为垂向高达数米的瀑布,也可能是一段短而陡的河段。尼克点通常多发育于层状或有缝的岩石上,有其存在的河道一般认为处于非平衡状态,表现在尼克点会向上游移动,坡度因侵蚀趋向于变小,或其形式和位置发生改变。因此,尼克点一般被当成河道尚未达到平衡的证据。图 4.14 是位于黄河中游著名的壶口瀑布。壶口瀑布就是河道中的一个尼克点,以 0.5～0.7m/a 的速率向上游移动。尼克点在向上游移动的过程中,始终维持着几乎垂直的下游面。

图 4.14　壶口瀑布是黄河河道中的一个尼克点

　　针对尼亚加拉瀑布,Gilbert(1896;1907)首次提出了尼克点阶梯式溯源冲刷后移过程的经典理论。该理论认为,瀑布跌落至其下的水潭中,水流的紊动和磨蚀作用侵蚀强度较弱的岩层,造成底部淘刷,上部形成越来越不稳定的岩石盖,并最终塌落,这是尼克点后退的主要原因(Tinkler et al.,1994)。然而,尼亚加拉瀑布下的水潭并不是在水面以下的底部淘刷,且水潭侵蚀在尼克点后退中所起的作用仍不明了。随后的研究表明,尼克点中壶穴的边缘侵蚀是其溯源后退的一个重要原因(Bishop et al.,1992)。受高含沙水流侵蚀影响,黄河壶口瀑布不断向后退,在瀑布的周围常能发现许多壶穴。壶穴的形成机理尚有待研究。图 4.15 为黄河壶口瀑布处的壶穴。图 4.16 为湖南湘江流域一条山中小溪一处小尼克点附近正在发展的壶穴。

图 4.15　黄河壶口瀑布处的壶穴

图 4.16　湖南湘江流域一条小溪正在发展的壶穴

尼克点是河流沿程能量耗散最为集中的点。大多数研究者认为尼克点后退的速率相当快，并且关注于对尼克点后退的机理和速率的研究。尼克点面上及其紧邻上游处的剪应力最大(Gardner,1983)。尼克点的后退速率与流量成正比，是陡峭河段向下侵蚀速率、尼克点面上溯源侵蚀速率和尼克点高度的函数(Holland et al.,1976)。对基岩尼克点后退的速率开展实际测量很少，仅在尼亚加拉大瀑布和夏威夷地区有一定的测量数据。据对尼亚加拉的蚌壳进行同位素碳年龄测定显示：距今 10 500～5 500 年，位于尼亚加拉峡谷狭窄断面处 46m 高的尼亚加拉大瀑布移动非常缓慢(0.05～0.70m/a)，那时五大湖区上游绕行此处(Tinkler et al.,1994)。此前，尼亚加拉大瀑布的流量和后退速率与现在非常接近(1.57m/a)，距今 5200 年前，尼亚加拉瀑布恢复了与现在相似的后退速率。

4.5　阶梯-深潭系统

4.5.1　山区河溪中阶梯-深潭系统

在大坡度山区河流(3%～5%或>5%)中，阶梯-深潭系统是一种常见的河流微地貌，河床由一段陡坡和一段缓坡加上深潭相间连接而成，呈一系列阶梯状(Abrahams et al.,1995;Chin,1999)。阶梯-深潭系统一般发育于床沙粒径相差数个数量级的河流中，最大粒径与河深甚至河宽在同一数量级。通常阶梯由大卵石和漂石构成，深潭中落淤细泥沙，它们相互交替，形成重复的阶梯状河道纵剖面(图 4.17)。

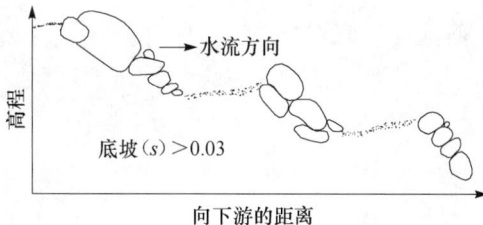

图 4.17　大坡降河道中阶梯-深潭系统的阶梯状纵剖面

阶梯-深潭系统常在山区数米宽的小溪中形成，图 4.18(a)所示为长江上游流域中一个仅有 2m 宽的小山涧上的阶梯-深潭系统。大石块在阶梯-深潭系统的形成中起着关键作用，在相对大的河溪中，如果河床坡度较大，并有巨石存在，也可能形成阶梯-深潭系统。图 4.18(b)为四川省小金川上的阶梯-深潭系统，河宽约 20m以上，大石块直径超过 5m。这是大滑坡堵江后逐渐冲刷发育而成的结构。

在阶梯-深潭系统中，石块和大小颗粒间紧密相扣成为一个整体，具有相当高的稳定性，只有极大的洪水才有可能毁坏。阶梯-深潭系统为可靠的平衡形态,特别是此系统具有明显的规则性,能达到最大的阻力消能效应。我国是多山国家,大多数河流发源于山区,阶梯-深潭系统分布很广,如东江上游野趣沟、长江上游小江支流深沟和黑水河、岷江支流皮条河、嘉陵江上游九寨沟、贵州清水河等。

(a)

(b)

图 4.18　长江流域上游发育的阶梯-深潭系统(见彩图)
(a)长江流域上游小山涧上的阶梯-深潭系统;(b) 四川省河宽
约 20m 以上的小金川河上的阶梯-深潭系统

从 20 世纪 80 年代起,国内外学者对阶梯-深潭系统进行了多方面的研究。阶梯-深潭系统不仅影响水流阻力,而且控制输沙(Whittaker,1987;Rosport,1994)。模型水槽试验中,对输沙的影响体现在出现一系列的与水下地形相关的沙波。当深潭充满泥沙时,其消能作用会消减(Whittaker et al.,1982)。其后,水流流速增加,侵蚀能力加大,出现的现象正好与阶梯-深潭系统开始形成的现象相反。在德国 Lainbach 河的一个阶梯-深潭系统,发现河床调整表现其增加水流阻力的作用(Ergenzinger,1992)。阶梯上巨大漂石的作用类似于骨架,使阶梯结构紧密相扣成为一个整体,从而具有相当高的稳定性。阶梯的形成需要有一个或更多起关键作用的大石块,阶梯-深潭系统的形成受泥沙供应和输沙条件的强烈影响。阶梯之间的深潭是细小颗粒床沙的蓄积地。

阶梯-深潭系统的形态可由两个参数描述:阶梯间的跨度(L)和阶梯高度(H_s),阶梯陡峭程度可用 H_s/L 表示,与单位长度河道水流的水头损失密切相关(Abrahams et al.,1995)。美国俄勒冈州的两条小溪中深潭至深潭(或是阶梯顶至阶梯顶)的平均间距是 2~4 倍的河宽。不过由于沿河道基岩出露和漂石堆积体分布不均,各个间距差异很大(Grant et al.,1990)。河道坡度越大,阶梯-深潭系统的阶梯外形越完美、越规则(Judd et al.,1969;Whittaker,1987;Grant et al.,1990;Wohl et al.,1994;Chin,2002)。同时也表明,如果阶梯的高度是由最大粒径石块控制,河床坡度的增加必会引起阶梯间距的减小。

水流越过阶梯注入下边深潭是一个急流和缓流交替的过程。水流在阶梯上是急流($Fr>1$),在深潭中变为缓流($Fr<1$),在这个过程中通过水跃消耗大量能量(Hayward,1980;Whittaker et al.,1982),而且主要由巨石构成的阶梯施加的形状阻力也增加了水流能量消耗。阶梯-深潭结构对水流阻力有明显的增大作用。对于山区河流而言,由于受狭窄河谷的限制,其他形式的水流耗能(如横向调整)难以起到作用,所以,阶梯-深潭的这种增阻耗能作用对于山区河流特别重要。如果没有阶梯-深潭系统,山区河溪陡峭的坡度所产生巨大的势能将引起河道严重的侵蚀。

阶梯-深潭系统是山区河流中生态功能最为完善的河床模式。大鱼能够溯流而上游过阶梯,小鱼则可以顺着石块间流速较低的空当游到上游。水的深浅不同、流速的高低相异塑造了适宜多种物种生存的多样的栖息地,支撑多样的河流生态。深潭不仅是幼小鱼类的庇护所,在干旱年份,它也能保存一定水量,从而成为水生物种的避难地。

阶梯-深潭系统是在河道下切过程中发育出的,只有当上游来沙不足时,才可能发育成阶梯-深潭。例如,深沟是我国南方云贵高原小江的一条支流,1976 年前,深沟经常发生泥石流,坡面侵蚀和冲沟侵蚀产生了大量的泥沙进入河道,输沙量大,植被稀少,河道上没有阶梯-深潭系统。1976 年以后,流域内开展了大规模的水土保持工程和植树造林,滨河植被得到发育,河流输沙量急剧减少。河流进入缺沙状态,缺沙水流冲刷河床,发育形成阶梯-深潭系统[图 4.19(a)]。阶梯-深潭系统形成后,一系列的水跃消耗了水流能量,使得河势稳定,生态改善,发展成旅游景观图[4.19(b)]。与此形成对照的是,同样是小江支流的蒋家沟,距深沟仅16km,流域侵蚀没有得到控制,水流输沙量很高。由于上游来沙量大,下游河床现在仍然处于堆积抬高状态,所以没有形成阶梯-深潭系统,如图 4.19(c)所示。小白泥沟距离深沟只有 8km,在深沟对面汇入小江。小白泥沟泥沙含量大,推移质和悬移质运动明显,推移质主要包含砾石和沙。虽然其气候和原始河床组成与深沟相似,但是完全没有发育阶梯-深潭系统,河势散乱[图 4.19(d)]。

图 4.19　云南小江支流上发育的阶梯-深潭系统

(a) 云南深沟大坡度河道上发育的阶梯-深潭系统;(b) 阶梯-深潭系统形成后,河势稳定;
(c) 蒋家沟没有形成阶梯-深潭系统;(d) 小白泥沟输沙量大,没有发育阶梯-深潭系统

Shatford 河位于加拿大不列颠哥伦比亚省的 Okanagan 山谷,是 Single 河的

一条向东流向的支流。Zimmermann 等（2001）对这条小河开展了研究，论述了小河中阶梯-深潭系统的特征。研究河段选取了 4 处，每段约长 60m，在每个河段，阶梯实际上就是起关键作用的漂石的位置。图 4.20 所示的是这些河段的纵剖面。河段 1 中的水流急，缺少大型的漂石，因而洪峰时的水位线比其他河段更加趋于线性[图 4.20(a)]。河段 2 的河床纵剖面变化很大，在该河段的 19m 处，水流被一棵大树和一些大漂石分成几股；在河段的 32m 处是一个急弯[图 4.20(b)]。河段 3 最为陡峭和狭窄，其中的漂石粒径最大，水流的平均流速最小[图 4.20(c)]。河段 4 分布有连续的阶梯-深潭系统，并且在四处河段中最为明显，但各组阶梯的高度和深潭的深度很不相同[图 4.20(d)]。在该河段 23m 处的阶梯由两块巨石并肩形成，每块巨石直径约 2m。

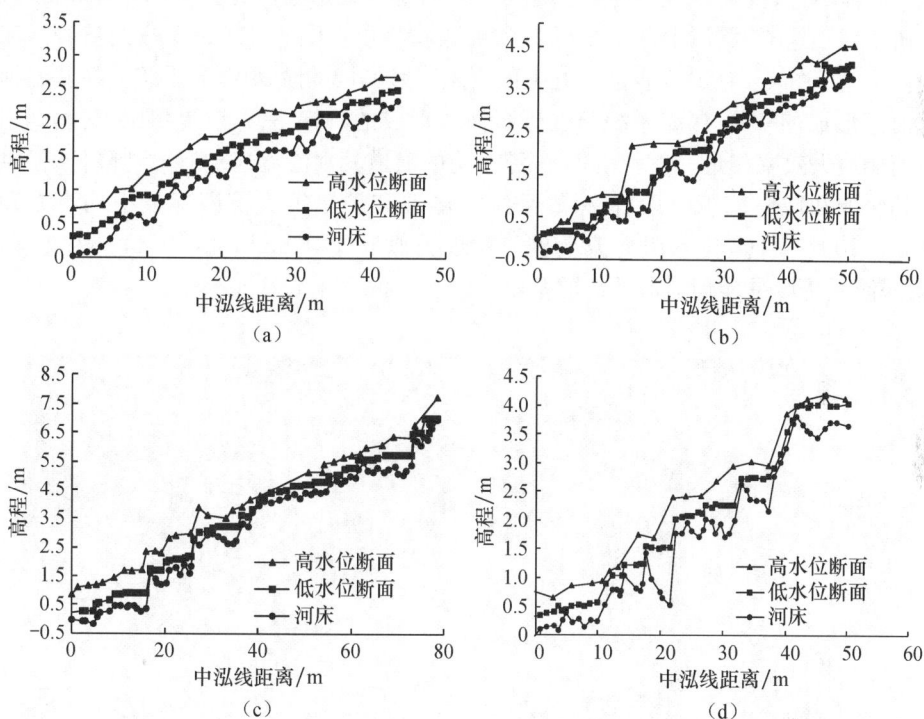

图 4.20 加拿大不列颠哥伦比亚省 Shatford 河四处河段的纵剖面

Rosport（1997）提出，规则的阶梯-深潭系统的长度随平均流量的增加而增长，Whittaker（1987）认为两阶梯或两深潭之间的间距（L）与河床坡降（s）之间有下面的关系：

$$L = 0.31s^{-1.19} \tag{4.2}$$

式中，L 的单位为 m。当河道坡降增至 0.15 时，阶梯间距将迅速减小。Abrahams

等(1995)通过野外和实验室数据,得到阶梯平均陡峭度(H_s/L)和坡降的关系,进一步说明坡降对阶梯-深潭系统形态的影响:

$$H_s/L \sim 1.5s \tag{4.3}$$

需要指出的是,只有床沙质(主要是推移质或颗粒较粗的泥沙)输沙影响阶梯-深潭系统的发育,冲泻质(悬浮的非常细小颗粒)对阶梯-深潭的发育没有影响,因为冲泻质不参与河流造床过程。在云南境内两条交汇的溪流,一条溪流的水色浑浊,挟带着大量悬移质泥沙;另一条溪流水色清晰。但这两条溪流中都发育有阶梯-深潭系统,其原因是浑水溪流中只有悬移质,几乎没有推移质,所以不会妨碍阶梯-深潭系统的发育。

虽然阶梯-深潭系统的阶梯通常是由圆石构成的,但基岩河床也会形成阶梯。在林区流域,大的树木残骸等聚积也可形成阶梯。在这些情况下,阶梯由基岩或大的树木残骸构成,深潭中截留了砾石和细颗粒物质。图4.21(a)为一处基岩河床阶梯-深潭,图4.21(b)为香港一处大的树木残骸构成的阶梯-深潭系统。在基岩河床河道形成的阶梯-深潭系统与在砾石河床形成的阶梯-深潭系统相比,其达到阻力消能最大效率相近。发育阶梯-深潭系统的河道其水流流速被有效地降低,使洪水的影响和威胁降低。阶梯-深潭系统在潮湿和干旱等大范围环境中均有发现(Chin,2002),甚至在冰川河流上也曾发现类似形式(Knighton,1984)。因此,阶梯-深潭系统应是陡峭河流系统的基本元素。

(a)   (b)

图4.21 基岩河床和树木残骸构成的阶梯-深潭系统

(a)基岩河床阶梯-深潭系统;(b)香港泰浦沟大的树木残骸构成的阶梯-深潭系统

4.5.2　阶梯-深潭系统的实验研究

阶梯-深潭系统的形态描述可以从野外调查得到,对其在水文、水力和生态方面的研究也可以在野外进行,但其详细的水力参数的描述和发育过程却只能通过室内实验得到。

Wang 等(2004)通过室内水槽试验对阶梯-深潭系统的发育过程和形成机理进行了研究。试验水槽由有机玻璃制成,长 5m、宽 8cm、高 20cm。水槽坡度为 0.05~0.15,水流流量为 0.1~0.5L/s,流量通过入口处的三角形薄壁堰测量。实验中采用了三组不同级配的卵石加砂混合物(图 4.22),不同级配之间的差异在于是否有大颗粒砾石和卵石。每组试验开始前在水槽内均匀铺沙,初始厚度为 10cm。释放给定流量的清水,冲刷河床泥沙,一个相对稳定的阶梯-深潭系统逐渐形成,同时侵蚀速率降到最低。随着阶梯-深潭系统的发育,水流的深度增加,而流速却随之减小。大多数试验中河床糙率大而河岸糙率非常小,水深为水面宽度的1/5,河床糙率是河岸糙率的 5 倍多,因此,水流可以视作是二维的。

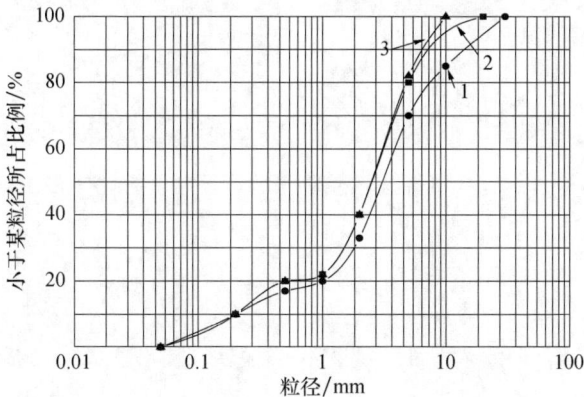

图 4.22　实验中采用的砂砾石混合物级配曲线

实验水槽中的阶梯-深潭系统的形成过程大致可以分为以下三个阶段:第一阶段,达到一定流量的清水水流流过平整的河床,水流能量较小,但清水水流挟沙力不饱和,能挟带床面细颗粒泥沙,只有粗颗粒能驻留在床面,这样便形成了粗化层。粗化层使河床糙率增加,增大了水流阻力,流速减小。第二阶段,水流带走最粗的颗粒,河床中发育出的粗化层被水流冲刷破坏。河床上移动的颗粒形成沙波,产生沙波阻力,导致流速下降。第三阶段,细颗粒泥沙和较小卵石继续向下游输运,较粗大的卵石石块被水流剥离出露床面。大粒径卵石石块比较稳定,起了关键的作用,这些石块阻挡住从上游冲刷下来的较小卵石,并与它们堆积在一起,形成了阶梯的雏形。此处的卵石石块在水流不断冲击的作用下,相互紧锁嵌固,有序排列,形成叠瓦结构,共同构成稳定的阶梯。在阶梯下游,床面掏刷形成深潭。流过阶梯的水流为急流,在深潭中变为缓流,所以在深潭中形成水跃。阶梯和深潭耗散水流能量,大大降低水流流速。因此,阶梯-深潭系统能明显增大水流阻力和水深,这对河床的稳定有非常重要的意义。阶梯阻力和水跃耗散了大部分原本会引起河床严重侵蚀的水流能量。

图4.23展示了阶梯-深潭系统的发育过程:图4.23(a)低水流能力条件下形成粗化层;图4.23(b)高能量水流下床面发育阶梯-深潭系统;图4.23(c)实验后的干床面形态;图4.23(d)阶梯-深潭段中的水跃。

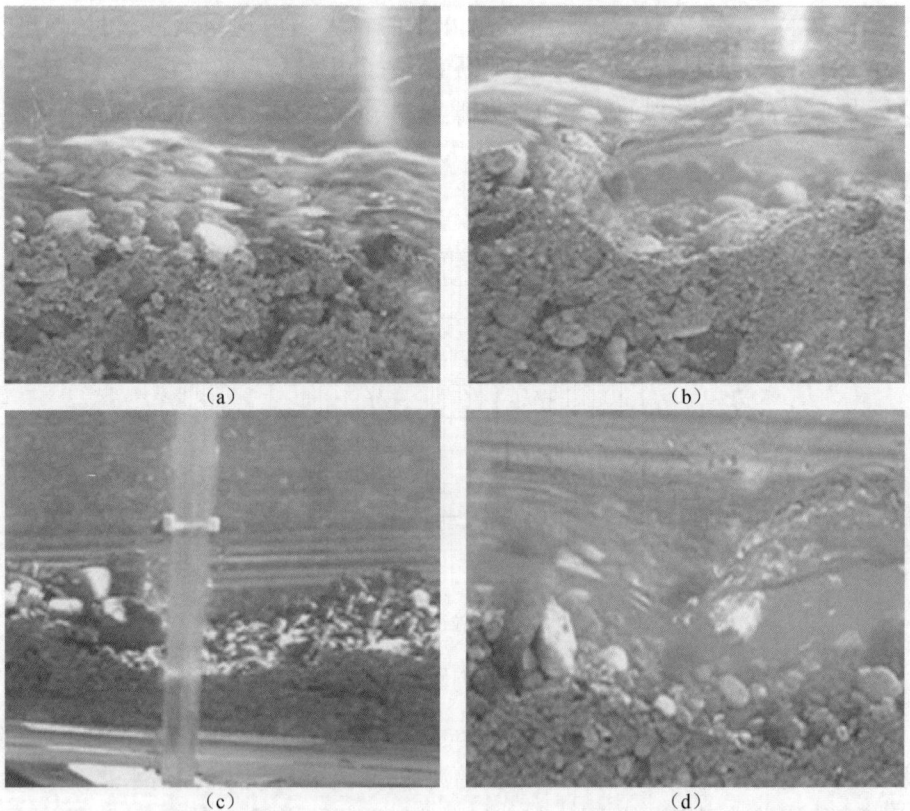

(a)

(b)

(c)

(d)

图4.23 阶梯-深潭系统的发育过程

表4.5列出了河床发育出阶梯-深潭系统过程曼宁系数和推移质输沙率的变化,其中水力半径通过直接测量平均水深得到;平均流速通过流量和过水断面计算得到;曼宁系数(n)用曼宁公式计算得到,代表河床对水流的阻力;推移质单宽输沙率通过泥沙收集器在水槽下游末端实测得到,在水槽入口没有加沙的情况下,测到

的输沙率实际上是河床单位时间内的冲刷量。

表 4.5　河床形态发展不同阶段的曼宁系数和推移质输沙率

编　号	水力半径 (R)/cm	平均流速 (U)/(cm/s)	曼宁系数(n)	推移质单宽输沙率 (g_b)/(kg/min)	床面形态 发展阶段
1	0.87	0.718	0.0186	15.00	酝酿
2	1.25	0.500	0.0341	5.40	酝酿
3	0.96	0.651	0.0219	12.30	粗化层
4	1.28	0.488	0.0354	4.60	粗化层
5	1.53	0.408	0.0477	0.73	阶梯-深潭系统
6	1.66	0.377	0.0547	0.04	阶梯-深潭系统
7	1.64	0.377	0.0545	0.05	阶梯-深潭系统

　　在阶梯-深潭系统的发育阶段(图 4.24 中的阶段 Ⅰ),水流初始冲刷河床明显,测得的推移质输沙率较高,曼宁系数随着床面形态的调整而变化。在第二阶段(图 4.24 中的阶段 Ⅱ),经过一段时间的冲刷之后,床面形成了一层粗化层,阻力增加。与此同时河床侵蚀率和输送到下游的泥沙量减少。粗化层难以维持很长时间,因为挟沙力不饱和,水流能起动单个的粗颗粒泥沙。起动的粗颗粒在运动过程中会被粒径更大的颗粒阻拦下来,堆积在一起形成叠瓦结构。当更多的颗粒在河床的若干处叠合在一起,就形成了阶梯。水流越过阶梯继续淘蚀阶梯下游的河床,形成深潭,由于水流阻力的进一步增加,又逐渐减少侵蚀。最终,糙率达到最大,整个河床基本达到了稳定状态(图 4.24 中的阶段 Ⅲ),下游测得的输沙率减小到接近零。

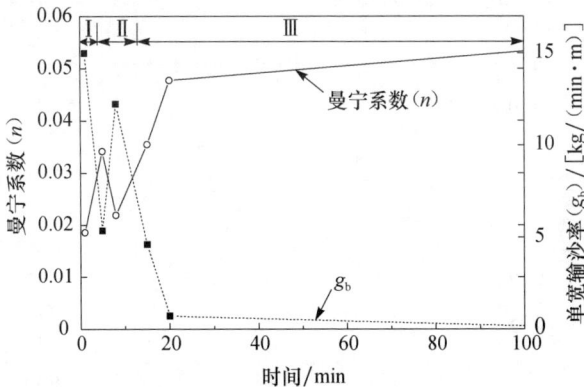

图 4.24　河床发展的三个阶段中的曼宁系数(n)和单宽输沙率(g_b)

考虑到天然河流中的水流条件是非恒定的,在实验中还研究了非恒定水流条件下阶梯-深潭的形成过程。试验中,施加洪峰流量为平均流量的 2~3 倍,一次持续数分钟。在相同的水槽坡度下,阶梯-深潭系统的发育比恒定流条件下要迅速,而且阶梯的数量减少,深潭的深度增加。

为了说明阶梯-深潭系统发育的程度,引入参数 S_p 来描述阶梯-深潭系统的发育程度。如图 4.25 所示,S_p 为曲线 $ABCDEFG$ 的长度与直线 AG 的长度的比值减去 1,即

$$S_p = \frac{曲线长度}{直线长度} - 1 = \frac{(\overparen{AB} + \overparen{BCD} + \overparen{DEF} + \overparen{FG})}{\overline{AG}} - 1 \tag{4.4}$$

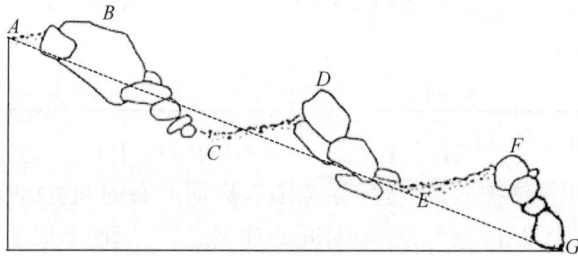

图 4.25　阶梯-深潭系统发育程度的定义

S_p 值通过摄影机录像来测量。实测结果发现,当河床中无阶梯-深潭段发育时,$S_p = 0$;如果坡降不大,并且只有单个的阶梯-深潭发育时,S_p 值为 0~0.1;当河床中有连续的阶梯-深潭系统发育时,S_p 的值大于 0.1,可以达到 0.3。野外研究发现,阶梯的高度取决于最大颗粒的大小(Wohl et al.,1997),但阶梯间的距离则与坡降成反比,如式(4.2)和式(4.3)所示。如图 4.26 所示,试验得出阶梯-深潭发育程度与坡降的关系(Wang et al.,2004):

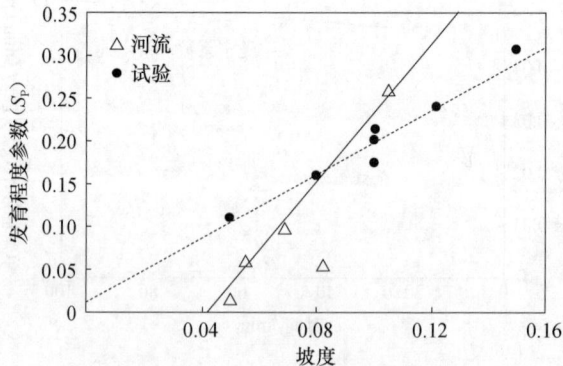

图 4.26　阶梯-深潭发育程度和河床坡降之间的关系

$$S_p = 2s \tag{4.5}$$

式中，s 为床面坡降。坡降越大，单位长度河床消耗的水流能量就越大。每个阶梯-深潭只能消耗一部分能量，为了保持河道的稳定，坡降大的河道就需要更多的阶梯-深潭耗能。因此，阶梯-深潭的发育程度与河床坡降成正比。

发育着阶梯-深潭地貌的山区河流的河床纵坡度一般都比较大，为 $1\% \sim 20\%$，河道的宽深比较小（Grant et al.，1990）。天然阶梯-深潭河床泥沙的成分复杂，床沙来源各不相同，如冲积河流的卵石、风化的基岩碎屑、树木残骸堆积物和冰积物等。阶梯-深潭的发育过程就是这些大小各异、来源不同的各种河床泥沙通过水流调整，在河床中重新分布的过程。在发育阶梯-深潭的天然河流中，一般泥沙级配不均匀，粒径分布范围广，平均粒径大。泥沙粒径小的不到 1mm，大的则达 $1\sim2$m。直径大于 1m 的漂石和巨大的石块构成阶梯的骨架，一般情况下，组成阶梯的最大石块直径通常超过河宽的 1/10。

试验发现，大石块对阶梯-深潭的形成有很重要的作用。当河床泥沙中没有大于 1/8 槽宽的系统石块时，无法形成阶梯-深潭。级配 3（图 4.22）的砂石混合物，只形成了单个的阶梯-深潭，而级配 1 和级配 2 的砂石混合物发育了良好的阶梯-深潭系统。上游来沙对阶梯-深潭系统的发育具有负面影响。在一些试验中，自水槽的上游入口向水流中加沙，则减缓甚至抑制了阶梯-深潭系统的发育。事实上，阶梯-深潭系统的发育是河床侵蚀冲刷的结果，如果上游来沙量大于水流输沙率，水流流动变缓，部分泥沙堆积在河床床面上，整个河床中不能形成阶梯-深潭系统。对云贵高原小江流域的野外调查和研究也得出了同样的结论。

通过水槽实验中观测到的现象和结果，结合天然阶梯-深潭河流的流域特征，认为阶梯-深潭地貌发育的河流一般有如下特征：①河道坡度大，一般为 $3\% \sim 20\%$；②河道宽深比较小；③河床泥沙级配不均匀；④水流挟沙力不饱和，河道处于侵蚀冲刷状态。通过数据分析，得到下面的经验公式：

$$S_p = \alpha s \left(\frac{D_{\max}}{D_{50}} - b\right)^m \left(1 - \frac{g_{\text{bin}}}{g_b}\right) \tag{4.6}$$

式中，$D_{\max}$ 和 D_{50} 分别为河床泥沙颗粒的最大粒径和中值粒径；g_{bin} 和 g_b 分别为河段上游单宽来沙率和水流单宽输沙率；α、b 和指数 m 分别为常数，根据流域的不同而选取不同的数值。

根据水槽实验结果和野外调查我国南方和西部山区河流得到的数据，拟合得出 α、b 和 m 的值：

$$\alpha = 4.4 \times 10^{-4}, \quad b = 4, \quad m = 4.7$$

4.5.3　阶梯-深潭系统在河床演变中的作用

实验研究和野外调查结果均表明，阶梯-深潭系统的发育能起到河流增阻、耗能及保护河床免受侵蚀的作用。水槽试验结果还表明,阶梯-深潭系统不仅增加水流阻力,而且使之最大化(Whittaker et al.,1982)。Abrahams 等(1995)对阶梯-深潭系统开展了具有创造性的实验和野外现场研究,得出的结论认为,阶梯-深潭系统使水流阻力最大化,使河流达到最大的稳定性。因此,阶梯-深潭系统为什么会发育、其形态为什么如此特殊,这些问题可以通过能量耗散作用来解释。不仅如此,阶梯-深潭系统还为水生生态群落提供多样性的栖息地,水流通过阶梯时从空气中卷吸进大量氧气,使水中的溶解氧含量增加,这些对于水生生态系统非常重要。

在实验中,随着侵蚀冲刷,河床糙率增加,当阶梯-深潭系统形成时,阻力达到了最大。在美国华盛顿州 Cascade 的山区河流,阶梯-深潭系统造成的水流阻力占全部阻力的 90%,而沙粒阻力和其他阻力只占 10%(Curran et al.,2003)。由于阶梯-深潭系统造成的阻力是水流阻力的主体,曼宁系数(n)是阶梯-深潭系统发展程度的一个函数。图 4.27 所示是 Wang 等(2004)实验的结果。当 S_p 大于 0.02 时,阻力随阶梯-深潭系统发育程度的增加而线性增大。

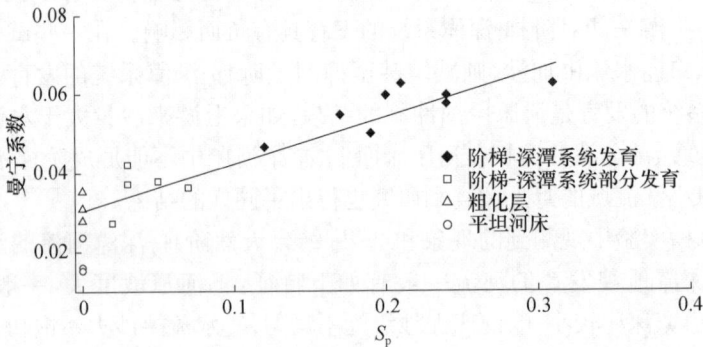

图 4.27　曼宁系数是阶梯-深潭系统发育程度(S_p)的函数

实验中发现,在水流深度较小时阶梯-深潭系统的阻力大,而在水流深度较大时阻力小。如果水流深度小于阶梯高度,水流流过阶梯后跌入深潭里,形成激烈紊动的漩涡和水跃。如果水深较大,阶梯被淹没,水流从其上漫过,不会产生水跃,水流能量的消耗有限,这样阶梯造成的水流阻力就大大减小。图 4.28 所示是本实验和美国华盛顿州 Cascades 山脉的山区河流中测量得到的曼宁系数与相对深度 R/D_{84} 的函数关系(Curran et al.,2003),其中 R 是水力半径,D_{84} 是84%的泥沙都较其为小的泥沙粒径。随着相对深度的增加,阶梯-深潭系统的能量耗散作用减弱,水流阻力变得越来越小,当相对深度大于 1 时,曼宁系数接近最小值。

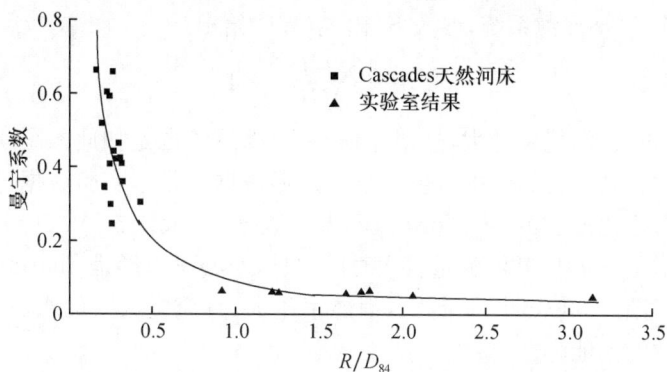

图 4.28　本文实验和美国华盛顿州 Cascade 山脉的山区河流得到的曼宁系数(n)
与相对深度(R/D_{84})的函数关系(Wang et al.,2004)

大多数情况下水深小于阶梯高度,且在深潭段会发生水跃。阶梯-深潭系统的耗能作用与水跃密切相关。水流通过阶梯时是急流,在深潭里变为缓流,正是水跃使水流由急流过渡到缓流,在此过程中耗散了水流能量,同时水跃产生了大量紊动的漩涡,并使大量的气泡掺入水中。

如图 4.29 所示,经过每个阶梯-深潭系统耗散的能量可以由式(4.7)计算(余常昭,1994):

$$\Delta H = \Delta h + \frac{Q^2}{2gB^2}\left(\frac{1}{h_1^2} - \frac{1}{h_2^2}\right) \tag{4.7}$$

式中,ΔH 为经过阶梯-深潭系统后的水头损失;Δh 为阶梯和深潭处水面高差;Q 为流量;B 为河道的宽度;h_1、h_2 分别为阶梯和深潭处的水深,则单个阶梯-深潭系统的消能率(K)为

$$K = \frac{\Delta H}{h_1 + \dfrac{Q^2}{2gB^2}\dfrac{1}{h_1^2}} \tag{4.8}$$

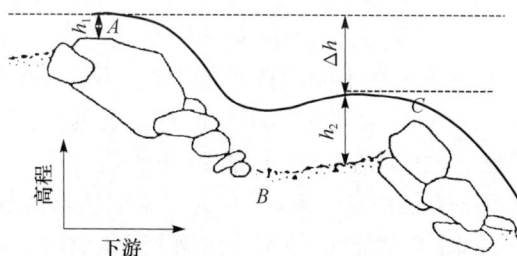

图 4.29　阶梯-深潭系统耗能的示意图

对于单个阶梯-深潭系统，参数 S_p 由式(4.9)给出：

$$S_p = \frac{AB + BC}{AC} - 1 \tag{4.9}$$

显然 S_p 越大，消能率越大，这对于阶梯-深潭系统也是如此。图 4.30 是消能率与参数 S_p 之间的关系，图中黑色实心三角形数据点是本实验数据，正方形是加拿大不列颠哥伦比亚省的 Shatford 河的野外数据(Zimmermann et al.，2001)，其中实心正方形是 Shatford 河流量较大时的数据，空心正方形是 Shatford 河枯水流量时的数据。图 4.30 表明，S_p 越大，消能率越大，且流量大时的水流消能率要低于枯水流量时的消能率。

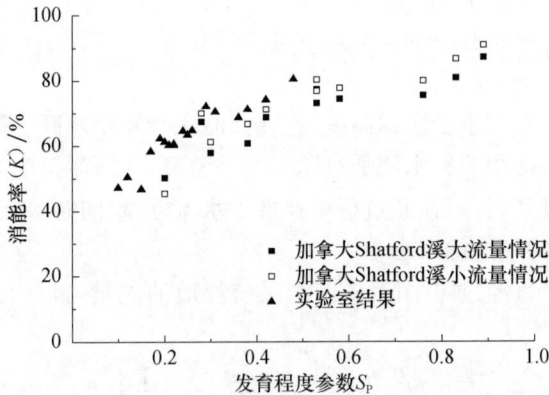

图 4.30　消能率(K)是阶梯-深潭系统发育程度 S_p 的函数(Wang et al.，2004)

综上所述，阶梯-深潭系统在河床侵蚀冲刷的过程中发育。如果水流冲刷强度低，则只能冲刷细颗粒，粗颗粒仍然驻留在床面形成粗化层。如果水流能量较大，足以使所有的颗粒移动，则移动的颗粒形成沙垄，产生沙波阻力。如果有卵石或较大的砾石，最大的石块可在阶梯发育的过程中起关键作用。阶梯下游的河床被冲刷形成深潭系统，阶梯上的流态是急流，深潭中的流态是缓流。阶梯-深潭系统的发育使水流阻力最大化。阶梯-深潭系统的发育程度与河床坡降成正比，如果上游来沙等于或大于水流的挟沙能力，就不会发生河床侵蚀，也就不会形成阶梯-深潭系统。阶梯-深潭系统的消能率是 S_p 的函数，S_p 越大则消能率越大。阶梯-深潭系统增大水流阻力和水深，减小水流冲刷力，保护河床不受侵蚀冲刷。阶梯-深潭系统不仅稳定河床，而且为水生生物群落提供了生态健康的栖息地。水流通过阶梯时卷入氧气，使水中溶解氧含量增加，而溶解氧对于水生生态系统很重要。

4.6　河床阻力结构

自然河流的河床形状是由变化多端的水流所塑造的,在一定水流条件下,尚未处于稳定状态的颗粒会移动至更稳定的位置,从而形成河床结构。除了阶梯-深潭系统这种在大底坡的山区小河流最常见的河床结构外,还常出现在底坡较大的山区中型河流的肋状结构及底坡较小的山区大型河流的满天星结构、岸石结构、簇丛结构。河床结构的强度来自以下三个方面:①颗粒间摩擦;②颗粒互锁;③遮蔽,特别是在尾流庇护下的颗粒。这些结构使得作用于的颗粒的上举力和拖曳力减小(Reid,1992),起到了抵抗河道下切、稳定河床的作用。

4.6.1　肋状结构

在坡降为 0.5%～3% 的河流中,常会发育肋状结构。这种结构可以增加水流阻力,减缓河道下切。图 4.31 所示为典型的肋状结构,卵石和漂石相互重叠,从河岸一侧延伸至河中,呈肋骨状。此结构稳定性很强,增加水流阻力,从而保护河岸和河床不受冲刷。图 4.32 为广东省东江一条支流上的两座桥,两者对比可以明显看出肋状结构在控制河道侵蚀下切上的作用。一座桥位于此河的下游段,由于河流中的石块被人们搬走用做建筑材料,河床不能发育结构,河床侵蚀下切约 2m 深,危及大桥安全[图 4.32(a)];另一座桥在上游段,发育出了肋状结构[图 4.32(b)],河床没有发生侵蚀下切,大桥安全。而这两个河段相距仅6km,且流量相同。

(a)　　　　　　　　　　　　　　　　(b)

图 4.31　河流上发育的肋状结构(见彩图)

(a) 四川省岷江支流皮条河;(b) 广东省东江一支流

（a）　　　　　　　　　　　　　（b）

图 4.32　肋状结构控制河床下切的作用

（a）在河流的下游段，没有肋状结构的河床被侵蚀下切了约 2m 深，危及大桥安全；

（b）在河流的上游段，有肋状结构，河床没有侵蚀下切，大桥安全

　　巴兰河为松花江的一条支流，河流底坡为 0.5%～1%，河床上发育出了肋状结构。此结构由卵石、砾石和一些漂石构成（图 4.33）。由于存在肋状结构，成功地控制了河道下切，河道至今都很稳定。

图 4.33　松花江支流巴兰河上发育的肋状结构

4.6.2　满天星结构

　　在我国东北山区河流巴兰河中，消能段和缓流段相间，消能段发育出满天星结构。很多漂石星罗棋布般散布在河床上，直径达 0.5～1.5m。漂石从整个河道显露出来，包括河道最深的部位（图 4.34）。这些在河道里无序分布的漂石在整个河

床上产生较高的、非均匀分布的阻力,消耗水流能量,从而稳定了河床。有满天星结构的河段长 200～500m,而且在两段具有这种结构的河段之间,有 0.5～3km 的河段为砾石河床,水深较大。有满天星结构河段的底坡约是砾石河床河段的 2 倍。图 4.34 为两段满天星结构河段。

图 4.34 东北巴兰河两段满天星结构河段(见彩图)

4.6.3 岸石结构

岸石结构是下切河流为保护河岸而自我发育的一种简单结构。图 4.35(a)所示为四川省大渡河上发育的岸石结构。直径大于 1m 的漂石堆积在河道两岸,增加了河岸阻力,从而有效减缓近岸流速,保护河岸免遭高速水流的侵蚀。在四川省的丹巴县,岸石结构有效地控制了河流的河岸冲蚀,保护了城镇。图 4.35(b)所示为长江支流嘉陵江上的岸石结构,漂石和碎石来自附近的支流和冲沟。此结构降低水流流速,提高河道稳定性。

(a)

(b)

图 4.35　河流岸石结构（见彩图）

（a）四川省大渡河岸石结构；（b）长江支流嘉陵江上的岸石结构

4.6.4　簇丛结构

簇丛结构发育在泥沙分选差的河流里，泥沙在障碍石（漂石或卵石）的背水侧和迎水侧的一侧或两侧聚积（de Jong，1991；Wittenberg，2002a）。在大水流的落水阶段，水流急剧紊乱，这种河床结构周期性发育。在砾石河床的河道里，簇丛结构是最为普遍的小规模河床结构形式，此结构可增加河流阻力，提高河床稳定性。图 4.36(a)为汉江一支流褒河中发育的漂石簇丛结构，图 4.36(b)为湘江流域金鞭溪中发育的菱形卵石簇丛结构。

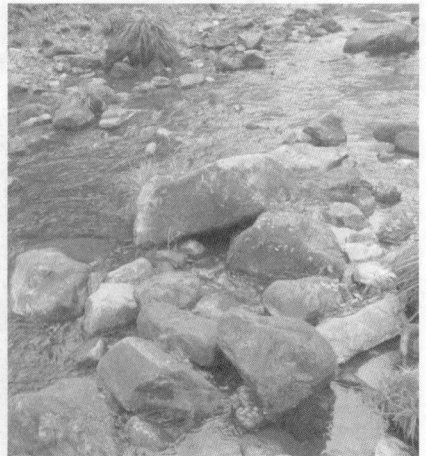

(a) (b)

图 4.36　河流簇丛结构（见彩图）

（a）汉江一支流褒河中发育的漂石簇丛结构；（b）湘江流域金鞭溪中发育的菱形卵石簇丛结构

Sear(1992)和Sohag(1993)使用动力触探仪建立河床稳定性准则,评价床面颗粒不同排列方式所具有的河床强度。Sear(1996)发现,簇丛结构,特别是其障碍石、背水侧和迎水侧聚积物,是砾石河床上抑制颗粒起动的最有效的阻力结构模式。起动簇丛结构颗粒所需要的剪切力高于起动平整床面颗粒所需要的剪切力(Brayshaw,1985;Reid,1992;James,1993;Hassan et al.,2000)。因而,颗粒在发育簇丛结构床面总的输移距离小于无结构河床(Laronne et al.,1976;Brayshaw,1985;Naden et al.,1987;Reid,1992)。鉴于卵石簇丛结构占河床面积的10%~50%(Naden et al.,1987;Hassan et al.,1990;Reid et al.,1992;Wittenberg,2002b),其对河床平衡乃至河道稳定的影响不容忽视。

Wittenberg和Newson(2005)利用地形研究方法解释砾石的起动和运动,利用颗粒示踪法判断簇丛结构颗粒个体的运动,其研究覆盖一定范围的洪水强度和历时。实验研究是在1996年英国的River South Tyne开展的,利用了附近实测的水位-流量关系数据(并借助以前的研究结果)、河道地形和同一位置的输沙数。在7个月研究中,观测了30多个簇丛结构,其间一场洪水的洪峰流量达183m³/s。研究发现簇丛结构覆盖面积达7%~16%。簇丛结构的迎水侧、背水侧及障碍石本身每个部分均发生变化,背水侧颗粒最易移动。以下4个过程是普遍的:①冲刷并且转移簇丛结构颗粒;②沉积造成颗粒聚积;③无明显移位或输移;④新河床形成。图4.37所示为四川夹关河簇丛结构,覆盖面积达50%。

图4.37　四川夹关河簇丛结构

当水流不足以移动障碍石时,迎水侧和背水侧颗粒移动距离相对较短。迎水侧颗粒的随机移动距离小于1m,而大多数背水侧颗粒能够起动。不过,大小相近的迎水侧和背水侧的颗粒输移距离不同,与同样大小的迎水侧颗粒相比,背水侧颗粒向下游移动的距离更大。单个障碍石的移动距离有限,而且当障碍石被邻近的簇丛结构卡住时,障碍石停止移动。簇丛结构分布的河床变化不大,不管是表层颗粒粒径分布,还是主要河床形式的结构变化都较小。

4.7　河道下切对环境的影响

河道下切影响最大的是土壤侵蚀,事实上,河道下切是河岸侵蚀、细沟侵蚀和边坡侵蚀的根本原因。河道下切增加了河流底坡、河岸边坡和流域坡度的非稳定性,土壤侵蚀和产沙量的增加会引起河流冲淤过程的新循环,冲淤过程能延续一个世纪或更长时间。在历史上,黄河曾在中游冲刷河道至基岩层,使黄土高原所有的支流河底高程降低。大多数支流未达到平衡状态,溯源河道侵蚀、河岸侵蚀和冲沟侵蚀在数世纪后仍在持续。图4.38为黄土高原侵蚀的冲沟及沟头侵蚀。

图4.38　黄土高原侵蚀的冲沟及沟头侵蚀

河道下切的直接和短期影响见表4.6,包括对人工构筑物损坏、对水生态系统和河岸生态系统的影响。表4.6中从文献中引用具体例子说明这些环境影响。显然列出的很多环境影响是紧密相连的,而且其他人可能选用不同的分类标准,但本综述的目的是对河道下切对环境的影响进行系统的总结。

表 4.6　河流下切对环境、生态和社会影响的综述(Bravard et al. ,1999)

对河道形态、结构和滨河植被的影响	对环境、生态和社会的影响	地点和参考文献
流水河槽变窄,宽深比变小	水生栖息地面积减少,河道边缘栖息地改变。床面渗透面积和地下水补给量减少。水流集中,侵蚀加剧	美国加利福尼亚州 Bear 河(James,1991);美国加利福尼亚州 Cache 河(Northwest Hydraulics Consultants,1995);法国东南部河流(Bravard et al. ,1997)
河道简化,复式河槽废弃	栖息地多样性丧失,鱼类资源贫乏,河道边缘栖息地长度减小	美国密西西比州北部河流(Shields et al. ,1994)
河岸形态变化	底部冲刷引起河岸侵蚀、河道变宽和不稳定,耕地和基础设施损失,河岸结构变化使植物幼苗在河岸下部生长的机会减小	美国密西西比州北部河流(Thorne,1997);美国艾奥瓦州的河流(Lohnes,1997);美国蒙大拿州 Marias 河(Rood et al. ,1995)
河床河岸侵蚀,输沙量增加	下游河段淤积抬高	英国 Wooler 河(Sear et al. ,1998)
砾石滩消失	栖息地丧失,生物多样性下降	德国巴伐利亚 Lech 河、Isar 河(Reich,1991;1994)
床面粗化(底质粗化)	鱼类产卵砾石消失	美国加利福尼亚州 Sacramento 河(Parfitt et al. ,1980);法国 Garonne 河(Beaudelin,1989)
河床基岩裸露	产卵砾石和河道底层栖息地消失,地下水补给消失,鱼类迁徙受阻	法国 Ardeche 河、Drome 河(Landon et al. ,1994)
淘刷山坡底部	引发滑坡,向河中输入大量泥沙	法国 Fier 河(作者考察发现)
淘刷桥梁基础	桥梁损坏或修复费用昂贵	美国科罗拉多州的河流(Lane,1955;Stevens et al. ,1990);美国亚利桑那州的河流(Bull et al. ,1974);意大利 Apenine 的河流(Tagliavini,1978);法国 Loire 河(Gasowski,1994);美国加利福尼亚州 Cache 河;美国爱荷华州西部的河流(Lohnes,1997);英国 Wooler 河(Sear et al. ,1998);意大利 Arno 河(Billi et al. ,1997);中国台湾高屏河(Kondolf,1997)
淘刷堤坝基础	毁坏堤坝或修补昂贵	新西兰 Otaki 河;法国 Arve 河(Blanc et al. ,1989;Peiry,1993);法国 Drome 河(Landon et al. ,1998)
淘刷过河管道底部	毁坏管道或修补昂贵	美国加利福尼亚州 San Luis Rey 河(Parsons Brinkerhoff Gore and Storrie, Inc,1994)

续表

对河道形态、结构和 滨河植被的影响	对环境、生态和社会的影响	地点和参考文献
进入供水系统取水口的水体过滤程度降低	水质下降,潜在处理费用增加	美国加利福尼亚州 Russian 河(Marcus,1992);美国加利福尼亚州 Mad 河(Lehre et al.,1993)
冲积层地下水位下降	冲积层地下水储水量丧失;河岸底层栖息地脱水和消失;滨河植被根系脱水,新生植物无法生长,树木(如白杨树)的生长和蒸腾作用改变;原来饱和含水的流水河道开始向外排水,影响河岸林生长;洪泛平原湿地和旧河道脱水,改变植被和无脊椎动物种群,改变水的物理化学性质	澳大利亚东南部河流(Eyles,1977);意大利 Enza 河(Tagliavini,1978);美国 Missouri 河(Reilly et al.,1982);津巴布韦的河流(Whitlow,1985);法国 Ain 河;法国 Rhone 河;美国西南部河流(de Bano et al.,1989);法国 Drome 河(SOGREAH,1991);美国加利福尼亚州 Russian 河(Sonoma County,1992)
河岸结构变化	植物幼苗在河岸下部生长的机会减小	
洪水减少	植被群落变化(如侧槽河道)	

　　河床下切提高了河流的泄洪能力,但河道泄洪能力的增加通常导致洪水以更快的速率向下游输送,这样虽然能减少当地和上游的洪水风险,却增加了下游的洪水灾害,因为洪峰不再被河道和洪泛平原所削减。Beaudelin(1989)指出,由于河道下切,法国 Garonne 河上相似洪水波通过 Toulouse 至 Castelsarrazin 长 60km 河段的时间,已由 1950 年的 19h 减少到 20 世纪 80 年代末的 10h,增大了下游的洪灾风险。

　　河道下切会导致砾石滩的消失,继而引起生境和生物多样性的丧失。有报道指出(Reich,1991;1994),在德国巴伐利亚的 Isar 河和 Lech 河,河床下切造成水柏枝(砂柳)和栖息在此类树木上的鸟类减少,砾石滩被分割孤立开来(即曾经连为一体的栖息地被隔开),且使上、下游生境间的距离增加,这改变了物种生长蔓延的动态过程。1925 年,Isar 河上砾石滩之间的间隔为 80～100m,到 1985 年间隔增加到 100～1500m,大型砾石滩的缺少及滩间间隔过大已经危及到一些物种的生存。

　　随着剪应力增加,粒径较小易于运动的颗粒被输送到下游,下切河段只留下粒径较大不易起动的颗粒,床面形成粗化层(Livesey,1965)。其后果之一就是破坏了一些鱼类的产卵地,如法国 Garonne 河上游的鲱形目(Alosa fallax)、下游的鲟鱼(sturgeon)(Beaudelin,1989),以及美国加利福尼亚州 Sacramento 河的一种鲑鱼(chinook salmon)(Parfitt et al.,1980)等。河床上的砾卵石有可能完全消失,基岩外露,对于生存于河床上大颗粒泥沙之间的幼鱼、无脊椎动物、微生物来说,这种程度的下切不但导致产卵地消失,而且这些生物的避难所和潜流带生境也不复存在。基岩暴露可能形成尼克点,阻止鱼类向上游迁徙。法国 Fier 河 20 世纪 70 年代发生下切,露出高达 6m 的石灰岩体,阻止了鲑鱼的迁徙。

河道下切日益受到人们的关注,主要是由于河道下切影响人工建筑物,造成高额维修或重建费用。全球范围内大小河流上的桥梁受到河流下切的广泛影响。如图 4.39(a)所示,在黄河下游,由于小浪底水库蓄水,下泄清水引起局部的河道下切,造成桥墩外露。在美国爱荷华州西部,1916~1992 年由于河道下切造成的桥梁方面的损失估计达 11 亿美元(Lohnes,1997)。美国加利福尼亚州交通部的估算显示,全州 12 000 座水上桥梁有 1‰受到水流冲刷的威胁,而其主要原因是由于采砂引发的河道下切。

城市供水和工业用水的取水口一般设在河床的卵石中,以利用卵石对水流的过滤作用。由于河道下切和上层卵石覆盖层消失,不少取水口暴露,失去过滤作用,或卵石层变薄,过滤水流的作用减弱(Lehre et al.,1993;Florsheim et al.,1995)。由于河道下切,防洪大堤底部易于受到淘刷。

河道侵蚀会影响坡面的稳定,如莱茵河上游的一条支流 Fier 河就是一个典型实例。Fier 河道下切超过 10m,引起土壤含水层排水变化和坡脚失稳,导致河岸滑坡。Fier 河的例子说明河床下切对人类活动的负面影响,尤其当滑坡发生在市区时,会破坏道路和房屋。

由于河道决定两岸地下水外排的水位,河道下切一般会降低土壤含水层水位。随着河道高程降低,土壤含水层水位也随之下降,其直接后果就是导致土壤储水量的减少。有时,河道下切引起井水水位下降,抽水深度增加,取水成本显著增加。自 1960 年以来,由于法国南部的 Drome 河侵蚀下切了 3~5m,其河道沿岸估计损失了 $6\times10^6 m^3$ 的地下水储水量(SOGREAH,1991)。同样由于侵蚀下切的原因,在意大利的 Enza 河一段长 18km 的河段沿岸,25 年内估计损失了 $1.4\times10^6 m^3$ 的地下水储水量(Tagliavini,1978)。

土壤含水层的水位下降还会引起生态与地貌的变化。例如,由于地下水位和毛细管作用带降至滨河植物根系深度以下,导致滨河植被数量减少。在我国东北辽宁的一条小河,由于河道下切引起地下水位下降,造成了大面积幼林死亡[图 4.39(b)],其地貌特征可能从河岸生态廊道退化为荒漠地貌。

（a）

（b）

图 4.39　河道下切的影响

（a）小浪底水库蓄水，下泄清水引起局部河道下切，造成桥墩外露；
（b）东北地区河道下切造成地下水位降至树木根系范围以下，植被濒临死亡

4.8　控制河道下切的方法

4.8.1　概述

河道下切对环境和人类活动具有负面影响，但可以通过多种稳定河道的方法来调节和防止河道下切。地质上的控制或地形上的改变可能会使河道停止下切，但气候的、水文的和动物影响方面的改变只会改变河道演化的速率。表 4.7 对河

道下切控制方法进行了总结,其目的不在于全面地综合,而在于形成一个框架,通过这个框架,读者能够找到解决河道下切问题的修复措施。

表 4.7　控制河道下切的方法(Bravard et al. ,1999)

种　类	具体调节手段	效　益	实施地点和参考文献
坡度控制	堰	控制下切向下游发展	法国 Arve 河(Peiry et al. ,1994);法国 Rhone 河 (Klingeman et al. , 1994; 1998);美国爱荷华州西部的河流 (Lohnes,1997);美国密西西比州北部河流(Mendrop et al. ,1997)
	丁坝	增强河道稳定性	法国 Rhone 河(Klingeman et al. ,1994; 1998)
	溢流排水结构	控制河岸陡坡冲刷	美国密西西比州 Yazoo 流域(Smiley et al. ,1997)
	河岸保护	防止河岸两翼冲刷	
	拓宽河道	减小单位水流能量和剪力	瑞士 Emme 河(Jaeggi,1989)
	修建复式河道	减小单位水流能量和剪力	美国加利福尼亚州 Miller 河(Haltiner et al. ,1996)
	重新引入河狸	造坝控制坡降拦截泥沙	美国西部河流、爱达荷州 Cooper 河 (Marston,1994)
	限制放牧	增加滨河植被	美国西部河流 (Platts et al. , 1989; Chaney et al. ,1990)
增加推移质供给	从上游增加	山坡失稳或滑坡体活跃	法国 Drome 河 (Bravard et al. , 1990; Piegay et al. ,1997)
	从洪泛平原增加	岸堤破坏或保护河道	法国 Ain 河(Bravard et al. ,1990);美国加利福尼亚州 Russian 河(Florsheim et al. ,1995);法国 Drome 河(Piegay et al. ,1996a);法国东南部河流(Piegay et al. ,1996b;Bravard et al. ,1997);法国 Loire 河(Bazin et al. ,1996)
	人工喂沙 (倾倒砾石)	稳定航道控制下切	德国 Rhine 河 (Kuhl, 1992);奥地利 Danube 河(Golz,1994);法国 Rhone 河 (Klingeman et al. , 1994;1998);荷兰 Meuse 河(Klassan et al. ,1998);法国 Drome 河(Landon et al. ,1998)
减少径流	土地利用方法		美国西南部河流 (de Bano et al. , 1989);美国西部河流(Chaney et al. , 1990)

续表

种 类	具体调节手段	效 益	实施地点和参考文献
减轻河道下切的环境影响	漫滩区开挖	增强地下水、洪水和生态个体间的联通性	德国西南部河流(Kern,1992);瑞典河流(Petersen et al.,1992);法国 Rhone 河(Piegay et al.,1997)
	废弃河道开挖		法国 Rhone 河(Henry et al.,1995)
	人工补给地下水		法国 Rhone 河(Stroffek et al.,1996;Fruget et al.,1997)
	河床粗化		德国河流(Kern,1994)
	河道改道		德国 Danube 河(Kern,1992)
	堰		美国西南部河流(de Bano et al.,1989)
	堰丁坝溢流排水结构	改善栖息地	美国密西西比州 Twentymile 河(Shields et al.,1991);美国密西西比州西北部河流(Shields et al.,1993;1995);美国密西西比州 Goodwin 河(Cooper et al.,1997);美国密西西比州 Yazoo 流域(Smiley et al.,1997)

河道在侵蚀下切过程中会遇到冲积层和基岩,冲积层和基岩能大大减缓甚至阻止河道下切;粗沙含量增加可使河床发生粗化,也能阻止河道下切。此外,冲积河谷泥沙的类型明显影响河道下切和调整的过程。例如,底质为黏性泥沙(粉沙和黏土)的河流下切速率很快,而沙质河床的河流易于展宽不易下切变深。因此,沉积层的组成是自然控制下切河道变化的主要要素,它决定了下切河道演化的速率、类型和强度。

河床推移质运动在阻止河道下切方面起了重要作用。粗颗粒(如砾卵石)在床面上滑动或跃移时,对静止的河床物质形成颗粒压力,这个压力就是 Bagnold(1954)所定义的粒间离散力,它能够平衡造成河床被掏蚀冲刷的主要动力——水流的上举力或吸力。当足够量的推移质在床面上运动时,河床将不会受到冲刷,下切也就停止。

要经济合算地对河道下切进行控制,实施的时机非常重要,这在任何控制河道下切和减少河流输沙量方案中都要考虑。图 4.40 描述了流域下切河流的河网密度(单位面积下切河流长度)随时间的大体变化及流域产沙量随此趋势的变化。在含有下切河道的流域里,产沙量随下切河段长度的增加而增加(图 4.40,时间点1~4),在时间点 4 达到最大值,河道溯源下切结束,在时间点 4~7 河道逐渐稳定。通过了解河道下切从起始(时间点 1)到严重下切(时间点 4),到再次稳定(时间点8)的循环过程,就可以选择实施控制措施的最佳时机。例如,在河道下切的开始阶段(时间点 1 和2)或在河道基本稳定阶段(时间点 6、7 和 8),控制下切的措施最为经济有效,并且最终能够稳定河道;而在时间点 3、4 和 5,河道下切难以控制而且耗资昂贵(Schumm,1999)。

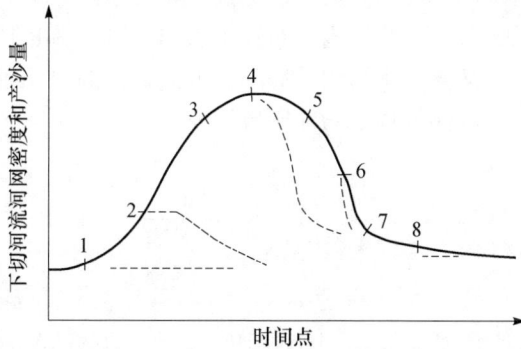

图 4.40 下切河流的河网密度随时间的大体变化及流域产沙量随此趋势的变化

虚线表示在河道演变的不同时期沟蚀控制建筑物的效果

4.8.2 控制河道下切的人工结构

最简单的河道下切控制结构是在河床上横向布置抗冲刷材料,形成一硬质固定点,一般称为底槛。布置底槛应用在河床底坡高差约小于 1m 的小河里最有效。美国内布拉斯加州的 Gering 河上设置了一系列石槛,成功地防止了河道下切,每个底槛产生的水头损失约为 0.6m(Stufft,1965)。图 4.41 所示为此类结构的设计理念。

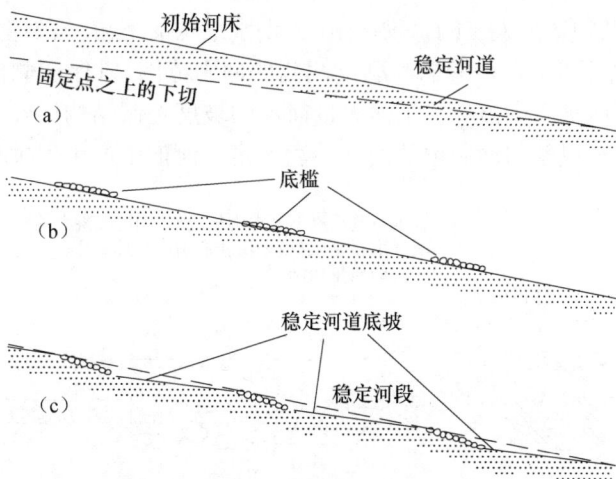

图 4.41 采用底槛稳定河道(Whittaker et al.,1986)

(a)下切河流初始河床;(b)河床上设置底槛;(c)形成稳定河道

有时,底槛的构建仅是在河道下切区域沿河床铺设石块,起到硬质固定点的作用,抵抗冲刷力。也可以沿河床横向开挖沟槽,在沟内填入石块。设计这种结构关键在于要确保有足够量的抗冲刷材料,以抵抗河床的整体冲刷下切,抵抗在结构处的局部冲刷。图 4.42 所示为此结构的布置示意图,堆石控制结构的设计既要防止河床的整体侵蚀下切,又要防止结构的局部冲蚀。在此例中,堆石部分必须有足够的量和可接受的厚度,以保护预期的冲刷坑深度。

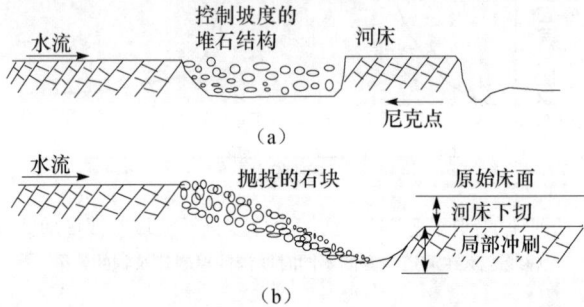

图 4.42　河道填入堆石控制河床下切和局部冲刷
(a) 抛投足够量的石块以处理预期冲刷问题的堆石控制结构;
(b) 河床下切和局部冲刷时堆石结构的响应

　　美国丹佛的城市排水和防洪区采用了一种倾斜堆石跌水结构,在其底板与侧面防渗墙的连接部分填充了不透水黏土层[麦克拉莱林水利工程公司(McLaughlin Water Engineers Ltd.,1986),设计示意图如图 4.43 所示。这种倾斜堆石跌水结构区别于传统结构的主要不同特征在于其是预制的、用石块保护的冲刷坑。不论是天然溢流结构还是人工构筑物,在任何跌水结构的下游,自然会形成冲刷坑。设计这种跌水结构时,必须考虑冲刷坑两侧的冲刷范围,以保证侧向冲刷不会太大,不使结构在两翼受到破坏。虽然大量简单的坡度控制结构已经在小河上得到应用,但对消力池或预制冲刷坑的设计关注不足。河道中产生侵蚀形成冲刷坑是

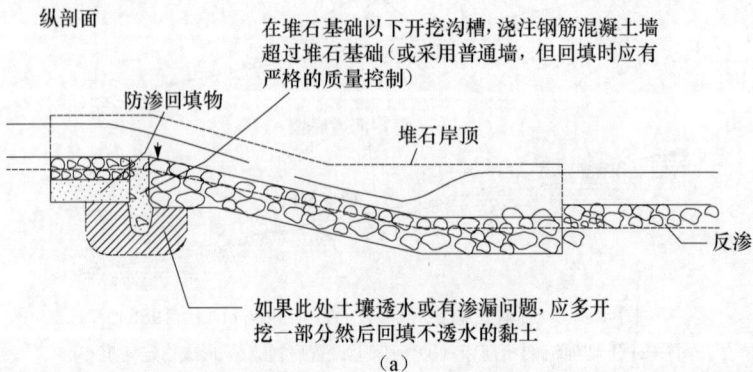

(a)

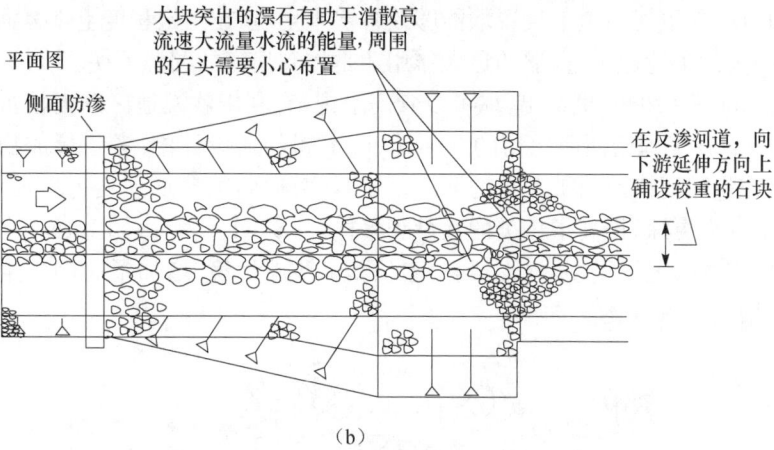

图 4.43　堆石衬砌的预制冲刷坑的倾斜堆石跌水结构(McLaughlin Water
Engineers Ltd.,1986)

(a) 纵剖面图;(b) 平面图

允许的,但是在大流量和跌水的条件下,常常需要建造预制的冲刷坑,坑体由混凝土、堆石和其他抗冲刷材料保护。预制的冲刷坑用以耗能,并防止形成冲刷坑的大小和位置的不确定性。这种冲刷坑起着消力池的作用,以耗散跌落水流能量。

堰被广泛应用于控制河道下切。从作用上看,堰与在河床中设置突出的石块、丛簇结构或大型有机残骸聚积相同。虽然在缺沙河流或因河道束窄而引起剪应力增加情况下,堰并不能解决下游侵蚀下切问题,但却可以控制河床下切向下游发展并限制在一定河段内。如图 4.44 所示为法国 Giffre 河 1912 年和 1988 年的纵剖面图,从图中可以看出堰起到控制河床下切向下发展的作用。当然,由于堰对河道形成了阻隔,并且增加了坡度非常小的河段,可能会造成鱼类生境的退化。但也有

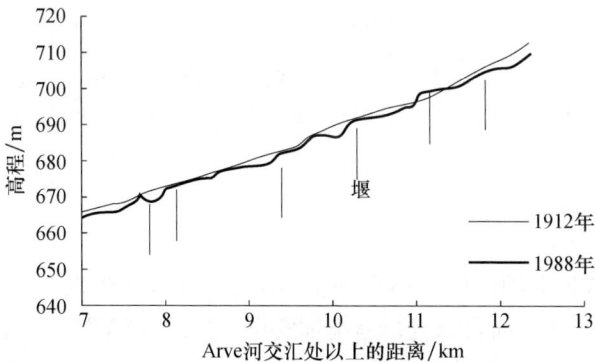

图 4.44　法国 Giffre 河 1912 年和 1988 年的河床纵剖面(Bravard et al.,1999)

竖线表示堰的位置

些情况相反,在下切河道上设置堰能够改善水生生境,在一定程度上恢复河道下切过程中损失的生境。不过,堰的最大作用还是控制河道的溯源下切。

de Bano 等(1989)也指出,堰可以壅高水位,有利于沙漠地区滨河植被的再生(图 4.45)。在美国密西西比河的 Twentymile 溪的堰设计中,考虑形成稳定的冲蚀坑、低流量的河槽及植被覆盖的河岸。工程实施后,河床底质变得更加多样,低流量河槽变得更深,提高了鱼类的数量和多样性(Shields et al.,1991)。在河溪两岸还特别交替布置了丁坝,以形成稳定的深潭-浅滩生境,增加了有助于生境的木质残屑,增加了河道碳量的输入。

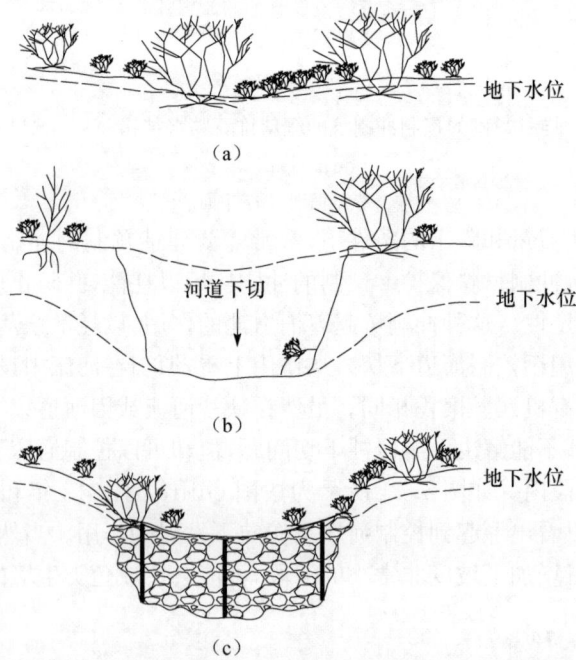

图 4.45　美国西部半荒漠地区河道冲刷下切和修复(de Bano et al.,1989)
(a)原始河道;(b)河道下切,地下水准下降,沿岸林带退化;(c)实施堰工程,抬升地下水位,修复沿岸林带

4.8.3　修复方法

在大多数情况下,河道下切不可能控制,而且在很多情况下,控制结构会产生负面影响。因此,相比而言修复措施更加实用,更加环境友好。一种修复方法是建立阶梯-深潭系统,或建立粗化层河床,以阻止水流卷吸泥沙,从而防止河道下切。图 4.46 所示是台北附近白石湖山大沟河上的人造阶梯-深潭系统。大鱼可以从"之"字形阶梯河道向上游,而小鱼可以沿石块之间低速水流溯游而上。

图 4.46　台北附近白石湖山大沟河上的人造阶梯-深潭系统

德国在一些坡度较陡的小河上也采用了阶梯-深潭系统(Kern,1997)。这种系统对单位水流能量较高的河流不适用,其水流足以迁移较粗颗粒泥沙。图 4.47(a)所示为台湾省一条下切河流上修建的人造阶梯-深潭系统,以保护距其上游50m 的一座大桥。由于河道下切,桥墩安全受到威胁。为保护桥墩,向河中投入直径达 2m 的巨石,形成阶梯。水流流速因此而减小,桥墩处的掏蚀冲刷也停止了。在德国,很多河流都面临水流缺沙问题而导致侵蚀下切。德国政府曾花费 4亿欧元在 Mangfall 河上修建人工阶梯-深潭系统[图 4.47(b)],有效地控制了河道下切。此系统看起来比较自然,而且又不会对鱼类迁移构成障碍。

(a)　　　　　　　　　　　　　　　　(b)

图 4.47　人工阶梯-深潭系统减轻河道侵蚀下切
(a) 台湾巨石组成的阶梯-深潭系统,有效减轻了河道侵蚀下切;
(b) 受到人工阶梯-深潭系统保护的德国 Mangfall 河

如果河床下切是由于河道束窄、单位水能增大而引起的,那么,可以对河道进行调整以减小单位水能,如减小坡降和增加河宽。当然,前述的控制河道下切的结构可以降低河床底坡,如阶梯-深潭系统将水流落差分散至数个人工控制的阶梯上,从而降低其他河段的底坡。减小坡降也可以通过人为增加河道的蜿蜒程度实现。增加河宽可通过机械开挖来实现,也可以允许河流侵蚀河岸而达到,同时,也增加了河流的推移质补给。

为了减小下切河道中束窄河道的河床剪应力,一种方法是紧邻低流量河道开挖一条新的、较低的河漫滩,开挖深度以洪水能经常漫到滩面为宜。这种复式河道还有其他的好处,滨河植被能在新河漫滩上生长,增加栖息地的价值。而且,低流量河道也允许侵蚀其河岸,在复式河道中迁移(Haltiner et al.,1996)。这种方法已经在荷兰的 Meuse 河上得到应用(Klassan et al.,1998)。

当河道下切是由于缺少推移质泥沙引起时,增加推移质补给改变引起河道下切的过程,而不是仅仅减小这种影响。如图 4.48 所示,在莱茵河 Barrage Iffezheim 下游,平均每年用驳船向河中倾倒 170 000t 的砂和砾石,以补偿被上游大坝拦截的推移质沙量(Kuhl,1992)。这种方法是否有效,关键是确定喂沙的粒径级配、位置和时机。实践证明,此方法不仅能有效阻止喂沙河段的侵蚀下切,而且能防止下游整个河道的下切。同样的方法也成功试用于多瑙河维也纳下游河段。

(a)　　　　　　　　　　　　　(b)

图 4.48　莱茵河喂沙缓解河道下切

(a) 装载着砂砾石混合物的底卸式敞舱平底驳船;

(b) 向 Barrage Iffezheim 下游的莱茵河中倾卸砂石

在法国 Drome 河,由于上游山地植树造林,从流域进入河道的推移质来量减少,加之河道采砂及护岸措施防止冲刷的原因,Drome 河的水沙关系处在不平衡状态。在试验的基础上,河流管理部门决定允许一个大型滑坡体的泥沙输送进入

下游,而不是按照现在的常规措施将其清除,以增大向下游下切河段的推移质补给
(Piegay et al.,1997)。增加推移质补给的措施也可以是上游河岸允许受到侵蚀,
这种措施可能需要数十年,才能使上游增加的推移质量能对下游起到作用,但对其
效果的监测会给未来在其他河流应用此措施提供非常有价值的资料。在美国
Sacramento 河,由于建坝和砾石开采,河流上游大多数砾石补给消失,河岸侵蚀成
为该河河道砾石极重要的补给来源。最近,针对沿河扩大河岸保护范围的提议就
引起了人们的关注,担心此举将会对河道砾石补给造成影响。

多数情况下,河道下切的根本原因是流域尺度上径流和产沙的变化。在欧洲
的许多流域,由于植树造林和 19 世纪晚期小型水坝的建设,进入河道的沙砾石补
给减小,导致河道下切,这种现象由于后来的河道采砂和陆续的大坝建设而加剧
(Bravard et al.,1997)。

对于河道下切非常严重而不能修复,或引发侵蚀的原因无法控制的情况,最切实
可行的方法可能就是接受下切的发生,尽可能地缓解下切导致的影响。由于地下水
位降低会对环境产生影响,人们已经努力在河床高程不能恢复的情况下,采取措施恢
复冲积层地下水位。例如,法国的 Gardon 河,沿河埋设防渗堤至河漫滩深度,以拦蓄
地下水,保持河漫滩的潮湿状态。在法国的 Rhone 河,计划在其沿岸森林中修一条
透水渠道,保证森林根系湿润(Stroffek et al.,1996;Fruget et al.,1997)。

河床中有大块石和漂石的山区河流,对河床侵蚀具有相当高的天然抵抗力。
巨大的、分散的漂石使水流产生局部水头损失。如果在河床中有选择地布置混凝
土块体,河流的自然抗蚀能力将增大。对于极端的水流条件,这种布置可能还不
够,还需要布设质量为 10~40t 的更大混凝土块体,这样大的块体必须就地生产加
工。虽然河流布设的块体由混凝土制作可能会遭到纯环境主义者的反对,但相对
于建高坝来说,河流在低流量时,使用大型混凝土块体的河道几乎处于自然状态。
混凝土块体技术是对河流修复的一个重要贡献,虽然这尚存争议,但此技术确实建
立了一种隐性的河道整治结构,在极端水流条件下发挥作用,而在一般洪水情况
下,能更灵活地塑造河道,特别是此技术尊重河道自然平面特征。

思　考　题

1. 请就图 4.3 说明在何种情况下会发生河道下切。
2. 河道下切的主要原因是什么?
3. 天然发育的抵抗河道下切的结构有哪些?
4. 在什么情况下会发育阶梯-深潭系统?
5. 如果一条河流上发育有阶梯-深潭,那么这条河流有什么特征?
6. 请说明阶梯-深潭在地貌演变中的功能。
7. 河道下切会引发什么样的环境和社会影响?

8. 人们如何控制下切？有哪些修复措施？

9. 假设你是一条河流的管理者，请制订一个计划，缓解河道下切对环境和生态造成的影响。

10. 举例说明河道下切过程中地貌形态的发展变化。

参 考 文 献

杨庆安,龙毓骞,缪凤举. 1995. 黄河三门峡水利枢纽运用与研究. 郑州:河南人民出版社.

余常昭. 1994. 水力学. 北京:高等教育出版社.

Abernethy B,Rutherfurd I D. 1998. Where along a river's length will vegetation most effectively stabilise stream banks. Geomorphology,23(1):55-75.

Abrahams A D,Li G,Atkinson J F. 1995. Step-pool stream:Adjustment to maximum flow resistance. Water Resources Research,31(10):2593-2602.

Alford J J. 1982. San Vicente arroyo. Annals of the Association of American Geographers,72: 398-403.

Anderson M G,Kemp M J. 1991. Towards an improved specification of slope hydrology in the analysis of slope instability problems in the tropics. Progress in Physical Geography,15: 29-52.

Anderson M G,Collison A J C,Hartshorne D M,et al. 1996. Developments in slope hydrology-stability modeling for tropical slopes // Advances in Hillslope. Chichester:John Wiley & Sons:799-821.

Andrews E D. 1980. Effective and bankfull discharges of streams in the Yampa River Basin,Colorado and Wyoming. Journal of Hydrology,46:311-330.

Andrews E D,Nankervis J M. 1995. Effective discharge and the design of channel maintenance flows for gravel-bed rivers// Natural and Anthropogenic Influences in Fluvial Geomorphology. Washington DC:American Geophysical Union:151-164.

Bagnold R A. 1954. Experiments on a gravity free dispersion of large solid spheres in a Newtonian fluid under shear. Proceedings of the Royal Society of London,225A:49-63.

Balling R C Jr,Wells S G. 1990. Historical rainfall patterns and arroyo activity within the Zuni River drainage basin,New Mexico. Annals of the Association of American Geographers,80: 603-617.

Barclay J S. 1980. Impact of stream alterations on riparian communities in south-central Oklahoma. Washington DC:US Department of the Interior.

Bazin P,Gautier E. 1996. Un espace de liberte pourla Loire et l'Allier:de la determination a la gestion. Revue de Ceographie de Lyon,71:377-385.

Beaudelin P. 1989. Conséquences de l'exploitation de granulats dansla Garonne. Revue de Géographie des pyrénées et du Sud-Ouest,4:603-616.

Begin Z B,Schumm S A,Meyer D F. 1980. Knickpoint migration in alluvial channels due to base level lowering. Journal of the Waterway Port Coastal and Ocean Division,ASCE,106(3):

369-388.

Begin Z B,Meyer D F,Schumm S A. 1981. Development of longitudinal profiles of alluvial chan-
　　nels in response to base level lowering. Earth Surface Processes and Landforms,6:49-68.

Billi P,Rinaldi M,Simon A. 1997. Disturbance and adjustment of the Arno River,Central Italy. I.
　　Historical perspectives the last 2000 years // Management of Landscapes Disturbed by Chan-
　　nel Incision. Oxford:University of Mississippi:505-600.

Bishop P,Goldrick G. 1992. Morphology,processes and evolution of two waterfalls near Cowra,
　　New South Wales. Australian Geographer,23:116-121.

Blanc X,Pinteur F, Sanchis T. 1989. Consequences de l'enfoncement du lit de l'Arve sur les
　　berges et les ouvrages,bilan general des transports solides sur le cours d'eau. La Houille
　　Blanche,3-4:226-230.

Born S M,Rittcr D F. 1970. Modern terrace development near Pyramid Lake,Nevada,and its geo-
　　logic implications. Geological Society of America Bulletin,81:1233-1242.

Bradford J M,Piest R F. 1980. Erosional development of valley-bottom gullies in the upper mid-
　　western United States // Thresholds in Geomorphology. Boston:George Allen and Unwin:
　　75-101.

Bravard J P,Amoros C,Pautou G,et al. 1997. River incision in south-east France:Morphological
　　phenomena and ecological effects. Regulated Rivers:Research and Management,13:1-16.

Bravard J P,Franc O,Landon N,et al. 1990. La basse vallee de l'Ain:etude geomorphologique.
　　Report,Agence de VEauRhone Mediterranee Corse.

Bravard J P,Kondolf G M,Piegay H. 1999. Environmental and societal effects of channel incision
　　and remedial strategies // Incised River Channels. New York:John Wiley & Sons.

Brayshaw A C. 1985. Bed microtopography and entrainment thresholds in gravel bed rivers. Geo-
　　logical Society of American Bulletin,96:218-223.

Brookes A. 1988. Channelized Rivers:Perspectives for Environmental Management. Chichester:
　　John Wiley & Sons.

Budel J. 1982. Climatic Geomorphology. Princeton:Princeton University Press.

Bull W B. 1991. Geomorphic Responses to Climate Change. Oxford:Oxford University Press.

Bull W B,Scott K M. 1974. Impact of mining gravel from urban stream beds in the southwestern
　　United States. Geology,2:171-174.

Burkard M B,Kostaschuk R A. 1995. Initiation and evolution of gullies along the shoreline of
　　Lake Huron. Geomorphology,14:211-219.

Burnett A W,Schumm S A. 1983. Alluvial river response to neotectonic deformation in Louisiana
　　and Mississippi. Science,222:49-50.

Carling P A,Grodek T. 1994. Indirect estimation of ungauged peak discharges in a bedrock chan-
　　nel with reference to design discharge selection. Hydrological Processes,8:497-511.

Carothers S W,Johnson R R. 1975. The effects of stream channel modifications on birds in the
　　southwestern United States // Symposium on Stream Channel Modification. Virginia:Harri-

sonburg:60-70.

Chaney E,Elmore W,Platts W S. 1990. Livestock Grazing on western riparian areas. Washington DC:US Environmental Protection Agency.

Chappell J. 1974. The geomorphology and evolution of small valleys in dated coral reef terraces, New Guinea. Journal of Geology,82:795-812.

Chin A. 1999. The morphologic structure of step-pool in mountain streams. Geomorphology,127: 191-204.

Chin A. 2002. The periodic nature of step-pool mountain streams. American Journal of Science, 302:144-167.

Collison A J C,Anderson M G. 1996. Using a combined slope hydrology/stability model to identify suitable conditions for landslide prevention by vegetation in the humid tropics. Earth Surface Processes and Landforms,21:37-747.

Cooper C M,Testa S,Shields F D. 1997. Invertebrate response to physical habitat changes resulting from rehabilitation efforts in an incised unstable stream// Management of Landscapes Disturbed by Channel Incision. Oxford:University of Mississippi:887-892.

Coppin N J,Richards I G. 1990. Use of vegetation in civil engineering. London:Construction Industry Research and Information Association.

Curran J H,Wohl E E. 2003. Large woody debris and flow resistance in step-pool channels,Cascade Range,Washington. Geomorphology,51(1-3):141-157.

Daniels R B. 1960. Entrenchment of the willow drainage ditch, Harrison County,Iowa. America Journal of Science,258:161-176.

Darby S E,Simon A. 1999. Incised River Channels:Processes. Forms,Engineering and Management. New York:John Wiley & Sons.

Darby S E,Thorne C R. 1996. Numerical simulation of widening and bed deformation of straight sand-bed rivers. Journal of Hydraulic Engineering,122(2):184-193.

de Bano L F,Hansen W R. 1989. Rehabilitating depleted riparian areas using channel structures// Practical Approaches to Riparian Resource Management. Proceedings of an Educational Workshop. Billings:US Bureau of Land Management:141-148.

de Jong C. 1991. A reappraisal of the significance of obstacle clasts in the cluster bedform dispersal. Earth Surface Processes and Landforms,16(8):737-744.

Eckley M S,Hinchliff D L. 1986. Glen Canyon Dam's quick fix. Civil Engineering,56:46-48.

Ergenzinger P. 1992. Riverbed adjustment in a step-pool system in Lainbach,upper Bavaria// Sediment Transport in Gravel-Bed Rivers. Hoboken:Wiley:415-430.

Eyles R J. 1977. Changes in drainage networks since 1820,southern tablelands,NSW. Australian Geographer,13:377-386.

Federal Interagency Stream Restoration Working Group(FISRWG). 1997. Stream corridor restoration. The National Technical Information Service.

Florsheim J,Goodwin P. 1995. Russian River Enhancement Plan:Geomorphology and Hydrology. Oakland:Califomian Coastal Conservancy.

Foley M G. 1980. Bed-rock incision by Streams:Summary. Geological Society of America Bulletin,91:577-578.

Fruget J F,Michelot J L. 1997. Derives écologiques et gestion du milieu fluvial rhodanien. Geocarrefour,72:35-48.

Galay V J. 1983. Causes of riverbed degradation. Water Resources Research,19:1057-1090.

Gardner T W. 1983. Experimental study of knickpoint and longitudinal profile evolution in cohesive,homogeneous material. Geological Society of America Bulletin,94:664-672.

Gasowski Z. 1994. L'enfoncement du lit dela Loire. Revue de Geographic de Lyon,69:41-46.

Gellis A C. 1996. Gullying at the Petroglyph National Monument,New Mexico. Soil and Water Conservation,51:155-159.

Gilbert G K. 1896. Niagara falls and their history. National Geographical Monographs, 1: 203-236.

Gilbert G K. 1907. Rate of recession of Niagara Falls. US Geological Survey Bulletin,306.

Goldberg P. 1976. Upper Pleistocene Geology of the Avdat/Aqev Area//Prehistory and Paleoenvironments in the Central Negev,Israel. Dallas:Southern Methodist University Press:25-55.

Golz E. 1994. Bed degradation,nature,causes and countermeasures. Water Sciences Technology, 29:325-333.

Goudie A. 1982. The Human Impact. Cambridge:MIT Press.

Graf W L. 1983. The arroyo problem-palaeohydrology and palaeohydraulics in the short term// Background for Palaeohydrology. Chichester:John Wiley & Sons.

Granger D E,Kirchner J W,Finkel R C. 1997. Quaternary downcutting rate of the New River, Virginia,measured from differential decay of cosmogenic ^{26}Al and ^{10}Be in cave-deposited alluvium. Geology,25:107-110.

Grant G E,Swanson F J,Wolman M G. 1990. Pattern and origin of stepped-bed morphology in high gradient streams,western Cascades,Oregon. Geological Survey of America Bulletin, 102:340-352.

Gray D H,Leiser A J. 1982. Biotechnical Slope Protection and Erosion Control. New York:Van-Nostrand Reinhold.

Hall S A. 1990. Channel trenching and climatic change in the southern US Great Plains. Geology, 18:342-345.

Haltiner J P,Kondolf G M,Williams P B. 1996. Restoration approaches in California // River Channel Restoration. Guiding Principles for Sustainable Projects. Chichester:John Wiley & Sons:291-330.

Hamblin W K,Damon P E,Bull W B. 1981. Estimates of vertical crustal strain rates along the western margins of the Colorado Plateau. Geology,9:293-298.

Harden D R,Coleman S M. 1989. Geomorphology and quaternary history of Canyonlands,southeastern Utah // Geological Society of America Field Trip Guide. 1988,Colorado School of

Mines Professional Contribution,12:336-369.

Harvey M D,Schumm S A. 1987. Response of Dry Creek,California, to land use change,gravel mining and dam closure. International Association of Hydrologists Scientific Publication, 165:451-460.

Hassan M A,Church M. 2000. Experiments on surface structure and partial sediment transport. Water Resources Research,36:1885-1895.

Hassan M A,Reid I. 1990. The influence of microform bed roughness elements on flow and sediment transport in gravel bed rivers. Earth Surface Processes and Landforms,15(8):739-750.

Hayward J A. 1980. Hydrology and Stream Sediments in a Mountain Catchment[PhD Dissertation]. New Zealand:University of Canterbury.

Heede B H,Harvey M D,Laird J R. 1988. Sediment delivery linkages in a chaparral watershed following a wildfire. Environmental Management,12:349-358.

Henry C P,Amoros C. 1995. Restoration ecology of riverine wetlands. II. An example in a former channel of the Rhone River. Environmental Management,19:903-913.

Hey R D,Thorne C R. 1986. Stable channels with mobile gravel beds. Journal of Hydraulic Engineering,112(8):671-689.

Higgins C G. 1990. Gully development. Geological Society of America Special Paper.

Holland W N,Pickup G. 1976. Flume study of knickpoint development in stratified sediment. Geological Society of America Bulletin,87:76-82.

Huber N K. 1981. Amount and timing of late cenozoic uplift and tilt of the Central Sierra Nevada,California evidence from the upper San Joaquin River Basin. US Geological Survey Professional Paper.

Huck M G,Klepper B,Taylor H M. 1970. Diurnal variations in root diameter. Plant Physiology, 45:529-530.

Hupp C R. 1992. Riparian vegetation recovery patterns following stream canalization:A geomorphic perspective. Ecology,73:1209-1226.

Hupp C R. 1997. Riparian vegetation, channel incision, and ecogeomorphic recovery // Management of Landscapes Disturbed by Channel Incision. Oxford:University of Mississippi:3-11.

Hupp C R,Simon A. 1991. Bank accretion and the development of vegetated depositional surfaces along modified alluvial channels. Geomorphology,4:111-124.

Jaeggi M. 1989. Channel engineering and erosion control// Alternatives in Regulated Rivers Management. Boca Raton:CRC Press:163-184.

James A L. 1991. Incision and morphologic evolution of an alluvial channel recovering from hydraulic mining sediment. Bulletin of the Geological Society of America,103:723-736.

James C S. 1993. Entrainment of spheres—An experimental study of relative size and clustering effects// Alluvial Sedimentation. Special Publication Number 17 of the International Association of Sedimentologists. Oxford:Blackwell Publishing Ltd.

Jones J A A. 1997. Subsurface flow and subsurface Erosion// Process and Form in Geomorphology. London: Routledge: 74-120.

Judd H E, Peterson D F. 1969. Hydraulics of large organic debris on channel. Utah State University.

Keller E A, Pinter N. 1996. Active Tectonics. New Jersey: Prentice-Hall.

Kern K. 1992. Restoration of lowland rivers: The German experience // Lowland Floodplain Rivers. Chichester: John Wiley & Sons: 279-287.

Kern K. 1994. Lessons from ten years experience in rehabilitating rivers and streams in Germany // Proceeding of the First International Conference on Guidelines for Natural Channel Systems. Cambridge: Canadian Water Resources Association: 219-232.

Kern K. 1997. Restoration of incised channels: Large rivers // Management of Landscapes Disturbed by Channelization. Oxford: University of Mississippi: 673-678.

Kesel R H, Yodis E G. 1992. Some effects of human modifications on sand-bed channels in southwestern Mississippi, USA. Environmental Geology and Water Science, 20: 93-104.

Klassan G J, Lambeek J, Mosselman E, et al. 1998. Renaturalization of the Meuse River in the Netherlands, Gravel Bed Rivers in the Environment. Littleton: Water Resources Publications: 655-674.

Klingeman P C, Bravard J P, Giulian Y. 1994. Les impacts morphodynamiques sur le Rhone en Chautagne. Revue de Geographic de Lyon, 1: 73-87.

Klingeman P C, Bravard J P, Giuliani Y, et al. 1998. Hydropower reach by-passing and dewatering impacts in gravel-bed rivers. // Gravel Bed Rivers in the Environment. Littleton: Water Resources Publications: 313-344.

Knighton D. 1984. Fluvial Forms and Process. London: Edward Arnold.

Knox J C. 1983. Responses of river systems to Holocene climates // Late Quaternary Environments of the United States. Minneapolis: University of Minnesota Press: 26-41.

Kondolf G M. 1997. Hungry water: Effects of dams and gravel mining on river channels. Environmental Management, 21: 533-551.

Kuhl D. 1992. 14 years of artificial grain feeding in the Rhine downstream the barrage Iffezheim // Proceedings of 5th International Symposium on River Sedimentation. Karlsruhe: University of Karlsruhe: 1121-1129.

Lagasse P F. 1986. River response to dredging. Journal of Waterway, Ports, Coastal, and Ocean Engineering, ASCE, 112: 1-14.

Laird J R, Harvey M D. 1986. Complex response of a chaparral drainage basin to fire. International Association of Hydrologists Scientific Publication, 159: 165-183.

LaMarche V C Jr. 1966. An 800-year history of steam erosion as indicated by botanical evidence. US Geological Survey Professional Paper, 550-D: 83-86.

Landon N, Piégay H. 1994. L'incision de deux affluents sub-médilerranéens du Rhône: la Drôme ct l'Ardéche. Revue de Géographic de Lyon, 69: 63-72.

Landon N, Piegay H, Bravard J P. 1998. The Drome River incision: From assessment to management. Landscape and Urban Planning,43(1-3):119-131.

Lane E W. 1955. The importance of fluvial morphology in hydraulic engineering. Proceedings of the American Society of Civil Engineers,81(745):1-17.

Laronne J B, Carson M A. 1976. Interrelationship between bed morphology and bed-material transport for a small,gravel-bed channel. Sedimentology,23:67-85.

Larson E L,Ozima M,Bradley W C. 1975. Late Cenozoic basic volcanism in northwestern colorado and its implications concerning tectonism and the origin of the Colorado River system// Cenozoic History of the Southern Rocky Mountains. Colorado:Geological Society of America. Memoir:144,155-178.

Lehre A,Klein R D,Trush W. 1993. Analysis of the effects of historic gravel extraction on the geomorphic character and fisheries habitat of the Lower Mad River,Humboldt County,California. Appendix F to the Draft Program Environmental Impact Report on Gravel Removal from the Lower Mad River. Department of Planning,County of Humboldt,Eureka,California.

Leland J F,Reid M R,Burbank D W,et al. 1995. [10]Be and [26]Al exposure ages from bedrock rivercut terraces in northern Pakistan:Implications for incision and uplift rates. EOS Transactions,76:F685.

Leopold L B,Maddock T. 1953. The hydraulic geometry of stream channels and some physiographic implications. US Geological Survey Professional Paper,252:1-57.

Lerman A. 1988. Weathering rates and major transport processes:An introduction//Physical and Chemical Weathering in Geochemical Cycles. Dordrecht:Kluwer Academic Publications:1-10.

Little W C,Thorne C R,Murphey J B. 1982. Mass bank failure analysis of selected Yazoo Basin streams. Transactions of the American Society of Agricultural Engineers,25:1321-1328.

Livesey R H. 1965. Channel armoring below Fort Randall Dam. USDA Miscellaneous Publication,1970:461-470.

Lofgren B E. 1969. Land subsidence due to the application of water. Engineering Geology,II:271-303.

Lohnes R A. 1997. Stream channel degradation and stabilization:The Iowa experience//Management of Landscapes Disturbed by Channelization. Oxford:University of Mississippi:35-41.

Love D W. 1992. Rapid adjustment of the Rio Puerco to meander cutoff:Implications for effective geomorphic processes,crossing thresholds and timing of events//New Mexico Geological Society Guidebook,43rd Field Conference,San Juan Basin,IV:399-405.

Macklin M G,Rumsby B T,Heap T. 1992. Flood alleviation and entrenchment:Holocene valleyfloor development and transformation in the British uplands. Geological Society of America Bulletin,104:631-643.

Maddock T Jr. 1960. Erosion control on Five Mile Creek,Wyoming. International Association of Hydrologists Scientific Publication,53:170-181.

Mahoney J M, Rood S B. 1992. Response of a hybrid poplar to water table decline in different substrates. Forest Ecology and Management, 54:141-156.

Marcus L. 1992. Status report: Russian River resource enhancement plan. California Coastal Conservancy.

Marston R A. 1994. River entrenchment in small mountain valleys of the Western USA: Influence of beaver, grazing and clearcut logging. Revue de Geographic de Lyon, 69:11-16.

Martinson H A. 1986. Channel adjustments after passage of a lahar// Proceedings of the Fourth Federal Interagency Sedimentation Conference, Las Vegas:5143-5152.

Mayer L. 1985. Tectonic geomorphology of the basin and range Colorado Plateau boundary in Arizona// Tectonic Geomorphology. Boston: Allen & Unwin:235-259.

McLaughlin Water Engineers Ltd. 1986. Evaluation of and design recommendations for drop structures in the Denver Metropolitan Area. A Report Prepared for the Denver Urban Drainage and Flood Control District. Denver.

Meade R H, Yuzyk T R, Day T J. 1990. Movement and storage of sediment in rivers of the United States and Canada// Surface Water Hydrology: The Geology of North America. Washington DC: Geological Society of America:255-280.

Melville B W, Dongol D M. 1992. Bridge pier scour with debris accumulation. Journal of Hydraulic Engineering, 118:1306-1310.

Mendrop K B, Little P E. 1997. Grade stabilization requirements for incised channels// Management of Landscapes Disturbed by Channel Incision. Oxford: University of Mississippi:223-228.

Merritts D J, Vincent K R, Wohl E E. 1994. Long river profiles, tectonism, and eustasy: A guide to interpreting fluvial terraces. Journal of Geophysical Research, 99(B7):14 031-14 050.

Mizutani M T. 1996. Longitudinal profile evolution of valleys on coastal terraces under the compound influence of eustasy, tectonism and marine erosion. Geomorphology, 17:317-322.

Morisawa M, LaFlure E. 1979. Hydraulic geometry, stream equilibrium and urbanization// Adjustments of the Fluvial System. Dubuque: Kendall-Hunt:333-350.

Naden P M, Brayshaw A C. 1987. Small and medium scale bed forms in gravel-bed rivers// Basil Blackwell. Oxford: Institute of British Geographers Special Publication:249-271.

Nestmann F. 1992. Improvement of the upper rhein tail water of ifferzheim// Proceedings of 5th International Symposium on River Sedimentation, Karlsruhe, 3:1130-1152.

Northwest Hydraulics Consultants. 1995. Cache creek streamway study. Yolo County Community Development Agency.

Ohmori H. 1992. Dynamics and erosion rate of the river running on a thick deposit supplied by a large landslide. Zeischrift für Geomorphologie, 36:129-140.

Ouchi S. 1985. Response of alluvial rivers to slow active tectonic movement. Geological Society of America Bulletin, 96:504-515.

Parfitt D, Buer K. 1980. Upper Sacramento River spawning gravel study. California Department of Water Resources.

Parsons Binkerhoff Gore and Storrie, Inc. 1994. River management study: Permanent protection of the San Luis Rey River aqueduct crossings. Report to San Diego County Water Authority.

Patton P C, Schumm S A. 1975. Gully erosion northwestern Colorado: A threshold phenomenon. Geology, 3: 83-90.

Pautou G, Girel J. 1986. La vegetation de la basse plaine de l'Ain: Organisation spatiale et evolution. Documents de Cartographie Ecologique, XXIX: 147-160.

Peiry J L. 1993. L'ingenieur et la riviere dans la vallee de l'Arve (Haute-Savoie) et ses consequences sur la dynamique fluviale contemporaine // Le fleuve et ses Metamorphoses. Paris: Didier Erudition: 245-255.

Peiry J L, Salvador P G, Nouguier F. 1994. L'incision des rivieres des Alpes du Nord: etat de la question. Revue de Geographic de Lyon, 69: 47-56.

Petersen R C, Petersen L B M, Lacoursiere J O. 1992. A building block model for stream restoration // River Conservation and Management. Chichester: John Wiley & Sons: 293-310.

Piegay H, Barge O, Bravard J P, et al. 1996b. Comment delimiter fespace de liberie des rivieres // Nature. Paris: Societe Hydrotechnique de France: 275-284.

Piegay H, Barge O, Landon N. 1996a. Streamway concept applied to river mobility/human use conflict management // Rivertech' 96: New/Emerging Concept for Rivers. Chicago: IWRA: 681-688.

Piegay H, Joly P, Foussadier R, et al. 1997. Principes de rehabilitation des marges du Rhone a partir d'indicateurs geomorphologiques, phyto-ecologiques et batrachologiques, le cas du Rhone court-circuite de Pierre-Benite. Geocarrefour, 72: 7-22.

Pitty A F. 1971. Introduction to Geomorphology. London: Methuen.

Platts W S, Nelson R L. 1989. Characteristics of riparian plant communities and stream banks with respect to grazing in northeastern Utah // Practical Approaches to Riparian Resource Management, an Educational Workshop. Montana: Billings: 73-81.

Possardt E E, Dodge W E. 1978. Stream channelization impacts of songbirds and small mammals in Vermont. Wildlife Society Bulletin, 6: 18-24.

Prokopovich N P. 1983. Neotectonic movement and subsidence caused by piezometric decline. Bulletin of the Association of Engineering Geologists, 20: 393-404.

Prosser I P, Slade C J. 1994. Gully formation and the role of valley-floor vegetation, southeastern Australia. Geology, 22: 1127-1130.

Reich M. 1991. Grasshoppers (Orthoptera, saltatoria) on alpine and dealpine riverbanks and their use as indicators for natural floodplains dynamics. Regulated Rivers: Research & Management, 6: 333-339.

Reich M. 1994. Les impacts de l'incision des rivieres des alpes bavaroises sur les communautes terrestres du lit majeur. Revue de Geographie de Lyon, 69: 25-30.

Reid J B Jr. 1992. The Owens River as a tiltmeter for Long Valley Caldera, California. Journal of

Geology, 100:353-363.

Reilly P W, Johnson W C. 1982. The effects of altered hydrologic regime on tree growth along the Missouri River in north Dakota. Canadian Journal of Botany, 60:2410-2423.

Rice R J. 1980. Rates of erosion in the little Colorado valley, Arizona // Timescales in Geomorphology. Chichester: Wiley: 317-331.

Righter K. 1997. High bedrock incision rates in the Atenguillo River valley, Jalisco, western Mexico. Earth Surface Processes and Landforms, 22:337-343.

Robbins C H, Simon A. 1983. Man-induced channel adjustment of Tennessee streams. US Geological Survey Water Resources Investigations Report.

Rodolfo K S. 1989. Origin and early evolution of lahar channel at Mabinit, Mayon Volcano, Philippines. Geological Society of America Bulletin, 101:414-426.

Rood S B, Mahoney J M. 1995. River damming and riparian Cottonwoods along the Marias River, Montana. Rivers, 5:195-207.

Rosenbloom N A, Anderson R S. 1994. Hillslope and channel evolution in a marine terraced landscape, Santa Cruz, California. Journal of Geophysical Research, 99(B7):14 013-14 029.

Rosgen D L. 1996. Applied River Morphology. Colorado: Wildland Hydrology.

Rosport M. 1994. Stability of torrent beds characterised by step-pool textures. International Journal of Sediment Research, 9(3):124-132.

Rosport M. 1997. Hydraulics of steep mountain streams. International Journal of Sediment Research, 12(3):99-108.

Schumm S A. 1985. Patterns of alluvial rivers. Annual Review of Earth and Planetary Sciences, 13:5-27.

Schumm S A. 1999. Causes and controls of channel incision // Incised River Channels. Chichester/New York: John Wiley & Sons.

Schumm S A, Chorley R J. 1983. Geomorphic controls on the management of nuclear waste. US Nuclear Regulatory Commission.

Schumm S A, Erskine W D, Tilleard J. 1996. Morphology, hydrology and evolution of the anastomosing Ovens and King Rivers, Australia. Geological Society of America Bulletin, 108:1212-1224.

Schumm S A, Harvey M D, Watson C C. 1984. Incised Channels: Morphology, Dynamics and Control. Littleton: Water Resources Publications.

Schumm S A, Phillips W. 1986. Composite channels of the Canterbury Plain, New Zealand: A Martian analog? Geology, 14:326-329.

Schwarcz H P, Blackwell B, Goldberg P. et al. 1979. Uranium series dating of travertine from archaeological sites, Nahal Zin, Israel. Nature, 277:558-560.

Scott G R. 1975. Cenozoic surfaces and deposits in the southern Rocky Mountains // Cenozoic History of the southern Rocky Mountains, Colorado. Geological Society of America Memoir, 144:227-248.

Sear D A. 1992. Impact of hydroelectric power release on sediment transport processes in pool-riffle sequences//Dynamics of Gravel Bed Rivers. Chichester: Wiley: 629-650.

Sear D A. 1996. Sediment transport in riffle-pool sequences. Earth Surface Processes and Landforms, 21: 147-164.

Sear D A, Archer D R. 1998. The effects of gravel extraction on the stability of gravel-bed rivers: A case study from the Wooler River, Northumberland, UK//Gravel Bed Rivers in the Environment. Littleton: Water Resources Publications: 413-430.

Seidl M A, Dietrich W E, Kirchner J W. 1994. Longitudinal profile development into bedrock: An analysis of Hawaiian channels. Journal of Geology, 102: 457-474.

Seidl M A, Finkel R C, Caffee M W, et al. 1997. Cosmogenic isotope analyses applied to river longitudinal profile evolution: Problems and interpretations. Earth Surface Processes and Landforms, 22: 195-209.

Shepherd R G. 1979. River channel and sediment responses to bedrock lithology and stream capture, Sandy Creek drainage, Central Texas//Adjustments of the Fluvial System. Dubuque: Kendall-Hunt: 255-275.

Shields F D Jr, Cooper C M, Knight S S. 1993. Initial habitat response to incised channel rehabilitation. Aquatic Conservation: Marine and Freshwater Ecosystems, 3: 93-103.

Shields F D Jr, Cooper C M, Knight S S. 1995. Experiment in stream restoration. Journal of Hydraulic Engineering, 121: 494-502.

Shields F D Jr, Knight S S, Cooper C M. 1994. Effects of channel incision on base flow stream habitats and fishes. Environmental Management, 18: 43-57.

Shields F D Jr, Hoover J J. 1991. Effects of channel restabilization on habitat diversity, Twentymile Creek, Mississippi. Regulated Rivers: Research & Management, 6: 163-181.

Shields F D Jr, Knight S S, Cooper C M. 1995. Use of biotic integrity to assess physical habitat degradation in warmwater streams. Hydrobiologia, 312: 191-208.

Simon A. 1989. A model of channel response in disturbed alluvial channels. Earth Surface Processes and Landforms, 14: 11-26.

Simon A. 1992. Energy, time, and channel evolution in catastrophically disturbed fluvial systems. Geomorphology, 5(3-5): 345-372.

Simon A. 1994. Gradation processes and channel evolution in modified west Tennessee streams: Process, response and form. US Geological Survey Professional Paper.

Simon A, Darby S E. 1997a. Process-form interactions in unstable sand-bed river channels: A numerical modeling approach. Geomorphology, 21: 85-106.

Simon A, Darby S E. 1997b. Bank erosion processes in two incised meander bends: Goodwin Creek, Mississippi//Management of Landscapes Disturbed by Channel Incision. Oxford: University of Mississippi: 256-261.

Simon A, Darby S E. 1997c. Disturbance, channel evolution, and erosion rates: Hotophia Creek, Mississippi//Management of Landscapes Disturbed by Channel Incision. Oxford: University of Mississippi:476-481.

Simon A,Darby S E. 1999. The nature and significance of incised river channels // Incised River Channels. New York:John Wiley & Sons.

Simon A,Hupp C R. 1986. Channel evolution in modified tennessee channels // Proceedings of the Fourth Federal Interagency,Sedimentation Conference. Volume 2. Washington DC:US Government Printing Office:5-71,5-82.

Simon A,Hupp C R. 1992. Geomorphic and vegetative recovery processes along modified stream channels of West Tennessee. US Geological Survey Open-File Report.

Simon A,Thorne C R. 1996. Channel adjustment of an unstable coarse-grained stream:Opposing trends of boundary and critical shear stress,and the applicability of extremal hypotheses. Earth Surface Processes and Landforms,21:155-180.

Smiley P C,Cooper C M,Kallies K W,et al. 1997. Assessing habitats created by installation of drop pipes // Management of Landscapes Disturbed by Channel Incision. Oxford,Mississippi: University of Mississippi:35-41.

Smith D I,Greenaway M A,Moses C,et al. 1995. Limestone weathering in eastern Australia. Part I:Erosion rates. Earth Surface Processes and Landforms,20:451-463.

SOGREAH. 1991. Etude de diagnostic de la nappe de la basse vallée dela Drôme. Direction Départementale de l'Equipemcnt de la Drôme,Report and Maps.

Sohag M A. 1993. Sediment tracing,bed structure and morphological approaches to sediment transport estimates in a gravel-bed river:The River South Tyne,Northumberland UK [PhD Dissertation]. Newcastle:University of Newcastle upon Tyne.

Soil and Water. 1985. Attacks on the Otaki-gravel or grants. Soil and Water Magazine. Wellington. New Zealand:National Water and Soil Conservation Authority:22,2-14.

Sonoma County. 1992. Sonoma County Aggregate Resources Management Plan and Environmental Impact Report. Prepared by EIP Associates for Sonoma County Planning Department, Santa Rosa,California.

Stevens M A,Simons D B,Schumm S A. 1975,Man-induced changes of middle Mississippi River: American Society of Civil Engineers. Journal of the Waterways,Harbors and Coastal Engineering Division,101:119-133.

Stevens M A,Urbonas B,Tucker L S. 1990. Public-private cooperation protects river. APWA Reporter,25:7-27.

Stroffek S,Amoros C,Zylberblat M. 1996. La logique de rehabilitation physique appliquee un grand fieuve:le Rhone. Revue de Geographie de Lyon,71:287-296.

Stufft W A. 1965. Erosion control to Gering Valley // Hydraulics Division Conference,Tucson.

Tagliavini S. 1978. Le Modificazioni geomorphologiche ed idrogeologiche conseguenti all'attivita estrattiva nella conoide del torrente enza // Proceedings of the Conference on Attivita Estrattiva dei Materiali inerti da Costruzioni. Effetti sugli Arnbienti e Risorse Alternative,Cavriago.

Thorne C R. 1990. Effects of vegetation on riverbank erosion and stability // Vegetation and Erosion. Chichester: John Wiley & Sons: 123-144.

Thorne C R. 1997. Fluvial processes and channel evolution in the incised rivers of north-central Mississippi // Management of Landscapes Disturbed by Channel Incision. Oxford: University of Mississippi: 23-34.

Thorne C R, Russell A P G, Alam M K. 1993. Planform pattern and channel evolution of the Brahmaputra River, Bangladesh // Braided Rivers. Geological Society of London: 257-276.

Thorne C R, Murphey J B, Little W C. 1981. Bank stability and bank material properties in the bluffline streams of northwest Mississippi // Report to the Corps of Engineers Vicksburg District Under Section 32 Program, Work unit 7, USDA-ARS Sedimentation Laboratory.

Tinkler K J, Pengelly J W, Parkins W G, et al. 1994. Postglacial recession of Niagàra Falls in relation to the Great Lakes. Quaternao Research, 42: 20-29.

Trimble S W. 1974. Man-induced Soil Erosion on the Southern Piedmont 1700-1970. Soil Conservation Society of America, Ankeny, Iowa.

Trimble S W, Mendel A C. 1995. The cow as a geomorphic agent: A critical review. Geomorphology, 13: 233-253.

van Deaele W, Posesen J, Govers G, et al. 1996. Geomorphic threshold conditions for ephemeral gully incision. Geomorphology, 16: 161-173.

Wallerstein N, Thorne C R. 1996. Impact of in-channel organic debris on fluvial process and channel form in unstable channel environments // Proceedings of the Sixth Federal Interagency Sedimentation Conference, Washington DC: 11-32, 11-38.

Wang Z Y, Dittrich A. 1999. Effect of particle's shape on incipient motion of sediment. International Journal of Sediment Research, 14(2): 179-186.

Wang Z Y, Xu J, Li C Z. 2004. Development of step-pool sequence and its effects in resistance and stream bed stability. International Journal of Sediment Research, 19(3): 161-171.

Whitlow J R. 1985. Dambos in Zimbabwe: A review. Zeitschrift fur Geomorphologie Supplementband, 52: 115-146.

Whittaker J G. 1987. Sediment Transport in Step-pool Streams // Sediment Transport in Gravel-Bed Rivers. Chichester: Wiley: 545-579.

Whittaker J G, Jaeggi M N R. 1982. Origin of step-pool system in mountain streams. Journal of hydraulic Engineering, ASCE, (HY6): 758-773.

Whittaker J, Jaeggi M. 1986. Blockschwellen. Mitteilungen Nr. 91der Versuchsanstalt fur Wasserbau. Hydrologie und Glaziologie, an der Eidgenossischen Technischen Hochschule Zurich.

Williams G W. 1978. Bankfull discharge of rivers. Water Resources Research, 14: 1141-1154.

Williams G P, Wolman M G. 1984. Downstream effects of dams on alluvial rivers. US Geological Survey Professional Paper, 1286.

Winkley B R. 1994. Response of the lower Mississippi River to flood control and navigation improvemwnts // The Variability of Large Alluvial Rivers. New York: American Society of Civil Engineers: 45-74.

Wittenberg L. 2002a. Structural patterns and bed stability of humid temperate,Mediterranean and semi-arid gravel bed rivers[PhD Dissertation]. Newcastle: University of Newcastle upon Tyne.

Wittenberg L. 2002b. Structural patterns in coarse gravel river beds: Typology,survey and assessment of the role of grain size and river regime. Geografiska Annaler,84A(1):25-37.

Wittenberg L,Newson M D. 2005. Particle clusters in gravel-bed rivers: An experimental morphological approach to bed material transport and stability concepts. Earth Surface Processes and Landforms,30:1351-1368.

Wohl E E. 1992. Bedrock benches and boulder bars:Floods in the Burdekin Gorge of Australia. Geological Society of America Bulletin,104:770-778.

Wohl E E. 1998. Incised bedrock channels// Incised Rivers. Hoboken:John Wiley & Sons.

Wohl E E,Fuertsch S J,Baker V R. 1994. Sedimentary records of late Holocene floods along the Fitzroy and Margaret Rivers, Western Australia. Australian Journal of Earth Sciences, 41(3):273-280.

Wohl E E,Grodek T. 1994. Channel bed-steps along Nahal Yael, Negev Desert,Israel. Geomorphology,9:117-126.

Wohl E E,Madsen S,Lee M. 1997. Characteristics of log and clast bed-steps in step-pool streams of northwestern Montana,USA. Geomorphology,20:1-10.

Wolman M G,Leopold L B. 1957. River flood plains:Some observations on their formation. US Geological Survey Professional Paper,282-C:87-107.

Wolman M G,Miller J P. 1960. Magnitude and frequency of forces in geomorphic process. Journal of Geology,68:54-74.

Wu T H,McKinnell W P. 1976. Strength of tree roots and landslides on Prince of Wales Island, Alaska. Canadian Geotechnical Journal,16:19-33.

Yair A,Goldberg P,Brimer B. 1982. Long term denudation rates in the Zin-Havarim badlands, northern Negev, Israel // Badland Geomorphology and Piping. Norwich: Geographic Books: 279-291.

Young R W,McDougall I. 1993. Long-term landscape evolution:Early miocene and modern rivers in southern New South Wales,Australia. Journal of Geology,101:35-49.

Zimmermann A,Church M. 2001. Channel morphology,gradient profile and bed stresses during flood in a step-pool channel. Geomorphology,40:311-327.

第 5 章 泥沙运动和河床演变过程

河流发源于高地,沿地势向下流动,从群山奔流至平原,由湍急的山溪汇集成平缓的平原河流,最终经过河口入海。大河的平坦段为冲积河流,如黄河下游和长江中下游。所谓冲积河流是指在原先沉积在河谷中的泥沙上冲刷成河道的河流,或在易冲刷土层上自然冲刷而成河道的河流。冲积河流自形成后,利用水流挟带的泥沙逐渐使河道成形,并持续重塑河道断面,获得一定的水深和河道坡降,使其产生能维持河道的输沙能力。冲积河流大多是常年性河流,河床主要由沙和淤泥组成。冲积河流是低地河流,往往流经人口十分密集的地区。许多冲积河流都是在人工建造或人工加固的大堤所控制的河道中流动。洪水、改道及输沙和淤积都是冲积河流中的自然过程,引水、河道渠化和航运则是人类对河流的干扰。

冲积过程为宏观过程,是泥沙运动的长期结果。本章主要介绍泥沙运动和冲积过程的基础知识,关注泥沙颗粒的沉速、水流阻力、床面形态、输沙率、高含沙洪水、河型及非恒定输沙。这些知识对冲积河流的治理非常重要。

5.1 冲积河流的水文特征

河流流量能在不同的时间尺度内发生变化,可从零流量到洪水流量。在长时间尺度上,历史气象记录揭示出偶发的持续丰水年份和枯水年份。例如,美国在20 世纪 30 年代"经济危机"的十年发生过很多极端气象事件,如雪灾、龙卷风、洪水、干旱及沙尘暴,很多河流流量降低。但是,由于这种枯水年和丰水年的记录长度在地质学时间尺度上很短,难以在长时间尺度上准确预测丰水年和枯水年。相比之下,河流的季节变化更易预测,尽管存在很多不确定因素使之复杂化。考虑工程设计的需要,通常采用历史信息(有记录的时期)作为未来预测河流流量的基础,常用概率形式表述流量信息。在河道走廊管理和修复的规划设计中,特别有用的两个参数为:①洪水历时,等于或超过给定流量的时间百分比;②洪水频率,一年中超过(或不超过)给定流量的概率。

图 5.1 是一系列概率曲线表达水流频率的例子。图中 x 轴是月份,y 轴是月平均流量的范围。曲线表示月平均流量小于曲线代表值的概率。例如,在 1 月左右,流量有 90% 的可能小于 $900\text{m}^3/\text{s}$。水位是根据一些已知的水平高程(通常是海平面)为基准记录的水面处高程。水位记录对定义洪水位和枯水位很有价值,水位记录称为水位过程线,水位常可以换算出河流流量。最简单的水位计可以是沿

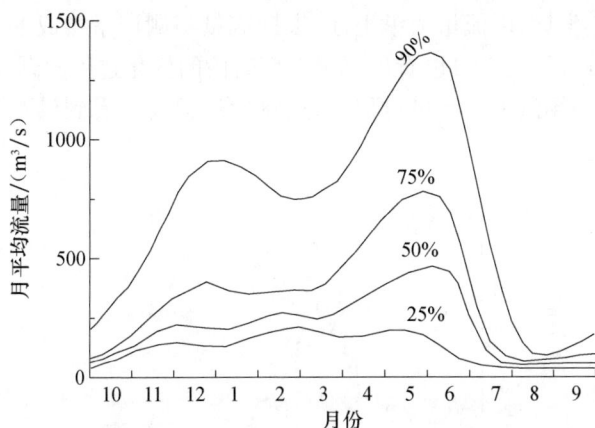

图 5.1　月概率曲线

每条曲线代表月平均流量小于该曲线值的概率

着桥墩或其他建筑物的水尺,可以定期读取水位值,也可以通过浮标、压力传感器或水敏电阻变化实现水位的自动记录(Wanielista,1990)。

流量由实测流速计算得到,水流流速由流速仪测定。传统机械型流速仪以转子式为主,有旋桨式和旋杯式流速仪。旋桨式流速仪主要由旋桨、身架和尾翼三部分组成,旋桨内装有讯号触点和轴承转轴等。通过单位时间转数的计数,换算为水流流速。按美国地质调查局建议,如果河流水深大于 0.6m,可用 1/5 和 4/5 水深处流速的平均值作为断面的平均流速;如果水深小于 0.6m,可用 3/5 水深处的流速作为断面平均流速。确定了断面平均流速,用平均流速乘以断面面积就可以得到流量(Wanielista,1990)。

对于稳定河道断面,河流的流量与水位具有很好的曲线形关系,称为水位-流量关系曲线。图 5.2 所示为东江龙川水文站的水位-流量关系曲线,在洪水期间,利用该关系曲线,可由记录的水位变化,推算出变化剧烈的流量值。但是,当在断面处或邻近河段发生淤积或冲刷时,水位-流量关系曲线将发生变化,这种情况下,河流流量应使用流速仪实测流速计算而得。

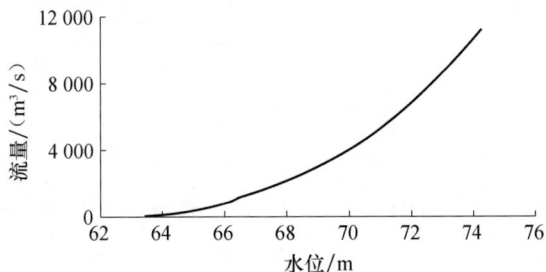

图 5.2　东江龙川水文站的水位-流量关系曲线

以时间为横坐标,以流量为纵坐标,根据流量实测记录绘成的曲线,称为流量过程线。从流量过程线上可以看出流量在该时段的变化过程。图 5.3 所示为东江龙川站 2005 年一场洪水的流量过程线,从流量过程线能看到洪水的三个阶段:涨水、洪峰和消落。

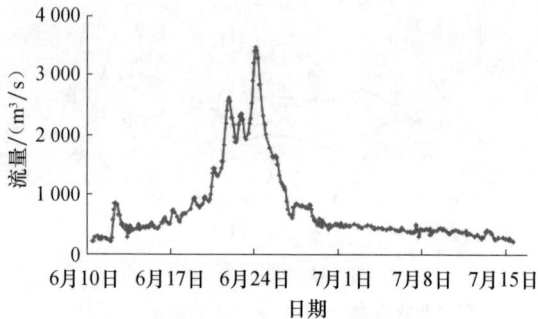

图 5.3　东江龙川站 2005 年一场洪水的流量过程线
涨水(6 月 10～20 日)、洪峰(6 月 20～26 日)和消落(6 月 20 日～7 月 15 日)

5.2　明渠水力学

5.2.1　层流和紊流

雷诺经典实验可以非常好地演示层流和紊流的两种流态,如图 5.4 所示。实验开始时在水箱中注满清水,待其完全静止后,徐徐打开阀门,使水通过玻璃管流动。同时从进口注入染色溶液,作为流态的指示剂。在流速较低时,染色溶液呈直线流过水管,清晰可辨,且与上下流层不掺混[图 5.4(b)],这就是层流。把阀门继续开大,在流速大到一定程度后,染色直线水流开始摆动[图 5.4(c)]。随着流速继续增加,染色线被打散,染色溶液扩散遍布全管,完全失去了其最初的形态[图 5.4(d)],这称为紊流。

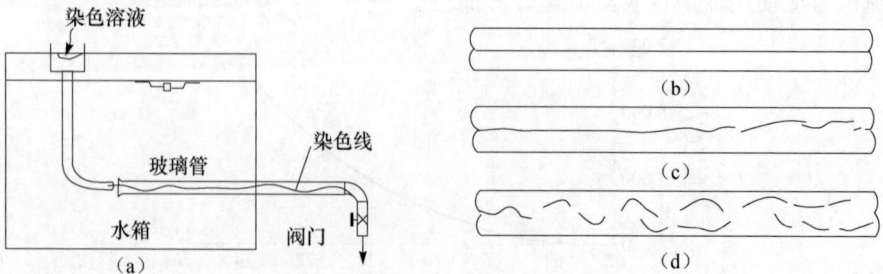

图 5.4　雷诺实验
(a) 雷诺实验示意图;(b) 层流;(c) 过渡流;(d) 紊流

对于层流,其剪切应力 τ 和速率梯度 $\left(\dfrac{\mathrm{d}u}{\mathrm{d}y}\right)$ 之间存在如下关系:

$$\tau = \mu\, \frac{\mathrm{d}u}{\mathrm{d}y} = \nu\rho\, \frac{\mathrm{d}u}{\mathrm{d}y} \tag{5.1}$$

式中,μ 和 ν 分别为流体的黏滞系数和动力黏滞系数;ρ 为水流体密度;u 为 x 方向的流速。式(5.1)就是牛顿定律,服从该定律的流体称为牛顿流体。

作用在单位水体上的惯性力与 $\rho U^2/L$ 成正比。其中,U 为断面平均流速;L 为特征长度,在管流中常常取管径 d 替换 L。黏滞力表现为水分子间的内黏聚力,能够降低水流的流动性,使扰动衰减。作用在单位水体上的黏滞力与 $\mu U/L^2$ 成正比。紊动现象实质上取决于惯性力与黏滞力之间的平衡。作用在单位水体上的惯性力和黏性力之比组成一个无量纲数,称为雷诺数(Re)。

$$Re = Ud/\nu \tag{5.2}$$

式中,d 为管径。在雷诺实验中,如果雷诺数小于 2000,流态为层流;如果雷诺数超过 10 000~12 000,则流态通常为紊流;如果雷诺数在两值之间,则称为过渡流。在后来的研究中发现,对光滑管道或非常短暂的初始条件下,雷诺数高达 50 000 时,仍能维持层流。

水力半径(R)为过流断面面积 A 与湿周 P 之比。管流的水力半径(R)为

$$R = \frac{A}{P} = \frac{\frac{1}{4}\pi d^2}{\pi d} = \frac{1}{4}d \tag{5.3}$$

根据水力半径的定义,明渠流在简单的矩形断面条件下,水力半径(R)为

$$R = \frac{A}{P} = \frac{Bh}{B + 2h} \approx h \tag{5.4}$$

式中,B 为渠道宽度,h 为水深,而 $B \gg h$。对河流来说,河宽通常是水深的百倍,因此,水力半径约等于平均水深。对明渠流应用式(5.2)~式(5.4),得到雷诺数为

$$Re = \frac{Ud}{\nu} = \frac{4Uh}{\nu} \tag{5.5}$$

明渠流的层流和紊流的临界值与管流一样。

对于河流来说,雷诺数通常大于 12 000,为紊流。只有在高含沙水流条件下,其动力黏滞系数常是清水条件的 100~1000 倍,水流可能会为层流。

紊流由大量不同尺寸的漩涡构成。为了解释局部扰动是如何引起漩涡的,可以设想在无黏性的流体中存在某一水流剪切面,剪切面两侧速率不同,其分布如图 5.5(a)所示。如果剪切面上的流线因为某种原因发生变形或弯曲[图 5.5(b)],这时在流线密集的地方流速较高,压力较低。而在流线稀疏的地方情况正相反,结果使流线更加弯曲[图 5.5(c)]。最终漩涡形成[图 5.5(d)]。在河流中,水流不仅在通过沙波的顶部会发生分离,并且在个别突出床面的泥沙颗粒表面也可能产生

小规模的局部分离,在剪切面上形成漩涡。此外,明渠流在边界附近的流速梯度一般都比较大,因此,整个河床边界都是紊动源。

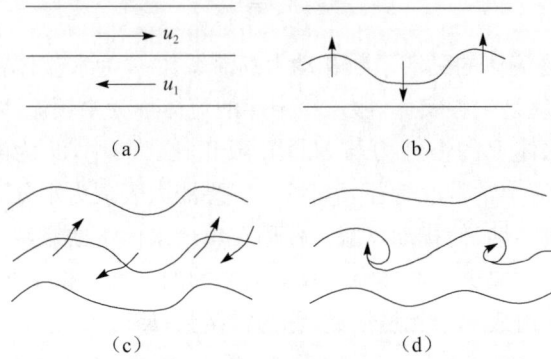

图 5.5　水流分离面上漩涡发展示意图(钱宁等,1983)
(a) 剪切面两侧速度不相同;(b) 流线发生变形或弯曲;(c) 流线更加弯曲;(d) 最终漩涡形成

图 5.5 仅为漩涡发展示意图,自从发现了猝发现象,对漩涡的形成和举升有了更深入的理解。

5.2.2　急流和缓流

在明渠流中,重力起着很重要的作用。惯性力与重力之比为佛汝德数,水的容重 $\gamma = \rho g$,则佛汝德数(Fr)为

$$Fr = U^2 / gh \tag{5.6}$$

式中,h 为河流水深;g 为重力加速度。

当佛汝德数大于 1 时,明渠流为急流。水流为急流时,干扰波不能向上游传播,在水面上出现驻波。其水深取决于流量和局部河床阻力,不会受到下游条件的影响。当佛汝德数小于 1 时,明渠流为缓流。水流为缓流时,干扰波能向上游传播,在水面上不会出现驻波。其水深取决于流量、局部河床阻力和下游条件。山区小溪流的水流通常为急流,而大河水流一般为缓流。图 5.6(a)所示为山区溪流的急流,并出现驻波,图 5.6(b)为金沙江的缓流,可见航船产生的干扰波并在水表面移动。

5.2.3　涡黏性系数

5.2.2 节的分析有助于理解运动流体中邻近层之间的动量交换机制。在图 5.5 中,若相邻水层面积为 A_0,层间相对速率为 u',水流垂直方向的脉动流速为 v',而脉动流速均匀分布在 A_0 面上,则在单位时间内从下层 B 传输至上层 A 的水流质量为 $\rho v' A_0$,假定传输至 A 层中的水分子与 A 层中原有的水分子完全掺混,且以 A 层的速率沿轴向运动,则通过动量交换,使 A 层表面产生了与水流方向一

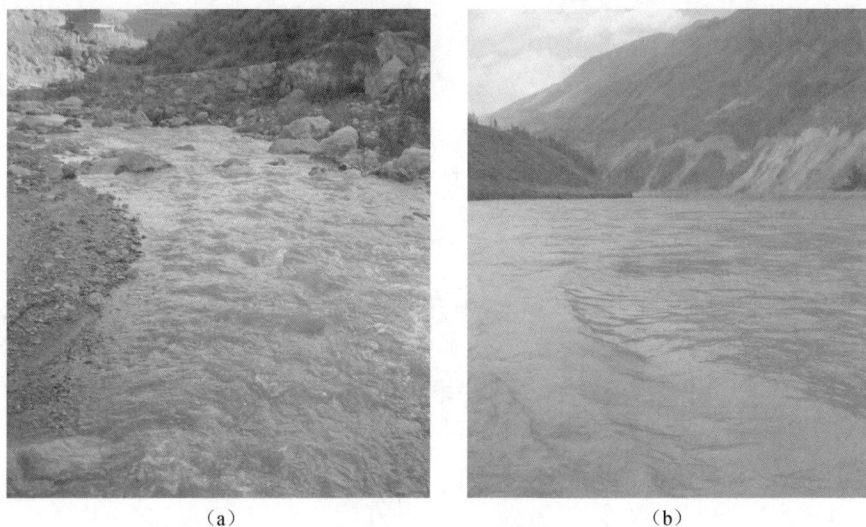

（a）　　　　　　　　　　　　　　　　　（b）

图 5.6　急流和缓流

（a）山区溪流的急流,出现驻波;（b）金沙江的缓流,航船产生的干扰波并在水表面移动

致的剪切应力:

$$F = \rho A_0 u'v' \tag{5.7}$$

则单位面积上的剪切应力为

$$\tau = F/A_0 = \rho u'v' \tag{5.8}$$

事实上,在水流中任何一点 u' 和 v' 的数值随时都在改变,且剪切应力 τ 与 u' 和 v' 乘积的平均值成正比,即 $\tau = \rho \overline{u'v'}$。在河流中,流速一般随着水深而增大。如果定义 u' 方向在与水流方向一致时为正,v' 方向从床面向上为正,则 u' 和 v' 的符号相反。这样定义,则式(5.8)应改写为

$$\tau = -\rho \overline{u'v'} \tag{5.9}$$

这是常见的紊动剪切应力公式。自 19 世纪以来,很大一部分紊动理论的研究就在于如何把脉动流速转化为时均流速的函数,从而建立起流速场和应力场之间的关系。

1925 年,普朗特首先模仿大尺度上的动量交换,以说明水流中紊动引起的混掺现象,创立了紊流的混掺长度理论。假设:

$$v' \sim u' = l \frac{\mathrm{d}u}{\mathrm{d}y} \tag{5.10}$$

式中,l 为普朗特混掺长度。则式(5.9)可以改写为

$$\tau = \rho l^2 \frac{\mathrm{d}u}{\mathrm{d}y} \left| \frac{\mathrm{d}u}{\mathrm{d}y} \right| \tag{5.11}$$

仿照层流运动公式,式(5.11)可改写为

$$\tau = \eta_t \frac{\mathrm{d}u}{\mathrm{d}y} \tag{5.12}$$

其中

$$\eta_t = \rho l^2 \left| \frac{du}{dy} \right| \tag{5.13}$$

称为涡黏性系数。当水流雷诺数超出临界雷诺数不多时,紊动及黏滞作用都较重要,流层间的剪切应力应是紊动切应力和黏滞剪切应力的总和,即

$$\tau = (\mu + \eta) \frac{du}{dy}$$

正如空气分子的平均自由行程与紊流混掺长度之间存在差别一样,涡动黏滞系数虽然与动黏滞系数相当,但后者只是流体的性质,与在水流中的位置无关,而前者则因在水流中的位置及速率分布而异,并不是常数。

在大多数紊流中,其剪切应力主要是动量交换的产物,式(5.12)可写为

$$\tau = \varepsilon_m \frac{d(\rho u)}{dy}$$

其中

$$\varepsilon_m = l^2 \left(\frac{du}{dy} \right) \tag{5.14}$$

称为动量交换系数,与层流中动黏滞系数相似。动量交换系数实际上是混掺长度和脉动速率的均方根之积。

5.2.4 明渠流的流速分布

在明渠紊流中,若流动恒定均匀,速率分布遵循对数速率分布律:

$$\frac{u_m - u}{U_*} = -\frac{1}{\kappa} \ln \frac{y}{h} \tag{5.15}$$

式中,$U_* = \sqrt{\tau_0/\rho} = \sqrt{gRs}$ 称为剪切流速,τ_0 为床面剪切应力,R 为水力半径,s 为床面坡降;κ 为卡门常数(为 0.41);u_m 为断面最大流速,可大致取水面处流速。只要流动是紊流,无论壁面粗糙或光滑,方程均适用。

河流中,边壁往往是粗糙的,在边界附近($y/h < 0.2$)的速率分布为

$$\frac{u}{U_*} = \frac{1}{\kappa} \ln \frac{y}{K_s} + A_r \tag{5.16}$$

式中,K_s 为等效沙粒粗糙度(粗糙高度);$\kappa = 0.41$;$A_r = 8.5$。

在恒定明渠流中,重力剪切应力分布为

$$\tau = \tau_0 (1 - y/h) \tag{5.17}$$

应用流速分布公式,可得到涡黏性系数分布如下:

$$\eta_t = \rho \varepsilon_m = \frac{\tau_0 (1 - y/h)}{\dfrac{du}{dy}} = \rho \kappa U_* y \left(1 - \frac{y}{h} \right) \tag{5.18}$$

5.2.5　猝发过程

　　过去人们认为紊动是完全随机的,20 世纪六七十年代的研究发现并非如此。紊流中确实存在与空间和时间相关的有序运动,这些运动可称为拟序过程。其运动由于在时间和空间上重复现象而产生,但并非严格的周期性。两个最显著的现象是在边壁附近观察到的,分别是:①边壁附近低速带的举升;②高速流体向边壁的"扫荡"。

　　图 5.7(a)是通过注入染色溶液观察到的低速带举升现象的示意图。间歇性的低速带被举升,离开边壁并进入主流区。图中箭头所指就是观测到的低速带的主要部分。在开始阶段,低速带一方面整体向下游缓慢迁移,另一方面向外缓慢漂流。这一状态持续相当长的流程范围,一旦低速带达到离边壁的某一临界距离,则急遽地向外运动。此临界距离并非固定的点。Kline 测得的逐出流体的轨迹如图 5.7(b)、(c)所示。图中,x 为流动方向,y 为垂直于边壁方向。阴影区域表示各瞬时 t 逐出流体所到位置 x(或 y)的分布密度。尽管个别轨迹变化较大,但平均轨迹相对稳定;并且其平均值与其众值是一致的。低速带进入主流区后,其纵向流速远低于周围的流体。因此,在瞬时纵向流速分布图上,低速带到达的位置出现一个拐点。有拐点的流速分

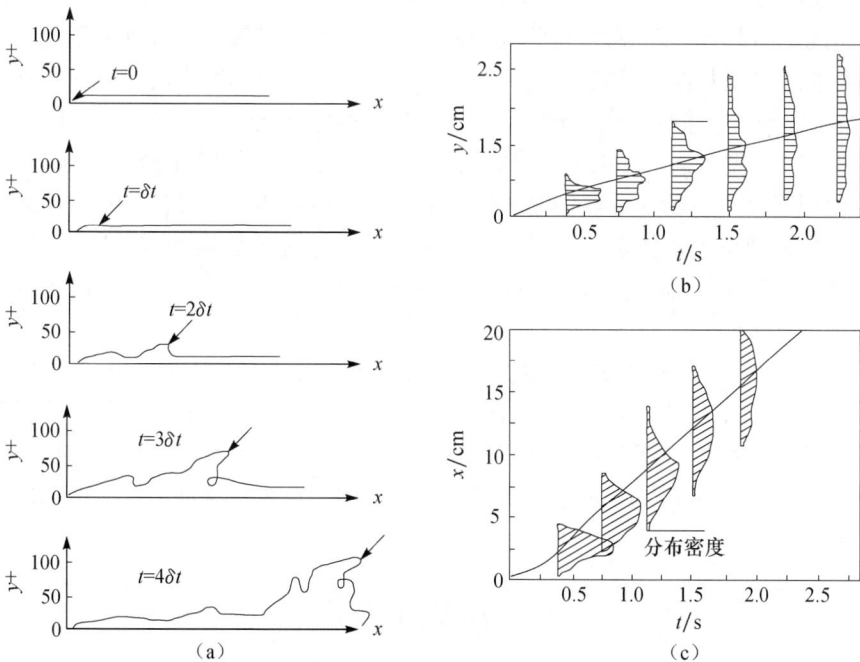

图 5.7　低速带举升现象和逐出漩涡的轨迹示意图(Kline et al. ,1967)

(a) 侧向观察到染色低速带的崩解;(b) y 方向逐出流体的轨迹;(c) x 方向逐出流体的轨迹

布通常是不稳定的,会引起紧挨拐点下游水流的振荡。在图 5.7(a)第三幅图中可以发现这种振荡。开始发生振荡的区域大体为 $y^+ = 8 \sim 12$,其中,y^+ 为距边壁的无量纲距离($y^+ = yu_\tau/\nu$)。其中,y 为距边壁距离;$u_\tau = \sqrt{\tau_w/\rho}$,$u_\tau$ 为横向分速,τ_w 为边壁剪切应力),ν 为动力黏滞系数。这种振荡的增长很迅速,经过 $3 \sim 10$ 个周期后,此水流结构崩解了,出现更为杂乱的运动。崩解通常发生在 $10 < y^+ < 30$ 的区域内。一些研究认为,低速带甚至可以上升到 $y^+ > 100$ 的流区。从图 5.7(a)中的第四幅和第五幅图可以看出扭曲及最终崩解的情况。

除了低速带的举升外,边壁附近另一种突出特征是自主流区的高速流体向边壁的"扫荡"现象。Grass(1971)曾借助于光滑床面上运动着的泥沙颗粒(粒径 0.1mm)来显示"扫荡"现象。在这个实验中,床面被涂成黑色,泥沙颗粒为白色。当高速流体自主流区到达边壁时,带走了所有的泥沙颗粒,露出黑色的床面,形成一条通道。被带走的泥沙除了向前运动以外,还略向侧向扩散。为了重点研究边壁附近低速带的"举升"现象和高速流体的"扫荡"现象之间的内在联系,Offen 等(1974)做了一些实验,他们除了在边壁区注入染色剂和放置铂丝外,还在流速断面呈对数分布的主流区注入染色剂。实验观测到以下两个显著特征:①几乎每次边壁附近低速带被上举和出现振荡之前,在其邻近的上游都可以观察到主流区生成的扰动。扰动起源于对数流速区,通常为 $20 < y^+ < 200$,扰动具有像漩涡一样的流态,其平均运动方向指向边壁。并且,边壁区的振荡总是在此扰动的下游。②低速带缓慢增大并逐渐上举。在振荡的低速带增长阶段结束时,低速带内的流体和对数流速区内的流体间的共同作用,引起另一个大的漩涡状的水流结构。这个漩涡系统向边壁处方向向下扩展,在主流区形成向边壁方向运动的扰动,从而引起更下游处另一低速带的举升和振荡。

快速运动水体的动量被传输至低速运动的边界水体,在此过程中,快速运动水体往往使低速运动水体呈螺旋运动而翻滚。正是这种剪切运动或剪应力,使床沙颗粒翻滚而向下游移动。河道底部的泥沙颗粒开始滑动或翻滚,从而按水流方向沿河床输沙。

在河流里,湍急的河水具有更大尺度的拟序结构。在长江航道里,航船的船长不得不时刻关注这种湍流结构对船舶运行的影响,它们在水面上呈现一系列开锅状的喷涌,称为"泡",处于两个"泡"或几个"泡"之间的漩涡称为"漩"。这种泡漩结构对于底沙从一岸到另一岸的运动起着重要作用。至今对这种大尺度结构的形成机理还不清楚。

5.3　河流床面形态

5.3.1　床面形态的发展

河道及其滩地的形态随着河流功率和流域产沙的变化而不断调整。随时间和位置的不同,河道对流域来水、来沙条件的响应不同,需要的能量耗散水平也不同。在很多动床河流中,水流功率和泥沙量的日变化会引起河床形态和糙率的频繁调整。河流也会随着洪水和枯水周期性调整。同样,很多自然因素,如气候变化、自然火灾及人为因素(如耕作、过度放牧或城市化等)等,都会对河流的来水、来沙情况产生长期影响,从而使河流不断调整其河槽和滩地的形态,这就是河道演变。在河流对水流功率和挟沙能力的变化如何响应方面,已有大量定性的研究(如 Lane,1955;Schumm,1977)。

　　河床由沙和淤泥组成的河流中,会发展出各种河床形式。当河流输沙时,推移质颗粒沿河床做多种形式的群体运动。随着输沙率的变化,推移质的运动反过来引起床面形态的改变。大量泥沙颗粒在河床上的群体运动形成沙波运动。

　　试设想开始时低速水流经过平整静止的河床,没有泥沙运动,如图 5.8(a)所示。当流速达到一定强度后,部分颗粒开始运动。此后不久,少量泥沙聚集在床面的某些部分形成小丘,并徐徐向前移动加长,最后相连接而形成形状规则的沙纹,如图 5.8(b)所示(Chien et al.,1998)。

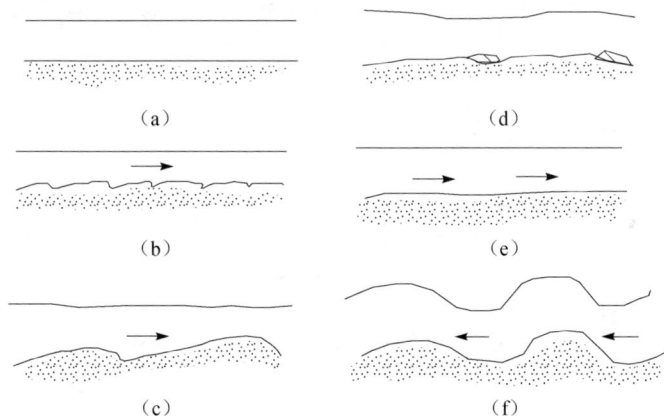

图 5.8　随水流强度的增加床面形态的发展

(a) 平整床面;(b) 沙纹;(c) 沙垄;(d) 过渡,沙垄将消失;(e) 平整床面;(f) 逆行沙垄

　　沙纹的纵剖面是不对称的,迎水面长而平,背水面短而陡,两者水平长度的比值通常为 2~4。一般沙纹高 0.5~2cm,最大不超过 5cm;沙纹长为 1~15cm,一般不超过 40cm。

　　沙纹主要由近壁流层的不稳定性所产生,是受河床床面附近的物理量所制约的最小规模的床面形态,与平均水深的关系不大,在深水区和浅水区都有可能形成。在平面上,有相互平行的沙纹,也有呈鳞状的沙纹。随着流速的增长,沙纹在平面上逐渐从顺直过渡到弯曲线,再过渡到对称的和不对称的鳞状。图 5.9(a)、(b)分别为河床上产生的平行沙纹和鳞状沙纹,图片摄自辽河的支流柳河。其中,泥沙粒径为 0.5mm，沙纹高 1～4cm、长 10～40cm。

（a）   （b）

图 5.9　柳河河床上形成的平行沙纹和鳞状沙纹
（a）平行沙纹；（b）鳞状沙纹

随着流速的增加，沙纹继续发育，最终形成沙垄[图 5.8(c)]。沙垄的大小与水深有密切关系。图 5.10 显示在不同河流中沙垄大小显著不同。大型河流的沙

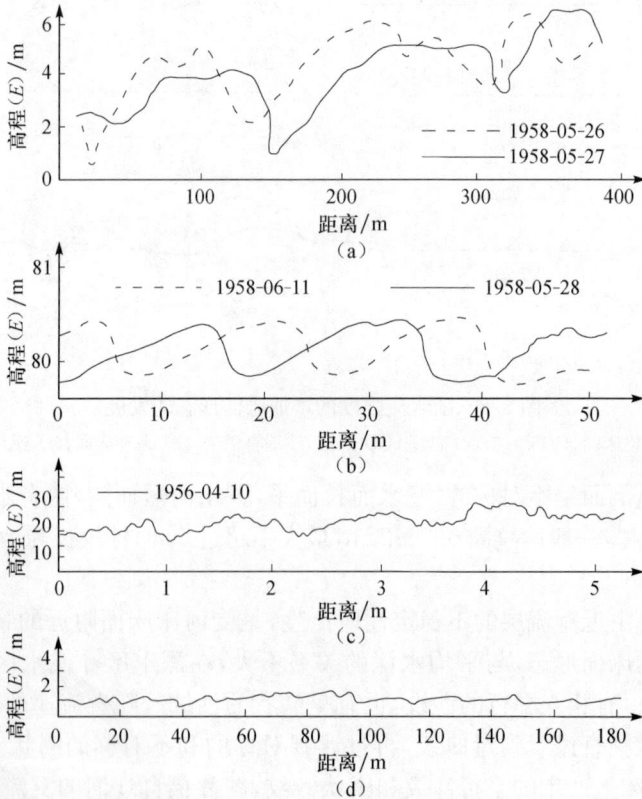

（a）

（b）

（c）

（d）

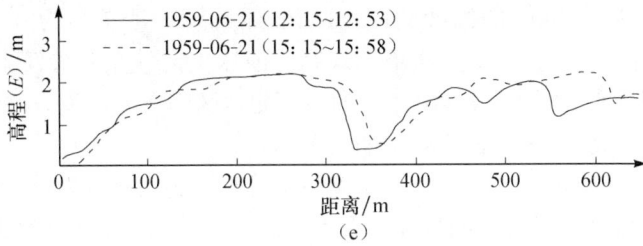

(e)

图 5.10　各种规模的沙垄(钱宁等,1983)

(a) 长江南京段;(b) 伏尔加河;(c) 密西西比河;(d) 克拉雷文河(瑞典);(e) 黄河花园口段

垄有时可达上千米长,数米高,如长江和密西西比河;而其他河流中沙垄大小也可能不到 0.5m,如伏尔加河。不同河流的沙垄移动速率不同,为 1(伏尔加河)～100m/d(黄河)。

图 5.11(a)为长江中游支流松滋河河床形成的沙垄,松滋河分洪至洞庭湖。

(a)

(b)

图 5.11　河床和沙漠的沙垄

(a) 长江中游支流松滋河河床形成的沙垄;(b) 库布齐沙漠形成的沙垄

床沙由粒径约为 0.1mm 的细沙构成,分布较不均匀。沙垄高为 0.5～1m,长为 10～30m。与沙纹相比,沙垄形状更不规则。河床上的沙垄和沙漠上的新月形沙丘从形状上看近似,如图 5.11(b)所示的为西北地区库布齐沙漠,沙的中值粒径约为 0.2mm,沙垄高约 10m,长 50～100m。

水流强度逐渐加大的过程中,沙垄在平面外形上将由顺直发展到弯曲,呈新月形。顺直的带状沙垄沿河宽的尺寸远大于沿流向的尺寸。带状沙垄常发生在河流弯段的凸岸,并向下游延伸至凹岸,把泥沙沿河床带向凸岸的底流方向与沙垄的脊线垂直,而脊线与表层水流成一较大的偏角。如果沙波的振幅与水深相比很大时,就会引起水面的相应变化。在一般情况下,对应于沙垄的波峰处,会有水面的跌落,在其附近会出现小的波浪,从远处看呈一带状,此处正是沙垄脊线的位置,黄河下游沿岸群众把这种水面现象称为"涟子水"(钱宁等,1983)。如果沙垄高度与水深之比足够大,则自沙垄波峰下游水流分离面上卷起的漩涡,在到达水面时,仍有足够的强度把一股股高含沙水翻到水面上来,就像开锅的水一样。

沙垄发展到一定高度后,如果流速继续增大,沙垄转而趋于衰退,其波长逐渐增大,高度逐渐减小[图 5.8(d)]。随着流速进一步增长,床面重新变得平整[图 5.8(e)]。图 5.12 所示为长江汉口段沙垄高度在不同水位下的变化。沙垄最大高度发生在水位为 21.5m 时,在此水位以下,随流量或水位的增加,沙垄高度逐渐加高;而超过这个水位以后,沙垄高度减小;当水位超过 24.5m 时,河床又恢复平整。

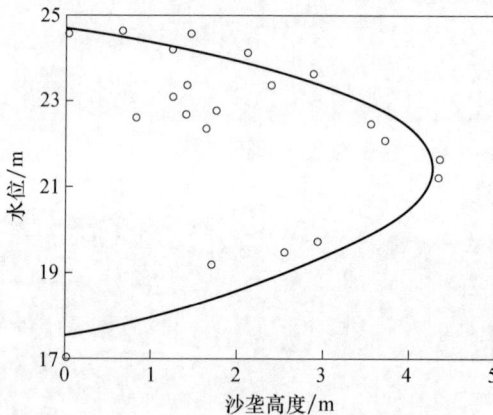

图 5.12　长江汉口段沙垄高度在不同水位下的变化

在动平整床面状态下,水流输沙率较大。如果流速继续增大,水流接近或变成急流($Fr>1$),床面形态发展成逆行沙垄[图 5.8(f)]。逆行沙垄是一种与水面波同相位的床面形态,且这两种波相互强烈影响。逆行沙垄和沙垄的区别为:沙垄的形状是不对称的,水流流线在沙垄峰顶分离;与之相反,逆行沙垄是对称的,更像表面波,水流流线几乎与河床床面平行,且几乎没有分离现象发生。在逆行沙垄阶段,水面有相应的波动,在黄河上被称为"淦",以区别于风引起的波动;在沙垄阶段,水面波与床面形态并不相应,而是存在一个相位差。

逆行沙垄常在高速浅流中形成。逆行沙垄起伏幅度相对较大,水流经过逆行沙垄时,必须爬升其迎水面,常将部分泥沙停留在那里;而水流在经过波峰背水面时,又拥有剩余能量冲起一部分泥沙。结果,尽管每个颗粒的运动方向都沿着水流方向,而沙波作为一个整体却是逐渐向上游移动的。

不能将单个逆行沙垄的运动方向和沙波系列的运动方向相混淆。尽管单个表面波及其逆行沙垄系列看起来均与水流运动方向相反,但整个沙波系列实际上是顺水流运动的,主要是因为沙波系列上游端的沙波不断消失,而在其下游端不断产生沙波(钱宁等,1983)。

逆行沙垄的脊线在平面上并不完全是平行的,大多数情况类似海洋中的短宽波,其波长和波宽属于同一数量级。这样,沙垄往往只占河宽的一小部分。黄河下游的游荡河段河面开阔,逆行沙垄通常发生在靠近岸滩或河道交汇的地方。在黄河下游过渡段和游荡型河段,特别是在弯道下游的顺直河段内,偶尔会出现与河底逆行沙垄有关的一种特殊水面现象——"淦"。例如,在黄河下游土城子河段,只要其水位较高,全河宽(河宽为 500～600m)内都此起彼伏地出现逆行沙垄,相应出现的"淦"高达 1m,波长度约为 15m。图 5.13 所示为逆行沙垄和"淦"的形态。"淦"多出现在洪水退水阶段,其发生常很突然。河水本来平稳地向前流动,看不见水花,忽然在水面出现一连串的波浪,数目为 6～10 个,也有多达 20 个以上的。这些表面波很快发展并达到其最终大小,经过约 10min 后,又逐渐衰退消失。也有个别波浪在消失以前,浪头破碎,发出雷鸣般的声音。这些波的位置看起来似乎固定不动,但以岸上固定物体做参照物观察,会发现它们实际上向上游缓缓移动。

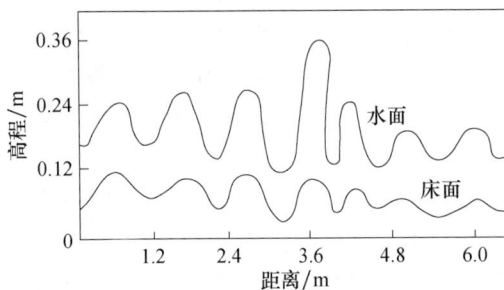

图 5.13　逆行沙垄和"淦"的形态

根据前面的讨论可以看出,随着流速的增加,沙波现象的发展过程可以分成两个明显的阶段:第一阶段出现沙纹和沙垄,第二阶段出现逆行沙垄,这两个阶段之间存在着一个过渡区,床面或恢复平整,或还遗留有即将被抹去的沙垄的残迹。在一般河流中,比较常见的是沙纹和沙垄,逆行沙垄则较为少见。

天然河流中,上述过程并不是一个接一个依次发生,而是往往存在好几种不同的床面形态,并各自经历着不同的发展过程。即使在水槽实验中,在水槽的不同部位也可以看到不同的床面形态。这表明床面形态与局部的紊流结构有很大关系。在特定的水、沙条件下,初始平整床面可以直接进入沙垄阶段,或从沙垄阶段直接进入逆行沙垄阶段,中间没有沙纹或平整区作为过渡。沙纹和沙垄也可同时发生。例如,在辽河的支流柳河上所观察到的现象,其沙垄没有完全发展,在沙垄之上重叠发展了沙波。沙垄的发展需要一定的水深,但该河只有在洪水期才有较大的水深,洪水期过后,流量很快衰减,有时甚至断流,因此,阻碍了沙垄的充分发展。但沙纹的发展不受水深影响,从而在河床上发展得很充分。相似的,在沙漠上也会出现沙波发生在沙垄之上的情况,如图 5.14 所示。

图 5.14 西北库布齐沙漠沙波发生在沙垄之上

河床形态的发展过程表明,在发生输沙的河段,平整的、非黏性颗粒状床面难以维持(Knighton,1998)。Leeder(1983)认识到紊动、输沙和床形之间存在强烈的相互作用。一般认为,猝发过程为大尺度紊流的内在组成部分,引起泥沙输移的开始,在这一过程中,"扫荡"向沙床施加了较高的瞬时应力,"喷射"挟带床面的泥沙起悬。因为床面附近水流紊动分布不均匀,这样的猝发过程对床面形态的形成和保持起着关键作用。每个沙床单元代表一个"冲-淤"序列,其沙床波长依赖于猝发过程时间的长短。由于床面形态引起加速和减速作用,输沙率在单个床面形态断面上大小不同,使沙谷冲刷,而沙峰前淤积。

Bagnold(1956)从理论上证明,在输沙过程中,河道形态要保持一定程度的稳定性,必然会形成沙纹和沙垄。没有床面形态提供的这些额外的阻力,河道输水、输沙的连续性将遭到破坏。然而,现在几乎还没有数据说明这些阻力是如何影响紊流结构的。

　　沙纹、沙垄和逆行沙垄的讨论仅指河床由沙和淤泥组成的冲积河流,对于砾石河床的山区河流,因为其颗粒太大,不可能形成沙纹、沙垄和逆行沙垄。如第4章所述,山区河流重要的垂向结构为阶梯-深潭系统。

　　山区河流常会出现阶梯-深潭系统,阶梯-深潭系统的形成需要较大的床沙质,包括只在极端流量下才能移动的大漂石及较低的泥沙补给,河道宽深比较小(Grant et al. ,1990)。大漂石起着互锁框架的作用,相当稳定。如果存在一个或多个关键漂石,则阶梯的发展主要受局部泥沙补给和输沙条件的影响,阶梯之间的深潭为较细床沙质提供了蓄积池。阶梯-深潭系统从潮湿环境到干旱环境均能出现(Chin,1999),而且在冰川河流也能发现类似结构(Knighton,1984)。因此,阶梯-深潭系统看起来是较陡的冲积河流的床面形态元素。图5.15所示为典型的阶梯-深潭系统,由圆石和漂石组成,照片摄于珠江流域的一条小溪。

图 5.15　珠江流域一条小溪上发育的阶梯-深潭系统

5.3.2　低能态和高能态

　　床面上有沙波时,由于水流在沙波波峰的分离,使迎水坡面上的压力大于背水坡面上的压力,从而对水流施加了一个除沙粒阻力以外的阻力,称为沙波阻力或形态阻力。这种阻力只存在于沙纹和沙垄这两种低水流能态阶段,低水流能态由Simons等(1966)定义。

　　动平整床面和逆行沙垄属于高水流能态。在高水流能态,由于床面形态和水流同相,颗粒糙率在水流中占主导地位,形态阻力减少到接近于零。在逆行沙垄的上游面和下游面没有压力差。如果水流从低能态发展到高能态,同样流量下,糙率(n)可以减少50%,水深可以减少20%。Simons等(1966)在实验中测量了Darcy-Weisbach摩擦系数f(为$8JgR/U^2$),发现其随床面形态而变化:低水流能态:沙垄,$0.04 \leqslant f \leqslant 0.16$;高水流能态:逆行沙垄,$0.02 \leqslant f \leqslant 0.07$。

如果水流能量增长或沉速下降,会发生低水流能态向高水流能态的转变(Simons et al.,1966)。对给定的来水、来沙条件,若水温下降,泥沙沉速也随之下降,床面形态可能从低能态发展进入高能态。这样会导致阻力或糙率突然减少,流速急剧增加,水流的输沙能力可能在短时间内得到极大的提高。

同样情况也会在天然河流中发生。同样的坡降和水深,床面可能形成沙垄,也可能很平整,这两种情况下的阻力很不一样,相应的,两种情况的流速也不同。结果,同样的坡降和水深条件下,流量就会不同。图5.16显示了美国格兰德河水力半径与速率的关系(Culbertson et al.,1960)。水力半径为0.7m时,床面形态从沙垄发展到平整和逆行沙垄阶段,速率从0.8m/s增加到了1.5m/s,单宽流量也相应地发生了变化。进一步研究表明,在给定的流量和坡降条件下,水深也可能不同。目前还没有任何水流阻力方程用来解释这些难以理解的现象。

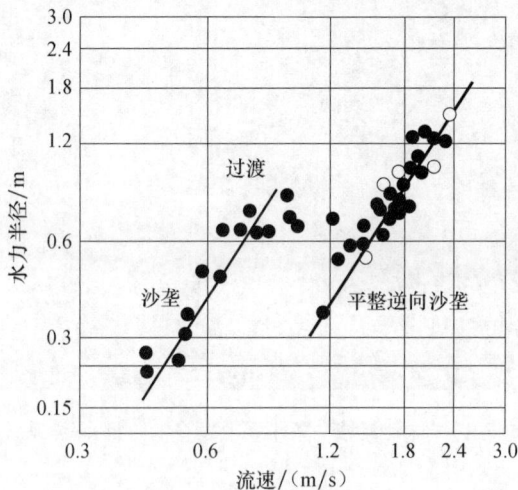

图5.16　美国 Rio Grande 河水力半径和速率的关系(Culbertson et al.,1960)

在这种情况下,只有在糙率和水流之间的内在关系确定后,才能理解冲积河流的阻力。冲积河流糙率有很多不同组成因素,每种因素都与水流自身有关。因此,首先要弄清楚每种因素和水流条件之间的函数关系,然后确定这些因素如何综合发挥作用,以对冲积河流糙率进行全面描述。

床面形态随来水、来沙条件的改变而调整。例如,洪水通过时,水流条件的变化使泥沙分布发生变化,从而导致床形的调整。但这两个过程之间有一个时间和空间上的延迟,而且这种延迟随床面形态和河道尺寸的增长而增加(Allen,1983)。在特定条件下,根据形成的床面形态类型和大小,在给定流量的条件下可能出现两种或更多不同的水深和速率情况。沙质河床具有调整水力变量之间短期相互作用的能力,其河床形态是河形中最易调整的部分。

5.4　阻　　力

5.4.1　明渠流的消能

　　明渠中的水只有在具有一定坡降的条件下才能向前流动。对均匀流而言,水面坡降(s_w)和渠道床面坡降(s)相同,并等于水流的能坡(J)。能坡(J)指渠道中单位重量水体流经单位距离后,克服阻力而损失的能量。所有损失的能量最终都转化为热能。研究冲积河流的阻力,就是要研究水流的机械能如何转化为热能的机理。

　　图5.17所示为作用于恒定明渠均匀流水单元上的力,在明渠均匀流中,各断面平均速率相同,水流的能量全部来自势能。在水体各点的势能中,由于水流的黏滞作用,一小部分能量在任一给定位置转变为热能,而绝大部分能量则通过剪力作用传递到水流边界,并转换为紊动动能。能量在转换的过程中,又损失一部分能量,其余部分能量则变为漩涡的动能。漩涡脱离边界进入主流区,并分解成尺寸更小的漩涡。这些小漩涡又因当地水流的黏滞作用将它们的能量消耗为热能。这就是水流能量转换的全过程。

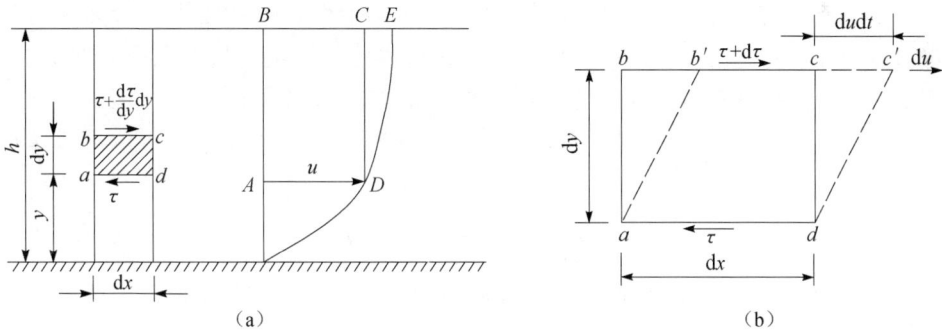

图 5.17　作用在二维明渠流中单元体 abcd 上的外力(Chien et al.,1998)
(a) 作用在某一单元体 abcd 上的外力;(b) 单元体 abcd 因受力而变形的情况

　　如图5.17所示,在明渠水流中自距河底 y 处取出水单元体 abcd,其高度为 $\mathrm{d}y$,厚度为1,长度为 $\mathrm{d}x$。在单位时间内,从这一单元体中所取出的能量为 $\gamma J u \mathrm{d}x \mathrm{d}y$。其中 γ 为水的容量;J 为能坡;u 为在 y 处的流速。

　　单位时间内从距床面 y 处的水体单元获得的能量为

$$w_b = \gamma J u = \gamma s u \tag{5.19}$$

根据作用在水体单元 $abcd$ 上力的平衡(图 5.17),可以得出:

$$\left(\tau + \frac{\mathrm{d}\tau}{\mathrm{d}y}\mathrm{d}y\right)\mathrm{d}x - \tau\mathrm{d}x + \gamma\mathrm{d}x\mathrm{d}ys = 0 \tag{5.20}$$

简化为

$$\frac{\mathrm{d}\tau}{\mathrm{d}y} + \gamma s = 0 \tag{5.21}$$

将式(5.21)代入式(5.19)得

$$w_{\mathrm{b}} = -u\frac{\mathrm{d}\tau}{\mathrm{d}y} \tag{5.22}$$

从水体单元中获得的能量,其中一部分在给定位置因克服阻力而损失[图 5.17(b)]。水体单元因外力作用而变形,经过时间 dt 之后,水体 $abcd$ 变形为 $ab'c'd$,由此而产生的功等于剪切应力 $\tau\mathrm{d}x$ 和位移 $du\mathrm{d}t = \frac{\mathrm{d}u}{\mathrm{d}y}\mathrm{d}y\mathrm{d}t$ 的乘积。因此在单位时间内,距床面为 y 处的单位水体因克服局部阻力而损失的能量为

$$w_{\mathrm{s}} = \tau\frac{\mathrm{d}u}{\mathrm{d}y} \tag{5.23}$$

如果忽略高阶项,单位时间传输到河床的能量为 $\tau\mathrm{d}xu - (\tau + \mathrm{d}\tau)\mathrm{d}x(u + \mathrm{d}u)$。如果方程各项均除以水体体积 $\mathrm{d}x\mathrm{d}y$,可以得到单位时间段内距床面 y 处单位水体向河底传输的能量。

$$w_{\mathrm{t}} = -\frac{\mathrm{d}}{\mathrm{d}y}(\tau u) \tag{5.24}$$

在主流区,自各流层获得的能量除了一部分用于克服局部阻力,还有多余的能量通过 τu 的梯度传输到边界。然而,边界附近水体的能量不足以克服局部阻力,必须从主流区得到能量补充。从能量平衡的角度看,可以表示为

$$w_{\mathrm{b}} = w_{\mathrm{s}} + w_{\mathrm{t}} \tag{5.25}$$

或

$$-u\frac{\mathrm{d}\tau}{\mathrm{d}y} = \tau\frac{\mathrm{d}u}{\mathrm{d}y} - \frac{\mathrm{d}}{\mathrm{d}y}(\tau u) \tag{5.26}$$

式(5.26)实际是 τu 的全微分,从上面的推导可以看出方程中所有项都具有明确的物理意义。

w_{b}、w_{t} 和 w_{s} 沿垂线的分布如图 5.18 所示。各流层中为克服阻力损失而提供的机械能在水面处最大,至河底处为零。相反,因克服局部阻力而损失的能量在水面处为零,至河底达到最大,即水流能量主要来自主流区,但能量损失集中在边界附近。向边界传输的能量 w_{t} 在主流区定义为正,在边界区定义为负。

Bakhmeteff 等(1946)根据天然河流的实测资料,绘图发现在能量分布曲线上有个拐点 M 将水流分成两个流区。M 点以上属于主流区,M 点以下属于近壁流区。天然河流中,近壁流区约占水深的 1/10。在水流提供的能量中,有 92% 来自

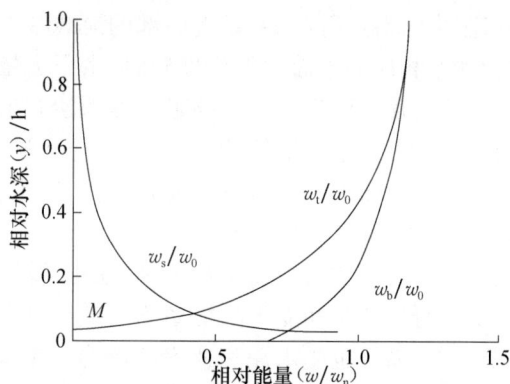

图 5.18　单位时间内水流提供的能量、局部损失的能量及传输向边界的
能量沿垂直方向的分布($w_0 = \gamma s U, U$ 为垂线平均流速)

主流区,这部分能量中又有 90% 传输到近壁流区,并在那里因克服阻力而损失。在主流区的局部能量损失只占全部能量的 8%。

近壁流区不仅是大部分水流能量集中损失的地方,也是床沙质和推移质、推移质和悬移质交换的地方。如果泥沙浓度沿垂线分布存在梯度,一般也以这个流区内的含沙量梯度为最大,这种含沙量梯度的存在又反过来影响局部水流的特性。因此,就泥沙运动来说,近壁流区是最重要的区域,但这个流区最不容易观测。

综上所述,明渠水流能量的完整转换过程可简单表示如下(图 5.19):

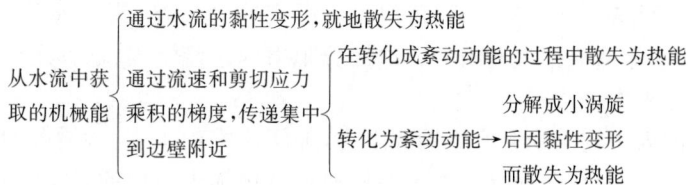

图 5.19　明渠水流的能量转换过程

5.4.2　阻力的组成成分

如同固体边界对水流产生表面摩擦一样,冲积河流床面上的泥沙颗粒会对水流产生一定的表面阻力,这种阻力称为沙粒阻力。在 Nikuradse 经典实验中,实验管内壁上黏着均匀沙粒,以研究水流通过时所受的阻力。这种理想条件下,沙粒径可视为管道糙率。天然河流河床沙质不均匀,可以用床沙的某一代表粒径作为表征沙粒阻力的糙率值。近年来的研究表明,表征沙粒阻力的糙率尺寸有可能大于泥沙粒径。即使保持平整床面的情况下,动床阻力有可能和定床阻力完全不同。

在 5.3 节中已经指出,不同的水流条件可能会产生不同的床面形态。在沙纹和沙垄阶段,由于水流在沙波波峰的分离,使迎水坡面上的压力大于背水坡面上的压力,从而产生了形状阻力。对逆行沙垄,靠近底部的流线基本与床面平行,没有分离现象,但当与逆行沙垄相应的水面波发生破碎时,由于大量局部紊动,也会增加阻力损失。这种因沙波的存在而产生的额外阻力称为沙波阻力(Rouse,1965)。沙粒阻力和沙波阻力的关系可以用以下的例子说明:设想水流通过一张平整的砂纸,这时水流只受到沙粒阻力;如果砂纸本身呈波状起伏,则水流除受到沙粒阻力外,还要受到沙波阻力的作用。

天然河岸及河漫滩的组成物质往往较床沙为细,在正常洪水位以上的河漫滩上常会生长杂草和灌木。野生杂草和灌木的糙率不但随杂草和灌木的种类、生长密度、茎干高度及季节而异,而且也受水深和速率的影响。在水浅流缓时,杂草和灌木直立,对水流阻力最大。待水深和流速增加到一定程度后,草茎树干受力弯倒,水流受阻面积减小,河岸和河漫滩阻力相应减小。洪水水流下,草和灌木被冲倒在床面上,糙率几乎恒定,不随水流而改变。

摩擦损失也受河道形状影响。如果江心多沙洲,水流多分汊,流向多弯曲,河宽多变化,水流所承受的阻力也就相应增大。河槽形态规则的明渠流中,阻力和速率的平方成正比。但如果河道弯曲,当水流 Fr 数超过某一临界值后,阻力往往陡然增加,不再遵循平方定律。由于“小水趋弯,大水趋直”,就河道形态阻力来说,低水期的阻力较高水期大。

在第 4 章里讨论过,在山区河流里,大小卵石相互组织形成结构,如阶梯-深潭系统、肋状结构等,对水流产生极大的阻力。无论山区河流还是冲积河流,河床上的沙和卵石在水流作用下进入运动、滚动或跳跃,形成推移质运动、推移质运动层的厚度可达一百甚至几百倍粒径,可以进入较高速的水流。推移质运动大大增加了摩擦层,对水流造成很大的阻力。这部分阻力因水流增强、推移质增加而增大,是一种动摩擦阻力。

河流中的人工构筑物会产生局部阻力,如河岸整治工程、桥梁等,其大小因构筑物的形状、大小及定向而异。由于冲积河流摩擦损失组成的复杂性和多变性及挟沙水流阻力的可变性,目前在冲积河流阻力问题上依然缺乏统一的认识。

5.4.3　冲积河流阻力的处理方法

明渠流的阻力常用水头损失和 Darcy-Weisbach 摩擦系数 f 来表示。

$$h_{\mathrm{L}} = f \frac{U^2}{8gR} L \tag{5.27}$$

式中,L 为水流距离;h_{L} 为水流通过这段距离的水头损失;R 为水力半径;U 为平均流速,比降 $J = h_{\mathrm{L}}/L$。对恒定均匀流,比降与床面坡降相等,式(5.27)可以转化为 Darcy-Weisbach 摩擦系数表达式,即

$$f = \frac{8JgR}{U^2} \tag{5.28}$$

然而,在实际应用中,更常用曼宁系数(n)来表示水流阻力。计算平均流速时,曼宁公式为

$$U = \frac{1}{n}R^{2/3}J^{1/2} \tag{5.29}$$

对于冲积河流,尤其是砂质河流来说,糙率的形式非常复杂。河道总阻力是泥沙颗粒、床面形态、河岸、滩地、河槽形状及人工构筑物,甚至推移质运动综合作用的结果。影响阻力的这些因素中,很多不仅与边界特征有关,而且与水流条件有密切关系。特别是沙波的发展消长对糙率的影响很大。河流中有沙波和没有沙波时,糙率可以成倍地改变。这时,就不能把糙率看成常数。

为了正确理解冲积河流阻力的机理,必须正确区分各阻力影响因素,研究它们和水流的关系,然后进一步确定这些因素是如何共同作用,形成冲积河流的总阻力的;反之,如果总阻力可以通过实验数据计算,也必须能够确定总阻力的各个组成部分,尤其是沙粒阻力。

为简单起见,首先考虑一个面积为 A,湿周为 p($p = B + 2h$,B 为渠宽,h 为水深)的矩形断面渠道。在单位距离内,由于边壁对水流的摩擦作用,水流承受的阻力为 $p\tau_0$,其中,τ_0 为水流边界边壁上的平均剪切应力。对于均匀流,比降 J 和床面坡降 s 相等,水流没有加速,因此

$$\tau_0 = \gamma R s \tag{5.30}$$

式中,R 为水力半径。

此水流阻力实质上包括两部分:一部分是作用在两壁的边壁阻力,用 τ_w 表示;另一部分是作用在河底的床面阻力,用 τ_b 表示。前者的湿周 $p_w = 2h$,后者的湿周 $p_b = B$。这两部分阻力都可以用类似式(5.30)的形式表达,其中,式中的参变量应与对应的阻力一致。

如图 5.20 所示,把比降看成定值,将水力半径按不同的阻力分成两个部分。对上面的例子,床面阻力和边壁阻力的表达式为

$$\begin{cases} \tau_w = \gamma R_w J \\ \tau_b = \gamma R_b J \end{cases} \tag{5.31}$$

因为两部分的比降相同,所以单位水体的能量只能向一个方向传输,或向左边壁,或向右边壁,或向河床传输。因此,从能量的观点来看,整个过水断面可以分为三个区域,如图 5.20 所示。其中,在左边壁 ab 上(沿水流方向的一个单位厚度)集中的能量来自水体 abf 的势能,并且在 ab 面上产生的紊动动能最终又在 abf 区域内散失为热能。同样,流区 $bcef$ 和底部 bc 结合为一体传输能量,流区 cde 和右壁 cd 结合为另一体。穿越 bf 和 ce 面无能量交换。

河道断面可以分成数量不等的能量部分,假设在单位边界周边取一 gh 面(图 5.20),传输的能量来自体积为 β 的水体。如果总的湿周为 p,则 $p\beta$ 一定等于

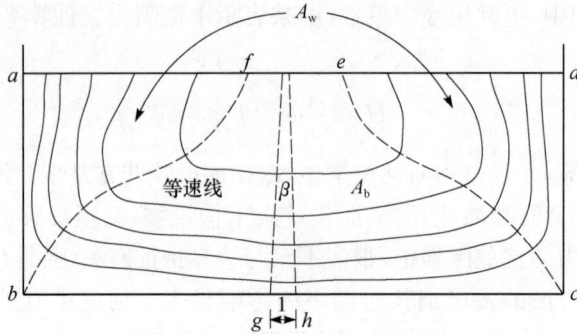

图 5.20 能量单元的划分

全部水流体积,即 $A = p\beta$,或

$$\beta = \frac{A}{p} = R \tag{5.32}$$

由此可以看出,水力半径本身具有明确的物理意义。从水流能量的转化机理来看,单位边界单元面上产生的紊动能来自水体水力半径的势能;在此产生的紊动动能最终在同一个水体中耗散为热能。水力半径就代表具有这部分能量的水体(Einstein,1934),水力半径的分割或叠加只意味着水体体积的分割和叠加,是个易于理解的过程。

在一般冲积河流中,边壁和河床糙率并不相同。单位边壁面积上获得的水流能量与单位河床面积上获得的水流能量不等,因此,相应于河岸阻力的水力半径 R_w 和相应于河床阻力的 R_b 并不相等,分别为

$$R_w = \frac{A_w}{2h}$$
$$R_b = \frac{A_b}{B} \tag{5.33}$$

此处,A_w 在图 5.20 中是 abf 和 cde 的面积之和;A_b 为 $bcef$ 的面积。

根据能量分割原则,计算矩形渠道水流断面河岸及床面阻力的方法如下:

$$A = A_w + A_b$$
$$AU = A_w U_w + A_b U_b$$
$$R_w = \frac{A_w}{p_w} = \frac{A_w}{2h}$$
$$R_b = \frac{A_b}{p_b} = \frac{A_b}{B}$$
$$U_b = \frac{1}{n_b} R_b^{2/3} J^{1/2}$$
$$U_w = \frac{1}{n_w} R_w^{2/3} J^{1/2} \tag{5.34}$$

以上共有 6 个方程,8 个未知量,即 A_w、A_b、U_w、U_b、p_w、p_b、n_w 和 n_b。通常 n_w 可根据河岸组成估计出来,尤其是刚性河岸。上述关系还需要一个方程来求解。虽然求解方法多种[可参见钱宁等(1983)所述]。以下仅介绍 Einstein 等(1958)的方法。Einstein 和 Chien 假定附加条件为

$$U = U_w = U_b \tag{5.35}$$

这样由已知的 n_w 和以上 7 个方程,可以求解出 n_b,并且可以推导出:

$$n^{3/2} p = n_w^{3/2} p_w + n_b^{3/2} p_b \tag{5.36}$$

在此情况下,不同边界单元上的阻力是按曼宁系数的 1.5 次方加权分配的。

在水流阻力的研究中,肤面阻力(即沙粒阻力)和形态阻力(即沙波阻力)往往同时存在。只有在各阻力组成的作用面或完全独立,或虽然相重叠但有一定的高度间隔,使这些阻力组成之间没有相互影响的条件下,阻力作用的叠加性才能真正存在。

采用阻力的叠加性原则进行计算时有两种不同的做法:一种做法认为,在一定的流速和水深条件下,如果床面上没有沙波,只存在沙粒阻力,则所需要的能坡会较小;但是如果河底存在沙波,水流则需要更大的坡降才能维持同样的流动。因此,可以把能坡划分为两部分,使其分别与沙粒阻力和沙波阻力相对应(Meyer-Peter 等,1948)。因为沙粒阻力和沙波阻力都在同一个边界上起作用,单位重量的水体同时向这两部分阻力组成传递能量是合理的。另外,在另一种做法中,Einstein 在处理沙粒阻力与沙波阻力时,与处理河床阻力及河岸阻力相仿,采用把水力半径分开的方法。因此,目前常用这两种方法,把冲积河流总阻力按如下方法分割为相应的组成成分(图 5.21)。

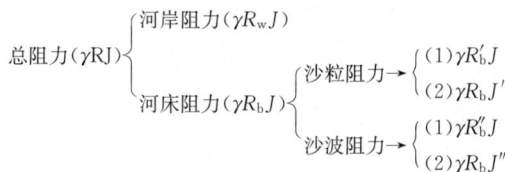

$$\text{总阻力}(\gamma RJ) \begin{cases} \text{河岸阻力}(\gamma R_w J) \\ \text{河床阻力}(\gamma R_b J) \begin{cases} \text{沙粒阻力} \rightarrow \begin{cases} (1)\gamma R_b' J \\ (2)\gamma R_b J' \end{cases} \\ \text{沙波阻力} \rightarrow \begin{cases} (1)\gamma R_b'' J \\ (2)\gamma R_b J'' \end{cases} \end{cases} \end{cases}$$

图 5.21 冲积河流总阻力

河床形态阻力和人工构筑物产生的局部阻力的关系也可以用类似方法处理。河滩阻力的处理方法正如前述。在长江三峡地区,狭谷与宽谷相间,因此在纵向上断面形态沿程变化显著,由这些变化所产生的形态阻力要占总阻力的 50% ~ 60%。惠遇甲等(1982)在处理这个问题时,按 Einstein 等(1958)的方法,计算河床阻力和河岸阻力,然后从总阻力中再把断面突然扩大或突然收缩所形成的形态阻力划分出来。

对于推移质运动产生的动摩擦阻力,一般采用单位面积床面上推移质的水下总重量乘以一个比例常数来计算,即

$$\tau_d = (\gamma_s - \gamma)n\frac{\pi}{6}D^3 \tag{5.37}$$

式中,n 为单位面积河床上面运动的推移质颗粒数;D 为粒径。

5.5　沉速和起动流速

冲积河流及其演化是泥沙冲淤引起的,而研究泥沙的冲淤,泥沙颗粒的沉速和起动流速是关键。

5.5.1　液体中颗粒沉速

固体颗粒在液体中下沉的最终速率,通常称为沉速。泥沙在静水中的沉速是表达泥沙运动特征的一个重要物理量。最简单的情况是圆球在无限静水中作等速沉降运动。直径为 D 的圆球在水中因受重力 W 作用而下沉。

$$W = (\gamma_s - \gamma)\frac{\pi D^3}{6} \tag{5.38}$$

式中,γ_s 为泥沙颗粒的容重。受到的水流阻力 F 假设与沉速的平方成正比:

$$F = C_D\frac{\pi D^2}{4}\frac{\rho\omega^2}{2} \tag{5.39}$$

式中,ω 为圆球沉速;C_D 为阻力系数。

在下沉开始时,球体速率较小,重力大于阻力,球体加速运动,所受阻力随速率增加而增加。经过一段距离后,阻力增大到与重力相等,此后圆球以恒定速率(沉速)下降。令 W 与 F 相等,沉速公式为

$$\omega^2 = \frac{4}{3}\frac{1}{C_D}\frac{\gamma_s - \gamma}{\gamma}gD \tag{5.40}$$

式中,阻力系数是雷诺数($\omega D/\nu$)的函数。

$$Re_p = \frac{\omega D}{\nu}$$

在沉降过程中,泥沙颗粒的运动也带动周围流体的运动。如果忽略流体中的惯性力,Navier-Stokes 方程能够线性求解。早在 1851 年,Stokes 就给出了方程的解(Stokes,1851):

$$F = 3\pi D\mu\omega \tag{5.41}$$

这就是著名的 Stokes 定律。代入式(5.39),阻力系数与雷诺数成反比,

$$C_D = \frac{24}{Re_p} = \frac{24}{\dfrac{\omega D}{\nu}} \tag{5.42}$$

在图 5.22 中显示为一条斜率为 -1 的直线。把式(5.42)代入式(5.40),得到球体

的沉速公式为

$$\omega = \frac{1}{18} \frac{\gamma_s - \gamma}{\gamma} \frac{gD^2}{\nu} \tag{5.43}$$

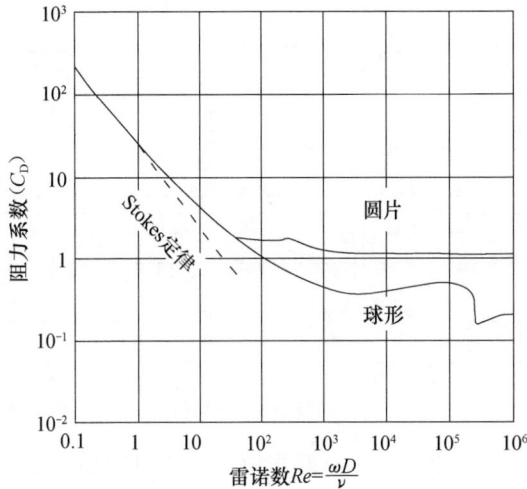

图 5.22　球体的阻力系数与雷诺数间的关系

Stokes 定律的应用条件是 $Re < 0.4$,对于正常温度下的水和天然球形沙,相应的粒径小于 0.08mm。

当雷诺数大于 0.4 时,随着雷诺数的增大,流体惯性力变得越来越重要。惯性力和水流分离的作用使阻力系数与雷诺数间的关系越来越偏离 Stokes 定律。当雷诺数达到 2×10^3 时,球体表面的黏性阻力和水流分离后产生的形态阻力相比可以完全忽略不计,这时阻力系数与雷诺数无关,基本保持为一个常数,这种情况下:

$$C_D = 0.45$$

或

$$\omega = 1.72 \sqrt{\frac{\gamma_s - \gamma}{\gamma} gD} \tag{5.44}$$

在这个范围内($Re > 10^3$),圆球沉速和其粒径的平方根成正比。

当雷诺数为 $0.4 \sim 10^3$ 时,可从图 5.23 查得相应 C_D 值,将其代入式(5.40),则可得到给定粒径的圆球在给定液体中的沉速(Rouse,1946)。对于密度为 2.65g/cm³ 的石英球在水中下沉的情况,可直接由图 5.21 查到其不同温度下的沉速。非球形颗粒也可视为球体颗粒,因为颗粒在液体中下沉时,其运动与圆球运动近似。大部分天然沙的沉速可以用图 5.23 确定,因为天然沙的主要组成成分为石英和长石,后者的密度和形状与前者类似。

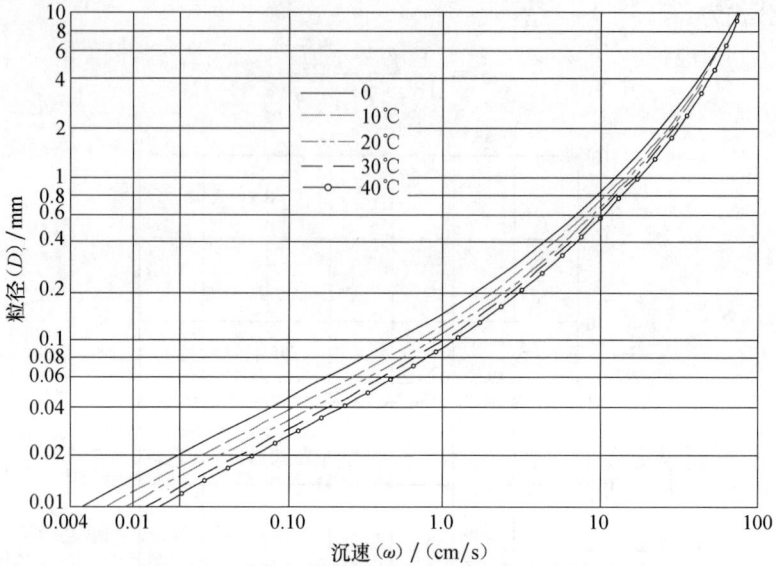

图 5.23　石英圆球在清水中的沉速

5.5.2　浮力和群体沉速

对于浸没或漂浮在液体中的物体,液体压力作用于物体上的合力称为浮力。阿基米德浮力公式为

$$F_b = \gamma V \tag{5.45}$$

式中,F_b 为浮力;γ 为液体容重,V 为物体浸没在液面下的体积。这就是阿基米德定律。

然而,液体中如果存在大量与液体密度不同的悬浮固体颗粒时,在这种混合液体中的物体受到的浮力与在纯液体中受到的浮力是不同的。Wang(1987)发现,只有当物体的尺寸远大于悬浮固体颗粒时,即 $L > 50D$ 时,浮力可表示为

$$F_b = \gamma_m V \tag{5.46}$$

式中,L 为物体尺寸;D 为悬浮颗粒直径;γ_m 为液体及悬浮的固体颗粒混合物容重。如果物体尺寸远小于悬浮颗粒直径,浮力与在纯液体中的浮力一样,即

$$F_b = \gamma V \tag{5.47}$$

如果物体尺寸在 $D \sim 50D$,浮力为

$$F_b = V\left[\gamma + f\left(\frac{L}{d}\right)(\gamma_s - \gamma)S_v\right] \tag{5.48}$$

式中,S_v 为悬浮固体颗粒的体积比;$f(L/D)$ 为 L/D 的函数。

图 5.24 所示为实验装置及实验得到的 f 与 L/D 的关系曲线。如果 L/D 大

于 50，$f(L/D)=1$，式(5.48)简化为式(5.46)，如果 L/D 小于 1，$f=0$，式(5.48)简化为式(5.47)。

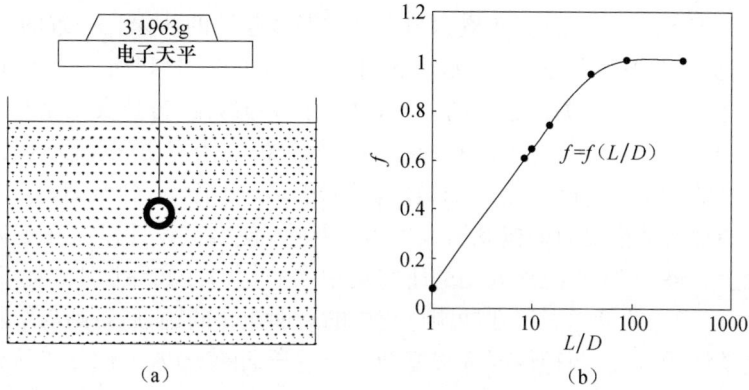

图 5.24　Wang(1987)的浮力实验装置(a)和浮力系数 f 与相对尺寸 L/D 的关系曲线(b)

固体颗粒在水中沉降的一种特殊情况是，所有颗粒的直径相同，每个颗粒受到的浮力作用几乎与在纯水中相同。尽管这种情况下浮力相同，但颗粒的群体沉速小于单个颗粒在纯水中的沉速。其经验公式为

$$\omega' = \omega (1 - S_v)^m \tag{5.49}$$

式中，ω' 为群体沉速；ω 为纯水中单个颗粒沉速；m 为指数，其值为 2～8。对于细沙，m 较大，如 $D=0.1\text{mm}$ 时，$m=8$；对于粗泥沙，m 较小，如 $D=2\text{mm}$ 时，$m=2$。通常 m 是雷诺数 $Re=\omega/\nu$ 的函数，如图 5.25 所示。

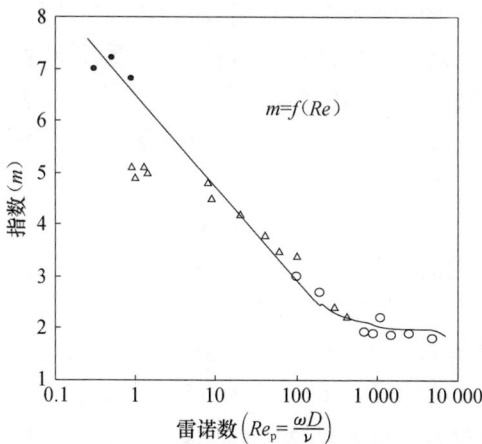

图 5.25　式(5.39)中指数(m)与颗粒雷诺数(Re)的关系

5.5.3 起动流速

泥沙起动是一个重要的临界条件。1753 年, Brahms 提出泥沙的起动流速和颗粒重量的 1/6 次方成正比,此概念与当时对泥沙起动的认识是一致的。19 世纪末期,人们从力的平衡考虑,又开始重新研究这个问题。1914 年, Forchheimer 系统总结和评价了当时有关这方面的知识,讨论了颗粒级配、分选及粗化对泥沙起动的影响。1936 年, Shields 把当时正流行的量纲分析方法应用到泥沙运动分析中,提出了有名的 Shields 曲线,现在仍被广泛使用。20 世纪 50 年代, Lane(1953) 在渠道设计中把起动拖曳力的概念引入渠道设计中,使渠道设计建立在更为可靠的理论基础上。最近,关于泥沙起动的研究集中在非均匀沙和黏性土的起动条件这两个方面,前者必须考虑泥沙在冲刷过程中的床面粗化问题,后者则与细颗粒表面的物理化学性质有关,两种情况都很复杂。经过长期的实践,人们逐步认识到泥沙的起动是一种随机现象,必须通过概率论与力学相结合的方法,才能真正理解泥沙起动现象的物理本质。

计算非黏性均匀泥沙的起动拖曳力可以用 Shields 公式。Shields 发现无量纲的临界剪切应力(Shields 数)仅是颗粒雷诺数的函数。

$$\frac{\tau_c}{(\gamma_s - \gamma)D} = f\left(\frac{U_* D}{\nu}\right) \tag{5.50}$$

式中, τ_c 为泥沙起动所需要的剪切应力临界值; U_* 为剪切流速; $U_* D/\nu$ 为沙粒雷诺数 Re_*。

式(5.50)在最初的推导中没有考虑上举力的影响。实际上,无论考虑不考虑上举力,并不改变方程的基本形式。式(5.50)表明,当泥沙开始运动时,作用在颗粒上的拖曳力和其重量的比值是颗粒雷诺数的函数,如图 5.26 所示。

继 Shields 的研究之后,不少研究者进行了泥沙起动的研究,包括 White (1970)、Mantz(1977) 和 Tison(1948),图 5.26 包括了所有这些实验的结果。通过这些点群分布,可以得到一条泥沙起动拖曳力的条带。这个条带与最初的 Shields 曲线有两个重要的不同点。

(1) Shields 推论在颗粒雷诺数小于 2 时,曲线将是一条 45°的直线,但实际上当时并没有这一范围内的实验数据。Shields 也许只是类比泥沙沉降的阻力系数和雷诺数之间的关系,推断当颗粒雷诺数小到一定程度时, $\tau_c/(\gamma_s - \gamma)D$ 应当与颗粒雷诺数成反比。从图 5.26 中可以看出,这一推论与后来的实验不符。在这一雷诺数范围内, $\tau_c/(\gamma_s - \gamma)D$ 与 Re_* 的 0.3 次方成正比。

(2) 当沙粒雷诺数 Re_* 很大时, Shields 取 $\tau_c/(\gamma_s - \gamma)D = 0.06$。现在看来,这一数值可以作为上限,下限大约为 0.04。在图 5.26 中,关系曲线的大部分都落在这个范围内。Miller 等(1977)主要根据 Paintal(1971)的实验结果指出,在 Re_* 较

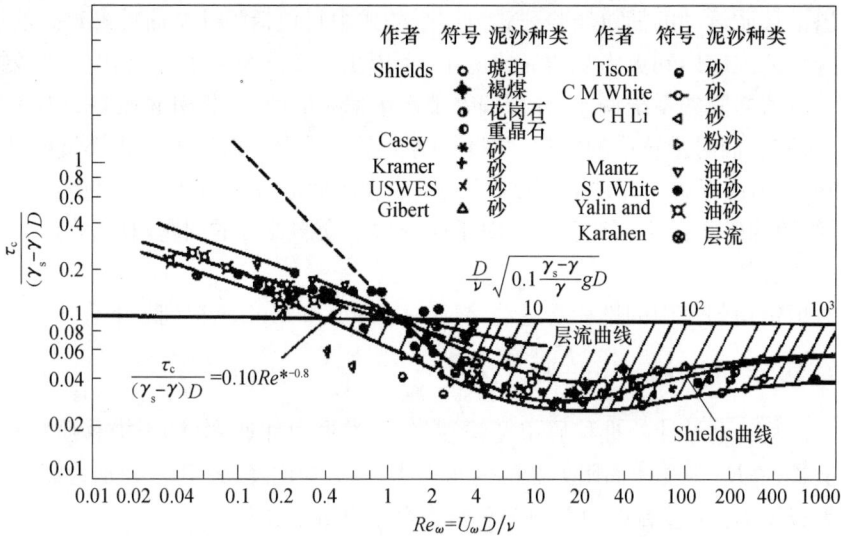

图 5.26　无黏性泥沙的起动条件（Shields 曲线及其修正）

大时，$\tau_c/(\gamma_s-\gamma)D$ 接近 0.045，而不是 0.06。

在 Shields 关系曲线中，纵坐标、横坐标都包含参数 U_*。因此，求起动拖曳力值时需要进行试算。为了简化这个过程，在图 5.26 中画了一组以 $\dfrac{D}{\nu} \times \sqrt{0.1\dfrac{\gamma_s-\gamma}{\gamma}gD}$ 为参数，斜率为 2 的辅助线。这些线和 Shields 曲线的交点就是相应的泥沙起动拖曳力。

5.6　输　　沙

19 世纪末期，法国的 Duboys 基于剪应力分析首次提出了推移质运动的理论。从那时开始，很多研究者都从事过这方面的研究，并提出了大量关于推移质和悬移质的输沙公式。这些公式不但建立在不同的理论基础上，而且采用了不同的水力要素，包括拖曳力、流速和河流功率。虽然这些公式广泛应用于水利工程及河流过程的数值模拟，但计算结果的相对误差较大。在有些实例中，输沙量的计算值和实测值之差甚至高达数十倍至数百倍。钱宁等（1983）详细比较了各种推移质、悬移质和全沙的计算理论和公式。以下简要介绍 Meyer-Peter 和 Muller（1948）的推移质公式及武汉水利电力学院的悬移质公式。

5.6.1　Meyer-Peter 和 Muller 推移质公式

Meyer-Peter 和 Muller（1948）根据其初步的实验资料，从相似律的概念出发，推导出推移质运动的简单经验公式。这个公式中只包括了几个简单参数。然后他们把这个公式应用到更为复杂的情况中,考虑更多参数的变化。找出实测数据和公式计算值之间的系统偏差,分析偏差及产生偏差的原因,将引起偏差的因素分离出来,研究它们对推移质的影响,并将其结合至公式中。以这种方式,Meyer-Peter和Muller依次考虑了泥沙的密度、粒径组成和床面形态等因素对推移质运动的影响,最终得出综合的推移质公式。对于研究包含众多参数的问题,利用式(5.51)求解是一种有效的方法。

对恒定均匀流中的推移质运动,Meyer-Peter和Muller得到如下公式:

$$g_b = 8g^{1/2}\gamma_s D^{3/2}\left[\left(\frac{K_b}{K_b^r}\right)^{3/2}\left(\frac{\gamma}{\gamma_s-\gamma}\right)^{2/3}\frac{R_b J}{D} - 0.047\left(\frac{\gamma_s-\gamma}{\gamma}\right)^{1/3}\right]^{3/2} \quad (5.51)$$

式中,g_b为以重量计的推移质单宽输沙量;g为重力加速率;D为推移质粒径;常用中值粒径;R_b为受床面阻力影响的水力半径;J为比降;γ_s和γ分别为泥沙和水的容重;K_b^r/K_b为沙粒阻力系数和总阻力糙率系数的比值。

Meyer-Peter和Muller公式的推导过程是建立在大量实验数据基础上的,实验中各主要参数的变化范围如下:

水槽宽　　　0.15~2m
水深　　　　0.01~1.2m
比降　　　　0.04%~2%
泥沙密度　　1.25~4g/cm³
泥沙粒径　　0.40~30mm

这些数据的范围较大,特别值得一提的是包含了中值粒径达30mm的卵石实验数据。因此,在应用到粗砂及卵石河流上去时,式(5.51)比其他公式更可信。Meyer-Peter和Muller公式在欧洲被广泛应用。

需要注意的是,在Meyer-Peter和Muller的实验中,流速较高,几乎所有泥沙都能进入运动状态。然而,在我国很多山区河流中,除非是极端洪水条件下,床面有相当一部分粗颗粒处于静止状态。在此情况下,如用Meyer-Peter公式计算推移质输沙率,所得结果偏大(杜国翰等,1980)。

Meyer-Peter和Muller公式建立在相对均匀沙和恒定条件下的实验基础上,而在自然河流中,床沙质粒径分布范围较大,不同的流量下,水流分选不同粒径的泥沙作为推移质,而且来沙条件变化很大。因此,输沙率和水流强度之间的关系可能会与公式计算结果相差非常大。

5.6.2　悬移质公式

鉴于悬移质和局部水流以同样的速率u运动,则悬移质平均单宽输沙率q_s可以表示为

$$q_s = \int_a^h S_v u \mathrm{d}y \tag{5.52}$$

式中，a 为悬移质区域下边界到床面的距离；S_v 为距床面 y 处的悬移质体积比浓度。

在第 1 章中，明渠中悬移质浓度分布方程为

$$\frac{S_v}{S_{va}} = \left(\frac{h-y}{y}\frac{a}{h-a}\right)^z \tag{5.53}$$

其中

$$z = \frac{\omega}{\kappa U_*} \tag{5.54}$$

z 是一个无量纲数，称为 Rouse 数。联立式（5.52）和式（5.53）可以算出悬移质输沙率。参考点含沙浓度 S_{va} 可以通过实测确定，其中 a 点最好靠近河床，这样相对误差较小。

参考点含沙浓度也可以用平均含沙量来取代，Velikanov 提出以下公式计算平均含沙量 S_{vm}（钱宁等，1983）。

$$S_{vm} = k\frac{U^3}{gh\omega} \tag{5.55}$$

式中，k 为待定参数；U 为平均流速。式（5.55）为悬移质挟沙力公式。

武汉水利电力学院（1981）分析了从长江、黄河、永定河、人民胜利渠、青铜峡灌溉系统收集的资料，提出经验修正公式：

$$S_{vm} = k\left(\frac{U^3}{gh\omega}\right)^m \tag{5.56}$$

式中，系数 k 和指数 m 为（$U^3/gh\omega$）的函数，如图 5.27 所示。

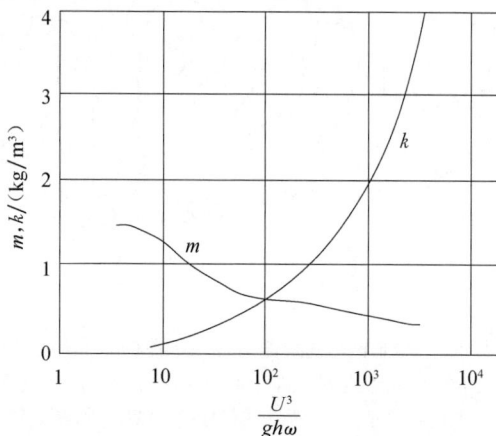

图 5.27　系数 k 和指数 m 与（$U^3/gh\omega$）的关系曲线

5.7　高含沙水流

5.7.1　概述

　　高含沙水流是指含沙量达到每立方米数百公斤[①]以上的水流,一般认为水流中含沙量大于200kg/m³ 或体积比大于8%。20 世纪六七十年代,黄河干支流几乎每年都会发生高含沙洪水。图 5.28 所示为黄河流域测到高含沙洪水的水文站位置。黄河中游的支流窟野河温家川水文站实测含沙量曾高达 1700kg/m³(1958年 7 月 10 日),为我国乃至世界有实测资料记载的最大值。1974 年在皇甫川实测高含沙洪水含沙量曾达 1570kg/m³(钱宁,1989)。黄河干流的高含沙洪水含沙量也很高,1966 年在龙门站实测含沙量曾达 933kg/m³,1977 年在三门峡站实测含沙量达 911kg/m³(Wan等,1994)。自 80 年代中期,由于黄河取水量的增加及黄河上中游大量淤地坝的兴建,黄河输沙量和径流量开始大幅度降低。90 年代和 2000年以来,黄河出现过数次高含沙洪水,但含沙量较以往降低。自从小浪底水库蓄水以来,黄河下游在 2004 年 8 月 22～31 日出现过一次高含沙洪水。进入小浪底水库的最大含沙量和洪峰流量分别为 542kg/m³ 和 2960m³/s,水库下游最大含沙量

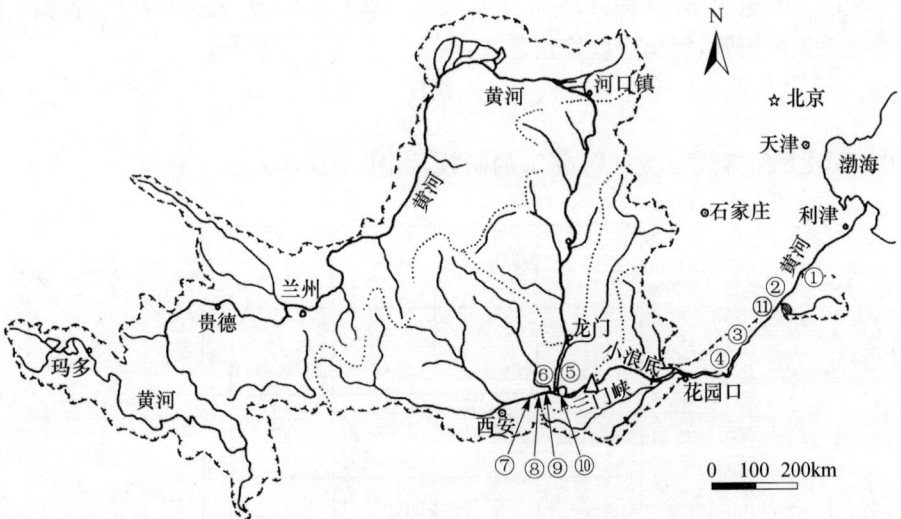

图 5.28　黄河干支流测得高含沙水流的水文站位置图
龙门、三门峡、小浪底、花园口和利津站在图中用文字表示,其他站为:
①泺口;②艾山;③高村;④夹河滩;⑤上源头;⑥朝邑;⑦华阴;⑧临潼;⑨潼关;⑩吊桥;⑪孙口

---

① 1公斤=1kg,下同。

和洪峰流量分别为 346kg/m³ 和 2890m³/s。下游最高含沙量为358kg/m³，出现在花园口站，之后在孙口、艾山和利津站含沙量降至 179kg/m³、177kg/m³ 和 146kg/m³。

高含沙水流在黄河的中下游形成独特的河道演变过程。高含沙量和流量波动产生一些反常的水流现象，引发防洪问题。研究这种特殊的水流现象及其机理，有助于认识和理解高含沙洪水，对河道整治和防洪策略具有重要意义。

早在 20 世纪 60 年代，我国水利工作者就在黄土高原发生高含沙水流的河流上开展了大量现场考察。在1983 年出版的第一部有关高含沙水流的专著中，钱宁等（1983）论述了高含沙水流的基本特性，齐璞等（1984）研究了高含沙洪水的河道演变过程。1985 年，在北京召开了第一届高含沙水流国际研讨会。在这次会议上，我国学者报告了黄河及其支流高含沙洪水和高含沙水流的运动机理（Chien et al.，1985；Wang et al.，1985；Qi et al.，1985）；美国学者报告了圣海伦斯火山泥流和高含沙水流的输沙（Scott et al.，1985；Janda et al.，1985）。此次会议后，高含沙水流问题引起科研工作者的广泛关注。钱宁（1989）综述了高含沙水流的发展、絮凝、流变、水力特性及应用方面的主要结论。在《高含沙水流》专著中，Wan 等（1994）论述了高含沙洪水的独特性质，包括揭河底、浆河和滚波现象及高含沙水流的不稳定性，揭示了这些现象的机理。Julien（1989）、Julien 等（1991）及 O'Brien 等（1995）开展了实验室实验，研究高含沙水流的物理特性和机理。Wang 等（1994；1998）和 Wang（2002）揭示了高含沙水流的流变特性、表面非稳定性的机理等。

高含沙水流非常复杂，高含沙洪水的水力特性与低含沙洪水明显不同。高含沙洪水引起的河道演变过程非常迅速，一场高含沙洪水引起的河道地形的变化，甚至远大于常规低含沙水流 10 年引起的变化。高含沙洪水期间，河道演变过程也改变了洪水波的传播，引起特殊现象。本节对这些现象及其机理进行简介。

5.7.2　高含沙水流性质

在高含沙水流中，由于存在大量固体颗粒，明显地改变了流体的物理性质和流动特性。大多数情况下，高含沙水流形成伪一相流，泥沙和水一起整体向前流动，泥沙不再看成是被水流挟带的固体颗粒，而是水沙混合流体的部分。我国黄河干支流中常常出现高含沙水流。表 5.1 列出了黄河中游 10 条主要支流的月最大含沙量和月平均含沙量，最大含沙量甚至高于 1500kg/m³。高含沙洪水会加快和加重流域的侵蚀及淤积。

表 5.1　黄河中游 10 条主要支流月平均含沙量和月最大含沙量

河流	水文站	统计年份	S_{av},S_{max}	6月	7月	8月	9月	年平均含沙量/10^6t
皇甫川	皇甫	1953~1979	S_{av}	411	523	369	216	64.1
			S_{max}	1370	1570	1480	1240	
孤山川	高石崖	1953~1979	S_{av}	327	410	373	178	27.8
			S_{max}	1300	1190	1090	829	
窟野河	温家川	1953~1979	S_{av}	162	405	319	90.6	135.0
			S_{max}	1400	1700	1500	970	
无定河	白家川	1956~1979	S_{av}	12.5	352	323	90.8	106.0
			S_{max}	1290	1270	1180	958	
清涧河	延川	1954~1979	S_{av}	384	503	448	105	45.3
			S_{max}	1150	1080	970	881	
延水	甘谷驿	1952~1979	S_{av}	287	454	368	119	54.6
			S_{max}	1200	1190	1033	1070	
汾河	河津	1943~1979	S_{av}	19.0	43.0	59.4	37.6	43.8
			S_{max}	174	386	227	143	
渭河	咸阳	1934~1979	S_{av}	37.1	71.4	80.2	28.5	168.0
			S_{max}	654	588	729	662	
泾河	张家山	1931~1979	S_{av}	168	349	329	110	286.0
			S_{max}	906	1430	984	946	
北洛河	状头	1933~1979	S_{av}	121	337	287	58.1	96.8
			S_{max}	987	1150	1190	1340	

注：S_{av}为月平均含沙量（kg/m³）；S_{max}为月最大含沙量（kg/m³）。

当高含沙水流的黏性颗粒含量大到一定程度后，水流不再是牛顿体。此时，高含沙水流流变曲线大致遵循以下本构方程（宾汉模型）：

$$\tau = \tau_B + \eta \frac{du}{dy} \tag{5.57}$$

高含沙水流中的细颗粒泥沙能被屈服剪应力 τ_B 支撑并输移较长距离，且能够在输移过程中保持不沉积，不与床沙发生交换。在这种情况下，挟沙力的概念变得毫无意义，水流的输沙量只取决于来沙量和边界阻力。水流的动力学特征依赖于混合物的流变性质，也就是依赖于黏土和粉沙的含量。

高含沙水流的黏滞性高，常处于层流区。在明渠水流中上部，剪切应力小于屈服剪应力，不存在流速梯度。此处，水沙混合体以统一的速率 u_p 整体运动，形成流核。在宽浅河流中，流核速率 u_p 和流核区域由式（5.58）给出：

$$u_p = \frac{\gamma_m J}{2\eta}\left(h - \frac{\tau_B}{\gamma_m J}\right)^2, \quad h - \frac{\tau_B}{\gamma_m J} < y < h \tag{5.58}$$

图 5.29(a)所示为断面流速分布和流核范围图。如果屈服剪切应力较高，流

核速度与平均流速大致相等。流核的尺度反映了屈服剪切应力值的大小。从河流表面流速分布也能观察到流核。图 5.29(b)为西北洛惠灌渠发生高含沙水流时的照片,灌渠从北洛河引水灌溉,从此照片能分辨出河流表面水流的速率分布线。由此可观察到,流核占河宽约 80%,仅在接近河岸处存在流速梯度。

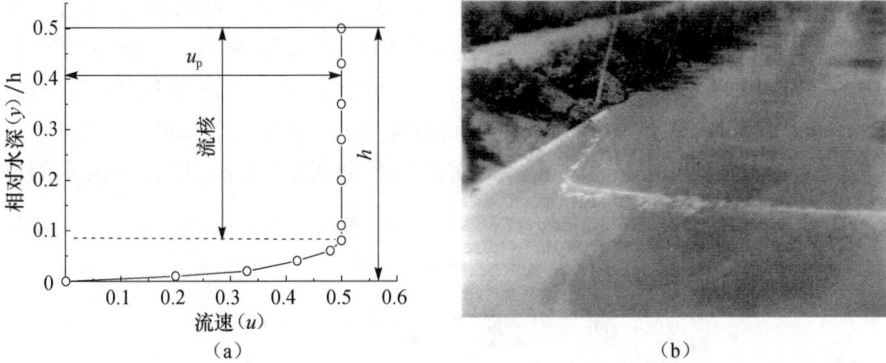

图 5.29　高含沙水流的流速分布
(a)高含沙水流流速纵断面分布;(b)洛惠灌渠高含沙水流表面流速分布

5.7.3　高含沙洪水时的输沙特性

1. 高含沙洪水含沙量分布和阻力

在发生高含沙洪水时,水流中泥沙的沉速大幅度降低,接近于零,含沙量在垂线上的分布更加均匀。从黄河干支流各站实测资料(图 5.30)可知,在含沙量小于

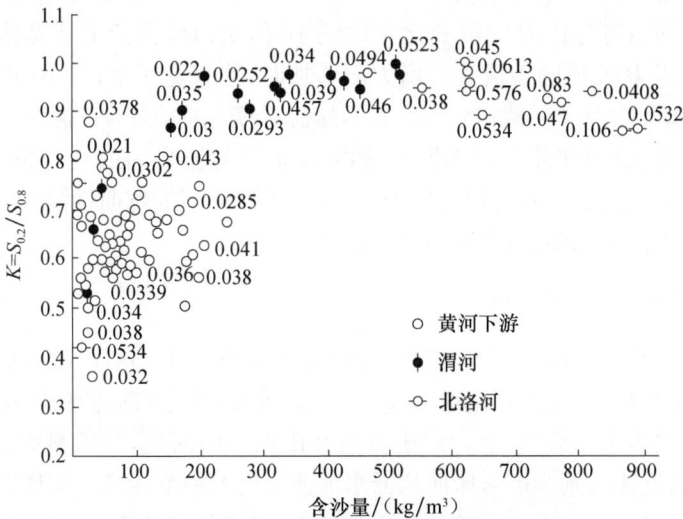

图 5.30　含沙量垂线分布特性与含沙量的关系

200kg/m³ 时,水面以下相对水深 0.2 与 0.8 的测点含沙量的比值 $S_{0.2}/S_{0.8}$ 为 0.4~0.9;含沙量大于 200kg/m³ 时,$S_{0.2}/S_{0.8}$,值接近 1.0(图 5.30 中点据旁的数字为实测悬沙的 d_{50})。图 5.30 中可见到 d_{50} 为 0.106mm 和 0.083mm 的粗颗粒泥沙,其垂线含沙量分布也比较均匀。

虽然高含沙水流的黏性远较普通水流大,甚至变为非牛顿流体,但在充分紊流的条件下,其阻力规律与清水相同,其阻力仍可用曼宁系数(n)表达(齐璞等,1991)。图 5.31 给出了黄河小浪底站实测高、低含沙洪水时 n 值比较,其中,含沙量大于 200kg/m³ 时的点据视为高含沙,其高含沙洪水的流量为 2880~9720m³/s,低含沙洪水的流量为 4150~9400m³/s。实测资料分析表明,高、低含沙洪水的曼宁系数(n)几乎相同。

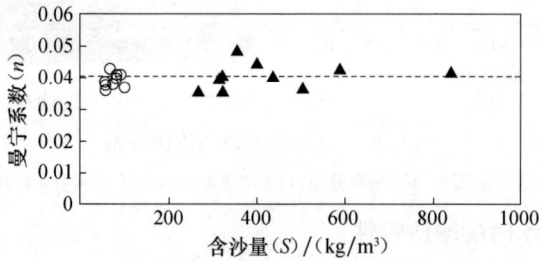

图 5.31　小浪底站高、低含沙洪水曼宁系数(n)值比较
〇低含沙洪水;▲高含沙洪水

2. 宽浅河槽和窄深河槽

河槽形态不同决定水流条件在断面上的分布状况,从而影响河道的输沙特性。根据流量与河道宽深比 B/h 值变化规律的不同,可以将河道分成宽浅型、窄深型和过渡型。当 B/h 值随着流量的增大而增加时,称为宽浅型;当 B/h 值随着流量增大而减小时,称为窄深型;当 B/h 值不随流量变化时,称为过渡型。图 5.32 给出了黄河下游、渭河和北洛河不同河段的 B/h 值与流量间的变化情况(齐璞等,1995),其中高村以上的游荡性河段为宽浅型,孙口以下的弯曲性河段为窄深型,黄河的主要支流渭河、北洛河下游河道均为窄深型。

3. 窄深河槽的输沙特性

排沙比为某一河段洪水输沙量与上游来沙量的比值。由于窄深河槽随着流量的增大,B/h 值减小,水深流速增大,单宽流量增大,河道的输沙特性从"多来多排多淤"过渡到"多来多排"状态。对于黄河艾山以下的河道,当流量大于 2000m³/s 时,断面平均流速达到 2m/s,床面从低水流能态(沙垄)变为高水流能态(动平整状态或有时为逆行沙垄)进入高输沙动平整状态,河道的排沙比高,输沙特性呈"多来多排"状态。

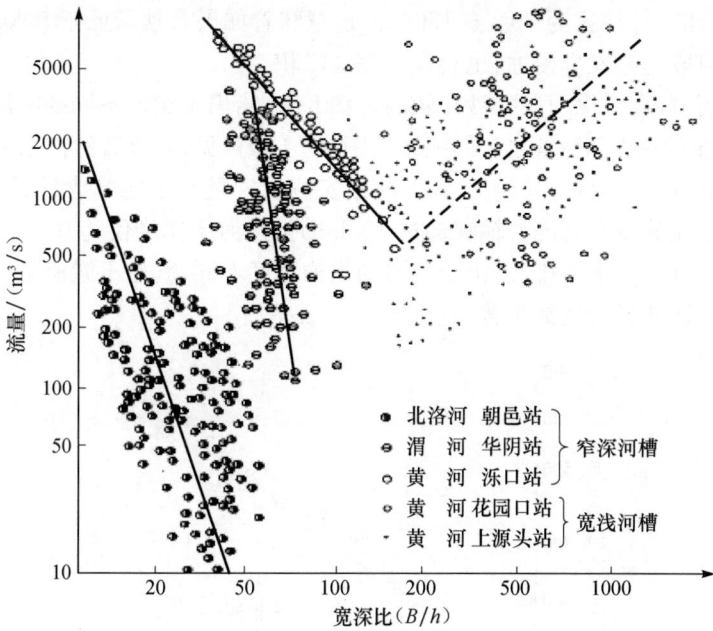

图 5.32　不同河段的宽深比值与流量间的关系

　　图 5.33 给出了黄河艾山至利津河段的输沙特性,所有数据的流量均大于 1800m³/s。利津站为黄河最下游端的水文站,艾山站在利津上游 270km。图 5.33 中,纵坐标为艾山站实测泥沙含沙量,横坐标为利津站实测含沙量与艾山站实测含沙量之比。图 5.33 中可见,当入流含沙量为 50kg/m³ 时,河段排沙比约为 100%。

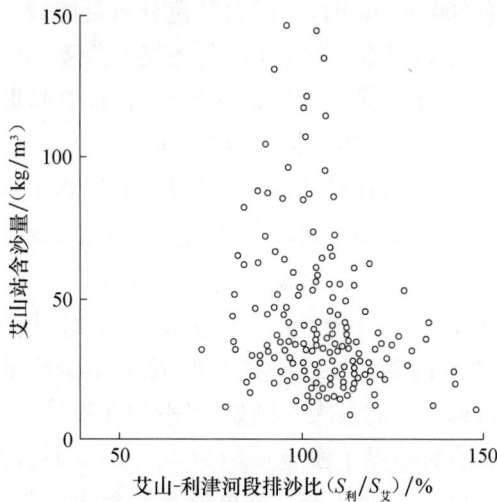

图 5.33　艾山站含沙量与艾山-利津河段排沙比的关系

含沙量更低时,排沙比为 70%～150%。这意味着如果含沙量低于 50kg/m³,在艾山到利津河段既会发生侵蚀,也会发生泥沙淤积。

　　一般而言,在窄深河段排沙比较高。图 5.34 给出了黄河不同的窄深河段上游站含沙量与下游站含沙量之间的关系。图 5.34 中可见,在高含沙洪水的含沙量为 100～800kg/m³ 时,排沙比约为 1,下游站实测含沙量与上游站含沙量非常接近。高含沙洪水能够将所有泥沙输移超过 100km,虽然河床比降仅为 0.3×10⁻⁴(齐璞等,1995),均可"多来多排"。由于各河的主槽宽度不同,起始不淤流量也不同。高含沙洪水的输沙能力远高于普通洪水。

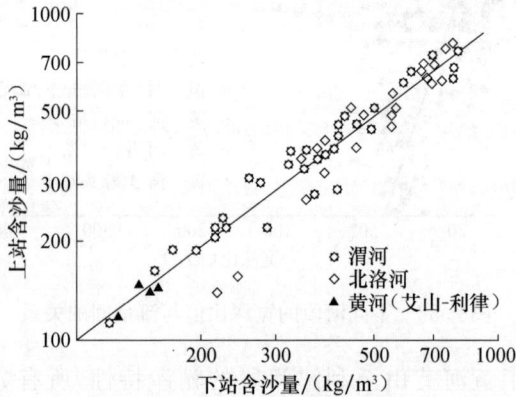

图 5.34　窄深河槽的输沙特性

　　如图 5.30 所示,当河流平均含沙量大于 200kg/m³ 时,垂线含沙量分布均匀。而当平均含沙量小于 200kg/m³ 时,垂线含沙量分布可能较为不均匀。在黄河艾山站以下河段,表层含沙量只有 130kg/m³,但底层含沙量达 300kg/m³,相差 1 倍。含沙量分布不均匀,使水流黏滞性在垂线分布不均匀,引起垂线上流速分布不均匀。根据黄河下游流速分布实测资料,相对水深 0.2 与 0.8 的测点流速比值 K_v 与含沙量间的点群关系表明,在最低含沙量时 K_v 值为 0.4,随含沙量增加,K_v 值增大,在平均含沙量为 200kg/m³ 时,K_v 达到其最大值,约为 1.0。含沙量大于 200kg/m³ 时,随着含沙量的增加,K_v 减小。在含沙量为 300～900kg/m³ 时,平均 K_v 值降为 0.9。此现象说明,含沙量在 200kg/m³ 左右时引起的紊动能消耗最大。另外,对渭河高含沙洪水的输沙特性研究表明,临界不淤流量随含沙量变化而变化,约在含沙量为 200kg/m³ 时最大。例如,当平均含沙量小于 100kg/m³ 或大于 300kg/m³ 时,渭河下游的临界不淤流量约为 500m³/s;而含沙量约为 200kg/m³ 时,临界不淤流量为 800～1000m³/s。这也说明了含沙量在 200kg/m³ 左右时输沙最困难。

4. 宽浅河道的输沙特性

在宽浅的游荡性河段,特别是在黄河下游的上段,随着流量的增加,水流宽度增大,但流速并不随流量增加而增大。高含沙洪水引起滩地的淤积量增多,河道的排沙比降低。图 5.35 给出了黄河下游高村以上宽浅游荡河段的排沙比与含沙量间的关系,在进入下游的含沙量大于 $50\mathrm{kg/m^3}$ 时,不管流量如何变化,高村以上河段的排沙比均小于 100%,且随着含沙量的增大,河段排沙比逐渐降低。在含沙量大于 $200\mathrm{kg/m^3}$ 以后,河段排沙比只有 $40\%\sim60\%$,淤积十分严重。

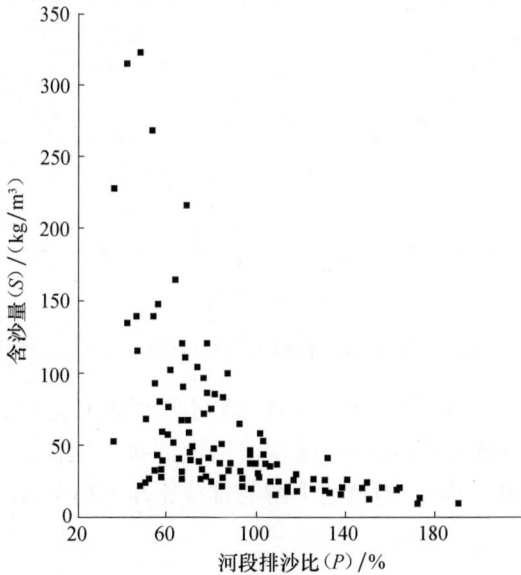

图 5.35　高村以上宽浅河段排沙比与含沙量间的关系

在第 1 章中讨论过,Wang 等(1992)利用 Re 数 Z 区分高含沙水流和低含沙水流的冲泻质和床沙质。黄河泥沙的群体沉速大致可用下述经验公式表达,如图 5.35所示。

$$\omega = \omega_0 (1 - S_\mathrm{v})^7 \qquad (5.59)$$

式中,对黄河泥沙 S_v 可用 $S_\mathrm{v}=S/2650$(S 的单位为 $\mathrm{kg/m^3}$)计算;ω_0 为 D_{35} 粒径的单个泥沙颗粒的沉速。

$$推移质 > Z = 3 > 悬移质 > Z = 0.06 > 冲泻质 \qquad (5.60)$$

利用此方法和式(5.59)判断,高含沙水流的大多数相对粗的泥沙颗粒成为冲泻质,因为其沉速很小,Re 数小于 0.06。

对于窄深河道中的高含沙水流,泥沙的群体沉速随含沙量的增加而迅速下降,

Re 数很小(图 5.36)。例如,在含沙量为 240kg/m³ 时,与单颗粒相比,群体泥沙的沉速约下降 50%;但当含沙量为 530kg/m³、740kg/m³ 和 1000kg/m³ 时,群体泥沙的沉速仅为单颗粒的 1/5、1/10 和 1/30。窄深河道中所有泥沙均变为冲泻质,排沙比与高含沙洪水期间相等。与之相反,对于宽浅河道,特别是在河漫滩上,其剪切流速仅为主槽的 1/10,Re 数大,因此,泥沙变为推移质。紊流强度不足以平衡沉速,粗沙沉降,含沙量降低,从而引起细颗粒泥沙因沉速增大而沉降。结果在宽浅河道发生严重淤积,排沙比小。

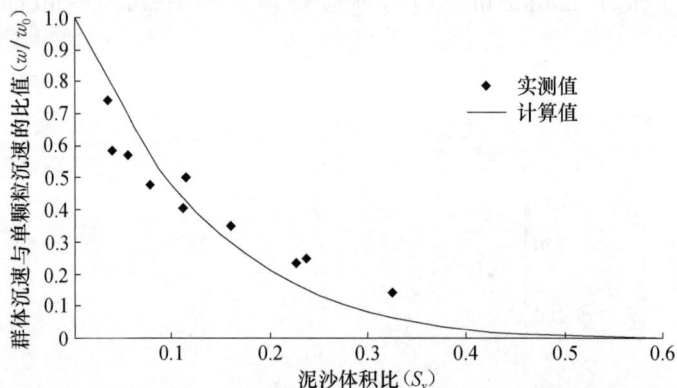

图 5.36　高含沙水流群体沉速与单个颗粒沉速的比值(ω/ω_0)与泥沙体积比(S_v)的关系

　　黄河下游的上段为宽浅游荡型河道,渭河和北洛河为窄深弯曲型河道。如图 5.37 所示,窄深河道的排沙比高,而宽浅河道的排沙比低。虽然黄河下游的最大日流量高于渭河和北洛河,但黄河下游的排沙比却远小于渭河和北洛河。

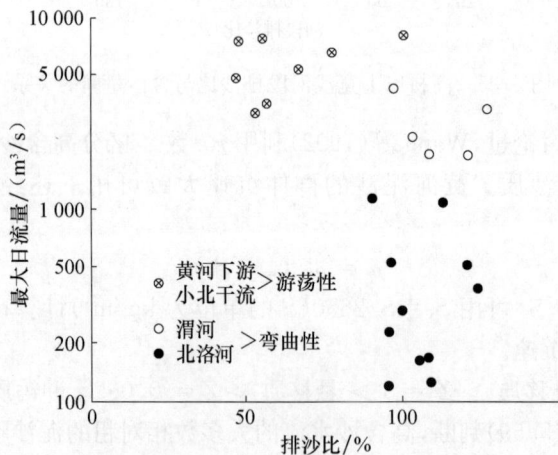

图 5.37　不同类型河流的排沙比与流量间的关系

5.7.4　高含沙洪水的冲淤特性

1. 高含沙洪水对河床的冲刷

由于滩地的糙率大、水浅、流速小，洪水漫滩后均会造成滩地淤积。漫滩的水流含沙量越高，滩地淤积越严重。同时，高含沙洪水对主槽的冲刷相当强烈。有时还会发生"揭河底"现象（Wan et al.，1994）。当发生这种现象时，能看到大块河床泥沙被水流掀起，露出水面达数米，像是在河中竖起一道墙，2～3min即扑入水中消失，同时发出很大声音。几分钟后，另一块河床又被掀起矗立在水面，随之塌入水中。这种奇特的现象常在很短的时间内造成剧烈冲刷，在黄河中游的龙门、潼关及渭河的临潼都曾发生过，在黄河下游花园口上游河段也有一次记录。图5.38为2002年发生高含沙洪水期间在龙门发生的"揭河底"现象。

图5.38　2002年发生高含沙洪水期间在龙门发生的"揭河底"现象

高含沙洪水期间，通过"揭河底"能够冲蚀河床数米甚至10多米深。图5.39所示为1970年8月1～4日高含沙洪水期间龙门站实测的冲刷过程，图示了流量、含沙量、水位、平均河床高和最深点河床高程的变化情况。图5.40所示为1977年8月6～9日高含沙洪水期间北洛河朝邑站实测的冲刷过程。这两个过程中，含沙量约为800kg/m³，河床冲刷深度达6～9m（齐璞等，1984）。

2. 洪水过程中的涨冲落淤

从河床的冲淤过程与洪水过程的对应关系可知，河床的剧烈冲刷主要发生在涨水期，在落水时河床将发生淤积。图5.41所示为1992年8月10～21日高含沙洪水期间花园口站的实测数据，给出了流量、含沙量、主槽的河床宽度、河床平均和最深点高程的变化情况。随着流量从1000m³/s增至洪峰流量，河道主槽宽和深增加，排洪能力增大。最深点河床高程在12h内冲深达3m。随后，洪水位下降，在

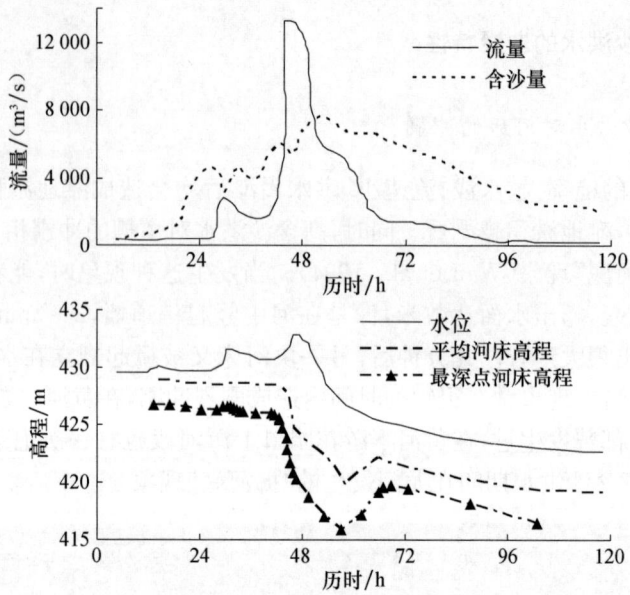

图 5.39　龙门站河床冲刷过程

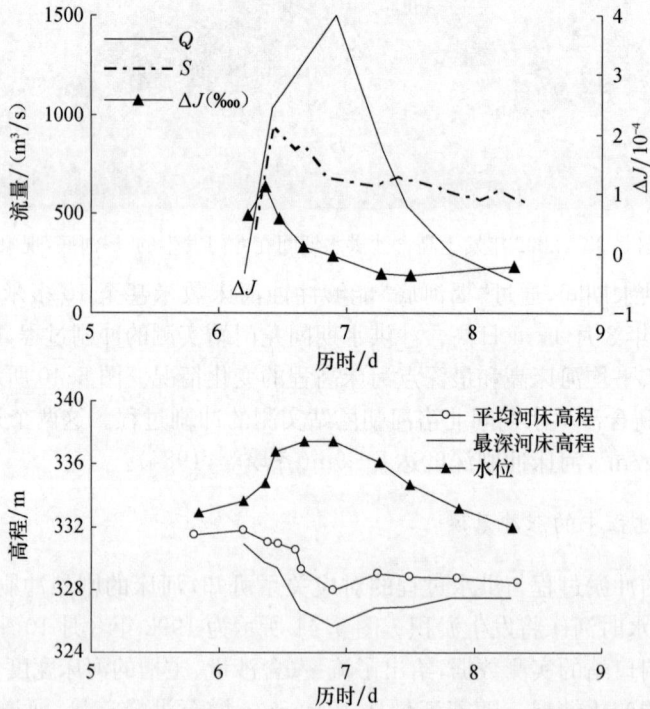

图 5.40　1977 年北洛河高含沙洪水的"揭河底"河床冲刷过程

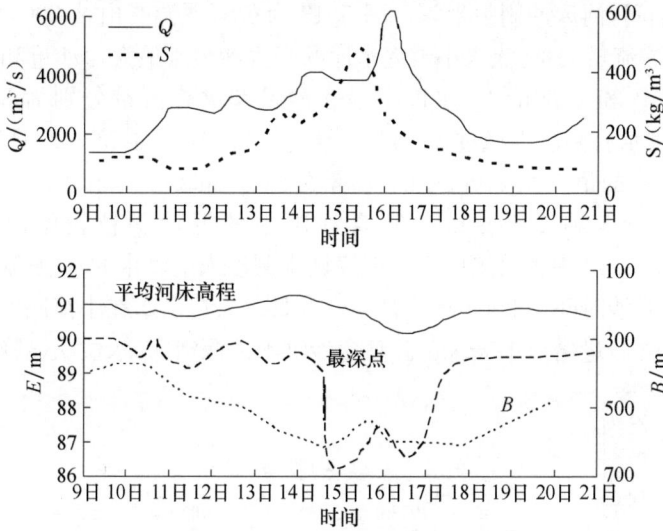

图 5.41　1992 年 8 月黄河下游花园口站高含沙洪水期间河床冲刷过程

E. 高程；*B*. 河道宽度；*Q*. 洪水流量；*S*. 含沙量

落水过程中,河道迅速发生淤积,使得最深点河床高程仅在 1～2 天恢复到原高程。

3. 冲刷引起水位降低

高含沙洪水会长距离冲刷主河槽,引起水位降低。表 5.2 所示为渭河 4 场流量为 500m³/s 的高含沙量洪水主槽沿程冲刷情况(赵文林等,1994)。4 场洪水均引起临潼到吊桥超过 100km 河段明显的河床冲刷,流量为 500m³/s 的水位降低了 0.5～2m。洪水后实测断面表明,最深点河床高程减少了 0.4～3.7m。

表 5.2　渭河高含沙量洪水主槽沿程冲刷情况

时　段	各站 500m³/s 水位下降值/m							主槽最深点冲刷情况
	临潼	交口	沙王	华阴	陈村	华县	吊桥	
1964.8.12～17	−0.5			−0.4	−0.7	−0.6	−0.1	洪水过后未测断面
1966.7.26～31	−0.9	−0.6	−1.2	−0.5	−0.8	−1.4	−1.4	洪水过后测断面 14 个,其中 10 个断面最深点降低了 0.4～3m
1970.8.2～10	−0.3	−0.45	−0.6	−0.32	−0.8		−0.7	洪水过后测断面 20 个,其中 10 个断面最深点降低 0.6～3.7m
1977.7.6～10	−0.7		−1.3	−1.9		−2.0		洪水过后测断面 21 个,其中 19 个断面最深点降低 0.4～3m

注:数据源自黄河水利委员会黄河水文数据。交口和沙王站位于临潼和华阴站之间,陈村站位于华阴和华县站之间。

图 5.42 所示为黄河下游花园口站高含沙洪水水位-流量关系。从图中可见,在同样的流量下,涨水期水位较高,而在落水时水位降低超过 1m,其原因主要是在

高含沙洪水期间,河床冲刷数米深。图 5.43 为黄河下游艾山站 2004 年一场高含沙洪水的水位-流量关系,流入小浪底水库的高含沙洪水最大含沙量和洪峰流量分别为 542kg/m³ 和 2960m³/s,水库下泄含沙量和洪峰流量分别为 346kg/m³ 和 2690m³/s。洪水有两次洪峰过程,分别发生在 2004 年 8 月 23～25 日和 8 月 25～31 日,两次洪峰的最大洪峰流量和含沙量分别为 2690m³/s 和 2450m³/s,含沙量分别为 346kg/m³ 和 156kg/m³。高含沙洪水的泥沙颗粒较细,中值粒径约0.008mm。图 5.43 中也绘出一场小浪底调水调沙人造洪水的水位-流量关系相比较,这次调水调沙时间为 2004 年 7 月 4～13 日。人造洪水在小浪底处的含沙量为零,到艾山站含沙量增至 12kg/m³。高含沙洪水冲深河床,水位明显降低约 0.5m。

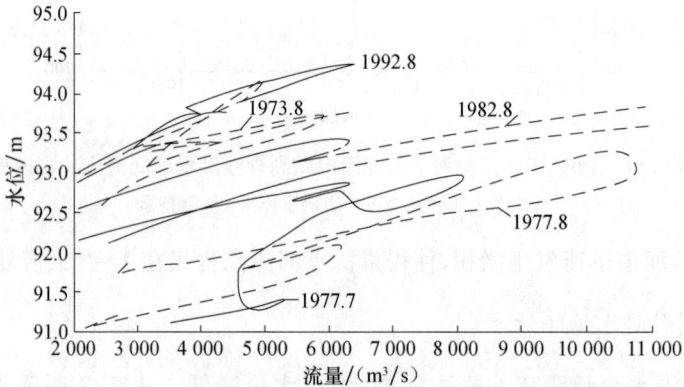

图 5.42　黄河下游花园口站高含沙洪水水位-流量关系

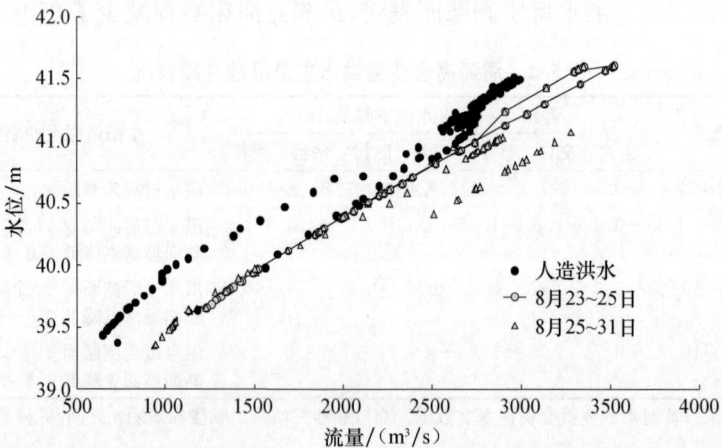

图 5.43　黄河下游艾山站 2004 年 8 月 23～25 日和 8 月 25～31 日高含沙洪水水位-流量关系
图中也绘出了 2004 年 7 月 4～13 日人造洪水的水位-流量关系的比较

4. 高含沙洪水期间河槽的发展

　　高含沙洪水使河槽变得窄深，而低含沙洪水引起河岸崩塌，使河槽变得宽浅。图 5.44 所示为渭河支流北洛河高含沙与低含沙洪水后沿程的冲淤比较。图中横坐标为距三门峡大坝的距离，三门峡大坝位于黄河此河段下游约 150km。图 5.44 表示历经高含沙和低含沙洪水后河道横断面的变化情况，可以看出，低含沙洪水在滩地无淤积，而高含沙洪水在河流下段的滩地上形成淤积。由于高含沙洪水的冲刷作用，河道主槽断面积在高含沙洪水后大大增加。低含沙洪水后，河道主槽断面积也增加，但远小于高含沙洪水后。最深点河床高程在高含沙洪水后降低约 4m，而在低含沙洪水后几乎保持不变。

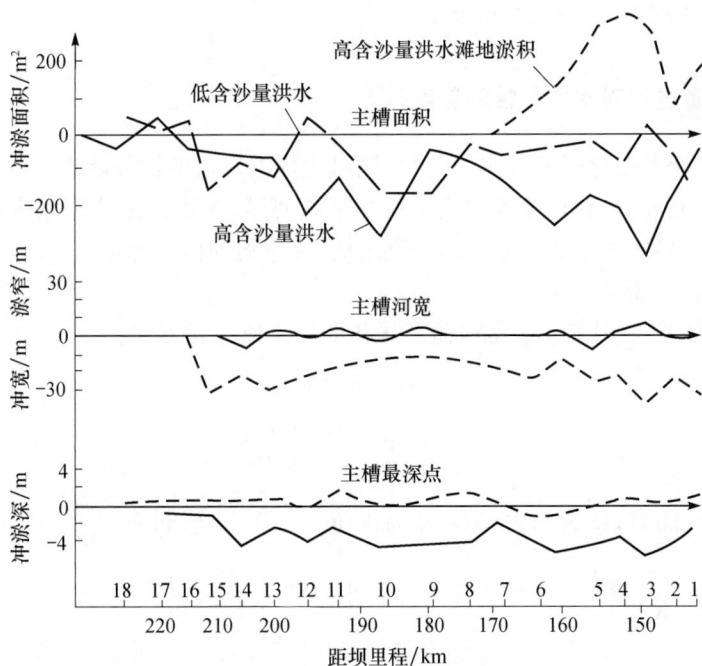

图 5.44　高含沙和低含沙洪水引起的北洛河沿程冲淤变化

　　在高含沙洪水期间，河道宽度可能会大幅度缩窄。例如，1977 年初花园口站处的河宽为 2000~3000m，在夏季经历一场高含沙洪水后，河宽缩窄至 700~800m（齐璞等，1984）。河道从宽浅向窄深的变化，能够提高河道排沙比。在高含沙洪水初期，泥沙淤积在滩地和河道两侧，此时排沙比低，河槽变窄。如果高含沙洪水继续发生，河床冲深，排沙比就可增加。表 5.3 列出了 1977 年和 1973 年发生在龙门-潼关和小浪底-夹河滩河段连续高含沙洪水的特性。在 1977 年 7 月和 1973 年

8月每处的第一场高含沙洪水中,排沙比仅分别为78%和66%,而在1977年8月和1973年9月的第二场高含沙洪水中,河槽冲深、排沙比分别达到101%和124%。

表5.3　黄河连续高含沙洪水期间高含沙洪水特性及排沙比的变化

河 段	时 段	Q_m /(m³/s)	S_m /(kg/m³)	D_{50}/mm	$D<0.01$mm 所占比例/%	排沙比/%
龙门-潼关	1977.7.6~8	14 500	690	0.04~0.05	14~20	78
	1977.8.5~8	12 700	821	0.08~0.13	11~15	101
小浪底-夹河滩	1973.8.28~31	3 840	477	0.04~0.05	15~25	66
	1973.9.1~3	4 470	331	0.04~0.05	10~25	124

注:数据源自黄河水利委员会黄河水文数据。

5.7.5　冲淤过程对水力特性的影响

　　河道的冲淤变化影响其水力特性,同时也影响水流的输沙能力。分析发现,当高含沙洪水流经河道时,宽浅河道发展为窄深河道,洪水传播速率增大,传播时间缩短。结果,第二洪水波会赶上前一洪水波,在下游河段引起第一洪水波洪峰流量增大(Wang et al.,2009)。

　　洪水波的传播速率U_w是河槽形状和平均流速V的函数。

$$U_w = KV \tag{5.61}$$

$$K = \frac{5}{3} - \frac{2}{3}\frac{R}{B}\frac{\partial B}{\partial z} \tag{5.62}$$

式中,B为水面宽;R为水力半径;z为水位。对于U形断面,$\frac{\partial B}{\partial z}=0$,$K=5/3$;对于V形断面,$\frac{B}{R}>\frac{\partial B}{\partial z}>0$,$K$为1~5/3;对于宽浅河道,$\frac{\partial B}{\partial z}>\frac{B}{R}>0$,$K$小于1。

　　高含沙洪水使河道从宽浅变为窄深,河道断面接近U形,K值从小于1增大至5/3左右。而且,因为平均水深或水力半径增大,平均流速也增加。因此,第二洪水波比前一洪水波传播更快。表5.4列出了发生在1977年的三场高含沙洪水和1973年的三场高含沙洪水。在1977年的洪水中,第一洪水波通过龙门-潼关河段的传播速率仅为2.8m/s,而第二洪水波增至3.61m/s,第三洪水波进而增至4.81m/s。在小浪底-花园口河段,洪水传播速率也从第一洪水波的1.25m/s增大至第二洪水波的2.26m/s。1973年的高含沙洪水发生了同样的现象,通过小浪底-花园口河段的洪水传播速率从第一洪水波的1.07m/s增大至第二和第三洪水波的1.6m/s。

表 5.4　黄河高含沙洪水特性及其洪水波传播速率的增加

河段	时间	Q_m① /(m³/s)	Q_{out}/Q_{in}	S_{ave}① /(kg/m³)	S_m① /(kg/m³)	传播时间 /h	传播速率 /(m/s)	说明
龙门-潼关	1977.7.6,17:00 ~7.7,6:00	14 500 13 600	0.93	575 615	690 616	13.0	2.80	滩地发生冲淤
龙门-潼关	1977.8.3,5:00~ 15:00	13 600 12 000	0.88	145 185	551 235	10.0	3.61	滩地发生冲淤
龙门-潼关	1977.8.6,15:00 ~23:00	12 700 15 400	1.21	480	821 911	7.5	4.81	滩地发生冲淤上游站 S_m 超前 Q_m8.5h,下游站超前0
小浪底-花园口	1977.7.8,15:30 ~7.9,19:00	8 100 8 100	1.00	170 450	535 546	28.5	1.25	滩地发生冲淤
小浪底-花园口	1977.8.7,21:00 ~8.8,12:42	10 100 10 800	1.07	840 473	941 809	15.7	2.26	滩地发生冲淤上游站 S_m 超前 Q_m3h,下游站超前3h
小浪底-花园口	1973.8.27,1:42 ~8.28,11:00	4 320 4 710②	1.10 (1.00)	110 120	110 150	33.3	1.07	滩地发生冲淤
小浪底-花园口	1973.8.30,00:00 ~22:00	3 630 5 020	1.38 (1.30)	360 230	509 450	22.0	1.60	滩地发生冲淤上游站 S_m 超前 Q_m22h,下游站超前22h
小浪底-花园口	1973.9.2,12:00 ~9.3,10:00	4 400 5 890③	1.34 (1.27)	325 330	338 348	22.0	1.60	滩地发生冲淤上游站 S_m 超前 Q_m2h,下游站滞后2h

①上、下排数字分别为上、下游站实测数据；②1973 年 8 月 27~28 日自支流流入河段的流量为 400m³/s；③括弧内的数字为 Q'_{out}/Q'_{in},其中,$Q'_{out}=Q_{out}-Q'_{in}$,Q'_{in} 为自支流流入该河段的流量。1973 年 8 月 30 日~9 月 2 日自支流流入河段的流量为 300m³/s。

高含沙洪水期间冲淤过程的另一个结果是使下游河段洪峰流量增大。对于低含沙洪水,随着洪水向下游的传播,洪峰沿程降低,流量过程线变平。但对于高含沙洪水,第二洪水波加快,可能叠加在第一洪水波上,使洪峰流量增大。图 5.45 所示为小浪底、花园口和夹河滩站 1982 年 8 月高含沙洪水的流量过程线,从图中可见,小浪底站洪峰流量为 4570m³/s,而在花园口站增至 6260m³/s,然后至夹河滩站降低为 4530m³/s。而小浪底和花园口站之间的汇入流量仅为 100m³/s。

洪水波洪峰流量的增大可由如下原因引起:①两水文站之间支流汇流;②河道冲刷增加了洪水波的含沙量;③测量误差;④后一洪水波加速,使下游站两个洪水波叠加。这些原因中,测量误差的可能性小于 5%,而小浪底到花园口站之间的支流汇入流量仅为数百立方米每秒。下游站的含沙量并不比上游站高,因此流量的增大不是河道冲刷造成的。综上所述,洪峰流量的增大应是后一洪水波加速,使得两个洪水波叠加引起的。而且,如果第一洪水波流量超过满槽流量,一部分洪水可能会在滩地流动。因为滩地上水流紊动不足以使泥沙保持悬浮，而使泥沙在滩地沉积。从而滩地淤高，滩地蓄滞水流含沙量降低，这部分水流回至主槽，引起更高的流量。

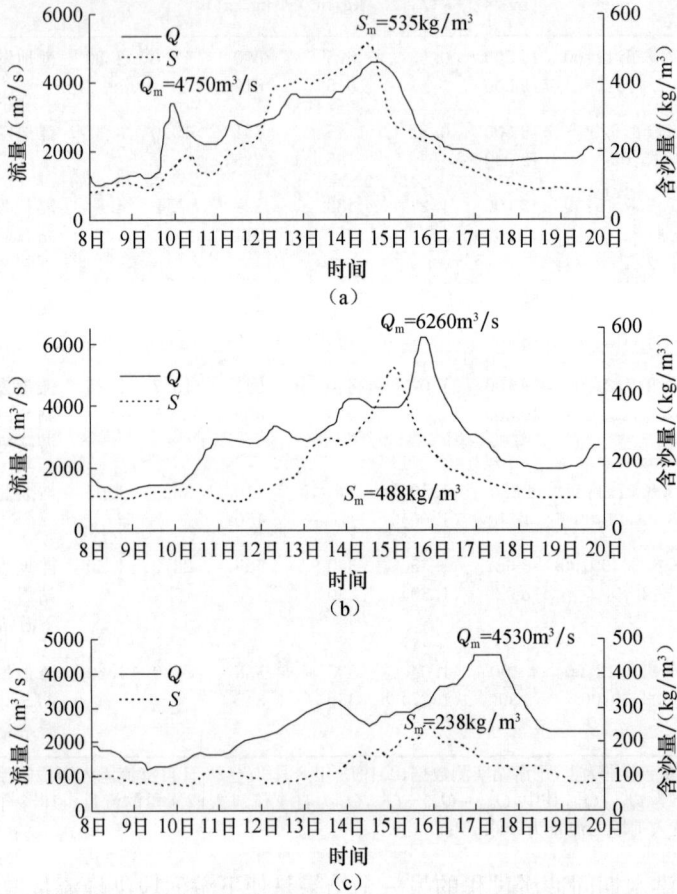

图 5.45　小浪底(a)、花园口(b)和夹河滩站(c)1982 年 8 月高含沙洪水的流量过程线

5.8　河型及河床演变

河型反映河道平面形态的调整模式，是对河道横断面调整和纵向调整模式的补充，并与之密切相关。河型影响河流条件，当河谷坡度在短时间尺度和中时间尺度上看成为常量，则河型的变化可认为能够起到替代坡度调整的作用。冲积河流最重要的河型有弯曲、顺直、分汊、游荡和网状 5 种。

5.8.1　弯曲型河流

将河道中心线和河谷中心线长度的比值定义为弯曲度。如果弯曲度超过

1.3,河流可以认为是弯曲型河流。Leopold(1994)指出,美国 90% 的冲积河流有弯曲河段。弯曲河型的简单几何学模型可用正弦曲线表示。

$$\theta = \Theta \sin kx \qquad\qquad (5.63)$$

式中,θ 为河道方向,是距离 x 的正弦函数;Θ 为参数,是河段与河道总下游方向轴(图 5.46)之间的最大角度;$k = 2\pi/\lambda$,λ 为河道的弯道波长。但式(5.63)对非规则弯道或一连串具有不相同弯道的长弯曲河段不适用。

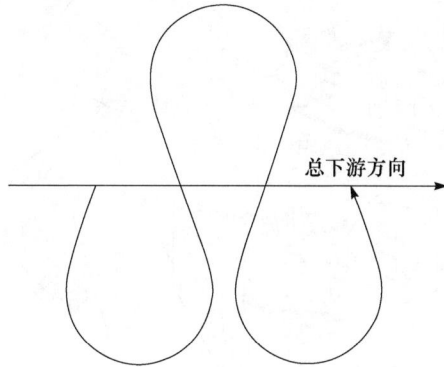

图 5.46　弯曲型河道的简单正弦曲线模型

弯道波长、曲率半径和河道宽度(w)之间存在相关关系早为人们所认识,其中,常利用河道宽度作为河道系统的尺度。通过对大量河流形态资料的研究表明,弯道波长和曲率半径分别为河道宽度的 10~14 倍和 2~3 倍。由于宽度与流量平方根大致成正比,因此可以认为弯道波长和流量平方根成正比。

$$\lambda = 12w = KQ^{1/2} \qquad\qquad (5.64)$$

式(5.64)表明在不同尺度范围和环境条件下,弯曲的几何形态具有自相似性。

弯曲型河流演变中的第一个重要特征是流经弯道的水流形态。在河道弯曲处,由于水流惯性(图 5.47)的作用,水流在外边缘处流速最大。弯曲型河流速率分布的差异导致弯段处的侵蚀和沉积。弯道凹岸因附近水流速率较高而发生侵蚀;弯道凸岸较慢的流速则造成凸岸边滩的沉积(FISRWG,1998)。

弯曲型河流的第二个重要特征是弯道的迁移。迁移包括不同形式的运动:弯道增长,越变越弯,向下游纵向平移,而基本形状不变;横向摆动,其振幅和流路长度增加;转动,弯道轴在方位上的改变。图 5.48(a)显示的是长江中游弯道的运动。

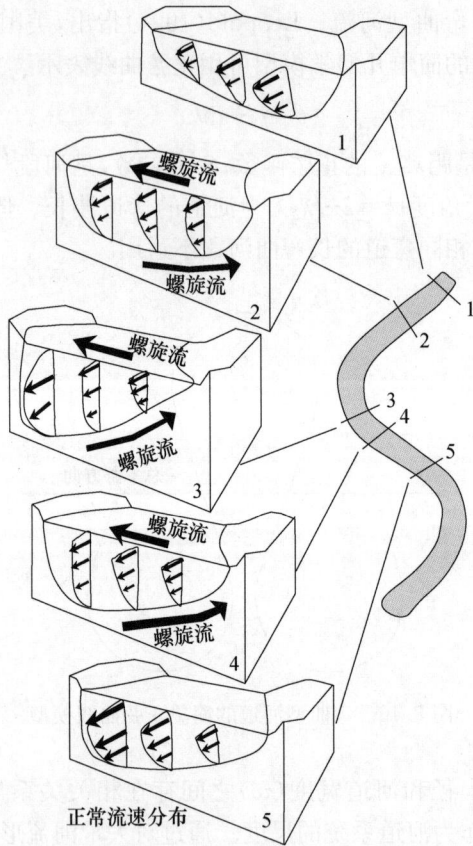

图 5.47　河流弯曲处的流速分布(FISRWG,1998)
在水流表面水流方向从凸岸流向凹岸,在底部则相反

　　弯曲型河流的第三个重要特征是河道的裁弯。水流的弯曲达到某一临界值后,比降逐渐变小,弯道变得越来越不适应水流和泥沙运动,河道不能维持原有状态,于是便发生了裁弯。图 5.48(b)表示长江中游碾子湾的裁弯。裁弯发生在1950 年,但裁弯后弯道又重新扩展了。裁弯可以看成是对过度弯曲的一个响应,因为过度的弯曲降低了河道比降使河流不能输运所供给的泥沙量。裁弯增加了河道比降,从而提高输沙能力。

　　人工裁弯始于 19 世纪,匈牙利人在 Tiso 河上裁弯 112 处,将河长从 1200km减至 745km。为了减小弯道处坍塌的危险,20 世纪 60 年代长江中游被人工裁弯 2处,河道减少了 78km。人工裁弯会造成新河道的强烈侵蚀和旧河道的淤积,在强烈的河床演变结束前,新河道至少数年内都是不稳定的。

　　近年来,考虑可持续发展和河流生态保护,人工裁弯取直的做法为人们所重新思考。裁弯后的河流,洪水能迅速流过取直河段,但可能会对下游河段形成洪水问题。况且,弯曲型河流一般较顺直河流具有更好的生态效应[图 5.48(c)]。

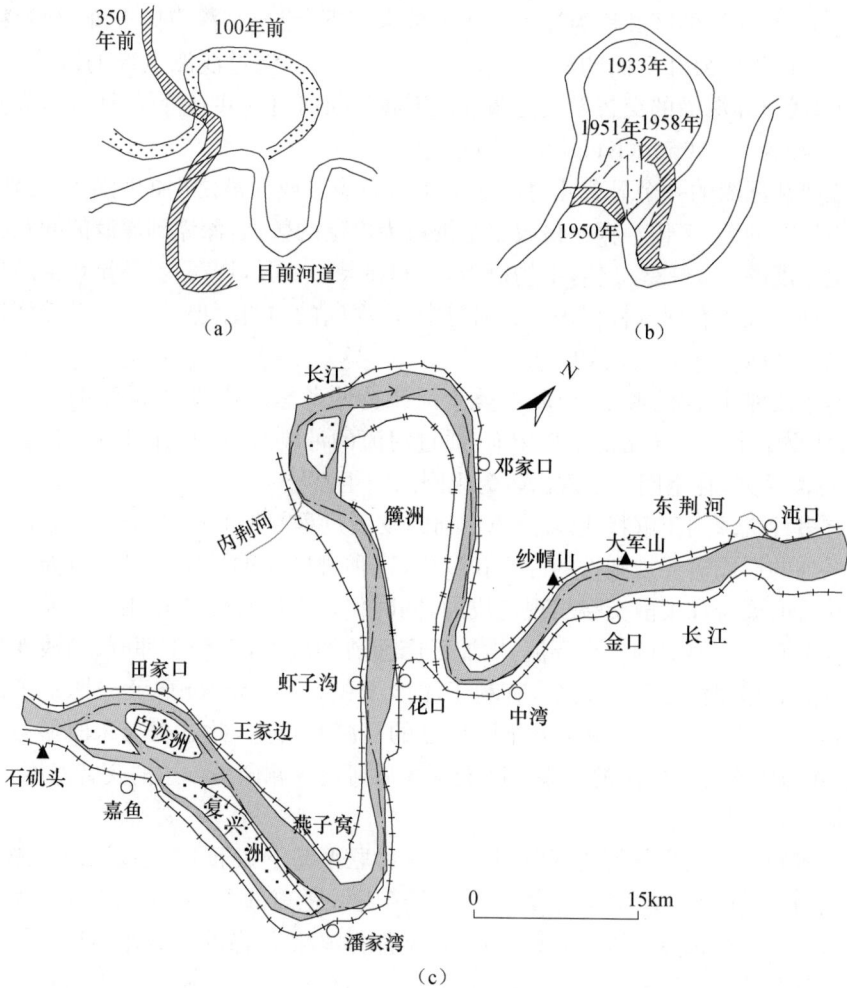

图 5.48　长江中游弯道的运动和人工裁弯

(a) 长江中游尺八口弯道的运动;(b) 长江中游碾子湾的裁弯(钱宁等,1987);
(c) 提议中的簰洲湾人工裁弯,争议很大

5.8.2　顺直河流

顺直河流通常是河流的一个顺直段,其长度一般不长。河道的渠化和岸堤的建设使河道顺直。顺直河流甚至可以仅指从一个弯段到下个弯段间的顺直部分,

只要其深泓线,即最深谷底线呈直线即可。自然的顺直河道纵断面很少是不变的,甚至在较短的河段都会发生变化。地形、植被类型的不同或人工干扰都可能导致整个剖面上河段的高低起伏。浅滩一般出现在河底相对高于邻近上、下游河床高程的地方,相对深的区域称为深潭。在正常水流下,流速在深潭区下降,细颗粒泥沙沉积。由于浅滩和后面的深潭之间河床底坡增大,流过浅滩上部的流速增加。实际上,浅滩和深潭的交替发展是顺直河道和弯曲河道的共有特征,河床组成差异很大,粒径为 2~56mm(Knighton,1998)。

浅滩和深潭的一个显著几何特征是连续的浅滩或深潭之间的间距较为规则,大约为河宽的 5~7 倍。据一份收集范围最为广泛的数据,深潭到深潭的间距一般为河道宽度的 1.5~23.3 倍,平均值为 5.9(Keller et al.,1978)。甚至在渠道化等人为活动干扰或有树木枝杈进入的河道中,浅滩间的内边距也常在 5~7 倍河道宽的范围内(Gregory et al.,1994)。

对于浅滩-深潭的形成,要联系整个河流特性考虑形成浅滩-深潭的原因。本质上,如果给定一个初始的平坦床面,通过河流的冲刷和沉积共同作用,将会形成浅滩-深潭系列,在空间上呈现出较为规则的间距。

有多种机理用于解释浅滩-深潭系列的发展过程。Keller 等(1973)提出浅滩-深潭系列的形成需要规则性的冲刷和沉积,这种规则性的冲刷和沉积可能是由于沿河水流的聚合和发散交替出现造成的,同时伴以二次环流的作用。深潭表面流的聚合引起一个递减的二次环流,增加了床面剪切应力,有利于冲刷;而浅滩表面水流发散引起泥沙在床面聚合,有利于泥沙淤积。Thompson(1986)图示了此过程(图 5.49),反映二次环流单元不断重复的衰减和再生,此过程与床面形态发展相关,并为床面形态发展的结果。随着深潭从河道一侧向另一边的交替发展,弯曲型河道开始发展。

浅滩和深潭系列与河道弯曲相联系,这种联系基于如下事实:浅滩或深潭之间的间距为河宽的 5~7 倍,此数值约等于弯道直线距离的一半。此处,弯道为转折点和深潭的弯曲顶点。因而,很多数学模型都将浅滩-深潭的发展作为河型从顺直转变到弯曲的主要因素(Tinkle,1970;Keller,1972)。Thompson(1986)认为,弯曲河道中的流态是顺直河道中与浅滩-深潭单元相关的自然演变。浅滩-深潭系列除了其地貌学意义外,还提供了不同种群的鱼和一系列无脊椎动物生活的栖息地(Clifford et al.,1992)。

5.8.3　分汊河流

分汊河流是指江河中间有沙洲、岛屿发育,平面上形似发辫的河道。长江中下游就有分汊河流发育,自城陵矶到江阴的 1120km 河段内,有 41 个分汊段,总长799km,占河段总长的 71%。

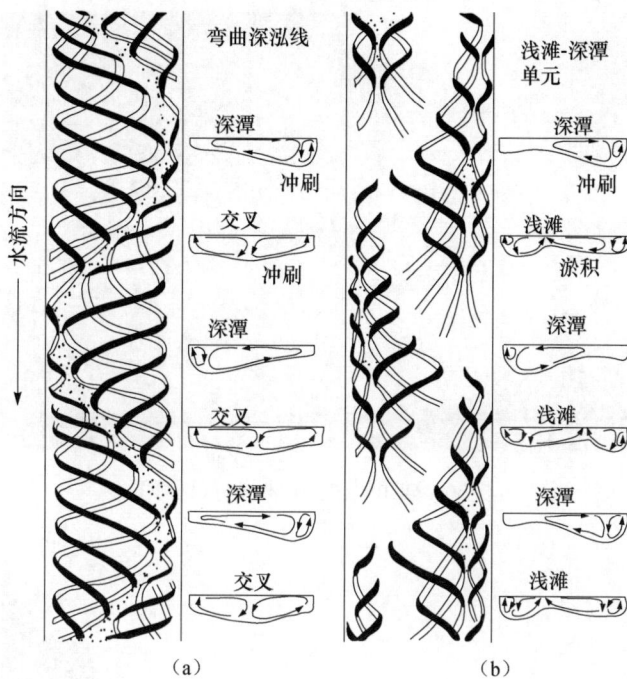

图 5.49　顺直河流中水流结构及其床面形态模型(Knighton,1998)

(a) Einstein 和 Shen(1964)的模型,周期互逆、表面聚合双螺旋单元;(b) Thompson(1986)的模型,
黑带代表表面流;白带代表近床流

　　分汊河道的发育一般具备如下基本条件,推移质丰富、河岸易侵蚀、流量很不稳定、河流能量很高(Knighton,1998)。发育的必要条件是具有大量来自上游或当地河段的泥沙。如果泥沙粒径级配范围大,在局部水域水流不能输移较粗的泥沙颗粒,引起初始沉积,从而形成江心洲。泥沙集中沉积,形成众多江心洲后,水流偏转向河岸方向,侵蚀河岸。这种侵蚀是宽浅河道发育所必需的,而宽浅河道通常与推移质输沙相关。

　　图 5.50 为四川岷江江心洲发育,岷江挟带大量推移质运动,一些较大的卵砾石在江内沉积,形成小的江心洲。江心洲逐步发育,形成小岛,并生长有先锋植物。桂林漓江也一样,江心洲发育成小岛,随着时间的推移,岛上植被发育,江心岛变得稳定。同时,更多砾石在岛的头部沉积,江心岛继续发育。图 5.51 为漓江江心岛,图中可见其头部砾石沉积,岛上发育各种植被,有竹子、灌木和草。灌木和草在岛中部发育,而一些先锋植物在新发育的土地上生长。

图 5.50　四川岷江江心洲发育（见彩图）

图 5.51　漓江江心岛

　　易侵蚀的物质组成的河岸是分汊河段形成所需泥沙的一个重要来源，也是分汊河段河道展宽所要求的。如果不存在易侵蚀的河岸，初始沉积的沙洲更易于消亡，而不是增大。例如，新西兰 Turandui 河由于在河岸适当的位置种植柳树，经过数年的发展，其从分汊河流转变为弯曲河流。

　　河流流量的大幅度波动常引起大量泥沙补给、河岸侵蚀和不规则的推移质运动，而这些都是分汊河道形成的重要条件。高的水流能量也是分汊河型发育的必要条件，河流必须有足够的能量侵蚀河岸，并达到较高的河床运动性，这对分汊河流的发育至关重要。

5.8.4　游荡河流

　　游荡河流指河道变动不定的河流。游荡河流泥沙挟带量大,流量和输沙能力不稳定,大都处于强烈淤积状态。游荡河道中一般心滩密布,但河流通常在一个时期持续在一侧河槽流动,而在另一个时期又持续在另一侧河槽道流动。这与分汊河流不同,在分汊河流中,水流同时在多条河槽中流动。游荡河流的一个重要特征是主河槽位置的频繁摆动,主河槽摆动主要是床沙质来量较大及河岸抗冲性很弱造成的,大多数游荡河流的泥沙是由河床及河岸的沙、粉砂及细砂砾组成的。

　　世界上有许多游荡河流。雅鲁藏布江的下游为印度的布拉马普特拉河,其下游河段河宽超过 10km,横向摆动速率约为每年 70m。孟加拉国的 Padma 河在 1984~1993 年,以每年 200m 的速率拓宽。恒河的持续摆动,造就了很多旧河口和三角洲,大约在 200 年前恒河汇入布拉马普特拉河,并创造了现代恒河三角洲。游荡型河流如此高速的河道摆动和地理形态变化,与河流来沙量大、河岸抗冲性差密切相关。

　　印度 Jamuna 河也是游荡河流。图 5.52 所示为该河在 Bahadurabad 附近河段的摆动,图中的等深线为水下地形测量所获数据绘制。图 5.52(a)和(b)分别为1993 年 8~9 月和 1993 年 11 月水下地形测量所得到的等深线。在固定点断面 1,标准低水位等深线(标注为"0"的曲线)向西摆动了 400m;而在上面固定点断面 2(△),标准低水位等深线向东摆动了 520m。

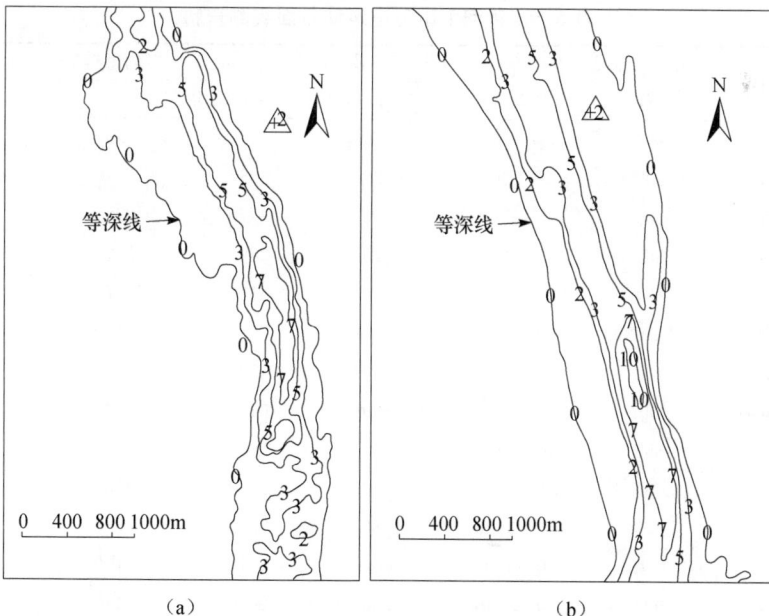

(a)　　　　　　　　　　　　　(b)

图 5.52　印度 Jamuna 河在 Bahadurabad 附近河段的摆动

(a) 1993 年 9 月水下地形;(b) 1993 年 11 月水下地形

　　Xu(1996)研究了汉江的分汊游荡河型,认为汉江与黄河下游游荡型河段不同,黄河是由于高含沙洪水引起严重淤积,而汉江分汊游荡河型的发展主要是由于丹江口水库蓄水而造成的河岸冲刷。在洪水季节,由河岸冲刷的大量泥沙进入河道,并在中间沙坝上沉积,造成分汊游荡河型。黄河下游游荡则是由于水流挟带大量泥沙沉积而引起的。目前,科研人员已经注意到易冲刷河岸对游荡河流的重要性(Knighton,1984)。令人关注的是,汉江发展成游荡型河流以后,其上、下游的泥沙量大致相等(Xu,1996)。这就说明,虽然河床、河岸处有大量的泥沙移走,但通过河段的泥沙变化量却很小。

　　黄河下游是游荡型河流,河床主要由细粉沙(中值粒径为 0.02mm)组成,因而极易冲刷,呈现出较小的河床惯性。从长期来看,黄河下游以淤积为主,但从短期来看,河流的冲刷、淤积不断发生变化。黄河由大堤限定的河谷相当宽(5～25km),但河道只有 500m 左右,足见河道在大堤内的摆动幅度之大。

　　黄河下游的一些水文站对黄河的游荡特性进行了观测。表 5.5 列出了测量断面的摆动情况,最大摆动距离为 8km(伊洛河口,1955～1974 年),年平均摆动距离高达 5km(柳园口)。一位当地农民告诉作者,有时河道甚至能一天摆动一百多米,一次涨水时,一位农民竟来不及推走放在岸边的自行车而眼睁睁看着它掉入河中。

表 5.5　黄河下游河道运动断面实测资料

断　面	平均游荡距离/m	河道游荡长度/m	河道最大运动长度/m		平均每年河道运动长度/m	
			1955～1974 年	1975～1994 年	右	左
铁谢	206	10～760	2470	1075	50	760
下古街	507	5～2000	3620	2060	1220	2000
花园镇	520	0～2295	3990	2770	2295	1630
马峪沟	860	60～2280	3925	2895	2280	2250
裴峪	854	30～3370	3530	4140	3370	3100
伊洛河口	1242	50～5660	8040	3080	5180	5660
孤柏咀	468	50～1250	1470	1180	1250	1230
罗村坡	1397	20～4695	6190	6115	4695	3360
官庄峪	657	10～2420	2500	2680	1650	2420
秦厂	786	100～4230	4740	1270	4230	2270
花园口	873	40～3980	4080	2375	3980	2330
八堡	1249	50～4100	4000	3670	4100	3800
来童寨	923	10～3440	3950	2030	3440	3130
辛寨	1201	5～3640	4090	3125	3480	3640
黑石	1375	30～4570	5650	7750	4570	3925

断　面	平均游荡距离/m	河道游荡长度/m	河道最大运动长度/m		平均每年河道运动长度/m	
			1955～1974 年	1975～1994 年	右	左
韦城	1784	5～5130	6010	4965	5130	4380
黑岗口	722	10～3740	2090	3905	3740	2945
柳园口	790	50～2645	2240	2730	2270	2645
古城	1685	90～5640	6350	5655	5640	4980
曹岗	602	0～1800	2000	1380	1790	1800
夹河滩	444	20～1540	1640	1705	1540	1200
东坝头	594	6～2780	3050	890	2450	2780
禅房	909	30～3100	5570	1285	2560	3100
油房寨	1270	20～3470	4800	5790	3080	3470
马寨	669	0～3000	3350	2630	3000	1680
杨小寨	854	35～2820	3020	3630	2820	2160
河道村	488	10～1410	2710	2350	1410	1200

　　为了稳定河道,沿黄河修建了很多控导工程,如 1973 年修建了驾部控导工程。然而,其中一些控导工程没有真正发挥作用,因为在它们建成以后,主河槽已经摆动。图 5.53 是开义控导工程的照片,工程位于花园口上游附近,该工程控制河道仅很短一段时间,然后主河槽摆动、迁徙,远离丁坝(图 5.54)。

图 5.53　黄河下游开义控导工程

　　游荡河流整治非常困难。河道的运动能力主要源于河流含沙量高、流量变化幅度大及输沙力不稳定等。对于黄河来说,随着一系列水库的建成,起到了调节流量、拦蓄泥沙的作用,尤其是小浪底水库的蓄水,使排放到下游的泥沙量减少,输沙不稳定性降低,因此,黄河河道摆动迁徙的速率也将降低。

图 5.54　主河槽摆动、迁徙使得控导工程难以发挥作用

5.8.5　网状河流

　　网状河流通常由河道改道而形成,即河流分流,从而在洪泛平原上形成河道网络。作为河道改道的产物,网状河流基本按如下两种方式形成:①形成河流旁通,在河流形成旁通后,旧河段仍在一定时段内保持水流流动;②通过分割水流引起洪泛平原上多河道的同期冲刷。在同一河流系统中,两种方式形成的网状河流可以同时存在,但前者可能是洪泛平原的普遍现象,后者仅代表洪泛平原有限部分河道撕裂过程的一个阶段。网状河流由频繁的河道改道及缓慢的旧河道废弃过程引起。

　　河道改道是一种河道运动现象,主要是由河道淤积及其引起的河道输水能力下降而造成的。这种过程易于在坡度较低的洪泛平原上发生,也受到一些河道改道诱因的影响,这些诱因包括极端洪水、河道因树木残骸堵塞、冰塞和形成沙垄等。河床的快速升高会引起网状河流发育,但这并非必要条件。

　　网状河流不是非常稳定,如果网状河流的数个平行河槽之一冲深,所有水流可能会通过冲深的河槽流动,而其他河槽逐渐废弃,最终,网状河道变成单一线形河道。废弃河道的下部仍与主河道相连,变成牛尾形通河湖泊,称为"牛尾湖"。图 5.55(a)为东北牡丹江上的网状河道,图中可见废弃的老河道。图 5.55(b)为哈尔滨附近松花江支流的呼兰河,呼兰河有很多网状河道,但目前多数河道已经废弃。该河的主要部分变成了单一线形河道,有一定的弯曲。废弃河道与主河或联或分,变成或通河或独立的牛尾湖。这些湖泊与弯曲型河流发展过程形成的牛轭湖相比,在形状和起因上截然不同。对呼兰河来说,冰凌洪水可能是网状河流发育的主要原因。当河道受到冰塞,河水位升高,洪水必须寻找新的河道排洪,在平原上冲刷出一条新河道,新河道向下游延伸,直至最终与原河道相连。这样,网状河道发育了。东北地区冰凌洪水经常发生,这也是为什么在东北网状河流众多的原因。

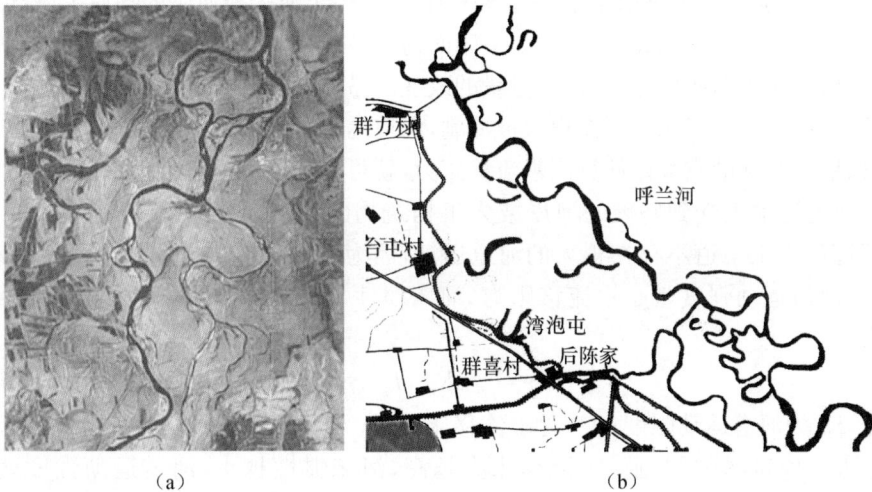

（a）　　　　　　　　　　　　　　　　　　　　　（b）

图 5.55　网状河道

（a）东北牡丹江上的网状河道；（b）松花江支流的呼兰河网状河道

5.9　非恒定输沙和河道运动力学

5.9.1　河道运动力学

河流中的水流和输沙通常是非恒定和非均匀的,因此,河道通过自身调整以满足变化的水流和泥沙条件,河道调整是河道运动的一种形式。如果把某一段河道及其内部的挟沙水流看成是一个运动的可变形物体,那么河床的演变是这个物体在沉积物构成的空间中运动的结果,这就是河道运动。河道运动的方式有淤积、冲刷、拓宽、平移、弯曲、游荡、分汊和改道等。沉积和侵蚀是垂直运动,其余则是水平运动。河道撕裂和改道是非连续运动,其余的则是连续运动（Wang et al.,1997）。河道运动力学研究河流在非恒定水流作用下的河流运动,与传统的泥沙运动力学不同。后者研究泥沙颗粒的运动,而前者研究河道在泥沙沉积空间的运动。

Wang 等（2001）研究了冲积河流中的非恒定流,尤其是对游荡河流,提出了河道运动力学概念,提供了新的河流过程处理方法。他们将一个河段中水流把泥沙从一个地方搬运到另一个地方的能力定义为水流移床力,这与传统应用的水流挟沙力不同。水流挟沙力是假定在恒定水流情况下,冲刷和淤积达到平衡时水流可以挟带的泥沙量,而水流移床力是非恒定水流单位时间内把泥沙搬运到某一河段沉积下来或把沉积下来的泥沙搬运出本河段的量。河道运动速率依赖于水流移床力,水流移床力越高,河道运动越快。

河道运动速率不仅依赖于水流移床力,也依赖于河床和河岸的物质组成,可用河床惯性来表达(Wang,1999)。如果床面物质易于移动,或河床惯性较低,当洪水发生时,床面将迅速变形,以适应流量的改变。另外,如果河床惯性很大,流量急剧增长或下降时,河床泥沙不能很快被冲刷,河道运动程度不大。对于一个给定的河段,如果能够测量或直接计算出水流移床力,就可得到河道的运动速率。

河道运动也受到坚硬的河岸或人工构筑物的约束,如丁坝和导流堤等。渠化河道和人工渠道不存在很大的河道运动,因为没有足够的空间发生河道运动。因此,河道运动强度就是水流移床力、河床惯性、河岸及人工构筑物共同约束的函数。

$$R_{\mathrm{s}} = f(R_{\mathrm{s}}^{*}, I_{\mathrm{b}}, B_{\mathrm{s}}) \tag{5.65}$$

式中,R_{s} 为河道运动强度;R_{s}^{*} 为水流移床力;I_{b} 为河床惯性;B_{s} 为坚硬的河岸及其他人工构筑物的限制。水流移床力越高,河床惯性越小,河道运动强度就会越高。

式(5.65)尚未建立,需要大量的工作构建此方程,并需用足够的数据来验证。

5.9.2　河道运动强度和水流移床力

河道运动是泥沙沉积、河床冲刷及河岸侵蚀的结果。定义河道运动强度如下:

$$R_{\mathrm{s}} = \frac{V_{\mathrm{scour}} + V_{\mathrm{dep}}}{LT} \tag{5.66}$$

式中,R_{s} 为河道运动强度;V_{scour} 和 V_{dep} 分别为测量周期 T 内河床及河岸泥沙的冲刷和沉积量;L 为测量河段长度;T 为测量时间段。在大多数情况下,测量周期为一年,因此,$T=1$ 年。测得的 R_{s} 依赖于测量的频率,因为很多情况下河道是往复运动的。

一般而言,河道运动通过河道一侧的冲刷而另一侧沉积实现。由此可以得出河道的移动速率为

$$U = \frac{R_{\mathrm{s}}}{2H} \tag{5.67}$$

式中,U 为河道移动速率;H 为河道深度。如果河道运动强度已知,用式(5.67)就可以计算出河道移动速率。

水流移床力为没有人工建筑限制下的河道运动强度,等于在给定水流条件下,河道运动强度的最大值,用 R_{s}^{*} 表示。如果测量频率很高,且坚硬河岸和人工建筑的限制离河道很远,测得的 R_{s} 等于水流移床力。

水流移床力和定义明确的水流挟沙力不同。水流挟沙力具有平均流量的特征,而水流移床力具有非均匀、不平衡流的特征;水流挟沙力说明水流通过河道能输运多少泥沙,而水流移床力代表水流改变河道形状的能力。

水流移床力的数学表达式可表示为

$$R_s^* = R_{smax} = \left(\frac{V_{scour} + V_{dep}}{LT} \right)_{max} \tag{5.68}$$

1979～1985 年,黄河下游花园口水文站(郑州)对附近 141km 长河道的 12 个断面进行了测量,一年测量 2 次。从断面测量中可算出移动的泥沙体积。图 5.56 给出了秦厂断面河床泥沙冲刷和沉积的变化图,说明了河道的运动。在 1984 年 5～10 月,河道向右移动了约 500m[图 5.56(a)],而在 1984 年 10 月～1985 年 5 月又向左移回[图 5.56(b)]。

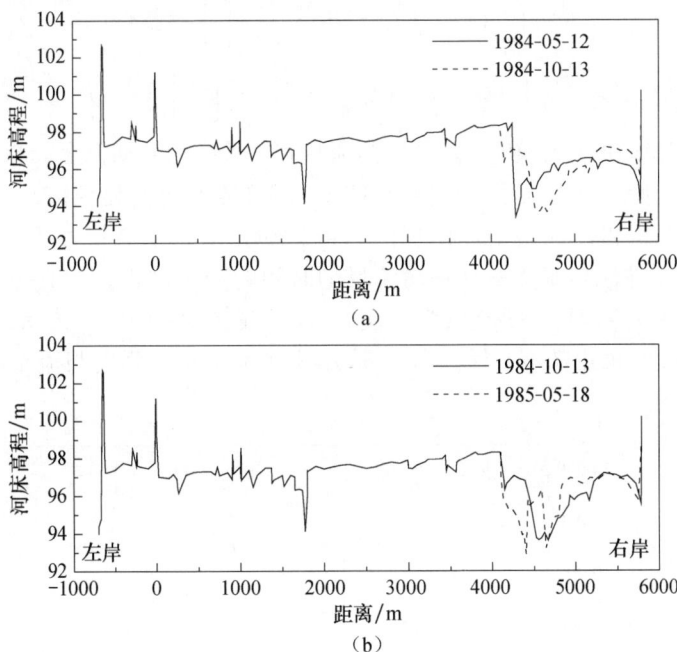

图 5.56　秦厂断面河床泥沙冲刷、河岸侵蚀和泥沙沉积造成河道运动
(a) 河道在 1984 年 5～10 月向北移动了 500m;(b) 1984 年 10 月～1985 年 5 月河道又向回移动

表 5.6 列出了 141km 长河道内泥沙冲刷和沉积量,通过计算 12 个断面改变(沉积或侵蚀)的面积和相邻段中间距离的乘积的总和得出。在表中给出了用测得的沉积和侵蚀体计算出的河道运动强度。水流流量是一个随机过程,用平均流量 Q_m 和脉动流量 Q' 之和表示。

$$Q(t) = Q_m + Q'(t) \tag{5.69}$$

表 5.6　黄河水流移床力和流量脉动强度数据

时间/(年-月)	V_{scour} /$10^6 m^3$	V_{dep} /$10^6 m^3$	$V_{scour}+V_{dep}$ /$10^6 m^3$	Q_m /(m³/s)	Q_{rms} /(m³/s)	Q_{sm} /(t/s)	$Q_{s\text{-}rms}$ /(t/s)	R_s /(m²/a)
1979-10~1980-10	150.1	120.4	270.5	975.9	591.9	19.47	33.97	1907.8
1980-11~1981-10	219.4	193.9	413.3	1518.6	1703.4	41.87	70.59	2915.1
1981-11~1982-10	211.0	183.1	394.1	1330.5	1337.2	19.97	47.07	2779.7
1982-11~1983-10	227.2	239.1	466.3	1824.9	1506.7	26.70	39.30	3288.9
1983-11~1984-10	249.2	233.0	482.2	1402.2	1805.2	29.01	46.64	3401.0
1984-11~1985-10	256.6	194.0	450.6	1767.2	1501.2	24.90	47.60	3178.2

注:测量河段长度为 141.78km,从冠官庄峪断面到东坝头断面。

平均流量 Q_m、平均输沙率 Q_{sm}、流量和输沙率的均方根 Q_{rms} 及 $Q_{s\text{-}rms}$ 也在表 5.6 中给出。它们的定义式分别为

$$Q_{rms} = \left\{ \frac{1}{T}\int_0^T [Q(t)-Q_m]^2 dt \right\}^{1/2} = \left[\frac{1}{T}\int_0^T Q'(t)^2 dt \right]^{1/2} \qquad (5.70)$$

$$Q_{s\text{-}rms} = \left\{ \frac{1}{T}\int_0^T [Q_s(t)-Q_{sm}]^2 dt \right\}^{1/2} = \left[\frac{1}{T}\int_0^T Q'_s(t)^2 dt \right]^{1/2} \qquad (5.71)$$

式中,T 为测量时间;Q_{rms} 和 $Q_{s\text{-}rms}$ 分别为流量和输沙率的脉动强度。脉动强度和平均值在同一个量级甚至大于平均值,说明了水流的高度不稳定性。

泥沙的沉积和侵蚀及由此体现的河道运动强度是水流挟沙力变化的结果。图 5.57 给出了花园口水文站日平均流量随时间的变化过程。一般每年发生两次洪峰(7月和9月),但 1982 年仅为一次,洪峰流量为 15 000m³/s。水流是脉动的且流量脉动强度每年都不一样。图 5.58 给出了河道运动强度与流量脉动强度之间的函数关系。

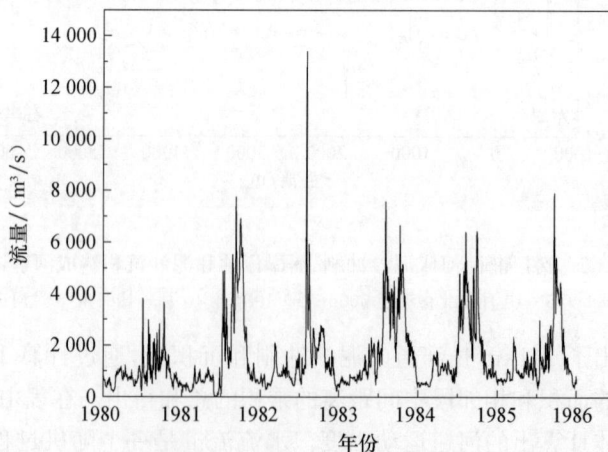

图 5.57　花园口水文站测量时段流量随时间的变化过程

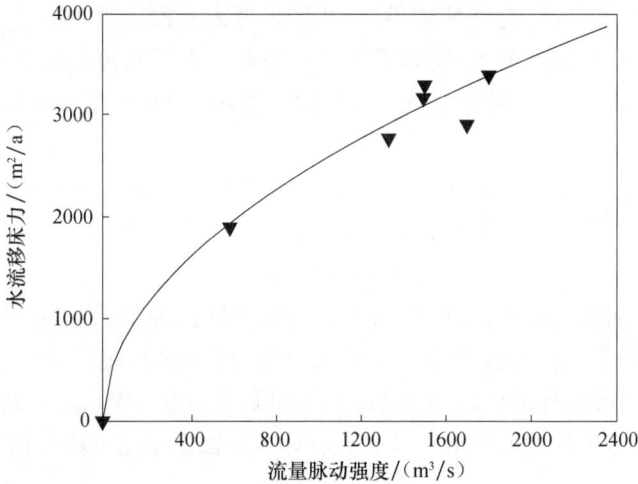

图 5.58　水流移床力与流量脉动强度之间的函数关系

下面的公式对应图 5.58 中的曲线,并且很好地描述了河道运动强度和水流流量脉动强度之间的关系。

$$R_s = m \sqrt{Q_{rms}} \tag{5.72}$$

式中,R_s 为河道运动强度(m^2/a);Q_{rms} 为流量脉动强度(m^3/s);m 为床沙组成和河道运动限制因素的函数。

河道运动具有往复性,因为运动是由水流流量脉动引起的,而水流流量脉动有一定的周期性。一些高频率的河道运动在表 5.6 中没有测出,因此测得的 R_s 小于水流移床力。假设 R_s 与水流移床力等比,则

$$R_s^* = kR_s \tag{5.73}$$

式中,k 对给定河流为常数。因为水流移床力归因于流量脉动,k 值可以通过分析流量脉动谱确定。利用日平均流量分析流量脉动谱,Wang 等(1997)分析得出,对黄河下游河道,如果河道运动前度实测频率为 1 年 1 次,则常数 k 等于 2。

5.9.3　河床惯性

Wang(1999)通过实验发现,河床变形明显滞后于水流及挟沙力的变化。如果把水流对河床的冲刷视为河床的加速运动,则水流挟沙力是一个"正力",而来沙率是一个"负力",河床本身阻碍这种变化的性质即为河床的"惯性"。"正力"造成河床冲刷,而"负力"造成淤积。只有当"正力"被"负力"平衡时,床面保持不变。对在硬质河岸内的明渠流,侵蚀和沉积仅能发生在河道床面上,则可有如下河床运动方程:

$$-I_b \frac{\mathrm{d}Z}{\mathrm{d}t} = g_b^* - g_b \tag{5.74}$$

式中，Z 为床面高程；I_b 为河床惯性；$-dZ/dt$ 为床面侵蚀速率；g_b 为推移质输沙率；g_b^* 为水流挟带推移质的能力，或者说在平衡条件下水流的推移质输沙率。由于 g_b 和 $-dZ/dt$ 量纲分别为：[质量/（时间×长度）]和（长度/时间），河床惯性的量纲为（质量/长度^2）。

当水流挟沙量小于其挟沙力时，会发生河床冲刷。定义河床冲刷率 S_r 为单位时间从单位面积上冲刷的泥沙重量，即

$$S_r = W_s/A_b T_s \tag{5.75}$$

式中，W_s 为从河床冲刷的泥沙质量；A 为遭受冲刷的面积；T_s 为冲刷时间。冲刷在非恒定、非平衡挟沙水流中发生。如果水流恒定均匀，泥沙和水流处于平衡状态，冲刷的泥沙被沉积的泥沙所平衡，于是冲刷率为 0。Wang（1999）得到对清水和挟沙水流都适用的冲刷率的经验公式。床面侵蚀速率是冲刷率的函数：

$$-\frac{dZ}{dt} = \frac{S_r}{\gamma_s(1-p)} \tag{5.76}$$

式中，p 为孔隙率；γ_s 为床沙质容重。将式（5.73）与式（5.71）联合，得到河床惯性和冲刷率之间的关系，此关系可看成是河床惯性的计算式：

$$I_b = \frac{g_b^* - g_b}{-dZ/dt} = \gamma_s(1-p)\frac{g_b^* - g_b}{S_r} \tag{5.77}$$

式中，$\gamma_s(1-p)$ 为床沙质干容重。如果床沙质的组成一定，河床惯性应当是一个定值。因此，对不同的 g_b^* 和 g_b，用式（5.77）计算出的河床惯性 I_b 值相同。Wang（1999）的试验结果表明，对一种河床组成，在不同的水流和来沙率条件下，计算出的河床惯性值都大致相等。这证明河床惯性是粒状床面的一个物理特性。

河床惯性小意味着河床随水流及其挟沙力的改变而很快变形，如果河床惯性很大，床面对水流的改变不敏感，需要较长距离输沙率 g_b 才能达到其均衡值 g_b^*。如果床沙质泥沙粒径范围广，则在侵蚀过程中河床往往发生粗化，导致河床惯性较大。在 Wang（1999）的实验中，河床的分选系数大于 15，其河床惯性为 $45 \sim 50 t/m^2$。对山区河流，床沙质分选系数往往很大，河床惯性可取 $50 t/m^2$ 进行计算。轻质沙的河床惯性较小，如硬煤屑或其他容重较轻的材料。从此结果看，似乎河床惯性与参数 $(\gamma_s - \gamma)/\gamma$ 成正比。由于只对一种轻质沙进行了实验，这个结论还必须进一步通过实验验证。

河床惯性及其在河床演变中的应用仍需要开展大量工作。为了应用简便，把 I_b 引入 Exner 泥沙连续方程，并将偏微分方程变成常微分方程，这样，通过著名的 Exner 泥沙连续方程，将床面高程的变化和输沙率的空间变化联系起来。Exner 泥沙连续方程：

$$\frac{\partial g_b}{\partial x} + \gamma_s(1-p)\frac{\partial Z}{\partial t} = 0 \tag{5.78}$$

如果 g_b 小于 g_b^* ,河床被冲刷。将式(5.77)代入式(5.78),得

$$\frac{\mathrm{d}g_b}{\mathrm{d}x} = \gamma_s(1-p)\frac{g_b^*-g_b}{I_b} \tag{5.79}$$

解得

$$\frac{g_b^*-g_b}{g_b^*-g_{b0}} = \exp\left[-\gamma_s(1-p)\frac{x}{I_b}\right] \tag{5.80}$$

式中, g_{b0} 为 $x=0$ 时的输沙率。式(5.80)表明,如果河床惯性大,洪水则需要前进很长距离才能达到其输移率的平衡。例如,山区河流河床惯性很大,因此山洪暴发时输沙率常比输沙能力小很多。对由相对均匀沙组成的顺直平原河流,河床惯性小,则相应于水流变化的输沙率响应快,因此,河床形态随着洪水的涨落而变形。

式(5.80)的指数是一个无量纲数:

$$A_r = \frac{\gamma_s(1-p)L_s}{I_b} \tag{5.81}$$

式中, L_s 为特征长度,可用洪水在均匀流和均匀边界条件下行进的距离表示。这个无量纲数代表河道响应水流变化的能力。 L_s 越大,河道随水流变化的变形越快。

5.9.4　改道

改道(avulsion)是一种非连续河道运动,Allen(1965)定义河流改道为冲积河流舍弃其原来的部分或整个河道,形成新河道的过程。改道是河流泥沙淤积的必然结果,因此与河流挟带的泥沙量有密切关系。河流改道可划分为节点性改道和随机性改道两种情形(Leeder,1978)。如果在一段时期内两次以上的改道几乎发生在同一位置,就称其为节点性改道;随机性改道则可能发生在河流区间的任何位置。Field(2001)研究了南亚利桑那州冲积扇河槽改道的过程,发现改道总是发生在河岸高度低且常常是河道拐弯的地方,而且洪水期间的泥沙淤积在河流改道过程中起关键作用。

改道也许可以视为河床演变的终极表现,涉及河道大规模运动。此过程在弯曲、分汊和游荡型河流上均有发生,泛滥平原上废弃河道为其留下印记。改道周期应该在 10~1000 年的数量级上,虽然改道实际上是一个缓慢的发展过程,但与其再现期相比,可以看成是瞬时发生的。只有在河流相对于滩地不断淤高的地方,改道现象才非常普遍。在高含沙的河流中,改道为河流在冲积扇和三角洲上河道变化的主要形式。

多泥沙河流会发生周期性的改道。例如,密西西比河三角洲的河流沿路易斯安那海岸发生多次改道,形成一系列河道,以适应河流比降变化(Leeder,1983)。印度的 Kosi 河也有同样的情况。从 1730~1960 年,Kosi 河以每 23 年一次的频率

从东向西以 Jogbani 为顶点的扇形区域内频繁改道(Gole et al.，1966)。河流大的改道或河道在方向和形式上的改变都是有规律地发生的,主要发生在灾难性的、稀有的洪水时期,在半干旱地区甚至湿润地区更是如此。1938 年在加利福尼亚州,一场持续 3 天的单场暴雨产生 189m³/km² 的泥沙,泥沙主要来自耕地,在 162km² 的面积上塑造了约 700 条新河道(Leopold et al.，1964)。

Slingerland 等(1998)研究了弯曲型河流发生改道的必要条件,提出了一个一维模型。河道决口是否会填补或达到稳定状态,取决于此决口坡度和主河床坡度之比、决口底部与主河床的高度差及床沙质大小。对从细沙到中等粒径的泥沙,当决口坡度大于其所在的主河道坡度 8 倍时,决口就会吸引整个主流流量。黄河从黄土高原挟带泥沙到黄河三角洲,促使该三角洲的面积以每年 2000～3000hm² 的速率扩展。河流的延伸减小了其比降和河道的过流、输沙能力,导致河流改道,新的河道长度为先前河道的 1/3～1/2,而比降为先前的 2～3 倍。

黄河下游节点性改道和随机性改道都发生过。在过去的 2600 年里,黄河下游 600 多千米长的河段发生了 26 次大改道,在北至天津南到淮河的广阔平原上留下了几十条黄河故道。1128～1855 年黄河流入黄海。1855 年发生在铜瓦厢(图 5.59)的黄河大改道导致黄河下游段河道从南方迁移到现在流入渤海的河道。此后,除了 1938～1946 年人为炸堤造成黄河流入淮河 8 年以外,黄河基本上都是奔流在现行下游河道内。黄河利津水文站以上沿河人口稠密,河道大堤多次加固,从 1855 年以来没有发生大改道现象。但是,利津以下人口稀疏,宁海下游大堤很薄弱,难以抵挡洪水侵袭。因此,在宁海周围发生多次节点性改道(图 5.59)。现代黄河三角洲就是在 1855～1996 年河道在半径为 50km 的扇形区域 11 次改道过程中建造起来的。图 5.59 显示黄河的 12 条老河道,每条河道都有自己的名称,以区别于其他河道,特别是两条河道并存时。例如,现在黄河口河道称为清水沟,而 1976 年前的老河道为刁口河。现在的河道清水沟从 1976 年以来使用了 30 多年;1996 年河口水道在距离河口 18km 处发生小摆动,它使河口水道改道到岔河。

相比之下,年输沙量 2.4 亿 t 的密西西比河以每年 150m 的速率向墨西哥湾延伸,大约每 1000 年改道一次(Fisk,1944)。20 世纪初,密西西比河开始逐渐改向阿彻法拉牙河,到 40 年代流入阿彻法拉牙河的水量超过 1/3,并且迅速增大。但 50 年代后人类修建了三个工程将流入阿彻法拉牙河的水量控制在 1/3,而 2/3 的流量仍维持在老的密西西比河道中以保证航运有足够的水深。多瑙河输移的泥沙比较少,平均 2300 年改道一次(Panin et al.，1983)。加拿大的 Fraser 河分别于 1827 年、1864 年、1892 年、1900 年和 1912 年改道,平均每 17 年改道一次(Clague et al.，1983)。意大利 Po 河在过去 3000 年内改道 6 次,平均每 500 年改道一次(Gandolfi et al.，1982)。土耳其 Gediz 河在过去的 10 000 年内

改道 6 次,其改道周期为 1600 年,最近的一次改道发生在 1980 年(Aksu et al.,
1983)。莱茵-默兹河输沙量低,因此改道的频率也很低。Stouthamer(2001)研
究了此河在莱茵-默兹三角洲改道。在 6500 年前到 1950 年前,莱茵-默兹河逐
渐发生淤积,其间共发生了 5 次改道,频率约为 800 年一次。

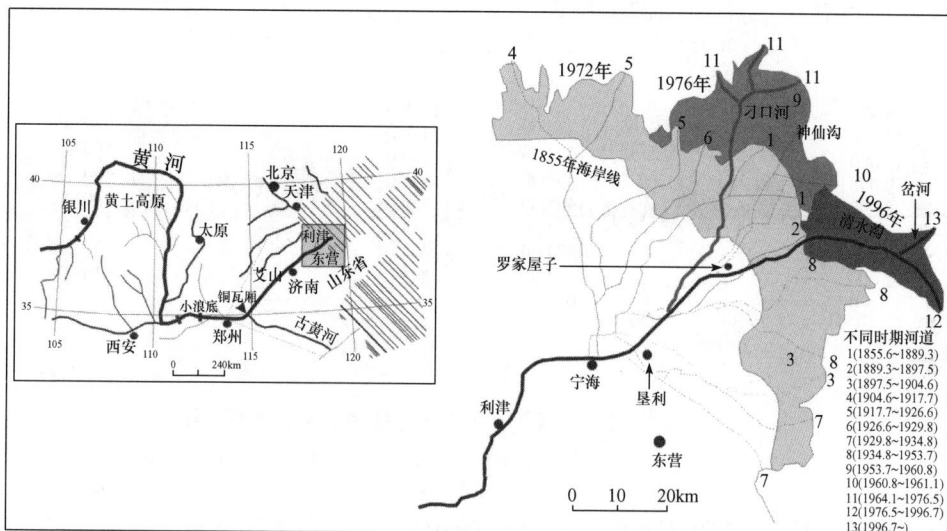

图 5.59　黄河河道改道和黄河下游段黄河故道图

5.10　河床演变分析的新方法

5.10.1　水沙动态图

　　水沙动态图法是用图示表示一段时间内河流中水沙量的分布及变化的方法。
以下以长江为例来说明水沙动态图的意义。图 5.60 表示长江干流 4 个水文站的
水沙动态图,该图的作图方法如下:①以流域出口站(大通站)多年平均含沙量为平
衡水沙比,其值为 0.479kg/m³;②横坐标为水沙变化时段,左纵坐标为年径流量,
右纵坐标为年输沙量,左、右坐标刻度按平衡水沙比对应;③绘出年径流量与年输
沙量的变化曲线,沙线高于水线的面积用深色填充,水线高于沙线的面积用浅色填
充。在水沙动态图上根据水线和沙线的相对位置可以直观地表示测站的水沙组成
及状态,通过平衡水沙比使沙量和水量在同一图中的尺度相同,在该例中,
0.479kg 的泥沙与 1m³ 的水相对应。若水线与横坐标轴围成的面积大于沙线与横
坐标轴围成的面积,表示该站水多沙少;反之表示水少沙多。

　　图 5.60 可以看出,屏山站的泥沙量高于水量,说明屏山站上游流域是产沙区;

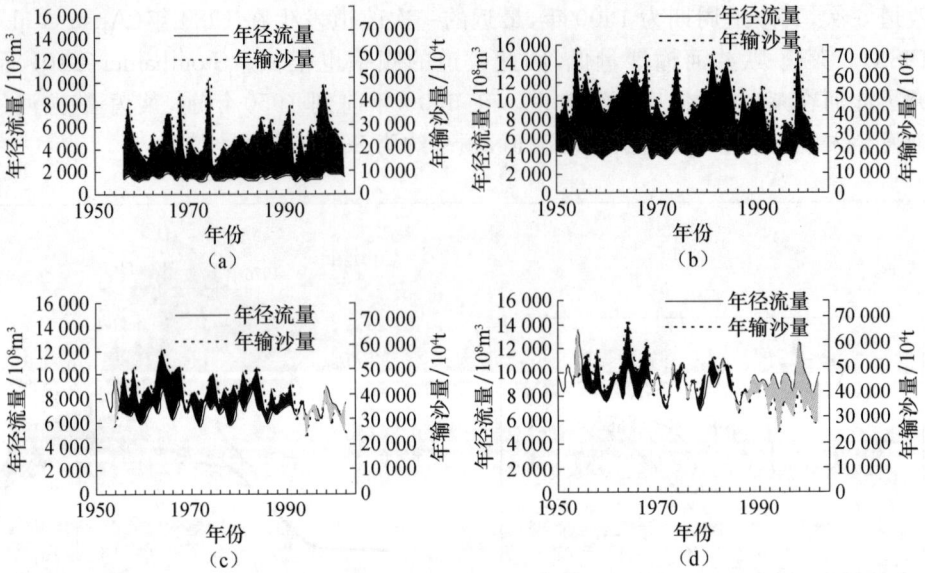

图 5.60 长江沿程 4 个主要水文站的水沙动态图

(a) 屏山站；(b) 宜昌站；(c) 汉口站；(d) 大通站

从屏山到宜昌，水量和泥沙量都有增加，但泥沙量比水量增加速率快得多，因此黑色区域变大；从宜昌到汉口，水量曲线上升，泥沙曲线下降，表明大量泥沙沉积在宜昌和汉口间的河段；从汉口到大通，泥沙量增加很少，但水量有所增加，黑色区域变得很小，灰色区域开始显现，尤其是 1980～2003 年，泥沙曲线降到低于水量曲线，黑色区域变成灰色区域，说明这些年泥沙有减少的趋势，从而使下游由沉积区转变为侵蚀区。

5.10.2 河流泥沙矩阵

河流泥沙矩阵由 3×3 个元素构成。矩阵第一行代表产沙区，通常是上游流域；第二行代表输沙段，即河道；第三行代表沉积区，通常是三角洲和河口。第一列是当地泥沙侵蚀；第二列表示上游河段的来沙；第三列代表该区域泥沙淤积。

对黄河，黄土高原是主要产沙区，因此，第一行表示黄土高原，第二行表示从小浪底到利津的河段，第三行表示黄河三角洲和包括利津下游河道在内的河口淤积区域。式(5.82)是黄河的泥沙矩阵：

$$A_{\text{Yellow}} = \begin{bmatrix} 22 & 1 & 7 \\ 1 & 16 & 7 \\ 0 & 10 & 8 \end{bmatrix} \tag{5.82}$$

式中，所有值都是年泥沙量，以亿吨(亿 t)计。第一行表示黄土高原产沙量为 22 亿 t，有 1 亿 t 泥沙从上游区域输运到河道中,7 亿 t 在这个区域沉积;第二行表示从小浪底到利津河段之间河床和河岸侵蚀的泥沙量为 1 亿 t,有 16 亿 t 泥沙从上游河段输运到此河段,有 7 亿 t 的泥沙沉积在此河段;第三行表示有 10 亿 t 泥沙从黄河下游河段输运到利津,并且有 8 亿 t 沉积在河口及近海区域。可以推断出余下 2 亿 t 泥沙输送到了海洋中。

对长江,主要产沙区是攀枝花到宜昌的流域范围,宜昌到大通段是输沙河道,大通到河口段是入海口区域。式(5.83)是长江的泥沙矩阵:

$$A_{\text{Yangtze}} = \begin{bmatrix} 21 & 0.2 & 16 \\ 0.5 & 5.5 & 1.5 \\ 0 & 4.5 & 3 \end{bmatrix} \tag{5.83}$$

不同类型的河流有不同的泥沙矩阵。例如,完全渠化的河流为准对角矩阵,因为所有来自上游的泥沙都从渠道输运走了,没有河岸侵蚀和河床沉积。

$$渠化河流泥沙矩阵 = \begin{bmatrix} \oplus & & \\ & \oplus & \\ & \oplus & \oplus \end{bmatrix} \tag{5.84}$$

如果流域管理得当,上游河段没有产沙,缺沙水流将会冲刷河床和河岸,波浪和潮汐也会造成河口处的侵蚀。在此情况下,泥沙矩阵变成一个下三角矩阵。莱茵河就是这种类型的一个例子。

$$缺沙河流 = \begin{bmatrix} & & \\ \oplus & & \\ \oplus & \oplus & \end{bmatrix} \tag{5.85}$$

高含沙水流有如下类型的矩阵:

$$高含沙河流 = \begin{bmatrix} \oplus & & \oplus \\ & \oplus & \oplus \\ & \oplus & \oplus \end{bmatrix} \tag{5.86}$$

黄河泥沙矩阵就是这种类型的例子。

河流整治工程也能用这样的矩阵形式表达。例如,遭受三角洲侵蚀的河流泥沙矩阵为

$$A = \begin{bmatrix} 1 & 0 & 0 \\ 0 & 1 & 0 \\ 1 & 1 & 1 \end{bmatrix} \tag{5.87}$$

A 的逆矩阵为

$$A^{-1} = \begin{bmatrix} 1 & 0 & 0 \\ 0 & 1 & 0 \\ -1 & -1 & 1 \end{bmatrix} \qquad (5.88)$$

在河口区域采取工程措施以控制海岸侵蚀,并使河道渠化。河流整治后的泥沙矩阵为

$$渠化河流矩阵\ B = \begin{bmatrix} 1 & 0 & 0 \\ 0 & 1 & 0 \\ 0 & 1 & 1 \end{bmatrix} \qquad (5.89)$$

于是工程矩阵为

$$E = A^{-1}B = \begin{bmatrix} 1 & 0 & 0 \\ 0 & 1 & 0 \\ -1 & -1 & 1 \end{bmatrix} \begin{bmatrix} 1 & 0 & 0 \\ 0 & 1 & 0 \\ 0 & 1 & 1 \end{bmatrix} = \begin{bmatrix} 1 & 0 & 0 \\ 0 & 1 & 0 \\ -1 & 0 & 1 \end{bmatrix} \qquad (5.90)$$

如果河流泥沙矩阵乘以工程矩阵将会变成渠化河流矩阵,即

$$AE = B$$

工程矩阵的物理意义尚有待研究。

思 考 题

1. 回答下列问题。

(1)什么是"百年一遇洪水"?

(2)对于一个明渠流,水深 1m,平均流速 1m/s,计算其雷诺数和佛汝德数。流动是层流还是紊流?($\nu = 10^{-6} \text{m}^2/\text{s}$)流动是急流($Fr > 1$)还是缓流($Fr < 1$)?

(3)解释推移质、床沙质、悬移质和冲泻质的概念。

(4)请描述随着水流强度的增加,床面形态的发展。

(5)如果床面形态从低能态进入高能态,会发生什么情况?

(6)高含沙水流的主要特征是什么?

(7)主要河型都有哪些?

(8)在什么条件下弯曲河流会变成游荡河流?

(9)明渠流的移床力和挟沙力之间有何差异?

(10)什么是改道? 请举一例说明。

2. 一条形状不规则的河道中发生了一场洪水,现场测量到的平均水深 $h = 2\text{m}$、宽 $B = 500\text{m}$、湿润面积 $A = 1000\text{m}^2$、比降 $J = 0.0001$,河岸糙率 $n_w = 0.025$。请计算 A_w、A_b、R_w、R_b 和床面糙率 n_b。

3. 根据最小水流能量原理,冲积河流形态发展趋于达到最小水流能量消耗。可以得到以下方程:

$$\frac{\mathrm{d}P}{\mathrm{d}x} = \frac{\mathrm{d}}{\mathrm{d}x}(\gamma s Q) = \gamma\left(Q\frac{\mathrm{d}s}{\mathrm{d}x} + s\frac{\mathrm{d}Q}{\mathrm{d}x}\right) = 0$$

（1）如果设计一个灌溉渠道，怎样确定渠道坡度？请用此方程解释。

（2）$\mathrm{d}P/\mathrm{d}x = 0$ 也可以解释为水流能量恒定，你认为是最小水流能量的还是恒定水流能量的？

4. 请列举高含沙水流的现象。高含沙水流和泥石流的主要差别是什么？

5. 绘出一条河的水沙动态图，并解释图的含义。

6. 对长江，主要产沙区是攀枝花到宜昌的集水区，宜昌到大通段是输沙河道，大通到河口段是入海口区域，其泥沙矩阵为

$$A_{\text{yangtze}} = \begin{bmatrix} 2.10 & 0.02 & 1.60 \\ 0.05 & 0.55 & 0.15 \\ 0.00 & 0.45 & 0.30 \end{bmatrix}$$

请解释矩阵每个元素的物理含义。

参 考 文 献

杜国翰,彭润泽,吴德一. 1980. 都江堰工程改建和卵石推移质问题,泥沙研究,(1):12-22.

惠遇甲,陈稚聪. 1982. 长江三峡河道糙率的初步分析. 水利学报,(8):64-73.

齐璞,韩巧兰. 1991. 黄河高含沙水流阻力特性与计算. 人民黄河,(3):16-21.

齐璞,茹玉英,张厚军,等. 1995. 黄河艾山以下河道输沙能力问题. 人民黄河,(5):5-11.

齐璞,赵业安,樊左英. 1984. 1977 年黄河下游高含沙洪水的输移与演变分析. 人民黄河,(4):1-8.

钱宁. 1989. 高含沙水流运动. 北京:清华大学出版社.

钱宁,万兆惠. 1983. 泥沙运动力学. 北京:科学出版社.

钱宁,张仁,周志德. 1987. 河床演变学. 北京:科学出版社.

武汉水利电力学院. 1981. 河流泥沙工程学. 北京:水利电力出版社:24-27.

赵文林,茹玉英. 1994. 渭河下游河道输沙特性与形成窄深河槽的原因. 人民黄河,(3):1-4.

Aksu A E, Piper D T W. 1983. Progradation of the late quaternary dediz delta, Turkey. Marine Geology, 54(1/2):1-25.

Allen J R L. 1965. A review of the origin and characteristics of recent alluvial sediments. Sedimentology, 5:89-101.

Allen J R L. 1983. River bed forms: Progress and problems // Modern and Ancient Fluvial Systems. Oxford: Blackwell Publishing Ltd.

Bagnold R A. 1956. Flow of cohesionless grains in fluid. Philosophical Transactions of the Royal Society of London, Series A, 249(964):235-297.

Bakhmeteff B A, Allan W. 1946. The mechanism of energy loss in fluid friction. Transactions of the American Society of Civil Engineers, 111(1):1043-1102.

Chien N, Wan Z H, McNown J. 1998. Mechanics of Sediment Movement. New York: ASCE

Press.

Chien N, Zhang R, Wan Z, et al. 1985. The hyperconcentrated flow in the main stem and tributaries of the Yellow River//Proceedings of the International Workshop on Flow at Hyperconcentrations of Sediment. Beijing: IRTCES Publication.

Chin A. 1999. The morphologic structure of step-pool in mountain streams. Geomorphology, 27:191-204.

Clague J J, Luternauer J L, Hebda R J. 1983. Sedimentary environments and postglacial history of the Fraser delta and lower Fraser valley, British Columbia. Canadian Journal of Earth Sciences, 20(8):1314-1326.

Clifford N J, Richards K S. 1992. The reversal hypothesis and the maintenance of riffle-pool sequences//Lowland Floodplain Rivers. New York: John Wiley & Sons: 43-70.

Culbertson J K, Nordin C F Jr. 1960. Discussion of the paper-discharge formula for straight alluvial channels. Journal of the Hydraulics Division, ASCE, 86:98-102.

Einstein H A. 1934. Der hydraulische oder profil radius (The hydraulic or cross-section radius). Scherizerisch Bauzeitung, Zurich, 103(8):89-91.

Einstein H A, Chien N. 1958. Discussion of the paper—mechanics of streams with movable beds of fine sand. Transactions of the American Society of Civil Engineers, 123:553-562.

Einstein H A, Shen S W. 1964. A study of meandering in straight alluvial channels. Journal of Geological Research, 69(24):5239-5247.

Field J. 2001. Channel avulsion on alluvial fans in southern Arizona. Geomorphology, 37:91-104.

Fisk H N. 1944. Geological investigati on of the alluvial valley of the lower Mississippi River. Report of War Department, Corps of Engineering, US Army.

Federal Interagency Stream Restoration Working Group(FISRWG). 1998. Stream corridor restoration: Principles, processes, and practices The National Technical Information Service, USA. Http://www. nrcs. usda. gov/techinical/stream-restoration.

Gandolfi G, Mordenti A, Paganelli L. 1982. Composition and along-shore disposal of sand from the Po and Adige Rivers since the pre-Etruscan age. Journal of Sedimentary Petrology, 52(3):797-805.

Gole C V, Chitale S V. 1966. Inland delta building activity of Kosi River. Journal of the Hydraulics Division, ASCE, 92:111-126.

Grant G E, Swanson F J, Wolman M G. 1990. Pattern and origin of stepped-bed morphology in high gradient streams, western Cascades, Oregon. Geological Survey of America Bulletin, 102:340-352.

Grass A J. 1971. Structural features of turbulent flow over smooth and rough boundaries. Journal of Fluid Mechanics, 50(2):233-255.

Gregory K J, Gurnel A M, Hill C T, et al. 1994. Stability of the pool-riffle sequence in changing river channels. Regulated Rivers: Research & Management, 9:35-43.

Janda R J, Meyer D F. 1985. Channel morphology changes caused by debris flow, hyperconcen-

trated flow,and sediment-laden streamflow,Toutle River,Mount St. Helens,Washington//
　　Proceedings of the International Workshop on Flow at Hyperconcentrations of Sediment.
　　Beijing:IRTCES Publication.

Julien P Y. 1989. Laboratory analysis of hyperconcentrations//Proceedings of the International
　　Symposium on Sediment Transport,Modeling. New Orleans:681-686.

Julien P Y,Lan Y Q. 1991. Rheology of hyperconcentrations. Journal of Hydraulic Engineering,
　　ASCE,115(3):346-353.

Keller E A. 1972. Development of alluvial stream channels:A five-stage model. Bulletin of the Ge-
　　ological Society of America,83:1531-1536.

Keller E A,Melhorn W N. 1973. Bedforms and fluvial processes in alluvial stream channels:Se-
　　lected observations//Fluvial Geomorphology. New York:State University of New York Pub-
　　lications in Geomorphology:253-283.

Keller E A,Melhorn W N. 1978. Rhythmic spacing and origin of pools and riffles. Geological So-
　　ciety of America Bulletin,89:723-730.

Kim H T,Kline S J,Reynolds W C. 1971. The production of turbulence near a smooth wall in a
　　turbulent boundary layer. Journal of Fluid Mechanics,50(1):133-160.

Kline S J,Reynolds W C,Schraub F A,et al. 1967. The structure of turbulent boundary layers.
　　Journal of Fluid Mechanics,30(4):741-773.

Knighton D. 1984. Fluvial Forms and Process. London:Edward Arnold.

Knighton D. 1998. Fluvial Forms and Processes—A New Perspective. New York:John Wiley &
　　Sons.

Lane E W. 1953. Progress report of studies on the design of stable channels by the Bureau of Rec-
　　lamation. Proceedings of the American Society of Civil Engineers,79(280):1-31.

Lane E W. 1955. The importance of fluvial morphology in hydraulic engineering. Proceedings of
　　the American Society of Civil Engineers,81(745):1-17.

Leeder M R. 1978. A quantitative stratigraphic model for alluvium with special reference to chan-
　　nel deposit density and interconnectedness//Fluvial Sedimentology. Canadian Society of Pet-
　　rol Geology:587-596.

Leeder M R. 1983. Sedimentology-Process and Product. London:George Allen & Unwin.

Leopold L B. 1994. A View of the River. Cambridge:Harvard University Press.

Leopold L B,Wolman M G,Miller J P. 1964. Fluvial Processes in Geomorphology. London:W H
　　Freeman and Company.

Mantz P A. 1977. Incipient transport of fine grains and flakes by fluids-extended shields diagram.
　　Journal of the Hydraulics Divison,ASCE,103(HY6):601-616.

Meyer-Peter E,Muller R. 1948. Formulas for bedload transport//Proceedings of the 3rd Meeting
　　of IAHR,Stockholm:39-64.

Miller M C,McCave I N,Komar P D. 1977. Threshold of sediment motion under uniderectional
　　currents. Sedimentology,24(4):507-527.

O'Brien J S, Julien P Y. 1995. Physical properties and mechanics of hyperconcentrated sediment flows//Proceedings of ASCE Specialty Conference on Delineation of Landslide, Flash Flood and Debris Flow Hazards in Utah. Utah: Utah Water Research Laboratory: 260-279.

Offen G R, Kline S. 1974. Combined dye-streak and hydrogen-bubble visual observations of a turbulent boundary layer. Journal of Fluid Mechanics, 62(2): 223-339.

Paintal A S. 1971. A stochastic model for bed load transport. Journal of Hydraulic Research, 9(4): 527-554.

Panin N, Panin S, Herz N, et al. 1983. Radiocarbon dating of Danube delta deposits. Quaternary Research, 19(2): 249-255.

Qi P, Zhao Y A. 1985. The characteristics of sediment transport and problems of bed formation by flood with hyperconcentration of sediment in the Yellow River//Proceedings of the International Workshop on Flow at Hyperconcentrations of Sediment. Beijing: IRTCES Publication.

Rouse H. 1946. Elementary Mechanics of Fluids. Hoboken: John Wiley & Sons.

Rouse H. 1965. Critical analysis of open-channel resistance. Journal of the Hydraulics Division, ASCE, 19(HY4): 1-25.

Schumm S A. 1977. The Fluvial System. New York: John Wiley & Sons.

Scott K M, Dinehart R L. 1985. Sediment transport and deposit characteristics of hyperconcentrated streamflow evolved from lahars at Mount St. Helens//Proceedings of the International Workshop on Flow at Hyperconcentrations of Sediment. Beijing: IRTCES Publication.

Shields A. 1936. Anwendung der Aechlichkeitsmechanik und der Turbulenzforschung auf die Geschiebewegung. Berlin: Preussische Versuchsanstalt fur Wasserbau und Schiffbau.

Simons D B, Richardson E V. 1966. Resistance to flow in alluvial channels. USGS Professional Paper.

Slingerland R, Smith N D. 1998. Necessary conditions for a meandering-river avulsion. Geology, 26(5): 435-438.

Stokes G G. 1851. On the effect of the internal friction of fluids on the motion of pendulums. Transactions of Cambridge Philosophy Society, 9(2): 8-106.

Stouthamer E. 2001. Sedimentary products of avulsions in the Holocene Rhine-Meuse Delta, the Netherlands. Sedimentary Geology, 145: 73-92.

Thompson A. 1986. Secondary flows and pool-riffle units: A case study of the processes of meander development. Earth Surface Process and Landforms, 11: 631-641.

Tinkler K J. 1970. Pools, riffles and meanders. Bulletin of the Geological Society of America, 81: 547-552.

Tison L J. 1948. Etude des conditions dans lesquelles les particules solides sont transportees dans les courants a lit mobiles. Extrait des Procès Verbaux des Séances de l'Assemblee Générale d'Oslo de l' Union Géodésique et Géophysique Internationale: 293-310.

Wang Z Y. 1987. Buoyancy force in solid liquid mixtures // Proceedings of 22nd Congress of

IAHR,Lausanne.

Wang Z Y, Qian N. 1985. A preliminary investigation on the mechanism of hyperconcentrated flow//Proceedings of the International Workshop on Flow at Hyperconcentrations of Sediment. Beijing:IRTCES Publication.

Wang Z Y. 1999. Experimental study on scour rate and channel bed inertia. Journal of Hydraulic Research,37(1):27-47.

Wang Z Y. 2002. Free surface instability of non-Newtonian laminar flows. Journal of Hydraulic Research,40(4):449-460.

Wan Z H,Wang Z Y. 1994. Hyperconcentrated Flow,Monograph Series of IAHR. Netherlands: A A Balkema Publishers.

Wang Z Y,Huang J C,Su D H. 1997. Scour rate formula. International Journal of Sediment Research,12(3):11-20.

Wang Z Y,Larsen P,Nestmann F,et al. 1998. Resistance and drag reduction of hyperconcentrated flows over rough boundaries. Journal of Hydraulic Engineering,ASCE,121(1):1-9.

Wang Z Y,Larsen P,Xiang W. 1994. Rheological properties of sediment suspensions and their implications. Journal of Hydraulic Research,32(4):495-516.

Wang Z Y,Qi P,Melching C S. 2009. Fluvial hydraulics of hyperconcentrated floods in Chinese rivers. Earth Surface Processes and Landforms,34(7):981-993.

Wang Z Y,Dittrich A. 1992. A study on problems in suspended sediment transportation// International Conference on Hydraulics and Environmental Modelling of Coastal, Estuarine and River Waters. England:Ashgate:467-478.

Wang Z Y,Wu Y S. 2001. Sediment-removing capacity and river motion dynamics. International Journal of Sediment Research,16(2):105-115.

Wanielista M. 1990. Hydrology and Water Quality Control. New York:John Wiley & Sons.

White S J. 1970. Plain bed thresholds for fine grained sediments. Nature,228(5267):152-153.

Xu J X. 1996. Wandering braided river channel pattern developed under quasi-equilibrium:An example from the Hanjiang River,China. Journal of Hydrology,181:85-103.

第6章 防洪和水沙管理——以黄河为例

本章以黄河河流管理为例,介绍冲积河流的管理。由于含沙量大,治理难度高,历史上黄河决溢频繁、灾害深重。1946年,中国共产党在战火硝烟中领导解放区人民开始治理黄河。新中国成立以后,党和国家对治理开发黄河始终极为重视,把它作为国家的一件大事列入重要议事日程。在党和政府领导下,黄河流域广大干部群众顽强拼搏、团结治水,取得了前所未有的巨大成就,黄河驯服地在大堤内流淌,扭转了历史上频繁决口改道的险恶局面,实现了60年岁岁安澜,古老的黄河焕发了新的生机。但近些年出现的新问题又引起了社会的广泛关注。例如,为了满足持续增长的工农业用水需求,引水量的不断增加造成黄河断流;河漫滩的开垦和河道淤积使洪水位在同水量下显著抬高。因此,为了协调河流治理和管理所做的各种努力,河流综合管理显得比以前更加重要。

6.1 洪水灾害和防洪

6.1.1 黄河流域

黄河是我国的第二大河,干流全长5464km,流域面积79.5万 km^2(图6.1)。黄河以多泥沙而闻名于世,年输沙量16亿 t/a(此数据源于河南省陕县站1919~1958年长系列数据),最高年输沙量曾达到39亿 t/a。虽然近20年里黄河输沙量大大降低,其多年平均含沙量仍达到40kg/ m^3(1950~1985年),最高含沙量911kg/ m^3。最高年水量和最低年水量的比值为3.4,而最高的泥沙含量和最低泥沙含量的比值为10。60%以上的水和85%以上的沙都集中在每年7~10月的汛期。黄河是中华文明的摇篮,是世界上最具挑战性的一条河流。由于河流含沙量极高,经常引起河道侵蚀和淤积,河床非常不稳定。黄河流域大部分处于干旱、半干旱地区,多年平均径流深只有77mm,多年平均径流量为580亿 m^3,人均水资源量为每年593 m^3,只有全国平均水平的1/4。

黄河下游的泥沙主要由粉沙(0.002~0.02mm)组成,其主要矿物质成分包括石英、长石、方解石、伊利石。黄河泥沙易于悬浮,观察不到明显的推移质运动。表6.1中所列为黄河的多年平均水沙量,数据根据56年(1950~2006年)实测数据计算(刘成等,2008)。表6.2为黄河下游不同防洪设计流量重现期所对应的洪水特

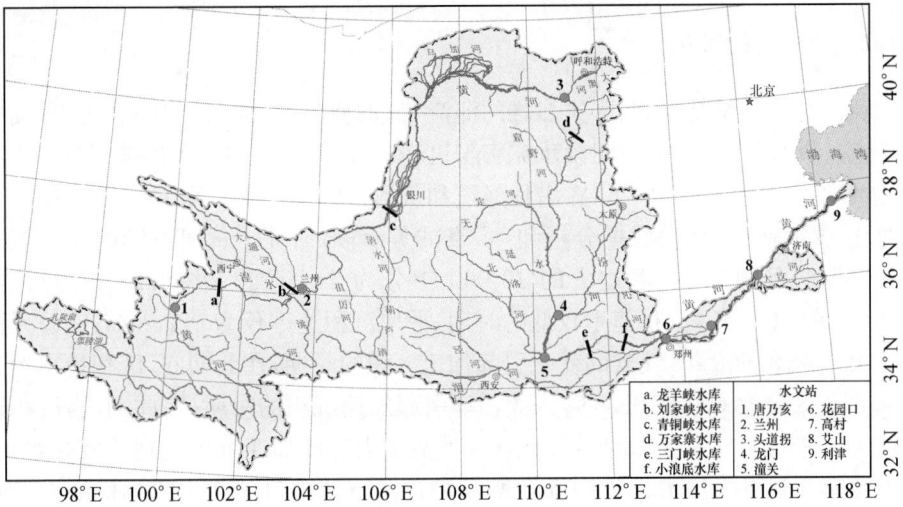

图 6.1　黄河流域示意图

●水文站；▌水库

征值。黄河泥沙沉积于黄河口，也泛滥沉积于华北平原。黄泛平原营造了多达 250 000km² 的肥沃土地，形成了以郑州为顶点的扇形冲积平原。黄泛平原上居民人口约有 1.5 亿，是我国的重要粮棉油生产基地。

表 6.1　黄河多年水沙特征值（1950～2006 年）

水文站	花园口	利津
多年平均年径流量/亿 m³	386	311
多年平均年输沙量/亿 t	9.6	7.7
多年平均含沙量/(kg/m³)	24.0	23.7
泥沙多年平均中值粒径/mm	0.018	0.019
最大日平均流量/(m³/s)	6860	5400

表 6.2　黄河下游洪水特征值（陈效国，1999）

水文站	流域面积/km²	洪峰流量/(m³/s)		5 日径流量/亿 m³		12 日径流量/亿 m³	
		100 年一遇	1000 年一遇	100 年一遇	1000 年一遇	100 年一遇	1000 年一遇
花园口	730 036	29 200	42 100	71.3	98.4	125	164
小浪底	694 155	29 200	42 100	62.4	87.0	106	139
三门峡	688 421	27 500	40 000	59.1	81.8	104	136

6.1.2　历史上的洪灾

黄河是一条桀骜不驯、多灾多难的河流,曾被称为"害河"、"中国之忧患"而闻名于世。纵观历史,关于黄河洪水灾害与饥馑灾荒,史不绝书。黄河挟带从黄土高原侵蚀的大量泥沙奔流而下,在沿程河道和黄河口大量沉积。Xu(1998)借助于地图对比、文献研究、现代数据分析和^{14}C 衰减等手段,研究了黄河下游的泥沙沉积速率。根据沉积原因,将过去的 13 000 年分为 4 个阶段(图 6.2):①公元前 11 000～前 3000 年,沉积速率较低的时期,平均沉积速率仅为 0.2cm/a;②公元前 3000 年～公元 600 年,气候的变化引起加速沉积的时期,在此期间,沉积速率约为 0.5cm/a;③公元 600～1855 年,人类活动引起加速沉积的时期,在此期间,沉积速率增至 1～3cm/a;④从 1855 年开始,人类活动引起的加速沉积达到了极高水平,沉积速率高达 5～10cm/a。图 6.3 所示为黄河下游孙口站几次实测横断面变化图,从图中可见,在过去的 70 年里,黄河下游的泥沙淤积使河床和河漫滩区抬高了约 5m。孙口横断面是黄河下游的典型断面,位于郑州下游 300km,河口上游 440km,不宽不窄,处于黄河下游的中段。

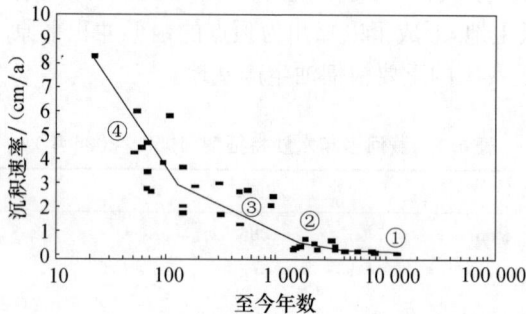

图 6.2　黄河下游不同时期的泥沙沉积速率(Xu,1998)

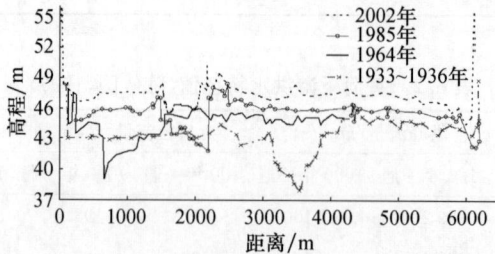

图 6.3　黄河下游孙口站实测横断面变化

由于黄河的洪水挟带大量泥沙,进入下游平原地区后迅速沉积,主流在漫流区游荡,人们开始筑堤防洪,行洪河道不断淤积抬高,成为高出两岸的"悬河",在一定条件下就决溢泛滥,改走新道。据历史记载,自公元前 602 年到新中国成立前 2000 多年中,黄河下游共决溢 1593 次,平均 3 年 2 次;大面积洪水泛滥的年份有 543 年。每次决口泛滥,都造成"江河横溢,人为鱼鳖"的凄惨景象。在过去的 2600 年里,黄河下游 600 多千米长的河段发生了 26 次大改道,在北至天津南到淮河的广阔平原上留下了几十条黄河故道。1128~1855 年黄河流入黄海。1855 年发生在铜瓦厢的黄河大改道导致黄河下游段河道从南方迁移到现在流入渤海的河道。此后,除了 1938~1946 年人为炸堤造成黄河流入淮河 8 年以外,黄河基本上都是奔流在现行下游河道内。图 6.4 展示了黄河从公元前 602~1855 年的变迁,可看出黄河故道位置和陆地发展情况。现代黄河三角洲就是 1855~1996 年河道在半径为 50km 的扇形区域 11 次改道过程中建造起来的。现在的河道清水沟从 1976 年开始使用;1996 年河口水道在距离河口 18km 处发生小摆动,它使河口水道改道到岔河。

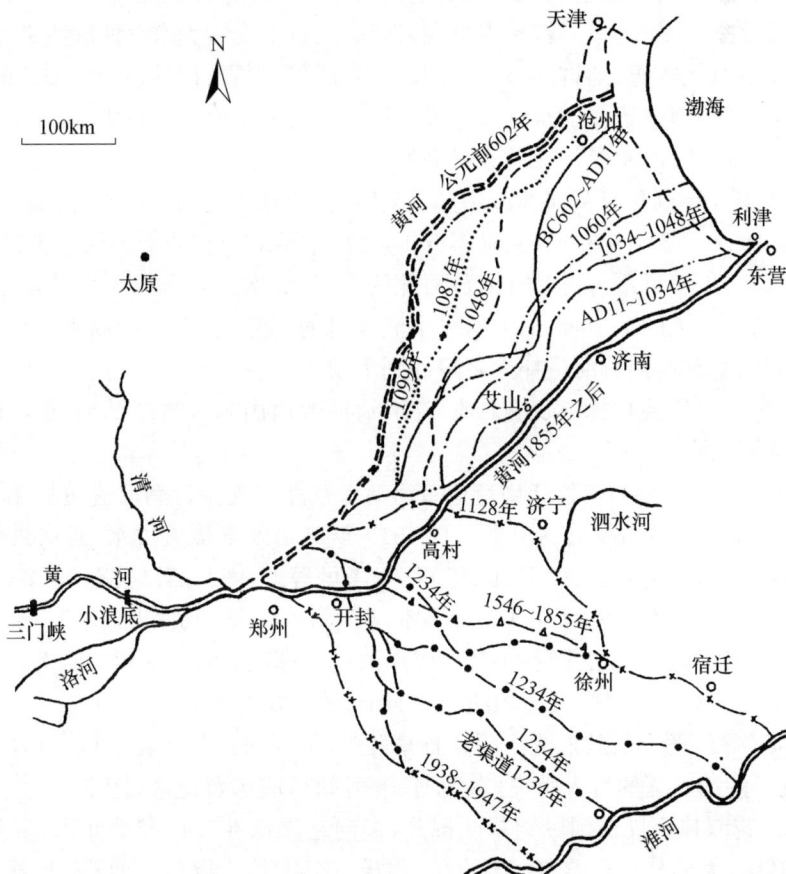

图 6.4　黄河下游段黄河故道

　　下面简略列举了历史上最严重的洪灾。

　　宋朝徽宗政和七年(1117年),黄河下游因大雨引发了大洪水,黄河瀛洲、沧州段大决,淹死百万之众,惨不忍睹。不久,北宋亡。

　　清乾隆二十六年(1761年),从农历七月十五日到十九日,黄河的支流伊河、洛河、沁河和黄河潼关至孟津干流区间,猛降大雨,暴雨中心在河南新安县,伊河、洛河决溢。据分析推算,花园口洪峰流量为32 000m³/s,洪水到达下游后,当时的武陟、荥泽、阳武、祥符、兰阳等堤段南北两岸都发生决溢,中牟的杨桥决口口门达"数百丈",河水直趋贾鲁河。在这场大洪水中,黄河下游决口26处,伊河、洛河夹滩地区水深"一丈以上",洛阳、巩县城内都遭水淹,沁阳、修武、武防、博爱等大水灌城,水深"五六尺"甚至"深达丈余"。河南、山东、安徽三省数十个州、县被淹。

　　清道光二十三年七月(1843年),因中游暴雨,黄河发生特大洪水,根据当时官方上报的陕县万锦滩水情,这次洪水涨势迅猛,一日十个时辰之间,涨水"二丈八寸",这样的涨势为史籍记载上从未有过。这年的六月,黄河下游的中牟本已决口,在这次洪水中,中牟的口门被冲得更大,达到"三百多丈",大水分两股直趋东南,河南的中牟、尉氏、祥符、通许、陈留、淮阳、扶沟、西华、太康、杞县、鹿邑,安徽的太和、阜阳、颖上等地普遍遭受洪水泛滥之灾。后人根据洪水痕迹分析推算,陕县当时洪峰流量为36 000m³/s,是历史调查最大的洪水。

　　清咸丰五年铜瓦厢黄河大改道(1855年)。从嘉庆(公元1796~1820年)、道光(公元1821~1850年)一直到咸丰五年,黄河下游就一直处于不稳定状态,水涨、冲堤、决口之事屡见不鲜,据统计,黄河此间决口22次。咸丰五年六月,大雨昼夜不辍,上游各支流的汇注,再加上河水干流本身的盛涨,还有长期以来两岸堤坝被水冲刷,几相交织,使黄河呈扑天之势冲到下游来。六月十八日,黄河在河南省兰阳铜瓦厢(今兰考县)决口,改道北流,夺大清河改由山东入海。结果,黄河的主河道自南北移入渤海。

　　1933年8月5~10日,暴雨造成黄河河水暴涨。支流青涧河流域的4天降水量达到255mm。黄河陕县站出现了自1919年建站以来最大洪水,最大洪峰流量达22 000m³/s,河南温县、武陟、长垣、兰封、考城等地,南北两岸共有50多处决口,曹县、巨野、定陶、单县惨遭淹没。徐州环城黄河故堤,被冲决"十余里"。洪流一股指北,使濮阳、范县、寿张、阳谷4县尽成泽国;一股指南,侵入安徽。河南、山东、河北、江苏4省的67个乡受灾面积约8637km²,18 293人丧生。

　　1938年夏,蒋介石政府为了阻止日军西进,扒开郑州黄河花园口大堤,以水代兵,造成了惨绝人寰的特大水灾,在黄河、淮河间形成了黄泛区(图6.5)。1938年6月9日,花园口河堤被国民党军队掘开,黄河之水从花园口穿堤而出,奔腾直泄东南。其中,大部分水沿贾鲁河经中牟、尉氏、鄢陵、扶沟以下经西华、淮阳至安徽亳县顺颜河到正阳入淮;另一部分水,自中牟顺涡河经通许、太康、亳县至怀远入淮。黄河花园口人为扒口,灾情之严重、受灾范围之广、影响之深远,均为中国近代水灾史所罕见。根据不完全统计,洪水直接波及和影响的泛区范围,从西北到东南长约 400km,宽 30~80km,计 44 个县(市)、5.4 万 km² 被淹;淹死 89 万人,390 多万人背井离乡,沦为难民。泛区腹地房倒屋塌、人口死绝的村庄比比皆是(图 6.6)。此次,黄河主河道又从北边南移,夺淮入海。此后 8 年,滚滚洪水把大量泥沙带入淮河流域,淤塞淮河干支流和湖泊,致使淮河流域连年发生水灾,加重了淮河流域广大人民的灾难。花园口扒口后,黄河泛滥于黄淮之间的广大地区。

图 6.5 黄河花园口 1938 年人为扒口形成的洪水,形成 54 000km² 的黄泛区

图 6.6 黄河花园口 1938 年人为扒口形成洪水后,黄泛区人民背井离乡

1958 年 7 月,三门峡至花园口区间出现暴雨,5 天降水量达到 198mm,花园口站洪峰流量达 22 300m³/s。这场洪水峰高量大,来势凶猛,京广铁路中断。为了减少对下游的威胁,利用了东平湖滞洪区滞洪。在河南、山东两省 200 万防汛大军防守下,确保了黄河下游的防洪安全。黄河大堤没有决口,但是大堤内的漫滩区和滞洪区的 1700 多个村庄受灾。

6.1.3　黄河治理的历史

我国的防洪史基本上是人们和黄河洪水斗争的历史,因为黄河的洪水是最具灾难性的;由于其含沙量高,黄河治理也是最具挑战性的。黄河治理已有 3000 多年的历史,筑堤是防洪的最主要的策略。2200 年前,秦王朝统一全国,国家的统一,黄河治理有了政权的重视和充裕的人力财力。在此期间,修筑了高大坚实的堤防,并连成完整的堤防体系,黄河下游控制在大堤内。但是由于泥沙淤积抬高了河床,使黄河河道经常迁移。

在黄河治理的历史上,先人们发展了各种策略来治理河流,其中最具影响力的策略是"宽河固堤"和"束水攻沙"。"宽河固堤"是指把河流固定在由大堤约束的河谷内,利用分洪渠道分洪。汉王朝的大臣王景是这个策略的主要尝试者。王景率卒数十万,顺泛道主流"修渠筑堤,自荥阳东至千乘海口千余里",数十年的黄水灾害得到平息。王景当时所作工程项目主要是修堤。堤距间的河道非常宽,堤距间有足够的面积可容纳洪水,"左右游波,宽缓而不迫",河床淤积抬高极慢。"束水攻沙"是把水流限制在主河槽内,提高水流流速,从而使水流保持较高的挟沙能力,防止泥沙淤积甚至冲刷河道。明王朝的大臣潘季驯是这一策略最杰出的倡导者和实践者。潘季驯十分重视堤防的作用,他总结了当时的修堤经验,创造性地把堤防工程分为遥堤、缕堤、格堤、月堤 4 种,因地制宜地在大河两岸周密布置,配合运用。潘季驯治河期间,在他的主持下,全面修整完善了郑州以下黄河两岸堤防,使河道基本趋于稳定,河患显著减轻,治绩卓著。他的"束水攻沙"治河方略并付诸实施,把治河思想大大向前推进了一步。

汉代哀帝时贾让提出治河三策:上策是"决黎阳遮害亭,放河使北入海",即人工改道,不与水争地;中策是"可从淇口以东为石堤,多张水门",水门下修渠,"旱则开东方下水门溉冀州,水则开西方高水门分河流",即在黄河狭窄段分水灌溉,分杀水怒;下策是在原来狭窄弯曲的河道上,加固原有不合理的堤防,即"缮完故堤,增卑倍薄"。贾让治河的主要理念是给河道留出足够的空间排洪,农业用地不得侵占排洪的河道滩地。

公元前 168 年~公元 69 年,黄河非常活跃,经常发生洪水和改道。频繁的水患给黄河下游民众带来深重的灾难,也严重威胁着政府的统治。自公元 69 年开始,王景总结以前治理黄河的经验与教训,开展了大规模的治理工程。这次治河主要工作包括筑堤和理渠。筑堤自荥阳东至千乘海口千余里,即修筑系统的黄河大堤,从而固定了第二次大改道后的新河线:"凿山阜,破砥绩,直截沟涧,防遏冲要,疏决壅积。"这一段文字说的是理渠的工程措施,即开凿汴渠的新引水口,堵塞被黄河洪水冲成的汴渠附近的沟涧,加强堤防险工段的防护,将淤积不畅的渠道上游段加以疏浚等。在筑堤、理渠之后,再"十里立一水门,令更相洄注,无复溃漏之患"。

也就是,沿内堤按一定间距设置闸门。大洪水时,洪水可漫内堤但仍为大堤所控;而洪水降低时,打开内堤闸门,让水回流至主河槽内。王景通过疏通河道、截曲取直、控制水流、使河注分流等措施,终于成功地治理了黄河水患,此后的 800 年黄河相对平静,没有灾难性的洪水发生(张文安,2008)。两汉治理黄河的技术、经验和理论对今天治理黄河仍然有一定的指导意义。

公元 850~1500 年,黄河再次变得非常活跃。据统计,在此阶段,平均每两年大堤决口一次。由于大堤溃决后,封堵决口非常艰难,因此堤防保护技术也应运而生。景泰年间金都御史徐有贞主张在黄河下游开分水河道,多道分流入海,并于 1450~1456 年主持了对沙湾河道的治理。分流主张针对的主要是黄河的洪水,只解决了下游河道行洪能力不足的矛盾,却忽略了黄河多沙是问题的症结。而分流的结果是各支流量减少,水流挟沙能力降低,进一步加剧了淤积的趋势。由于明代前期实行分流治理黄河,结果从弘治初年下游同时分流 3 支,到 80 年后的嘉靖末年,下游已离析为 13 支,基本无所谓正式河道。分流治理黄河已走入穷途末路,不得不反过来重新正视泥沙问题。针对明代前期治河以分水为主的思想,潘季驯提出"束水攻沙",认为河水不仅不应分流,而且应尽量将支流汇入,增大河流流速,增加挟沙能力,提高冲刷河床淤积的能量。他对自己的治河方略充满了信心,将"束水攻沙"生动地比喻为"以水刷沙,如汤沃雪",好像把一锅开水浇在雪地上一样,黄河泥沙问题将迎刃而解。把洪水束缚在主河槽上,从而防止泥沙淤积,甚至可以促进河床泥沙的冲刷。从 1565~1592 年,他设计了一整套堤防系统,并在总理河道期间将之付诸实践,封阻了分流道,使黄河在下游只沿着一条河道流动,将"筑堤束水,以水攻沙"的方略付诸实践,使下游河道在一段时间内基本趋于稳定。

"束水攻沙"策略在潘季驯之后没有得到很好的贯彻,河道淤积速率高达 5~10cm/a。1855 年,黄河在铜瓦厢决口,黄河的主河道从南北移,并夺大清河。铜瓦厢黄河大改道后,清政府并未采取有力的措施对其进行治理。对于是挽河回徐、淮故道,还是听从其由山东入海这两个问题大员们之间争来争去,没有形成统一的意见,因而大大延误了治理的期限,扩大了受灾的时间和范围。而清政府正面临太平天国革命的风暴,"军事旁午,无暇顾及河工"。因而在 20 年间,听任洪水在山东西南泛滥横流,直至光绪元年(1875 年)始在全线筑堤,使全河均由大清河于利津流入渤海,形成了今天黄河下游河道。

1938 年,国民党政府为阻止日军西进,炸开郑州花园口大堤,河水乱颍、涡入淮,黄河主河道又从北边南移。此后 8 年,滚滚洪水在淮河平原上肆虐,加重了淮河流域广大人民的灾难。1946 年 5 月 18 日,国共双方在南京达成合作修复黄河花园口大堤的协议。抗战胜利后,国民党政府决定修复花园口大堤,引黄河回归故道。至 1947 年 3 月,始堵口,恢复今黄河故道(图 6.7)。

图 6.7　溃决的黄河南侧大堤于 1946 年合龙

1946 年,冀鲁豫解放区黄河水利委员会成立,从此开启了人民治理黄河的新纪元,进入现代治河时期。王化云(1989)按照国家的方针政策,结合黄河实际,使治理黄河工作由下游防洪走向全河治理,其治河思想,也由"宽河固堤"到"蓄水拦沙"到"上拦下排",逐步发展到全河采用"拦、用、调、排"的方法,对黄河的治理产生了重大影响。人民治理黄河 60 年,黄河河道保持稳定,岁岁安澜,只是由于河口向海内延伸而使河床平行抬升(张仁等,1985)。其主要措施是利用水库控制洪水流量,通过加固整治大堤来提高河道的行洪能力,向滞洪区分洪等,即"上拦下排,两岸分滞"。

在黄河治理过程中,有三个外国人的名字必须提到:德国 Engels、美国 Freeman 和德国 Franzius(Yen,1999)。Freeman 受北洋政府聘请于 1917 年来华从事运河改善工程,研究运河、黄河问题。在查勘黄河及大运河时,曾取水样及河滩土样数百个带回美国进行物理化学性质试验。这是有记载的首次对黄河泥沙特性的研究。Freeman 考察黄河后,主张在黄河下游宽河道内,距现有堤脚 800m 修筑直线型新堤,并以间距大于 6km 的丁坝护之,以束窄河槽,逐渐刷深(Freeman,1922)。Freeman 的建议再次引发了该世纪的争论,即大堤是应该靠近河道还是像当时那样远离河道。Engels 于 1931~1934 年受当时的中国经济委员会委托,在德累斯顿工业大学水工试验室进行黄河丁坝试验,研究修筑丁坝缩窄河槽的丁坝间距、丁坝与堤岸的夹角及坝头的形式等。试验的结果表明,大堤远离河道主槽时将比靠近河道主槽在一定程度上更利于冲刷(Engels,1932)。方修斯在他创办的汉诺佛水工及土工试验所作过两次黄河试验,认为"黄河之所以为患,在于洪水河床之过宽"。Yen(1999)认为,Franzius 的试验缺少边界条件,因此和 Engels 的试验结果不符合。

6.1.4　治理河流的理念

在河流治理的实践中,形成了很多河流治理理念,主要如下所述。

(1)田蚡的顺其自然(两千多年前的汉朝)。迁移是河流的自然属性,人类无法治理它。减少洪灾损失的唯一方法是撤离洪水风险区,让洪水自由流动。在田蚡所处的年代,黄河的一次决堤造成河流流经华北平原达 23 年,给那里的人们带来了巨大的灾难,但与此同时也营造了肥沃的土地。

(2)无堤流域。按照无堤流域的理念,应当允许河流在低地上流动,不必建造河堤。当老河道淤高后,河流自然会迁移至新的河道里。

(3)人为迁移。如果老河道已经淤高,则人们应该将河流导入新河道。人们甚至也可以以水为兵,抵御强敌(如黄河分别在 1112 年和 1938 年利用)。

(4)用分洪道分洪。为了减少洪水的损失,建设分洪道是必要的。

(5)分滞洪区。建立分滞洪区滞留洪水,以保护河流下游安全。

(6)束水攻沙。利用大堤和丁坝束窄河道,堵塞河道的分支,将洪水限制在一条河槽内,从而增大流速,增强水流的挟沙能力,阻止泥沙淤积,冲刷河床(潘季驯)。

(7)上拦下排,两岸分滞。此理念用于指导近 50 年黄河防洪实践,也就是说,在上游,利用水库拦蓄洪水,降低洪峰流量;在下游,加高加固堤防,增大排洪能力,利用河流两侧的滞洪区蓄滞罕见的洪水。

6.2　现代的治理策略

在黄河治理历史进程中,上述治河理念都已实践过。20 世纪,在黄河治理实践中,人们又发展出很多新的防洪策略。自新中国成立以来,我国对黄河的治理开发投入了大量的人力、物力和财力,取得了巨大成就,黄河下游防洪连续 60 年伏秋大汛不决口。黄河发生流量大于 10 000m³/s 的洪水共有 10 次,均被有效控制,没有发生特大灾难。据初步估算,目前,国家投资已达 70 亿元用于黄河防洪,若计入间接经济效益后,取得防洪减灾总效益可达 4000 亿元(陈效国,1999)。主要的防洪对策如下所述。

6.2.1　宽河固堤

黄河从高原而来,在郑州附近流入华北平原。河道坡降急剧下降,造成泥沙淤积、河床抬高。宽河固堤策略主张两岸堤防远离主槽,保持较大的堤距,让洪水漫滩,为泥沙的淤积留足空间。在黄河河南段约 200km 长的河道上,大堤之间的间距为 5~20km。图 6.8 所示为该段示意图,从图中可以看到河道、大堤和丁坝等。主河槽约宽 500m,水流大多时间均在主河槽流动。当洪水到来时,洪水进入滩地,以降低下游洪水威胁。宽河固堤提高了洪水蓄滞能力,也为泥沙淤积提供了空间。在 1958 年洪水中,黄河河南宽河段蓄滞了 24 亿 m³ 的洪水,大大降低了下游洪水流量(王化云,1989)。河南段河道的行洪能力是 30 000m³/s。然而,由于很少出现洪水,宽阔的黄河滩地被人们垦殖。目前约 180 万人居住在黄河大堤内的村镇中。

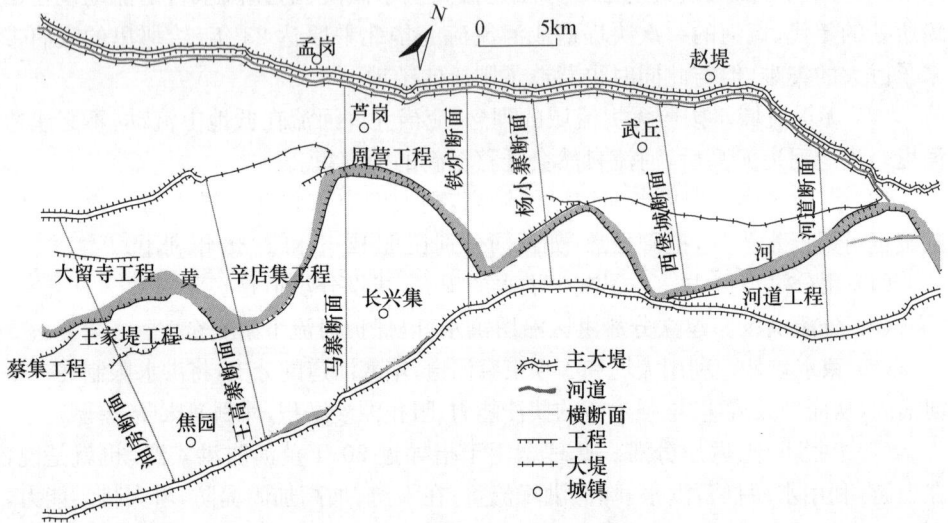

图 6.8　黄河河南宽河段示意图

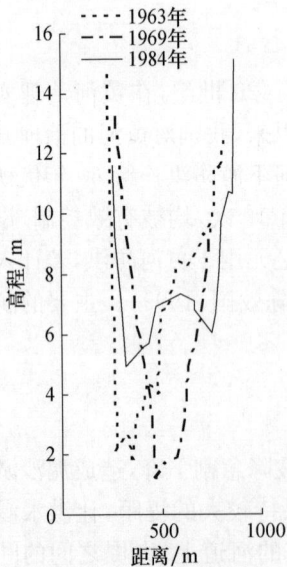

图 6.9　黄河最下游的水文站
利津站断面(窄河段)

6.2.2　束水攻沙

束水攻沙主要是通过缩窄河道横断面,增大流速,提高水流挟沙能力,从水平方向将泥沙输送入海。黄河山东段距河口约 600km 范围内,河道宽度被束窄到 0.4~5km。窄河段流速大,挟沙能力强,但与此同时,河道的行洪能力有限,此河段能容纳的过流流量小于 10 000m³/s。艾山水文站位于河南宽河段和山东窄河段之间的控制点(图 6.9),为黄河下游的最窄断面,仅有 275m 宽。艾山水文站的位置如图 6.1 所示,此处窄河段控制黄河进入山东段的流量必须不大于10 000m³/s,因此,水利工作者把它称为"艾山卡口"。艾山以下到河口为窄河段。作为比较,图 6.10 所示为花园口附近宽河段马寨断面。

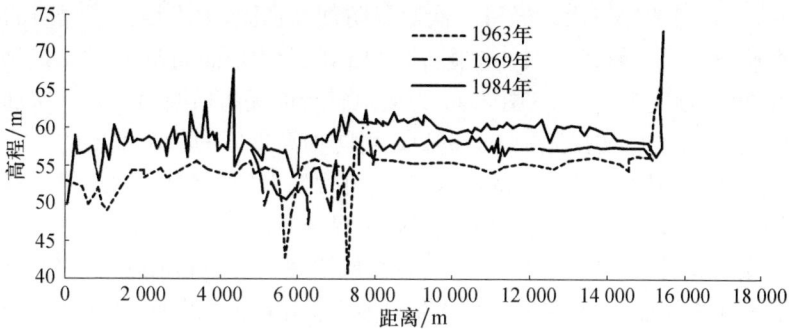

图 6.10　花园口附近宽河段马寨断面

6.2.3　水库调控

近几十年,黄河流域经济飞速增长,与之相应,水库建设也发展迅速。从 1957～2002 年,黄河干流上共修建了 11 座水库,分别是龙羊峡、李家峡、刘家峡、盐锅峡、八盘峡、青铜峡、三盛公、万家寨、天桥、三门峡和小浪底水库,总库容558 亿 m³,大约与流域内的年径流量相等。利用这些水库能够控制大部分上游洪水(从黄河上游或中游来的洪水)。

三门峡水利枢纽是黄河上修建的第一座大型枢纽工程,控制了黄河流域面积的 91.5%,来水量的 89%、来沙量的 98%。三门峡水库在 1960 年 9 月 15 日建成蓄水运用后,便发生了严重的淤积,造成水库库容大幅度减小,潼关高程不断抬高,渭河下游溯源淤积不断向上游发展。为减轻水库泥沙淤积和库区的洪涝灾害,水库被迫几次改变运行方式:蓄水拦沙(1960 年 9 月～1962 年 3 月)、滞洪排沙(1962 年 4 月～1973 年 10 月)、蓄清排浑(1973 年 10 月以后)。

水库也用来拦截泥沙,大约有超过 100 亿 t 泥沙拦淤在水库里,减少了黄河下游的淤积量。例如,小浪底水利枢纽是黄河干流三门峡以下唯一能够取得较大库容的控制性工程,既可较好地控制黄河洪水,又可利用其淤沙库容拦截泥沙,进行调水调沙运用,减缓下游河床的淤积抬高。小浪底水利枢纽是为了拦截泥沙和控制黄河下游的淤积而特意建造的,其库容为 126.5 亿 m³,淤沙库容 75.5 亿 m³。据预测,小浪底水库至少可以拦截黄土高原 20 年来的泥沙,从而使黄河下游河道被冲刷和发生洪水的风险减轻。

6.2.4　堤防工程

随着河道的淤积,黄河下游的行洪能力不断下降,为保障安全,只有不断加高加固堤防。黄河下游 1400 多千米干支流堤防是防御洪水的主要屏障。1950 年以来,黄河下游共经过三次较大规模修堤,1950～1959 年为第一次、1962～1965 年为第二次、1974～1985 年为第三次。经过三次对堤防加高加固,大大增强了堤防的抗洪能力。下游临黄大堤一般高 7～10m,最高达 14m,临背河地面高差 3～5m,最高达 10m 以上;堤防断面顶宽 7～15m。图 6.11 为河南省台前堤防横断面图和 9 次加高示意图(黄河水利委员会宣传出版中心,1991)。堤防加高加固的一个重要的方法就是淤背固堤,也就将黄河本身所挟带的泥沙,输送到堤防背河侧沉放,通过填平背河侧的低洼坑塘,加大堤防宽度,延长了渗径,增强了堤身的稳定性,有效地提高了堤防防御的能力。淤背固堤从 20 世纪 60 年代的自流放淤逐渐发展起来的,目前淤背固堤逐步发展到利用挖泥船、泥浆泵等多种水利机械设备挖取河道泥沙,用水力管道输送到堤防背河侧。渗漏和管涌常常是堤防出险的直接原因,为防止渗漏和管涌的发生,混凝土防渗墙是黄河堤防除险加固的重要方法之一。图 6.12(a)为在堤坝上机械挖槽至 40m 深并浇注混凝土的照片,图 6.12(b)为 20cm 厚、40m 深的防渗墙照片。

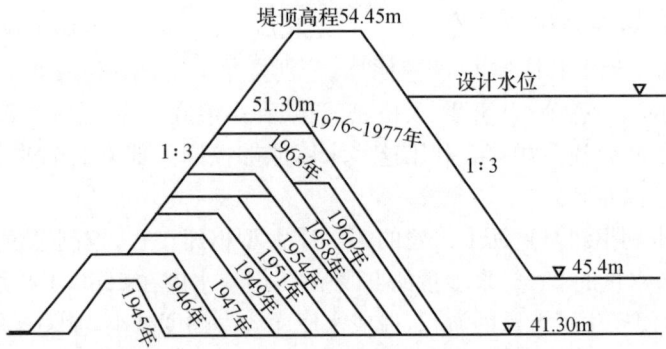

图 6.11　河南省台前堤防剖面图

图 6.12　黄河堤防除险加固方法之一——混凝土防渗墙
(a)堤坝上机械挖槽至 40m 深并浇注混凝土;(b)20cm 厚、40m 深的防渗墙

6.2.5　分滞洪工程

黄河山东段的行洪能力只有 10 000m³/s，比上游的河南段行洪能力30 000m³/s 要小。因此，当洪峰流量大于 10 000m³/s 时，洪水必须在河南宽河段处蓄滞，使滩地区的村庄受灾。当洪水更大时，就必须启用黄河分滞洪工程。黄河下游两岸分滞洪工程有东平湖水库、北金堤滞洪区、齐河展宽区（北展）、垦利展宽区（南展）和大功分洪区等（图 6.13）。其中，东平湖水库和北金堤滞洪区是下游最重要的分洪工程。在 1954 年、1957 年、1958 年和 1982 年的大洪水中，东平湖水库有效地蓄滞洪水，降低了下游的洪峰流量。

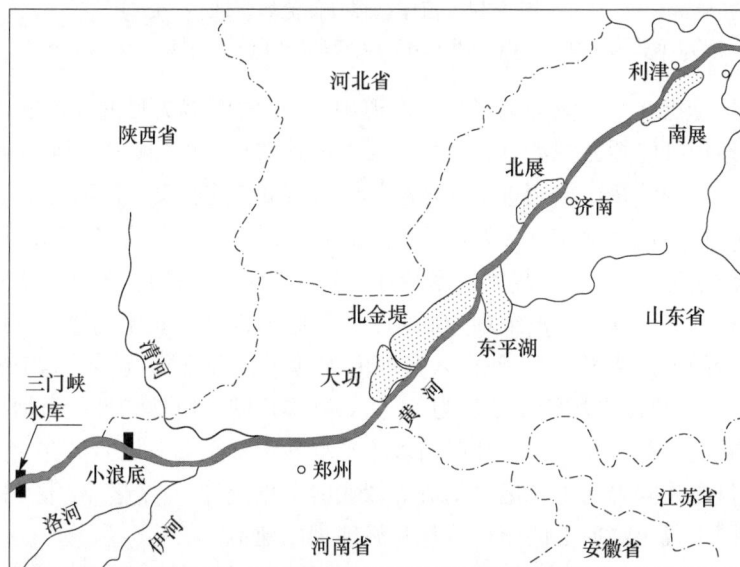

图 6.13　黄河下游两岸分滞洪工程位置

6.2.6　植树造林和淤地坝

植树造林是降低流域侵蚀、减少河流泥沙量的长期措施。此措施在很多小流域（小于 100km²）应用非常成功。图 6.14（a）为陕西省黄土高原西昭沟上的植树造林。此地的土壤侵蚀率高达 10 000t/(km²·a)，种植的树木要承受土壤侵蚀和低土壤含水量双重影响，在这种恶劣条件下，只有树木能存活并成林。此地种植的树木几乎拦截了大多数侵蚀泥沙，几乎没有泥沙输出。在黄土高原的东南部，山坡上也成功地开展了植树造林。图 6.14（b）为陕西封神山黄土山坡上的植树造林，同样有效缓解了土壤侵蚀。

图 6.14　植树造林降低流域侵蚀

(a)黄土高原西昭沟上的植树造林；(b)陕西封神山黄土山坡上的植树造林

　　淤地坝是指在水土流失地区各级沟道中，以拦泥淤地为目的而修建的坝工建筑物。淤地坝既能拦截泥沙、保持水土，又能淤地造田、增产粮食，因此淤地坝建设直接影响河流泥沙量。据调查统计，经过 50 多年的建设，黄土高原地区现有淤地坝 11 万余座，淤成坝地 450 多万亩，可拦蓄泥沙 210 亿 m^3。图 6.15(a)所示为黄土高原上的淤地坝，已经拦截大量泥沙并营造了肥沃的农田。图 6.15(b)所示为黄土高原东部一个新建的淤地坝，刚完工，开始拦截泥沙。黄土高原上开展的植树造林和建造的上万座淤地坝，使进入黄河的泥沙量大幅度降低。图 6.16 所示，20世纪 50 年代利津站平均年输沙量为 14 亿 t，基本反映了自然条件下黄河接近入海口的水沙状况。截至 2006 年，利津站多年平均沙量降至 7.7 亿 t，2000 年以来的 6年平均沙量更是陡降为 1.5 亿 t(刘成等，2008)。据统计，有 3 亿～5 亿 t 的泥沙减少量要归因于黄土高原上的植树造林和淤地坝的建造。

图 6.15　黄土高原上的淤地坝

(a)淤地坝及营造的农田；(b)新建的淤地坝

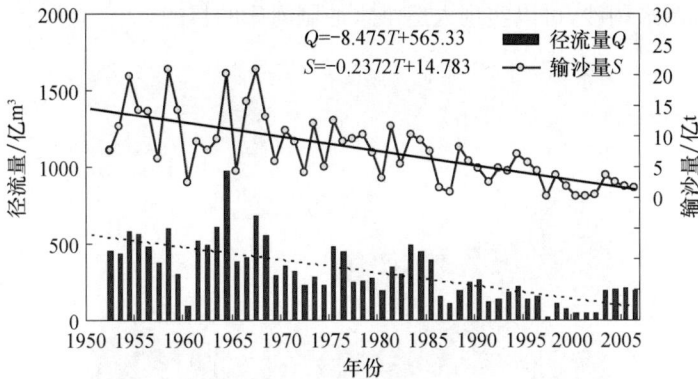

图 6.16　黄河利津站年径流量和年输沙量的变化

6.2.7　调水调沙

小浪底水利枢纽于 1997 年 10 月截流,2000 年 1 月首台机组并网发电,2001年年底主体工程全面完工。小浪底水利枢纽是黄河干流三门峡以下唯一能够取得较大库容的控制性工程,既可较好地控制黄河洪水,又可利用其淤沙库容拦截泥沙,进行调水调沙运用,减缓下游河床的淤积抬高。小浪底水利枢纽在黄河河口上游 800km,是黄河最下游的峡谷型水库。小浪底水利枢纽库容 126.5 亿 m³,淤沙库容 75.5 亿 m³。水库运行后,将会减轻黄河下游的泥沙淤积。水库蓄水的前 8年,粗沙将被拦截而清水下泄。经过计算大约有 3 亿 t 泥沙将被下泄的清水冲刷并输送到海洋中。水库的运行将按"拦粗泄细"考虑,当流量大于 2000m³/s 时,大部分的细沙将和水一起下泄。输沙量会是变化的,可以用入库沙量减去水库拦截量粗略估算,再加上从下游河床冲刷的泥沙和水库下游流域进入河流的泥沙量。大部分的泥沙都在汛期下泄,洪水更是集中输沙的时机。

由于粗沙被水库拦截在库中,黄河下游河道中的泥沙淤积量将大大减少。根据数学模型的计算结果,小浪底水利枢纽将控制黄河下游的泥沙淤积逾 20 年。不过,为了减少水库本身的泥沙淤积,细沙将下泄到黄河下游。粒径小于 0.02mm的细沙基本属于冲泻质,可以直接输移入海。

2002 年 7 月 4 日,为了研究下游河道冲刷的可能性,开展了首次小浪底水利枢纽调水调沙试验。试验中,利用水库泄水,洪峰流量为 2600m³/s 的人造洪水泄流而下,并维持了 10 天。图 6.17 为本次调水调沙的小浪底水利枢纽的泄流,泄流含沙量计划为 10~20kg/m³。为控制下泄水流的含沙量,水流分别从上、中、底孔中排出。底孔泄流含沙量很高,水色深褐,而从上孔排出的水很清。泄流洪水冲刷河床,使水流含沙量从出流处的低于 20kg/m³ 增加到下游处的 30kg/m³。此次调水调沙的洪水自小浪底水利枢纽下泄,奔流 10 天入海。试验表明,利用小浪底水利枢纽进行调水调沙,可以实现人造洪水冲刷河床的目的。

图 6.17　利用小浪底水利枢纽进行调水调沙(2002 年 7 月 4 日)

6.2.8　疏浚

黄河洪水风险主要源于黄河河道淤积速率快,降低了河道行洪能力。因此黄河治理新策略的要点和黄河整治的主要目的是控制泥沙淤积,增加河道过水能力。要控制泥沙淤积,降低河床高程,除了传统策略和调水调沙外,河道泥沙疏浚也成为一项主要的辅助手段。疏浚也就是在局部淤积严重的河段和河口河段挖河清淤,减轻甚至终止河道萎缩,维持河道较高的输沙、输水、输冰能力,同时,结合淤背固堤和淤高低洼地面,增加可用土地。

泥沙疏浚的主要功能:①加宽和增深局部淤积严重的萎缩河段;②从河道清除粒径大于 0.025mm 或大于 0.05mm 的较粗泥沙,以降低主河槽的累积淤积;③淤高周围低洼地面、淤背固堤,在河口地区利用疏浚泥沙改善土质、营造新的湿地。

历史上,黄河曾进行过数次泥沙疏浚,但结果不尽如人意。一方面是由于黄河输沙量大,疏浚后的河道会很快回淤;另一方面是因为疏浚设施落后,经验不足。如今,疏浚的条件和情况大为不同,国内外河流治理采用的疏浚设备和技术越来越先进,疏浚效率高,积累了丰富的疏浚经验。而且,黄河极端洪水事件越来越少,河床极少冲刷,因此河道也亟须疏浚挖深。目前,黄河采用了多种疏浚方式,如机械开挖和输运、射流扰动和爆破扰动等,也采用了各种各样的挖泥船,如绞吸式、链斗式、抓扬式、铲斗式、耙吸式、冲吸式、扰动式等。图 6.18 所示为两种射流扰动式挖泥船工作照片。

黄河进入河口区后,河道变宽、变深、河坡变缓,因此河流流速大为降低。大量的泥沙被挟带至河口地区以后,由于河流流速、海洋动力有限,挟带不了进入河口的大量泥沙,在河海交汇处形成拦门沙。拦门沙形成之后,河床基面抬高,对河道泄水排沙十分不利,导致水位壅高,产生溯源淤积。在 20 世纪 80 年代,为解决因黄河入海口处入海流路不稳定、泥沙大量沉积、河口水位抬高、影响河道泄水排沙等问题,开展了黄河入海口门疏浚工程。疏浚工程利用了各种各样的挖泥船清除

（a）　　　　　　　　　　　　　　（b）

图 6.18　两种射流扰动式挖泥船

拦门沙,自此黄河口基本稳定,清水沟较以往黄河入海道使用周期更长。

黄河口疏浚的成功鼓舞人们探索利用疏浚解决河道淤积问题。1998 年 1～5 月,在黄河口附近 11km 长的河段上进行了一次挖河固堤试验,试验河段在利津水文站下游 35～46km 处。在试验河道几乎平坦的河床上开挖出一条 11km 长、200m 宽、2.5m 深的沟槽,将 548 万 m^3 的泥沙疏浚至大堤背后。然而,在当年第一场洪水后,挖河段基本被泥沙淤积所填满。图 6.19 所示为挖河段的两个断面,

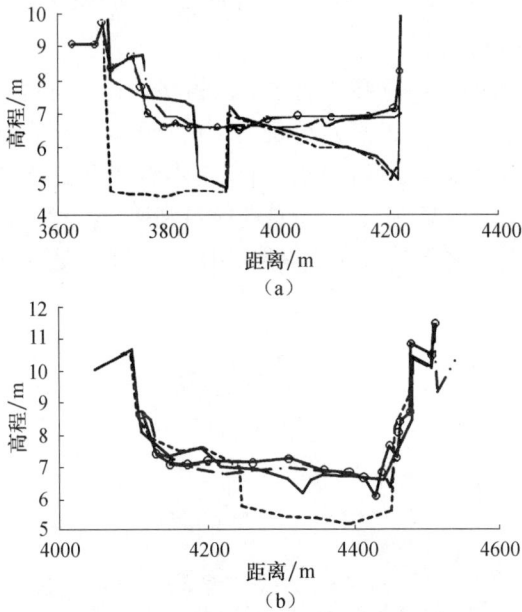

（a）

（b）

图 6.19　黄河河段的疏浚与回淤

（a）五七闸断面;（b）十八户断面

——原河床;……疏浚后;—○—第一场洪水后

从图中可见,仅一场洪水后,横断面即完全回淤。因此,疏浚作为解决河道淤积的常规手段前景并不乐观。

6.3　水资源开发

6.3.1　概况

黄河流域的年平均降水量为476mm,但是蒸发能力达1000~3000mm。流域年径流量为580亿 m³,大约为全国总径流量的2%。地下水量约为402亿 m³。流域人均水资源量为590m³,农田水资源量为4850m³/hm²。而且,由于相邻的淮河流域和海河流域水资源同样缺乏,也需要从黄河引水。例如,20世纪90年代末建设完成了引黄济津工程,几乎每年都要由黄河引水向天津供水。2000~2004年实施4次引黄济津应急调水,4次引黄济津共引黄河水33亿 m³,天津九宣闸收水16亿 m³。

目前,黄河流域共有3147座水库,总库容为574亿 m³。建成了4500个引水工程,共有约29 000个灌溉、工业和城市供水泵站。灌溉面积从1950年的80万hm² 增加到1995年的700万 hm²。灌区面积约占总耕地面积的45%,但是灌区粮食产量却超过粮食总产量的70%。近50年,引黄灌溉工程投资约430亿元,而粮食产量因灌溉而增产约达4600亿元;工业供水投资约为640亿元,而工业生产因此而增收约达1200亿元。

输沙是黄河水流的一项重要功能之一。粗略估计,至少需要200亿 m³ 的水才能输泥入海而不淤。图6.20所示为黄河20世纪50年代沿河平均年径流量和输沙量,图中可见,年径流量自花园口到河口基本维持不变,年输沙量沿着下游河道略有降低。但是,自1985年,径流量自花园口到河口沿程明显逐渐降低,而输沙量沿程降低更加明显。降低的水量不能输移同样数量的泥沙,从而引起黄河下游河段的迅速淤积。

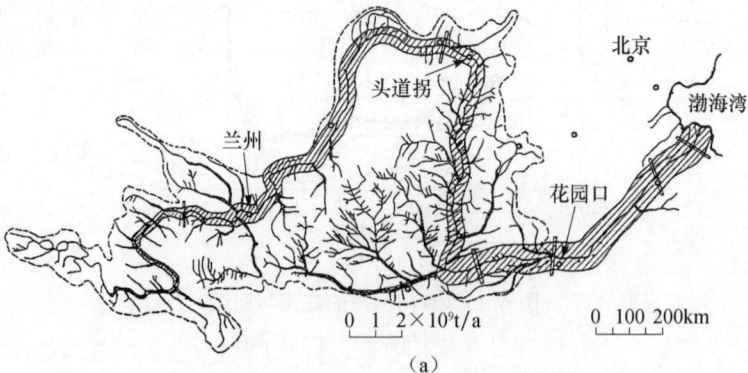

(a)

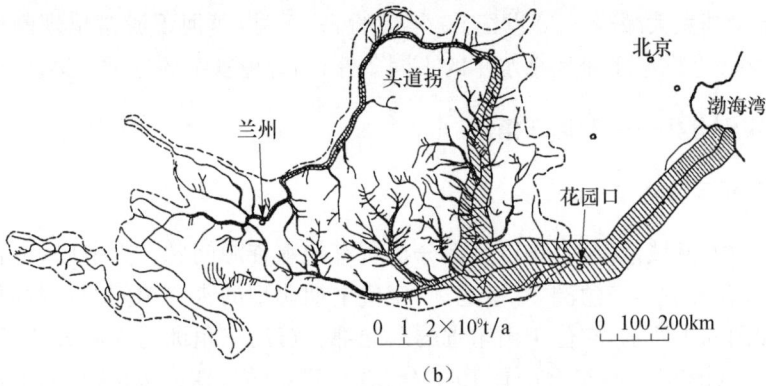

（b）

图 6.20　黄河 20 世纪 50 年代平均年径流量和输沙量沿程分布图（钱宁等，1965）

（a）黄河年径流量；（b）黄河年径输沙量

黄河流域是我国最干旱的地区之一，水资源的严重匮乏成为制约经济发展的一个瓶颈，沿河各地都希望尽可能多的用水。解决水资源的地区间分配，对于各地经济协调发展，避免用水冲突尤为重要。1987 年国家出台一个黄河水资源分配方案。11 个省的水资源配额见表 6.3。

表 6.3　黄河水资源限额

省份	用水限额/亿 m³	当前耗水量/亿 m³	备　注
青海	14.1	—	
四川	0.4	—	
甘肃	30.4	17.6	
宁夏	40.0	37.0	1995 年进行修正：丰水年各省可以用 120% 限额的水，而在枯水年只能用 80% 限额的水
内蒙古	58.6	60.0	
山西	33.0	25.0	
陕西	48.1	20.0	
河南	55.4	35.0	
山东	70.0	80.0	
河北和天津	20.0	5.0	
总量	370.0	279.6	

显然，除了山东省和内蒙古自治区之外，大多数省份和自治区在 20 世纪 90 年代的耗水量都小于用水配额。可以预见，随着经济的发展和引水能力的增加，上游省份和自治区耗水量将会提高。

此水资源分配方案是建立在黄河全流域长期年均径流量为 580 亿 m³ 的基础上，但实际上方案难以操作。因为在枯水年这些地区的需水量增大，却没有足够的水；而在丰水年需水量减少，反而会有更多的可用水。枯水年下游需水时，上游水库的泄水量却大大减少。20世纪90年代的3～7月,黄河下游常出现断流现象。因此,有必要考虑丰水年和枯水年的不同条件,制订更复杂的分配方案。

6.3.2　实例分析——黄河三角洲

1. 黄河三角洲

鉴于黄河流域范围大,难以全面分析所有的水资源问题。本节以黄河三角洲为例,详细介绍黄河三角洲20世纪90年代中期典型的水资源问题。黄河三角洲的位置如图6.1所示,它位于山东省的东北部。黄河三角洲的大部分地区行政区划归东营市(图6.21),东营市是1983年10月建立的省辖地级市,目前下辖广饶、利津、垦利三县和东营、河口两区。自1855年黄河铜瓦厢决口后,黄河主河道从淮河北移改道于利津流入渤海,利津站以上河道的主体基本稳定。但是由于河流自

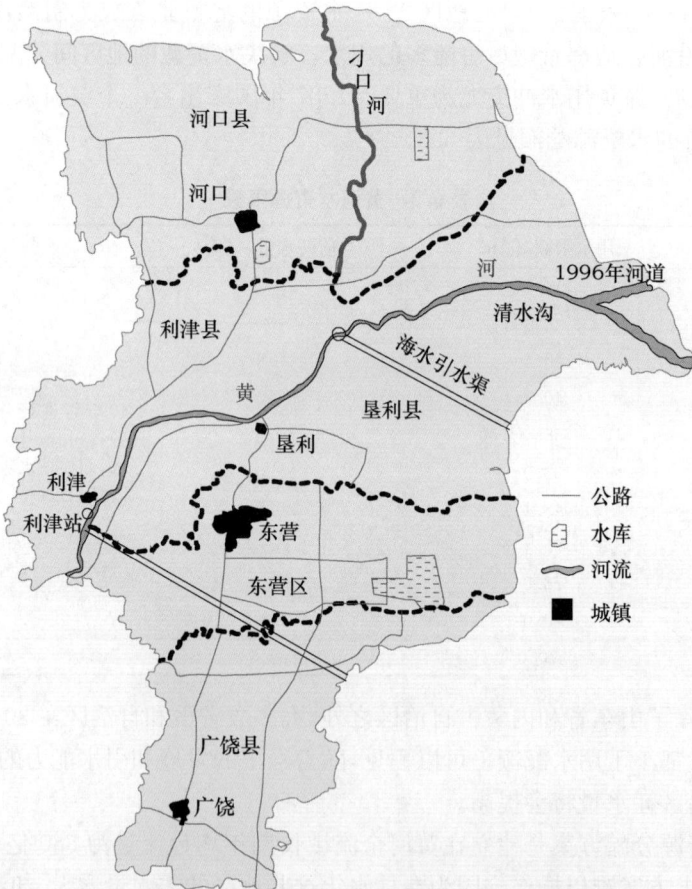

图6.21　黄河三角洲行政区划示意图

然改道或人为改道,位于黄河三角洲上的最下游河道改道 11 次。黄河三角洲大部分是 1855 年以来黄河多次改道淤积而成的,扩大了农业生产的耕地资源。近年来,黄河三角洲上的工业有了相当的发展。表 6.4 列出了黄河三角洲的主要特征参数。

表 6.4　黄河三角洲的主要特征参数

位置	山东省东北部
经度	东经 118°07′~119°10′
纬度	北纬 36°55′~38°12′
气候	季风陆地气候
温度	19~39℃,平均温度 12.3℃
无霜期	211 天
无冰期	190 天
海岸线	350km
海潮	M1 型,平均潮差 0.8~1.5m
年均降水量	610mm
年均蒸发量	约 1000mm
总人口	162 万
总陆地面积	8053km^2
人口密度	190 人/km^2
出生率	1.033%
死亡率	0.544%
人口增长率	0.488%
农业面积	236 000hm^2
粮食产量	8.7 亿 kg(1993 年)
地区 GNP	192 亿元(1993 年)
第一产业产值	21.3 亿元(1993 年)
第二产业产值	137.3 亿元(1993 年)
第三产业产值	20.6 亿元(1993 年)
地区人均 GNP	12 000 元(1993 年)
水资源	黄河水和本地水
年径流量	309 亿 m^3
可用水量	38 亿 m^3(含沙量小于 30kg/m^3)
枯水期流量(11 月至翌年 6 月)	0~100m^3/s
汛期流量(7~10 月)	2000~6000m^3/s
40 年一遇洪水	10 000m^3/s
年泥沙量	7 亿~10 亿 t
年泥沙淤积量	5 亿~7 亿 t
年造陆量	20km^2
水储藏能力	4 亿 m^3
年用水量	17 亿 m^3
石油储量	32 亿 t
石油产量	每年 3300 万 t
天然气资源储量	257 亿 m^3
盐膏储量	5800 亿 t

　　黄河三角洲是 20 世纪河流挟带大量泥沙淤积而成的,黄土高原的严重侵蚀引起的巨量输沙,给黄河三角洲带来了肥沃的土壤,平均每年造陆 20 余平方千米。黄河三角洲处于动态变化中,随着河流演变、潮汐和波浪的作用而发生冲淤变化。沉积泥沙主要由粒径为 0.02mm 的细沙组成,易受冲刷,与其他大型三角洲不同。由于河道的淤积速率快,从 1855~1996 年黄河改道 11 次。最近的改道是 1976 年的河口从刁口河移到清水沟(图 6.21),之后黄河三角洲的形状出现显著变化。原河道(刁口河)河口淤积的细沙被侵蚀,而新河道河口发生严重淤积。

　　石油和天然气是黄河三角洲最主要的矿产资源之一,全国第二大油田——胜利油田就坐落于此。胜利油田的主要勘探区位于东营市辖区内,截至 1995 年年底,已发现不同类型的油气田 67 个,石油总资源量达 75 亿 t,累计探明石油地质储量 34.2 亿 t,天然气地质储量 303 亿 m³,石油工业已成为东营区域经济的支柱产业。自 1983 年东营建市以来,城市供水、防洪、电力、交通运输等基础设施建设飞快发展。新建的东营港口位于三角洲的西北海岸线上,目前主要服务于供应胜利油田物质货船和连接大连客船,可以停泊 3000~5000t 位的船只。港口设计水深第一期工程为 6m,第二期工程为 10m。东营港及临港工业园的建设将推进黄河三角洲的深度开发,逐步促使东营市融入环渤海经济圈,成为区域性重要港口和重要的物流中心。

　　2. 黄河三角洲水资源

　　黄河三角洲的主要水源是黄河。黄河利津站多年平均月径流量和月含沙量年内分布见表 6.5,从表中可见,利津站 8 月和 9 月水量最大,月径流量和月含沙量均最高;4 月和 5 月水量最低。但月含沙量最低的月份出现在 12 月、1 月和 2 月,只有 5kg/m³。

表 6.5　黄河利津站多年平均水沙量月分布(1973~1993 年)

项　目	月份												
	1	2	3	4	5	6	7	8	9	10	11	12	全年
平均径流量 /亿 m³	12.70	9.80	11.24	7.83	7.88	8.68	29.11	48.97	51.51	47.41	24.48	15.54	275.2
75% 设计保证率 /亿 m³	9.79	5.04	2.69	4.94	6.48	0.21	23.33	51.71	30.77	33.91	18.54	17.01	204.4
95% 设计保证率 /亿 m³	3.91	1.08	1.29	1.44	0.41	0	0.76	29.89	26.29	18.08	15.17	9.12	107.4
平均含沙量 /(kg/m³)	2.65	2.99	6.51	5.78	5.72	7.74	30.66	41.96	31.33	18.92	9.72	4.30	22.01

　　注:设计保证率表示大于给定径流量的概率。例如,1 月的径流量大于 9.79 亿 m³ 的概率是 75%,大于 3.91 亿 m³ 的概率是 95%。

黄河水资源发生着变化,其变化幅度很大程度上取决于上游经济发展和引水量。据 20 世纪 90 年代黄河水利委员会"黄河流域发展规划",陕西省、山西省、内蒙古自治区的煤矿业会从黄河引水 29 亿 m^3,天津将引水 20 亿 m^3,小浪底水库的蓄水将会增加引水量和蒸发量。因此,自黄河所能得到的水资源量将会持续减少。黄河三角洲地区的主要水资源来自黄河,然而,能够引水的天数受如下条件制约:①洪水流量大于 5000m^3/s 时不允许引水;②含沙量大于 30kg/m^3 时不允许引水;③冰封期仅有 70% 的时间可引水;④引水渠道的能力和引水工程的能力不相适应,最大输水量为 270m^3/s,仅占引水工程引水能力的 60%。

表 6.6 所列为黄河三角洲 2010 年可引水量的月分布预测。可见,至 2010 年黄河仍有足够的水源,满足三角洲地区工农业和城市发展的需求。只要取水工程和引水渠具有足够的引水能力,妥善处理泥沙淤积问题,则黄河三角洲地区的水资源短缺问题就能够缓解或解决。换而言之,东营市缺水的真正原因是因为缺乏足够的供水基础设施,而不是水资源短缺。

表 6.6 黄河三角洲 2010 年可引水量的月分布预测 （单位:亿 m^3）

年设计保证率/%	1 月	2 月	3 月	4 月	5 月	6 月	7 月	8 月	9 月	10 月	11 月	12 月	年度
50	4.1	2.90	4.3	2.9	2.77	2.46	3.76	2.70	3.50	4.80	5.70	4.80	44.69
75	3.4	0.81	0	0	0	6.20	6.70	2.89	3.70	1.12	2.86	7.18	34.86
95	5.5	1.11	0	0	0.30	0	1.12	0	5.64	4.71	5.11	0	23.49

3. 水资源管理

1) 降低需水量

黄河三角洲现有农田灌溉面积为 141 000hm^2,其中具有节水灌溉设备的农田仅为 3333hm^2,占总灌溉面积的 2.35%,灌溉平均水利用率只有 0.46。灌渠总长度为 1474km,但是只有 75km 为衬砌灌渠,占灌渠总长度的 5.11%。区域内尚没有喷灌和滴灌系统。因此,农业有非常大的节水潜力。例如,在一个小型灌区曹店灌区,在采取防渗措施之前,灌溉渠渗水占输水量的 64%,输水渠渗水占 17%。渠道衬砌防渗后,灌溉渠和输水渠的渗漏损失分别降低至 35% 和 6%,曹店的水利用率也增至 0.5。

东营市计划到 2010 年提高水利用率至 0.65。如果灌渠用管道取代,则输水效率将达到 0.99,而总的水利用率将达到 0.7。到 2010 年,节水灌溉面积也将从 14 670hm^2 增加到 133 000hm^2。灌溉用水量将从 8310m^3/hm^2 降低至 5580m^3/hm^2。

自 20 世纪 80 年代起,黄河三角洲地区工业节水得到了重视。90 年代,万元产值用水量是 272m^3,重复用水率为 20%。计划通过采用节水措施、贯彻技术创新、优化产业结构、引进高新技术等一系列措施,将万元产值用水量降到 149~167m^3,重复用水率增加至 45%。城市用水和工业用水主要由耿井水库和广南水库供应,90年代这两座水库的蓄水量均为1.65亿 m³,每座水库的供水量为0.99亿 m³。因此,两座水库的水利用率为0.6,为节水措施提供了空间。

2）农业灌溉

黄河三角洲农业用水大于总用水量的50%。据统计,大约50%的农业需水可以通过黄河引水灌溉来满足。在引黄灌溉的实践中,人们积累了宝贵的浑水长距离输送的经验。黄河三角洲非常平坦,在灌渠渠首处无法建沉砂池。离黄河一定距离的地方有盐碱地,此处可以修建平原水库,或利用黄河泥沙进行人工促淤后发展农业。黄河三角洲的灌渠坡降平缓,长距离输送灌溉用水时,防止泥沙在渠道内淤积非常重要。在草店灌区,所有的渠道都用水泥和石料衬砌。利用低扬程泵站提水,含沙量达30~40kg/m³ 的浑水水流在渠道内输送超过50km而不发生累积淤积。在麻湾灌区,干渠长26km,通过抽水能力30m³/s 的泵站供水。虽然灌渠为土渠,又没有沉砂池,但在浑水输运的4年中,渠道没有发生过严重的淤积。对浑水灌溉用水的长距离输运所积累的这些经验非常重要,应在三角洲地区普遍应用。

3）其他水资源

除黄河以外,黄河三角洲的其他水资源有工业废水、城市污水、苦咸地下水、局部径流、小清河和支脉沟、南水北调东线工程、引黄渗水量的恢复等。此类水资源总量约为每年20亿 m³。如果经济和环境条件允许,可以开发这些水资源。

4）水资源利用对环境的影响

黄河水资源的利用对环境既有正面影响,也有负面影响。主要正面影响如下所述:①促进工农业发展,改善供水条件,提高当地人民生活水平。②区域内促进植树造林,改善环境。在小清河以南,黄河引水有助于局部地下水回灌,阻止地下水下降。地表水和灌溉用水的渗漏降低地下水盐度,防止盐水入侵。③引水工程和水库增加水面的表面积,从而增加水面蒸发量,可增加局部空气湿度,影响局部小气候。可以利用地表水开展娱乐休闲项目。④利用高含沙水流造陆,使地面抬高,有助于改善土质,促进农业发展。

负面影响主要有以下几点:①灌溉水渗透、灌渠和水库的渗漏引起土地盐碱化;②引水工程和水库占用土地,水库淹没区存在移民问题;③入海水量和沙量减少,可能会影响黄河河口和湿地中生存的物种;④引高含沙洪水淤积引起土地沙化。虽然水资源利用具有负面影响,但这些影响可以通过采取适宜的措施使之降低至最小。

6.4　黄河治理新问题

6.4.1　水力发电降低河道过流能力

黄河干流上建有11座水库,分别是龙羊峡、李家峡、刘家峡、盐锅峡、八盘峡、青铜峡、三盛公、万家寨、天桥、三门峡和小浪底水利枢纽,总库容558亿 m³,与流域总年径流量相当。电站总装机容量为 562 万 kW,其中龙羊峡水利枢纽 128 万 kW,李家峡水利枢纽 200 万 kW,刘家峡水利枢纽 116 万 kW。每年发电量达 230 亿度,其中三个主要的水电站每站发电 60 亿度。水库的运行主要考虑水电站的发电需要,没有考虑河流的自然属性,以使河道保持较高的挟沙能力。为了发电的需求,水库在汛期蓄水,在枯水期泄水发电。这样,洪峰被削减,极少有大流量的水流下泄,因而,黄河中下游的水流条件发生了显著的变化。

三门峡水利枢纽是黄河上修建的第一座大型枢纽工程,位于河口上游 1000km 处。龙门水文站距三门峡大坝上游 230km,龙门水文站实测的水沙量能够反映黄河上中游流域人类活动的影响。图 6.22 所示为龙门水文站在汛期(7~10 月)径流量下泄的流量分布。图中可见,1950~1969 年汛期,超过 70 亿 m^3 水量以约 3000m^3/s 的流量下泄,占汛期径流量的 30%。1970~1985 年,以流量 3000m^3/s 下泄的水量只有 38 亿 m^3。而在 1986~1995 年,径流泄流流量的最大值降至 1500m^3/s,反映了水库的流量调节、流域内引水和水土保持的效应(潘贤娣等,2002)。

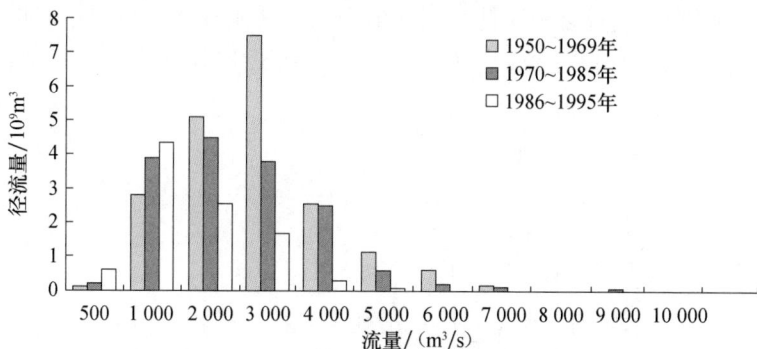

图 6.22 　龙门水文站不同时期汛期径流量下泄的流量分布

1986~1994 年从三门峡水库下泄的年平均径流量和输沙量分别为 307 亿 m^3 和 8 亿 t,比长期多年平均值(1950~1990 年)分别少 113 亿 m^3 和 3.6 亿 t。到达河口的水沙量分别为 172 亿 m^3 和 4.2 亿 t,比长期多年平均值少 230 亿 m^3 和 5.8 亿 t。由此可见,黄河下游的水沙量发生了显著变化,其主要原因应归因于上中游的水土保持工程、水库拦沙、引水引沙量增加和下游河段淤积(张世奇等,1997)。

近 10 年,黄河下游的水文特性变化很大。随着上游水库建设和引水灌溉的发展,下泄到下游的水量越来越少。由于黄土高原上淤地坝等水土保持工程的建设,再加上强降水次数的减少,每年向下游的输沙量减至仅有 7 亿 t。然而,下游河道的淤积并未因为来沙量的减少而减轻。1985~1994 年,黄河下游河段非汛期的平均年泥沙淤积量为 3.07 亿 t,其中有 0.67 亿 t 泥沙被汛期洪水所冲刷,净泥沙淤积量平均每年为 2.4 亿 t。同时,每年输运至三角洲和渤海的泥沙有 4.95 亿 t。大量泥沙淤积造成河床和近海海床的抬升,造成同流量下洪水位的增加。表 6.7 显示了黄河沿线主要水文站 1985～1994 年在流量为 3000m³/s 时洪水位的增加幅度。

表 6.7　黄河主要水文站 1985～1994 年流量为 3000m³/s 时洪水位增加幅度

项　目	水文站				
	郑州	高村	艾山	济南	利津
距利津距离/km	670	456	270	168	0
水位增加/m	0.99	0.93	1.13	1.35	1.62
平均增加幅度/(m/a)	0.11	0.10	0.13	0.15	0.18

洪水位的增加是河道泥沙淤积造成的,黄河下游河段的泥沙运动具有如下特点:①枯水期河道淤积,汛期发生冲刷;②洪水涨水时期发生冲刷,落水时发生淤积。分析黄河下游数据,得到冲刷而产生的泥沙量与河流流量之间的关系式为

$$\text{若 } Q = 1800\text{m}^3/\text{s},\text{则 } \Delta Q_s = 0 \tag{6.1}$$

式中,ΔQ_s 为由于冲刷而引起的艾山至利津河段输沙率增量(t/s);Q 为河流流量(m³/s)。换言之,$Q = 1800$m³/s 是河道冲淤的临界流量。如果河流流量大于1800m³/s,河道冲刷;反之小于此值则发生淤积。其他研究也得到相似规律,其临界流量为 1500m³/s(齐璞等,1993)。图 6.23 展示了 1997 年 7～11 月利津站的平

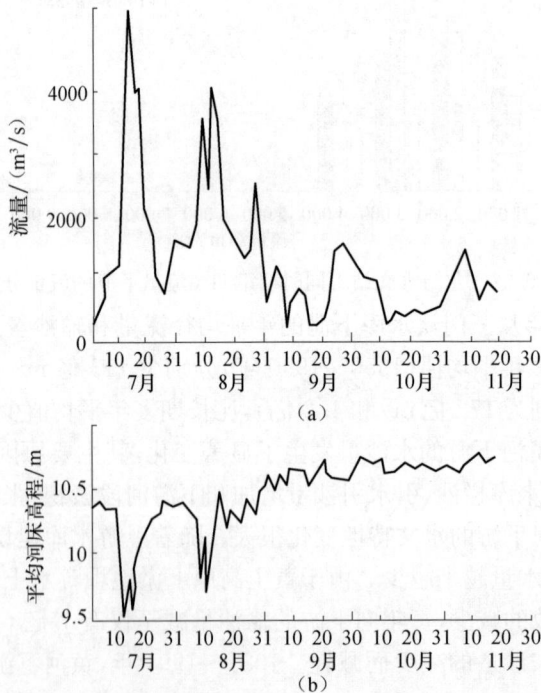

图 6.23　1997 年汛期利津站的平均河床高程和流量的相应关系

(a) 流量过程;(b) 平均河床高程变化

均河床高程和流量的相应关系。大流量引起河床深度冲刷,洪水退水期和低流量则发生淤积。

水库拦截大量的泥沙,引起进入黄河下游的泥沙量急速降低。水库也降低了进入下游的水量,削减了洪峰流量。挟沙能力与水流能量成正比,因此,自然状态下的黄河在枯水年泥沙淤积于下游,而在丰水年出现较大流量时淤沙冲刷。目前,由于水库对水流的调节作用,出现大流量水流的次数减少,河床冲刷的机会几乎丧失,河道产生累积性淤积。

随着人口数量的增长和经济的发展,人们在黄河大堤内河漫滩上大面积开垦种植农作物。目前,黄河下游大堤内的滩区上,居住人口超过 181 万,耕种面积约 270 000hm² 。为了避免滩区农田受淹,滩区群众陆续在黄河主槽两岸修筑了民埝和生产堤,因此,泥沙淤积主要发生在主槽内。在 20 世纪 50 年代,80%~100%的泥沙淤积在滩区;而在 90 年代,74%~113%的泥沙淤积在主槽内。虽然黄河下游泥沙淤积的总量减少了,但主槽内淤积的泥沙量却比过去增加了很多,从而引起河道萎缩,河道的行洪能力大大降低。图 6.24 所示为 1958~1999 年花园口 93.5m 高程下过流能力的变化。1960 年花园口过流能力为 18 000m³/s,但是现在还不到原来的 1/10。在很多断面,河道的淤积高度已经高于河漫滩,形成二级悬河。

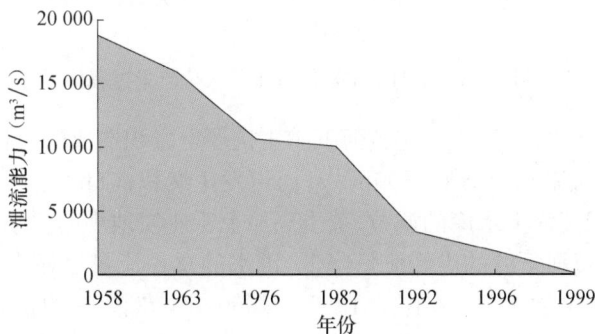

图 6.24 花园口 93.5m 高程下过流能力逐年降低(1958~1999 年)

6.4.2 滩区的开垦增加洪灾的损失

由于人口高速增长,使耕地紧缺,黄河下游滩区居住的大量人口,大面积开垦滩地种植农作物。目前,黄河下游河南段和山东段两岸大堤之间的滩区居住着 181 万人。黄河滩区是黄河河道的重要组成部分,具有削峰、沉沙、分滞洪水的作用。人民治黄以来,国家对滩区群众的生产生活非常重视,但由于投资、技术和自然条件的限制,至今未从根本上解决滩区群众的防洪安全和经济发展问题,洪水灾害仍然威胁着黄河滩区,严重制约了当地经济社会的发展。

　　1996 年 8 月 5 日,黄河下游发生洪水,花园口站洪峰流量为 7860m³/s。从流量上看只能算是中常洪水,但在下游滩区造成的灾害损失却是新中国成立以来最严重的一次。下游发生了高水位、大漫滩现象,防洪工程多处出险,滩区耕地受淹,行政村进水或围困。这次洪水造成 212 个城镇和 2898 个村受淹,约 241 万人受灾,直接经济损失 64 亿元人民币。这次洪水的洪峰流量远较 1958 年(22 300m³/s)和 1982 年(15 000m³/s)低,但是洪水水位却达到了历史新高。图 6.25 所示为 1996 年及其他年份几次洪水的水位流量过程线(赵业安等,1998)。根据 1950～1996 年的数据计算,对于洪峰流量约为 8000m³/s 的洪水,其重现期只有两年一遇,也就是说 8000m³/s或更大的洪水发生的概率是每两年一次,但是此前尚未遇到如此大的损失。

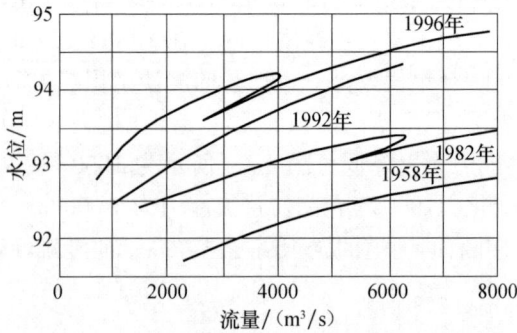

图 6.25　黄河下游数次洪水的水位流量过程线

　　"96·8"洪水水位高,主要是黄河下游主槽严重淤积造成的。长期的河床演变数据显示,如果河流流量小于 1800m³/s,河道发生淤积;流量大于 1800m³/s,河床发生冲刷。由于黄河上水库的调节、黄土高原上千座淤地坝的拦水拦沙、大量的黄河引水等作用,黄河下游的洪峰流量降低,洪水的总径流量也显著减少。据估计,如果 1996 年的这次暴雨发生在 1950～1960 年,花园口的洪峰流量会达到12 400m³/s(赵业安等,1998)。近年来,由于河床很少被大洪水冲刷,河道主槽淤积很快,预计速率为 0.1～0.2m/a。目前河床比周围的地面高出 6～10m,被称为悬河。黄河下游主槽很多断面平坦,与周围的滩区同样高度。因此,"96·8"洪水并不是沿着轮廓分明的河道主槽下泄,而是在宽达 10km 的大堤之间的河谷滩地随机流动。在很多断面,洪水直冲生产堤,造成堤坝溃决。此次洪水的传播速率比通常的低很多,从花园口到利津的 800km,"96.8"洪水的传播时间为 17 天;而在1950～1990 年,同样流量的洪水传播平均时间只有 7～8 天。

6.4.3　黄河引水造成断流

　　黄河流域地处半干旱地区,黄河是其中下游地区 1.5 亿～2.0 亿居民的主要水源。随着社会经济的高速发展,水的需求量急剧上升,黄河中下游的引水量逐年增加。在 20 世纪 90 年代以前,由于严重缺水,缺少可行的水资源分配方案,沿岸各地都试图尽可能多地储存和利用黄河水。不但枯水期的低含沙水流被引用,汛期的高含沙水流也被引用。结果进入下游的水量越来越少。图 6.16 显示利津站(到河口 110km)年径流量和输沙量的变化。1985 年前的年径流量为 400 亿 t,但是 1985 年之后减少到只有 150 亿 t。图 6.26 显示黄河下游河道断流的天数和长度。1972 年,山东省的利津站有 15 天的断流记录。这是历史记录上黄河的第一次断流。黄河历史上曾遭遇了两次严重干旱,一次是 1875～1878 年,另一次是1922～1932 年,但这两次都没出现断流。然而,从 20 世纪 70 年代开始,黄河开始出现断流。1972～1998 年,有 19 年发生了断流。

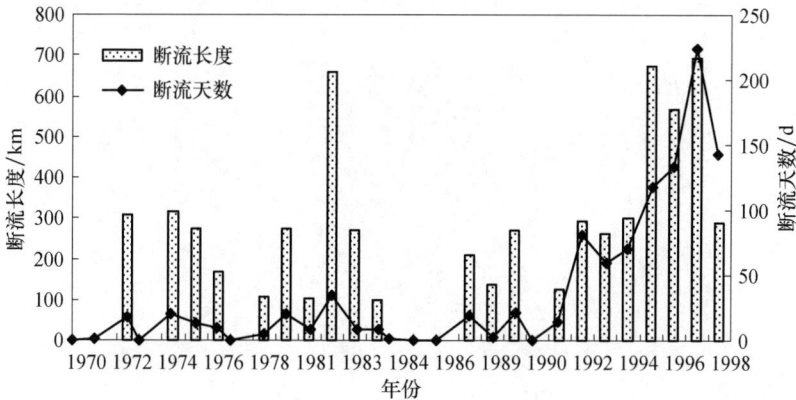

图 6.26　黄河下游逐年断流天数和断流长度

　　1990 年之前,断流经常出现在 5 月和 6 月。但是 1990 年之后,断流提早至 2 月开始出现,有时甚至到 10 月才结束。20 世纪 70 年代,河流断流仅 10～20 天,断流长度仅 135km。但到了 1994 年,黄河断流 80 天、1995 年断流 122 天、1996 年断流 133 天、1997 年断流 226 天,断流断面也从河口向上延伸了 700km。由于大量灌溉引水、城市和工业用水,黄河在汛期也会发生断流。图 6.27 为 1997 年在汛期河流断流的情景,河床干涸,船舶搁浅,黄河浮桥弃用,过河车辆可以从河床的任何一个地方穿越。长此以往,如果不采取及时有效的措施,黄河具有演变成内陆河的危险,也许未来某日黄河将会衰竭。黄河断流阻止了泥沙和有机物的入海,切断了某些物种的食物链。这种现象会引起严重的生态问题。例如,生活在河口的鱼类已经受到极大的影响,一些珍贵的鱼种甚至灭绝。黄河通常被称为中国的一条"动脉",断流会严重的破坏其健康。因此,可以认为,我国北方水资源短缺问题要比防洪的问题严重得多。

（a）

（b）

图 6.27　黄河断流情景（1997 年）

（a）河床干涸，船舶搁浅；（b）黄河浮桥弃用，过河车辆可以从河床的任何一个地方穿越

6.4.4　工程出险

　　黄河下游河道通过修建整治工程，以达到稳定河势、减少游荡河道主流摆动幅度的目的。整治工程在一定程度上起到了稳定河道、归流的作用，造成泥沙在整治工程之间落淤。相应地，河道变得窄深，也较为稳定。工程治理强度为河道整治工程长度与河道长度之比，或单位河长河道整治工程长度。图 6.28 所示为黄河三门峡水库下游河南段不同时代河道治理强度的沿程变化（程东升等，2007）。从 20 世纪 70 年代至 2002 年，河道治理强度从 0.2～0.8 增加到 0.8～1.35。然而，自然河流过程力图打破整治工程对河流的束缚，双方斗争的结果导致整治工程大量出险。

　　图 6.29 所示为工程治理强度与单坝出险率之间的关系。单坝出险率为单个河道整治工程每年出险次数。由图可以看出，如果工程整治强度小于 0.80，单坝出险率较低；如果工程整治强度大于 0.80，单坝出险率将激增 10%～30%。单坝

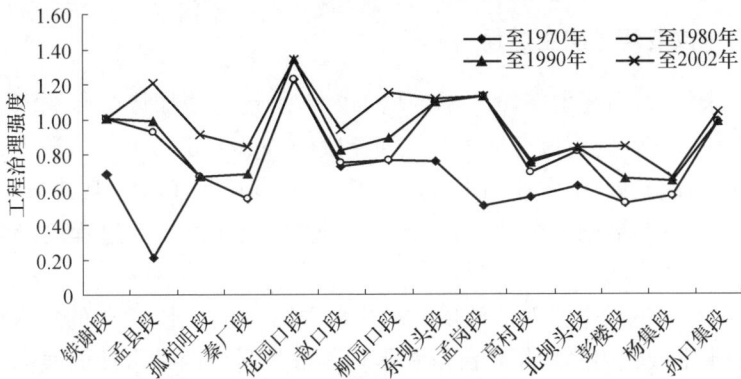

图 6.28　黄河下游河南段工程治理强度沿程变化

出险率的提高,主要是自然河流过程与整治工程对河流的束缚之间斗争的结果。双方斗争最为强烈的地方是在工程整治强度为 0.8～1.0 的区域,因此,这一区域单坝出险率较高。如果工程整治强度接近 2(河道被两岸的整治工程完全束缚),河道运动就会由横向变为纵向,河道就会变深,因而平滩流量也会增大。图 6.30 反映随平滩流量增大,单坝出险率降低。

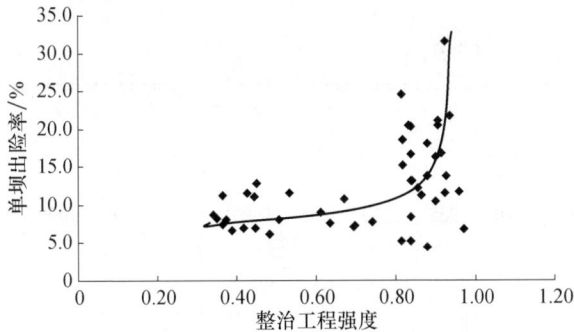

图 6.29　黄河下游河南段逐年河流工程强度与单坝出险概率(百分比)之间的关系

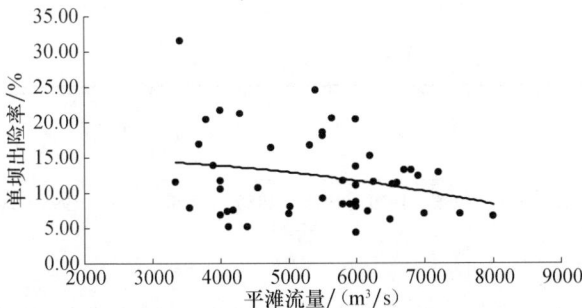

图 6.30　黄河下游河南段单坝出险率与平滩流量(花园口)之间的关系

6.4.5 引水改变河道演变过程

近 50 余年来,黄河引水量大幅度增加。引水量的增加势必影响河道演变过程,甚至会使常年性河流段变成季节性河流段(Fogg et al.,1999)。随着黄河流域社会经济的高速发展,工农业用水量逐年增加,黄河引水工程非常普遍,成为满足工农业用水的重要措施。因此,对黄河水流、输沙及河道演变过程的影响也逐年增加。

图 6.31(a)和(b)分别为小浪底和利津水文站 1960～1997 年的年水沙量变化图,图中的水平线代表平均年径流量和平均年输沙量。两站水沙曲线的差异主要是小浪底至利津之间沿程支流汇流和引水。1960～1969 年,利津站的年水量高于小浪底站,其原因是因为沿程引水量低于支流汇流;1970～1985 年,利津站的年径流量等于或略低于小浪底站,反映了这一时期引水量的增加;然而,1986 年至今,引水总量远高于支流汇流,因此年径流量呈沿程降低。利津站的年径流量低于小浪底站约 $11 \times 10^9 \mathrm{m}^3$。黄河下游河段径流量的降低引起水流挟沙能力的大幅度降

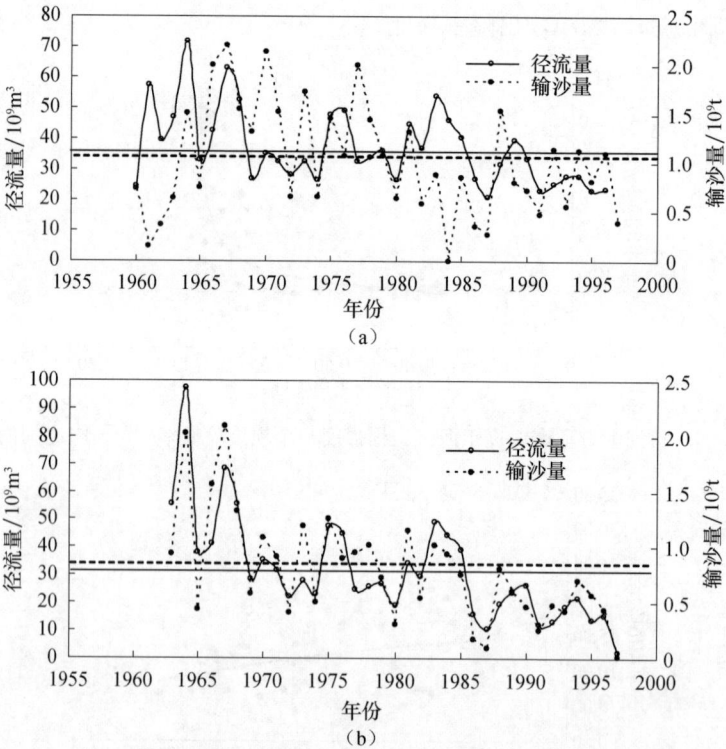

图 6.31 小浪底水文站和利津水文站 1960～1997 年的年水沙量变化
(a) 小浪底水文站;(b) 利津水文站

低,因此,1986 年至今,利津站的年输沙量远低于小浪底站。

自 1986 年以来,黄河的水沙量在花园口之前沿程增加,至花园口达到最大值,由于黄河中下游引水,花园口以下水沙量沿程降低。利津站的年输沙量比三门峡站约低 3 亿 t,这部分泥沙应是淤积于三门峡至利津间的河道上,从而改变了河型。

河流径流量降低对河道演变最大的影响是河道萎缩。图 6.32 所示为黄河下游不同时期平滩流量的变化。由于引水降低了河流流量和输沙能力,泥沙淤积于河道,从而导致河道变浅且不稳定,结果黄河下游的平滩流量持续下降。1958 年和 1964 年的平滩流量约为 9000m³/s,1985 年降至 6000m³/s,而到 1999 年仅有 3000m³/s。

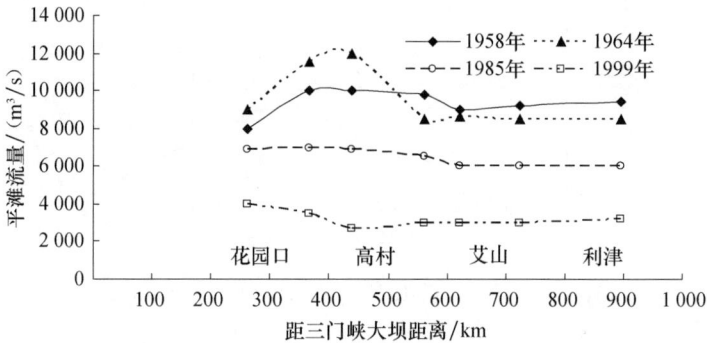

图 6.32 黄河下游不同时期平滩流量的变化

河道径流量减小的另一个重要影响是河床纵断面的调整。根据对自然河流的大量调查表明,河道按连续过程和形式发生变化,这种变化使河流系统随时间的能耗率趋于最小(Simon,1992)。根据最小河流功率理论,冲积河流形态按照其河流功率达到最小而演变。可用式(6.2)表示,即

$$\frac{\mathrm{d}P}{\mathrm{d}x} = \frac{\mathrm{d}}{\mathrm{d}x}(\gamma s Q) = \gamma\left(Q\frac{\mathrm{d}s}{\mathrm{d}x} + s\frac{\mathrm{d}Q}{\mathrm{d}x}\right) = 0 \qquad (6.2)$$

式中,P 为河流功率(t/s);γ 为水的容重(t/m³);s 为河床底坡;x 为沿河道距离(km);Q 为河流流量(m³/s)。对大多数河流,因为支流的汇入,河流流量沿程增加,因此,$s\mathrm{d}Q/\mathrm{d}x$ 为正值。由式(6.2)可知,$Q\mathrm{d}s/\mathrm{d}x$ 必须为负值,也就是河床底坡沿程降低,因此这些河流的河床纵断面呈下凹形状。式(6.2)揭示了河型过程的演变方向及河道纵断面的平衡状态。输沙量在河型过程的演变速率上起着重要作用,但不会改变演变的方向和最终的平衡纵断面。输沙量越大,河型过程演变越快。对于低含沙河流,河床断面通常不符合式(6.2),因为这种河流需要很长时间才能达到最小河流功纵剖面。

　　黄河输沙量高,因此其河型过程快。黄河沿程大量引水使得 sdQ/dx 为负值。例如,自 1986 年以来,黄河花园口以下河段平均流量沿程降低,即 $dQ/dx<0$。由式(6.2)可知,Qds/dx 必须为正值。在此条件下,河床纵断面将呈上凸形状演变,与常见的下凹形状不同。图 6.33 所示为黄河下游 1977 年和 1997 年的河床纵断面。平均河床高程是过水面积约为 $500m^2$ 的河道的平均河床高程。从图 6.33 可见,黄河下游断面呈上凸形状演变。鉴于上游纵断面呈下凹形状,因此整个河流纵断面呈 S 形。此趋势将继续发展,断面拐点将向上游移动,因为黄河引水仍在继续,且不久的将来引水量会进一步增大(Wang et al.,2004)。

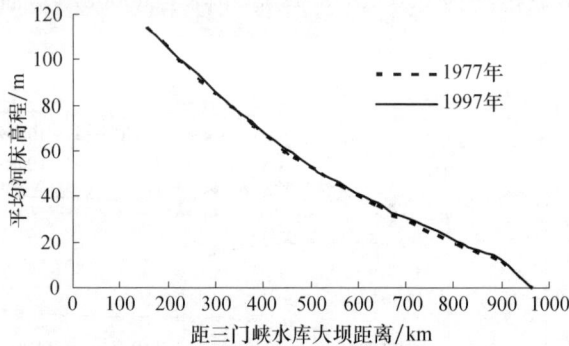

图 6.33　黄河下游 1977 年和 1997 年的河床纵断面

6.4.6　黄河三角洲河道稳定和造陆

　　从 1855 年黄河在铜瓦厢大堤决口、黄河夺大清河之后,现代黄河一直是自利津流入渤海。随着历史的发展,利津以上沿河人口稠密,河道大堤多次加固,从 1855 年以来没有发生大改道现象。但是,利津以下人口稀疏,宁海下游大堤很薄弱,难以抵挡洪水侵袭。因此,在宁海周围发生多次节点性改道。现代黄河三角洲就是在 1855~1996 年河道在半径为 50km 的扇形区域 11 次改道过程中建造起来的。图 6.34 显示黄河的 12 条老河道(Wang et al.,2000),每条河道都有自己的名称,现在的河道清水沟从 1976 年开始使用;1996 年河口水道在距离河口 18km 处发生小摆动,它使河口水道改道到岔河。改道详情和数据参见表 6.8(张世奇等,1997;陈金荣等,2002)。

　　黄河三角洲河段平均每 10 年改道一次。在 20 世纪 50 年代以前,由洪水漫溢和堤坝溃决引发黄河改道。从 1953 年开始,黄河被人为改道了 4 次。1964 年春,黄河发生冰坝堵塞河道,位于三角洲的胜利油田的安全受到威胁,在罗家屋子处人为破堤,使河道从神仙沟改道刁口河。20 世纪 70 年代,洪水水位升高到前所未有的高度,政府花费数百万元对清水沟进行挖掘。1976 年 5 月,黄河改道清水沟,从

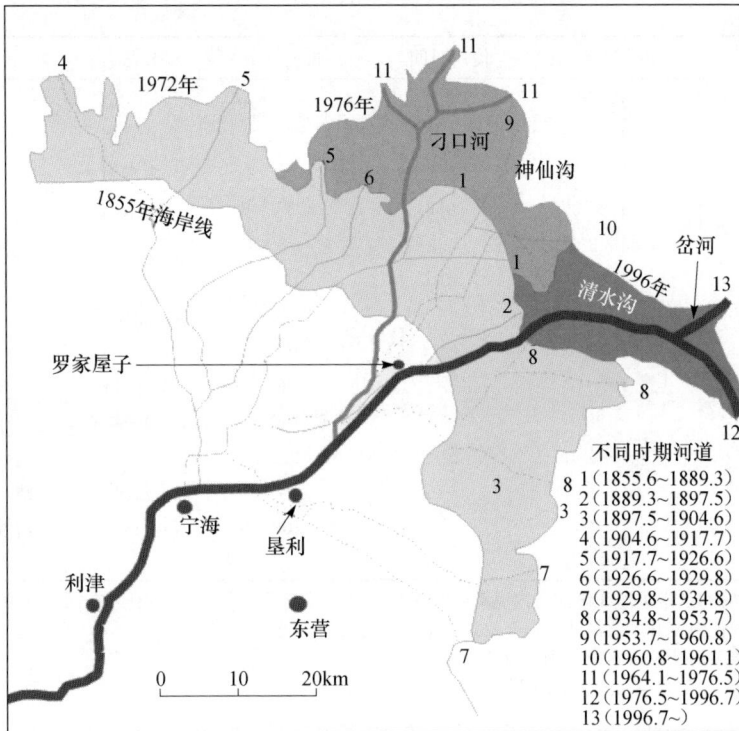

图 6.34 黄河下游段黄河故道

表 6.8 黄河改道及其 11 条故道

序号	时间/(年-月)	使用时间/a	长度/km	分岔点	河道名称
0	1855	49	—	铜瓦厢	—
0	1881	71	—	—	—
0	1889-04	32.5	75	—	—
1	1889-04	61	—	谢家园	—
1	1897-06	5.10	71	—	—
2	1897-06	—	59	岭子庄	—
2	1904-07	5.9	65	—	—
3	1904-07	—	57	盐窝	—
3	1917-08	11	63	—	—
4	1917-08	—	57	太平岭	—
4	1926-07	6.11	67	—	—
5	1926-07	—	59	八里庄	—
5	1929-09	2.11	65	—	—
6	1929-09	—	73	吉家庄	—

续表

序号	时间/(年-月)	使用时间/a	长度/km	分岔点	河道名称
6	1934-01	3.4	65	多次改道	—
7	1934-01	—	—	一号坝	—
7	1950		75	天水沟	—
7	1953-07	9.6	85	天水沟	—
8	1953-07		75		神仙沟
8	1964-01	10.6	102		神仙沟
9	1964-01	—	70	罗家屋子	刁口河
9	1976-05	12.4	103		刁口河
10	1976-05		66	西河口	清水沟
10	1987		106		清水沟
10	1996-07	20.2	112		清水沟
11	1996-07		94	岔河	清水沟-岔河
11	1997-12	1.5	102		清水沟-岔河
11	1999-11	3.5	105		清水沟-岔河

注:使用时间是指黄河在该河道内流动的时间段。因为河流经常冲垮河堤,有时在河道外流动,所以河道的使用时间比河流开始流经此河道至改道其他河道的时间要短。

长度是指黄河从利津水文站到河口的距离。

32.5是指表示32年5个月,下同。

那时起黄河三角洲清水沟河道已安全使用了 25 年。在此时期,黄河河口的造陆速率达 $20\sim40\text{km}^2/\text{a}$。黄河三角洲河段遵循"淤积-洪水位高-堤坝溃决-改道和造新陆"的规律。

在清水沟早期,河槽没有完全成形。含沙水流在低流速区域淤积泥沙,在高流速区域冲刷河槽,以此塑造河槽。在此过程中,流量和泥沙淤积的季节性变化使河口在小范围内频繁迁移,如图 6.35 所示(吉祖稳等,1994)。开始三年(1976~1979 年),

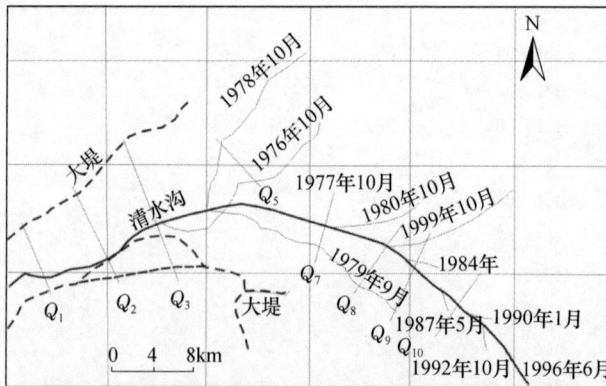

图 6.35 清水沟河道在 1976~2001 年的摆动情况

($Q_1\sim Q_{10}$为测量断面)

新河口在 30km 的范围内摆动。1977 年 10 月,黄河主流东流入海,但在 1978 年
10 月主流又改向北,1979 年汛期河口又从东北向变为东南向。河口快速迁移的主
要动力是这些年黄河挟带的高含沙量洪水,最大含沙量达到 240kg/m³。从 1980
年以来黄河主河道又向东移动并且形成了一个相对稳定的弯曲河道。1986 年当
地人民将导流大堤和河道从 Q_8 断面向上游延伸,河道没有再发生摆动(图 6.35)。

　　河流改道引起上游河道水位下降。新河道较之以前的河道长度要短、比降要
大。因此,新河道水流流速高、水位低。图 6.36 显示了从 1950～1996 年河道流量
为 1000m³/s 和 3000m³/s 时,利津段和艾山段水位变化情况。与黄河入海水道的
三次改道相对应,沿程水位在 1953 年、1964 年和 1976 年出现了陡降,这种作用影
响到了距离河口 350km 以外的艾山段。随改道以后的新河道迅速扩展延伸,短时
期的水位降低之后,有一个迅速升高的过程。另有一次河道水位降低发生在 20 世
纪 80 年代,这次水位降低并不是由于河流改道,而是由于河口的疏浚降低了河口
底床高程所致。1996 年清水沟河口 18km 河段发生小改道,使利津水位有所降
低,但是影响范围仅限于三角洲河道。

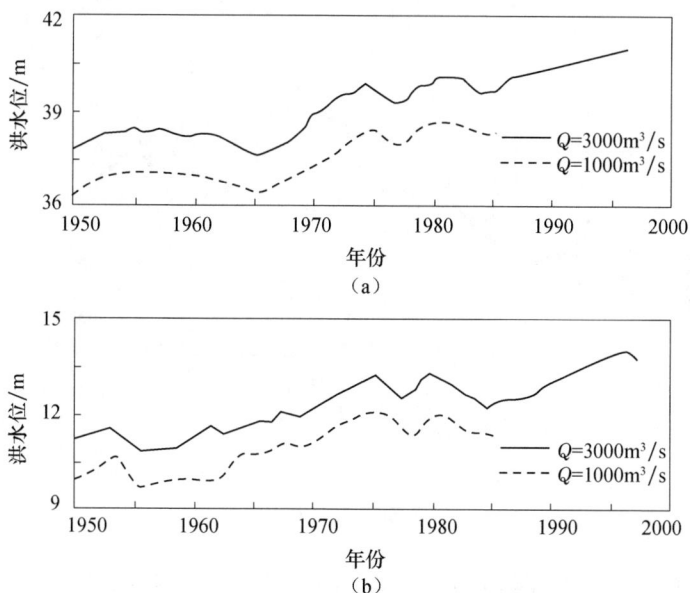

图 6.36　艾山段(a)和利津段(b)河流流量为 1000m³/s 和 3000m³/s 时水位波动情况

　　黄河三角洲泥沙易冲易淤。在洪水期,河床一天之内就可能被冲刷或淤积好
几米深(Wang,1999)。自 1976 年改道清水沟以来,黄河三角洲的形状发生了显著
的变化,清水沟已经延伸入海 40 多千米。同时,淤积在改道前的河道,即刁口河河
道的泥沙受到波浪潮流的冲蚀。在这次改道之前,现在的河口位于水深 10～20m

的海中,而改道之前的刁口河河口是高程为几米的陆地。20 多年后,近 1000km² 的土地在新河口处淤积出来,最大淤深超过 20m。同时老河口受到波浪和潮流的冲刷侵蚀,损失土地数百平方千米,最大冲深超过 6m(张世奇等,1997)。图 6.37 给出了黄河三角洲的陆地变迁图,1976 年之后的陆地变迁根据卫星图片整理。清水沟河道在 1976 年延伸了 11km,在 1977 年延伸了 5km,但后续的年份里,延伸速率急剧下降。河口向大海推进的平均速率在 1976~1994 年为 2~3km/a,而在 1994~1996 年为 0。1996 年清水沟前端改道岔河后也发生了类似的情况,第一年延伸了 8km,但在接下来的年份里其延伸速率也急剧降低。

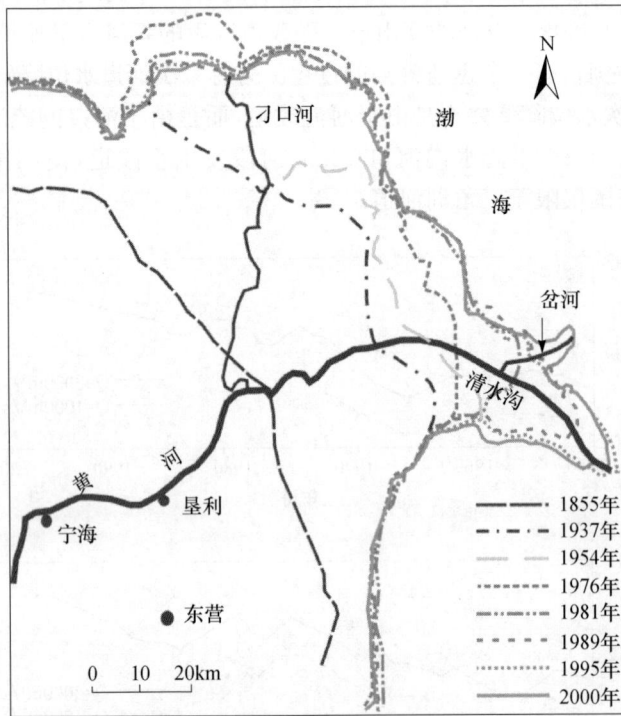

图 6.37 黄河三角洲海岸线变迁图

黄河三角洲富含石油和天然气资源,我国第二大油田胜利油田就是在三角洲上开发的。如果河道不稳定,不可能进行长期或中期的油田建设计划。垦东油田在接近河口(岔河河口)的浅海区,石油储量 2.57 亿 t,可以发展成为年产量为 500 万 t 的油田。此水域的水深为 1~5m,利用黄河泥沙淤积造陆,则石油开采成本可以大幅度降低。

1996 年 7 月,为了淤积造陆,黄河入海河道人工改道至岔河(张世奇等,1997)。1996 年当第一场洪水流过岔河时,河道发生了冲刷,河深增至 3.5~4m,

宽为 300~400m。如图 6.38 所示的河口卫星可以清晰地看到新的岔河。在丁字口,8 月 5 日流量 2100m³/s 的洪水位为 5.8m;因为河道发生冲刷,8 月 26 日流量 3860m³/s 的洪水水位却只有 5.81m。由于新河道比原来的河道短 16km,河道底坡较原河道大,因此在河口上游 30km 处的断面发生了溯源冲刷。这次人工改道,使河口至利津的水位降低了 0.3m 多。虽然利津的洪峰流量达 4100m³/s,但是洪水却能维持在河道内流动,没有发生漫流,使滩区的 2500hm² 农田和 4 个油田免受洪水侵袭。1996 年的洪水在新河口造陆超过 60km²,根据预测的输沙量和径流量,近几年内将会在新河口造陆超过 200km²,新造陆形成的近海油田将会出现。这是河口综合管理和油田建设相结合的成功实践。图 6.38 是 2000 年的河口卫星照片,黄河改道至清水沟-岔河河道已经 5 年。因为这 5 年至黄河河口的水沙量比长期平均水沙量小,造陆速率比预期要低,但是,河道很快就稳定下来。此前的清水沟入海河口已经变成了灌木林。

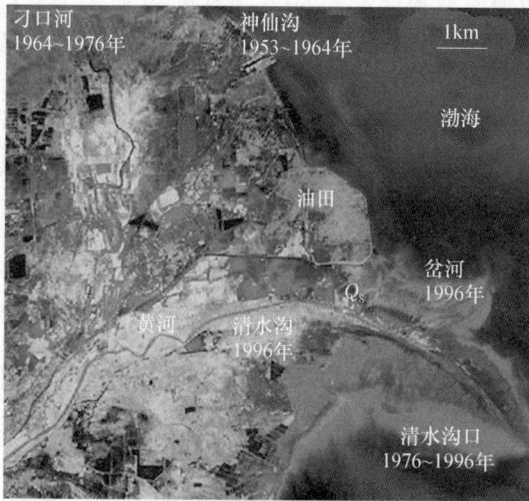

图 6.38 黄河三角洲和清水沟-岔河河道的卫星(2000 年)

6.5 三门峡水利枢纽的经验教训

三门峡水利枢纽工程的实践,揭示了水库工程在规划和设计中没有充分考虑泥沙问题所造成的危害。因为水库淤积问题及其引起的渭河下游洪水威胁问题一直没能解决,拆坝作为最终解决问题的备选方案一直争议不停。

2003 年秋发生在渭河的洪水灾害再次将拆坝的争议提上了议事日程。洪水位高的主要原因是由于淤积引起河床和滩地持续抬升。如果没有三门峡水库,河床高程会远低于目前水平,就不会引起这种洪水灾害。然而,三门峡水利枢纽工程曾视为我国水利建设上的巨大成就,是高含沙河流治理的伟大实践。黄河下游半个世纪的安澜和流域发展归功于三门峡水利枢纽工程的运行和调控,在防洪、防凌、发电、灌溉和供水方面起到了巨大作用。而且,我国水利工作者通过三门峡水利枢纽工程,积累了丰富的高含沙河流上水库设计和运行管理方面的经验。三门峡水利枢纽工程的建设到底是个错误还是巨大成就,从三门峡水利枢纽工程上我们得到什么经验教训?本节对此进行分析。

6.5.1　三门峡水利枢纽

三门峡水利枢纽位于河南省西部的黄河干流上。大坝为混凝土实体重力坝,坝长713.2m,坝高106m,是新中国在黄河干流上兴建的第一座以防汛为主,兼顾防凌、灌溉、供水、发电等任务的大型水利枢纽工程,被誉为"万里黄河第一坝"。坝顶高程353m,正常蓄水位350m,水库的设计库容为354亿m^3。水库汇水面积为688 000km^2,控制黄河流域径流量的89%。图6.39所示为三门峡水利枢纽位置示意图,渭河下游属于库区部分。三门峡水利枢纽的设计是在前苏联专家指导下由黄河水利委员会完成的(黄河三门峡水利枢纽志编纂委员会,1993)。考虑到巨大的输沙量,设计中水库库容的一大部分用做拦沙库容。

三门峡水利枢纽工程于1957年4月开工,1960年9月蓄水投入运用。1960年9月,水库开始蓄水。库区向上游扩展246km至龙门。黄河自龙门向南流向潼关,在潼关弯转90°折向东流。渭河于潼关汇入黄河。

为了减轻泥沙淤积,水库运用方式经历了蓄水拦沙、滞洪排沙和蓄清排浑三个阶段。三门峡水利枢纽工程的主要功能是防洪,为此目的,枢纽工程保留了100亿m^3的防洪库容,以应对千年一遇的洪水(如1933年洪水)。但是,由于泄洪建筑物的泄洪能力有限,所以,虽然汛期时水库低水位运行,并且敞泄,但水库的水位依然高,由于蓄滞大量的洪水而引起的严重淤积不可避免。1962年4月～1966年5月,库内泥沙淤积的净增量就高达20.4亿m^3。其间,1964年夏季持续89天的16场洪水引起库内淤积9.3亿m^3(杨庆安等,1995)。

潼关高程为黄河潼关断面在1000m^3/s流量时的相应水位,用做渭河河床断面的侵蚀基准面。自1960年三门峡水库建成蓄水,到1962年3月,仅一年半,潼关高程因淤积抬高4.5m(Long et al.,1986;Long,1996),达到327.2m。回水区的泥沙淤积在渭河下游上延超过赤水,约在坝上游187km处,在黄河上延至坝上152km,并在渭河河口形成拦门沙,渭河下游两岸农田受淹没和浸没,土地盐碱化。水库运行方式改变之后,回水区的泥沙淤积仍继续向上延伸,使坝上游长达260km距离的黄河河段河床高程和洪水位抬高。这不仅严重威胁流域内重要的工农业基地,更重要的是还威胁到渭河下游的重要古城西安。此外,还存在再移民百余万人的潜在威胁。由于我国人口众多、耕地面积紧张,解决潼关高程抬高问题

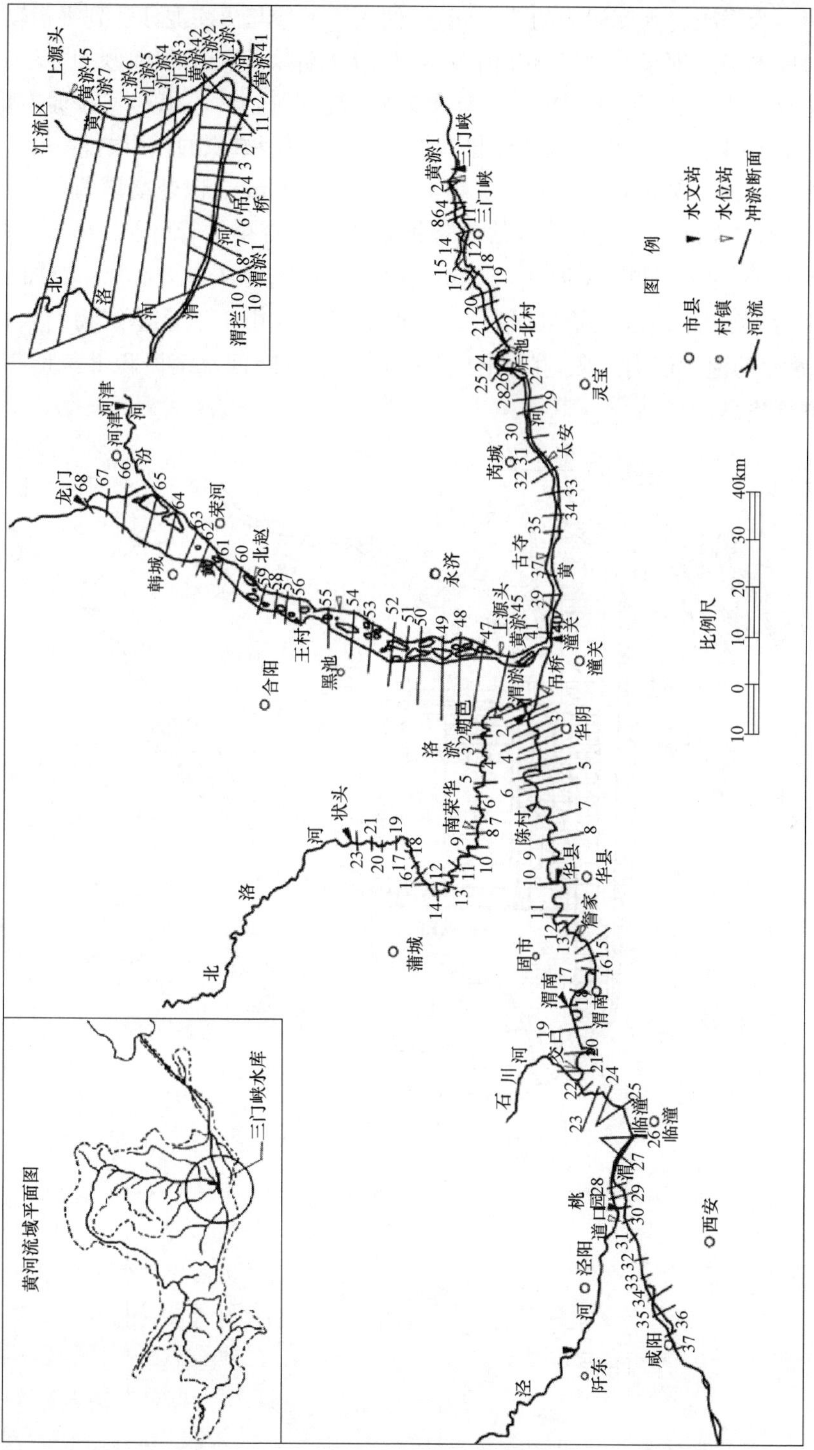

图 6.39 三门峡水库平面位置和测量断面布置示意图

迫在眉睫。为了减轻水库淤积的严重问题,使入库泥沙与出库泥沙达到平衡,1964年12月,周恩来总理亲自主持召开治黄会议,寻求解决泥沙淤积问题的方法。会议最后达成一致,确定在左岸增建两条泄流排沙隧洞,改建5～8号4条原发电引水钢管为泄流排沙管道,以加大泄流排沙能力,解决泥沙淤积的燃眉之急。

改建工程分两次完成。在第一次改建中,左岸290m高程处增设两条泄流排沙隧洞;改将原设计用于发电引水的4条钢管改为泄流排沙(图6.40)。"两洞四管"于1968年汛期投入运用,315m高程的泄流量从3080m³/s增加到了6100m³/s,潼关以下库区开始从淤积变为冲刷。但是,由于泄水建筑物的入口高程太高,水库的泄洪能力有限,排沙比只有80%。因此,回水区淤积继续增高,潼关高程继续抬高。

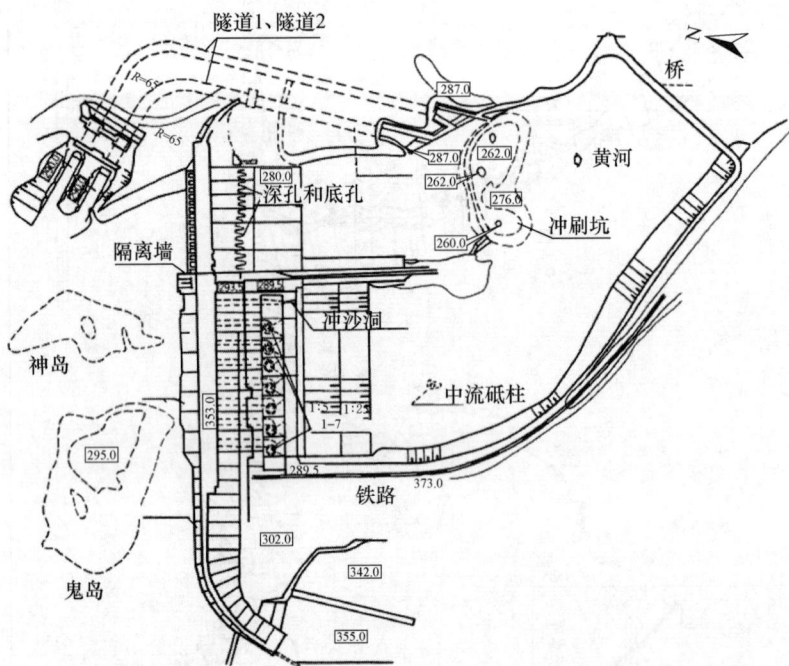

(a)

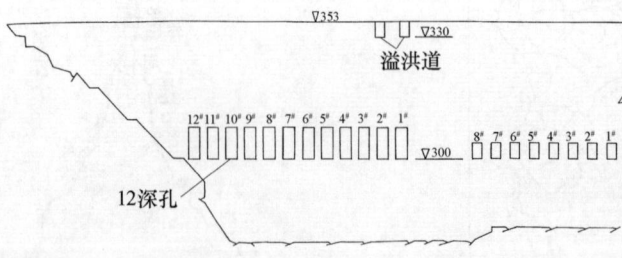

(b)

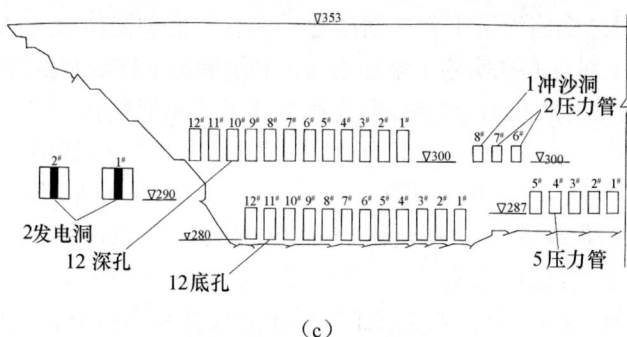

（c）

图 6.40　三门峡水利枢纽平面布置图及泄流出口布置

（a）平面布置图；（b）原设计下游立面图；（c）改建后下游立面图

第二次改建始于 1970 年，其原则是"确保西安，确保下游"；"合理防洪，排沙放淤，径流发电"。具体措施是相继打开 280m 高程的 $1^\#\sim8^\#$ 原施工导流底孔，以下泄低高程处的淤沙。为了适应电站汛期用河水发电时的低水位，$1^\#\sim5^\#$ 压力管道的进口高程从 300m 降到 287m，安装了 5 台发电机组，总装机容量为 25 万 kW。除第一台发电机组于 1973 年年底投入使用外，其他机组均在 1978 年年底前投入运行。经过两次改建后，枢纽在 315m 高程的泄流能力提高到 10 000m³/s（图 6.41），水库由淤积变为冲刷，排沙比由第一次改建后的 80% 提高到 103%。335m 高程以下库容恢复到 60 亿 m³，潼关高程下降 1.8m。

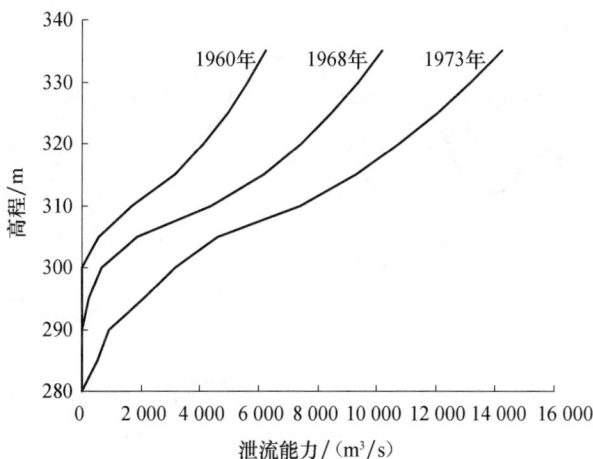

图 6.41　三门峡水库泄水建筑物的泄流能力

经过两次改建，三门峡水利枢纽基本实现了冲淤平衡，为黄河下游的防洪、防凌及灌溉、供水发挥出显著的综合效益。但是，在泥沙的冲击、磨损和气蚀等综合因素的长期破坏下，各泄水孔洞遭受高含沙水流的严重磨蚀。为此，自 1984～

1988 年,开始继续实施泄流工程二期改建。为有效抵御泥沙对底孔的磨蚀,先后用高标号混凝土对各底孔实施了增加表面抗磨层和高强度砂浆抗磨层边墙喷护等施工;为削减气蚀对底孔面壁的破坏,先后打通了 8 个通气孔,并压缩了底孔出口过水断面。针对 1# ~8# 底孔出口压缩过水断面和增加抗磨层后,泄流量减少 471m³/s 这一新情况,1990 年又陆续打开了 9#、10# 施工导流底孔。为了充分利用水电资源,扩大发电规模,在 1994 年和 1997 年分别将引水管道 6#、7# 泄流排沙钢管扩装为发电机组。考虑低水位下有效冲沙,2000 年前进一步打开 11#、12# 底孔,至此,12 个导流底孔全部打开。如今,三门峡水利枢纽共有 27 个泄洪出口。

6.5.2　水库泥沙管理

　　水库的淤积取决于来水来沙量、泄流能力和运行方式。三门峡水利枢纽工程泄流建筑物的改建显著提高了泄流能力,避免洪水在库内严重蓄滞,有利于维持水库蓄水区的泥沙平衡。更重要的是,必须选择适当的水库运行方式,以保持水库库容,增加工程效益,维持泥沙冲淤平衡。为此,三门峡水利枢纽采用了三种不同的运行方式,各种运行方式相应的库水位如图 6.42 所示。

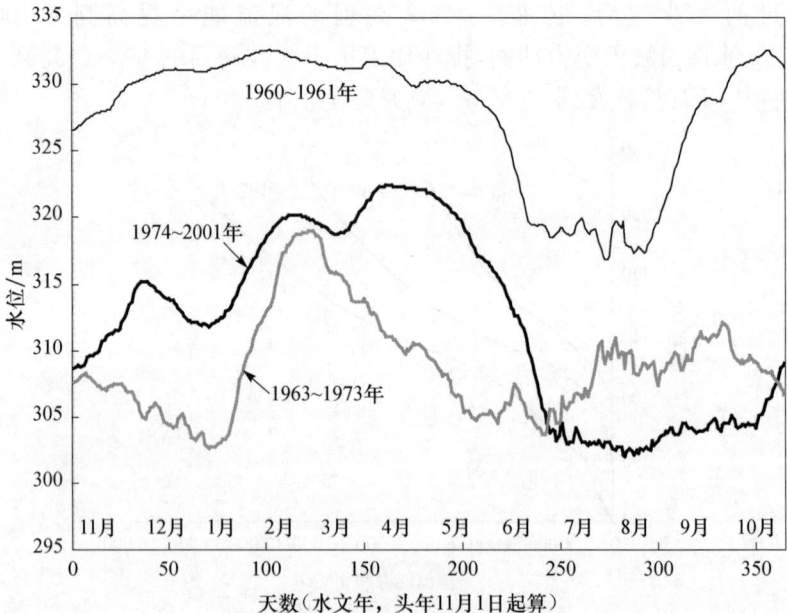

图 6.42　不同时期内三门峡水库平均库水位的变化

　　(1) 蓄水拦沙。1960 年 9 月~1963 年 3 月水库蓄水初期,按照原设计,采用了蓄水拦沙运行方式,水库整年都在高蓄水位运行。这种运行方式是利用高坝大库的特点,将来水来沙全部拦截到水库中,以库区的淤积换取下泄清水,以清水冲刷下游河道,减少下游河道淤积。

(2) 滞洪排沙。1962 年 3 月~1973 年 10 月,采用了滞洪排沙运行方式。在此时期,水库用来滞洪和泄沙,即汛期闸门全开敞泄,让洪水穿堂而过。除在汛期拦滞洪水外,水库整年都在低水位运行,以利用尽可能大的洪水冲沙。

(3) 蓄清排浑。吸取蓄水运用和滞洪排沙运用的经验与教训,三门峡水库于1973 年 11 月开始采用蓄清排浑调水调沙控制运用,在来沙少的非汛期(11 月到翌年 6 月)蓄水防凌、春灌、发电,汛期(7~10 月)降低水位防洪排沙,把非汛期淤积在库内的泥沙在洪水期泄排出库。水库在非汛期高水位运行,在汛期低水位运行。

相应于不同的运行方式和水库泄流能力,水库内的泥沙淤积量也不一样。表 6.9 是不同运行方式下从潼关到坝前的泥沙淤积量。

表 6.9　不同运行方式期间的淤积量

时段	运行方式	315m 时最大泄流能力/(m³/s)	平均年径流量/亿 m³	平均年输沙量/亿 t	平均年淤积量/万 m³		
					非汛期(11 至翌年 6 月)	汛期(6~10 月)	年平均
1960-09~1964-10	蓄水拦沙	3 080	462	13.4	7 011	55 027	62 038
1964-11~1973-10	滞洪排沙	6 100	382	14.4	−6 361	−3 890	−10 251
1973-11~2001-10	蓄清排浑	10 000	316	8.6	12 902	−11 645	1 257

在蓄水拦沙、滞洪排沙和蓄清排浑三种运行方式下,库区平均年淤积量分别为 6.2 亿 m³、−1.0251 亿 m³ 和 0.1257 亿 m³。在滞洪排沙期,因为水库在低水位下运行,汛期开闸敞泄,水库淤积情况从不断累积转为冲刷。而在蓄清排浑期,非汛期发生库区淤积,汛期排沙出库。

图 6.43(a)显示库区不同河段的淤积量变化情况,图 6.43(b)显示水库蓄水量

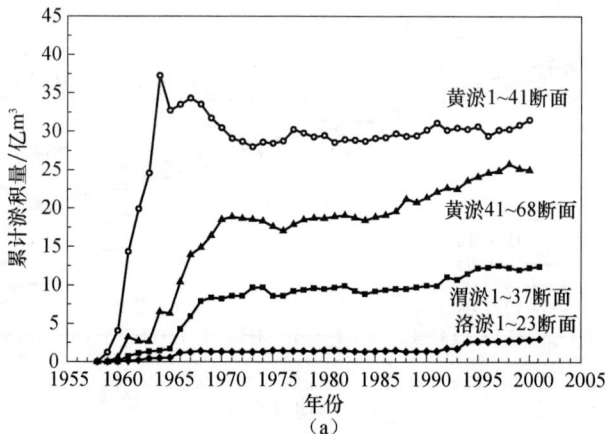

(a)

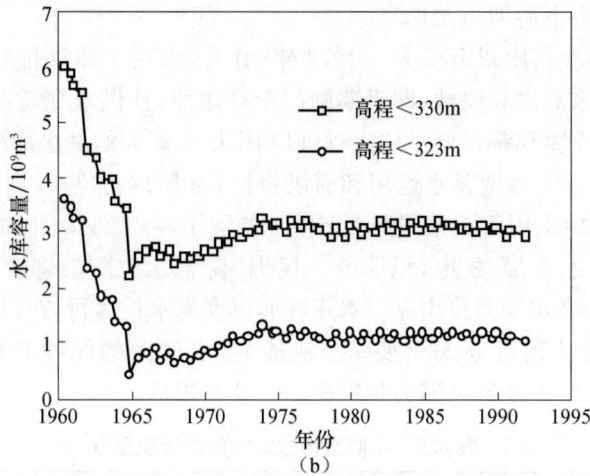

图 6.43 三门峡建库后累计淤积量和水库库容变化
(a) 累计淤积量;(b) 水库库容

的变化。水库在低于 323m 的运行水位范围内,汛期需要时,10.5 亿 m³ 的库容可以用来调控中等洪水。330m 高程以下预留了约 30 亿 m³ 的库容用于调控特大洪水。正常运行时,三门峡水库的河漫滩区在发生特大洪水时才会被淹没。发生这种洪水时,蓄滞洪水是水库运行的主要任务。一般水库拦截的泥沙会在未来数年内被冲刷掉;但是,如果发生洪水时回水区的直接影响到达了潼关上游的汇流区,并且持续了一段时间,那么洪泛区的泥沙淤积是不可避免的,并且随后一段时期内水库的一部分库容将无法利用。显然,为了保持水库一定的有效库容,水库运行中一条重要的指导原则就是要尽量阻止回水区的直接影响超过潼关。

随着运行条件的改变,水库的纵剖面和横断面也发生了变化(图 6.44)。数据

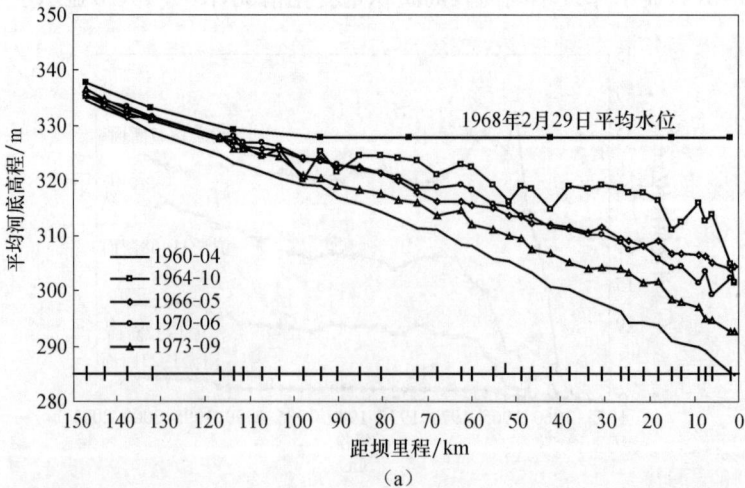

(a)

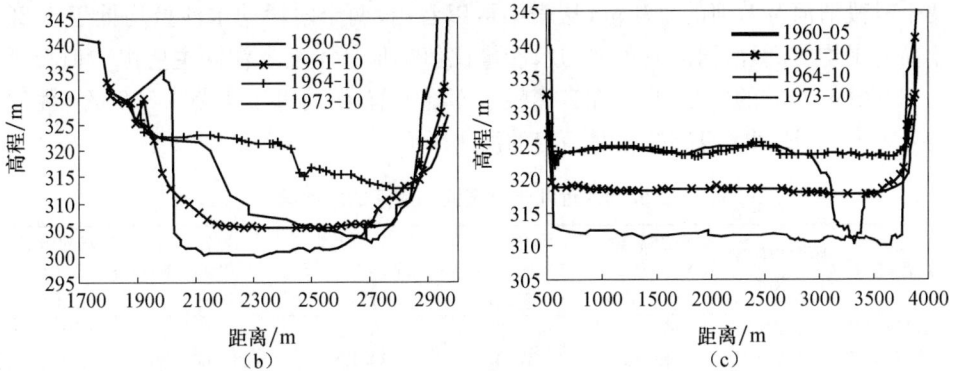

图 6.44　随着运行条件的改变，三门峡水库的纵剖面和横断面变化
(a) 纵剖面变化；(b) 黄淤 22 断面；(c) 黄淤 31 断面

表明，自三门峡水库蓄水至 1961 年 10 月，即开始运行的第一年，淤积形态呈三角洲状，滩面比降为 0.000 15～0.000 17，接近原来河床底坡的一半；三角洲面坡比降为 0.0006～0.0009。三角洲的顶点在断面 31 附近，横断面均匀抬高，使主河槽和滩地没有明显区别。丰水丰沙的 1964 年，入库的年水量和年沙量分别为 697 亿 m³ 及 30.6 亿 t。因为泄流能力太小，底孔的位置太高，水库发生严重淤积。在汛期大约有 19.5 亿 t 的泥沙淤积在库区，占总入库沙量的 70%，为淤积最为严重的一年。淤积形态由三角洲发展为锥体，形成河道-滩地构造。此变化从横断面中能够看到，淤积使滩地和主河道一起抬升。1973 年，由于水库采用了蓄清排浑运行方式，而且水库的下泄能力因工程改造而增大，这一年虽然水库总体上仍是淤积的，但河道主槽发生冲刷。据 1973 年汛末实测大断面资料分析，水库主槽冲深，但滩地形状基本不变。滩面纵比降为 0.000 12，主河槽纵比降为 0.0002～0.000 23，形成高滩深槽的断面形态。潼关以下恢复了约 10 亿 m³ 槽库容。

6.5.3　潼关高程和渭河泥沙淤积

渭河长约 818km，流域面积 134 800km²，流域人口约 2300 万。渭河、泾河、洛河等河流下游冲积形成的关中平原，号称八百里秦川，自古便有天下第一粮仓的美誉。三门峡水库最大的负面影响就是造成渭河下游严重淤积，从而给渭河流域下游及古都西安带来高洪水风险。渭河的淤积使其河谷变成了高地下水位的低湿地，招致当地人们的抱怨，一些当地官员和科研工作者提出拆坝的建议。自三门峡水库蓄水，渭河河道经历了巨变，河道从曲率为 1.65 的弯曲型变成了曲率仅为 1.06 的顺直型和曲率约为 1.3 的微弯河道。

渭河多年平均年径流量和输沙量分别为 80.6 亿 m³ 和 3.866 亿 t，占黄河在三门峡处年径流量的 1/5 和年输沙量的 1/3。近 10 年来，主要受人类活动的影响，渭河和黄河的水沙量均降低。表 6.10 列出了 1960～2001 年和 1986～2001 年两个时段渭河及黄河的水沙量,从表中可以看出,两个时段的水沙量均低于 1980 年前的平均值,但渭河流入黄河的水沙量比值仍保持不变。泥沙主要由中值粒径为 0.03mm 左右的粉沙组成,在三门峡水库蓄水前,渭河每年挟带 3.866 亿 t 泥沙进入黄河,而渭河本身维持相对稳定的河床断面。

表 6.10　近几十年黄河和渭河的水沙量

河流/测站	距河口距离/km	年径流量(1960~2001 年)/亿 m³	年输沙量(1960~2001 年)/亿 t	平均含沙量(1960~2001 年)/(kg/m³)	年径流量(1986~2001 年)/亿 m³	年输沙量(1986~2001 年)/亿 t
渭河/华县	1177	67.90	3.12	46.04	46.60	2.48
黄河/潼关	1092	346.10	10.43	30.13	251.60	7.22
黄河/三门峡	996	346.90	10.09	29.09	246.20	7.12
黄河/花园口	734	374.40	9.10	24.20	258.80	6.10
黄河/艾山	374	330.70	7.70	25.00	191.60	4.40
黄河/利津	100	285.60	7.00	36.80	135.60	3.50

在修建三门峡大坝前,潼关高程约为 323.5m。自从三门峡水库蓄水后,泥沙淤积于库区,造成潼关高程的抬升。渭河水流的水头能坡降低,挟沙能力减小。因此,水流所挟泥沙难以输送至黄河干流,并在渭河下游淤积。换言之,潼关高程的抬升改变了渭河下游的边界条件,引起了河道演变的新周期。

图 6.45 所示为 1960~2001 年潼关高程的逐年变化曲线,从图中可以看到,潼关高程有三个上升时期,图中分别用Ⅰ、Ⅱ和Ⅲ表示;有两个下降时期,用 1 和 2 表示。1960 年潼关高程突然上升是由于同年三门峡水库建成蓄水拦沙造成的,1962 年潼关高程突然下降是因为水库运行方式从蓄水拦沙改变为滞洪排沙。高潼关高程(图 6.45 中 329m)的时间较短,虽然 1961 年引起明显的洪水水位的抬升,但其对渭河淤积的影响仍是暂时的。因此,分析中没将 1960~1962 年从上升时期Ⅰ中分离出来。

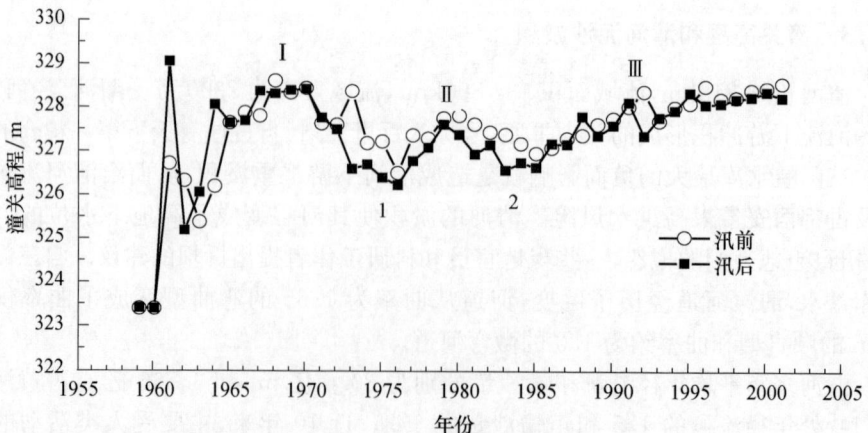

图 6.45　从 1960~2001 年潼关高程的变化

　　潼关高程的上升和下降是水库泥沙淤积和冲刷造成的,而水库的冲淤又受到水库蓄水位变化的影响。一般来说,潼关高程抬升时,渭河下游发生淤积;而当潼关高程下降时,渭河下游发生冲刷。1960~2001 年,渭河下游共淤积了约13 亿 m³,主要发生在距离潼关 100km 的范围内,由渭河河口往上游,单位河长的淤积量逐步减少,到咸阳基本减少到零。图 6.46 给出了渭河下游 WY_2 断面和WY_7 断面 1960 年及 2001 年河床横断面,两断面到潼关的距离分别为 21km 和59km。从图 6.46 可见,数千米宽的河滩由于泥沙淤积普遍抬高了 3~5m,河槽也变得更加窄小,且更不稳定。因此,河道的行洪能力降低,同流量下的洪水水位明显抬升(王兆印等,2003)。

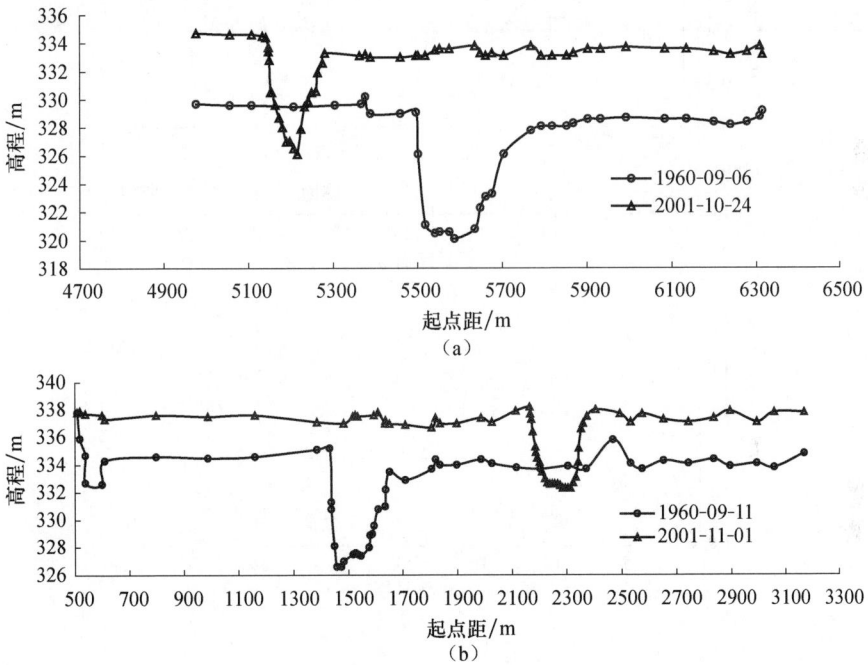

图 6.46　1960 年和 2001 年 WY_2 断面(a)和 WY_7 断面(b)所测到的渭河下游河床的抬升

　　Simon(1989)及 Simon 等(1996)研究了受扰动冲积河流的河道响应问题,认为河流系统的变化倾向于通过数阶段的河道调整而为系统本身所吸收,符合指数式衰减方程。渭河变化相应于三门峡大坝截流的响应较为复杂,因为潼关高程的抬升不稳定,而且此效应自河口向咸阳站(潼关上游 180km)传播。潼关高程升高引起的淤积是一种溯源淤积,淤积上延过程表现为逆行波。图 6.47(a)、(b)、(c)给出了 1960~1969 年、1969~1973 年、1973~1980 年不同时段单位长度河段平均每年淤积率的沿程分布。图 6.47 中横坐标为断面号;相邻两个断面的平均距离大约为 6km。1960~1969 年是潼关抬高引起渭河溯源淤积的初期,潼关高程从

323m 急剧抬升到了 328.5m(图 6.45),淤积发展到华县附近。这一时期潼关到华县淤积率很高,最高达到每千米河段平均每年淤积 250 万 m³[图 6.47(a)]。图 6.47 中用"Ⅰ"表示相应于潼关高程第一个抬升期。1970～1973 年,这个淤积率高峰区上延到华县以上,但已经有所衰减,淤积率降至每千米河段平均每年淤积 75 万 m³[图 6.47(b)]。同时,河口附近出现了冲刷波,这对应于图 6.47(b)中潼关高

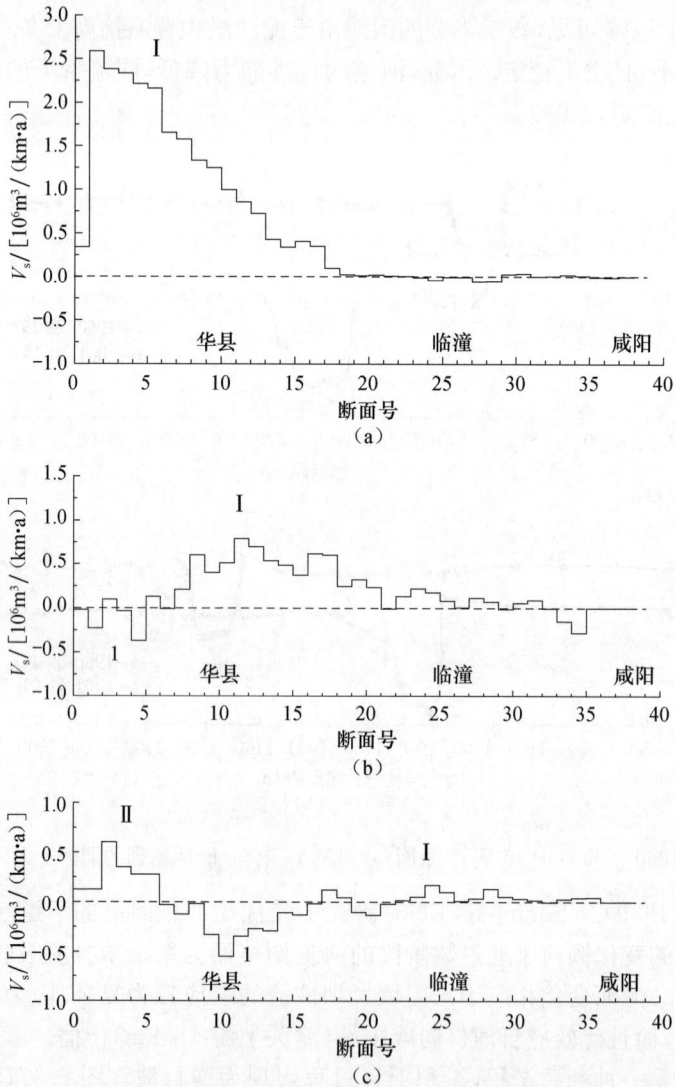

图 6.47　渭河单位长度河段平均每年冲刷和淤积率的沿程分布

(a) 1960～1969 年渭河单位长度河段平均每年淤积率的沿程分布;(b) 1969～1973 年渭河单位长度河段平均每年冲刷和淤积率的沿程分布;(c) 1973～1980 年渭河单位长度河段平均每年冲刷和淤积率的沿程分布

程的第一个下降期,用 1 表示。到 1973～1980 年[图 6.47(c)],对应于潼关高程第一个抬升期的淤积高峰 I 上延至临潼附近,已衰减接近于零。此时冲刷波 1 发展到华县附近并有所加强。同时,河口附近出现了对应于潼关高程第二个抬升期的淤积高峰 II。潼关高程的抬升和下降引起了淤积和冲刷波,均以溯源形式在渭河的下游向上游传播,传播速率约为每年 10km。

三门峡水库的淤积使洪水位抬升,增加了渭河下游的洪水风险。图 6.48 显示华县水文站在洪水流量分别为 250m³/s 和 4000m³/s 时水位的抬升情况。此处水位抬升为现在的洪水位与水库蓄水前同流量下的水位差。在洪水流量为 250m³/s 时,水流约束在主河槽内,水位的抬升仅仅反映了主河槽的淤积和河道萎缩。当洪水流量为 3000～5000m³/s 时,水位的抬升主要是由于滩地上的淤积引起的。20 世纪 60 年代潼关高程的抬升期,由于淤积和河槽形状的改变增加了水流阻力,洪水位和低流量水位均急剧抬升了 4m 和 3m。而在 1970～1975 年和 1980～1985 年潼关高程的下降期内,因河道发生冲刷,洪水位的抬升降低了 1～2m。在 90 年代中期,抬升的滩地数年内没受到洪水淹没和入侵,杂草型植被发育,大大增加了水流的阻力。结果,当洪水漫滩时,洪水位的抬升从原来的 3～4m 突增到了 6m。目前,低流量水位比三门峡水库蓄水前高 4m,洪水位高了 6m,加剧了渭河下游的洪水威胁。

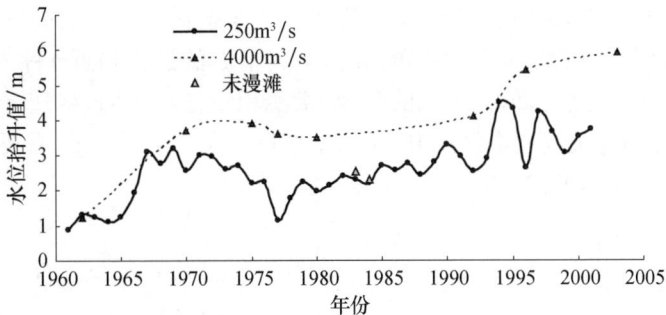

图 6.48　华县水文站在洪水流量分别为 250m³/s 和 4000m³/s 时水位的抬升

6.5.4　平衡输沙模型

三门峡水库的建成和运行引起渭河河道演变过程的变化,其中两个问题需要解答:渭河淤积是否存在平衡? 渭河是否已经达到淤积平衡? 可利用简化数学模型分析(王兆印等,2004b)。假设渭河平均来水来沙条件保持不变,即潼关高程抬升值不变,存在一个平衡淤积量 V_e。如果实际淤积量 V 远小于平衡淤积量 V_e,则该河流的淤积率高。淤积率与平衡淤积量和实际淤积量之差成正比,即

$$\frac{\mathrm{d}V}{\mathrm{d}t} = K(V_e - V) \tag{6.3}$$

式中,K 为常数,量纲为$[1/T]$。这个线性方程的通解为(式中 c 为常量)

$$V = \mathrm{e}^{-Kt}\left(\int KV_{\mathrm{e}}\mathrm{e}^{Kt}\mathrm{d}t + c\right) \tag{6.4}$$

平衡淤积量 V_{e} 与潼关高程抬升值 ΔZ_t 成正比,其中,$\Delta Z_t = Z_t - 323.5$,式中,Z_t 为在 t 时间的潼关高程,数值 323.5m 为建坝前的潼关高程。平衡淤积量可以简单视为锥体,则

$$V_{\mathrm{e}} = AZ_t/2 \tag{6.5}$$

式中,A 为发生淤积的河床和滩地的代表面积。将式(6.5)代入式(6.4)得

$$V = \frac{1}{2}AK\mathrm{e}^{-Kt}\left(\int_0^t \Delta Z_t\mathrm{e}^{Kt}\mathrm{d}t - \Delta Z_t\right) \tag{6.6}$$

其中,取时间 t 自 1960 年计起,也就是三门峡水库开始蓄水、潼关高程开始抬升的时间开始。式(6.6)中各项参数可利用数据计算,如 $A = 5.30\times10^8\mathrm{m}^2$;$K = 0.15\mathrm{a}^{-1}$。图 6.49 所示为计算结果(实线)与实际淤积量(实心三角)的比较。图中,虚线为 ΔZ_t 取值为 5m($\Delta Z_t = 328.5 - 323.5 = 5$)并保持不变的计算结果,结果显示平衡淤积量约为 13 亿 m^3。

由图 6.49 可见,平衡淤积模型计算曲线与实测渭河下游累积淤积过程符合得相当好。计算结果表明,渭河下游确实存在平衡淤积量,只要潼关高程维持在一定水平不变,渭河下游的淤积就会逐渐趋近于这个平衡淤积量,大约 25 年就会接近这个平衡。目前,如果潼关高程不再抬升,渭河下游的淤积趋近于平衡,将不会有大量的淤积发生。然而,值得强调的是,平衡淤积量是动态的,将随下游边界的抬升而增大。如果潼关高程继续抬升,平衡淤积量会大于 13 亿 m^3,需要更长时间才能达到平衡(王兆印等,2003)。

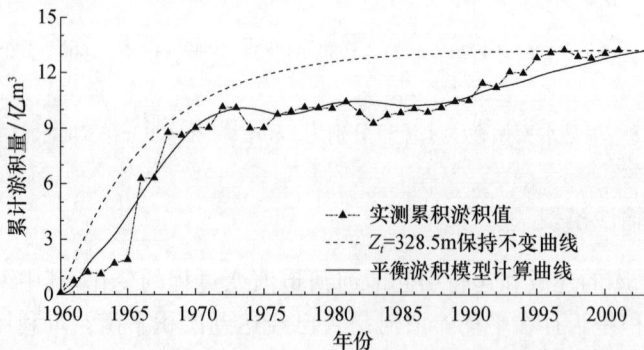

图 6.49　渭河下游 1960～2001 年累计淤积量实测值与平衡淤积模型计算结果对比

6.5.5　河型

三门峡水利枢纽工程不但引起了渭河下游溯源性的淤积和冲刷,还改变了渭河

河型。在三门峡水利枢纽工程前,渭河下游是典型的弯曲型河流,其弯曲系数为1.65。河流弯曲系数为河槽和河谷长度的比值。三门峡大坝蓄水并运行数年后,渭河弯曲系数在1968年变为1.06(图6.50)。这主要是由于潼关高程抬升后造成渭河下游河道频繁的自然裁弯所致。1960~1968年,渭河主槽迅速淤积,过水能力大大降低,洪水频繁上滩,形成串沟,并逐渐发展,因此,河道发育了自然裁弯的优越条件。到1971年河道弯曲系数又迅速增加到裁弯以前的水平,约达1.34。可见裁弯结束后,由于潼关高程高居不下,渭河下游河段河床比降变小,新淤滩地土质松散,黏性小,洪水上滩次数增加,孕育了新的弯道,弯道发展很快。1970~1975年,水库经第二次改建,潼关高程明显下降,渭河侵蚀基准面降低,河床比降增加,主槽过水能力增大,改善了渭河下游的出口条件,再加上新的自然裁弯,河道弯曲系数又一次减小至1.2。此后,随着弯道的发育,渭河下游向弯曲型河流演变,弯曲系数约为1.3。

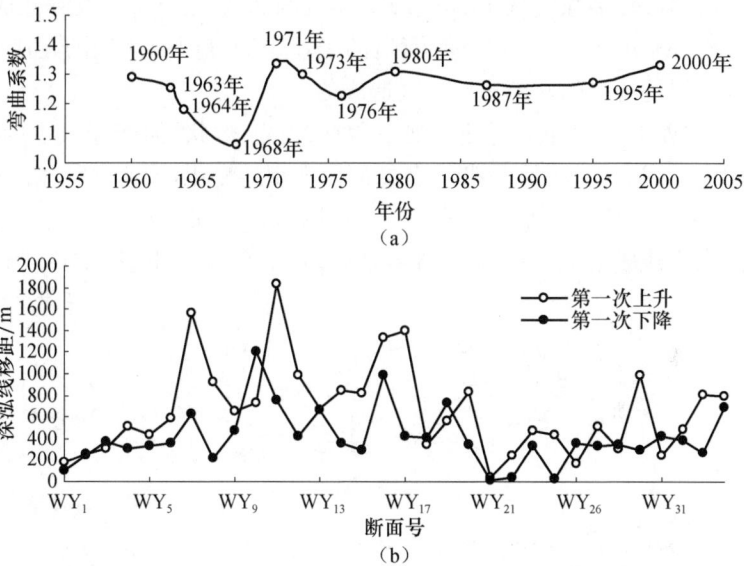

图6.50 渭河下游全河段弯曲系数历年变化(a)和渭河下游主槽深泓线摆动范围(b)

另外,自三门峡建坝,渭河河道变得很不稳定。图6.50(b)给出了渭河下游各断面在潼关高程第一次抬升和第一次下降期间深泓线的摆动范围。在华县附近的横断面(WY$_{11}$)上,主槽的摆动距离达1.8km。大坝对更远的上游河段影响较小,在WY$_{18}$~WY$_{35}$横断面,河道摆动距离小于1km。

6.5.6 三门峡水库坝下冲淤

三门峡水库建成以来45年,水库已经拦沙约71亿m³,其中包括在渭河的淤积量。因此,水库下游的输沙量大幅度降低,特别是水库蓄水后的前4年,从而引起坝下游复杂的河道演变过程。三门峡水库下泄的水沙量随水库的运行方式改变而变化,由此引起坝下游河道的冲刷和回淤。由于河流含沙量高,床沙易于冲刷,河床的冲刷和回淤过程非常迅速。河道的冲淤主要发生在坝下 180～600km 河段,大坝建成的最初 4 年,下游河床冲刷泥沙达 23.1 亿 t。而在随后 9 年里,水库运行方式自蓄水拦沙改变为滞洪排沙,坝下游河道迅速回淤,回淤量约 39.5 亿 t(杨庆安等,1995)。冲淤既发生在主槽,也发生在河滩,在主槽和滩地发生冲淤的量约为 6∶4。

　　黄河下游为游荡型河流,虽然河流运动限制在两侧相距 5～25km 坚固的大堤内,但河道的摆动率仍很高。三门峡水库的建成没有改变这一状况,河流摆动速率最大甚至超过 5km/a。即使在大坝刚建成期间,水库下泄清水,河道仍每年摆动超过 3km。

　　通常,水库建设会引起坝下游河道摆动速率降低。例如,汉江上丹江口水库建成后,其下游岸坡侵蚀强度从 1955～1960 年的约 25m/a,下降至大坝建成后 17 年的约 7.0m/a(Xu,1997)。黄河下游河道的摆动未因三门峡大坝的建成而发生改变,其主要原因是特殊的水库运行方式造成的。

　　三门峡水库的建设和运行使黄河下游从"游荡-辫状"河流变成了"游荡-单线状河道"河流。图 6.51 所示为铁谢-裴峪河段河型的变化,该河段位于三门峡坝下 157～189km(杨庆安等,1995)。图 6.51 中可见,在大坝兴建前,河道内有很多沙洲;三门峡水库建成蓄水 3 年后,沙洲数减少;到 1964 年,河道变成单线状河道。

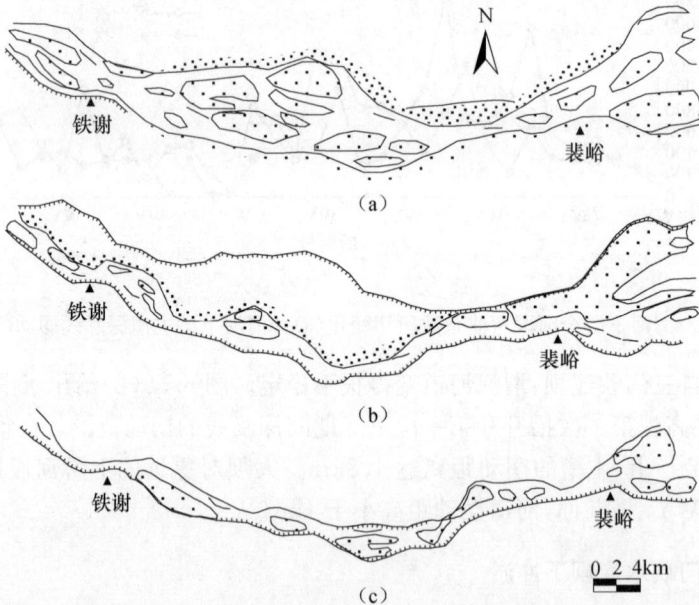

图 6.51　三门峡建坝前后铁谢-裴峪河段河型的变化
(a) 1960 年 8 月 27～29 日;(b) 1963 年 7 月 24～26 日;(c) 1964 年 11 月 17～22 日

　　三门峡水库建成后,弯道在下游河道普遍发育。大坝到铁谢河段(坝下 0~157km)为山体所限制,其中无弯道出现。坝下游 150~550km 河段为河道演变较为活跃的河段,对此河段的统计表明,在建坝前,此 400km 河段仅有 16 个弯道;在大坝建成蓄水后,更多弯道普遍发育。图 6.52 所示为 20 世纪 70~90 年代该河段不同波长的弯道数变化情况。

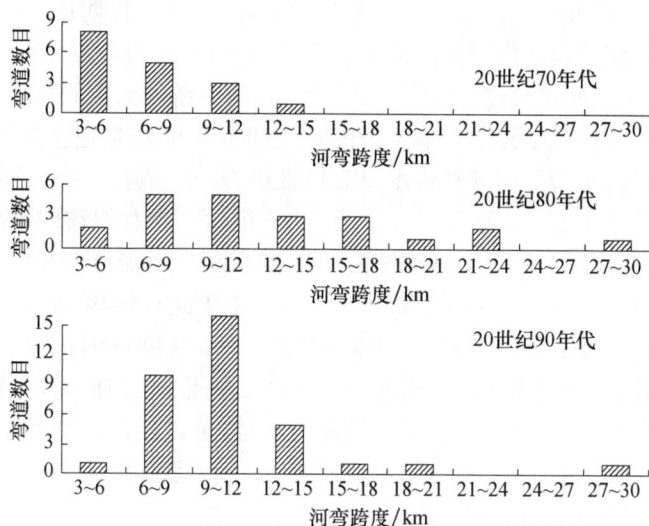

图 6.52　三门峡坝下游 150~550km 河段不同波长的弯道数变化情况

　　图 6.52 中,弯道波长为河道同一侧弯道折点到下一弯道折点的距离。20 世纪 70 年代该河段有 17 个小弯道,有些弯道被直道段所分隔,也有些弯道相互连接,形成小的弯曲河段。两个小的蜿蜒河段之间为直道河段。之后水库运行变稳定,出现更多弯道,弯曲段变得更长。80 年代,该河段发育了波长为 3~30km 的弯道 22 个;到 90 年代,弯道数目继续增加,弯道变得规则,31 个弯道的波长为 6~15km,河流变得更为弯曲。在此演变过程中,沿河修建的一些整治工程或多或少影响了弯道的发育。

6.6　黄河水沙管理新策略

6.6.1　改宽浅河槽为窄深河槽

　　一般而言,大多数冲积河流为窄深河槽,河道按照社会经济发展的需求而加固、稳定。黄河下游两岸大堤间距数十千米宽,具有足够的空间供河槽摆动和泥沙淤积。目前,下游河道已经变窄,而且将更窄。美国的密西西比河道曾经很宽,束窄河道已经逾半个多世纪。河道束窄用于不同目的:城市发展、土地开发、防洪及航运。欧洲大多数大型河流均已被人工渠化,如莱茵河、罗纳河(也称为隆河,Rhone River)、易北河(Elbe River)及多瑙河等。渠化的目的主要是土地开发、消灭疾病(如疟疾)、防洪及开辟航道(Kern,1994)。1859 年,维也纳附近的多瑙河河段经过整治,从辫状河流变成单一河道河流,从而为城市开发提供了大量土地资源。罗纳河也进行了渠化的整治,用于航运和土地开发(Bloesch,2002)。

水利部前部长钱正英院士曾多次考察黄河,结合自己长期从事水利工作的实践和体会,建议调整宽河固堤防洪策略。宽河固堤自 20 世纪 50 年代作为保护黄河下游安全的主要防洪策略(钱正英,2006)。黄河下游河南段的"宽河"过宽,大堤之间目前约有 180 万人居住。滩区居民防洪的主要措施是把土垫高造起的"房台"、"村台"和"避水台",但这种避水台只可抵御 20 年一遇的洪水,而且建台费用高昂,平均造价达 1 万~2 万元/人。目前,由于沿黄河水利枢纽的调控,泥沙量和洪峰流量大幅度降低。百年一遇洪峰流量从 33 000m³/s 降至 15 700m³/s,而千年一遇洪峰流量从 45 000m³/s 降至 22 600m³/s。鉴于此现状,可以考虑将宽河转变成相对窄河道。钱正英院士建议,把陶城铺以上游荡型宽河道逐步治理成 3~4km(也可以更宽些)宽的微弯型窄河道,改变"二级悬河"的局面,重新规划,解放滩区,撤销不必要的分滞洪区,如果泄洪能力不足,可以建设 1 个或 2 个标准化分滞洪区,在此基础上研究拦、排、调、放、挖相结合的治理措施,逐步实现下游河床不抬高。图 6.53 为束窄河道开发滩区的示意图。

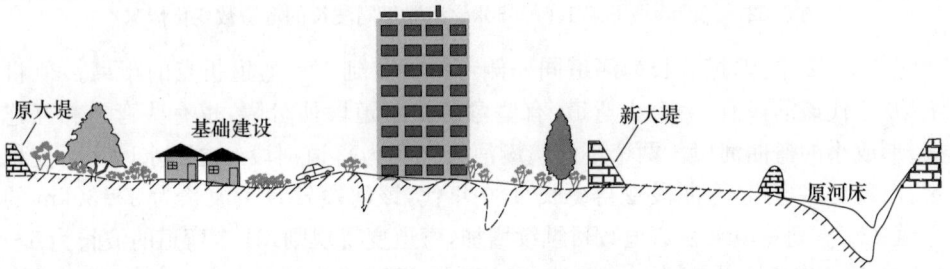

图 6.53　黄河下游束窄河道开发滩区示意图

6.6.2　海水冲刷

因为黄河河道迅速淤高,而能用来冲刷淤积的来水却越来越少,林秉南等(1998;2000)提出引海水冲刷黄河河道的方法,即建设泵站,自渤海引海水冲刷黄河下游河道。其研究方案有两种:自广利港引海水,①在利津水文站附近将海水注入黄河;②在西河口注入海水(图 6.21)。方案 1 提出修建渠道,连接广利港和现用做滞洪区的南展水库,长约 48km。如果按 500m³/s 流量将海水抽送至水库,待水库蓄满后,就可以开闸以 5000m³/s 的洪峰流量冲刷黄河的河口段。水库的库容为 5000 万 m^3，则每次水库约 7h 放空，28h 能再次蓄满。按此计算，利津下游的 115km 长的河道，每年约可以冲刷 251 次，每次冲刷 7h。

海水冲刷的效果可用简单的数学模型来计算（林秉南等，1998；2000），计算中按床沙粒径 0.06mm 考虑，冲刷洪水的含沙量按假设以 25.5kg/m^3 计。计算结果表明，水库排出海水形成的洪水流量在下行过程中，沿程降低。利津处的洪峰流量为 5000m^3/s，至西河口（距利津 47km）降低至 1800m^3/s，到河口处流量降为 1300m^3/s。由于用于冲刷的海水不含泥沙，所以河道冲刷很明显。经初步计算，海水冲刷的第一年，利津河床高程在汛期前可从 12m 冲刷至 6m，汛期后回淤到 10m。如果运行 5 年，能冲刷超过 1.7 亿 t 的床沙并输运入海。

冲刷引起利津水位下降，造成水面落差的增加，使注入点以上河道发生溯源冲刷。利津上游 200～400km 长的河段会受到溯源冲刷的影响，则此河段的累积性淤积将会终止。因此，海水冲刷策略使海水注入点上、下河槽的冲深显然会给黄河下游的防洪带来巨大好处。但是，黄河引入海水有可能造成农田的盐碱化，并可能在海水注入点下游区域引起生态问题。

为了减轻方案 1 的负面影响，提出了方案 2。在方案 2 中，海水注入点为利津下游 47km 的西河口。从西河口到河口地带几乎没有耕地，主要生长一些灌木，或用做植树和养虾用地。将海水引入西河口的渠道仅需要 24km 长（图 6.21）。可以按 1000m^3/s 的流量将海水直接泵入黄河中，图 6.54 为方案 2 数学模型结果（Zhou，2003）。海水冲刷 10 年后，伴随着溯源冲刷，海水注入点的河道深泓线有可能被冲深 7～8m，但洪水位（3000m^3/s）可能降低 4.4m。

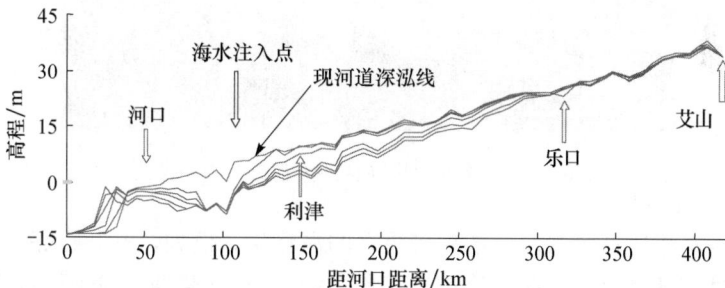

图 6.54　海水冲刷和溯源性侵蚀前后的河道深泓线比较（Zhou，2003）

海水冲刷方案的实施仍然存在很多实际困难。例如，抽取海水所需的电能耗资巨大，而引海水至黄河的生态影响也非常复杂。因此，在新方案采用之前，尚需进行以下几个方面的研究：①海水冲刷的作用必须利用物理模型进行更深入的研究。②引海水对三角洲的生态系统的影响必须详细研究。由于黄河河口处的潮差只有 1～1.5m，黄河受海水影响的河段仅有 20km。而在黄河内引海水形成人造洪水，可能会引起滨河土地的盐碱化。滨河栖息地、土地利用、生物群落和生物数量都会发生变化。③必须对引海水冲刷、洋流输沙、河口造陆及三角洲的演变和发展开展综合研究。④必须开展引海水冲刷、疏浚和其他方案的对比研究。

6.6.3　人造高含沙洪水

黄河下游的主要问题是泥沙量大而水量不足。黄河下游的平均含沙量为25～40kg/m³，而高含沙洪水输沙时，其含沙量能高达数百千克每立方米。因此，利用人造高含沙洪水高效输沙作为一项措施被提出来。高含沙水流会冲刷河道主槽，使泥沙沉积于滩地。所以，高含沙水流能塑造和维持窄深河道（齐璞等，1993）。有数据显示，高含沙洪水能在窄深河道中流动很长距离而不产生严重淤积，而且，高含沙水流中泥沙的沉降速率比低含沙水流要小很多。图 6.55 为高含沙洪水在一条人工渠道内流动的情况，高含沙水流引用于农田灌溉，水流流经 50km 的渠道未发生明显淤积。

图 6.55　北洛河引用高含沙洪水进行农田灌溉

高含沙水流比低含沙水流能挟带更多的泥沙量。例如，三门峡水库在 1963 年汛期前突然降低水位并最后放空，下泄挟沙水流至黄河下游河段，含沙量达 300kg/m³。此次高含沙水流持续了 5 天（赵文林，1996）。因此，可以考虑利用小浪底水库形成人造高含沙洪水，通过下游窄深河道高效输沙入海。小浪底水库的总库容和拦沙库容都比三门峡水库大，利用小浪底水库形成人造高含沙水流是可行的。

利用人造高含沙洪水高效输沙措施存在一个技术难点，就是如何使黄河下游河道变成窄深河道。李大治（1993）提出制作潜水铲砂器、冲砂器，并配以动力控制船，组成机械驱沙系统，非汛期在黄河下游全程作业，挖掘主槽断面，用 3～5 年开挖

800km 长的窄深河道。然后利用小浪底水库产生人造高含沙洪水,配合机械搅拌增加沿程含沙量,使平均含沙量保持在高于 $300kg/m^3$。从而,每年可利用 80 亿 m^3 的水将 24 亿 t 的泥沙输送入海,达平均年输沙量的 3 倍。这样,河道内累计性淤积的问题就可以得到解决。Wang 等(1997)指出,在实施此项措施之前,必须解决如下技术问题:①产生人造高含沙洪水,必须研究泥沙颗粒组成及控制其颗粒组成的方法,以使水流中的泥沙颗粒组成和水流强度相匹配。②人造高含沙洪水至少需要 7~10 天才能从小浪底水库下泄河口,因此必须解决如何形成人造高含沙水流并维持 10 天以上。③高含沙水流的挟沙能力大但很不稳定。因为泥沙颗粒的沉速与含沙量的 -7~-4 次幂成正比,所以粗颗粒泥沙的沉速随着含沙量的增加急剧降低,则粗颗粒泥沙能被高含沙水流悬移输送。但是如果有一部分粗沙沉积后,含沙量降低就会造成沉速增加,从而使更多的泥沙颗粒沉积。高含沙水流下泄过程中,可能会触发这种连锁反应,导致严重淤积(Wan et al.,1994)。在长达 800km 的河道内,保持高含沙水流下泄,而不产生严重的泥沙淤积,是泥沙科研工作者面临的难题。④按此措施,利用人造高含沙水流每年将输运 24 亿 t 的泥沙入海,大量的泥沙将淤积在河口区,则河道里新的溯源淤积又将发生。因此,必须能够处置河口的淤沙,并避免溯源性淤积。⑤周文浩等(1997)发现三门峡水库大坝附近的淤沙主要由细沙($d_{50}=0.005$mm)组成,粗沙($d_{50}=0.091$mm)淤积于坝体 9km 以外。小浪底水库在将来会发现相似的现象,细沙是高含沙水流的主要组成部分,因此,当小浪底水库连续排空,细沙将会排尽,高含沙水流难以长期维持。

6.6.4　跨流域调水

据估计,黄河流域 2010 年的缺水量为 70 亿 m^3,2030 年为 150 亿 m^3(陈家琦,1991)。解决或减轻黄河水资源短缺问题,使黄河不再断流,其主要措施是水资源的再分配和跨流域调水工程。南水北调工程目前正在实施,西线工程将从青藏高原向黄河上游输水,即从金沙江、雅砻江和大渡河引水到黄河上游。通过建坝和输水灌渠,流入黄河的水量约为 19.5 亿 m^3。这样,黄河流域的水资源问题将得到解决,引入的清水也将挟沙入海,黄河河道的淤积也将得以解决。通天河、雅砻江和大渡河距黄河的上游只有 100~200km,三条河总的年径流量为 1200 亿 m^3,西线工程将从这三条河引水 195 亿 m^3 至黄河。

6.6.5　解放滞洪区

由于人口增长和城市化进程,土地需求压力增大。为解决这一问题,人们提出利用分洪渠工程取代分滞洪区的措施,以解放分滞洪区土地,用于经济发展和人类居住(李殿魁,2000a;2000b)。小浪底水利枢纽工程的竣工,使黄河下游的防洪标准由 100 年一遇提高至 1000 年一遇。水利部计划解放大功、北展和南展分滞洪区,仅保留北金堤、东平湖分滞洪区。

思 考 题

1. 历史上提出了哪些治黄理念?

2. 现代黄河治理策略是什么?

3. 水资源开发规划中必须考虑的因素有哪些?

4. 在过去的几十年中,黄河总输泥量大幅度减少,为什么黄河下游河道的淤积速率还是那么高?

5. 黄河三角洲的主要动力特征是什么?

6. 请陈述黄河水沙管理新策略。

7. 黄河淤积速率很高,而可以用来冲沙的水却越来越少,请提出解决这个问题的治理策略。

8. 黄河下游治理出现的新问题是什么,如何解决?

9. 黄河流域水资源管理存在的问题和解决方法是什么?

10. 谈谈你对黄河水沙管理新策略的看法。

参 考 文 献

陈家琦.1991.中国的水资源//钱正英.中国水利.北京:水利电力出版社.

陈金荣,尹学良.2002.黄河水沙变化对河口演变的影响//汪岗,范昭.黄河水沙变化研究.郑州:黄河水利出版社:866-874.

陈效国.1999.黄河下游的防洪形势与对策.黄河水利委员会.

程东升,王兆印,刘继祥.2007.黄河下游流量变化与工程出险关系分析.水利学报,38(1):74-78.

黄河水利委员会.1991.黄河系列画册.北京:中国环境科学出版社.

黄河水利委员会.2001.世纪黄河.郑州:黄河水利出版社.

黄河三门峡水利枢纽志编纂委员会.1993.黄河三门峡水利枢纽志.北京:中国大百科全书出版社.

吉祖稳,胡春宏,曾庆华,等.1994.运用遥感卫星照片分析黄河河口近期演变.泥沙研究,(3):12-22.

李大治.1993.机械驱沙入海治黄可能性的探讨与轮廓设想.人民黄河,(9):50-52.

李殿魁.2000a.建设济南堰造福泉城惠泽齐鲁.山东经济战略研究,(2):2-5.

李殿魁.2000b.建设济南堰之我见.山东水利,(3):90-91.

林秉南,周建军,张仁.2000.引海水冲刷河口治理黄河下游.中国工程科学,(4):25-33.

林秉南,周建军,张仁,等.1998.引用海水冲深黄河下游河槽——治黄新途径的探索.中国水科院院报,1(2):1-10.

刘成,王兆印,隋觉义.2008.黄河干流沿程水沙变化及其影响因素分析.水利水电科技进展,28(3):1-7.

潘贤娣,董雪娜,李勇,等.2002.黄河水沙特性变化综合分析//汪岗,范昭.黄河水沙变化研究.郑州:黄河水利出版社:107-174.

齐璞,赵文林,杨美卿.1993.黄河高含沙水流运动规律及应用前景.北京:科学出版社.

钱宁,周文浩.1965.黄河下游河床演变.北京:科学出版社.

钱正英.2006-06-27.关于黄河下游治理的讲话.http://www.hwcc.com.cn.

王化云.1989.我的治河实践.郑州:河南科学技术出版社.

王兆印,程东升,李昌志,等.2004a.黄河下游河流演变过程及丁坝毁坏分析.清华大学研究报告.

王兆印,李昌志.2003.潼关高程对渭河淤积的影响研究.清华大学研究报告.

王兆印,吴保生,李昌志.2004b.对渭河下游是否已经达到冲淤平衡的分析.人民黄河,26(4):16-18,23.

吴保生,邓玥.2005.三门峡水库河床纵剖面的调整.水利学报,36(5):522-549.

吴保生,夏军强,王兆印.2006.三门峡水库淤积及潼关高程的滞后响应.泥沙研究,(1):9-16.

杨庆安,龙毓骞,缪凤举.1995.黄河三门峡水利枢纽运用与研究.郑州:河南人民出版社.

张仁,谢树楠.1985.废黄河的淤积形态和黄河下游持续淤积的主要成因.泥沙研究,(3):1-10.

张世奇,曹文洪,董继清.1997.黄河口泥沙模型.UNDP 项目报告.

张文安.2008.两汉时期河南地区的水患及其治理与救助.河南大学学报(社会科学版),48(2):89-97.

赵文林.1996.黄河水利科学技术丛书——黄河泥沙.郑州:黄河水利出版社.

赵业安,李勇,刘鸿宾.1998.对黄河"96.8"洪水的主要认识.人民黄河,20(5):1-5.

赵业安,周文浩,费祥俊,等.1998.黄河下游河道演变基本规律.郑州:黄河水利出版社.

周文浩,陈建国.1997.黄河高含沙水流治理对策的讨论.中国水利水电科学研究院.

Bloesch J. 2002. The Danube River Basin—The other cradle of Europe:The limnological dimension// Academia Scientiarum et Artium Europaea:Proceedings 1st EASA Conference"The Danube River:Life Line of Greater Europe",Budapest.

Engels H. 1932. Grossmodellversuche ueber das Verhalten eines geschiebefuehrenden gewundenen Wasserlaufes unter der Einwirking wechseln der Wasserstaende und verschiedenartiger Eindeichungen. Wasserkraft und Wasserwirschft,27(3&4):25-31,41-43.

Fogg J L,Muller D P. 1999. Resource values,instream flows and ground water dependence of an oasis stream in the Mojave Desert// Annual Summer Specialty Conference Proceedings,Science into Policy:Water in the Public Realm/Wildland Hydrology,Bozeman.

Freeman J R. 1922. Flood problems in China. Transactions of the American Society of Civil Engineers,85:1405-1460.

Kern K. 1994. Basics in near-natural construction of waters. geomorphological evolution of running waters//Grundlagen Naturnaher Gewässergestaltung. Geomorphologische Entwicklung von Fliessgewässern. Berlin:Springer:256.

Long Y Q. 1996. Sedimentation in the Sanmenxia Reservoir // Proceedings of the International Conference on Reservoir Sedimentation,Fort Collins,Ⅲ:1294-1328.

Long Y Q,Chien N. 1986. Erosion and transportation of sediment in the Yellow River Basin. International Journal of Sediment Research,1(1):2-28.

Simon A. 1989. A model of channel response in disturbed alluvial channels. Earth Surface Processes and Landforms,14:11-26.

Simon A. 1992. Energy,time,and channel evolution in catastrophically disturbed fluvial systems. Geomorphology,5:345-372.

Simon A,Thorne C R. 1996. Channel adjustment of an unstable coarse-grained stream:Opposing trends of boundary and critical shear stress,and the applicability of extremal hypotheses. Earth Surface Processes and Landforms,21:155-180.

Wan Z H,Wang Z Y. 1994. Hyperconcentrated Flow,Monograph Series of IAHR. Netherlands: A A Balkema Publishers.

Wang Z Y. 1999. Experimental study on scour rate and channel bed inertia. Journal of Hydraulic Research,37(1):27-47.

Wang Z Y,Hu C H. 2004. Interactions between fluvial system and large scale hydro-projects. keynote lecture// Proceedings of the 9th International Symposium on River Sedimentation, Yichang,(1):46-64.

Wang Z Y,Huang J C,Su D H. 1997. Scour rate formula. International Journal of Sediment Research,13(3):11-20.

Wang Z Y,Liang Z Y. 2000. Dynamic characteristics of the Yellow River Mouth. Earth Surface Processes and Landforms,25:765-782.

Xu J X. 1997. Evolution of mid-channel bars in a braided river and complex response to reservoir construction:An example from the middle Hanjiang River,China. Earth Surface Processes and Landforms,22:953-965.

Xu J X. 1998. Naturally and anthropogenically accelerated sedimentation in the Lower Yellow River,China,over the past 13 000 years. Geografiska Annaler:Series A,Physical Geography, 80(1):67-78.

Yen B C. 1999. From Yellow River models to modeling of rivers. International Journal of Sediment Research,14(2):85-91.

Zhou J J. 2003. Diverting seawater to scour the Lower Yellow River. International Journal of Sediment Research,18(2):298-304.

第 7 章   筑坝及水库的管理

全球成千上万条河流上都已筑堤建坝,这应是人类在河流开发上所取得的巨大成就,同样也是人类对河流生态的巨大扰动。世界上第一座 221m 高的大型水坝胡佛大坝,镶嵌于美国亚利桑那州-内华达州交界处的科罗拉多大峡谷上,优美壮观,令人惊叹,开启了大型水坝的时代。1935 年 9 月 30 日,美国总统罗斯福在大坝竣工仪式上高度评价:"我来了,我看到了,我被征服了!"那个年代,不论是决策者还是工程技术人员,很多人为大型水坝的建成而自豪,为人类进一步征服自然的成就而喜悦。大坝提供了电能、水和食物,控制了洪水,染绿了沙漠。在 20 世纪大多数时间里,人类建造的这种大型的单体建筑物,一直是进步的象征。然而,随着一座座大坝的建成和运行,人们逐渐认识到它们也引发了很多问题,特别是水库淤积、下游河道冲刷及对河流和陆地生态的扰动。本章介绍和讨论河流筑坝、水库淤积的管理策略及大坝对生态的影响。三峡工程是我国在长江上兴建的最大型的水利工程,本章对三峡大坝的修建和水库管理策略也进行了讨论。

7.1   河 流 筑 坝

据国际大坝委员会估计,截至 20 世纪末,全球河流上兴建了 4 万余座大坝,其中约 5000 座建于 1950 年后。国际大坝委员会定义的"大型水坝"通常是指从坝基到坝顶超过 15m,或水库库容大于 100 万 m^3 的坝。据其统计,至 2003 年,大坝总数为 49 697(贾金生等,2004)。1949 年我国只有 8 座大坝,而 1950~1990 年,我国兴建大坝超过 19 000 座。到 2003 年,我国共有大坝 25 800 座,名列世界首位。美国有大坝 8724 座,居于世界第二。其后分别为日本和印度(表 7.1)。美国估计有约 96 000 座小型水坝,如果其他国家大型水坝和小型水坝的比例与美国相似,粗略估计全球约有 800 000 座小型水坝(McCully,1996)。图 7.1 所示为全球和我国大坝数量的增长曲线,从图 7.1 中可见,自 20 世纪 70 年代到 2000 年,全球大坝的增长趋势与中国一

表 7.1   具有最大和主要大坝的国家(按国际大坝委员会定义)

名次	大坝 (1986 年数据)		大坝 (2003 年数据)		主要大坝 (1994 年数据)	
	国家	数量	国家	数量	国家	数量
1	中国	18 820	中国	25 800	美国	50
2	美国	5 459	美国	8 724	俄罗斯	34

续表

名次	大坝(1986年数据)		大坝(2003年数据)		主要大坝(1994年数据)	
	国家	数量	国家	数量	国家	数量
3	苏联	约3 000*	日本	2 641	加拿大	26
4	日本	2 228	印度	2 481	巴西	19
5	印度	1 137	韩国	1 206	日本	19
6	西班牙	737	西班牙	1202	土耳其	11
7	韩国	690	南非	923	中国	10
8	加拿大	608	加拿大	804	德国	9
9	英国	535	巴西	634	意大利	9
10	巴西	516	阿尔巴尼亚	630	瑞士	9
11	墨西哥	503	墨西哥	575	阿根廷	8
12	法国	468	意大利	549	印度	7
13	南非	452	土耳其	521	法国	5
14	意大利	440	英国	517	墨西哥	5
15	澳大利亚	409	澳大利亚	474	奥地利	4
16	挪威	245	挪威	336	哥伦比亚	4
17	德国	191	德国	311	伊朗	4
18	捷克斯洛伐克	146	津巴布韦	244	西班牙	4
19	瑞士	144	保加利亚	215	澳大利亚	3
20	瑞典	141	沙特阿拉伯	190	巴基斯坦	3

* 苏联向ICOLD申报其能源与电力部所管辖的水电站大坝仅132座,据ICOLD估计,如果加上农业部和当地政府所兴建的大坝,其数目为2000~3000座。

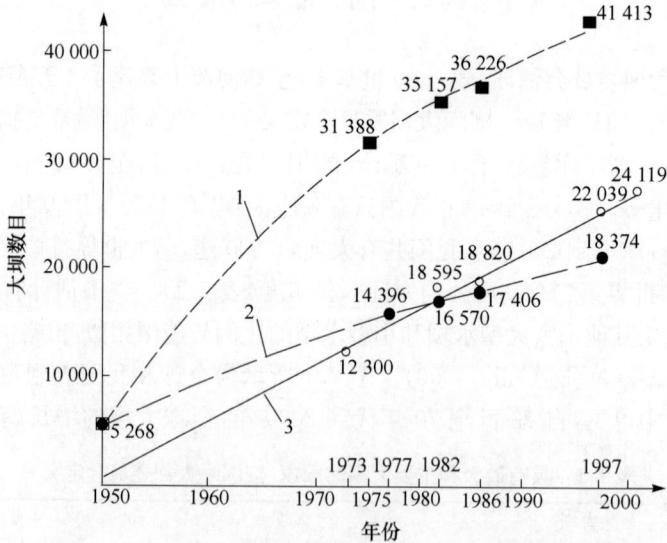

图7.1　全球和中国大坝数量的增长曲线(潘家铮等,2000)

曲线1. 全球大坝总数;曲线2. 全球除中国外的大坝总数;曲线3. 中国大坝总数

致,表明此段时期,大坝建设主要在中国(ICOLD,1988;International Water Power, 1995;贾金生等,2004)。

随着大坝建设数量的增加,大坝的高度和地理分布范围也在增大。胡佛大坝保持其世界第一高坝 20 余年,直至 1957 年被瑞士的 Mauvoisin 大坝所超越。4 年后,又有两座大坝超过胡佛大坝的高度,分别是瑞士的 Grande Dixence 大坝和意大利的 Vajont 大坝。1968 年,胡佛大坝在美国也被加利福尼亚州的 Oroville 大坝所超越。20 世纪的 70～80 年代,在加拿大、哥伦比亚、苏联、墨西哥和洪都拉斯兴建了 7 座高度超过胡佛大坝的水坝。目前世界上的第一高坝和第二高坝都在塔吉克斯坦,分别是坝高 335m 的 Rogun 心墙土石坝和高 300m 的 Nurek 土石坝(表 7.2、表 7.3)。

表 7.2　世界最高水坝(International Water Power,1995)

排序	坝名	国家	建成年份	水坝类型	坝高/m
1	Nurek	塔吉克斯坦	1980	E	300
2	Grande Dixence	瑞士	1961	G	285
3	Inguri	格鲁吉亚	1980	A	272
4	Tehri	印度	U/C	E/R	261
5	Chicoasén	墨西哥	1980	E/R	261
6	Mauvoisin	瑞士	1957	A	250
7	Guavio	哥伦比亚	1989	E/R	246
8	Sayano-Shushensk	苏联	1989	A/G	245
9	Mica	加拿大	1973	E/R	242
9	二滩	中国	2000	A	240
10	Chivor	哥伦比亚	1957	E/R	237
10	Kishau	印度	U/C	G	236
11	El Cajon	洪都拉斯	1985	A	234
12	Chirkey	苏联	1978	A	233
13	Oroville	美国	1968	E	230
14	Bhakra	印度	1963	G	226
15	Hoover	美国	1936	A/G	221
16	Contra	瑞士	1965	A	220
16	Mrantinje	南斯拉夫	1976	A	220
18	Dworshak	美国	1973	G	219
19	Glen Canyon	美国	1966	A	216
20	Toktogul	吉尔吉斯斯坦	1978	G	215

水坝类型:A.拱坝;E.土石坝;G.重力坝;R.堆石坝;U/C.在建。

表 7.3　库容最大的水坝(International Water Power,1995)

排序	坝名	国家	建成年份	库容/$10^9 m^3$
1	Owen Falls*	乌干达	1954	270.0
2	Kakhovskaya	乌克兰	1955	182.0
3	Kariba	津巴布韦/赞比亚	1959	180.0
4	Bratsk	苏联	1964	169.3
5	Aswan High	埃及	1970	168.9
6	Akosombo	加纳	1965	153.0
7	Daniel Johnson	加拿大	1968	141.8
8	Guri	委内瑞拉	1986	138.0
9	Krasnoyarsk	苏联	1967	133.0
10	W A C Bennett	加拿大	1967	70.3
11	Zeya	苏联	1978	68.4
12	Cabora Bassa	莫桑比克	1974	63.0
13	La Grande 2	加拿大	1978	61.7
14	La Grande 3	加拿大	1981	60.0
15	Ust-Ilim	苏联	1977	59.3
16	Boguchany	苏联	1989	58.2
17	Kuibyishev	苏联	1955	58.0
18	Serra da Mesa(São Felix)	巴西	1993	54.0
19	Caniapiscau	加拿大	1981	53.8
20	Bukhtarma	哈萨克斯坦	1960	49.8

＊库容中主要部分为自然湖容量(维多利亚湖),兴建的 31m 大坝在原湖容量基础上增加了 270km³ 的库容。

　　大型大坝主要是根据其坝高(至少 150m)、体积(至少 150 万 m³)、库容(至少 25km³)或发电量(至少 1000MW)确定。1950 年时,全球仅有 10 座大坝满足上述要求;到 1995 年,达到此要求的大坝数量激增至 305 座。拥有这些主要大坝的国家以美国领先,其次为苏联、加拿大、巴西和日本。表 7.1 列出了拥有这些主要大坝数量前 20 位的国家,中国在 1994 年居于第 7 位。

　　全球主要流域目前均是水坝密布,很多大河现在几乎就是梯级水库。例如,美国 2000km 长的哥伦比亚河,沿河建有 19 座水坝,只有 70km 的河段能够无阻隔地缓慢流动。我国黄河干流上建有 11 座大坝,总库容超过黄河的年径流量。在美国大陆,河长大于 1000km 的所有河流中,仅有 Yellowstone 河上未建坝。在法国,仅存的自由流动的 Rhone 河段在 1986 年也为水坝所截断。在欧洲其他地方,不论是 Volga 河、Weser 河、Elbe 河,还是 Tagus 河,未被水坝所阻隔的河段均不超过其河长的 1/4。

　　全球水库的总库容估计约达 1 万 km³,相当于世界所有河流总水体的 5 倍

(Chao,1995)。大型水库蓄水总重量足以引发地震,已记录有几十例水库诱发地震事件。地球物理研究者甚至估计,由于水库引起的地壳上重量的改变,很可能对地球自转速率、轴向倾角及其重力场形态具有很微小但可测得的影响。

全球超过 40 万 km^2 的面积为水库所淹没,相当于美国加利福尼亚州的总面积(McCully,1996)。Akosombo 水坝上游的 Volta 水库面积为 $8500km^2$,是世界上淹没面积最大的水库之一,约占加纳陆地面积的 4%。在美国,水库淹没的面积相当于新罕布什尔州和佛蒙特州面积之和(Devine,1995)。全球陆地面积的 0.3% 为水库所淹没,其造成的损失远超过原始统计数据,水库所淹没的滩地是世界上最为肥沃的农田,所淹没的沼泽和森林是生态多样性极高的野生动植物栖息地。

另一方面,河流上修建的主要大坝为所在国提供了巨量电能,成为经济发展的引擎(表 7.4),而且这些大坝也具有防洪、供水和航运的功能。

表 7.4　发电容量最大的大坝(International Water Power,1995)

排序	坝名	国家	建成年份	装机容量/MW
1	Itaipú	巴西/巴拉圭	1983	12 600
2	Guri(Raul Leoni)	委内瑞拉	1986	10 300
3	Sayano-Shushensk	苏联	1989	6 400
4	Grand Coulee	美国	1942	6 180
5	Krasnoyarsk	苏联	1968	6 000
6	Churchill Falls	加拿大	1971	5 428
7	La Grande 2	加拿大	1979	5 328
8	Bratsk	苏联	1961	4 500
9	Ust-Ilim	苏联	1977	4 320
10	Tucurut	巴西	1984	3,960
11	Ilha Solteira	巴西	1973	3 200
12	Tarbela	巴基斯坦	1977	3 046
13	葛洲坝	中国	1981	2 715
14	Nurek	塔吉克斯坦	1976	2 700
15	Mica	加拿大	1976	2 660
16	La Grande 4	加拿大	1984	2 650
17	Volgograd	苏联	1958	2 563
18	Paulo Afonso IV	巴西	1979	2 460
19	Cabora Bassa	莫桑比克	1975	2 425
20	W A C Bennet	加拿大	1968	2 416

注:数据至 1995 年。

7.2 大坝对环境和生态的影响

虽然河流筑坝给人类社会带来巨大的效益,但也衍生出不少问题。淡水资源因为受人类活动的影响,特别是因为河流筑坝,在主要生态系统中退化最为严重。大坝使河流生物相互联系的网络隔断、破碎。相关研究认为,水流调节、引水和因河流筑坝造成的河道隔断使得美国、加拿大、欧洲和苏联大型河流总径流量的 4/5 受到中等程度甚至强烈影响(Dynesius et al.,1994)。受引水对下游影响的最极端的例子是中亚的咸海,它曾经是世界最大的淡水水体,现在其面积不及过去面积的一半,并分割成三个苦咸水湖。黄河上筑坝使入海流量锐减,引起黄河下游段的多次断流。随着这类事件发生次数的增加,大型水坝对生态的负面影响逐渐引起人们的关注。

7.2.1 水库水质

河流筑坝改变了水流条件,因此改变了水库和下游河段的水质,从而影响水库和下游河段的野生生物(Petts,1984)。

1. 水温分层

河流中任一河段水体体积相对较小,再加上紊动混合以及较大水面积与空气的相互作用,使河流水温对气象条件存在快速响应。然而,对于水库来说,相对静止的水体体积增加,使热量能够蓄积,从而产生密度变化。从春季到夏季,水库水体发展出明显的温度梯度,可建立起较为稳定的夏季温度分层(图7.2)。

在水体表层,由于波浪使该层水体运动,水温基本均匀,此层称为库表温水层。然而,在近底区域,也存在一个均匀的温度分布层,但水温较低,此层称为库底均温层。在库表温水层和温度较低、密度较大的库底均温层之间,形成具有较大温度梯度的中间层。水温随水深而迅速降低,穿越温跃层,并伴随着水密度的迅速增加。这种水密度的不连续性在春季尚未完全发展,但在夏季发展至明显分层。当温度分层完全发展后,温跃层通常具有高达 2℃/m 的水温梯度。在库底均温层内,水温较低,自温跃层到库底水温仅有少量降低。图7.3为美国 Guadalupe 河峡谷湖(Canyon)不同季节的水温分层(Hannan,1979),1月水温垂向分布均匀,但在7月发展出温跃层,在湖面和近底发展出温水层和近底均温层。

水的密度在水温为 4℃ 时最大。水温高于 4℃ 时,水体呈正常的热膨胀现象,即随水温增加而密度降低;水温低于 4℃ 时,水体呈逆热膨胀现象,即随水温降低而密度降低。在夏季,较高水温、较低密度的水层"漂浮"在底部较低水温水体的上面。然而,在秋冬季,表层水温降至 4℃,密度达到最大,高于底层密度,则表层水

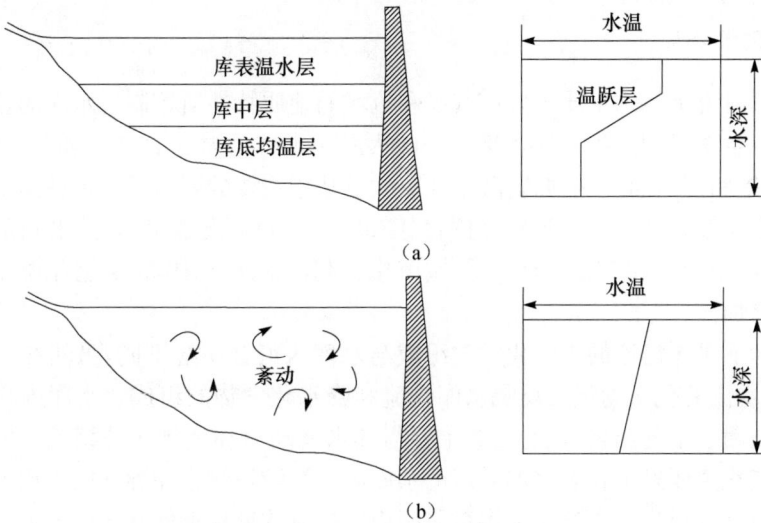

图 7.2　水库水温分层

(a) 夏季水温分层；(b) 由于紊动破坏分层形成水库水温均匀水体

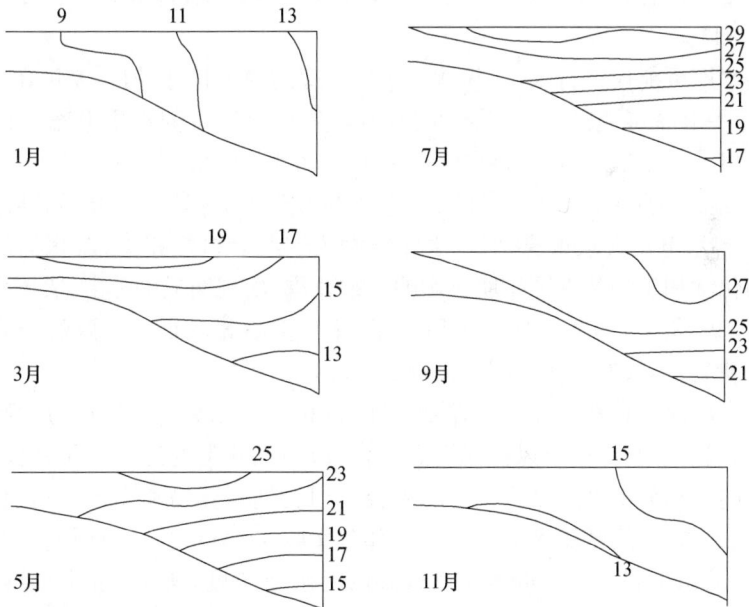

图 7.3　美国 Guadalupe 河峡谷湖不同季节的水温分层（Hannan，1979，单位：℃）

体下沉，底层水体上升。这种现象称为翻转，在一年的秋季和春季出现两次。翻转现象在高纬度地区的水库中发生。

2. 化学分层

自然河流水体的水质主要由气候和流域的地质特性所控制。水库的蓄水引起其内部发生物理、化学和生物变化。自然河流水体通常包含 4 个重要的阳离子（钙、镁、钠和钾），而氯化物、硫酸盐和碳酸氢盐为主要的阴离子。各种离子的相对重要性在一般条件下依赖于地理位置（Gibbs，1970）。土壤扰动、排水和植被破坏增加 NO_3^-、SO_4^{2-} 和 Mg^{2+} 的浓度，城市化引起河流水体中磷、氮化合物和重金属含量的增加。

水库下泄至河流的水体化学物组成与水库入流会明显不同，虽然在一些情况下，下泄水流的化学物组成反映水库入流和降水化学物的组成。水库内化学物质的变化归因于不同因素，这些因素主要与其水流动力和生物活动相关。生物引起的水质变化主要发生在有水温分层的水库内。浮游植物常在温暖的表层温水层增生扩散，释放出氧气，在全年大多数时间内维持氧浓度接近饱和。由于死去浮游植物的下沉，以及非自养细菌的出现，在表层温水层将发生耗氧现象，并常导致氧衰竭。这样，有机物的腐烂过程变成厌氧性的，产生氢硫化物气体，释放出二氧化碳，pH 降低，底层泥沙出现铁和锰溶液。表层水质持续恶化，直至秋季翻转现象发生（Petts，1984）。

有些水库可能仅运行 3~4 年就已达到水库的稳定状态，但营养化高峰会耗时 6 年，而有些水库可能需要 20 多年的时段才发展至稳定的水质形态。Zhadin 等（1963）给出了一个发展过程独特的水库例子，苏联的 Dnieper 水库建于 1934 年，1941 年毁坏。在此期间，水库聚积了大量有机物沉积，深达 4m，其后，陆地植被繁衍。1947 年水电站大坝重建完工，水库淹没了这些有机沉积物，沉积物的分解对新水库的化学和生物条件产生明显影响。在夏季，出现明显的分层，表层水温比底层高 4.5~9.5℃，在水库建成后的数年里，水体溶氧量较低。在腐烂的淹没植物之上完全缺氧，释放的二氧化碳量接近 20mg/L。

即使水库内不存在温度分层，溶解氧的分布也可能具有一定的分层特征。在水库表层，温水层水体由于风浪作用而混合，再加上藻类的光合作用，此层维持着接近饱和的溶解氧浓度。水库上层的光合作用受到营养物和光透度的限制，营养物主要为氮、磷；光透度受到藻类本身的部分影响，也被悬浮颗粒影响。在美国的 Cherokee 水库内（图 7.4），水体表面较高的溶解氧浓度（达 10mg/L）与较高的浮游植物密度相关（其密度达 3 万~6 万个/mL）。但在水面 10m 以下，水体条件不适宜浮游植物活动，溶解氧浓度降至小于 1mg/L。在 6~10m，溶解氧浓度迅速下降，反映在此范围内的水体存在大量的以浮游植物为食的浮游动物（Churchill et al.，1967）。在美国田纳西州的 Boone 水库，观测结果得到相似的关系，但此水库浮游动物呼吸所耗费的氧量超过了浮游植物光合作用所产生的氧量。

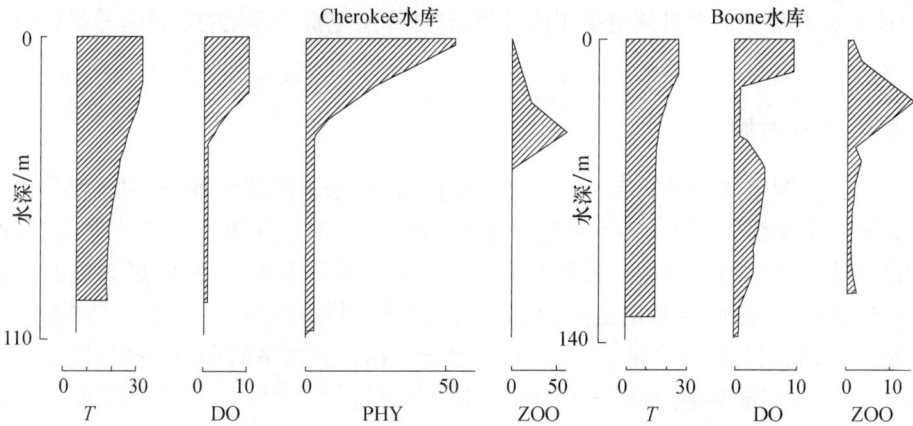

图 7.4　美国 Cherokee 水库和 Boone 水库夏季水质垂向分布

(Churchill et al. ,1967)

T. 水温(℃)；DO. 溶解氧(mg/L)；PHY. 浮游植物(1000cells/mL)；ZOO. 浮游动物(数量/L)

3. 富营养化

湖泊和水库起营养物蓄积池的作用,天然湖泊和人工湖泊因营养物(特别是氮、磷化合物)的聚集而造成富营养化现象,虽然钾、镁、痕量元素(如铁、锰、铜)和有机物对富营养化现象也有一定的影响。图 7.5 所示为滇池发生蓝藻的照片。滇池在最近数十年里,流入的城镇污废水大量增加,富营养化现象日趋严重。暴发的蓝藻在水面形成油状的绿色层,引起严重的缺氧现象,造成鱼类死亡。

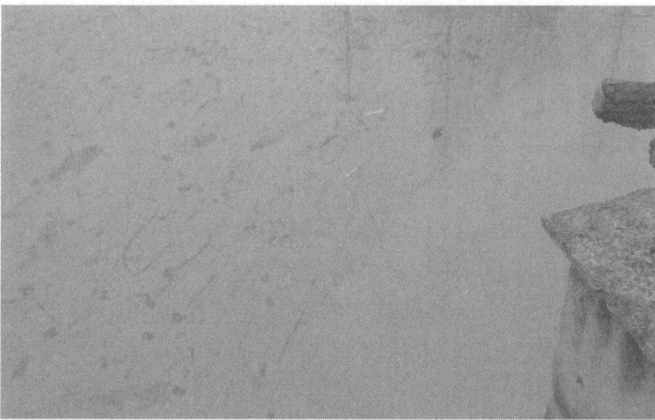

图 7.5　滇池暴发的蓝藻在水面形成油状的绿色层,引起严重的缺氧现象

每个湖泊和水库都具有一定的保持良好水质的容量,能够承接一定的营养物负荷而避免发生富营养化。虽然在此方面开展了大量研究(Vollenweider,1968;

Paerl,1988),但仍需要开展更多工作,以找到计算避免富营养化的临界营养物负荷的方法。

7.2.2　水库泄流

尽管控制水质的参数有一定的变化范围,但由于上游蓄水,河水的温度和化学变化将趋于和缓。例如,其年际变化幅度将降低,短时极端事件几乎消失,季节性的最大值和最小值将滞后。长期蓄水的水库一般都具有如下特征:硝态氮的浮游生物同化作用,库底层细菌造成的硝酸盐无氧代谢作用(Petts,1984)。在水体分层情况下,硝酸盐含量降低,而亚铁离子量却能达到异常高的水平。高浓度二氧化磷、低 pH 及在缺氧的库底层内出现有机物,将引起不溶性的三价铁态还原为可溶性的亚铁态(Hannan et al.,1976)。在一定条件下,水库的这种作用会局限于坝下仅 1km 内,但此影响会传播至下游数十千米。

水库下泄水流水质明显不同于自然水流,从水流下泄处开始,沿河水体会形成水温和化学物梯度,这种梯度向下游的延伸范围反映水库和支流的相对排放量。美国科罗拉多州的 South Platte 河的 Cheesman 坝观测结果显示(Ward,1974),对于要形成的水温梯度,水库下泄量必须足以克服库底下泄形成的梯度。在 3~8 月水库分层期间,库底的下泄水流形成水温梯度,4 月和 8 月下游水温增加最为迅速。由于 Cheesman 水库在水体刚流出大坝就进行温度调控,因而,原来在 4 月和 8 月出现的水温自然峰值没有出现。在 10 月,均匀的水温反映出由于秋季翻转而形成混合水的下泄。

水库出流设施的位置将决定分层水库中泄流的水质,因为泄流通常发生在一个相对较薄的水层里。Churchill 等(1967)曾介绍美国 Holston 河上的 Cherokee 水库的泄流,下泄水流仅从出流口附近相当薄的水层流出。但是,在密度分层的水库内,垂向运动受到抑制,横向运动得到加强(Wunderlich,1971)。泄流刚开始时,所有层的水体都流向坝前参与排放(Elder et al.,1968);而一旦泄流量达到稳定,就会在进水口高程附近发展出一个垂直方向上严格限制的引水层,其连续性通过二次流的形成得到满足。引自相对较薄水层的泄流水体具有大致恒定的密度,因此如果引水水层所处的深度不同,其水质会有很大差异。

水库一般运行 5~10 年后达到稳定状态。在因植被和土壤被淹没而产生的初期影响过去之后,无污染水库的水体会改善,只有短时水质较差的水体下泄,主要受每年落叶增加、藻类死亡和其他自然状况的影响引起的。在低纬度地区,水库通过底层泄流对河流有显著的降温作用(Pearson et al.,1968)。在美国南卡罗来纳州的 Catawba 河,经过一段时间稳定的低流量后,第一次大流量泄流造成河流缺氧(Ingols,1959)。因为水深较大,水流下部不易复氧,导致溶解氧含量低。水质的季节性脉动是气候因素造成的。例如,可能由于一场大洪水而引发,洪水过程会搅动床沙,从而向水体释放大量正磷酸盐(Hannan et al.,1976);或分层迅速消失,从而产生极端失氧,排放有毒水体(Arumugam et al.,1980)。

超饱和的水会自水库表层下泄至河流下游,空气超饱和现象也会因水流经过发电机组叶轮(Dominy,1973)或是过坝溢流引起(Beiningen et al.,1970)。

7.2.3 水质控制

河流筑坝在水的特性上引起两个主要变化,两者都对泄水水质具有显著影响。其一,水库会大大增加水流穿越的时间;其二,会出现水体分层。密度分层会对下游水质产生严重后果,特别是在水库泄水与支流总流量相比较大的情况下。河流物理、化学特性的控制证明是有利的,但溶解氧含量的降低则是有害的。控制水库泄流水质,使蓄水能产生最大效益和最小弊端,是在任何情况下都应该尽量做到的,而且在很多情况下是必须具备的基本条件。为了控制水库泄水水质,降低水库分层的负面作用,人们采用过很多水库运行技术并设计建造了不同类型的建筑物。这些技术方法可以分为两类:选择性引水技术和取消分层技术,两种方法都被推荐使用过,以维持泄流最低水质标准。

1. 选择性引水技术

在大坝不同高度设置泄流孔,以便能够泄放不同高程的水层,是一种最简单的控制水质的方法。例如,可以缓慢地下泄库底层缺氧的水体,让其与库表层富氧水体混合。另外,以较大流量从水库下泄水流也能促使库内水体的混合,一定程度上可以防止库内水体缺氧状况的发展。Gore(1978)通过美国蒙大拿州东南的Tongue河水库工程实例展示了闸阀泄水的有效性,为满足运行需求,1975年春夏季大坝控制闸大部分时间保持开闸状态。持续的高流量下泄避免了温度分层和库底静水层的发展,从而使下泄水质接近建坝前条件。在坝下,观测到的泄水水温仅略低于下游150km河口处的水温,日水温和月水温波动与自然河流接近。因此,选择不同深度泄流对于控制水质是有效的。

在水库分层期间,利用上层泄水口有选择性泄放表层水体,能够提高泄流水质,这种作用直至库水翻转期时结束。从多个不同高程的泄水口泄流可以长时间的稀释贫氧水,能使下游水质不至于达到极端条件。然而,有些学者(Brooks et al.,1969;Fruh et al.,1973)认为,选择性泄流对高度分层水库作用有限,水库不同高度分层水体在泄流后难以混合,因为水库不同高度分层水体在泄流后难以混合。事实上,在印度的Cauvery河上的Stanley水库下游,夏季时的水质问题与其两个排放源相关,两处泄水在坝下约2km内继续保持分离流动,成为明显不同的两股水流(Ganapati,1973)。从高水位闸门下泄的水流相对水温较高、富氧,并含有低浓度的磷、硅和氮;在30m深度自涡轮排放的尾水水温低至3℃,溶解氧低于

50%,pH 低,并含有高浓度的磷、硅和氮,两处水体同时下泄,但没有混合,因此未发生稀释现象。在秋季翻转期后,自两泄水源处下泄的水流变得均匀。

2. 人工消除分层

经常应用于实际工程的人工消除分层方法有两种,即注气法(注射空气)和抽水法(利用泵抽水)。水库水体维持大致等温线的条件会使水体持续循环,因此能够给整个水体供氧。这就消除了缺氧条件,克服了缺氧所带来的问题。

在夏季,人工消除分层及上下层水体混合有利于改善水库内的水质,使水质更均匀,从而也改善了库下游河道的水质。美国水库水质控制委员会建议,对于供水水库,因为温度分层引起库底滞水层缺氧条件而造成水质恶化的情况,需要进行人工消除分层(American Water Works Association,1971)。

一些研究曾尝试注气至库底滞水层来人工消除分层,通过温水与冷水之间热量交换的混合过程使得水体变为接近等温条件。早期的试验常因不能达到足够的循环条件而失败(Derby,1956;Schmitz et al.,1958)。在瑞典,Langsjon 湖分层问题严重,湖底滞水层缺氧(Heath,1961),但注入压缩气体后,有效地消除了分层。类似的促使水循环的效果在美国也有报道,如纽约 Ossining 水库、南加利福尼亚州的亚热带水库 Wohiford 湖。在后一例子中,前 6 天每天注气 9h,最后一天注气 24h,经过 7 天的注气,整个湖水分层完全消除。

在美国的一个中等大小的湖——佐治亚州 Allatoona 湖,应用了一套注气扩散系统,成功地消除了分层。通常情况下,此湖 3 月中旬开始分层,7 月中旬分层完全稳定,至 10 月上旬发生翻转(Rogers et al.,1973)。夏末湖水表层和底层最大温差达 17℃,从表面到 20%水深以下,溶解氧耗尽。在 1968 年夏季,持续注氧至湖底滞水层,从而使水库维持在消除分层状态,整个湖水具有足够的溶解氧。如果在特定流量条件间进行比较,可以看出水库泄水水质明显改善。在大流量下,Allatoona 湖夏末时的溶解氧略低,但在 8 月和 9 月人工向湖底滞水层注气的情况下,溶解氧量明显升高。而且,在低流量情况下,溶解氧水平通常维持在约 4mg/L以上。而在注气之前,几乎整个夏季湖水溶解氧值低于此值,水温最大提高 8℃。虽然注气可以应用于相当大的区域,而且使大量水体处于运动状态,但这种方法相对低效,因为此方法需要为空气压缩提供能量转换。

除了注气消除分层方法外,另一种方法是自水体底部抽吸冷水,泵至水表面(Irwin et al.,1966)。Symons 等(1965)应用机械泵抽水方法消除了一个小湖的分层,增加了底层的水温和溶解氧含量,从而使锰和硫化物浓度降为零,厌氧分解产生的氨氮浓度也得到降低。

在湖水分层前应用泵抽水的方法,对消除分层特别有效(Garton et al.,1976)。在美国俄克拉荷马州 Ham 湖夏季中期,使用轴流泵按流量 0.674m³/s 从富含氧的表层向湖底层换水,仅运行 2 周,湖水的水温分层完全消除,但要消除溶解氧分层则需要更长的时间(图 7.6)。值得关注的是,不论距离泵有多远,整个湖水水温在任意特定深度均升温一致。在运行初期,因为混入湖底缺氧的水,表层溶解氧浓度明显下降,但随后,整个深度湖水溶解氧浓度明显迅速上升。运行 7 周后,测得整个断面溶解氧浓度增加并消除了分层。溶解氧消除分层相对于温度的滞后,可能是因为湖底层大量有机物聚集造成的。在随后一年,在湖水分层前用泵抽水,仅运行 2 天后,虽然表层与底层水温差为 7℃,但却形成了等温断面,溶解氧浓度变得稳定。

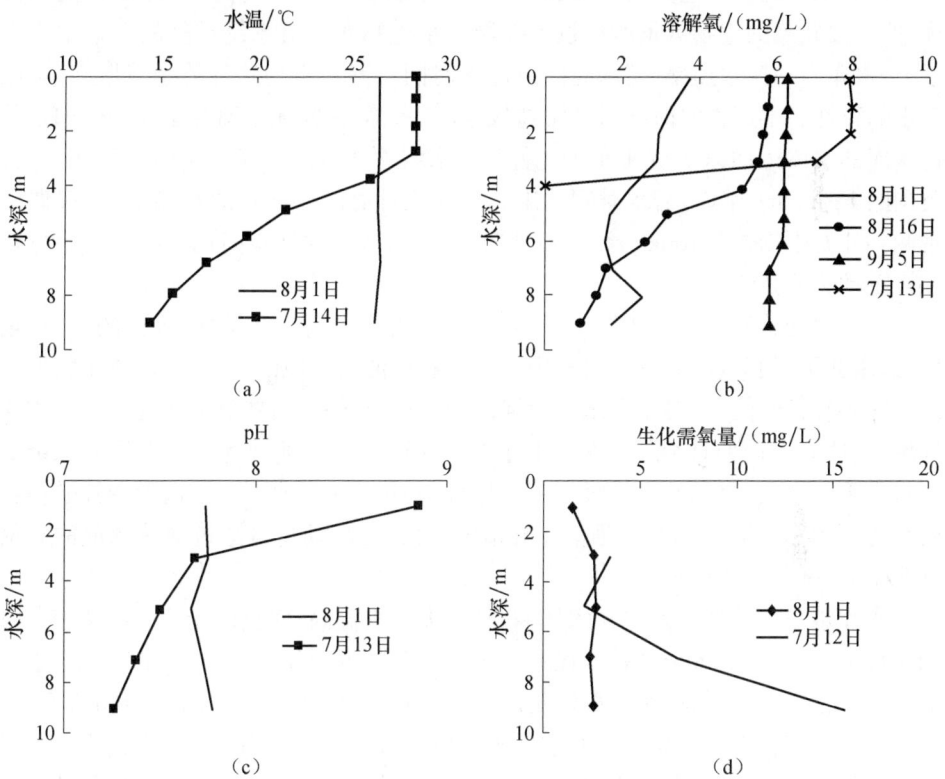

图 7.6　美国 Ham 湖消除分层前后的水温(a)、溶解氧(b)、pH(c)
和生化需氧量(d)分布(Garton et al. ,1976)

7.2.4　生态影响

　　河流筑坝是造成全球 1/5 的淡水鱼类濒危或灭绝的主要原因之一。此比例在筑坝较多的国家更高,如美国接近 2/5、德国为 3/4。两栖动物、软体动物、昆虫、水禽及其他水生生物和湿地生物同样受到影响(World Resources Institute,1994)。

1. 浮游植物

水库蓄水对静水浮游生物的发育有利。不论是浮游动物还是浮游植物,都需要最小的蓄水时间促进其发育。一般说,浮游动物所需的发育时间较浮游植物长(Brooks et al.,1956)。湖中浮游生物的数量一般与水流流速成反比,因此,小湖与大湖之间的浮游生物量明显不同。小的、较浅的湖承接相对较大流域面积汇集的径流,具有较低的初级生产力;大的、较深的湖承接相对较小流域面积汇集的径流,具有较高的初级生产力(Rzoska et al.,1955)。

所有水库的初级生产力主要源于浮游植物的活跃性。蓝藻常常在数量上占优,但常被硅藻的生物数量所超过。控制静水生物对激流系统贡献的三个主要因素为:水库内的换水速率(蓄水时间或冲洗时间)、静水生物发育的季节形态、水库泄水的特性。水库蓄水时间短常常造成紊流、水体混合、无水温分层,因此,如果通过水库的水体运动速率超过每秒数毫米,浮游生物将无法发育(Hynes,1970)。在英国的 Pitlochry 水库,蓄水时间从未超过 4 天,因此,在 4 年的观测期内,仅偶尔观测到浮游生物体(Brooks et al.,1956)。通常,水库含沙量高也限制了浮游植物和浮游动物的数量。

在水库开始蓄水的数年里,由于淹没区有机物的腐烂和矿化,水体的氮、磷量增加,由此可引起蓝藻暴发。对于山区河流和混浊的平原河流水库,浮游生物群落发育需要较长时间;但对于清水平原河流,此过程较快。有些物种更易于适应水库环境,这些静水物种对刺激水库及水库下游河道的无脊椎动物及鱼类等第二级生产具有重要意义。例如,在尼日利亚的尼日尔河,筑坝蓄水后下游河道内浮游植物密度达到约 $2500mL^{-1}$,是筑坝前年峰值的 2 倍;浮游动物量达筑坝前峰值的 3 倍(El-Zarka et al.,1973)。

水库水华现象通常发生在水体氮、磷浓度及水温高,而且阳光照射维持较长时间条件下。Hergenrader(1980)观测了发生在美国内布拉斯加州 Salt Valley 水库群的一次富营养化过程,水库群汇集了来自高度垦殖的牧场径流,营养物浓度高,从而促发了富营养化现象。这些水库水深较小,最大水深 10m,水库表面积大。风力作用使水体混合,避免了水温分层,热量和营养物分布较为均匀,这些条件为藻类生长提供了良好的条件。其中一座水库无机物含量高,水体浑浊,其浮游植物群落发育较差,硅藻仍维持生长。而三座"清水"水库发育了密集的浮游植物,随着浮游植物的生长,引起水库营养物的持续增长。

2. 植物反应

在河流生态系统内,发育大型水下植物的河床起着重要作用(Turner et al.,1980)。在底部泄流的坝下,植物会在白天为泄流水体充氧,而生长着杂草的河床能提供各种小生境。发育水下植被的河流中大型无脊椎动物密度能达到无水下植物河流中的 50 倍(Décamps et al.,1979)。然而,水下植物的发育并非总是有益的。例如,在非洲 Zambezi 河,由于缺少经常性的洪水冲洗,发育了繁茂的水下植物,对河马、鳄鱼和野禽的生存空间产生危害(Attwell,1970)。

3. 大型底栖无脊椎动物对上游筑坝蓄水的响应

在大多数自然河流里,流态、水温变化、底质及河床稳定性是控制大型底栖无脊椎动物分布的主要因素(Ward et al.,1979)。很多流水种群的生命周期与河流的自然季节性变化密切相关,因为呼吸、生理和摄食需要,河流生物群明显受到流速的影响(Petts,1984)。在一些生境条件下,大多数流水种群限制在其最适应的水深范围,短期流量变化的量和频率会对水深适应范围小的生物产生很大影响。

很多生命周期现象,如孵化、成长和成熟依赖于水温暗示(Lehmkuhl,1972),水体热动态的变化已证明为影响生物群落变化的首要因素(Gore,1980)。底质的多样性是维持底栖无脊椎动物多样性的必要条件。大多数水生昆虫成体生活在流水环境中,选择上游水域生长、繁衍、产卵(Hynes,1955)。大坝会对飞翔的昆虫成体生长产生阻隔,同样会对在下游随水漂流的昆虫蛹和幼体形成障碍(Hynes,1955;Minckley,1964)。

因为缺乏可靠的筑坝前的数据,大多数对筑坝河流的研究采用上游或附近河流或从支流得到的数据进行比较。对美国、欧洲和南非的 23 项研究进行的综合分析发现,筑坝河流具有若干个共同的响应特征。Stanford 等(1979)发现,除 3 个案例外,所有其他河流因为筑坝造成生物多样性降低。而且,即使相对丰度未发生变化,每个分类组的组成均会明显变化。表 7.5 列出了一些大型底栖无脊椎动物对筑坝的响应(Petts,1984)。

表 7.5 筑坝对大型底栖无脊椎动物的作用(Petts,1984)

国家/河流/水库	大型底栖无脊椎动物变化	资料来源
英国/River Elan/Craing Goch Reservoir	丰度和多样性降低	Scullion(1982)
加拿大/South Saskatchewan River/Gardiner Dam	下游超过 100km 范围内大型无脊椎动物量显著减少,19 种蜉蝣物种可能绝迹	Lehmkuhl(1972)
美国/Green River/Flaming Gorge Dam	下游超过 100km 范围内,分类学意义上的组群数量下降,底栖生物密度增加	Pearson 等(1968)
美国/Brazos River/Possum Kingdom Reservoir	坝下 80km 范围,底栖动物多样性增加	McClure 等(1976)
美国/South Platte River/Cheesman Lake	32km 范围,生物多样性降低,但现存量增加	Ward(1976)
美国/Upper Colorado River/Navajo Dam	在 13km 范围内,无脊椎动物密度从 820m^{-2}增加至 6727m^{-2}	Mullan 等(1976)

续表

国家/河流/水库	大型底栖无脊椎动物变化	资料来源
英国/River Tees/Cow Green Reservoir	仅在坝下 400m 范围,多样性降低,生物量增加	Armitage(1978)
美国/Stevens Creek/Central California	生物量增加翻番	Briggs(1948)
捷克共和国/River Svratka/Vir Valley Reservoir	与自然河流相比,单位面积生物数目增长 3.5 倍,生物量增长 2.8 倍	Peňáz M 等(1968)
美国/Mill Creek/Wisconsin	很多物种消失,动物群落变为少数物种占优势:蚋(Simulium sp.)、摇蚊(Chironomidae)和钩虾(Gammarus sp.)	Hilsenhoff(1971)
美国/Tennessee Valley/South Holston Reservoir	数量增加,主要是蚋和摇蚊增加造成的	Pfitzer(1954)
美国/Guadalupe River/Canyon Reservoir	大坝合龙 5 年后,坝下游 24km 建立起不同的大型无脊椎动物群落	Young 等(1976)
美国/Clinch River/Norris Dam,Tennessee	数量降低 30%,毛翅目(Trichoptera)和蜉蝣目(Ephemeroptera)生物为摇蚊类(chironomids)和腹足类(gastropods)生物所代替	Tarzwell(1939)

　　水库一般要考虑发电、灌溉、休闲或渔业等需要而运行,制造了人为流量变化。这些变化常会形成水深和流速的极端波动,呈现非自然的变化速率、持续时间和频率等。假如河流中的种群已经适应了流量波动的频率和强度,自然河流经历变幅较大的流量情况下,一般会出现生物的高生产率(Odum,1969)。但是,这种适应需要较长的时段。在筑坝河流内,变成优势动物群的物种一般能够主动地向河底缝隙中迁移,以保护自己不受流速快速增加造成的伤害(Radford et al.,1971;Trotzky et al.,1974;Ward et al.,1978)。在我国南方东江的枫树坝下游河段,只有一种物种——长臂虾科(Palaemonidae)的虾类存活,造成这种结果的主要原因是水力发电形成了人为下泄水流的波动,使流速突然增减。分析认为,额外的流速看来为生物群落生存的主要限制因素。美国 Glen Canyon Dam 下的主河道经历过极端的流量波动,因此河道里的动物群落枯竭,相比之下,其附近的静水域里能发现多种底栖生物群,包括腹足类(gastropods)、双翅目(Diptera)、毛翅目(Trichoptera)、环节动物(annelids)和片脚动物(amphi-pods)(Mullan et al.,1976)。

　　通常情况下,无脊椎动物虽然对其生存的环境条件敏感,但也能通过其成体向上游的迁移和蛹及幼体向下游的漂移来拓展新的栖息地。作者在野外现场试验时发现,在一条山区河流上修建系列人工阶梯-深潭后仅 20 天,每平方米面积大型无脊椎底栖动物的种群丰度由 17 种增加至 38 种,生物密度从 60 个/m^2 增加到 1700 个/m^2。但是,当上游筑坝蓄水后,物种需要较长的时间以适应新的环境,达到一种平衡。

在美国得克萨斯州的 Guadalupe 河的 Canyon 水库合龙后,如果考虑建立一套新的小生境重新安置原河道里的大型底栖无脊椎动物群落,通过改变环境,使动物群落适应新的生境,成功的方案预计需要 5 年的时间(Young et al.,1976)。

Ward 等(1978)根据河流筑坝蓄水后观测到动物群落的响应,将大型无脊椎动物分为 4 类:①普遍分布但在某种河流调节类型下大量繁殖的耐力生物;②在无调节河流中出现的、但受惠于某种类型调节的生物;③在无调节河流中出现、但在调节河流中减少或灭绝的非耐力生物;④通常不出现在无调节河流,但受惠于调节河流的示踪物种。

在建坝期间和建坝后很短时间内,随着水质、水温和泄水机制稳定下来,会发生很多无脊椎生物群落的重组。例如,在美国威斯康星州 Mill 河,建坝对底栖生物产生了很大的影响,见表 7.6(Hilsenhoff,1971)。在建坝期间和建坝后,很多物种不再存在,动物群落变成以摇蚊幼虫和片脚动物为主,而其他生物迅速变化(Hilsenhoff,1971)。可将其分成 4 类反应组:建坝前普遍但建坝后减少或不存在的种类[如纹石蛾(*Hydropsyche*)和长角泥虫科(Elmidae)];无坝条件下普遍而在建坝期间或之后消失,但随后又出现有限数量的种类(如一种四节蜉 *Baetis brunneicolor*);看起来未受建坝影响,但在截流期间或刚刚截流后物种数量暴增的种类[如摇蚊(*Chironomus* spp.)];建坝后数量增加变多的种类[如带蚋(*Simulium vittatum*)]。

表 7.6　美国 Mill 河坝下 300m 处浅滩建坝期间和刚刚建成后大型无脊椎动物的短期变化

底栖物种	建坝前	建坝期间	建成后 7~15 个月	建成后 19~27 个月
蜉蝣目四节蜉科 Ephemeroptera,Baetidae	—	—	—	—
一种四节蜉 *Baetis brunneicolor*	21	0	0	10
双翅目摇蚊科 Diptera,Chironomidae	—	—	—	—
摇蚊属 *Chironomus* spp.	0	508	345	3
小突摇蚊属 *Micropsectra* spp.	5	80	239	41
直突摇蚊属 *Orthocladius* spp.	74	54	66	210
斑点摇蚊属 *Stictochironomus* spp.	0	6	25	0
双翅目蚋科 Diptera,Simuliidae	—	—	—	—
带蚋 *Simulium vittatum*	173	336	901	742
双翅目大蚊科 Diptera,Tipulidae	—	—	—	—
招募笛大蚊 *Dicranota* spp.	1	20	24	4
端足目钩虾科 Amphipoda,Gammaridae	—	—	—	—
钩虾 *Gammarus*	34	—	50	132
北春天端足动物 *Pseudolimnaeus*	—	—	—	—
毛翅目纹石蛾科 Trichoptera,Hydropsychidae	—	—	—	—

续表

底栖物种	建坝前	建坝期间	建成后7～ 15个月	建成后19～ 27个月
一种纹石蛾 Hydropsyche betteni	177	81	0	2
鞘翅目长角泥甲科 Coleoptera,Elmidae	142	17	0	0
夏季总磷含量/ppm*	0.08	—	1.24	0.58
夏季总氮含量/ppm	0.77	—	3.16	1.37

注:数值为每个标准样中的数量;—未测出。
* 1ppm=1×10⁻⁶,下同。

4. 鱼类和渔业

对于河流鱼类来说,建坝应该比其他各种人类活动对其影响更大。例如,在尼日利亚的 Niger 河,建坝形成 Kainji 湖两年后,捕鱼量减少了 30%(Lelek et al.,1973)。河流截流后最直接后果之一是将河流的自然激流环境变成了静水生境。在水流较大的河流上建坝,可能会使河中原有鱼类消失,因为流水环境是这些鱼类生存的必要条件(Fraser,1972),仅能生存在动水中的物种也会消失(Zhadin et al.,1963)。

很多重要经济鱼类为了繁殖或摄食,在河流水系和海洋之间生存迁移。生活在淡水里的鲟鱼、鲑鱼、鳟鱼明显受到河流截流的影响。水库会淹没广大的鱼类产卵场所,而大坝阻隔了鱼类的上下游迁移,而且截流对河流的水流条件、水质和生境结构的作用会向下游传播相当长的距离。

河流截流会导致某些鱼类的灭绝。表 7.7 列出了截流造成的鱼类变化的例子。1842～1904 年,在法国的 Dordogne 河下游修建第一座大坝后不久,河流中的大西洋鲑鱼就消失了(Décamps et al.,1979)。这些当地鱼类的消失通常不会引起其他当地鱼类的增多,而常伴有外来鱼类的入侵。经济价值高的鱼类(如大西洋鲑鱼和鲟鱼)常会被价值低、生长周期长的鱼类(如拟鲤和河鲈)所替代。

表 7.7　河流截流造成鱼类变化的例子(Petts,1984)

地区	消失的当地鱼类	入侵的外来鱼类	参考文献
澳大利亚	黄腹驼背鲹	鳟鱼、鲑鱼	Walker(1979)
	澳洲鳗鲶	河鲈、鲫鱼	
斯堪的纳维亚	大西洋鲑鱼	河鲈	Henricson 等(1979)
	鳟鱼	黏鲈	
	茴鱼	拟鲤、白斑狗鱼	Lillehammer 等(1979)
中欧	鲤鱼	茴鱼	Peňáz 等(1968)
	河鲈	鳟鱼	Lehmann(1927)
	白斑狗鱼	鮈杜父鱼	
西欧		亚东鲑、鮈杜父鱼	Armitage(1979)

续表

地区	消失的当地鱼类	入侵的外来鱼类	参考文献
	大西洋鲑鱼	鳟鱼	Décamps 等(1979)
	普氏七鳃鳗	触须白鱼	
	海七鳃鳗、西鲱	欧洲鳗鲕	
苏联	鲟鱼	河鲈	Zhadin 等(1963)
		黏鲈、拟鲤	
印度	印度鲴、无须魮		Sreenivasan(1977)
美国	叶唇鱼		Minckley 等(1968)
	特氏黑鲈	虹鳟鱼	Edwards(1978)
	野狼鱼(斑点叉尾鲴)	金体美鳊	
	夏鲄鳡	帆鳍玛丽鱼	
	得州豹鱼	凝胖头鳡	

7.3 水库泥沙淤积管理

7.3.1 水库泥沙淤积及其对环境的影响

水库经常会发生泥沙淤积,不仅会导致库容降低,也会造成环境影响。19 世纪 50 年代末,美国曾调查境内 1100 座水库的淤积问题。Gotts 从中选择了 66 座有代表性的水库由此得出淤积数据,见表 7.8,表 7.9 列出了我国部分水库淤积情况(IRTCES,1985)。

表 7.8 美国水库淤积及库容损失情况(IRTCES,1985)

区域	水库数目	统计年数	库容损失率/%
东北部	3	30	24.7
东南部	10	18.6	15.1
中西部	11	16.5	14.0
中南部	12	17.2	8.8
北方大平原	9	23.1	29.6
西南部	15	29.8	15.7
西北部	6	23.1	7.0
整个美国	66	22.1	15.6

表 7.9　我国部分水库淤积情况（IRTCES,1985）

序号	水库名称	河流	控制面积/km²	坝高/m	设计库容/亿 m³	统计年限/年	总淤面积/亿 m³	淤积量占库容/%
1	刘家峡	黄河	181 700	147.0	57.20	1968~1978	5.80	10.1
2	盐锅峡	黄河	182 800	57.0	2.20	1961~1978	1.60	72.7
3	八盘峡	黄河	204 700	43.0	0.49	1975~1977	0.18	35.7
4	青铜峡	黄河	285 000	42.7	6.20	1966~1977	4.85	78.2
5	三盛公	黄河	314 000	闸坝式	0.80	1961~1977	0.40	50.0
6	天桥	黄河	388 000	42.0	0.68	1976~1978	0.08	11.0
7	三门峡	黄河	688 400	106.0	96.40	1960~1978	37.60	39.0
8	巴家嘴	蒲河	3 522	74.0	5.25	1960~1978	1.94	37.0
9	冯家山	千河	3 232	73.0	3.89	1974~1978	0.23	5.9
10	黑松林	冶峪河	370	45.5	0.09	1961~1977	0.03	39.0
11	汾河	汾河	5 268	60.0	7.00	1959~1977	2.60	37.1
12	官厅	永定河	47 600	45.0	22.70	1953~1977	5.52	24.3
13	红山	西辽河	24 490	31.0	25.60	1960~1977	4.75	18.5
14	闹德海	柳河	4 501	41.5	1.96	1942	0.38	19.5
15	冶原	弥河	786	23.7	1.68	1959~1972	0.12	7.2
16	岗南	滹沱河	15 900	63.0	15.60	1960~1976	2.35	15.1
17	龚嘴	大渡河	76 400	33.5	3.51	1967~1978	1.33	38.0
18	碧口	白龙江	27 600	101.0	5.21	1976~1978	0.28	5.4
19	丹江口	汉江	95 220	110.0	160.50	1968~1974	6.25	3.9
20	新桥	红柳河	1 327	47.0	2.00	14	1.56	78.0

　　因为大坝的拦沙作用,多种多样水库淤积所引发的问题发生在坝上游。由于库容损失,造成水库的防洪、发电和供水等功能降低。水库泥沙能进入并堵塞引水涵洞,大大加速水力机械的磨损,因而降低机组运行效率,增加维护费用。水库泥沙在库尾三角洲处的淤积会影响航运和生态。建坝是向下游河段输送泥沙的最大影响因素。大坝的拦沙作用,会引起坝下游河段河床冲刷,加速岸滩侵蚀,增加桥墩等建筑物处的冲刷。表 7.10 列出了水库淤积对环境的主要影响。

表 7.10　水库淤积的环境影响（IRTCES,1985）

位置	影响	描述
水库	库容损失	因淤积而造成有效库容损失; 淤积堵塞支流河口,造成部分支流容量损失,如官厅水库淤积在妫水河口处形成5m高的沙坎
	环境污染	进入水库的泥沙颗粒吸附化学物。通过离子交换,水库水质恶化
	威胁闸门结构,磨损叶轮	泥沙颗粒造成叶轮磨损; 高含沙高速水流通过时,磨蚀闸门和涵洞; 泥沙淤积提升库床高程,高于发电进水口高程

续表

位置	影响	描述
上游	生态影响	泥沙淤积鱼类产卵和摄食区； 沿水库周边的淤积及杂草生长，使鸟类无法接近食物丰富的库底
	对旅游观光的负面影响	淤积三角洲的推进使部分水库水深变浅，无法行船和泊船
	航运的负面影响	在降低库水位后，会在波动回水区形成相当高的沙垄，对航运形成威胁（罗敏逊，1981）
	水库淤积上溯	淤积上溯使库上游河段洪水位提高，增大淹没区，洪水威胁增大。由于地下水位上升，增大沼泽和盐碱地范围

7.3.2　水库淤积的类型

水库淤积的类型与水库的运行模式、水文条件、泥沙颗粒大小及水库地形等有关。对于库水位波动大或周期性清空的水库，由于水流的淘刷等过程，原沉积的泥沙会被大量冲刷。水库内的泥沙输移至其沉积点大多通过以下三种过程完成：①粗颗粒泥沙沿淤积三角洲顶部按推移质运动；②细颗粒泥沙随异重流运动；③细颗粒泥沙按悬移质运动(Morris et al.，1998)。

如图 7.7 所示，根据进水泥沙特性和水库运行模式的不同，水库泥沙淤积的纵剖面表现为 5 种基本形态。

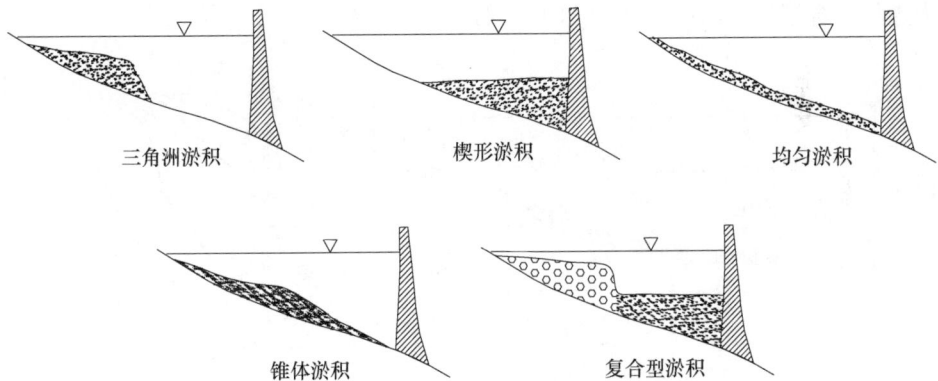

图 7.7　水库泥沙淤积纵剖面形态

（1）三角洲淤积。三角洲淤积是由入库泥沙中的粗颗粒形成的，水流进入水库后，粗颗粒迅速沉积在水库的前部。泥沙淤积包括粗沙，也包括一部分细沙（如粉砂）。如果库水位长期较高，就会形成这种形态。

（2）楔形淤积。楔形淤积是浑水中细沙淤积的典型形状。这种淤积形态常发生在有大量细颗粒泥沙进入的小型水库，以及洪水期低水位运行的大型水库，这两种情况下,大部分泥沙能被挟带至坝址附近。图 7.8 所示为黄河支流蒲河上的巴家嘴水库纵剖面图,泥沙淤积呈典型的楔形淤积。

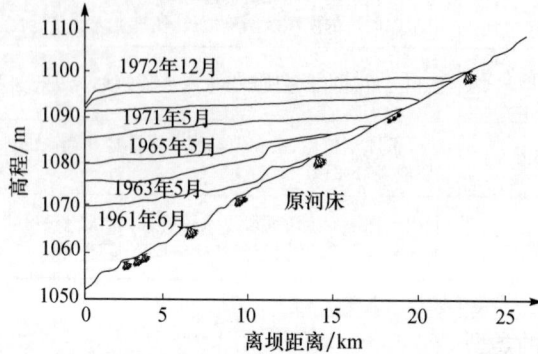

图 7.8　蒲河巴家嘴水库纵剖面图(IRTCES,1985)

(3) 锥体淤积。锥体淤积一般发生在保持高库水位的大型水库,入库水流挟带的细颗粒泥沙不断沉积,并向坝方向运动。

(4) 均匀淤积。均匀淤积出现在较窄的水库,在水位变化频繁、含细沙的入流小等条件下形成。

(5) 复合型淤积。复合型淤积形态发生的条件是,细颗粒泥沙沉积在坝体附近形成楔状淤积,而粗颗粒泥沙淤积在水库最上游形成三角洲淤积。图 7.9 所示为这种复合型淤积的例子,发生在日本 Sakuma 水库。

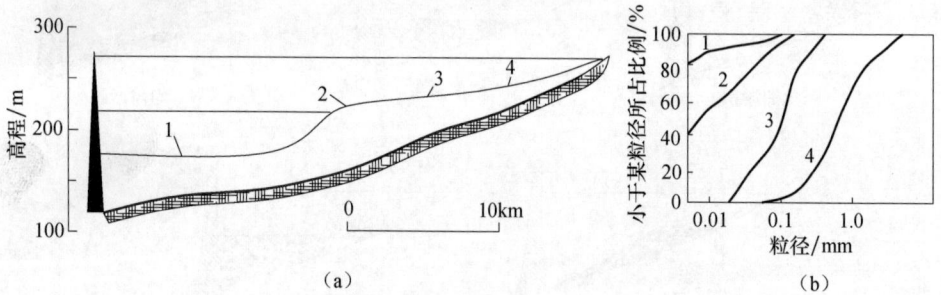

图 7.9　日本 Sakuma 水库运行 24 年后形成的复合型淤积断面

(Okada et al.,1982)

(a) 水库运行 24 年后形成的复合型淤积断面;(b) 库中不同位置淤积的泥沙粒径分布

7.3.3　水库淤积治理策略

控制水库泥沙淤积可应用 5 种措施:①泄降冲刷;②泄空冲刷或自由流冲刷;③压力冲刷;④蓄清排浑;⑤疏浚。

1. 泄降冲刷

范家骅等(1985)将水库冲刷分为两大类：①泄空冲刷或自由流冲刷，即将库水位降至泄水口高度，形成河道水流通过库区；②泄降冲刷或压力冲刷，这类冲刷水位降低不大，但效果也不大。因此，后一种方法不常采用。泄空冲刷还可以根据其在洪水季节还是非洪水季节进行分类，此两种措施均成功应用过，但洪水季节泄空冲刷通常更有效。因为洪水季节流量大，冲蚀能量高，因而洪水所挟带的泥沙能够穿过库区排放。

冲刷过程在库区河床上冲刷出一条主冲沟，但水库两侧的滩区淤积不受影响。图 7.10 所示为水库冲刷后形成的冲沟断面。

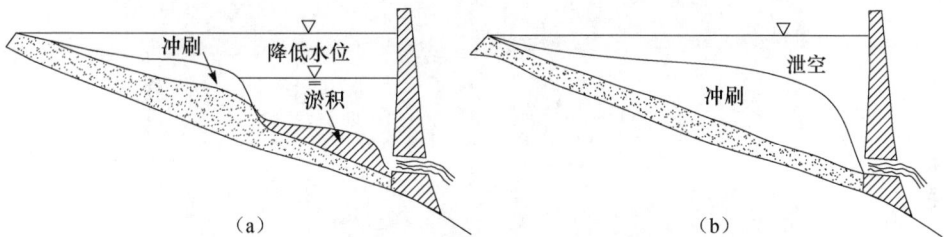

图 7.10　冲沙后形成的泥沙再分布纵剖面示意图
(a) 降水位冲沙在水库前部形成冲刷，在近坝处重新淤积，压力流自底孔排出；
(b) 泄空冲刷在整个库区形成冲刷，自由流穿越底孔

2. 泄空冲刷

一些库容小的灌溉水库在洪水季节前泄空，在洪水季节刚开始时进行冲刷，在汛期后期再重新蓄水。考虑到冲刷阶段下泄高含沙水流，因此下游灌溉渠道设计中要考虑能输送高含沙水流。当需水量季节性变化时，将水库季节性泄空也是可行的。Guo 等(1985)分析了山西恒山水库的冲刷过程，认为低流量(基流)冲沙能形成窄深冲沟，利用或低或高流量均能将宽沟道冲深，但使沟道冲宽只能通过大流量才能实现。同时还发现在洪水刚刚到达前泄空水库，冲沙效果最好。因为此时泄空后水库内的泥沙淤积尚无时间脱水、硬化，洪水水流就可对这些淤积物冲刷。此法被称为"小水冲深，大水蚀宽"。

图 7.11 所示为伊朗萨菲德水库泄空后准备冲沙。水库放空后，库底泥浆中有大量鱼，当地居民在泥浆上划船捉鱼。图 7.12 所示为萨菲德水库泄空冲刷期间进水和出水的含沙量及泥沙排放量，可见，在冲沙期间，出水的含沙量和泥沙量是进水的 40 倍。因此，泄空冲刷对水库淤积的控制非常有效。

3. 压力冲刷

压力冲刷时，将水库水位降低，然后打开底孔泄流，在出口前发展成锥形冲沟，如图 7.10(a)所示。在水位降低期间，水库前部的泥沙向坝方向输移，但只有移动

(a)

(b)

图 7.11　伊朗萨菲德水库泄空后准备冲沙(a)和当地居民在泄空水库的泥浆上划船捉鱼(b)

(Foroods et al. ,2007)

至底孔前的冲沟里的泥沙才能冲出。

　　泄降冲刷或压力冲刷曾用于巴基斯坦的 Tarbela 水库,以冲刷其沙质淤积库床(Lowe et al. ,1995)。Tarbela 水库是印度河干流上具有灌溉、发电、防洪等综合效益的大型水利工程,坝体为土石坝,最大坝高 143m,电站装机容量为 375 万 kW。1974 年建成时水库总库容为 143 亿 m³,因为泥沙淤积,到 1992 年库容减少了17.4%。水库原设计为 50 年经济运行寿命,没有考虑每年进入水库约 2.08 亿 m³

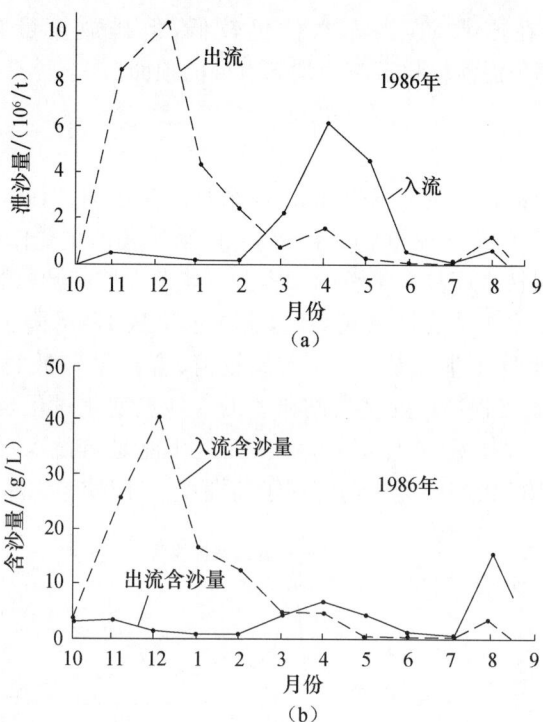

图 7.12　萨菲德水库泄空冲沙期间进水和出水的含沙量及泥沙排放量

(Forood et al. ,2007)

(a) 泄沙量;(b) 含沙量

的泥沙。入库泥沙包括 59% 的细沙、34% 的粉沙和 7% 的黏土。其中 99% 的泥沙
淤积于库中,形成三角洲淤积,向坝体推进(图 7.13)。三角洲淤积顶面坡度为
0.0006~0.0008。大部分泥沙淤积发生在丰水期蓄水和水位抬升阶段,沉积于三
角洲顶面。但当水库灌溉引水,水位下降时,淤积的泥沙向下游输移,使淤积三角

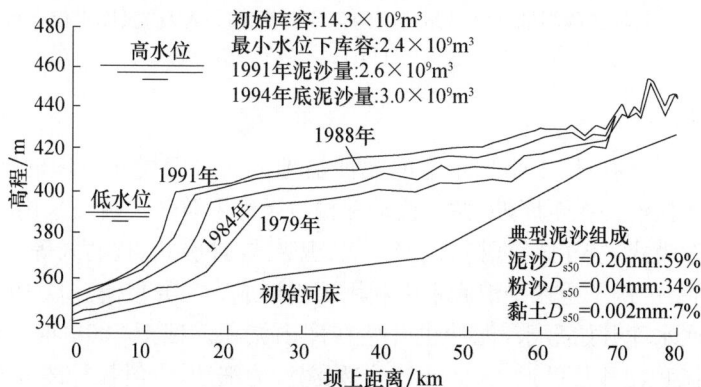

图 7.13　巴基斯坦 Tarbela 水库淤积三角洲的推进(Lowe et al. ,1995)

洲向坝体推进。在丰水期,当库水位仍较低,但排放流量自1500m³/s增至4500m³/s时,大部分泥沙输移至三角洲起点处的顶面。

4. 蓄清排浑

我国很多河流的输沙主要发生在2~4个月的丰水期,因此,相当于用50%~60%的年径流量输送80%~90%的年沙量。三峡工程的主要作用是防洪、发电和航运,因此,必须保持水库具有足够的库容。三峡工程控制淤积的主要措施是蓄清排浑,在6~9月丰水季节含沙量较高时,将库水位从175m降至145m,允许含沙量高的浑水穿过水库下泄。从10月入流较清、含沙量较低时,水库开始蓄水。图7.14所示为三峡工程坝址处宜昌站典型的含沙量变化过程及防淤库水位运行模式。利用蓄清排浑技术,水库淤沙较少,而且仍能足量蓄水,保障枯水期发电。这种控制水库淤积的措施已经成功应用于葛洲坝、三门峡等水库工程中。

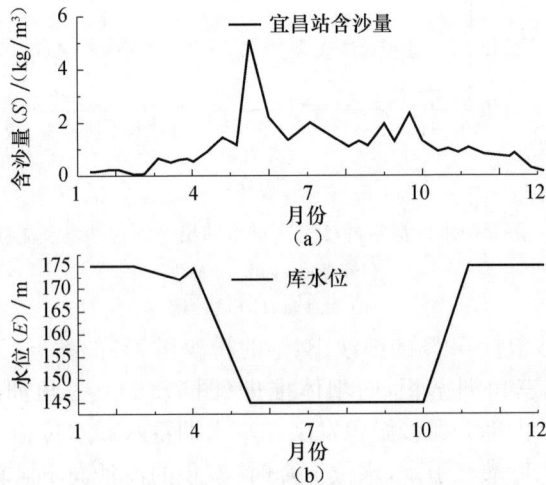

图 7.14　三峡工程坝址处宜昌站典型的含沙量变化过程及防淤库水位运行模式
(a) 含沙量变化过程;(b) 库水位变化过程

5. 疏浚

疏浚已经长期应用于小型水库的泥沙治理上。水库泥沙治理的疏浚方法多样,包括机械挖沙并抛至库外、射流扰动并输沙至库下游等。疏浚采用的挖泥船样式众多,如绞吸式、链斗式、抓扬式、铲斗式、耙吸式、冲吸式、扰动式等。

最近的一个例子是在小浪底水库利用疏浚形成人工异重流。自1999年10月月底,小浪底水库开始蓄水,泥沙也开始在库内淤积。截至2005年4月,坝上游40km范围淤积泥沙量已达15亿m³。淤积泥沙为细沙,中值粒径约0.01mm。利用射流或泥浆泵冲刷起库底泥沙,使之在水库内保持悬浮。鉴于含悬沙的水流密度略高于清水,在沿水库底床向大坝流动时,形成异重流,自大坝底孔排出(耿明全等,2007)。

7.3.4　异重流

异重流是由于水库中密度略有差异的不同流层之间发生的相对运动引起的。19 世纪末,瑞士科学家注意到莱茵河和隆河流入日内瓦湖及康士坦茨湖后,含沙的低温河水与湖泊温水不发生混合,而是潜入湖水底部,作为一个整体继续向前运动。在美国科罗拉多河胡佛大坝后的米德湖也观察到同样的现象,在丰水期,含沙水流形成异重流,流经整个水库。当大坝底孔打开时,异重流能够与表层或底层库水完全不混合流出水库。

水库出现异重流,所需的条件仅是上、下层水体具有一定的密度差。因为密度差,水库水体在入流流体内产生较大的浮力效应,因此入流流体的有效重力大大降低。一般 g' 定义为有效重力,为

$$g' = g \frac{\Delta \rho}{\rho} \tag{7.1}$$

式中,g 为重力加速度;$\Delta \rho$ 为上、下层流体间的密度差;ρ 为水库水的密度。明渠流使用的大多数公式都可应用于异重流,只要将式(7.1)中的 g 用 g' 代替。例如,明渠流流态主要依赖于水流 Fr 数,在异重流中,Fr 数仍为关键参数,但公式修正为

$$Fr' = \frac{U_c}{\sqrt{g'h'}} \tag{7.2}$$

式中,U_c 为两流体层之间的相对速率;h' 为异重流的厚度。

异重流通常在水库近底部流动。图 7.15 显示了高含沙的明渠流转变为有清晰边界的水库异重流的过程。h_0 为潜入点淹没深度,D 为异重流运动层厚度。在水流自 A 点进入水库回水区后,由于水深逐渐加大及大坝的回水效应,水流表层流速逐渐趋向于零。水库水体与入流水体混合。水流流至 B 点后,在接近表层较

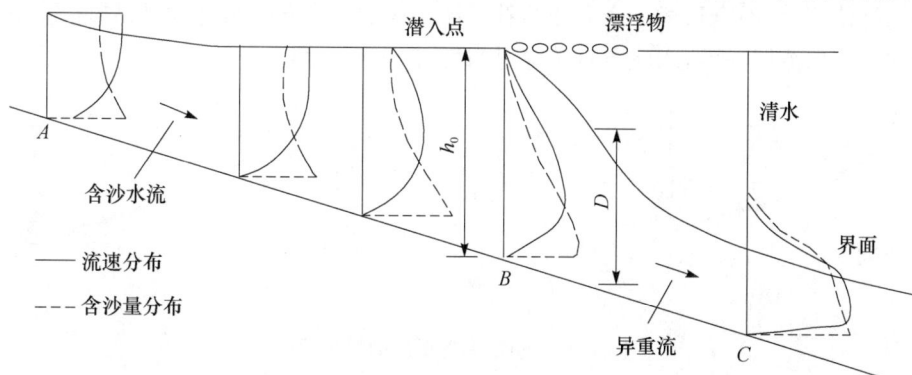

图 7.15　明渠流转变成水库异重流过程中断面流速和含沙量分布的变化(Chien et al.,1998)

轻的水体和底部较重的水体之间形成明显的界面。自此点后,两种不同密度的水流流动开始形成。在有效重力作用下,水流在 B 点到 C 点之间形成异重流。异重流在运动过程中,卷吸其界面上的部分水库水体与之一起前进,上部区域的其他部分水库水则反向流动,以维持水量平衡,而且此反向水流会推动漂浮物流向 B 点。这类漂浮物的出现是最为可靠的异重流形成的信号。异重流的断面含沙量分布在运动过程中不断变化,这是因为界面处的清水不断混合进来,而且部分粗颗粒泥沙不断沉积。

根据水槽实验和现场观测数据,提出形成异重流的临界条件为(范家骅,1959)

$$\frac{q^2}{\frac{\Delta\rho}{\rho}gh_0^3} = 0.6 \tag{7.3}$$

式中, q 为单宽流量; h_0 为淹没点的深度。依据式(7.3),如果坝上游水位保持恒定,则入库流量增加将会引起淹没点的水流向下游运动;入流与库水间的密度差增加将会引起淹没点的水流向上游运动。

异重流的维持需要持续的悬沙供应及能克服所遇到阻力的力。如果入流停止了密度流体的供应,淹没点处将不会形成异重流,在下游已形成的异重流也会很快停止运动。鉴于维持异重流的能量来自密度差和库底坡,因而,要求水流间具有一个最小的密度差。维持异重流的密度差远大于形成异重流的密度差。根据美国Shaver 湖现场实测数据(Bell,1947),当入流含沙量大于 1.28kg/m^3 时,会形成异重流。然而,根据永定河官厅水库实测数据,只有在异重流的含沙量高于 20kg/m^3 时,异重流才能继续流动,最终到达大坝(Chien et al. ,1998)。

异重流的发生常由入流和库水间水温差导致,此类异重流比悬沙引起的异重流更复杂。因为密度差,入流不会与库水马上混合,而是形成异重流穿过水库运动。根据水温情况,入流会以表层异重流(入流水温高)、中间异重流(入流水温低于表层库水但高于底层库水)和底层异重流(入流水温低)形式运动,如图 7.16 所示。简单来看,任何入流都会寻找适合本身的密度层并在此层运动,同时产生向上游的补偿流,因而会形成一个入流与补偿流相遇的汇合区。另外,如果异重流所在的水层与出流层一致,入流会直接穿过水库,向下游下泄。

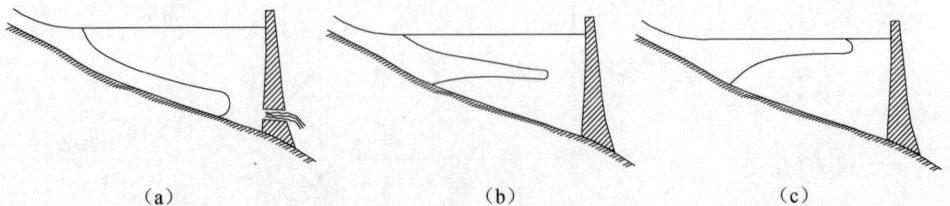

　　　　(a)　　　　　　　　　　　(b)　　　　　　　　　　　(c)

图 7.16　由水温差形成的异重流
(a)底层异重流;(b)中间异重流;(c)表层异重流

　　春季入流水温一般高于水库水温,秋季相反。结果,异重流每年的变化均具有季节性。在冬季,水库水体会在竖向上完全混合,水温相对较低的入流以底部异重流形式穿越水库,引起水体循环,形成表层回流现象。在春季,入流由融雪形成,其溶解颗粒物较少,水温与水库水体相近,则入流以表层异重流流经水库,在水下形成反向回流。在秋季,水温下降,入流因此会下沉形成底层异重流,直至达到与入流水体密度相等的水层。在此层,异重流会以入流及其诱发的两个反向水流的形式扩散。季节性的变化反映了丰水期和枯水期入流的密度变化,丰水期的入流通常含沙量高,形成底层异重流。

7.4　溃坝与拆坝

7.4.1　溃坝

　　从历史上看,大坝事故及溃坝曾造成巨大的生命财产损失。溃坝有些发生在按当时的设计和建设标准所建造的大坝上,也有些发生在不按照工程准则建造的大坝上。溃坝可能是极端事件引起的,如高强度暴雨、飓风、大型滑坡、滑坡诱发的河流涌浪、火山喷发等,甚至火灾也会引起溃坝,因为火灾损坏泄流结构,使溢流道无法运行。不管大坝是何类型,也不管溃坝的原因如何,当溃坝发生时,巨量的水将向下游倾泻,破坏力巨大。

　　近年来,溃坝发生率仍较高,且造成的损失大大增加。主要是因为居住在坝下游的人口数量和土地开发面积大幅度增加。一般而言,溃坝威胁的严重性基于很多因素:山洪暴发、溢流道泄流能力不足、闸阀及其他设施机械故障、土坝的白蚁(鼠、蛇)洞破坏、冻融周期、地震等。坝龄过长和疏忽大意会加剧溃坝的威胁。

　　表 7.11 列出了数个国家溃坝数及溃坝率,溃坝率为统计年份内溃坝数与坝总数的比值。从表中可见,中国、西班牙和美国溃坝率高。

表 7.11　不同国家溃坝数及溃坝率(He et al. ,2008)

国家	来源	溃坝数	坝总数	统计年限/a	溃坝率/a^{-1}
美国	Gruner(1963;1967)	33	1 764	40	5×10^{-4}
美国	Babb 等(1968)	12	3 100	14	3×10^{-4}
美国	USCOLD(1975;1988)	74	4 914	23	7×10^{-4}
美国	美国垦务局	1	4 500	1	2×10^{-4}
美国	Mark 等(1977)	125	7 500	40	4×10^{-4}
全球	Middlebrooks(1953)	9	7 833	6	2×10^{-4}
西班牙	Gruner(1967)	150	1 620	145	6×10^{-4}
中国	李雷等(2006)	3 462	85 120	47	8.65×10^{-4}
中国	He et al. ,2008	3 481	85 153	50	8.18×10^{-4}

　　表 7.12 列出了几个国家的数次溃坝事件,这些事件大多发生在 20 世纪 60 年代,死亡人数为 3~3000,经济损失为 1 百万美元到 1 亿美元。表 7.13 列出了中国发生的严重溃坝事件,溃坝事件死亡人数达 3 万,毁坏 500 多万座房屋和 1 百多万公顷的良田(He et al.,2008)。

表 7.12　全球典型溃坝事件及损失

坝名	国家	溃坝时间/(年-月-日)	伤亡人数	经济损失/百万美元
Puentes	西班牙	1802-04-30	600	1.0
South Fork	美国	1889-05-31	2200	100.0
Saint Francis	美国	1928-03-13	450	1.5
Veg de Tera	西班牙	1959-01-10	144	—
Malpasset	法国	1959-12	421(死亡)	68.0
Oros	巴西	1960-03-25	50	—
Babii Yar	俄罗斯	1961-03	145	4.0
Hyokiri	朝鲜	1961-07	250	—
Quebrada La Chapa	哥伦比亚	1963-04	250	—
Vajont	意大利	1963-10-09	3000	—
Baldwin Hills	美国	1963-12-14	3	50.0
Mayfield	美国	1965		2.5
Vratsa	保加利亚	1966-05-01	600	—
Nanak Sagar	印度	1967-09-08	100	—
Sempor	印度尼西亚	1967-12-01	200	—
Pardo	阿根廷	1970	—	20.0
Buffalo Creek	美国	1974-02-26	118	65.0
Teton	美国	1976-06-05	6	70.0
Machhu II	印度	1979-08-01	1800(死亡)	—

表 7.13　中国严重溃坝事件

大坝/省	溃坝时间/(年-月-日)	伤亡人数	财产损失	数据来源
龙屯水库/辽宁	1959-07-21	死亡 707 人,受灾人口 35 428 人	倒塌房屋 25 942 间,冲毁耕地 1142 万 hm²	黄朝中(1998)
铁佛寺水库/河南	1960-05-18	死亡 1092 人,受伤 570 人	倒塌房屋 7102 间	黄朝中(1998)
刘家台水库/河北	1963-08-18	死亡 948 人	倒塌房屋 67 721 间,冲毁耕地 1587hm²	牛运光(2002)

续表

大坝/省	溃坝时间 /(年-月-日)	伤亡人数	财产损失	数据来源
横江水库/广东	1970-09-15	死亡 779 人	近 667 万 hm² 农田被淹	黄朝中(1998)
李家咀水库/甘肃	1973-04-27	死亡 580 人	倒塌房屋 1133 间,冲毁耕地 0.1 万多公顷	黄朝中(1998)
史家沟水库/甘肃	1973-08-24	死亡 81 人,受伤 65 人	倒塌房屋 298 间,冲毁耕地 3919hm²	黄朝中(1998)
板桥、石漫滩水库/河南	1975-08-08	死亡 2.6 万人,受灾人口 1015.5 万	淹没农田 113 万 hm²,倒塌房屋 524 万间,造成毁灭性灾害	黄朝中(1998)
沟后水库/青海	1993-08-27	死亡 288 人,失踪 40 人	直接经济损失 1153 亿元人民币	黄朝中(1998)

　　图 7.17 所示为我国 1954～2003 年溃坝次数。图中可见,在 1960 年和 1973 年有两次溃坝峰值,显示出溃坝数具有周期性特点。对溃坝事件系列数据按紊流脉动方法处理,利用快速傅里叶变换计算溃坝事件的能谱密度。图 7.18 所示为溃坝事件能谱密度分布关系。图中可见,能谱密度分布有 3 处峰值,分别对应的频率为每年 0.04、0.08 和 0.16,也就意味着溃坝周期分别为 25 年、12.5 年和 6 年。

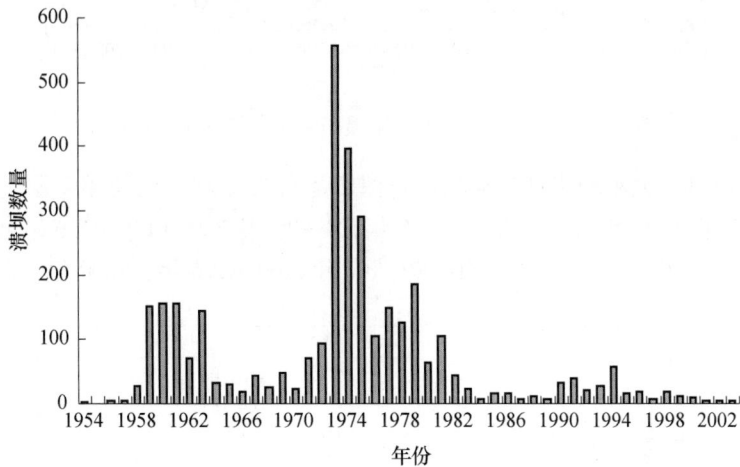

图 7.17　我国 1954～2003 年溃坝次数(He et al.,2008)

　　由数据看,溃坝事件的周期性似乎与太阳活动周期相似。图 7.19 为 1954～2006 年太阳黑子活动数与溃坝数的分布,其分布具有近似的周期,相位差约为 $1/3\pi$。溃坝事件峰值发生在太阳黑子运动数降低阶段,溃坝事件约滞后太阳黑子运动 4 年。因此,溃坝与太阳黑子运动有联系。

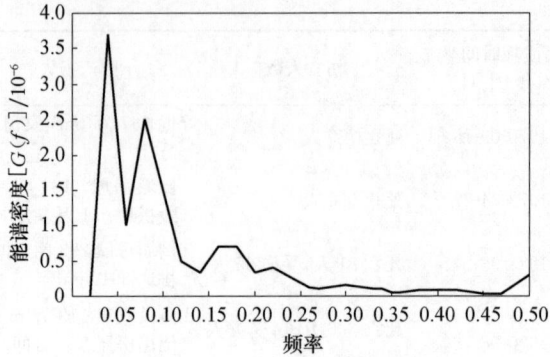

图 7.18　溃坝事件能谱密度分布

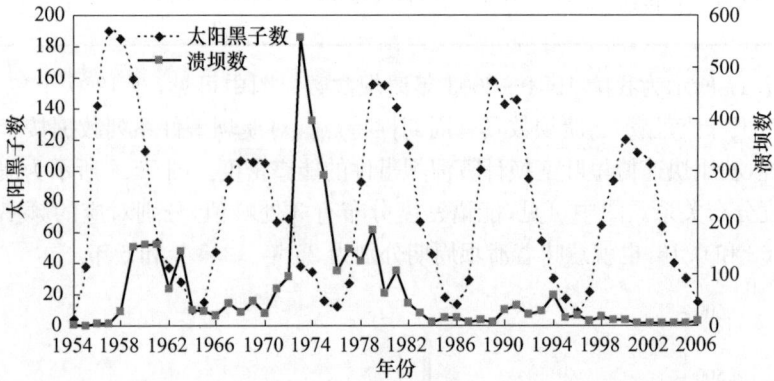

图 7.19　1954～2006 年太阳黑子活动数与溃坝数的分布

各个历时的大坝均出现过溃坝。将溃坝事件按溃坝时的使用年限进行分组,分成:0~1 年、1~5 年、5~10 年、10~20 年、20~30 年、30~40 年、40~50 年、50~60 年、60~70 年、70~80 年、80~90 年、90~100 年、100~200 年、>200 年。图 7.20 所

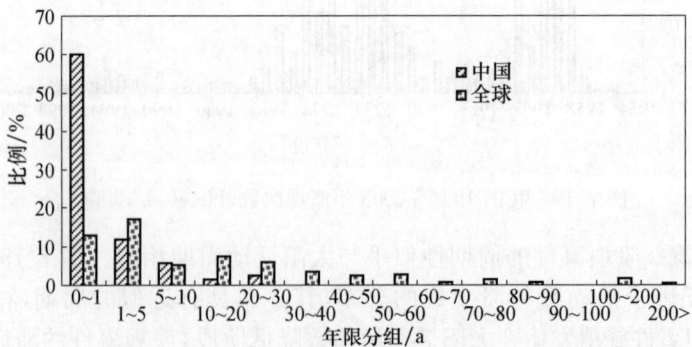

图 7.20　中国和其他国家大坝各使用年限分组的溃坝比例

示为中国和全球大型大坝(坝高大于 15m)各使用年限分组的溃坝比例。其中,中国的数据时段为 1954~2003 年,全球其他国家数据包括美国、英国、澳大利亚和印度在内有 900 次溃坝事件。中国的数据显示,约 60% 的溃坝发生在 1 年内,也就是说,大坝在第一场洪水或第一次蓄水就溃破。具体分析,这些大坝一般是建于 1957~1962 年期间。图 7.20 中世界溃坝事件数据收集自部分国家。

图 7.21 所示为俄罗斯和全球溃坝事件大坝各使用年限分组的溃坝比例的比较。可见溃坝大多发生在建坝后的 10 年内。溃坝概率随运行时间的增加而大幅度降低。

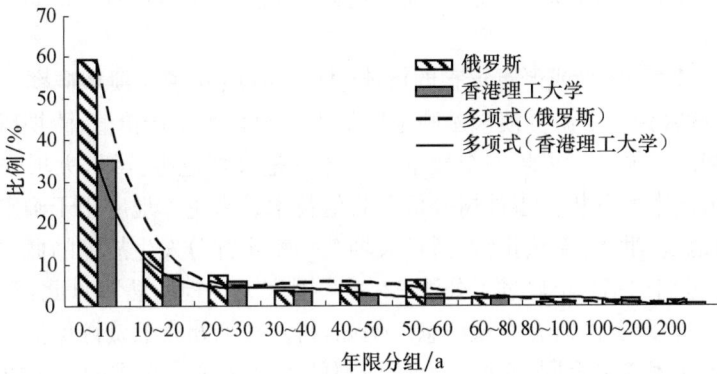

图 7.21　俄罗斯和世界大坝各使用年限分组的溃坝比例

很多溃坝事件发生在干旱和半干旱地区。图 7.22 所示为我国年平均溃坝率空间分布示意图,数据以 2003 年年底统计的各省已建水库数及已溃坝数为基础。

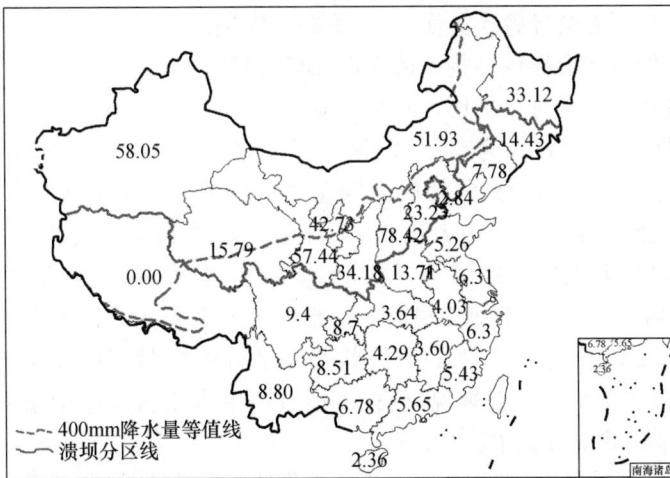

图 7.22　我国年平均溃坝率空间分布示意图(单位:%)

可以看出,我国西北地区溃坝率较高,此处年降水量低,但夏季雨强较高。图7.22中绘出以年平均溃坝率 $15×10^{-4}$ 为界的分隔线,再将 400mm 年降水量线同时标注在同一幅图上。可以看出,溃坝分区线与 400mm 年降水量等值线很相近,说明溃坝事件与气候条件密切相关。

7.4.2　风险分析

对于风险这个词,不同的人有不同的理解。在学术界一般认为,风险是破坏概率与危害后果的乘积(Kron,2005)。本书作者定义溃坝风险为溃坝概率与溃坝危害的乘积。如前所述,溃坝引起灾难,包括人员伤亡和财产损失。因此,溃坝风险为

溃坝风险(或严重灾害的可能性) = 溃坝危害 × 溃坝概率　　　(7.4)

式中,溃坝危害为坝下游受溃坝威胁地区的人口数量和财产价值;溃坝风险为各种条件下溃坝的可能性。大坝安全最重要的部分是大坝危害分级,大坝安全的估算需进行溃坝概率的分析。事件树分析和其他技术越来越多地应用于确定某种特定条件下(如地震、洪水、无法正常运行)大坝某一特定部分发生故障的概率。

美国国会于 1972 年通过了公法 92-367"国家大坝检验法",自此,开展了大坝名录的工作,收录美国所有大坝信息。例如,得克萨斯州自然资源保护委员会与美国陆军工程兵团签署合同,完成得克萨斯州的大坝名录。完成的名录收录了得克萨斯州 7212 座大坝的大量信息(Hill et al.,2003)。大坝危害可以分为三级:高危、中危和低危。此危害分级与大坝是否很快垮坝或永不损坏无关,与大坝条件或结构也无关。危害分级是考虑下游平原是否有人居住,溃坝事件威胁的大小。该大坝名录里按此方式对大坝危害进行了分级。如下解释危害分级的含意。

高危:溃坝可能会导致人员伤亡、大量财产损失。

中危:溃坝可能会导致一些人员伤亡、财产损失。

低危:溃坝未必会有人员伤亡或财产损失。

有些大坝可能会分级为高危,但溃坝风险较小。例如,美国科罗拉多州的 Horsetooth 水库大坝列为高危大坝。高危意味着万一 Horsetooth 水库大坝发生溃坝,则溃坝会导致下游居民人员伤亡,即使大坝溃坝的可能性很小。根据对 Horsetooth 水库大坝进行的结构评估,大坝的评估分级能达到耐用(satisfactory),耐用是结构评估三种分级中最高的。维修状况评估有 4 个分级:很好、好、差、不合格。Horsetooth 水库大坝的维修状况评估分级为"好"(http://fcgov.com/oem/dam-failure.php),一般来说,只有大坝维持基本很新或原始条件的情况,大坝才能达到维修状况分级中的"很好"。

Fell 等(2000)总结了溃坝估算用于定量风险评价的方法,将之分成两大类。

(1)历史性能法。这些方法将要分析的大坝与其类似大坝的历史性能相比

较,评估历史溃坝频率,从而推测这类相似大坝的未来性能。这些方法不直接考虑水库库容,也不考虑大坝的详细特性,更不考虑特殊事件的发生。一般而言,此类估算方法仅可用于初步评估或投资风险评估,也用于校验更多的事件树法,不能单独使用进行详细评估。

(2) 事件树法。事件树是一种能表现某一系统中能发生的所有事件的直观表示图。随着事件数目的增加,这个图形表示法就像一棵树的枝杈一样展开。因为事件树应用前馈逻辑构建,因此事件树分析实质上是采用一种归纳法进行可靠性评价。故障树应用的是演绎法,因为故障树是通过定义事件而构建,然后使用后馈逻辑去说明造成故障的原因。然而,事件树和故障树分析是紧密相关联的。故障树常被用来量化系统事件,而这些事件是事件树序列的一部分。

事件树法可以应用于分析所有组分都是连续运行的系统,或系统中有些或全部组分处于待命模式,而这些组分包括序次运行逻辑和开关。起点(指开始事件)破坏了正常系统运行。事件树展示了事件的进展,包括系统各组分的成功和失败。溃坝事件的一个简单例子如图 7.23 所示。

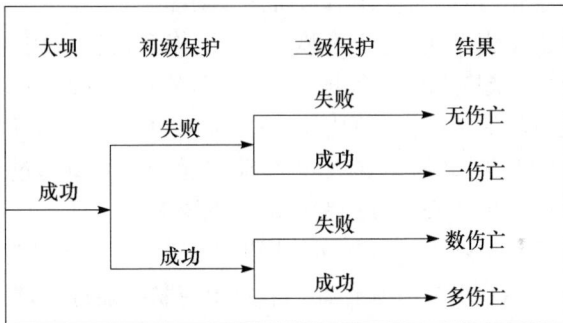

图 7.23　事件树法分析溃坝

事件树的目标是,以时间序列上的众多事件导致每个事件的结果为基础,确定某一事件的概率。通过分析所有可能的结果,能够确定导致目标成果的结果百分比。事件树法具有模拟溃坝机理的优点,能够模拟开始到出现破坏的进程,考虑大坝的细节及其基础和防止破坏的能力。然而,有时缺乏估计事件树内条件概率的客观依据,因此,还需要与历史性能数据相关联,作为该答案的信誉核查。

7.4.3　拆坝

虽然水坝能够起到发电、灌溉、航运及防洪的作用,但也有负面影响。水坝阻隔河流的自然流动,改变营养物循环,阻断鱼类迁移,破坏水温常态变化和适于水生生物的溶解氧条件。原始生境因为建坝而消失,造成外来鱼种的入侵。建坝也破坏了受影响物种群落的生存权利。随着国际上对建坝所造成高环境和社会成本认识的增加,再之众多河流恢复工程的成功,激励全球拆坝运动日益高涨。

目前大量水坝受到人们的谴责,建议拆除。包括一些水坝年代已久,丧失作用或已废弃,威胁公众安全;也包括一些水坝仍继续运行,但出现明显的环境和社会影响。大坝超过其使用寿命后,其损害生态系统和生物群落的成本会超过工程的效益。由于美国拆坝的速度已经超过建坝的速率,大坝退役对全球河流管理具有重要意义。

1. 美国的拆坝

美国土木工程师学会 1997 年出版了《大坝和水电设施退役准则》(TCGRD,1997)。美国已经拆坝约达 500 座,大多数坝高不超过 12m(Melching,2006)。拆坝运动在美国不断加速,1990 年前仅 138 座水坝被废除,1990～1999 年拆坝 177座,而 2000～2006 年拆坝达 185 座。拆坝运动主要是废除已没有意义的水坝,也就是说所废弃的水坝要么已不能满足其设计要求,要么维护水坝的成本超过其效益。废弃的水坝也包括那些年久失修、无明确所属的大坝。大多数废弃的水坝建于几十年前,因为老化、磨损和设计不当而失去功能。

拆坝的原因:①工程老化;②生态恢复;③维修和运行费用过高;④无明确所属。在美国,共有坝高超过 2m 的大坝 75 000 座,分布在 950 000km 长的河道上。

首先,安全是拆坝活动的主要原因之一。美国约有 1800 座大坝被正式认定为不安全。预计到 2020 年,政府所属大坝的 85% 运行时间将超过 50 年,即通常水库设计运行年限,而大坝的安全维护费用却严重缺乏。

其次,很多私营水电站正进行水库使用期限的续约,拆坝成为续约过程中的一个新选项。续约中,私营水电站所有者一般希望与联邦能源管理委员会续签 30～50 年的运行协议。在未来十年内,将有 500 多座私有水库达到使用期限。大坝续约过程将迫使大坝所有者、政府决策者、河流保护者和受影响的社区重新评估水库带来的利和弊,特别是考虑到保护濒危物种,认识传统部落的“渔权”,对渔业、休闲和环境质量等协调考虑。在不断增加的拆坝案例中,废弃不安全或陈旧的大坝代表最佳的河流管理选项。例如,威斯康星州废弃 70 座小型大坝的成本仅为大坝平均维修费用的 1/5～1/2。以下为几个例子。

在威斯康星州 Baraboo 河,拆除 3m 高的 Oak Street 坝的费用为 3 万美元,维修费用预计为 30 万美元。

在缅因州,拆除 7.3m 高的 Edwards 坝大约是增加鱼道费用 900 万美元的 1/3。

因为不同的原因,数座大型大坝已经或将要拆除。在华盛顿州的 White Salmon River,为了减轻大坝对生态系统的负面影响,38m 高的 Condit 大坝需要增加现代化的鱼道。鱼道和其他改善措施将耗资超过 3 千万美元,而拆坝成本仅为 1.5 千万美元,因而拆坝成为更好的选择。

　　华盛顿州 Elwha 河上主要有两座大坝,分别是 32m 高的 Elwha 大坝和 82m 高的 Glines Canyon 大坝。两座大坝建于 20 世纪初期,为附近 Port Angeles 的木材制造加工业提供电能(图 7.24)。这两座大坝为私营,是用政府资金进行拆除的最高的大坝。水坝位于奥林匹克半岛国家公园内,大坝阻断了当地珍贵的太平洋鲑鱼的洄游路径,毁坏了重要的文化标志。水坝也导致 sockeye salmon 灭绝和十多种其他当地生物的剧减,损害了当地原住民克拉莱姆人(Lower Elwha Klallam)的渔权。1992 年,政府响应当地原住民的要求,对 Elwha 河进行完全修复,包括废弃水坝。经过原住民及生态保护组织 25 年的努力,国会于 1999 年提供资金购下水坝。政府将支出超过 1 亿美元进行水坝的拆除,并努力恢复当地生态与景观。

(a)　　　　　　　　　　　　　　　(b)

图 7.24　美国华盛顿州 Elwha 河上待拆除的两座大坝
(a) 32m 高的 Elwha 大坝;(b) 82m 高的 Glines Canyon 大坝

　　拆除大坝是 Elwha 河流修复工程中最复杂的部分。水坝拆除工作于 2008 年开始,工期 3 年,分为 6 个阶段,如图 7.25 所示。

　　阶段①:打开水坝南侧的 4 个溢流道闸门,将水库水位降低至 5.5m。工期 1 个月。

　　阶段②:拆除南侧闸门,开挖分流槽。对闸底床基础(9.14m×10.67m)分 5 次进行爆破,形成分流槽,使河流穿越此槽流动。工期 3 个月。

　　阶段③:拆除北部溢流道和大坝上部,安装连接至压力泄流管的道路,路宽 3.7m。工期 1 个月。

　　阶段④:拆除钢制压力泄水管及其闸门、混凝土引水建筑和电站。工期 5 个月。

　　阶段⑤:拖运拆除的土石、混凝土,清除自 1913 年后生长在重力坝后的杉树,总量为 152 900m³。工期 1 个月。

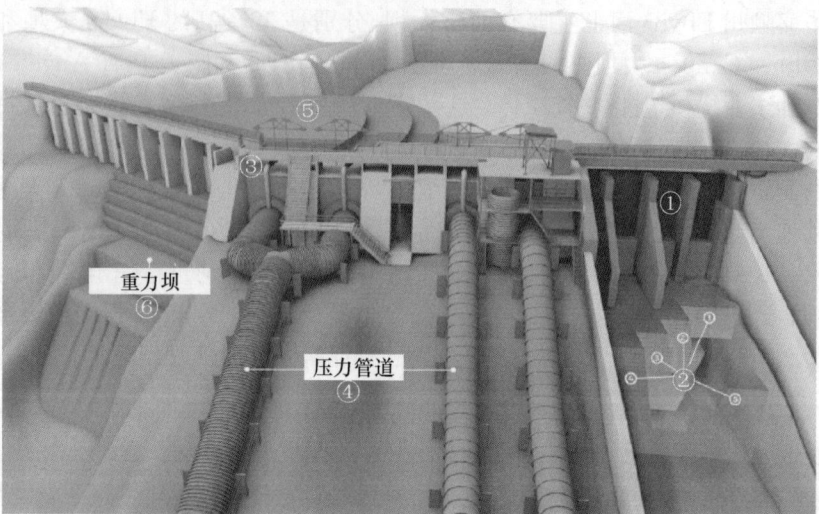

图 7.25　Elwha 大坝拆坝的 6 个阶段

阶段⑥：利用爆破拆除混凝土重力坝 2～3m，恢复自然河道。工期 2 个月。

2. 其他国家的拆坝

国际上，号召拆坝的民间运动不断高涨，要求恢复自然河流，保护受影响的动植物群落。行动者的目标常是那些具有明显社会和环境负面影响而且不能发挥预期经济效益的水坝。

(1) 法国。受到美国拆坝努力的鼓舞，拯救 Loire 河组织(SOS Loire Vivante)正努力争取拆除法国的老坝，恢复仅存的生活有当地鲑鱼的河流。1998 年，Loire 河上游支流上的两座水坝被拆除，以保护最后存活的 Loire 鲑鱼。首先拆除的是 Allier 河上游的 Saint-Etienne-du-Vigan 水坝，坝高 12m，这是法国国有电站为了恢复鲑鱼的生境而拆除的第一坝。在拆除了 4m 高的 Maisons-Rouges 水坝后，Loire 河的第二大支流 Vienne 河目前也恢复了自由流动。在 Leguer 河上的一座水库，由于泥沙迅速淤积，库容减少一半，为此，1996 年将水坝拆除。法国的拆坝和 Loire 河治理计划反映出整个欧洲在此方面认识的日渐增加，未来 10 年，欧洲数千座 1950 年前建造的大坝将面临检查，决定去留。

(2)加拿大。在加拿大，拆坝和河流恢复受到的关注也日渐增加。加拿大的管理体制有别于美国，特别是大坝管理执照是按终身签发的。在不列颠哥伦比亚省(British Columbia)的 2000 座大坝中，有 400 座要么超过使用年限，水库效益微小，要么严重危害近岸渔业。在拆除 20 多座小坝后，民众对拆坝的支持进一步上升。

在不列颠哥伦比亚省的 Theodosia 河，人们提出了一项计划，要重现佐治亚海峡鲑鱼商业捕捞和休闲垂钓渔业的胜景，这一计划的实现要求废弃西奥多西娅分水坝。西奥多西娅水坝已经运行了 35 年,坝高 8m、长 125m。如果此坝拆除,将会是加拿大拆除的最大水坝。除了立即完全拆除大坝的方案外,相关人员也在促成其他弃坝方案,如降低分水量。拯救西奥多西娅河组织已吸纳 14 万人参加,该组织声称,任何大坝都不是永恒的,它们会老化,最终不再有使用价值。当到此阶段时,大坝必须废弃或拆除,以恢复自然生境。废弃西奥多西娅坝是一项谨慎的、无风险的提议,将有助于修复佐治亚海峡大鲑鱼生长的河流。

(3) 捷克共和国。1991 年以来,当地的非政府组织和关注水坝影响的市民开展活动,要求拆除 3 座淹没 Morava 河和 Dyje 河两岸 1300 英亩土地和林地的小水坝。《国际湿地公约》[也称为《拉姆萨尔公约》,(Ramsar Convention)]将受此影响的地区列为具有国际重要意义的湿地,要求捷克政府维持此区的生态特性。尽管经过环境保护组织的努力,其中两座水库在 1995 年部分下泄蓄水,使该区域得到一定程度的恢复,但这些恢复自然状态的努力可能不会得到捷克农业部支持。捷克环境保护组织(如梅洛尼加生态协会)将继续要求废弃 Nove Mlyny 大坝,以进一步恢复该区生态。

(4) 泰国。在泰国,由于湄公河最大的支流 Mun 河上建坝对社会和生态产生的负面影响,拆坝运动也日益高涨。泰国东北部的 Pak Mun 电站是世界银行资助兴建的水电站,装机容量 13.5 万 kW,于 1994 年建成。大坝造成的直接后果是,超过 2 万人的生活因大坝上游鱼类产量的大幅度减少和其他变化而受到影响。为此,村民占领了坝址,要求大坝闸门永久敞开,以允许鱼类洄游。泰国近年提出一项在 Chi 河和 Mun 河上建造 13 座灌溉水坝的大型计划,Rasi Salai 大坝是其中将要完成的首个工程,但目前看来此坝毫无用途。水坝位于天然盐矿之上,使得水库的水过咸,不能作为灌溉之用。水库也淹没了当地居民赖以维生的淡水沼泽和森林,15 000 多人失去农地,而且其中超过六成的人没得到补偿。

3. 拆坝后的生态恢复

在很多情况下,拆坝对生态恢复非常有效。例如,美国 Edwards 坝 1999 年拆除,仅 1 年后,大量洄游鱼回到 Kennebec 河之前蓄水的部分。Baraboo 河在恢复自然水流条件后仅 18 个月,河中的鱼类多样性翻番,从 11 种增加至 24 种。Tea 河拆坝两年后,鲑鱼数量剧升,达到美国休闲渔业最高分级"A 级"要求的 6 倍。

威斯康星州在美国拆坝方面领先,已经拆坝 130 多座。因此,威斯康星州也在国际上赢得了选择性拆坝先驱的美誉。该州拆坝的三个主要原因如下:①废弃州条例认定结构不安全的水坝;②废弃找不到业主或业主无力维修的遗弃水坝;③废弃具有明显环境影响的水坝。

在一些拆坝案例中,当水坝拆除后,渔业和适宜的生境条件很快明显恢复。仅仅拆坝可能不足以完全恢复河流系统,常常需要附加其他措施,如本土渔业的保护、降低污染、恢复河边生境及严格的流域治理政策，以增加恢复的速率和程度。在法国，Loire河支流1998年拆除两座水坝后，本土西鲱、七鳃鳗和鲑鱼群落数量已经恢复元气。

4. 拆坝后的技术挑战

拆坝需要采用合适的方法，其方法依据项目特性（规模、坝型和位置）、河流特点和期望目标（如渔业恢复、土地复耕和休闲）等。因此，拆坝需要因地制宜。整个拆坝工程应仔细规划，尽力降低其对下游公众健康和安全的风险。大坝拦截了大量河流泥沙，据估计全球水库每年因为泥沙淤积损失总库容的5%。泥沙不仅对现存水库造成问题，而且在拆坝过程中也形成挑战。清除泥沙淤积可能是大型水坝废弃过程中花费最多、技术要求非常高的工作。

清淤技术根据泥沙量、水库特征、工程年限和周期性冲沙的效率等不同而不同，如果一切均可行，则将淤沙排向下游。清淤工作必须细致，过量下泄泥沙会损害下游敏感的生境。例如，在美国Elwha河的拆坝中，专家提议通过逐渐增加水位降幅的方式来输沙，避免危害鱼类产卵栖息地或鲑鱼幼鱼。

冲沙的潜在结果是下泄聚积的污染物，从而危害渔业和供水。在美国Hudson河1973年拆除9m高的水坝时，成吨的有毒物突然暴露于老河床，或冲向下游。泥沙中的有害污物会产生明显的健康风险，降低水质，而最终消除这些负面影响将需要开展大量的清洁工作。因此，拆坝研究中应包括详细透彻的泥沙分析，以对向下游冲泄泥沙的可见影响开展预评估。

拆坝一个主要方面是尽早确定电力、灌溉、供水等水库功能的替代方案。弃坝通常会引起河流功能间的选择和放弃。然而，美国拆坝的经验显示，大坝功能的替代常常很容易实现。例如，单个水电站可能仅占整个供电区域电力的一小部分，因此，废弃水电站的电力很容易补充，而且还可以通过节电措施降低电力需求量。以一个实例来看，1998年，美国加利福尼亚州的Butte河上拆除12座小型水坝，通过采取一定的措施，如增加灌溉系统效率等，拆坝对供水、灌溉的负面影响很小。因此，在进行综合管理计划时，考虑替代水坝原功能，能够使得拆坝的负面作用最小。如果拆坝的变化和影响无法避免，公众也会接受，因为这毕竟是长期河流恢复的代价。

拆坝有不同的方式：①完全拆除。通常首先建立临时分流道，然后应用重型设备（如球形破碎器、挖掘装载机、水力锤等）拆除大坝。美国缅因州拆除Kennebec河Edwards坝就是采用此技术，该坝高7.3m、坝长280m，用了数天时间拆除。②部分拆除。在坝体上开凿缺口，使河水绕过存留的坝体流出。这种方法一般用于较宽河道上的大坝，一般用重型机械在大坝的土质部分开口。在水坝只是部分废除时推荐使用坝上开口方法，例如，美国的Lower Snake坝就是采用此法。这种方法只要可行，对大型坝体来说其拆坝费用相对较低。③爆破。对于混凝土坝，拆坝有时采用控制爆破技术。爆破已经应用于如下河流的拆坝工程：Clearwater 河 （1963 年）、Clyde 河（1996 年）、Loire 河（1998 年）、Kissimmee 河（2000 年）等。④ 爆破和重型机械结合方法特别适用于大型工程。

总之，拆坝可认为是水库管理的最后阶段。当水坝的负面影响大于其效益时，拆坝可作为一个选择。但是，对很多建坝河流来说，拆坝并不都是好的选择。在拆坝以结束水库寿命前，必须对各种可能的选项进行认真仔细的比较。

7.5　三峡工程建设及管理

我国的三峡工程在水电开发和河流治理上闻名于世，不仅是因为其规模大，更主要的是其影响深远。修建三峡工程的主要目的是防洪、发电和灌溉等。本节介绍工程建设和管理。

7.5.1　工程目的

长江是我国最大、最长的河流，总长 6300km，流域面积 180 万 km²（图 7.26）。长江流域高程为 0～5000m，纬度为 N25°～N35°。长江流经青藏高原、云贵高原、四川盆地、三峡、江汉平原、长江下游平原，自上海流入东海。宜昌以上为上游，宜昌到湖口（鄱阳湖入口）为中游，湖口到大通为下游，大通以下称为河口。长江中游从枝城到城陵矶这段河道俗称荆江，从宜昌到宜宾俗称为川江，从宜宾到直门达水文站称为金沙江，直门达站以上到长江源区称为通天河。自 20 世纪 50 年代起，长江成为我国洪水泛滥最为频繁的河流，而之前黄河洪水最为频繁。江汉平原低于洪水位 10～15m，是受洪水威胁最严重的区域。

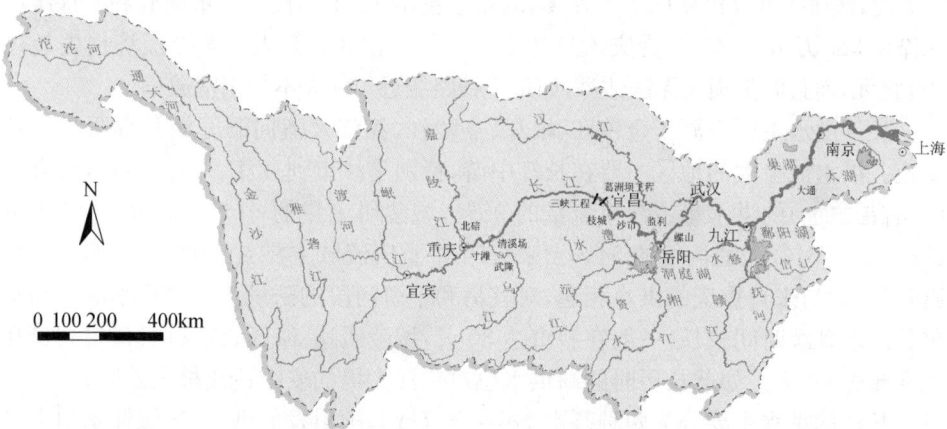

图 7.26　长江流域示意图

三峡大坝建于宜昌,位于长江中上游交界处的上游部分,因而能起到控制上游洪水的作用。三峡水库为河流型水库(图 7.27)。

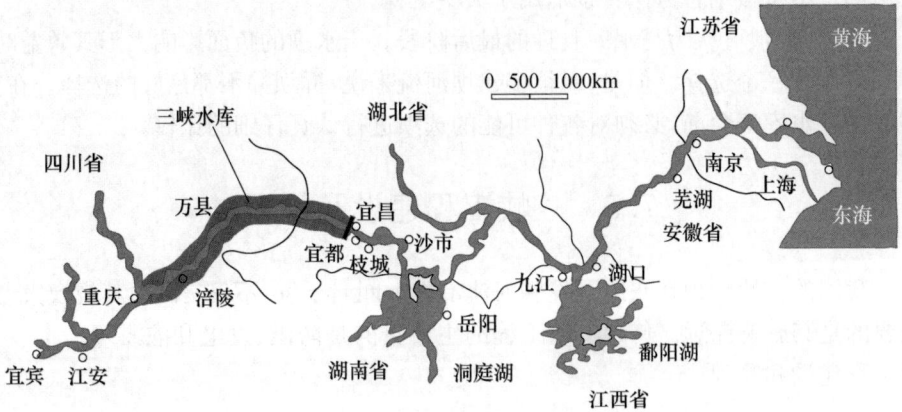

图 7.27　三峡大坝及三峡水库位置

1. 防洪

三峡工程首要目标是防洪、减轻洪水灾害。据历史记载,自汉初至清末 2000 年(公元前 185~1911 年),长江曾发生大小洪灾 214 次,平均约 10 年一次。20 世纪以来,长江在 1931 年、1935 年、1954 年和 1998 年发生严重洪水灾害,每次洪灾都造成了极其惨重的损失。1931 年和 1935 年两次洪水分别淹没农田 340 万 hm² 和 150 万 hm²,遇难人数达 14.5 万和 14.2 万。1954 年,长江流域遭受特大洪水,经沿江广大干部军民的奋力战斗,先后三次运用荆江分洪工程,使沙市水位下降了 1m,保住了荆江大堤,减缓了武汉洪水的上涨速率,取得了抗击 1954 年长江大水的胜利。这次洪水淹没 317 万 hm² 农田,受灾人口达 1888 万,死亡 3.3 万人。直接经济损失超过 100 亿元,而且间接损失无法估算,如京广铁路线近 100 天不能正常通车。

长江洪水主要来源于金沙江、岷江、嘉陵江、汉江及流向洞庭湖和鄱阳湖的各支流。洪水风险大的地区主要在长江中游,特别是沙市到九江。一般而言,来自上游(宜昌之上)的洪水量占沙市流量的 95%、城陵矶流量的 61%~80%、武汉流量的 55%~76%、大通流量的 54%。来自四川-重庆流域主要支流的洪水(如岷江和嘉陵江)常与来自重庆的洪水相遇,对宜昌和中游河段的防洪产生严重影响。高水位的洪水延续时间较长,一般在沙市达 30 天,城陵矶达 50 天,武汉(汉口)、湖口和大通超过 50 天。如此长历时的高洪水位对长江大堤的安全造成极大威胁。

长江的洪水主要分为两种基本类型:全流域暴雨引发的洪水、区域性暴雨引发的洪水。前者是长江上中游地区连续降水造成的,如 1931 年和 1954 年的大水。后者如 1870 年和 1896 年上游暴雨、1935 年中游暴雨造成的特大洪水(骆承政等,

1996；Zhou，1999）。20 世纪的几次长江洪灾，最高洪峰流量出现在 1954 年，但最严重的灾害发生在 1931 年。

长江中游防洪历史悠久，防洪体系包括 3570km 长的长江干堤、3 万 km 长的主要支流堤防及洞庭湖、鄱阳湖区等堤防，还包括 40 处可蓄滞洪水 500 亿 m^3 的分蓄洪区（图 7.28）。洞庭湖是长江防洪体系不可分割的一部分，洪水通过松滋、太平、藕池和调弦分洪道进入洞庭湖，经调蓄后在城陵矶流回长江。

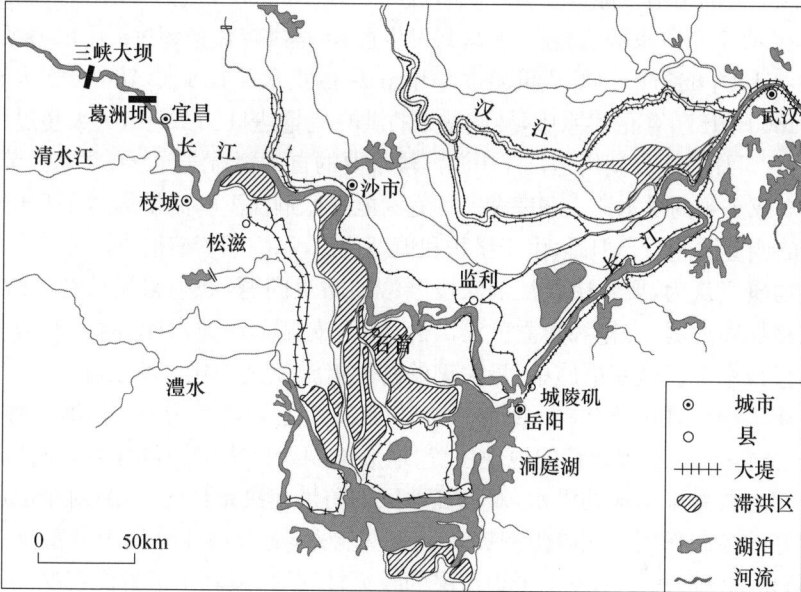

图 7.28　长江中下游防洪体系

长江防洪体系保护 126 万 km^2 的洪泛平原，其中，居住人口 7500 万，很多工业城市，如武汉、南京和上海等包括在内。新中国成立后不久，1950 年 2 月在武汉成立了长江水利委员会，就着手开展长江的综合治理工作。综合治理包括加高和加固长江大堤、建立分蓄洪区等。通过支流水库及分蓄洪区，蓄洪容量大大增加。相对比较完善的分蓄洪区有荆江分洪工程、汉江杜家台分洪工程，这些工程自建成以后发挥了削减洪峰、蓄纳超额洪水、降低江河洪水位的作用。荆江分洪工程 1952 年建成，分洪区面积 $920km^2$，有效吞蓄洪水总量达 60 亿 m^3，工程在抗击 1954 年特大洪水中起到关键作用。

1998 年，在我国的长江、松花江、珠江、闽江等主要河流发生洪水，此次长江洪水程度仅次于 1954 年，是长江在 20 世纪的第二次大洪水。1998 年夏，受厄尔尼诺现象的影响，长江一带形成了大的降水区，长江及其大多数支流形成洪水。据分析，武汉洪水量的约 3/4 来自宜昌以上河流，其余来自汉江和洞庭湖。仅从洪峰流量看,1998 年长江洪水的重现期仅为 8 年,但是,洪水量却大于 1931 年,小于 1954 年(中华人民共和国水利部,1999)。尽管洪峰流量和洪水总量均小于 1954 年洪水,但长江中游的洪水位却远高于 1954 年(Zhou,1999)。1998 年长江大水引起人们对长江防洪策略的反思,并形成新的策略,包括兴建三峡工程;加固和加高大堤,平垸行洪、退田还湖,河道整治,移民建镇,上游流域水土保持等。

长江中下游严重洪水威胁的主要原因是来水量大、河道泄洪能力不足。据分析,目前长江干流河道泄洪能力在城陵矶附近约 6 万 m^3/s,汉口约 7 万 m^3/s,湖口 8 万 m^3/s。从 1877 年以来的资料看,宜昌共发生过 24 场洪峰流量超过 6 万 m^3/s 的洪水。自 1153 年后的 850 年,洪峰流量超过 8 万 m^3/s 的洪水共有 8 次,其中 5 次大于 9 万 m^3/s。1860~1870 年的洪水中,枝城站处的洪峰流量达 11 万 m^3/s,大大超过河流的泄洪能力。目前,洞庭湖仍是长江中游河段重要的自然蓄滞洪区。在洪水季节,来自荆江 1/3 或 1/4 的洪水流入洞庭湖。洞庭湖能降低荆江洪峰流量约达 1 万 m^3/s,具有明显的调蓄洪能力。但是,由于淤积和填湖造田,洞庭湖萎缩很快。

根据研究认为,要解决长江荆江段严峻的防洪问题,必须采用综合治理措施,包括加高加固大堤、安排和建立分滞洪区、在干支流上修建水库、河道整治及改进洪水预报技术等。这些措施中,最关键的防洪措施就是兴建三峡工程。

三峡工程地理位置优越,坝址恰好位于长江上下游分界处;防洪库容大,达 221.5 亿 m^3;三峡工程独特的地理位置、地形地貌及巨大的防洪库容,使其能有效控制长江上游暴雨形成的洪水,对荆江地区的防洪起决定性的作用;对全流域洪水也有较好的控制作用。三峡工程提高了防洪能力,配合荆江分洪等分蓄洪工程的运用,防止荆江河段两岸发生干堤溃决的毁灭性灾害,减轻中下游洪灾损失和对武汉市的洪水威胁,并可为洞庭湖区的治理创造条件。

2. 发电

三峡工程最直接和最明显的效益当属巨大的发电能力。三峡水电站为世界最大的水力发电站,总装机容量 1820 万 kW,年平均发电量 846.8 亿 kW·h。它将为经济发达、能源不足的华东、华中和华南地区提供可靠、廉价、清洁的可再生能源,对经济发展和减少环境污染起到重大作用。

长江沿岸地区煤炭资源不足,但水资源丰富。三峡工程产生的巨大电能带来丰厚的经济效益,能够用以偿还建坝贷款。甚至在建设期间,发电量就能达到 4358 亿 kW·h,按每度电 9.2 分计,经济效益达 400 亿元。在工程完工正常运行情况下,仅电力一项的年收入将达 75 亿元。在所有贷款偿还后,工程将每年上交国家 35.6 亿元,上交国库总效益含税达 54.1 亿元。

除此之外,三峡水电替代火电将产生巨大的社会效益和环境效益。三峡水电替代火电,每年可减少煤耗 4000 万~5000 万 t(相当于 7 座 240 万 kW 的火电厂的煤耗),少排放二氧化硫 200 万 t、一氧化碳 1 万 t、氮氧化合物 37 万 t 和大量的工业废水,也在消减环境污染(如酸雨)方面发挥重要作用。

3. 航运

长江水系流经 18 个省市,具有优越的航运条件,是连接我国东部、中部和西部区域的主动脉。航运里程超过 7 万 km,占整个国家内陆航运总里程的 70%。长江水系年货运量和货物周转量分别占全国内河运量的 80% 和 90%,被誉为"黄金水道"。

长江上游航道狭隘而多险滩,中下游则枯水航深不足。三峡水库具有上蓄下调的作用,是改善川江和长江中下游枯水航道的治本性工程。三峡水库形成后,将淹没沿程碍航滩险 139 处、单行控制段 46 处,水流趋缓,航道展宽加深,大型客货船舶可昼夜双向航行。长江宜昌至重庆的航运条件将大幅度改善,万吨级船队可直达重庆港。随着港口建设和船舶现代化,航道单向年通过能力可由现在的约 1000 万 t 提高到 5000 万 t,运输成本可降低 35%～37%。

三峡工程建设也将在鱼类繁殖、城市供水和南水北调等方面发挥综合效益。

7.5.2 大坝设计

三峡工程大坝坝址选定在宜昌市三斗坪,形成河流型水库(图 7.27)。大坝枢纽建筑物建在坚硬完整的花岗岩体上。为了探明坝址地质条件,对此地进行地质研究 30 余年,地质钻孔深达 10 万 m,对 4000 多组岩芯进行岩石力学试验。大坝设计包括大坝、航运设施和电站。

1. 大坝结构

如图 7.29 所示,三峡工程主体建筑物包括坝体、水力发电建筑物和通航建筑

图 7.29 三峡工程模型
从右至左为五级船闸、升船机、左岸电站、溢流坝段、右岸电站

物。大坝为混凝土重力坝,长 2335m,高 175m,坝顶高程为 185m。大坝按顺序从右至左建设:右侧非溢流坝段、升船机、临时船闸、非溢流坝段、右侧电站厂房、右侧导流墙、溢流坝段、围堰段、左侧电站厂房、非溢流坝段。泄洪坝段位于河床中部,设有 23 个泄洪深孔,底部高程 90m,深孔尺寸为 7m×9m,其主要作用是泄洪;22 个泄洪表孔(孔口净宽 8m,溢流堰顶高程 158m),底部高程 158m,尺寸为 8m×17m,其主要作用是泄洪;22 个底孔(用于三期施工导流)底部高程 57m,尺寸为 6m×8.5m,其作用为临时泄洪和导流明渠截流之后过水。下游采用鼻坎挑流方式进行消能,减少水流的冲击力。工程最令人震撼的是其巨大规模和高强度混凝土浇筑,三峡工程建筑物混凝土总量达 2800 万 m^3,1999～2001 年是二期工程混凝土施工的高峰年,年浇筑强度均在 400 万 m^3 以上。

2. 电站厂房和水轮机

水电站采用坝后式布置方案,共设有左、右两组厂房,共安装 26 台水轮发电机组,其中左岸厂房 14 台,右岸厂房 12 台。水轮机为混流式(法兰西斯式),机组单机额定容量 70 万 kW,总装机容量为 1820 万 kW,年发电量达 847 亿 kW·h。三峡工程水电站装机容量巨大,为世界第一。电站传输 500kV 的交流电和−500kV 的直流电。图 7.30 所示为水轮机剖面。左侧水电站厂房长 600m、宽 35.5m、高 30m,水轮机中心高程为 57m。水轮机直径 9.5m,重达 3350t。发电机直径 23m,重为 3800t。水轮机额定转速为 71.4r/min。

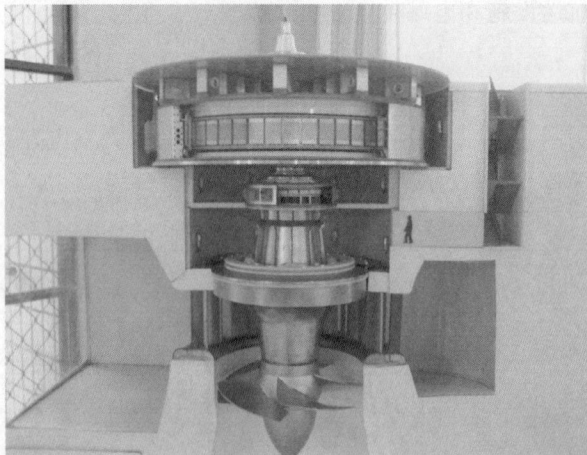

图 7.30　水轮机剖面

3. 通航建筑物

通航建筑物由双线五级连续梯级永久船闸、垂直升船机和施工期通航用的临时船闸组成,均位于左岸山体内。永久船闸的总水头为 113m,单级闸室有效尺寸为 280m×34m×5m(长×宽×坎上最小水深),能通过万吨级船队,每年下水货运通过能力为 5000 万 t。工程初期,船闸上游水位为 135~156m,工程结束后,水位为 145~175m。下游水位为 62~78m,通航最大流量为 56 700m³/s。五级船闸的底部高程和最高水位分别为 130~179m、119.25~161m、98.5~140.25m、77.75~119.50m 和 57~98.75m。

升船机和临时船闸使用同一个引航道,与永久船闸的下游引航道相连。船闸的上游引航道长 2113m、宽 180m,下游引航道长 2722m、宽 180m。双线船闸的其中一线为向上游通航,另一线向下游通航。船闸的每一级,只需要 12min 就可以注满和放空闸室内的水。船闸年耗水量约为 34 亿 m³。升船机是用于船舶快速过坝的重要通航建筑物,为单线一级垂直提升式,承船厢有效尺寸 120m×18m×3.5m,一次可通过一条 3000t 的客货轮。升船机船箱带水质量为 11 800t,其中水体质量 9000t,2800t 为其自重。用升船机仅 42min 就可通过大坝,每年能通过 500 万人和 626 万 t 货物。

在靠左岸岸坡设有一条单线一级临时船闸,满足施工期通航的需要。临时船闸闸室有效尺寸为 240m×24m×4m,其上游工作水位为 65.7~75.5m,下游工作水位为 65.6~75.8m,最大水位差 3.7m。每年下水货运通过能力为 1000 万 t。右岸设有临时导流明渠,主要用于二期施工期间洪水泄流和通航。导流明渠长 3410m,最小底宽 350m,能下泄 50 年一遇的洪水 79 000m³/s。二期施工期采用导流明渠结合临时船闸联合运行的方案,导流明渠是枯水期的主要通船通道。每年约有半年长江流量小于 10 000m³/s,大、小型船舶均可从导流明渠顺畅通过;当流量为 10 000~20 000m³/s 的时期,大型船队[装机马力在 2500hp(1hp=745.700W)以内]在单向控制通航的条件下均可由明渠通过,小型船舶由临时船闸通过。明渠和临时船闸的综合运用时间约为 3 个月;当流量为 20 000m³/s 以上时,导流明渠不能航行,大、小型船队均由临时船闸通过。

7.5.3　三峡工程的施工

三峡工程分三个阶段完成全部施工任务,总工期为 17 年(图 7.31)。

第一阶段(1993~1997 年):施工准备及一期工程,工期为 5 年。1994 年 12 月 14 日正式宣布工程开工。三峡工程三斗坪坝址处有一中堡岛,将长江分为大江和后河,大江宽 900m,后河宽约 300m,为河床分期导流提供了良好的地形条件。后河在枯水期无水流通过,在丰水期江水穿过。在第一阶段,筑一期土石围堰,将中堡岛及右岸后河围护起来,形成一期基坑,将水抽干,开挖至新鲜花岗岩石,修建混凝土导流通航明渠,长江水流和过往船舶仍从大江主河道通行。导流通航明渠要求能够通过流量 70 000m³/s。导流通航明渠和左岸临时船闸竣工后,拆除一期土

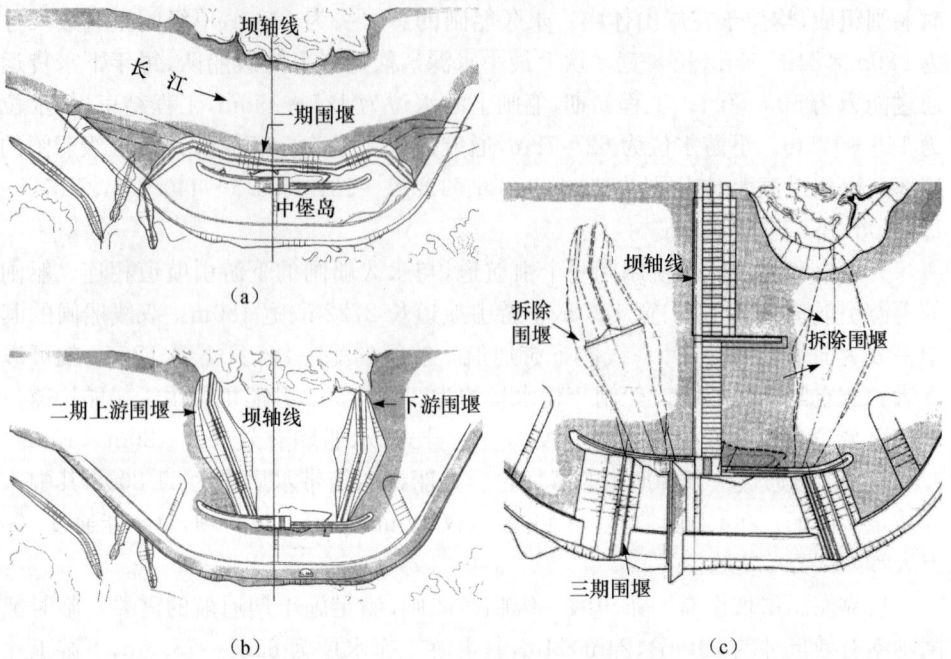

图 7.31　三峡工程建设的三个阶段
(a) 一期工程；(b) 二期工程；(c) 三期工程

石围堰,进行三峡工程的第一次截流——大江截流。1997 年 11 月 8 日,大江截流的胜利实现,标志着一期工程的完成和二期工程的开始。因为河流束窄幅度不是太大,因而洪水仍能平顺地通过该河道。在此阶段,临时船闸开始启用。

第二阶段(1998～2003 年):二期工程,工期为 6 年。修建二期上、下游横向围堰,与混凝土纵向围堰形成二期基坑[图 7.31(b)]。将围堰围护的大江基坑内的水抽干,开挖至新鲜岩石后,浇筑混凝土重力坝的泄洪、左岸电厂、垂直升船机、左岸非溢流坝等坝段,浇筑水电站厂房、安装首批水轮发电机,同时修建左岸永久船闸。长江水流从导流明渠通过,过往船舶从导流明渠或临时船闸中航行。2002 年 11 月 6 日进行了三峡工程的第二次截流——导流明渠截流。截流成功后,在导流明渠内抢修碾压混凝土围堰至 140m 高程,长江水流从泄洪坝段底部的 22 个导流底孔中宣泄,船舶从临时船闸通行。2003 年 6 月 1 日,三峡水库开始蓄水,6 月中旬,蓄水至 135m,永久船闸开始通航,10 月,首批机组开始发电。

第三阶段(2004～2009 年):三期工程,工期为 6 年。修建三期碾压混凝土围堰,拦断导流明渠[图 7.31(c)]。水库蓄水至 135m 高程。左岸电站及永久船闸开始投入运行。三期围堰与混凝土纵向围堰形成三期基坑,基坑内修建右岸大坝和电站。完成右岸厂房坝段和右岸非溢流坝段、右岸电站厂房的混凝土浇筑及相应的金属结构安装,左右岸电站全部 26 台机组的安装,全部输变电工程,建成垂直升船机,拆除碾压混凝土围堰和三期下游土石围堰,河床封堵泄洪坝段导流底孔等。三期导流期间,江水经由泄洪坝段的永久深孔和 22 个临时导流底孔下泄,船舶经双线五级船闸通行。

三峡工程 2003 年 6 月开始蓄水至 135m,由此开始通航、发电,枢纽初步产生效益,进入围堰挡水发电期;2006 年 9 月开始蓄水至 156m,三峡枢纽进入初期运行期,防洪、发电、通航效益开始全面发挥;2008 年 9 月,根据枢纽建设、移民搬迁、地灾治理、泥沙淤积、生态环保等情况,国务院长江三峡三期工程验收委员会表明,三峡枢纽工程及三峡库区已具备蓄水至 175m 条件。三峡工程蓄水至 175m,工程效益将按设计要求全部发挥出来。2008 年 9 月 28 日,根据国务院批复意见,三峡总公司提前 4 年开始进行 175m 高程的试验性蓄水,坝前起蓄水位 145m。至 11 月 4 日,三峡工程坝前水位达到海拔高程 172.8m,完成试验性蓄水任务。虽然当时 175m 蓄水已具备了条件,但在蓄水过程中出现了一些崩岸和小滑坡,也出现了 4.1 级地震,最终,最高水位定格在 172.8m。2009 年 9 月 15 日,三峡蓄水再度开启,然而下游洞庭湖、鄱阳湖水系遭受严重干旱,为缓解下游旱情,三峡水库加大下泄流量,给下游补水,蓄水后期,长江来水偏枯,基本是来多少水就放多少水,最终最高蓄水位仅达到 171.4m。2010 年,三峡集团决定提前蓄水,拦蓄 9 月份汛末洪水资源进行蓄水,减轻 10 月份蓄水压力。9 月 10 日,第三次冲击 175m 如期推进,10 月 26 日三峡工程首次达到 175m 正常蓄水位,这是三峡工程建设运行中的一个重要里程碑。自此三峡工程将开始步入全面收获期,大坝建筑物、发电机组、库区地质、库岸堤防等各方面也将接受高水位的全面考验。

7.5.4　泥沙淤积和管理措施

三峡工程有关的主要泥沙问题包括:①水库淤积及长期保持库容;②变动回水区的淤积;③坝区泥沙淤积问题;④下游河段的冲刷下切。

1. 水库淤积及长期保持库容

三峡水库有三个特征水位:正常蓄水位、防洪限制水位和枯水期最低消落水位。在正常运用情况下,为满足兴利除害的要求而蓄到的最高蓄水位称为正常蓄水位。正常蓄水位越高,防洪、发电、航运等综合效益越大,但水库淹没及移民数量越大,泥沙淤积越难处理,投资越多,对库区生态与环境的不利影响越大。经有关专家组、有关部门和地方政府反复研究,三峡工程水库的正常蓄水位确定为 175m。

水库在每年汛期允许兴利蓄水的上限水位称为防洪限制水位,也称为汛期限制水位,也是水库在汛期防洪运用时的起调水位。在同样的正常蓄水位条件下,防洪限制水位越低,防洪库容越大,使防洪调度有更大灵活性;对水库排沙越有利,从而对库尾回水变动区航道也有利;但减小了汛期的发电水头,对发电不利。多种防

　　洪限制水位可供选择,如 135m、140m、145m、150m 方案,该水位是影响水库泥沙
淤积量的主要因素。经全面考虑,三峡水库防洪限制水位推荐为 145m。

　　枯水期最低消落水位,是指三峡水库在正常运用情况下,允许枯水季节消落到
的最低水位。综合考虑发电和航运要求,枯水期最低消落水位采用 155m。

　　距三峡大坝最近的水文站是宜昌站,宜昌站多年平均年径流量为 4500 亿 m³,
多年平均流量为 14 300m³/s。多年平均年输沙量为 5.32 亿 t,其中 80 万 t 为卵石
推移质。悬移质的中值粒径为 0.033mm,88% 以上的颗粒粒径小于 0.1mm;推移
质的中值粒径为 24mm。

　　寸滩站位于重庆附近三峡水库上游终点处。寸滩站的多年平均年径流量、年
输沙量和含沙量分别为 3500 亿 m³、4.62 亿 t 和 1.32kg/m³,输沙量中卵石推移质
量仅占 30 万 t。悬移质中值粒径为 0.037mm,推移质中值粒径为 51mm。图 7.32

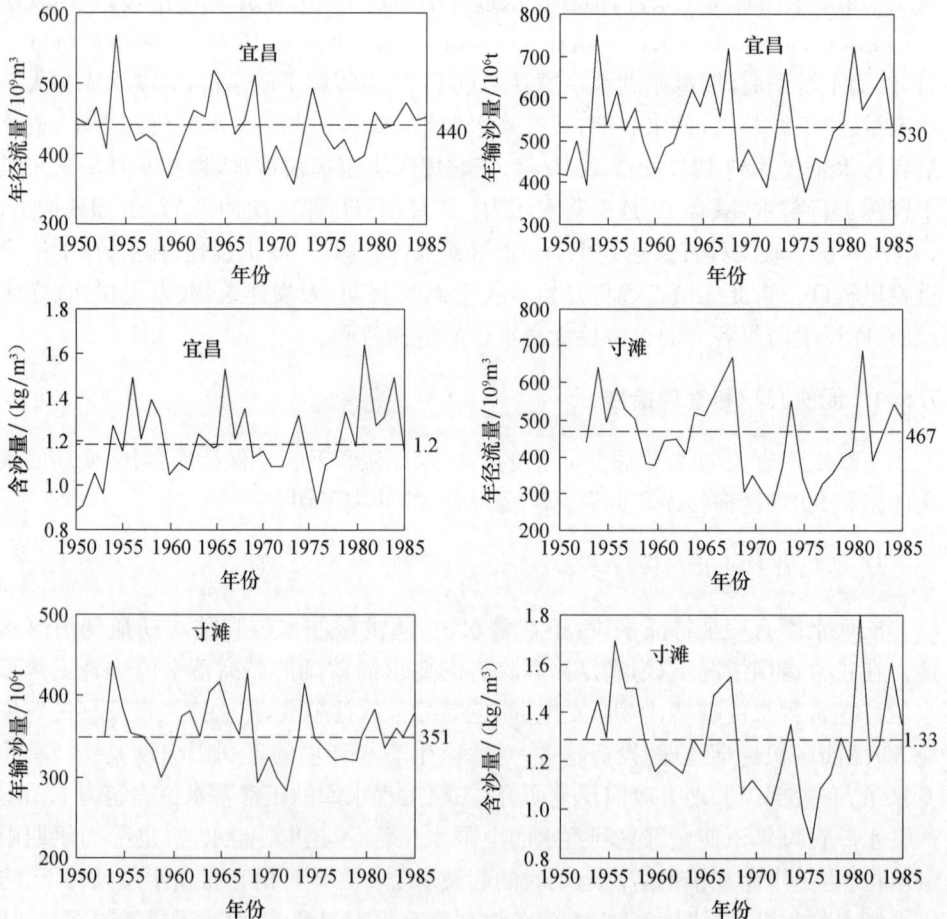

图 7.32　宜昌站和寸滩站 1950～1985 年年径流量、年输沙量和含沙量变化(虚线为多年平均值)

所示为宜昌站和寸滩站 1950～1985 年的年径流量、年输沙量和含沙量变化。宜昌站的年输沙量为 3.5 亿～7.5 亿 t，而寸滩站为 2.5 亿～7.0 亿 t。

根据黄河上修建三门峡水库的经验和教训，三峡水库采用蓄清排浑的运用方式，水库在汛期维持低水位，使泥沙可以顺利排出库外；在非汛期水流含沙量减少时，水库蓄水兴利。三峡水库上游来水量和来沙量在年内分配很不均匀，6 月中旬～9 月中旬，长江输沙量达全年输沙量的 90%，而径流量仅为全年径流量的 60%。根据这一来水来沙特点，每年汛期水库水位保持在防洪限制水位 145m 运行，使含沙量较大的洪水（浑水）能够顺畅地排至下游；汛后水中的含沙量小了，变清了，10 月水库开始蓄水，11 月末蓄到正常蓄水位 175m，以充分发挥发电与航运效益。采用这一运用方式，绝大部分泥沙可排至下游，三峡工程 220 亿 m^3 的永久库容能够长期保持。

三峡大坝底高程 57m 处的 22 个底孔主要用于工程建设期间临时泄洪和导流明渠截流之后过水，三期工程结束后将封堵。23 个低高程、大尺寸的深孔将永久用做泄洪。泄洪深孔的高程为 90m，库水位为 130m、140m 和 150m 时的泄流能力分别为 51 000m^3/s、60 000m^3/s 和 64 000m^3/s。如果洪水流量不超过 62 000m^3/s，三峡水库调度可按蓄清排浑方式运用，将水库水位降至 145m，下泄巨量洪水，形成有利于泄沙、冲沙的条件。当来流大于 62 000m^3/s，洪水将调蓄于水库，根据预定程序排放洪水，以使洪水对下游的危害最小。洪峰渡过后，水库将重新降至 145m 高程。

在大多数年份大部分洪水期内水库水位降至 145m，将能够保持水库淤积的上限控制在以大坝前缘防洪限制水位（145m）为起点的回水线以下（图 7.33 中的线 1）。在枯水期，江水含沙量低，但泄水量仍较大，占全年径流量的 39%，宜昌站能通过 1710 亿 m^3 水。此阶段开始蓄水，以用于发电和航运。将水库提高至正常运行水位的水量随采用的运行机制不同而不同，但一般小于 220 亿 m^3，仅占枯水期径流的一小部分。长期运行后，最终在坝前防洪限制水位与上游河道水面线连接的回水线之下将形成新的冲积河道，如图 7.33 中的线 2。正常蓄水位与防洪限制水位之间的库容将能够长期保持。

利用一维数学模型模拟三峡水库的淤积过程，计算按水文时间系列，按水库各运行水位方案计算。因为 1954 年洪水的重现期约为 40 年，因此，1954 年的河流记录按照其在 106 年内出现 3 次插入水文序列。因而，时间系列包括如下年份序列的水文数据：

2 个周期的 1961～1970 年数据加上 1954 年和 1955 年数据；

2 个周期的 1961～1970 年数据加上 1954 年和 1955 年数据；

4 个周期的 1961～1970 年数据加上 1954 年和 1955 年数据；

2 个周期的 1961～1970 年数据。

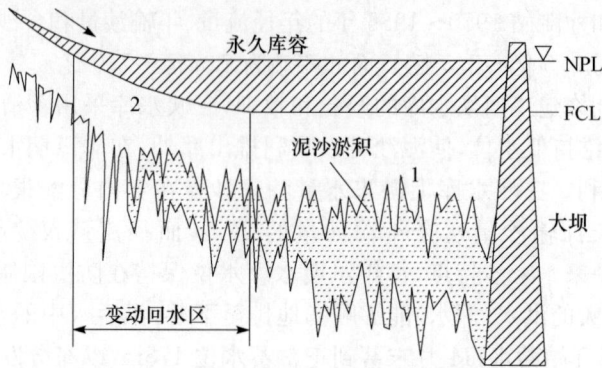

图 7.33　三峡水库库水位和淤积线示意图

NPL. 正常蓄水位(175m)；FCL. 防洪限制水位(145m)

线 1.泥沙淤积的上限；线 2.防洪限制水位时的回水线

　　图 7.34 所示为长江水利委员会对不同运行方案计算的 0～100 年水库泥沙淤积情况,图中,160～135 指正常蓄水位为 160m,防洪限制水位为 135m。图中线 4 是正常蓄水位为 175m,防洪限制水位为 145m,但前 10 年,正常蓄水位为 156m,防洪限制水位为 135m。运行 80 年后,泥沙淤积量接近平衡,此后淤积量增加非常缓慢。100 年的总淤积量约为 160 亿 m³。

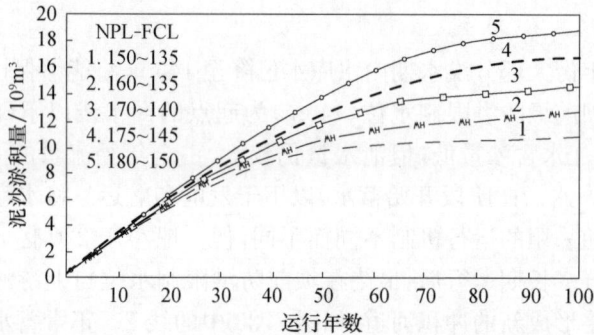

图 7.34　不同运行方案 0～100 年水库泥沙淤积情况(三峡工程泥沙专家组,2002)

　　为了降低三峡水库的泥沙淤积,开发河流的水电资源,三峡工程建成后,将建设向家坝水库和溪洛渡水库。向家坝水库位于三峡大坝上游 1020km,水库库容 50.6 亿 m³。向家坝水库运行拦沙 60 年后将达到平衡。溪洛渡大坝位于三峡大坝上游 1180km,水库库容 115.7 亿 m³。水库运行拦沙 90 年后将达到平衡。长江上游的推移质和粗颗粒悬移质将被两座水库拦截,因此,三峡水库的泥沙淤积会在 90 年内大幅度降低。图 7.35 所示为三种方案三峡水库的淤积情况:方案一,上游无水库;方案二,建有向家坝水库;方案三,建有溪洛渡水库。从图中可见,建有向家坝水库和溪洛渡水库后,三峡水库运行 30~80 年,泥沙淤积量降低 20 亿~40 亿 m³。

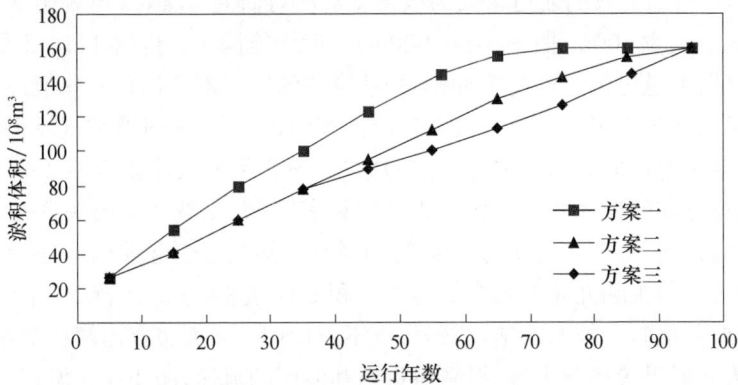

图 7.35 三种方案三峡水库的淤积情况

2. 变动回水区的淤积

变动回水区是指处于防洪限制水位和正常蓄水位之间的河段。当三峡水库蓄水位为正常蓄水位 175m,上游来水为五年一遇时,其回水末端为水库的终点,也即水库的长度,三峡水库终点位于江津花红堡,距大坝前缘 663km。从常年回水区末端至水库终点花红堡,称为变动回水区,长度约为 140km。工业城市重庆位于嘉陵江入汇处,处于水库的变动回水区。重庆有一处客运码头朝天门码头和一处货运码头九龙坡码头。朝天门码头距大坝约 602km,如果计算的水力坡度有丝毫错误,将会引起此处水位很大的差异。

据分析,对于百年一遇的洪水,重庆不能承受超过 200m 的水位。但是,要达到此水位,只有在三峡水库已经运行 100 年后,又遭遇到百年一遇的洪水情况下,才可能发生。因此,重庆遭遇如此高水位洪水的可能性微乎其微。况且,百年期间内,三峡工程上游将建向家坝水库和溪洛渡水库。这些水库的投入运行将对三峡工程具有永久的效益,降低三峡水库的入库洪峰流量,仅此一项,就足以降低重庆的洪水位。除此之外,两水库运行后,将在相当长时间内(10~80 年)拦沙于库,减轻三峡水库的入库泥沙量。在枯水期,可利用上游水库调节流量,增加三峡水库枯水期的最小泄流量,从而能自回水区上段冲刷更多泥沙淤积。由此,重庆同样流量下的洪水位会变小。

变动回水区的泥沙问题研究主要需解决两大问题:①河道泥沙淤积是否影响万吨级船队的航道;②重庆码头港区水域能否避免不利于航运的淤积。

对前一个问题开展了物理模型试验研究。三峡工程中,长江上有 5 段是影响航运的关键河段。为了研究水库变动回水区航道和港区泥沙问题,建立了 9 座大型泥沙物理模型,开展模型试验研究。研究结果表明,在正常蓄水位运行期间,从宜昌到重庆 660km 长的航道将大为改善。对所有研究方案,万吨级船队的最低要求(即深 3.5m、宽 100m、曲率半径 1000m)一般均能满足。但每年 5~8 月,当库水位已经降低,河道上的淤沙尚未冲刷,一些宽浅河段可能会出现一些航道问题。因此,沿河道某些位置可能需要开展一些疏浚和治理工程,不过通常规模很小。

重庆港区附近的淤积问题是关注的中心,淤积量的大小随三峡工程蓄水位的选择及运行方式的选择变化很大。研究结果表明,九龙坡货运码头存在较严重的码头边滩淤积问题(图 7.36),水库运行 80 年后,甚至会引起航槽从左岸至右岸的移位。朝天门码头和九龙坡码头都会发生积累性淤积,水库运行 50 年后,如果不采取疏浚或其他防淤技术措施,两码头将不能使用。研究也提出解决措施,如建造丁坝、隔流防淤堤等控制水流,提高航道内和港区的流速,防止泥沙淤积。

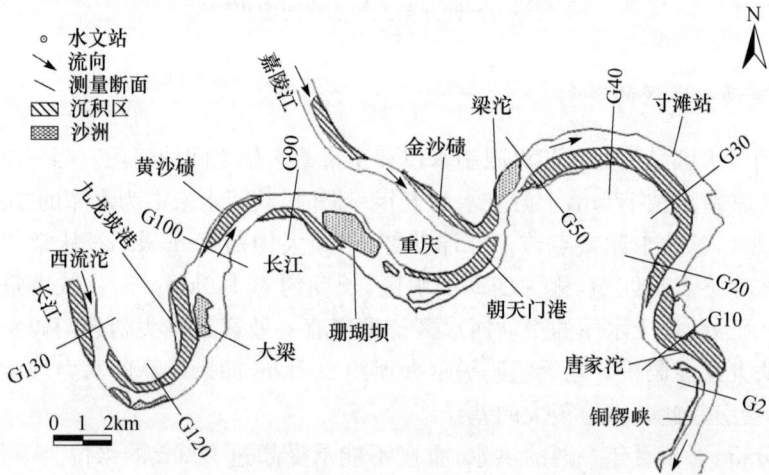

图 7.36　模型试验得出的三峡水库运行 80 年后重庆河段的淤积情况(王兆印等,1988)

阴影指发生累积性淤积,G2~G130 指测量断面

对粒径范围为 1~10mm 的卵石,其在变动回水区末端沉积的可能后果也受到人们的关注。调查和研究表明,这些粗颗粒泥沙会被人们作为建筑材料而开挖或疏浚,不会引起累积性淤积。

3. 坝区泥沙淤积问题

三峡工程的航道问题具有独特性,主要在于其航道是在长长的水库中由水流和泥沙逐渐塑造而成的。航道的初期平衡会在 80~100 年达到,在此期间里,随着河床升高,沿岸滩地的发展,河道的深泓线和主流会在横向上左右变换。近坝处,泥沙淤积于右岸,主流河道从中部转向左岸(周建军等,2002)。运行 80 年后,洪水期引航道内的流速将受到主流的影响,引航道内的淤积量将随时间增加而增加,对三峡水库的泥沙管理产生挑战。

引航道布置必须考虑适应水库淤积期间逐渐变化的水流条件。鉴于引航道内预计淤积量大,在选择引航道的布置形式时,清淤方法是主要的考虑内容。下游引航道沿左岸布置,引航道右侧设有 3550m 长的防淤隔流堤保护(图 7.37)。对于上游引航道,船闸和升船机共用,大型拖船和小船均通过,因此需要能够防护各类型的船只。

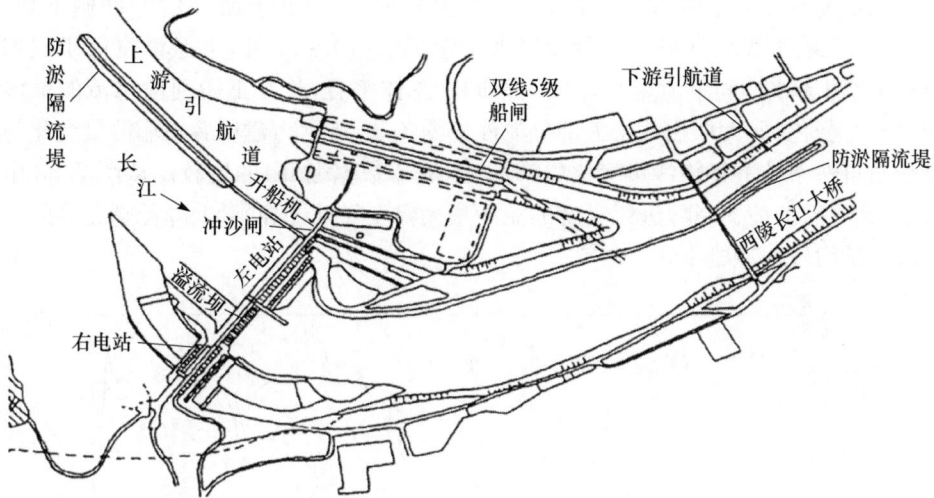

图 7.37　船闸、上下游引航道、升船机布置示意图

三峡水库总长约 700km,需要经过很长时间坝前淤积才会明显。自坝前淤积明显以后,泥沙将会成为坝区河段地貌演变的主要因素,影响上游引航道内及其周围的泥沙淤积。已经开展了大量工作,计算和预测该区域的淤积,既有物理模型,也有数学模型。

模型试验表明,随工程运行时间的增加,坝区淤积增加,特别是随着上游引航道前的右侧凸岸处边滩的增加,河势有所调整,坝前主流逐渐开始左移约 290m。意味着随着水库淤积的发展,引航道入口的最佳位置也逐渐变化。因此,引航道入口的最佳位置的确定也非常重要。理论上,一个引航道入口不能满足变化的水流条件,可能需要在运行一段时间后再建新的入口。如前所述,这是河槽型窄深水库由泥沙所衍生的航运上的独特问题。

引航道的泥沙淤积可通过引水冲淤和机械清淤措施处理。考虑泥沙淤积对阻航的影响,上游引航道清淤的关键时期主要在丰水期,而下游引航道清淤的关键时期在枯水期。

对于下游引航道,根据三峡工程下游 38km 的葛洲坝水库的运行情况,其丰水期尾水水位为 66.8～73.7m。根据研究结果,部分自上游引航道冲下的泥沙将会在下游引航道内沉积，但淤积物不会影响航运最小水深 4m 的要求。在丰水期后期，通过葛洲坝调节，水位会降至 63m 左右。在如此低的尾水水位下，利用冲刷上游引航道同样的流量，可将下游引航道主要部位的沉积物冲出，然后可利用机械清淤清除余下的沉积物。船闸下游部分地方也需要利用机械清淤清除淤积。

4. 下游河段的冲刷下切

三峡工程建成蓄水后，下游水流含沙量减少，将引起下游河段的冲刷下切。1～5 月，三峡工程的月平均下泄量将高于建坝前；10～11 月，下泄量将低于建坝前；7～9 月丰水期间下泄量与建坝前相同。总体来看，长江下游河段水流的输沙能力没有变化，但大坝拦截了大部分泥沙。图 7.38 所示为建坝后年输沙量变化与宜昌站自然条件下年输沙量变化（1961～1970 年数据循环）的比较。从图 7.38 中可见，建坝后的前 50 年，进入下游的泥沙量大幅度降低，泥沙量的降低毫无疑问会引起下游河段的冲刷下切。

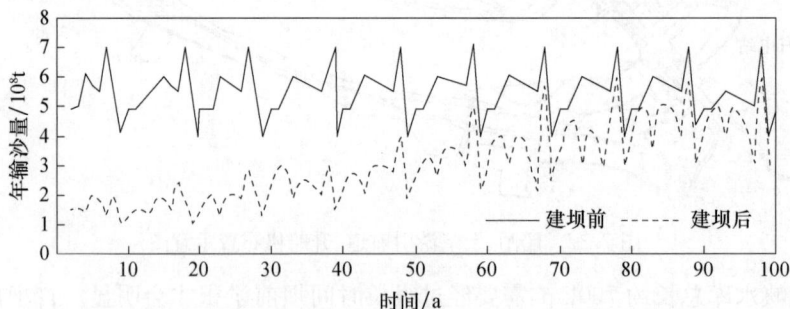

图 7.38　建坝后年输沙量变化与宜昌站自然条件下年输沙量变化
（1961～1970 年数据循环）的比较（三峡工程泥沙专家组，2002）

中国水利水电科学研究院和长江水利委员会均利用一维数学模型计算了从宜昌到武汉河段泥沙冲刷量。图 7.39 所示为两家模型计算结果，图中的负值部分表

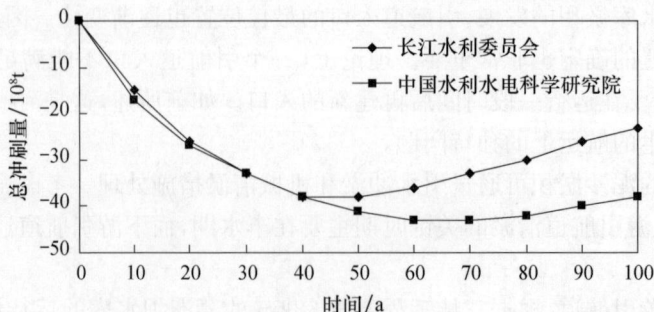

图 7.39　宜昌到武汉河段泥沙冲刷量一维数学模型计算结果（三峡工程泥沙专家组，2002）

示冲刷量。在三峡工程运行前 40 年,两模型计算结果相同,即运行 20 年后,泥沙冲刷量约为 25 亿 t,40 年约为 40 亿 t。运行 50 年以后的情况,两家模型计算结果相差较大。长江水利委员会模型预计从第 50 年起下游河道开始由冲变为淤,而中国水利水电科学研究院模型预计冲淤转变自工程运行 70 年始。因此造成两模型计算的运行 70～100 年的冲刷量之差约为 12 亿 t。由于冲刷下切,在洪水下泄流量为 30 000m³/s 时,沙市和武汉的洪水位分别降低 3m 和 0.75m。

据武汉大学二维数学模型计算结果,在三峡工程运行的前 20 年,从宜昌到沙市的长 150km 的河段里,下泄水流会冲刷下切泥沙、卵石量达 2.52 亿 m³。卵石河床会冲深 0.5m,沙质河床冲深 10～13m。此河段洪水位将降低 1.5～3.5m。一般洪水情况,基本不需要利用洞庭湖和鄱阳湖调蓄,但如果发生 1954 年型的洪水,即使增加了三峡水库的防洪库容,长江中下游需要安排的分洪量将超过《长江流域综合规划》中估计的数量。鉴于在长江两岸安排滞蓄洪区的困难很多,在三峡工程转入运用后,采用工程措施,增加洞庭湖的三口分洪能力,恢复洞庭湖对长江洪水的调蓄作用,是十分必要的。

7.5.5　环境和社会影响

1. 地震

虽然人类建坝的历史已有数千年,但水库诱发地震的研究仅有数十年。直至今日,由于人类对地震问题知之甚少,没人能够全面、准确地回答地震的形成机理和过程。尽管如此,人们也了解了地震形成及其潜在损坏的一些一般规律。

水库蓄水能促发地震、减小强震,世界上已经建有几十万座水坝,虽然水库诱发地震现象非常普遍,但是大都是危害性不大的微震和弱震。至今全世界尚未有一起因为地震造成的垮坝事故。目前只有在我国广东省的新丰江和印度的柯依那两座水库发生的地震曾经对大坝造成过轻微的损害,两例的震级分别为里氏 6.1 级和 6.5 级,震中 8 级。通过局部修复和加固,两例大坝均恢复正常运行。其他水库诱发地震的震级大多小于里氏 4 级,多发生在水库蓄水不久。随着大坝蓄水运行,地应力随时间逐渐调整,总体上会有利于减小地震灾害。

并不是所有水库都会引起地震,根据不完全统计,大约有 100 座水库曾引发地震,仅占全球水库总数的 0.1%。美国大坝委员会的数据表明,只有 0.7% 的大型水库有可能诱发具有实际意义上的地震。中国的统计数据显示,库容超过 1 亿 m³的水库中,仅有 5% 发生过弱震。据监测,自三峡工程蓄水至 2006 年,三峡库区发生能定位的地震 145 次,其中最大地震 2.5 级,没有造成危害。

2. 崩塌滑坡

水库蓄水常会诱发崩塌滑坡,三峡工程可能会引起大规模的库岸崩塌。三峡水库岸坡稳定研究已开展数十年,采用了如遥感、涌浪模型试验和计算、稳定分析、变形监测等多种现代化手段。多种研究在崩塌和滑坡的数量和量级方面得出了相似的结果,因为库水位为 145～175m,在三峡工程投入运行前 10～20 年,变动回水区会引发滑坡。当库水位为防洪迅速降低时,含水量饱和的边坡土壤没有足够的时间脱水,会形成土壤滑坡。

三峡库区约有 1000 处潜在滑坡处,其中 140 处滑坡或滑石超过 100 万 m³。沿 1300km 长的岸坡,有 22 处大的不稳定边坡,一旦水库蓄水,可能会下滑。这些边坡体积从数百万到 8000 万 m³。但是,水库运行 10～20 年后,大多数潜在滑坡体将重归稳定。三峡水库边坡的总体情况基本稳定。

对滑坡的研究表明,在三峡水库岸坡加固后,任何可能发生的崩塌和滑坡都不会堵塞河道。22 处不稳定边坡的总体积仅为 3.8 亿 m³,即使这些边坡全部下滑至水库,也仅占 145m 水位库容的 2.2%。

3. 对局部气候的影响

在三峡工程的规划阶段,据分析估计,水库对周围区域局部气候的影响可以忽略不计。库区的年平均风速将增加 15%～40%,相对湿度增加 2%～8%。对雾天频率、降水量和分布影响较微。夏季月气温将降低 1.2℃,但冬季月气温略升高 0.3～1.3℃,最低气温至 3℃。

三峡水库蓄水的前三年没发现明显的气候变化。但 2006 年夏季 6 月 1 日～8 月 21 日,四川省、重庆市平均降水量为 345.9mm,是 1951 年以来历史同期最小值。同时,四川省、重庆市 7 月中旬～8 月下旬遭受罕见的持续高温热浪袭击。持续的干旱和高温天气造成至少 1400 万人和 1500 万牲畜饮用水短缺。一些学者认为严重的干旱是三峡工程造成的,提出四川和重庆盆地为群山包围,连接华中和盆地的主要水汽通道就是长江河谷,由于三峡大坝阻隔了水汽的进入,造成盆地降水量的急剧降低。

权威气象专家认为,四川省干旱是由于气候大环境造成的,与三峡工程无直接关系。全球气候变暖是北半球及中国夏季高温热浪事件频繁出现的大背景,环流异常是造成极端高温事件发生的直接原因。近百年来,地球气候正经历一次以全球变暖为主要特征的显著变化,这种变化在北半球中高纬度地区尤其明显,而四川省和重庆市正好位于此区域。专家认为,这次四川省的高温干旱是全球气候变化的一个局部反映。气候变化让极端天气事件更加频繁地发生,如出现了连续登陆中国沿海的台风。台风抵住了副热带高压的脊背,动弹不得的副热带高压就长期稳定地控制住川渝大部分地方。受急剧发展的人类活动、森林采伐及工业发展的影响,大型城市周围的热岛效应也在高温天气及气温升高方面起到一定作用。成都市和重庆市的热岛效应是引起夏季的干旱少雨的部分原因。

4. 水质

三峡工程坝址处的年径流量超过 4000 亿 m³,每年排入库区的工业废水和生活污水近 10 亿 t。自水库蓄水以来,水质保持稳定,城市周边沿岸存在一定的污染带。2003 年 6 月 5 日,在国务院新闻办公室召开的记者招待会上,国家环境保护总局局长解振华指出,根据长江流域水质监测网络对三峡库区水质进行连续监测的结果,三峡库区蓄水以来,水质没有出现明显变化,以Ⅲ类水质为主。但一些库区水体的粪大肠菌群污染比较严重,指标偏高。据 2008 年年监测结果,在 2008 年年底完成 175m 试验性蓄水后,三峡库区水质稳定并有所改善。2008 年长江、嘉陵江和乌江重庆段各监测断面水质均满足Ⅲ类水质标准,其中满足Ⅰ类、Ⅱ类水质断面比例已经达到 90.5%;而国控饮用水源地和城镇集中式饮用水源地中,水质满足水域功能要求的断面比例均为 100%。不过,三峡工程自 2003 年 6 月开始蓄水后,虽然长江干流水质总体保持稳定,部分支流回水区却时有水华现象发生,特别是每年早春季节,气温升高带动藻类迅速生长。根据重庆市政协城乡建设环境保护委员的调研材料,截至 2007 年 5 月,在三峡库区重庆段已有 15 条一级支流回水区发生水华 60 余次。

为保护三峡水库水质,必须严格控制沿岸城镇污水和工业废水排放。抓紧城镇污水处理厂的建设,严格禁止所有城镇直接往水库排放未达标污水。加大对工业废水污染的防治力度,三峡库区要彻底关闭所有规模以下的造纸、制革、农药、染料等污染严重的企业,关闭小啤酒厂、小白酒厂。小氮肥企业要通过技术改造和进步,实现污水零排放。其他所有工业企业都要实现污染物达标排放。

一般在 4～5 月月底,三峡水库开始水温分层。在此阶段,自底孔泄流的水温低于建坝前,这样会引起下游水温升至鱼类产卵水温 18℃的时间推后约 20 天。另外,调控的水流对中、下游血吸虫病防治有利。三峡水库下游地区,特别是洞庭湖及其周围,长期受到血吸虫病的威胁。水库蓄水后,人为变动的库水位使血吸虫难以繁殖。而且,长江中下游河段洪水的减轻,消灭生活在湿地里的钉螺变得更容易。但由于三峡库区生态环境发生变化,也存在血吸虫病流行的潜在危险,需要加强监控和预防。

5. 鱼类和渔业

长江中下游鱼类超过 300 多种,包括铜鱼、圆口铜鱼、大口鲶和四大家鱼等。三峡水库蓄水后,适应于急流中生活的淡水鱼类必须向上游转移,寻找适宜的栖息地。建坝后水库扩大水面为在长江及其支流的人工养育提供了良好的条件。原来位于水库处的产卵河段部分或全部淹没,因此,鱼类的繁殖不得不上移至水库终点或更远。

青鱼、草鱼、鲢鱼、鳙鱼四大家鱼为长江上的主要经济鱼类,图 7.40 所示为四大家鱼在长江上的主要产卵地(Yi et al.,2006)。由图可见,28 处产卵地中,有 7 处为三峡水库蓄水所淹没,其余均受到调控水流的影响。洪水和水位升高是鱼类产卵的主要信号(易伯鲁等,1964),图 7.41(a)显示宜昌和监利水位的自然变化及鱼类产卵的时间(曹文宣等,1987),图 7.41(b)所示为长江流量增量与鱼苗量的关系,从图中可见,鱼苗量增加一般晚于流量增加 4~6 天。两图表明鱼类产卵受到水位和流量增加的激发,流量增量越大,鱼苗量越高。三峡水库调控自然径流,特别是在 5 月使水位和流量升幅平缓,会影响鱼类产卵,降低鱼苗量。目前,长江鱼类的人工繁育和养殖成功地解决了此问题,鱼类因三峡蓄水所造成的影响被降低至最小。

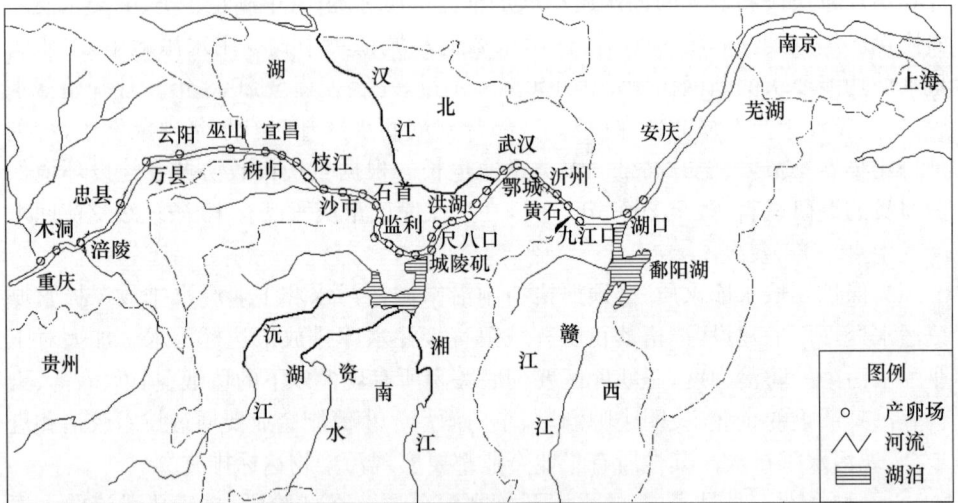

图 7.40　四大家鱼在长江上的主要产卵地

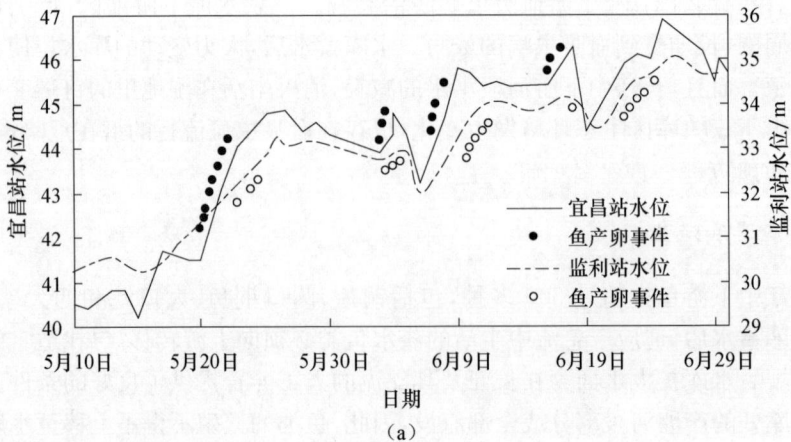

(a)

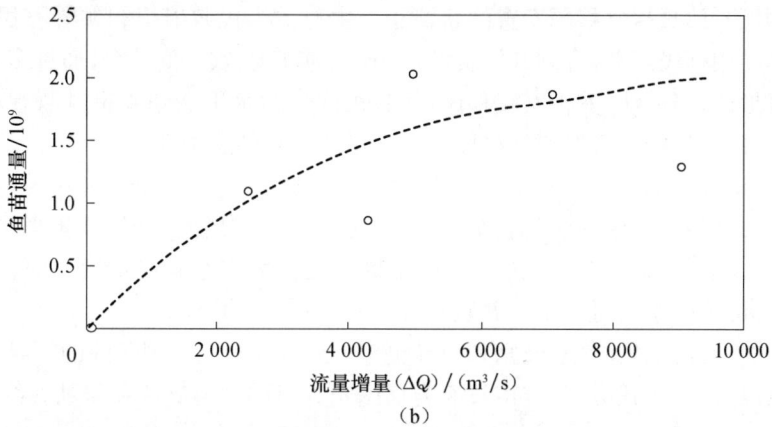

图 7.41　宜昌和监利水位的自然变化和鱼类产卵的时间(a)和长江流量增量与鱼苗量的关系(b)

6. 濒危水生物种

三峡工程影响区有 6 种国家珍稀濒危水生生物。它们是白鱀豚、白鲟、中华鲟、长江鲟、江豚和胭脂鱼。白鱀豚与三峡工程的关系不大,目前已到灭绝的边缘。三峡工程不存在影响中华鲟洄游通道的问题。早在 1981 年 1 月葛洲坝枢纽工程实现大江截流后,就阻断了中华鲟自长江口进入金沙江的洄游通道。为了保护中华鲟,国家明令禁止商业性捕捞,并在宜昌建立了中华鲟人工繁殖研究所。1984~2005 年,共向长江放流幼体中华鲟近 455 万尾。20 年来,中国长江三峡工程开发总公司和所属的原葛洲坝水力发电厂,对中华鲟研究所建所和中华鲟保护历年的专项基础建设、科研设施和科研经费的总投入达 3700 多万元。

7. 移民安置

三峡工程全部竣工后,库水淹没区将涉及湖北和重庆的 20 个区市县,最终动迁移民 113 万(实际动迁人数约 135 万,比原规划超出 20 万人),其中重庆 16 个区市县受淹,移民数量占整个库区移民的 85% 左右。淹没农田 23 694hm²(水田 7380hm²,旱地 16 314hm²)、4960hm² 柑橘园,同时,956km 公路和 941 家厂矿也将淹没。重建或部分重建 2 座城市和 11 座县城。

淹没区移民安置工作自 1993 年开始启动。农村移民安置以就地后靠、当地解决为原则。三峡水库淹没区和周围地区人口密集,发展落后。其国民生产总值仅为全国平均水平的 45%,人均收入仅为全国平均水平的 53%。因此,当地工业和旅游业的发展空间潜力很大。但是,尖锐的人地矛盾使库区的安置容量十分有限,1999 年,中国政府对移民安置做出调整,改变"就地后靠、以土为本"的方针,实施就地安置与异地安置、集中安置与分散安置、政府安置与移民自找门路安置相结合的政策,针对三峡库区移民问题提出了"开发性移民"的新模式。改变过去一次性补偿的办法,认真探索移民安置的新路子。由有关人民政府组织领导移民安置工作,统筹使用移民经费,合理开发资源,以农业为基础、农工商结合,通过多渠道、多产业、多形式、多方法,妥善安置移民,使移民的生活水平达到或超过原有水平,并为三峡库区长远的经济发展和移民生活水平的提高创造条件。

涉及淹没区的县镇约有 270 万 hm^2 荒地,其中约 27 万 hm^2 可作为耕地利用(陈鸿昭,1987)。库区的试验表明,荒坡地可开发为柑橘园梯田,可相当于原耕地 3 倍以上的经济产出。因而,库区周围地区可支撑大多数移民生活。而且水库具有 67 000 hm^2 的水面可供水产养殖,也是一个高产出的资源。

在农村移民的安置中,鼓励和引导更多人外迁安置。在国务院的领导下,统一部署外迁移民安置任务,各省市政府为移民安置提供大力支持和帮助。约有 16.5 万三峡移民外迁到上海、江苏、浙江、安徽、福建、江西、山东、湖北、湖南、广东、四川 11 个省(直辖市)。三峡移民的外迁,对减轻库区生态环境的压力、减少水土流失和环境污染具有很大作用。外迁移民正逐渐融入当地社会,移民的生产得到了妥善安置,生活大有改善。

图 7.42(a)为安置在库区的移民新房照片,图 7.42(b)为开县新县城。在移民总数中,城镇人口占 54%。城镇人口搬迁后,可继续从事原工作,同时为农村人口提供了 30 万个工作机会。国家从三峡电站的电价收入中提取一定资金建立专项基金,用于三峡移民的后期扶持;三峡电站投产后缴纳的税款依法留给地方的部分,用于支持三峡库区建设和生态环境保护。国家在三峡库区和三峡工程受益地区安排的建设项目,优先吸收符合条件的移民就业。国家对专门为安置农村移民开发的土地和新办的企业,依法减免农业税、农业特产税、企业所得税。

(a)

（b）

图 7.42　库区安置的移民新居（a）和开县新县城（b）

思 考 题

1. 水库的温度分层一般发生在什么时间？
2. 控制水库淤积的主要策略有哪些？
3. 修建三峡工程的主要目的是什么？

参 考 文 献

曹文宣，余志堂，许蕴轩. 1987. 三峡工程对长江鱼类资源影响的初步评价及资源增殖途径的研究// 长江三峡工程对生态环境影响及其对策研究论文集. 北京：科学出版社.

陈鸿昭. 1987. 三峡工程对库区（东经 109°以东）土地资源的影响及其对策// 长江三峡工程对生态环境影响及对策研究论文集. 北京：科学出版社.

范家骅. 1959. 异重流运动的实验研究. 水利学报，（5）：30-48.

范家骅，杜国翰. 1985. 水库泥沙问题. 水利学报，（6）：24-31.

耿明全，张春满，张效常. 2007. 小浪底水库泥沙处理途径探索. 人民黄河，（9）：25-26.

黄朝中. 1998. 中国防汛抗洪指南. 北京：解放军出版社.

贾金生，袁玉兰，李铁洁. 2004. 2003 年中国及世界大坝情况. 中国水利，（13）：25-33.

李雷，王仁钟，盛金保，等. 2006. 大坝风险评价与风险管理. 北京：中国水利水电出版社.

罗敏逊. 1981. 丹江口水库汉江回水变动区河床演变初步分析. 泥沙研究，（4）：19-38.

骆承政，乐嘉祥. 1996. 中国大洪水-灾害性洪水述要. 北京：中国书店.

牛运光. 2002. 病险水库加固实例. 北京：中国水利水电出版社.

潘家铮，何璟. 2000. 中国大坝 50 年. 北京：中国水利水电出版社.

三峡工程泥沙专家组. 2002. 长江三峡工程"九五"泥沙研究综合分析. 北京：知识出版社.

王兆印, 吕秀贞, 曾庆华. 1988. 三峡工程重庆河段泥沙模型 175 米方案试验报告∥三峡工程泥沙问题研究成果汇编(160～180 米蓄水位方案). 水利电力部科学技术司：290-300.

易伯鲁, 梁秩燊. 1964. 长江家鱼产卵场的自然条件和促使产卵的主要外界因素. 水生生物集刊, 5(1)：1-15.

中华人民共和国水利部. 1999. 中国"98"大洪水. 北京：中国水利水电出版社.

周建军, 林秉南. 2002. 双汛限水位调度方案对三峡工程通航条件的影响. 中国三峡建设, (6)：8-11.

American Water Works Association. 1971. Quality control in reservoirs. Journal of the American Water Works Association, 63：597-604.

Armitage P D. 1978. Downstream changes in the composition, number and biomass of bottom fauna in the Tess below Cow Green Reservoir and an unregulated tributary Maize Beck, in the first five years after impoundment. Hydrobiologia, 58(2)：145-156.

Armitage P D. 1979. Stream regulation in Great Britain∥The Ecology of Regulated Streams. New York, London：Plenum Press：165-182.

Arumugam P T, Furtado J I. 1980. Physico-chemistry, destrafication and nutrient budget of a lowland eutrophicated Malaysian reservoir and its limnological implications. Hydrobiologia, 70：11-24.

Attwell R I. 1970. Some effects of Lake Kariba on the ecology of a floodplain of the mid-Zambezi valley of Rhodesia. Biological Conservation, 2(3)：189-196.

Babb A O, Mermel T W. 1968. Catalog of dam disasters, failures and accidents. Bureau of Reclamation.

Beiningen K T, Ebel W J. 1970. Effect of John Day Dam on discharged nitrogen concentrations and salmon in the Columbia River. Transaction of the American Fisheries Society, 4：664-671.

Bell H S. 1947. The effect of entrance mixing on the size of density currents in Shaver Lake. Transactions American Geophysical Union, 28(5)：780-791.

Briggs J C. 1948. The quantitative effects of a dam upon the bottom fauna of a small California stream. Transactions of the American Fisheries Society, 78：70-81.

Brooks A J, Woodward W B. 1956. Some observations on the effects of water inflow and outflow on the plankton of small lakes. Journal of Animal Ecology, 25：22-25.

Brooks N H, Koh R C Y. 1969. Selective withdrawal from density stratified reservoirs. Journal of the Hydraulic Division, ASCE, 95(HY4)：1369-1400.

Chao B F. 1995. Anthropogenic impact on global geodynamics due to reservoir water impoundment. Geophysical Research Letters, 22：3529-3532.

Chien N, Wan Z H, McNown J. 1998. Mechanics of Sediment Movement. New York：ASCE Press.

Churchill M A, Nicholas W R. 1967. Effects of impoundments on water quality. Journal of the Sanitary Engineering Division, ASCE, 93(SA6)：73-90.

Décamps H,Capblancq J,Casanova H,et al. 1979. Hydrobiology of some regulated rivers in the south-west of France // The Ecology of Regulated Streams. New York: Plenum Press: 273-288.

Derby R L. 1956. Chlorination of deep reservoirs for taste and odor control. Journal of the American Water Works Association,48(7):775-780.

Devine R S. 1995. The trouble with dams. The Atlantic Monthly,276(2):69-74.

Dominy C L. 1973. Recent changes in Atlantic salmon(Salmo salar) in the light of environmental changes in the Saint John River,New Brunswick,Canada. Biological Conservation,5(2):105-113.

Dynesius M,Nilsson C. 1994. Fragmentation and flow regulation of river systems in the northern third of the world. Science,266(5186):753-762.

Edwards R J. 1978. The effect of hypolimnion releases on fish distribution and species diversity. Transactions of the American Fisheries Society,107:71-77.

Elder R A,Wunderlich W O. 1968. Evaluation of Fontana Reservoir field measurements // Proceedings of the Specialty Conference on Current Research into the Effects of Reservoirs on Water Quality,Nashville.

El-Zarka S E-D,El-Din S. 1973. Kainji Lake,Nigeria,in Man-Made Lakes: Their problems and environmental effects // Geophysical Monograph Series,17. Washington DC: American Geophysical Union: 197-219.

Fell R,Bowles D S,Anderson L R,et al. 2000. The status of methods for estimation of the probability of failure of dams for use in quantitative risk assessment // Proceedings of the International Commission on Large Dams,20th Congress,Beijing.

Foroods G M. 2007. Assessment of causes and effects of disastrous erosion and sediment flows and mitigation measures in Caspian Sea Watersheds-Iran // Proceedings of UNESCO Expert Meeting on Erosion in Arid and Semi-Arid Areas,Chalooz.

Fraser J C. 1972. Regulated discharge and the stream environment // River Ecology and Man. New York: Academic Press: 26-85.

Fruh E G,Clay H M. 1973. Selective withdrawal as a water quality management tool for southwestern impoundments // Man-Made Lakes: Their Problems and Environmental Effects. Geophysical Monograph Series,17,Washington DC: American Geophysical Union: 335-341.

Ganapati S V. 1973. Man-made lakes in south India // Man-made Lakes: Their Problems and Environmental Effects. Geophysical Monograph Series,17,Washington DC: American Geophysical Union: 65-73.

Garton J E,Rice C E,Steichen J M. 1976. Modification of reservoir water quality by artificial destratification. Annals of the Oklahoma Academy of Science,5:47-56.

Gibbs R. 1970. Mechanisms controlling world water chemistry. Science,170:1088-1090.

Gore J A,1978. A technique for predicting in-stream flow requirements of benthic macroinvertebrates. Freshwater Biology,8:141-151.

Gore J A. 1980. Ordinational analysis of benthic communities upstream and downstream of a prairie storage reservoir. Hydrobiologia,69:33-44.

Gruner E. 1963. Dam disasters. Proceedings of the Institution of Civil Engineers,24:47-60.

Gruner E. 1967. The mechanism of dam failure//9th Congress of the International Commission on Large Dams,Istanbul.

Guo Z G,Zhou B,Ling L W,et al. 1985. The hyperconcentrated flow and its related problems in operation at Hengshan Reservoir//Proceedings of International Workshop on Flow at Hyperconcentrations of Sediment,Beijing:3-1.

Hannan H H. 1979. Chemical modifications in reservoir-regulated streams//The Ecology of Regulated Streams. New York:Plenum Press:75-79.

Hannan H H,Broz L. 1976. The influence of deep-storage and an underground reservoir on the physico-chemical limnology of a permanent central Texan river. Hydrobiologia,51:43-63.

He X Y,Wang Z Y,Huang J C. 2008. An analysis on the temporal and spatial distributions of dam failures in China. International Journal of Sediment Research,23(4):398-405.

Heath W A. 1961. Compressed air revives polluted Swedish lakes. Water and Sewage Works, 108:200.

Henricson J,Müller K. 1979. Stream regulation in Sweden with some examples from central Europe//The Ecology of Regulated Streams. New York:Plenum Press:183-200.

Hergenrader G L. 1980. Eutrophication at the Salt Valley Reservoir,1968-1973,1:The effects of eutrophication of standing crop and composition of phytoplankton. Hydrobiologia,71:71-82.

Hill P,Bowles D,Jordan P,et al. 2003. Estimating overall risk of dam failure:Practical considerations in combining failure probabilities. American National Committee on Large Dams 2003 Risk Workshop,Launceston:1-10.

Hilsenhoff W L. 1971. Changes in the downstream insect and amphipod fauna caused by an impoundment with a hypolimnion drain. Annals of the Entomological Society of American,64: 743-746.

Hynes H B N. 1955. Distribution of some freshwater Amphipoda in Britain. Verandlungen Internationale Vereinigung fur Theoretische und Angewandte Limnologie,12:620-628.

Hynes H B N. 1970. The Ecology of Running Waters. Liverpool:Liverpool University Press.

Ingols R S. 1959. Effect of impoundment on downstream water quality,Catawba River. Journal of the American Water Works Association,51:42-46.

International Commission on Large Dams(ICOLD). 1988. World register of dams. Annual Report,Paris,9,21,62,109.

International Research and Training Center on Erosion and Sedimentation(IRTCES). 1985. Lecture notes of the training course on reservoir sedimentation//Series of Publication,Beijing.

International Water Power. 1995. Dam Construction Handbook 1995. Sutton:IWPDC Publishing.

Irwin W H,Symons J M,Robeck G G. 1966. Impoundment destratification by mechanical pumping. Journal of the Sanitary Engineering Division,ASCE,92(6):21-40.

Jackson P B N, Rogers K H. 1976. Cabora basin fish populations before and during the first filling phase. Zoologica Africana, 11(2): 373-397.

Kron W. 2005. Flood risk＝hazard • values • vulnerability. Water International, 30(1): 58-68.

Lehmann C. 1927. Uber den einfluss der talspeuen auf die unterhalb liegende bachand flussfischerei. Zeitschrift fur Fischerei und deren Hilfswissenschaften, 25: 467-476.

Lehmkuhl D M. 1972. Change in thermal regime as a cause of reduction of benthic fauna downstream of a reservoir. Journal of the Fisheries Research Board of Canada, 29: 1329-1332.

Lelek A, El-Zarka S. 1973. Ecological comparison of the pre-impoundment and post-impoundment fish fauna of the River Niger and Kainji Lake, Nigeria // Man-Made Lakes: Their Problems and Environmental Effects. Geophysical Monograph Series, 17, Washington: American Geophysical Union: 655-690.

Lillehammer A, Saltveit S J. 1979. Stream regulation in norway // The Ecology of Regulated Streams. New York: Plenum Press: 201-214.

Lowe J, Fox I. 1995. Sediment management schemes for Tarbela Reservoir // USCOLD Annual Meeting, San Francisco.

Mark R K, Stuart A D E. 1977. Disasters as a necessary part of benefit-cost analysis. Science, 17: 1160-1162.

McClure R G, Stewart K W. 1976. Life cycle and production of the mayfly Choroterpes (Neochoroterpes) mexicanus Allen (Ephemeroptera: Leptophlebiidae). Annals of the Entomological Society of America, 69: 134-144.

McCully R C. 1996. Silenced Rivers—The Ecology and Politics of Large Dams. London: Zed Books.

Melching C S. 2006. Dam removal in the United States. Beijing: Tsinghua University.

Middlebrooks T A. 1953. Earth-dam practice in the United States. Transactions of American Society of Civil Engineering, 118: 697-722.

Minckley W L. 1964. Upstream movements of Gammarus in Doe Run, Kentucky. Ecology, 45: 185-197.

Minckley W L, Deacon J C. 1968. Southwestern fishes and the enigma of 'endangered species'. Science, 159: 1424-1432.

Morris G L, Fan J H. 1998. Reservoir Sedimentation Handbook: Design and Management of Dams, Reservoirs, and Watersheds for Sustainable Use. New York: McGraw-Hill.

Mullan J W, Starostka V J, Stone J L, et al. 1976. Factors affecting upper Colorado River reservoir tailwater trout fisherise // Proceedings of the Symposium and Specialty Conference on Instream Flow Needs, Vol. II. American Fisheries Society, Bethesda: 405-423.

Odum E P. 1969. The strategy of ecosystem development. Science, 164: 262-270.

Okada T, Baba K. 1982. Reservoir sedimentation and slope stability. Technical and environmental effects. General Report, Question 54, Transactions of 14th ICOLD, (3): 639-669.

Paerl H W. 1988. Nuisance phytoplankton blooms in coastal, estuarine, and inland waters. Limnology and Oceanography, 33(4, Part 2): 823-847.

Pearson W D, Franklin D R. 1968. Some factors affecting drift rates of Baetis and Simuliidae in large rivers. Ecology, 49: 75-81.

Peñáz M, Kubícek F, Marvan P, et al. 1968. Influence of the Vir River Valley Reservoir on the hydrobiological and ichthyological conditions in the Svratka River. Acta Scientiarum Naturalium, Academiae Scientiarum Bohemoslovacae Brno, 2: 1-60.

Petts G E. 1984. Sedimentation within a regulated river: Afon Rheidol, Wales. Earth Surface Processes and Landforms, 9(2): 125-134.

Pfitzer D W. 1954. Investigation of waters below storage reservoirs in Tennessee // Transactions of the North American Wildlife Conference, Washington DC, 19: 271-282.

Radford D S, Hartland-Rowe R. 1971. A preliminary investigation of bottom fauna and invertebrate drift in an unregulated and a regulated stream in Alberta. Journal of Applied Ecology, 8: 883-903.

Rogers H H, Raynes J J, Posey F H, et al. 1973. Lake destratification by underwater air diffusion // Man-made Lakes: Their Problems and Environmental Effects. Geophysical Monograph Series, 17. Washington DC: American Geophysical Union: 572-577.

Rzoska J, Brooks A J, Prowse G A. 1955. Seasonal plankton development in the White and Blue Nile near Khartoum. Verhandlungen Internationale Vereinigung fur Theoretische und Angewandte Limnologie, 12: 327-334.

Schmitz W R, Hasler A D. 1958. Artificially induced circulation of lakes by means of compressed air. Science, 128(3331): 1088-1089.

Scullion I J. 1982. Fish community structures and function along two habitat gradients in a headwater stream. Ecological Monographs, 52(4): 394-414.

Sreenivasan A. 1977. Fisheries of the Stanley Reservoir(Mettur Dam) and three other reservoirs of Tamolnadu, India: A case history // Proceedings of the IPFC Symposium on the Development and Utilization of Inland Fishery Resources, Colombo.

Stanford J A, Ward J V. 1979. Stream regulation in North America // The Ecology of Regulated Streams. New York: Plenum Press: 215-236.

Symons J M, Werbel S R, Robeck G G. 1965. Impoundment influences on water quality. Journal of the American Water Works Association, 57(1): 51-75.

Tarzwell C M. 1939. Changing the Clinch River into a trout stream. Transactions of the American Fisheries Society, 68: 228-233.

Task Committee on Guidelines for Retirement of Dams Facilities(TCGRD). 1997. Guidelines for retirement of dams and hydroelectric facilities. American Society of Civil Engineers: 222.

Trotzky H M, Gregory R W. 1974. The effects of water flow manipulation below a hydroelectric power dam on the bottom fauna of the upper Kennebec River, Maine. Transactions of the American Fisheries Society, 103: 318-324.

Turner R M, Karpiscak M M. 1980. Recent vegetation changes along the Colorado River between Glen Canyon Dam and Lake Mead, Arizona. US Geological Survey Professional Paper, 1132: 125.

USCOLD Committee on Failures and Accidents to Large Dams. 1975. Lessons from dam accidents, USA. New York: American Society of Civil Engineers.

USCOLD Committee on Failures and Accidents to Large Dams. 1988. Lessons from dam accidents, USA II. New York: American Society of Civil Engineers.

Vollenweider R A. 1968. Scientific fundamentals of the autotrophication of lakes and flowing waters with particular references to nitrogen and phosphorus as factors in eutrophication. Technical Report. Paris: OECD.

Walker K F. 1979. Regulated streams in Australia: The Murray-darling River System// The Ecology of Regulated Streams. New York: Plenum Press: 143-164.

Ward J V. 1974. A temperature-stressed ecosystem below a hypolimnial release mountain reservoir. Archiv fur Hydrobiologie, 74: 247-275.

Ward J V. 1976. Effects of flow patterns below large dams on stream benthos// Instream Flow Needs. II. Bethesda: American Fisheries Society: 235-252.

Ward J V, Short R A. 1978. Macroinvertebrate community structure of four special lotic habitats in Colorado, USA. Verhandlungen der Internationale Vereinigung fur Theoretische und Angewandte Limnologie, 20: 1382-1387.

Ward J V, Stanford J A. 1979. Ecological factors controlling stream zoobenthos// The Ecology of Regulated Streams. New York: Plenum Press: 35-56.

World Resources Institute. 1994. World Resources 1994-1995. Oxford: Oxford University Press.

Wunderlich W O. 1971. The dynamics of density-stratified reservoirs// Reservoir Fisheries and Limnology. Washington DC: American Fisheries Society: 219-232.

Yi Y J, Wang Z Y, Lu Y J. 2006. Habitat suitability index model of four major Chinese carp species in the Yangtze River, River Flow 2006. London: Taylor & Francis: 2195-2201.

Young W C, Kent D H, Whiteside B G. 1976. The influence of a deep storage reservoir on the species diversity of benthic macro invertebrate communities of the Guadalupe River, Texas. The Texas Journal of Science, 27: 213-224.

Zhadin V I, Gerd S V. 1963. Fauna and Flora of The Rivers, Lakes and Reservoirs of the USSR. Jerusalem: Israel Program for Scientific Translations.

Zhou Z D. 1999. 1998 floods in the Yangtze River valley. International Research and Training Center on Erosion and Sedimentation.

第 8 章　河流生态与河流生态修复

河流生态系统的管理及生态修复是建立在对各种时间尺度物理、化学和生物过程的理解基础上。一般来说,人类活动加速了这些过程的时间进程,引起流态的不稳定及生物结构和河流走廊功能的改变。本章讨论河流生态、生态影响和生态修复策略。

8.1　河流生态系统

8.1.1　河流生态系统的空间要素

河流生态系统在尺度上差别很大,深入研究河流生态系统有助于理解景观、流域、平原和河流的基本功能(图 8.1)。生态系统中,内外环境之间的运动很普遍,包括物质运动(如泥沙与暴雨径流)、生物体运动(如哺乳动物、鱼群和昆虫集群的运动)和能量运动(如河水的升温与冷却)。

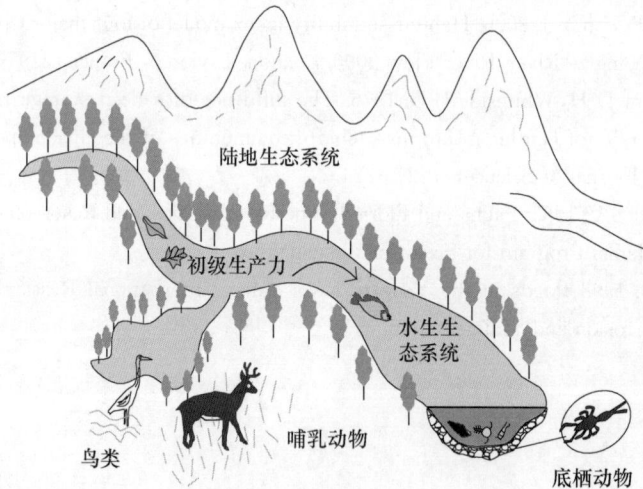

图 8.1　河流生态系统示意图

河流生态系统可以是更大尺度生态系统的一部分,同时它又由许多生态子系统组成。景观生态系统的结构和功能部分地由河流生态系统的结构和功能所决定。河流生态系统可能通过与景观生态系统的输入、输出关系与之紧密相连。对规划和设计河流生态系统的生态修复,研究生态系统之间的关系是关键性的第一步。景观生态学采用 4 个基本术语来定义特定尺度内的空间结构。

(1) 基底(matrix)。面积最大,连接功能最高,且在景观功能上起优势作用的景观要素类型。理论上,基质可为任何地表覆盖类型,但通常是森林或农业区。

(2) 斑块(patch)。不如基底丰富,也不同于基底的非线性区域(多边形)。

(3) 廊道(corridor)。基底中连接其他斑块的一种特殊类型斑块。通常情况下,廊道形状为线形或长条状,如河流廊道。

(4) 镶嵌体(mosaic)。斑块的集合,任一镶嵌体不足以达到在整个景观内相互连接的优势程度。

图 8.2 所示为森林基底、城市斑块、河流廊道及包含湖泊、小岛、森林和群山的镶嵌体。在景观尺度内,能够观察到森林、农田、草地、砍伐林、湖泊和湿地一类

(a)　　　　　　　　　　　　　(b)

(c)　　　　　　　　　　　　　(d)

图 8.2　基底、斑块、河流廊道及镶嵌体(见彩图)

(a) 北京郊区的森林基底;(b) 德国 Wolfsburg 的城镇斑块及其周围的河流廊道;(c) 德国 Leinbach 河河流廊道及其滨河森林基底;(d) 加拿大班芙由森林、湖泊和群山组成的镶嵌体

的斑块。然而,在河段尺度内,在一处不理想的浅水基底中,鲑鱼能够感知到深潭及那些隐蔽的、凉爽的水团作为其更中意的斑块,而且为了在这些栖息地斑块中安全游动,河道会是鲑鱼的唯一通道。基底-斑块-廊道-镶嵌体模型是描述不同层次环境结构的实用并且基本的方法。在生态修复规划和设计中,始终考虑多尺度情况非常重要。

河流廊道也可以包括在另一种形式的空间尺度中,称为流域尺度。河流廊道的许多功能与水系类型紧密相关,因此,尽管流域可出现在任何尺度中,但人们普遍使用流域尺度这个术语。因此,本章中也将使用流域尺度这一术语。

河流廊道是同时具有内部环境和外部环境(其周围景观)的生态系统。生态系统的能量、物质及生物输入、通过和输出等运动的主要通道常常为河流廊道,这种运动会伴随着各个斑块的连接,以及起着在生态系统间及其与外部环境间的通道功能。生态系统的输入、通过和输出运动由空间结构所控制(特别是在廊道中);相反,这种运动也能随时间起到改变空间结构的作用。为了研究任何尺度下的生态系统,关键是要理解运动和结构之间的反馈循环。

流域是指将水、泥沙和溶解物质沿河道汇集,并自同一出口排放的陆地区域(Dunne et al. ,1978)。因此,流域的尺度范围变化很大,大的如长江流域,小到只有几平方千米的小流域。在流域内,仍可用基底、斑块、廊道和镶嵌体这样的术语描述其生态结构。然而,如果希望进一步更明确地描述流域结构,也可以关注流域的诸多要素,如上、中、下游流域分区,分水岭,谷坡上部和谷坡下部,梯田,河漫滩,河口和潟湖,入海口与三角洲(图 8.3)。

河流廊道是流域尺度和景观尺度内的一个空间要素(廊道)。河流廊道中常见的基底包括滨河森林或灌木植被,在一些地区,草本植被可能成为河流廊道中的基

(a)　　　　　　　　　　　　　　　　(b)

(c)

(d)

图 8.3   组成流域的要素(见彩图)

(a) 流域上游(长江流域的神农架山);(b) 山区河流(黄河流域渭河支流的清江);(c) 冲积河流(苏丹尼罗河流域的青尼罗河与白尼罗河交汇处);(d) 河口(意大利威尼斯潟湖的波河河口)

底。在河流廊道尺度中,斑块的例子同时包括自然形态和人为形态,如湿地斑块、森林斑块、灌木斑块或草地斑块、牛轭湖、居民区或商业开发区、江心洲、休憩用地(如野炊地)等。图 8.4 所示为河流廊道横断面,河流廊道可再分为结构形态和植物群落。

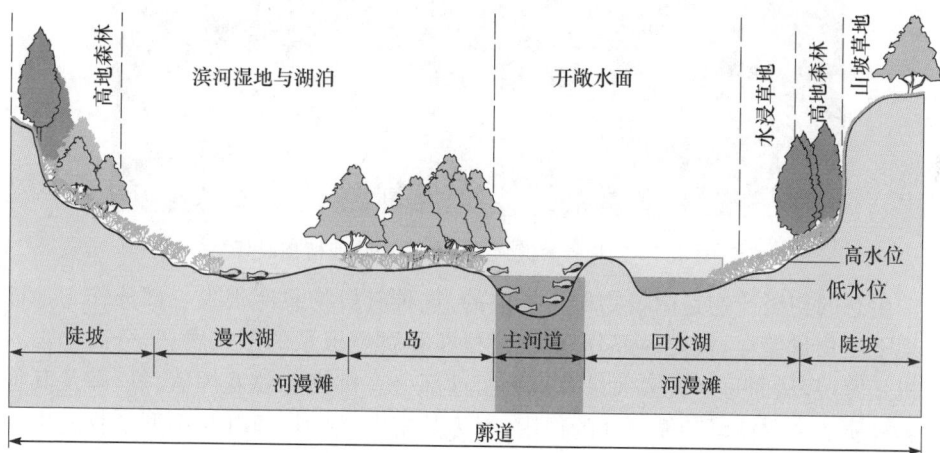

图 8.4   河流廊道横断面

在河流尺度内,斑块、廊道和背景基底的定义包括河流本身及其河漫滩的要素,一般限定在河道内和河道附近。滨河地区具有如下特征之一或二者兼而有之:①植被种类与邻近区域截然不同;②物种与邻近区域相似,但表现出更旺盛或强壮的生长形态。滨河地区通常是湿地和高地之间的过渡区。

8.1.2　生物群落

1. 陆地植物群落

陆地生态系统包括植物群落、两栖动物、爬行动物、哺乳动物和鸟类。植物群落是河流生态重要的基本要素,是其组成部分并生长在河流周围。河流的生态完整性直接与植物群落的完整性和生态特性相关。生物群落依赖这些植物群落提供重要的能量来源,植物群落还可提供自然栖息地,调节进出其周围的水生和陆地生态系统的太阳能流。图 8.5 为四川省大渡河上游周围的陆地植物群落,山谷和山坡上繁育茂密的树木和植物,为水生生态系统提供了初级生产力。

图 8.5　四川省大渡河上游周围的陆地植物群落

生态的初级产物是由植物群落提供的,这种有机物只有很少一部分作为地面和地下生物量储存,很大一部分以树叶、枝杈和腐烂根系的形式腐朽、分离并渗入有机土壤层,从而每年失去大量有机物。这部分有机物有效发挥碳、氮、磷及其他营养物质的主要储藏和循环池的作用,因为其富含微生物菌群与小型动物的生物活性。动物群落的多样性和完整性直接受到植物群落特性的影响。

在土地受到扰动后,不管这种扰动是自然发生还是人类活动引起,都会出现植物的演替。在此过程中,适应于裸露土壤和大量光线的先锋物种,逐渐为能在更为庇荫和受保护条件下再生的长寿物种所替代。在河谷内最常见的自然扰动为洪水和河道迁移。有关河流廊道自然演替的知识,对于实施生态修复非常重要。在生态修复中,应优先种植强壮的先锋物种以稳定受到侵蚀的河岸,而在计划最终替代植物时,考虑那些长寿的具有高延续性的物种。

在干旱和半干旱地区,水对动物群落来说是生死攸关的,河流是该景观中唯一自然存在的永久性水源。滨河区域的初级生产力和生物量较高,主要得益于相对潮湿的环境,与周围的植被类型和食物来源形成鲜明的对比。在这些区域中,河流廊道提供水源、庇荫地、水分蒸腾和覆被,从而改善高地中这种极端温度和湿度。几乎所有的两栖动物、很多爬行动物和哺乳动物都主要生活在河流廊道和滨河栖息地附近。

2. 水生态系统

河流生物群落通常被划分为 7 种:细菌、藻类、大型植物(高植物)、原生生物(变形虫、鞭毛虫、纤毛虫)、小型无脊椎动物(长度小于 0.5mm 的无脊椎动物,如轮虫、桡足虫、介形亚纲动物和线虫)、大型无脊椎动物(长度大于 0.5mm 的无脊椎动物,如蜉蝣、石蛾、石蚕、小龙虾、蠕虫、蛤和蜗牛)和脊椎动物(鱼、两栖动物、爬行动物和哺乳动物),如图 8.6 所示。未受干扰的河流通常能容纳非常多的物种。例如,对德国的一条小河 Breitenbach 河进行调查,结果表明在河流 2km 的河段中,全部河流生物名录达 1300 多个物种。

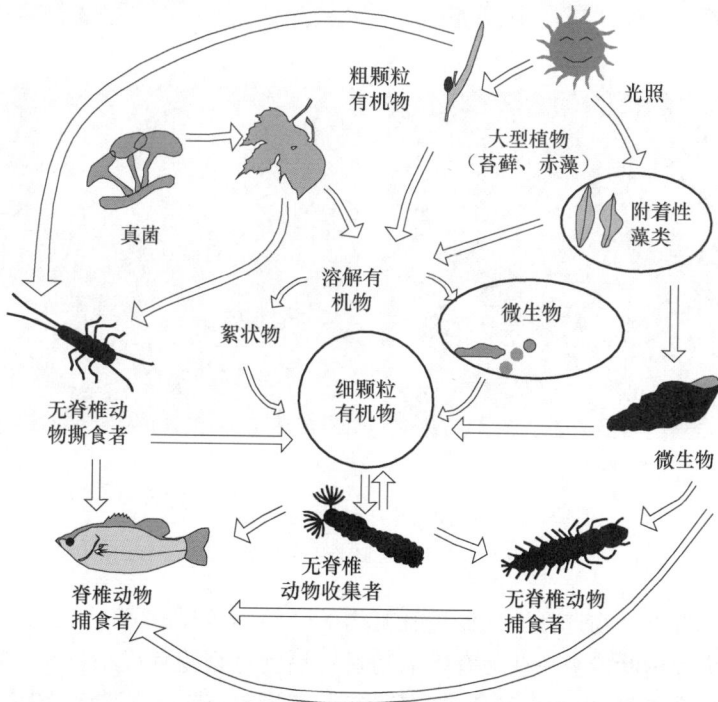

图 8.6 河流生态系统和生物群落(FISRWG,1997)

河流管理所涉及的水生态系统最重要的要素为水生植物、水下无脊椎动物和脊椎动物。水生植物通常包括附着在河床底质上的苔藓及大型植物,大型植物包括漂浮植物(如水葫芦)、沉水植物(如眼子菜)和挺水植物(如芦苇)。这些植物为动物群落提供了初始产品,在河水净化中起重要作用,也为鱼类及无脊椎动物提供各种栖息地。河床基岩、漂石及圆石上常覆盖一些苔藓和藻类,图8.7展示了各种小栖息地:圆石上附着苔藓,沉水大型植物种类眼子菜,漂浮植物种类浮萍,挺水植物种类芦苇。根生水生植物会生长在河床基质合适之处,而且水流不会冲刷河床。丰产的维管植物会生长在水色清澈、基质稳定、营养物丰富并且水流较缓水域。

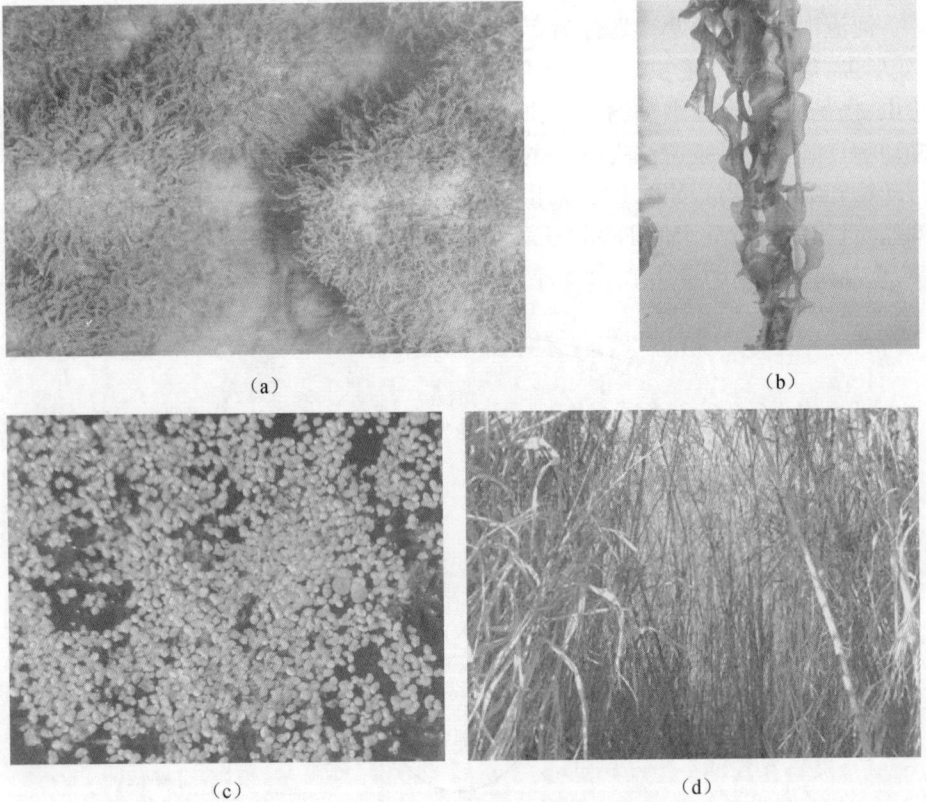

图 8.7　水生植物(见彩图)

(a) 圆石上的苔藓;(b) 眼子菜;(c) 浮萍;(d) 芦苇

　　水下无脊椎动物选择性地促进有机物的降解,如对外部进入河流的树叶进行降解等。大片树叶能被一些无脊椎动物通过摄食过程咬食成小颗粒,这些无脊椎动物称为撕食者(昆虫幼虫和片脚类动物)。有些无脊椎动物滤食水中的小颗粒有机物,称为滤食者(蚋幼虫、一些蜉蝣幼虫和一些石蛾幼虫);有些无脊椎动物从基石、漂石和圆石表面刮食物质称为刮食者(蜗牛、帽贝和一些石蛾、蜉蝣幼虫);还有以沉积在基质上的物质为食的收集者（双翅目幼虫和一些石蛾幼虫）（Moss，1988）。

鱼类位于水生系统中食物链的塔尖，为掠食者。很多生态修复项目的目标就是恢复鱼类生境。从源头到河口，鱼类的组成在河流沿程上差别很大，主要是由于许多控制水温、溶解氧、坡度、流速和基质的水力要素与地理要素变化造成的。在给定河段，各种栖息地的数量是由上述因素的综合影响决定的。鱼类的丰度（多样性）一般越往下游越增加，这是因为越向下游，一般河道底坡降低，河宽加大。对于河源处的小河溪来说，坡降大、河窄，环境波动的频率和强度均大，因此，物种丰度最低（Hynes，1970；Matthews et al.，1981）。

一些鱼类为洄游性的，每年需要经过长途跋涉到特定地点产卵。洄游鱼类必须能逆流上溯，跃过瀑布跌水，因而体质健壮、耐力强。这些鱼类在洄游过程中，常在咸水和淡水之间迁移，因此，需要能够有效调节其渗透能力（McKeown，1984）。根据鱼类对水温的要求，总体上可将鱼类分为冷水鱼、温水鱼和冷温间鱼。鲑鱼喜好寒冷、富含氧的水体，因此，常在高海拔或北方气候水域生活。鲑鱼数量对于其栖息地的变化非常敏感，包括水流、水温及底质的变化。鲑鱼仅能忍受非常小的水温波动，仅在某一特定条件下才能繁殖。鲑鱼的繁殖习性和运动会受到几乎察觉不到的水温变化的影响。通常，鲑鱼在干净的卵石上或之间产卵，由于卵砾石间隙中水流的上涌，此处能够保持足够的氧气，而且无泥沙影响。因此，鲑鱼的数量很容易受到多种形式的栖息地退化影响，包括水流、水温和底质的改变。

在质量和数量上恢复鱼类栖息地已经得到人们广泛的关注和兴趣，这主要是因为大量当地鱼类大范围锐减。考虑到生态、经济和休闲诸方面，鱼类种群恢复的重要性日益增加。1996 年，约有 3500 万美国人钓鱼休闲，消费额超过 360 亿美元（Brouha，1997）。

因为大多数休闲垂钓活动是在河流中开展的，因此，恢复河流廊道非常重要。生态修复工程常常关注于改善局部栖息地，如从河流中移走或圈养家禽、修建鱼道或设置河内物理栖息地。然而，研究表明，这些修复工程的效果很小或值得质疑。主要是因为在其整个生命周期中，鱼类需要很多资源，具有大范围的生境需求，而这些在生态修复期间难以完全考虑。

虽然公众最关注的常常是渔业，但河流生态修复的目标也包括对其他水生动物的保护。应予以特别关注的是淡水蚌贝，蚌贝的很多种类正面临威胁和濒临灭绝。蚌贝类对栖息地扰动非常敏感，其中蚌贝所面临的主要威胁是大坝、泥沙淤积、杀虫剂和外来物种（如鱼类和其他蚌贝）的入侵，大坝使其栖息地直接丧失，存余的栖息地破碎。

3. 栖息地

有效栖息地的多样性直接影响河流中的生物多样性和物种丰度,稳定的河道促进栖息地的多样性和有效性。这也是在河流生态修复工程中总是要考虑河道稳定性的主要原因之一。图 8.8(a)为位于四川省长江流域上游色曲河,稳定的栖息地养育了多样性高的生物群落。图 8.8(b)为位于长江流域上游大白河,因为高含沙量,河床非常不稳定,河流中物种很少,生物多样性低。在受干扰较少的情况下,窄深陡壁的河道断面与宽浅坡河道断面相比,所提供栖息地的自然面积更少,但在深潭中,却能提供生物性更为丰富的栖息地。河流的弯曲度增加,会使栖息地增加。均匀沙质河床的河流与各种结构类型相比,潜在的栖息地多样性较低,这些结构包括具有碎石坝的河床、漂石阶梯、阶梯-深潭系列、深潭-浅滩系列等。

(a)　　　　　　　　　　　　　　　　　(b)

图 8.8　稳定性不同的河道(见彩图)
(a) 长江流域上游色曲河;(b) 长江流域上游大白河

一条河流可以看成是单一功能的实体,或是具有各种部分组成的生态系统,各部分相互作用,具有千丝万缕的联系。为了成功恢复一个生态系统,必须综合全面地考虑这些基本关系。例如,一定的地貌组成可能更易受到周期型的、显著的水文变化影响,更易受到如大量树木枝杈阻塞形成的有关植物结构的影响。植物的结构状况会影响河流生态系统的功能。在未经开发的流域里,植物和碎石能影响河道形状。稳定的陆地系统和水流系统的相互作用,是由营养物在复杂形态下的运动和守恒造成的。土地利用(如耕种、牲畜啃食等)、水流流态、泥沙和营养物都可能引起植物特性和分布的变化。

植物最明显的作用是其影响鱼类和野生动物。在景观层次上,当地植被类型的破碎会对那些依赖大面积原生植被的野生动物产生负面影响。对一些系统而言,河流廊道连续性的一点破碎会大大影响动物运动,对适合某些水生物种栖息的河流生境造成负面影响。较窄的河流廊道本质上是边缘栖息地,能促进广生性物种、巢居物种和掠食物种生存。那些跨越阻碍动物活动的历史障碍物而形成的廊道能够干扰区域动物群落的完整性(Knopf et al. ,1988)。

在滨河地区生态修复规划中,必须考虑附近栖息地的条件。Carothers(1979)研究发现,非滨河鸟类经常占用滨河边缘区域作为栖息地。然而,在繁殖季节,小型的滨河鸟类在滨河地区内进行各种活动,大型鸟类常常在附近区域觅食(Carothers et al. ,1974)。事实上,大型鸟类尽管能远离滨河区域觅食,它们仍非常依赖滨河地区(Lee et al. ,1989)。

如果一个生态系统的上游条件发生明显改变,如建坝或引水工程等,将不可能完全恢复至原有的自然、完美条件。即使是有可能实施完全的生态修复,原自然条件仍不可能恢复。例如,美国内布拉斯加州 Platte 河上修建数座大坝后,下游河道生长了大量林木,大大减少了湿地面积,而这些湿地是美洲鸣鹤、笛音鸻、燕鸥等物种至关重要的栖息地(Aronson et al. ,1979)。

大坝和水库的修建使 Platte 河河床变窄,维持沙洲栖息环境的沉积物也随之消失殆尽。结果,对美洲鸣鹤、沙丘鹤(全球 80% 的沙丘鹤依赖 Platte 河生存)和数百万的野鸭、鹅、鲶鱼及依赖该河生存的其他许多物种来说,鱼类的种类和数量及 Platte 河沿岸的野生动植物栖息环境急剧减少。2006 年,Platte 河恢复实施方案《最终环境影响声明》得以公布,该声明慎重考虑并解决恢复实施方案相关问题,包括如何在科罗拉多州、怀俄明州和内布拉斯加州之间分配 Platte 河水资源,修复栖息环境,促成河流生态系统的重新生成,以及保护受到威胁和濒临灭绝的物种等问题。

8.1.3　生态条件

(1) 水流。河流与其他生态系统明显不同,河流具有自上游流到下游的水流。河川径流的时空特性各异,如急流与缓流、深水与浅水、紊流与层流、洪水与低流量等,这些特性影响大量河流物种的微观和宏观分布形式(Bayley et al. ,1992;Reynolds,1992;Ward,1992)。许多生物对河流流速很敏感,因为流速不仅影响向生物输送食物和营养物,而且还会向生物传达信号,起到驱逐或限制某种生物在某个河段逗留的作用。当河流流速很缓时,河岸和河床动物群落的组成和结构与静水水域相似(Ruttner,1963)。对一些鱼类来说,大流量是其按时洄游和产卵的信号。当鱼类感知到大流量时,有些将会洄游,有些将会产卵。

(2) 水温。一条河流本身、不同河流之间的水温会有很大的差异。水温对于冷血水生生物是一个重要的影响因子,影响其很多生理和生化过程。例如,对于河流中的昆虫,在河流水温较高的区域或温暖的季节常常发育更快。一些物种在温暖地区一年内可繁殖两代以上;而在较冷地方仅能繁殖一代或更少(Sweeney,1984;Ward,1992)。藻类和鱼类有相似的反应,其生长速率随水温增加而增加(Hynes,1970;Reynolds,1992)。一些物种只会出现在特定地区,这主要是水温对其生长、发育和行为的作用造成的。

(3) 滨河植被。滨河植被能够衰减照射河流的光线和降低水温(Cole,1994)。在河流流速较缓时,直接日照会使河流的水温明显升高。在美国宾夕法尼亚州,无遮挡承受阳光直射的河流,其平均日水温增加 12℃,但流经森林区域 500m 后,水温明显下降(Lynch et al.,1980)。然而,在冬季,滨河区无植被对河流具有相反的作用,使河流水温下降。Sweeney(1992)研究发现,水温变化达 2～6℃时,一些物种生命周期的某些关键特性常会发生改变。研究发现,在流域受到毁林影响后,滨河林木缓冲带能够缓解河流自然水温特性的变化,抑制水温的增高。

(4) 氧气。氧气可直接从大气中吸收或通过植物的光合作用进入水体(Mackenthun,1969)。对于无废污水排入的山区河流,由于水深浅,不间断地流动,并且暴露大气的水表面积大,河流通常处于氧饱和状态。河流具有适宜的溶解氧浓度,才能维持水生生物的生存,促进水生生物的繁殖、发育和具有活力。溶解氧浓度低的情况下,生物体受到压力胁迫,维持该物种的竞争力下降。当溶解氧浓度在 3mg/L 或以下时,鱼类数量会大受影响(Mackenthun,1969)。当复氧和光合作用所提供的氧气量不能达到鱼类的生物和化学过程所需的溶解氧时,鱼类就会死亡。溶解氧水平的降低甚至衰竭,通常与水流缓慢、高温、根生水生植物疯长、水华或水生物含量高相关(Needham,1969)。

污染会耗尽河流中的溶解氧,对河流中生物群落影响明显(Odum,1971)。决定水中溶解氧浓度的主要因素包括温度、大气压、盐度、水生植物的丰度和从大气中自然复氧的量(Needham,1969)。水体溶解氧浓度为 5mg/L 或更高时,大多数鱼类处于正常的活跃状态(Walburg,1971)。分析表明,生活有鲑鱼的河流,适宜的溶解氧浓度为 4.5～9.5mg/L(Needham,1969)。

(5) pH。水生生物最适宜生存于中性(pH 为 7)的水体中。如果水体的 pH 增加或降低,不论是更加碱性或更加酸性,水生生物所承受的压力都会增加,最终将引起物种多样性和丰度的降低。在受到各种人类活动应力的河流上,pH 多偏于酸性,表 8.1 为各种水生生物在各种酸度下的反应(FISRWG,1997)。引起水生环境 pH 变化的主要原因之一是酸雨的增加(Schreiber,1995)。一些土壤对酸、碱具有缓冲能力,但有些土壤不能中和酸性物质的输入,引起环境问题,值得关注。

(6) 底质。河流的底质会影响河流生物。例如,同一段河段内,在障碍物、沙子、基岩和卵石堆处,观察到的大型无脊椎动物群落具有不同的物种组成和数量(Benke et al.,1984;Smock et al.,1985;Huryn et al.,1987)。底流区是在底质-水

表 8.1　酸性对一些水生生物的作用（FISRWG,1997）

水生生物种类	pH							
	6.5	6.0	5.5	5.0	4.5	4.0	3.5	3.0
草鱼 （*Ctenopharyngo donidellus*）								
中华鲟 （*Acipenser sinensis*）								
白鱀豚 （*Lipotes Vexillifer* Miller）								
虹鳟鱼 （*Oncorhyncus mykiss*）								
斑鳟 （*Salmo trutta*）								
溪红点鲑 （*Salvelinus fontinalus*）								
小口黑鲈 （*Micropterus dolomieu*）								
黑头呆鱼 （*Pimephalus promelas*）								
太阳鱼 （*Lepomis gibbosus*）								
黄河鲈 （*Perca flavescens*）								
牛蛙 （*Rana catesbeiana*）								
美洲林蛙 （*R.sylvatica*）								
美洲蟾蜍 （*Bufo americanus*）								
花蜥蜴 （*Ambystoma maculatum*）								
蛤								
小龙虾								
蜗牛								
蜉蝣								

体界面之下的底质区,是大多数水下无脊椎物种生活和繁殖的地方,有些地方底流区的范围可为数厘米厚,有些约厚 1m。底流区可形成一个大的地下环境(图8.9)。

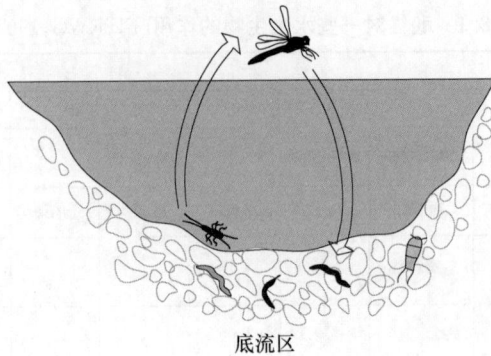

底流区

图 8.9　底流区示意图

河流底质由各种物质组成,包括淤泥、泥沙、砾石、卵石、漂石、有机物和木头碎片。底质形成固体结构,改变河床底流及空隙流的流态,影响有机物的聚积,并促进生产、分解和其他过程(Minshall,1984)。泥沙和粉沙一般来说是最不利于维持水生生物的底质类型,这两种底质中的物种和个体数最少。碎石底质中的生物密度最高,有机质最多(Odum,1971)。在有植被覆盖的流域和滨河植被茂盛的河流中,木头碎片落入河流中,可增加水生生境的数量及多样性(Bisson et al.,1987;Dolloff et al.,1994)。

(7) 富营养化。氮、磷、钾、硒和硅是植物生长的必要元素,但是,如果氮磷过量,就会加快河流中的藻类和水生植物生长的速率,此过程称为富营养化。从20世纪80年代起,我国经济开始快速发展,水体富营养化问题逐渐凸显。当过多的有机物被分解时会引起水体缺氧,不仅产生景观问题,更严重的是导致鱼类死亡。湖泊和水库中的富营养化可通过测量浮游植物生物量的现存量来间接得到,代表性测量指标常用浮游植物中的叶绿素含量。然而,对于小型河流,浮游植物生物量通常不是植物生物量的主要部分,因为河床上生长着附着生物和大型植物。当河流出现流量降低、水温升高时,会出现过量藻类繁殖,造成富营养化,导致水体缺氧。

8.2　生态功能及动态平衡

8.2.1　河流的生态功能

河流的生态功能主要是:栖息地、通道、过滤、屏蔽、源和汇等(图8.10)。实施生态修复是为了使河流廊道的功能得到有效修复。事实上,生态修复追求的目标不仅仅是重建结构或修复一个特定的物理、生物过程,而是重建有价值的生态功能。8.1 节在局部到区域尺度内,着重将基底、斑块、廊道和镶嵌体作为其物理结构的最基本组成。同样,生态功能也可被概括为一组在多种条件下重复出现的基本元素。

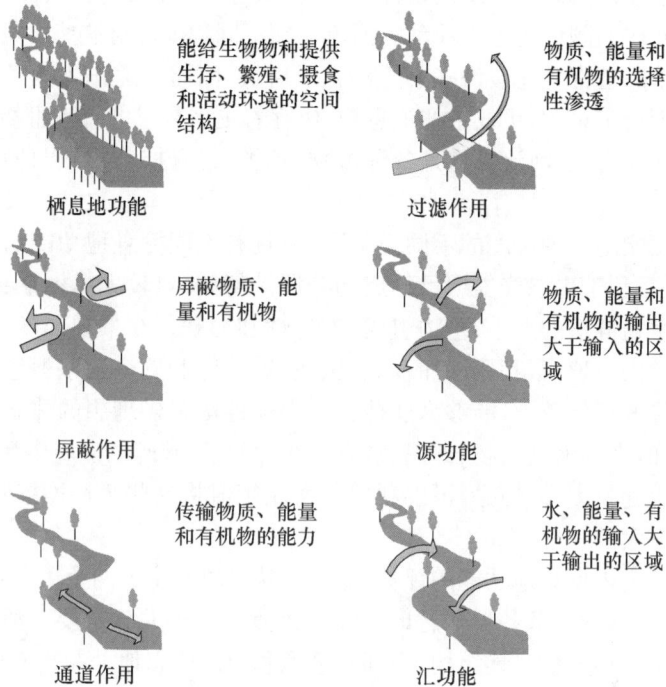

图 8.10　河流的生态功能

　　对实现河流廊道功能来说,以下两个特性至关重要。

　　(1) 连通性。这是一条河流廊道的尺度及其持续多远的度量值(Forman et al.,1986)。此特性会受到廊道内部中断的影响,也会受到河流与邻近土地利用中断的影响。河流中各自然群落间的高连通性,能够促进实现其很有价值的功能,如物质和能量的传输、动植物的运动。

　　(2) 廊道宽度。在河流廊道中,它是指横跨河流及其邻近植被区的距离。影响廊道宽度的因素有边缘、群落组成、环境梯度和邻近生态系统的干扰效应,包括人类活动造成的干扰。廊道宽度的度量包括平均值和方差、狭窄段数量和变化的生物栖息地需求量等(Dramstad et al.,1996)。

8.2.2　栖息地

　　栖息地是描述一个特定区域的术语,在此区域中植物或动物(包括人类)能够正常生活、生长、摄食和繁衍,离开此区域,将威胁到生物的生存。栖息地为生物体或生物群落提供了生活的必要元素,如生存空间、食物、水和庇护场所。只要条件适宜,河流廊道可为很多物种利用,通过它获取食物和水、繁衍,并建立可维持的群落。稳定的生物群落的一些度量指标有:种群数量、物种数目和遗传变异,这些指标随时间在允许的阈值内上下浮动。河流会在不同程度上对这些度量指标起到正面影响。由于廊道常常连接许多小的栖息地斑块,因而廊道作为栖息地非常具有价值。廊道创造了更大、更复杂的栖息地,生存着更多数量的野生生物和更高的生物多样性。简而言之,河流廊道是各种植物、鱼类、无脊椎动物和两栖动物的理想栖息地。

栖息地功能随各种尺度的不同而不同,对具有不同栖息地功能的栖息地尺度的正确评估,有利于生态修复项目的成功开展。例如,对较大尺度栖息地的评价,要注意了解生物群落的大小、生物组成、连通性和形状。在景观尺度下,为了帮助描述大面积的栖息地,常利用诸如基底、斑块、镶嵌体和廊道这些概念。河流廊道中生长着大量的天然植被,能够为迁徙物种中途停留提供理想的休息和摄食栖息地。众所周知,大型哺乳动物(如黑熊)需要在大的、不破碎的区域生活。一些斑块对于这类哺乳动物太小,但是,可以利用宽河流廊道将这些斑块连接起来,形成黑熊需要的足够大的领地。

对较小尺度内栖息地功能的评估,也可以从斑块和廊道两个概念着眼。而且,在局部范围内,河流内部各种栖息地之间的过渡会变得尤为重要。河流廊道通常包括两种基本类型的栖息地结构:内部栖息地和边缘栖息地。在廊道尺度上,廊道连通性和宽度极大地影响着栖息地功能。如果河流廊道较宽,具有良好的连通性,栖息地条件就更好。河谷地貌及其环境梯度(如土壤湿润性、太阳辐射与降水的逐渐变化)均可引起植物和动物群落的变化。一般来说,在宽阔的、非破碎的而且多样性的河流中,各种物种通常能够寻找到理想的栖息地,而在狭窄且均质的廊道系统则相反。

随气候和小气候、高程、地形、土壤、水文、植被和人类作用等因素的变化,河流内的栖息地条件也发生变化。在规划河流的生态修复项目中,河流廊道宽度对野生动物尤其重要。例如,当计划保护某一野生物种时,河流廊道的尺寸和形状必须足够宽,以适宜该物种生存繁育。如果河流廊道过窄,从这些种群的观点来看,好像是一部分廊道丢失了一样。

滨河森林提供了栖息地的多样性,除了具有边缘栖息地和内部栖息地外,还可以提供垂向上多样性的栖息地,如树冠、枝杈、灌木丛和草丛层等。而且在河道内部,浅滩、深潭、缓流、急流和回水区等均可在水体和河床中提供不同的栖息地条件。所有这些例子以物理结构形式来描述,再次阐明了栖息地结构和栖息地功能之间存在密切关系。

8.2.3　通道

通道功能是指河道系统可以作为能量、物质和生物流动的通路。河道由水体流动形成，又为收集和输移河水和泥沙服务。不仅水沙利用河流廊道作为通道，而且水生动物和很多其他物质也通过该通道进行移动。此外，鉴于这种运动既可穿越河流，也会沿着河流并向各个方向运动，因此，河道廊道可视为具有横向通道和纵向通道功能。如果河道廊道被相互连接的茂密树冠所覆盖，则鸟类和哺乳动物还可以通过上空穿越河流。生物和非生物物质向各个方向移动和运动。有机物质和营养成分从高处漫滩流入低洼的漫滩而进入河道系统内的溪流，从而影响无脊椎动物和鱼类的食物供给。

对于迁徙性野生动物和运动频繁的野生动物来说，河道廊道既是栖息地同时又是通道。鸣禽每年从亚热带的冬季栖息地迁徙到北方的夏季栖息地，正是沿途的河流和其他适宜的栖息地为鸣禽的迁徙提供了便利条件。鸟类在飞行一定距离后，总是需要摄食和休息的。能为这些鸟类有效提供通道功能的河流，必须充分连接，且足够宽，从而可以提供迁徙鸟类所要求的栖息地。

水生动物的迁徙促进了动物与水域发生相互作用。例如，鲑鱼为溯河产卵的洄游性鱼类，在海洋中达到性成熟后，利用河流的通道功能上溯至其上游产卵场。河流廊道则依赖这些上溯的鱼类使其上游河段获得营养物的输入和生物量的增加，这种增加是由于洄游鱼类在上游大量产卵和垂死的成熟鱼种所提供的。因此，通道作用不仅对水生物种的运动非常重要，而且对将海洋中的营养物输移至河流上游更重要。

河道廊道还以多种形式成为能量流动的通道（图 8.11）。河流水流的重力势

图 8.11　河流是热、水和其他物质流的通道（松花江一条小支流）

能不断地雕刻流域的形态。河流廊道可以发挥调节太阳光照的能量和热量的作用,使河流水温在春夏季较低,而秋冬季较高。河谷还是有效大气补给源,夜间将冷空气从高处移至低处。河流廊道中生产力高的植物群落以活植物形式储存能量,再以落叶或碎片的形式转移至河流系统。

河流通常也是植物分布和植物在新的地区扎根生长的重要通道。流动的水体可以长距离的输移植物种子,然后沉积下来,洪水能将一些植物连根拔起、搬迁,并在新地方停下来存活生长。野生动物也会通过摄食植物种子或是挟带植物种子,将植物迁移至整个河道系统,造成植物的重新分布。一些滨河栖息地依赖于持续不断的泥沙供应和输移,但过多的细沙也会损害一些鱼类和无脊椎动物。

8.2.4 过滤和屏蔽

河道廊道具有屏障功能,能够允许能量、物质和生物选择性的通过,也可以阻止这些运动。在很多方面,河道廊道整体上发挥过滤器和屏障器的有益作用,能减少水体污染,最大限度地降低输沙,并常常形成土地利用、植物群落和一些非善徙野生动物的自然边界(图 8.12)。

图 8.12 河道作为土地利用、植物群落及一些非善徙野生动物边界的功能

河道廊道对垂直于河流水流方向的物质、能量和生物的运动能最有效地过滤和屏蔽,对平行于河流廊道、沿着廊道边缘的元素也能选择性地过滤。地面上的营养物、泥沙和水流能为滨河植被所过滤,对于如氮、磷和其他营养物一类的溶解性物质,当它们进入植被覆盖的河谷时,会因摩阻力、根系吸收、黏土和土壤有机物等阻止而不易进入河道。

过滤过程始于河流廊道的边缘,突变的边缘使初始过滤功能集中到很窄的区域中。这类突变边缘多是由于中断造成的，会阻碍生态系统间的运动，而促使沿廊道边界运动。相反，渐进边缘能促进生态系统间的运动，增强过滤作用，并使过滤作用扩展，跨越更宽的生态梯度。渐进边缘通常出现在自然河流廊道中，具有多样性(FISRWG,1997)。

8.2.5　源和汇

河流的源功能是指其为周围环境提供生物、能量和物质。汇功能指不断地从周围环境吸收生物、能量和物质。一条河流既可起到源的功能，也可发挥汇的功能(图 8.13)。然而，源、汇功能受到河流位置和季节的影响。河岸一般通常是作为源向河流中供给泥沙；而当洪水挟带新的泥沙在河岸处沉积时，又起到汇的作用。在景观尺度内，河流廊道是景观内其他各种斑块栖息地的通道或连接器，整个景观内的原始物质通过廊道供给并穿过廊道运动，起到了能够提供源和通道的作用。

图 8.13　河流的源和汇功能

地表水、地下水、营养物质、能量和泥沙能够储存在河流廊道里，河流廊道起到汇的作用，允许这些物质暂时建立在河流廊道中。Forman(1995)提出了三种河漫滩植被起到的源和汇功能：①通过减缓或吸收洪水从而降低下游洪水泛滥；②在洪水期保持泥沙及其他物质防止流失；③为土壤有机物和水生有机物提供来源。

8.2.6　动态平衡

尽管河流廊道的生态特性在其结构、演化和功能上是一致的，但是，即便没有人类干扰，其生态特性仍会自然地和持续性地发生变化。河流廊道呈现一种动态形式的稳定性。稳定性视为一个系统在一定范围的条件内占优势的能力。这种现象称为动态平衡。

要维持动态平衡,河流生态系统必须具有一系列主动的自我调节机制。通过这些机制,生态系统将外界干扰和应力缓解在一定的响应范围内,进而保持一个自我维持的条件。与这些范围相关的临界值难以确定和定量化。如果超出其临界值,系统就会变得不稳定。河流需要很长时间才能建立起一种新的稳定状态,但是,如果河流经过一系列的调节,就会达到这种稳定状态。

许多河流系统对主要的扰动能够合理调节,一旦控制或移除了扰动源,在一定时间内,河流系统仍然能恢复其符合功能的条件状态。移除外界应力后生态系统能够自我修复这一事实说明被动修复是可行的。移除应力及其生态系统的自然修复是经济和有效的修复措施。然而,当河流廊道经历了极度的扰动和变化后,其自我修复可能需要几十年。

尽管河流系统确实可以恢复至平衡状态,修复后的系统仍会与原系统有显著差异,与以前的系统状态相比,新平衡系统的生态价值会大幅度降低。在河流生态修复实践中,如果经过分析显示生态自我修复耗时过长、结果不确定时,人们一般会采用主动修复技术,在短时间内重建一个更可操作的河型和生物群落。主动修复方法的好处主要是更快地重新恢复系统功能,但面临的最大挑战是必须正确规划、设计和实施,以重建原始的动力平衡状态。

在一些实例中,某一扰动可能会具有很大影响,使系统不能恢复。在这种情况下,必须移除此扰动应力,通过修复损害的结构和河流生态系统的功能,来实施主动恢复。稳定的生态系统必须具有抵抗力、弹性和修复能力。抵抗力是维持原先形态和功能的能力。弹性是生态系统被扰动后回到原初始状态的速率。生态系统的弹性 r_e 可由应力比 τ 除以生态系统回到其初始状态的时间 T 来计算:

$$r_e = \frac{\tau}{T} \tag{8.1}$$

修复能力是系统受到扰动后重新回到其最初状态的程度。自然系统已经发展了许多应对扰动的方法,以利于修复和回归稳定状态。然而,如果存在人类及自然扰动,系统可能就不能完全恢复。

但是,一个系统也可能在发生了变化后仍维持稳定并处于良好状态。当一个大型稳定系统内有小型的、局部变化时,这个系统具有镶嵌体稳定性。最好的例子就是一个受到百年一遇洪水极大扰动的滨河系统,如果洪水发生在城市化的地区,则在已经迅速减少的栖息地形成危险的间隔,将会隔离并孤立稀有的两栖物种的群落。反之,如果洪水发生在城市化不高的地区,则不会危害两栖动物,仅仅是在自然功能无约束系统内,反映一个在适宜和不适宜栖息地不断转变的镶嵌体。拥有镶嵌体稳定性的景观一般不需要修复,然而没有镶嵌体稳定性的景观就迫切需要修复。

8.3　生态应力

8.3.1　概述

生态应力为使河流生态系统发生变化的外界扰动,这种扰动可为自然事件,也可为人类诱发活动;可为孤立事件,也可能同时发生。不管是单独作用,还是联合作用,河流生态系统的结构及其实现重要生态功能的能力均会受应力影响而改变。河流内出现的某种应力会引起一连串因果事件,从而永久地改变一个稳定生态系统的一种或更多种特性。例如,土地利用的改变会引起河流的水文和水力特征的改变,这些变化会引起输沙、栖息地和生态的改变(Wesche,1985)。

扰动可发生在河流廊道内及其相关生态系统的任何部位,其发生的频率、持续时间和强度并不一样。一个单一的扰动事件会引起大量具有不同频率、持续时间、强度和地点的扰动。一旦人们理解了扰动的进化过程,知道扰动对系统施加了什么应力,系统对这些应力会如何反应,就能够决定需要采用哪些措施才能修复河流廊道的功能和结构。

扰动能发生在不同的尺度和时间内。例如,由土地利用带来的变化尺度和时间会有多种,可为河流或河段尺度发生在一年之内(如农作物轮作),也可为河流尺度内发生在十年之内(如城市化),甚至也可为整个景观尺度内发生数十年之久(如长期的森林管理)。长期来看,野生生物种群(如黑脉金斑蝶)数量保持稳定,但在某地段时段内其数量会大幅度波动。同样的,天气情况逐日波动,但地貌或气候变化的时间尺度常常超过数百年至数千年。

尽管人类无法观察到,但构造运动的确在数百万年时期内改变了景观。构造运动的影响造就大地坡降和地球表面海拔,这些构造运动包括地震及造山应力(如褶皱和断层)等。为适应构造运动带来的这种变化,河流一般会改变它的横断面或平面形态。某一景观上的植被类型、土壤和径流的巨大变化是由降水量、降水历时和降水分布引起的。随径流量和输沙量的变化,河流廊道也会随之变化。

8.3.2　自然应力

很多自然事件对河流生态系统的结构和功能具有负面影响,包括气候变化、荒漠化、洪水、飓风、龙旋风、火灾、闪电、火山爆发、地震、病虫害、滑坡、极端气温和干旱等。河流生态系统的相对稳定性、抵抗力和恢复弹性决定其对一扰动的响应。

图 8.14(a)显示了台湾一条溪流具有高含沙量,高含沙量对溪流水生生物群落施加了强应力。泥沙是由于暴雨造成的土壤强侵蚀引起的,高含沙量使河流透明度低、溶解氧低,并且泥沙掩盖了河床基质。高含沙事件造成很多底栖动物和鱼

类的死亡。图 8.14(b)为台湾东海岸高含沙的浑浊海水,此处泥沙是由于泥石流
和高含沙水流输海造成的。潮汐水流和波浪将泥沙带至海岸和海湾,对鱼类和无
脊椎生物群落造成影响。

(a)

(b)

图 8.14　自然应力:高含沙量对水生生物群落施加了强应力(见彩图)
(a) 台湾具有高含沙量的一条溪流;(b) 台湾东海岸高含沙的浑浊海水

　　图 8.15 为西北地区库布齐沙漠,沙漠正向一条季节性河流逼近,滨河林木受
损,一些爬行动物和两栖动物受到影响。荒漠化可能是森林砍伐和气候变化的结
果,成为严重的环境问题。

　　影响河流生态的其中一种自然应力是气候变化。图 8.16 所示为西藏自治区
的气候状态图,给出西藏自治区在过去 40 年的气候变化情况。

图 8.15　西北地区库布齐沙漠向季节性河流逼近

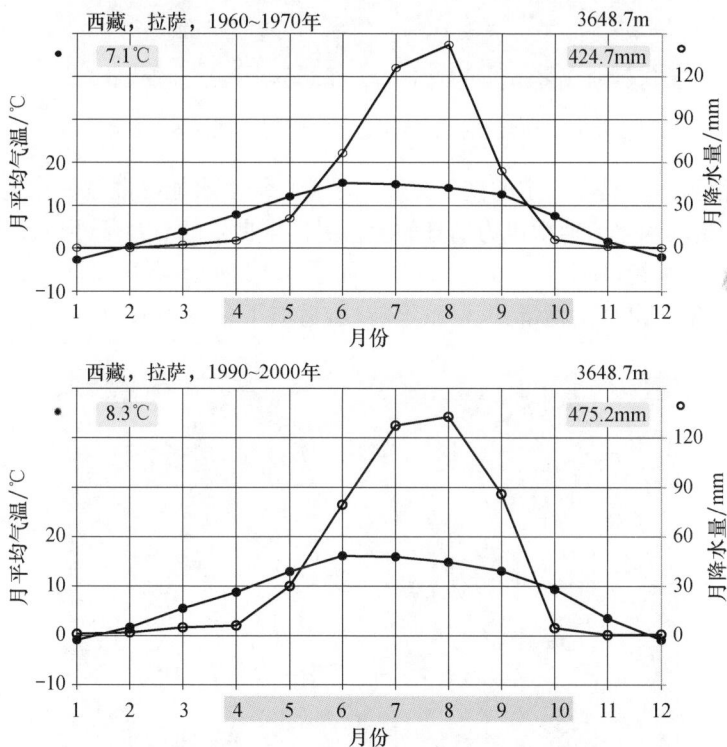

图 8.16　西藏高原(拉萨)的气候状态图

西藏高原被称为世界第三极,它的气候变化代表了全球的气候变化。图 8.16 分别给出了 20 世纪 60 年代和 90 年代的 10 年平均月气温和月降水量的分布。60

年代与 90 年代相比,气温和降水的分布形态保持不变,但是平均气温已上升了大约 1℃。冬季干冷期从 10 月初至 11 月末延长为从 10 月初至 12 月中旬。气候变化影响着世界河流的生态状况。全球变暖的结果引起我国北方地区持续发生旱灾。图 8.17 所示为黄河支流窟野河流域很多杨树因 1997~2003 年持续大旱而死亡。树干和枝杈已枯死,但根系仍存活。2004 年后气候变湿,树根萌芽,长出新枝。

图 8.17　气候变化对黄河支流窟野河流域树木的影响

滨河植被一般具有一定的恢复弹性。尽管一场洪水能够摧毁一片成熟的棉白杨森林,但是洪水之后通常也为幼林的生长提供了良好的养育条件,从而营造了良好的滨河生态系统(Brady et al.,1985)。如图 8.18 所示,我国东江一条支流的滨河森林系统发展出高生物量、深根系等特性,适应了多种类型的自然应力。因此,

图 8.18　东江一条支流的滨河森林系统发展出高生物量、深根系等特性

轻微而频繁的干旱、洪水和其他自然扰动对这些森林系统几乎没有影响。当发生极端应力(如火灾)时,其影响仅会发生在局部范围内,不会大范围影响生物群落。然而,森林系统的恢复弹性会受到分布广泛的酸雨、乱砍滥伐和公路建设等作用的破坏。这些效应和其他一些扰动会明显改变土壤湿度、营养、温度及其他关键因素,受到这种破坏的系统需要百年的时间来恢复。

8.3.3　人为生态应力

毫无疑问,人为生态应力最可能会对河流廊道的生态结构和生态功能带来永久性变化。例如,化学扰动效应是由许多人类活动引起的,包括生活污水和工业废水(酸性矿物排水和重金属)排放至河流。物理扰动效应能在任何尺度发生,从景观和河流廊道尺度到河流和河段尺度,在这些尺度内,物理扰动能对局部或远离起源点的区域产生影响。防洪、公路建设和维护、农业耕地和灌溉、城市化进程等事件,均会对流域地形与水文和流域内的河流廊道形态造成明显影响。通过改变植物群落和土壤结构,会影响土壤的渗透性和地下水运动,从而改变地表径流的持续时间和大小。河流水力参数的改变直接影响整个河流廊道系统,使洪水产生的扰动强度增加。

(1) 污染。生活污水和工业废水排放及农业(杀虫剂和化肥)破坏了河流自然的化学物循环,降低水质,影响生态系统。图 8.19(a)所示为流经大连市的污染河流,其污染主要是城市污水排放造成的。污染造成河流中鱼类和其他动物的死亡。图 8.19(b)所示为旅游胜地桂林漓江的富营养化现象。城市排放污水引起河水污染,造成浮游植物疯长。图 8.20 显示长江支流嘉陵江的局部污染,工业废水直接排放至河流中,严重污染河流,排放口附近的植被和动物死亡。

(a)　　　　　　　　　　　　　　　　(b)

图 8.19　城市生活污水排放造成河流污染

(a) 大连受城市生活污水排放污染的河流;(b) 桂林漓江受生活污水排放造成富营养化现象

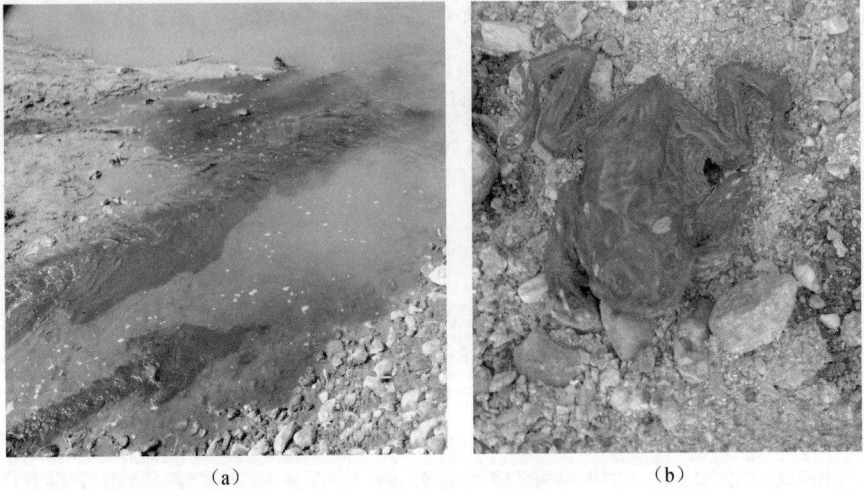

　　　　　　　（a）　　　　　　　　　　　　　　　　　（b）

图 8.20　工业废水造成河流污染

（a）嘉陵江工业废水严重污染的河流；（b）污水使青蛙致死

　　有毒径流或毒物沉积能造成沿河植被死亡，或改变物种的耐污能力。这种变化对很多物种赖以庇护、获得食物和繁殖的栖息地产生影响。很多因素影响着水生栖息地，酸性矿山排水会使河流底部覆盖一层含铁沉积物，从而影响河底生活和摄食生物的栖息地。覆盖于河底的沉积物会损害生物卵生存的底泥，因为水质差，孵化的鱼类不得不面临艰苦的生存条件。

　　农业造成的化学物的扰动一般为非点源的，分布广泛。城市污水和工业废水的污染通常为点源，一般持续时间很长。次生效应常常是物理活动的结果。例如，河流底泥吸附了农业化学物这种次生效应，是由于灌溉或大量喷施除草剂引起的。在这种情况下，从源头控制这些活动要比在河流廊道中出现症状后再治理要好。

　　（2）河流淘金。在我国西南部，河流淘金对河流生态具有极端强烈的扰动。图 8.21 所示为四川嘉陵江支流白龙江上的淘金作业，河床砾石被挖出，完全扰动了底部无脊椎种群。而且，淘金过程中使用了汞，导致河流水污染。

　　露天采矿也对河流生态造成应力。煤或其他矿产的探矿、挖矿、处理和运输均对河流廊道产生并持续产生明显的影响。采矿造成很多河流生态系统持续退化，并且这类采矿活动频繁地导致河流廊道的彻底破坏。直至今日，矿业生产仍然扰动所在流域大部分面积或整个流域。图 8.22 所示为位于河南省的一个金矿。从矿石中分离金经常用到汞，因而造成汞流失至河流。现在，使用吸入式挖掘船挖出的底泥中仍然常会发现残留大量的汞。目前采用的堆浸法提金法使用氰化物从低品矿中萃取金，如果操作过程未能仔细控制，则会造成特别的隐患。

图 8.21 四川嘉陵江支流白龙江上的淘金作业挖出河床砾石

图 8.22 河南省一座金矿排水引起小溪及其汇入沂河的汞污染

(3)城市化。流域中的城市化进程给河流生态管理带来特殊挑战。最近的研究表明,城市河流与森林、乡村甚至农业区中的河流具有本质区别。城市不透水覆盖对城市河流造成直接影响,在暴雨时,地表径流显著增加了 2～16 倍,同时地下水补充同比例减少(Schueler,1995)。图 8.23 示意性地展示了不同覆盖度的不透水覆盖对流域水平衡的作用。

城市河流具有独有的特性,通常要求特殊的河流廊道修复措施。在城市河流中,平滩流量时的洪峰流量(1～2 年一遇的洪水)剧增。由于不透水覆盖阻止了降水渗透至土壤中,几乎没有水流用于补充地下水。因此,在非降水期间,城市河流中的基流水位通常降低(Simmons et al.,1982)。城市河流的另一个独特之处是生

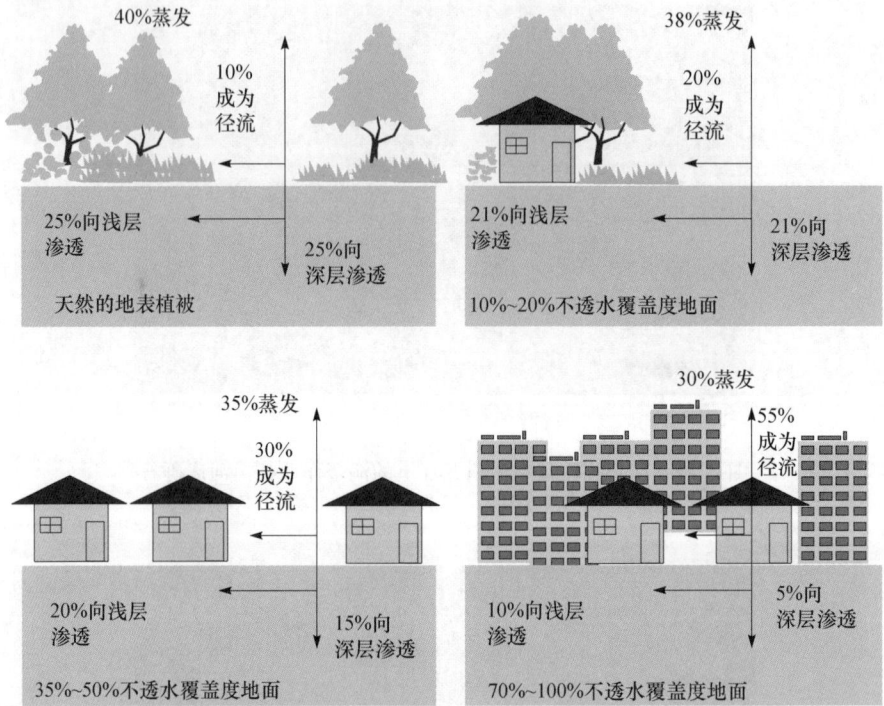

图 8.23　城市不透水覆盖度和地表径流的关系图(FISRWG,1997)

活污水管道修建在河道之下或与河道平行。

　　暴雨期间城市河流的水质较差。城市暴雨径流含有中高浓度的泥沙、碳、营养物、痕量金属、碳氢化合物、氯化物和细菌等(Schueler,1987)。一般来说,城市河流内的栖息地质量较差。对很多小型河流来说,大的树木残体是重要的结构组成部分,它创建了复杂的生物栖息地结构,而且一般使河流更为稳定。在城市河流中,由于岸边植被覆盖度的降低、暴雨冲刷及河道维护措施等,河道中大的树木残体数量减少(May et al.,1997)。许多河流断面会成为上溯鱼类迁徙的障碍,尤其当河床下切到某个涵管或管线的高程之下时更为明显。在城市流域里,滨河森林在河流生态中起到的重要作用常常被削弱,因为树木覆盖通常由于城市开发而被部分或全部清除(May et al.,1997)。图 8.24 为嘉陵江的一条支流流经广元市的照片,河流受到城市化发展的影响,滨河森林消失了,取而代之的是居民楼,河岸用混凝土进行防护。低水流季节,河道流量因为引水而降低。

　　(4)堤坝。不论是小型的临时性构筑物,还是巨型多功能构筑物,这些人工阻碍物都会对河流廊道产生多种深远影响。人工阻碍物对水质、输沙和生态扰动的影响在第 7 章已详细介绍。人工阻碍物影响河道生物生存和迁移,如水电站会造成穿越叶轮的鱼类死亡。图 8.25(a)所示为韩国一座水电站出口处很多水鸟搜寻

图 8.24 四川省广元市滨河树木被楼房和混凝土护岸所取代

(a)

(b)

图 8.25 大坝截断河流对河流生态造成的影响

(a)韩国一座水电站出口;(b)四川省白龙河宝珠寺水坝

摄食死鱼。图 8.25(b)显示四川省白龙河上一处水坝切断了河流,大大影响了下游的河流生态。河流上的人工阻碍物阻塞或减缓水生生物的通过和迁移,反过来又影响与河流生态功能相关的食物链。由于缺少大流量水流,砾石河床中的淤泥难以冲下,而这些河床是许多水生生物产卵的场所。

科罗拉多河流域面积为 627 000km²,从景观生态学分类来看,是山区、沙漠和峡谷的镶嵌体。流域始于海拔超过 4000m 的落基山脉,终于科特斯海。流域内许多原生物种的生存,需要非常特定的环境和生态系统过程支撑。科罗拉多河流域开发之前,河流和小溪的水流特征是其年度和季节水位存在显著随机变化,也就意味着流域内的湿度与径流变化很大,这种水文变化是流域生态系统演化的关键因素。随后科罗拉多河系统水域的开发与治理对其生态过程造成不利影响。目前,

40多座大坝和引水构筑物控制着河流系统,引起流域与滨河生态系统的严重破碎化。

(5) 渠道化和分水工程。如同大坝一样,渠道化和分水工程也会破坏某些水生生物生命周期中不同时期所需要的浅滩和深潭组合,从而对河流生态产生扰动。渠道化和分水工程利于排洪,但这种效益通常被河流生态损失所抵消,主要是造成了河道流速增加、生物多样性降低。沿河修建堤防及分水工程常常造成滨河植被丧失,滨河树木及植被的减少引起阳光遮蔽、水温及营养物的变化。河岸硬质化造成生活在泥沙、岸壁和滨河植被中生物所需栖息地的减少。图8.26(a)显示渭河下游的砌石河岸,以利于防洪和稳定河道。图8.26(b)所示为北京城市河道利用混凝土护坡、护底,以控制河水下渗。大多数水生底栖无脊椎动物、爬行动物和两栖动物消失,因为它们赖以生存的栖息地被混凝土所覆盖。

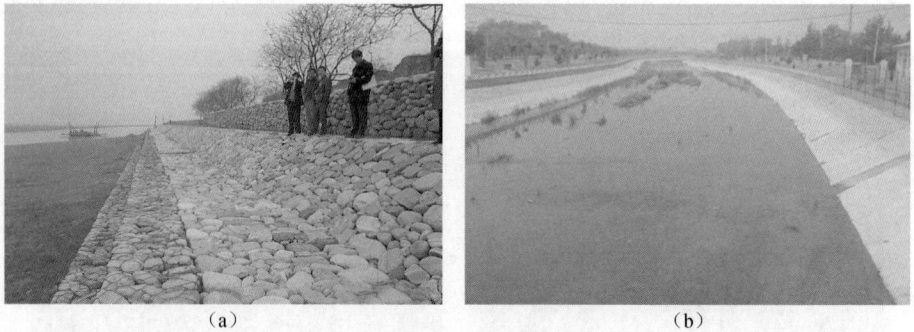

(a)　　　　　　　　　　　　　　　　　　(b)

图8.26　城市河流的渠道化
(a) 渭河下游的砌石河岸;(b) 北京城市河道的混凝土护坡和护底

河流分水和引水也会影响河流生态,其影响取决于分水量,以及分水构筑物的位置、设计和运行。图8.27所示为大渡河支流宝兴河因引水而断流。为了低成本开发水电资源,在宝兴河上修建了一座堰坝,堰上水流通过管道和隧道引至下游几十千米的小观子水电站。由于所有水流均被引走,堰坝至水电站之间河段断流,造成河段内的水生生命的死亡,严重影响生态。我国西南地区这类水电站很多,并且有更多在规划中或在建。因此,这些地区的河流生态正面临着严峻的挑战。

(6) 家畜放牧。河流廊道对家畜具有特别的吸引力,其原因很多。河流廊道一般具有很高的生产力,并能为家畜提供充足的草料。流域内畜牧业的发展,已经对流域生态系统施加了独特生态应力。例如,在青藏高原的阿克河,由于沿河放牧,河岸从草本到灌木的植被演替已经延迟甚至停止[图8.28(a)]。同时,牲畜的活动也成为河流生态的重要组成部分,如牛的粪便提供了草原主要营养[图8.28(b)]。因此,家畜放牧的正反两方面的影响,在生态修复措施里必须都考虑到。

图 8.27   大渡河支流宝兴河因引水而断流（见彩图）

（a）   （b）

图 8.28   牲畜放牧对生态正反两方面的影响（见彩图）

（a）青藏高原的阿克河因畜牧业发展而增加的生态压力；（b）牛粪提供了草原的主要营养

（7）农业和土地利用。土地利用是生态系统中最普遍的人类活动应力。一般来说，农业活动会引起对河流廊道的侵犯。农民通常尽可能多地耕作土地，以提高经济效益，因此，为了增加耕地面积，而牺牲了原生植被。由于植被组成及其分布的改变，系统结构与功能之间的相互作用变得支离破碎。从河岸、平原和高地上清除植被，往往与河流廊道的水文和地貌功能相冲突。这些扰动会导致片蚀、细沟侵蚀和沟蚀，降低渗透，增大地表径流和污染物输移，增加河岸侵蚀，破坏河道稳定性，损害生物栖息地。

耕作和土壤碾压影响土壤对景观内水流的分区和调节能力，增加地表径流，降低土壤持水能力。耕作也常会促使土壤硬磐的形成，即形成密度增加、渗透性降低的土层，限制了水流向地下运动。与农业相关的土壤扰动使径流与泥沙受到污染，这是世界上主要的非点源污染。在农作物生长季节施用的农药和化肥(主要为氮、磷、钾)或溶于水或吸附于土壤颗粒上,会渗入地下水或通过地表径流汇入河流廊道。集约畜牧业工厂的动物粪便储存和使用不当,会对河流廊道造成潜在的化学和细菌污染。

树木中大约有一半的营养物在树干中,因而,树木砍伐会降低流域中的营养物数量。如果伐木期间大的枝杈落入河流,腐烂分解,则河内的营养水平会增加。相反的,当移除树木植被时,将出现短期的营养释放量增加,随之是长期的营养水平降低。移除树木能影响河流的水质、水量和径流过程。如果流域较大部分的树木被移除,河流水量会随之增多,夏季水温升高,冬季水温降低。

土地利用的很多潜在影响具有积聚性或协同性。生态修复不可能消除所有扰动因素,但是,解决一两个扰动活动,可以大大降低其他扰动因素的影响。流域管理上的简单改变,例如,在耕地中设置保护缓冲带或控制牲畜进入河岸地区,能明显克服不希望出现的积聚作用或协同作用。

(8) 娱乐和旅游。娱乐与旅游行业影响的程度取决于河流的水文、土壤类型、植被覆盖、地形及利用强度。与娱乐休闲活动相关的各种形式的踏踩和交通会损坏滨河植被及土壤结构。例如,全地形沙滩车能引起土壤侵蚀和栖息地减少。在一些地方,由于土壤压实引起的渗透性降低及随后的地表径流的作用,会造成入河泥沙量的增加(Cole et al.,1988)。在河流上能行游船的地区,河流系统承受额外的影响。旋桨尾流和船体排水量会使底泥扰动和起悬,侵蚀岸坡,敏感水生动物迷途或受到伤害(图 8.29)(NRC,1992)。

图 8.29　游船游览、尾流及漏油使河流栖息地质量下降

伐木场的林道用以运输木材至高质量的道路,然后至木材加工厂。机械装置用以运送木材至装载区形成集材道,沿一些集材道和大多数林道系统必须有河流

交汇,因此,这些河流处于特别敏感的地区。表土的剥离、土壤压实、运输设备和木材滑动等问题,会导致土壤长期生产力丧失、孔隙率降低、渗透率下降,并增加径流和侵蚀。漏油会污染土壤;集材道、道路和装载区会拦截地下水,使之成为地表径流。

8.3.4　外来物种入侵

生物学意义上的扰动效应发生在生物物种内(竞争、自相残杀等)和物种间(竞争、捕食等)。在许多生态系统中,这种扰动是自然的相互作用,是群落数量和群落组织的重要决定因素。在生物扰动中,经常遇到的类型是由于放牧管理或娱乐活动不当引起的,而外来动植物物种的引进,则会对原生生物群落带来广泛、剧烈和持续的生态应力。

世界各地有关引进外来物种造成原生物种灭绝的例子非常多,其中最具有戏剧性的往往涉及天敌。例如,在东非的维多利亚湖,人们特意引入一种食鱼的尼罗河鲈鱼(尼罗尖吻鲈),结果造成几十种原生的小慈鲷科鱼类的灭绝。同样,海岛上引进猫、鼠和蛇,也会对岛上的鸟类动物群起到相似的效应(Dugeon et al.,2004)。

外来动物的引入是中国和其他国家所面临的共同问题。例如,淡水龙虾是中国长江中下游地区的桌上美食,学名为克氏螯虾(*Cambarus* Clarkaii)。该虾原产地为美国东南部和墨西哥,在第二次世界大战期间从日本传入中国,由于中国水域中缺乏其在原生栖息地中使之保持生态平衡的天敌,造成小龙虾急剧繁殖,引起生态扰动。图 8.30 为克氏螯虾,这种虾在河堤上钻洞挖穴,已造成许多堤坝渗漏和溃坝灾害。由于克氏螯虾的迅速蔓延,一些地区已引起稻米减产,因为这种虾啃吃稻根。有些地方,克氏螯虾的泛滥甚至引起某种疾病的流行。

图 8.30　从日本传入中国的克氏螯虾造成生态问题

　　美国也有同样的案例,如斑马贻贝和牛蛙的引进,对美国西部的原生生物群落施加了强烈的生态应力。在美国东部原生栖息地中,由于牛蛙没有天敌和正常的制衡关系,牛娃大量繁殖,且捕食大量的原生两栖动物、爬行动物、鱼类和小型哺乳动物。

　　外来植物物种的引进也可能会对动物物种造成胁迫。据 2003 年 8 月 14 日《中国日报》报道,秦岭野生大熊猫竹林遭外来树种"蚕食"。秦岭南麓是中国野生大熊猫种群分布数量最多、密度最高的地区,原始的生态环境被称为秦岭大熊猫的天然庇护所。但近年来,一些县乡盲目引进外来树种落叶松,导致竹林面积不断减少,大熊猫栖息地日益破碎化、岛屿化,使大熊猫生存和繁衍受到严重威胁。落叶松成林后,树冠冠幅大,遮阴性强,使树下其他植物因失去光照、不能有效吸收养分和水分而逐渐灭绝。加之落叶松自身繁殖能力较强,树种会随着风、鸟食等多种渠道迅速传播,会严重破坏周围环境的生物、基因多样性。但落叶松深得秦岭南麓一些地方的喜爱,主要是树苗成本低、成活率高、成材快。秦岭地区的落叶松是从 20世纪 80 年代开始引入的,品种主要是日本落叶松和华北落叶松。地处佛坪县北部的陕西省龙草坪林业局引入和栽植的落叶松林目前达 2 万多亩,使已遭破坏的竹林难以恢复;长青、佛坪等国家自然保护区内的落叶松目前也日渐成林,破坏作用开始显现。连接宁陕和佛坪大熊猫种群的走廊带,过去曾因采伐和公路建设等人为活动造成隔离,现在又遭到落叶松的破坏,出现了新隔离。长青保护区内大熊猫的栖息地已经严重破碎化和岛屿化,大熊猫的活动范围正在快速缩小并且相互隔离。专家指出,成片的落叶松林加快了秦岭原有生物被蚕食的速率,如果不及时制止这种违背自然规律的行为,秦岭逐渐会被落叶松侵占,大熊猫将面临丧失家园的厄运(图 8.31)。

图 8.31　落叶松的引入和迅速发展威胁着大熊猫的自然栖息地

外来物种的引入不可避免地在全球范围发生,随着经济和生态的全球化,这种现象正在加速。与动物物种的引进相比,植物物种的引进会更快、更强,因为人们对其负面影响未予以关注。无论是有意还是无意,外来物种的引入都可导致诸如杂交配种和引进疾病等的破坏作用。非原生物种与原生物种竞争水分、营养、阳光和空间,对新一季的耕作、食物和栖息地的建立速率有不利影响。在有些情况下,外来植物物种甚至形成了沿岸茂密、透光性差的灌木丛而减损河流的游憩价值。

许多外来物种的引入都是人类活动的后果。例如,20 世纪,至少有 708 种植物物种和约 40 种动物物种引入中国,其中几十种物种已造成生态问题。为了清除这些引进的物种,又花费巨资。这些引进物种最有害物种有紫茎泽兰(*Eupatorium adenophorum*)、凤眼莲(*Eichoimia crassips*)、豚草(*Ambrosia artemisia* L.)和互花米草(*Spartina alterniflora*)等。

互花米草是在 1980 年从美国引进的,用以促淤造陆和消波护堤。由于互花米草能承受周期性的潮水淹没,抵御海浪侵蚀,因此该物种能生长在盐沼湿地中。互花米草能够在淤泥海岸条件下很快生长繁殖,其密集根系能起到固岸的作用。然而,由于这种草在淤泥质河口海岸大面积逸生,导致生物多样性的大幅度下降。许多无脊椎动物和鱼类不能生活在互花米草生长的浅水区。目前,该物种已布满邻近沿海地区。过去芦苇丛生的沿海地区和河口已被互花米草所侵占,渔业产量大幅度降低。图 8.32(a)所示为在长江口生长的互花米草。

外来入侵物种紫茎泽兰原产于墨西哥,是一种有毒植物,20 世纪 40 年代从缅甸传入我国后,现在已在贵州省、云南省、四川省、广西壮族自治区、重庆市等地扩散蔓延,发生面积达 1400 多万公顷。紫茎泽兰入侵地区,绞杀本土植物,对生物多样性构成严重威胁。而且其花粉可以造成马属动物的哮喘病,牛羊误食其茎叶导致生病甚至中毒死亡。但从草场清除紫茎泽兰非常困难,四川省和云南省因为这种植物引起的畜牧损失,以及控制扩散的费用约耗资数千万元。图 8.32(b)所示为生长在云南省的紫茎泽兰。

凤眼莲的引入是用于控制河流和湖泊的水体富营养化。凤眼莲吸附水体中的污染物和营养物,可增强河流或湖泊自净能力。然而,由于该物种的传播速率太快,使得渔业和水上娱乐活动受到严重影响,造成高达数亿元的经济损失,因此必须清除。图 8.32(c)所示为北京的一处污染河流中的凤眼莲迅速蔓延。

豚草和三裂叶豚草自 20 世纪 30 年代开始从境外传入中国东北三省,80 年代和 90 年代在全国 19 个省市迅速蔓延。豚草是一种可造成农作物大面积撂荒的世界性危害草。豚草有极其强大的繁殖能力,吸收营养和水分的能力极强,因此对农牧业造成相当大的危害。试验表明,在 1m² 的玉米地中,发现 30～50 株豚草,玉米将减产 30%～40%,当豚草数量增加到 50～100 株时,玉米几乎就是颗粒无

图 8.32　引入我国的几种外来植物（见彩图）

（a）长江口生长的互花米草；（b）生长在云南省的紫茎泽兰；（c）北京一处污染河流中的凤眼
莲迅速蔓延；（d）东北生长的豚草

收。而且豚草产生的花粉会严重危害人体健康，豚草花粉是引起人体一系列过敏性变态症状——枯草热的主要病原。空气中豚草花粉粒的密度每立方米达到 40～50 粒，人群就能感染枯草热（秋季花粉症）。图 8.32（d）为在东北拍摄的豚草。

　　当然，外来物种的引入并不是都对生态系统具有破坏作用。香港已成为外来物种的乐园，这些物种大多已在港岛归化。香港和加勒比岛国多米尼加在 500 年前也许没有相同的内陆植物物种，而现在两岛却有 100 多种相同的植物。外来物种是指源于其他地方的物种，但已在当地生长。虽然很多外来物种是人们意外引入的，但也有很多是故意带来的，如农作物、观赏植物、家畜或宠物。并非所有的引入物种是外来物种，事实上，将一些物种重新引入其原有部分区域是一种重要的生态保护措施。香港共有约 2100 种维管植物区系，其中包括 150 多种归化了的外来物种，也就是说这些植物物种从世界其他地区引入，目前已在香港到处蔓延（Dudgeon et al.，2004）。对于动物区系的物种，大多数外来动物是人带到香港的，但有些是动物自己扩散的。当宠物逃离、遗弃或放归后，一些在自然环境下建立起野生种群。

大部分引进物种的活动范围局限于人类活动影响最大和最持久的地区,事实上主要是在住宅区和工业区,以及一些仍使用集约化养殖的地方,在这些地方,外来物种成为生物群的主宰。相比之下,在大多数河流上游和山坡生物群落中,可识别的外来物种很少或没有。因此,大多数外来物种出现在那些土著植物和动物已经受到人类影响最大的地方。以香港为例,大多数情况下,目前众多的外来植物和动物物种的影响,无法与人类对其栖息地的直接影响相比拟(Dudgeon et al.,2004)。

进入香港的外来物种增加了生物多样性,没有对当地生态环境造成严重影响。然而,外来物种的入侵存在潜在的生态保护管理问题,在香港几乎没有引起重视。即使外来物种对香港的生态危害可以忽略,仍要确保该地区不会成为外来物种入侵其他地方的踏板。

8.4　河流生态系统评价

8.4.1　指示物种

对某河流生态系统的状态进行完整测量是不现实的,甚至对所有现有物种进行一次彻底的普查也难以实现。因此,选择具有代表性的指示物种来表征整个系统的健康状况可行并且高效。某受损河流生态系统指示物指标的当前值,可与以前测量的值、受损前的值、预期值、未受损参照点的观测值或此类河流生态系统的标准值进行对比。例如,基于一组敏感物种存在与否的群落结构指数一般与水质相关。然而,生物指数本身并不能提供水质如何才能得到改善的直接信息,但通过连续多次测量生物指数即可跟踪和评价水质的好转或恶化。如果河流受到污染,一些物种可能会消失,或物种数量会较污染前减少。

指示物种是指这样的一组生物,其特性(如物种数量、出现或缺失、种群密度、传播和繁殖)可用来表征所关注的特定指标或环境条件,而这些特性对于其他物种来说测量则非常困难、不方便或很昂贵(Landres et al.,1988)。应用指示物种作为评价工具已有很多年的历史,其中 20 世纪 70~80 年代是其应用的顶峰时期。在此期间,美国渔业及野生动物部开发了生物栖息地评价程序,在此期间,美国渔业及野生动物部开发了生物栖息地评价程序,1976 年通过国家森林管理法案,这样生态评价中指示物种的应用以法律的名义得到确认。Landres 等(1988)审慎地评估了脊椎动物作为生态评价指示物种的应用,并建议在应用指示物种进行环境评价前,需要进行严格的论证和评估。

指示物种已被用来预测环境污染、种群趋势和生物栖息地质量。应用指示物种的前提是:如果栖息地对指示物种是适宜的,那么它对其他物种同样适宜,且野生生物种群能反映栖息地条件。然而,每一类物种都具有其特定的生存条件,所以指示生物与其指示性之间的关系未必完全可靠。当选择一种指示物种以期代表一组物种时,很难涵盖可能限制种群的所有因素。

1. 指示物种的选择

在选择指示物种时需考虑以下几个重要因素(FISRWG,1997)。

(1) 物种对所评价环境条件的敏感性。必要的情况下,能说明因果关系的数据要优先被采用(以确保指示物种能反映所关心的变量)。

(2) 指示物种能准确并精确地响应测量结果。从统计学意义上看,很大的变动性限制了指示物种监测结果的能力。与广幅种(generalist species)相比,更为敏感的特有种更能反映环境变化,然而,由于特有种的种群数量通常较少,选择特有种作为指示物种的采样成本将会很高。当监测目标为评价当地环境条件时,利用当地仅有的指示物种进行评价更有意义。然而,尽管在某地永久生存的生物可更好地反映当地环境条件,但当滨河生态修复的目标是为迁徙候鸟提供栖息地时,如红雀或啄木鸟之类的留鸟就不宜作为候鸟(如莺)的指示物种。

(3) 物种活动范围的大小。指示物种的活动范围应尽可能地比被评价地区其他物种的活动范围要大。有时,一些管理机构也不得不采用常见的狩猎动物或濒危生物作为指示物种。狩猎动物作为指示物种的评价效果很差,因为其种群数量受到狩猎影响死亡率较高,从而掩盖环境对它们造成的影响。那些种群数量少或受采样方法限制的物种,如濒危种,也不是理想的指示物种,因为受到预算的限制,采样难以充分。

(4) 在不同地理位置响应的一致性。在不同地理位置或栖息地,指示物种对环境应力的响应很难完全一致。如果可能的话,选择的指示物种对不同地理位置的环境应力响应应该比其他物种更为一致。

总之,好的指示物种应处于食物链的中低环节,响应迅速,对环境应力具有较窄的耐受力,并且应是原生物种。指示物种的选择应通过研究进行佐证(Erman,1991)。

2. 水生无脊椎动物

水生无脊椎动物用做河流和河岸带健康的指示物种已有很多年的历史。与其他物种相比,它们不仅依赖于水生栖息地,而且也与河岸带栖息地密切相关。无脊椎动物生命周期通常包括水中期和水外期,其摄食、化蛹、羽化、交配和产卵过程均离不开滨河植被(Erman,1991)。环境应力常常会降低河流无脊椎动物的生物多样性,但可能会增加某些物种的丰度(Wallace et al.,1986)。利用大型底栖无脊椎动物作为指示物种具有如下优点:①能够很好地反映局部状况;②能够综合反映短期多种环境变量的影响;③能够容易地监测到退化状况;④采样相对简单;⑤处于食物链中间环节,为鱼类提供饵料;⑥一般数量丰富(Plafkin et al.,1989)。

3. 鱼类

鱼类也常用来作为指示物种。国外一些管理机构常采用鱼类作为指示物种,跟踪栖息地状况的变化,或评价栖息地条件改变对目标物种的影响。栖息地适宜性指数和其他生境模型经常用于此目的,尽管监测物种对其栖息地响应的尺度选择会影响调查的结果。正如 van Horne(1983)指出的,鱼的密度或数量可能会导致误选表征栖息地质量的指示物种。因而,在河岸带生态系统恢复中选择合适的鱼种作为指示物种,可能是有价值的监测工具。

采用鱼类作为指示物种具有如下优点:①能够反映栖息地的长期效应和较广的栖息地条件;②能够反映多种营养水平;③处于水生食物链的顶端,为人类食用;④相对易于鉴定;⑤水质标准常常根据渔业来进行分类。当然,采用鱼类作为指示物种也存在缺点,主要包括:①采样昂贵;②需要长期监测和大量采样才能得到可靠的结果,但难以达到统计意义上的确认结果;③采样过程会扰动鱼类群落。

电捕鱼是最常用的野外捕鱼技术。每个采样点应选择在具有代表性的河段,并与其他采样河段条件相似,而且在各河段采样的工作量应等同。应该对所有的鱼种进行采样评价,而不应仅仅关注捕捞类鱼种。Karr 等(1986)利用鱼类的分类、营养组成、条件和丰度等 12 个生物计分指标,评价了生物完整性。利用鱼类作为指示物种的评价方法已经广为研究,并在很多大型河流上得到应用(Plafkin et al.,1989)。

4. 鸟类和哺乳动物

鸟类和哺乳动物作为指示物种在陆生和水生生态系统中均有所应用。Croonquist 等(1991)评价了人为干扰对宾夕法尼亚水道沿岸的小型哺乳动物和鸟类造成的影响,他们采用了 5 种指标来进行评价,包括湿地依赖性、营养水平、物种状况(如濒危物种、休闲物种、原生物种和外来物种)、栖息地特殊性和季节性。研究发现,对鸟类来说,表示栖息地特殊性和季节性的指标能最有效地把对干扰敏感的物种区分出来。边缘物种和外来物种在受干扰的栖息地丰度更高,可作为当地的良好指示物种。季节性分析表明,候鸟在未受扰动的地区更加常见,正如 Verner(1984)指出的,种群分析具有区分局部影响的能力。

5. 藻类

藻类群落也可用来进行生物评价。藻类一般具有较短的生命周期,较快的繁殖率,可以利用藻类评价短期的生态影响。而且藻类取样对其他生物的影响甚小,采样要求低。藻类的初级生产力可受到物理和化学干扰的影响,并且藻类群落对一些污染物敏感,而这些污染物对其他水生生物群落的影响并不显著。调查藻类群落便于了解多样性指数、物种丰度、群落呼吸作用和入侵率等指标。利用藻类群落可进行非分类学评价,如生物量和叶绿素等(Weitzel,1979)。Rodgers 等(1979)详述了利用藻类群落的功能性测量指标(如初级生产力和群落呼吸作用)评价富营养化的影响。

尽管河流中藻类的采样工作量较小,但多个指标的确定工作量很大,如多样性指数和物种丰度等,而且记录藻类生产力的日间变化和季节变化也需要大量的工作。

8.4.2　生物多样性指标

通过监测指示物种的一些生物指标,便可评价生态系统。生物多样性指标有很多,其中,物种丰度(S)的应用最广泛,它是指在特定采样单位中的物种数量。表达为

$$S = 某采样区域物种数量 \tag{8.2}$$

一般来说,必须把样本鉴定至种级水平。但在实际工作中却不现实,因为有些物种需要特殊仪器和经验丰富的生物学家才能识别。因此,大多数情况下,物种往往只鉴定至属级或科级的水平。但是,如果不同样点的样本均由同一人员鉴定至同等水平的话,并不会影响评价结果。

然而,单一的物种丰度指标对于某一个区域的实际种群组成并不敏感,两个不同区域的物种丰度会反映不同组的物种。Magurran(1988)建议除了使用单一的生物多样性指数外,还应确定物种丰度分布的形状。为了综合考虑物种丰度和物种分布的均匀度,广泛采用 Shannon-Wiener 多样性指数(H)进行生物评价(Krebs,1978)。Shannon-Wiener 多样性指数表达为

$$H = -\sum_{i=1}^{S} P_i \ln P_i$$

$$P_i = n_i / N \tag{8.3}$$

式中,S 为物种丰度;P_i 为第 i 种物种占样品总数的比例;n_i 为第 i 种物种的个体数量;N 为样品中的个体总数。

但是,Shannon-Wiener 指数有时并不能正确反映某区域生物多样性的真实情况。例如,两个地区的物种丰度相同,其分布也相同,但一处的个体密度为 10 个/m²,而另一处的个体密度为 100 个/m²,由式(8.3)可知,两处的多样性指数(H)相等。两处的种群密度差别很大,多样性指数(H)却不能反映。综合考虑物种的分布和个体总数两个因素,Wang 等(2009)建议采用下述生物群落指数:

$$B = H \ln N = -\ln N \sum_{i=1}^{S} P_i \ln P_i \tag{8.4}$$

利用珠江流域东江 12 个采样点的大型底栖无脊椎动物统计数据来说明不同方法的应用,见表 8.1。东江长 562km,流域面积 35 340km²,是珠江水系三条主要河流之一。枫树坝水电站距河口 382km,将东江分为上、中游。图 8.33 表示沿河上、下游的物种丰度、密度、Shannon-Wiener 多样性指数(H)及生物群落指数(B)的变化情况。总的来看,这些指数从上游至下游均呈下降趋势。其中,枫树坝处由于流量和流速的急剧波动,对底栖动物造成显著影响。在枫树坝坝下只采集到一种生物,为长臂虾科(Palaemonidae),这可能是因为采样点处于枫树坝水库大坝下50m 左右,水流湍急,不太适于底栖动物生存。流速波动的影响在坝下游更远处逐渐减弱,在坝下 80km 以后对底栖动物无明显影响。

表 8.2 东江采样点底栖动物物种

采样点	单位面积内每类物种的数量
上坪水	四节蜉科 Baetidae(30);黑螺科 Melaniidae,放逸短沟蜷 S. libertine(23);摇蚊科 Chironomidae(两种 16);侧枝纹石蛾属 Ceratopsyche sp. (7);歪唇纹石蛾 Aphropsyche sp. (5);长角泥甲科 Elmidae(3);鱼蛉科 Corydalidae,星齿蛉 Protohermes 属(3);闪蚬 Corbiculidae C. nitens(2);岩石蛾科 Polycentropodidae,Neureclipsis 属(2);细蜉科 Caenidae(1);泽蛭属 Helobdella(1)
枫树坝下	长臂虾科 Palaemonidae(9)
义都镇	细裳蜉科 Leptophlebiidae,拟细裳蜉属 Paraleptophlebia(42);摇蚊科 Chironomidae(21);箭蜓科 Gomphidae(5);短丝蜉科 Siphlonuridae(4);纹石蛾科 Hydropsychidae(4);细裳蜉科 Leptophlebiidae,小裳蜉属 Leptophlebia(2);十足目 Decapoda(2);觹螺科 Hydrobiidae(2);短沟蜷属 Semisulcospira(1);大蚊科 Tipulidae,花翅大蚊 Hexatoma 属(1);潜水蝽科 Naucoridae(1);鱼蛉科 Corydalidae(1);细蜉科 Caenidae(1)
五星站	游行亚目 Natantia(44);环棱螺属 Bellamya(10);尾鳃蚓属 Branchiura(3);萝卜螺属 Radix(2);拟黑螺属 Melanoides(2);蝎蝽科 Nepidae(1);水丝蚓属 Limnodrilus(1);蟌科 Coenagrionidae,Pseudagrion 属(1);细裳蜉科 Leptophlebiidae,Traverella 属(1);扁蜉科 Heptageniidae(1);细裳蜉科 Leptophlebiidae,拟细裳蜉属 Paraleptophlebia(1);闪蚬 Corbiculidae,C. nitens(1);小粒龙虱科 Noteridae(1);金线蛭属 Whitmania(1);蛭纲 Hirudinea sp1.(未知属种 1)
柏埔河	长臂虾科 Palaemonidae sp1.(40);长臂虾科 Palaemonidae 秀丽白虾,Palaemon modestus(12);箭蜓科 Gomphidae(2);大蜻科 Macromiidae(2);短沟蜷属 Semisulcospira(2);尾鳃蚓属 Branchiura(2)
惠州	摇蚊科 Chironomidae(3 种 11);蟌科 Coenagrionidae(两种 6);尾鳃蚓属 Branchiura(4);束腹蟹科 Parateiphusidae(1);泥蚓属 Ilydrolus(1);箭蜓科 Gomphidae(1);扇蟌科 Platycnemididae(1);瓶螺科 Ampullariidae(1)
圆洲	0(第一次观测);长臂虾科 Palaemonidae(9)(第二次观测)
大盛港	0(第一次观测);长臂虾科 Palaemonidae(5)(第二次观测)
新丰江支流野趣沟	摇蚊科 Chironomidae(386);蚋科 Simuliidae(18);石蛭科 Herpodellidae(4);龙虱科 Dytiscidae(3);尾鳃蚓属 Branchiura(3);带丝蚓科 Lumbriculidae(1);蠓科 Psychodidae(1);伪蜻科 Corduliidae(1);虎蜻 Epitheca marginata(1);四节蜉科 Baetidae(1)

续表

采样点	单位面积内每类物种的数量
增江湾	河蚬 C. fluminea(113)；摇蚊科 Chironomidae(4 种 44)；溪泥甲科 Elmidae，Stenelmis 属(25)；蠓科 Ceratopogonidae，贝蠓属 Bezzia(25)；划蝽科 Corixidae(21)；水丝蚓属 Limnodrilus(23)；短沟蜷属 Semisulcospira(20)；蜻科 Libellulidae(14)；蜉蝣科 Ephemeridae(11)；梨形环棱螺 B. purificata(8)；大蜻科 Macromiidae(6)；环棱螺属 Bellamya sp1(5)；尾鳃蚓属 Branchiura(4)；蟌科 Coenagrionidae，斑蟌属 Pseudagrion(4)；箭蜓科 Gomphidae，棘尾春蜓属 Trigomphus(3)；瓶螺科 Ampullariidae(2)；扁泥甲科 Psephenidae(2)；水龟甲科 Hydrophilidae，水龟甲属 Hydrobius(2)；虻科 Tabanidae(2)；鳞翅目 Lepidoptera(1)；蜱形目 Acariformes(1)；箭蜓科 Gomphidae，新叶春蜓属 Sinictinogomphus(1)；长臂虾科 Palaemonidae(1)；三肠目 Tricladida(1)；四节蜉科 Baetidae(1)；扁蜉科 Heptageniidae(1)；沼螺属 Parafossarulus(1)；溪泥甲科 Elmidae sp1. (1)
增江正果	0
西枝江牛轭湖	长臂虾科 Palaemonidae(13)；摇蚊科 Chironomidae(7)；水龟甲科 Hydrophilidae，Laccobius 属(2)

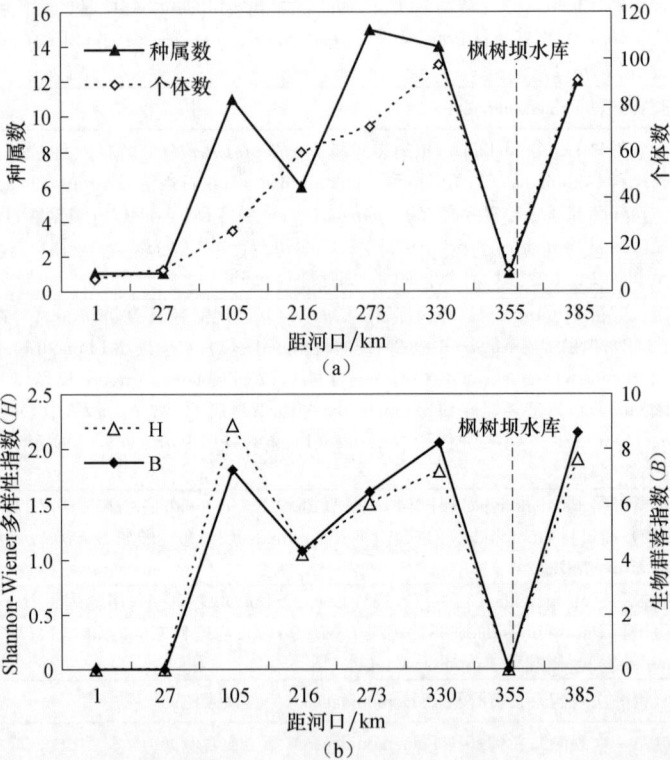

图 8.33　底栖动物物种丰度、生物密度、生物多样性指数(H)、生物群落指
数(B)从上游到河口的沿程变化

(a) 物种丰度和密度；(b) Shannon-Wiener 指数和生物群落指数

东江下游河段的河宽相对均匀,河岸均用混凝土或块石衬砌。与上游相比,此处流速均匀,为沙质河床。沙质河床密实,空隙小,底栖动物难以在其中生活,而且也无法给底栖动物提供逃避急流的庇护所,是最不利于底栖动物的河床底质。从采样情况看,东江下游底栖动物的物种丰度、密度、多样性指数及生物群落指数均很低,甚至为 0。人类活动,如垦殖河滩地、通河湖泊和湿地,导致生境丧失,多样化的栖息地变得单一。一般而言,生物多样性指数和生物群落指数与栖息地的多样化呈正比,栖息地丧失和多样化低导致生物多样性和生物群落多样性低。

如前所述,生物多样性主要是指某地区或区域中的物种数量,并考虑每个物种的相对丰度(Ricklefs,1990)。在测量多样性时,重要的是明确生物对象,准确把握关注的系统特性及其原因(Schroeder et al.,1990)。不同的多样性指标可以应用于不同的分类组群和截然不同的空间尺度内。

总体多样性可能没有某一特定的物种或栖息地子组更受关注。总体多样性指标并不能提供特定元素的信息。例如,物种多样性指标难以提供如中华鲟一类的物种是否存在的信息。因此,对于某一特定河流生态系统,会选择仅限于特别关注的目标种群的多样性指标。

α 多样性、β 多样性和 γ 多样性。多样性指标可在单独的群落内部、跨群落边界的种间或包含许多群落的大范围区域内测量。相对均质群落内的多样性称为α 多样性,通常对一个采样点的样品分析所得到的多样性指数称为 α 多样性。种群间的多样性称为 β 多样性,用沿栖息地梯度的变化量表述。例如,一条河流上多个采样点上物种的总数量为河流的 β 多样性。跨越非常大景观范围的多样性称为γ 多样性。γ 多样性会很大。例如,在一条河流的上游生活着一些冷水物种,而下游河口区生活着完全不同的温水物种。

Noss 等(1986)指出,通过对 α 多样性的管理,局部物种的丰度会增加,而区域景观(β 多样性)会变得更加均质,整体上多样性降低。他们提出一个目标,就是维持区域物种达到近似自然相对丰度形态。当多样性目标确定下来时,所关注区域的具体大小必须界定下来。

8.4.3　快速生态评价

当生态修复目标不具体或很宽泛时,快速生物评价技术最为适用。例如,生态修复目标为改善整个水生生物群落,或在河流生态系统中建立更平衡且多样的生物群落(FISRWG,1997)。生物评价常常用到生物指数或复合分析,如美国俄亥俄州环境保护局采用的分析方法(Ohio,1990)、快速生物评价草案等,还有 Plafkin等(1989)综述的一些方法。俄亥俄州环境保护局采用无脊椎动物群落指数评价生物完整性,这种指数强调无脊椎动物群落的结构特性,并将采样群落与参考群落进行对比。无脊椎动物群落指数基于 10 项计分指标,描述大型无脊椎动物群落内部不同类型与耐污能力之间的关系。快速生物评价草案由美国环境保护总局开发，主要目的是为美国各州开展效益比较高的生物评价提供技术支持（Plafkin et al.，1989）。该方法分为 5 组草案，其中，3 组针对大型无脊椎动物，2 组针对鱼类（表 8.3）。

表 8.3　5 组快速生物评价草案（Plafkin et al.，1989）

水平或等级	生物种群	相对工作量	分类水平	要求的专业程度
I	底栖无脊椎动物	低；每采样点 1～2h（无需标准采样）	目，科/野外	1 名受过高级培训的生物学家
II	底栖无脊椎动物	中等；每采样点 1.5～2.5h（所有分类工作均可在野外进行）	科/野外	1 名受过高级培训的生物学家和 1 名技术员
III	底栖无脊椎动物	最严格；每采样点 3～5h（其中 2～3h 用于实验室分类鉴定）	属或种/实验室	1 名受过高级培训的生物学家和 1 名技术员
IV	鱼类	低；每采样点 1～3h（不涉及野外工作）	—	1 名受过高级培训的生物学家
V	鱼类	最严格；每采样点 2～7h（每点需 1～2h 用于数据分析）	种/野外	1 名受过高级培训的生物学家和 1 名或 2 名技术员

快速生物评价草案中的 RBP-I 到 RBP-III 都是用于大型无脊椎动物。RBP-I是筛选或勘察级的分析，主要用于从潜在受影响地区中区分出明显的受损点和未受损点。RBP-II 和 RBP-III 采用了一组基于物种分类耐受性和群落结构的计分指标，类似于俄亥俄州采用的无脊椎动物群落指数。RBP-II 和 RBP-III 均比 RBP-I 工作量大，需要结合野外采样。RBP-II 采用科级分类标准，确定以下描述河流生物完整性的一组计分指标：①物种丰度；②科级生物指数（Hilsenhoff，1982）；③刮食生物与滤食收集生物的比值；④蜉蝣目、襀翅目、毛翅目（EPT）与摇蚊幼虫数量的比值；⑤优势物种分类的百分比分布；⑥EPT 指数；⑦群落相似性指数；⑧啮食生物与生物个体总数的比值。RBP-III 进一步定义了生物损伤程度，本质上是RBP-II 采用种级分类标准的升级版本。与无脊椎动物群落指数一样，某点的 RBP计分指标与控制点或参考点的指标进行对比。

1. 参比标准的建立

在河流生态修复活动中，对于一项拟议修复计划，选择期望的终极目标非常重要。因此，预定的参比标准能为生态修复测量进程提供基准。例如，如果所选择的多样性指标是原有物种的丰度，那么对一个确定的地域和时间段来说，参比标准可能就是期望的最大原有物种丰度。建立参比标准时，应当考虑当地的历史条件。

如果河流的生态条件已经恶化,那么建立的标准最好按过去代表更自然情况或按期望条件来确定。当然,也有一些案例,由于水文条件的变化,加上原生和外来滨河植被的侵占,过去的多样性可能会低于现在的(Knopf,1986)。因此,在建立参比标准之前,重要的是明确期望的生态条件是什么。

对某河流设计生态修复计划,首先要考虑生物多样性目标。例如,如果在此地首要关注的是保护原生两栖动物,并且已经知道此流域历史上曾出现过 30 种原生两栖动物,那么,此河流生态系统的管理目标可以是为这 30 种原生两栖动物提供并维持适宜的栖息地。为修复河流生态系统所做出的所有努力,必须针对那些可通过管理增加多样性至期望水平的因素。这些因素可能是河流生态系统的物理特征和结构特征。生物多样性可直接测量或通过其他信息推算。直接测量需要多样性元素的实际记录,如研究区域内的两栖物种的计数。

生物多样性的直接测量结果最有价值,需要拥有能进行不同点比较的基准信息。然而,直接测量某些属性是不可能的,如各种未来条件下、各种物种的物种丰度或种群数量。一般而言,利用数学模型计算多样性比直接测量更快捷,此外,计算模型也为实施具体的生态修复计划提供了分析不同未来条件的工具。在使用多样性模型之前,必须分析模型的可靠性和精度。

2. 分类系统

分类系统的目的是组织变量,分类系统包括以下内容(FISRWG,1997)。

(1) 地理范围。研究地点的范围分为不同的类,大到世界河流,小到某一河流某一河段内的斑块间在组成和性质上的局部差异。

(2) 考虑的变量。有些分类仅限于水文、地貌和水生化学,有些生物群落分类局限于物种组成的生物变量和有限数量的物种分类的丰度。许多分类同时包括生物变量和非生物变量。即使纯粹的非生物分类也与生物评价有关,这是由于非生物结构和群落组成之间存在重要的相关性(如物理栖息地的整体概念)。

(3) 时间关系的结合。一些分类关注于描述某一时间点跨区域的相关性和相似性,这一时间点也许是理想化的点;另一些分类明确确定各类间的时间转换,如生物群落的演替或地形的演化。

(4) 关注结构性变化或功能性习性。一些分类强调简约描述观测到的分类变量变化;另一些分类使用分类变量来识别具有不同习性的种类。例如,某种植被可以根据物种共生模式分类,也可以根据植被对栖息地价值起到功能性作用的相似性进行分类。

(5) 管理方案或人类活动明确考虑作为分类变量的程度。在某种程度上,这些变量是分类本身的一部分,分类系统可直接预测管理行为的结果。例如,一个基于放牧强度的植被分类可根据放牧管理的变化,能够预测植被从某一类到另一类的变化。

将生态退化系统与实际未受损的参照地、与分类系统中的理想类型或与类似系统的范围进行比较,能够提供阐述退化系统期望状态的框架。然而,这种系统的期望状态是一种管理目标,最终来自系统变化的分类之外。

3. 物种需求分析

物种需求分析涉及明确描述变量如何相互作用来确定栖息地,或系统为鱼类和野生动物物种提供生活必需要素的良好程度。河流系统所有相关变量与所有物种之间的相互关系不可能完全描述,因此,基于物种需求的分析则是关注于一种或更多的目标物种或种群。在简单情况下,这种分析可建立在明确陈述一些物理要素的基础上,这些要素能够区分某物种的好栖息地(最可能发现该物种或物种繁殖最好的地方)与差栖息地(最不可能发现物种或物种不易繁殖的地方)。在复杂情况下,这种方法也结合纯物理栖息地之外的变量,包括提供食物或生物结构的其他物种,作为竞争者或捕食者的其他物种,或资源可用性的空间或时间模式。

基于物种需求的分析与系统条件综合措施的分析不同,因为前者明确纳入"起因"变量与期望的生物性质之间的关系。这种分析可直接用来确定能达到预期结果的修复措施,直接评估拟议修复措施的可能结果。例如,在采用栖息地评估程序的分析中,可以将坚果产量作为松鼠数量的一个限制要素。如果松鼠是需要关注的物种,那么,在河流修复工作中,至少有部分工作方向应是增加坚果产量。

这些方法的复杂程度根据众多重要因素而变,包括栖息地适宜性相对于种群数量的预测,单一地点和单一时间相对于时间序列上空间复杂需求的分析,单一目标物种相对于涉及考虑权衡的一系列目标物种的分析。每一个因素都必须谨慎考虑,以选择需要解决问题的适宜的分析步骤。

8.4.4 栖息地评估

1. 栖息地多样性

栖息地评估是生物评估的重要方面。栖息地具有可定义的承载力,或称为适宜性,以承载野生生物种群或种群的繁殖(Fretwell et al. ,1970)。栖息地承载力在很大程度上取决于栖息地多样性,常用栖息地多样性指数来反映这一特点。河流栖息地的物理条件主要包括底质、水深和流速(Gorman et al. ,1978)。不同的物理条件支持不同的生物群落,多样化的物理条件能够支持多样化的生物群落。栖息地多样性指数(H_D)表示如下(王兆印等,2006):

$$H_D = N_h N_v \sum_i \alpha_i \tag{8.5}$$

式中,N_h 和 N_v 分别为水深多样性和流速多样性的数目;α_i 为底质多样性,根据不同的底质而不同。当水深小于 0.1m 时,栖息地主要被适于高溶解氧的喜光物种所占据;当水深大于 0.5m 时,栖息地被适于弱光低氧的物种所占据。许多物种生活在水深 0.1~0.5m。如果一条河流具有三种水面:①浅水,其水深在0~0.1m;②中深水,其水深在 0.1~0.5m;③深水,其水深大于 0.5m。并且,每个水面面积大于河流水面积的 10%,则 $N_h=3$。如果一条河流只有浅水和中深水,且每个水域面积大于河流水面积的 10%,则 $N_h=2$。其他情况下 N_h 值可类似取值。

对于水流流速小于 0.3m/s 的河流,主要是喜好缓慢游动的物种作为栖息地;对于流速大于 1m/s 的河流,其栖息地被喜好高速的物种所占据。许多物种生活在 0.3~1m/s 的水流中。如果一条河流有三种水面:①静水区,其流速小于 0.3m/s;②中速区,其流速在 0.3~1m/s;③激流区,其流速大于 1m/s。并且每个水面面积大于河流水表面积的 10%,则 $N_v=3$。如果河流只有静水和中速的水面,且每个水面面积大于河流水表面积的 10%,则 $N_v=2$。其他情况下 N_v 值可类似取值。

水深和流速临界值的选择是根据对大型无脊椎动物等物种习性的研究而确定的。对长江流域的现场考察发现,在水深 0.1~0.5m 的物种与较浅或较深水体中的物种不同;同样,生活在流速为 0.3~1m/s 的物种与生活在流速低于 0.3m/s 或大于 1m/s 的物种不同。据 Beauger 等(2006)研究成果,当流速为0.3~1.2m/s,水深为 0.16~0.5m,各种底质水体的分类群丰度和密度均最高。水流流速低于 0.3m/s 的河床一般较为密实,生物生存率低;而在流速高于 1.2m/s 的水流中,大多数生物难以生活。毫无疑问,水深较低时,植被和动物受到光的影响,反之在水深较深时,初级生产力降低,生物种群受到光衰减的影响。在水深和水流流速较低和较高的情况下,只有那些能够承受这些限制条件的物种可以在这种栖息地中生存。

漂石和卵石构成的河床非常稳定,并能为底栖大型无脊椎动物提供多样性的生活空间。因此,多样性高的栖息地大多有漂石和卵石。流过水草上方的水流流速较高,但水草能营造一个流速低的庇护区,此外,水草本身也是某些物种的栖息地。因此,生长有水草的溪流具有较高的栖息地多样性。有些物种在浮泥层内活动、生活,并以泥层里的有机物为食物。细砾石河床的缝隙很小,但对一些物种,这种缝隙足够生存。沙质河床较为密实,沙粒之间的空隙太小,较大的底栖生物难以在其中活动、生活。如果沙粒作为推移质而移动,则河床不能为水生动物提供稳定的栖息地。因此,流沙对于底栖动物而言是最差的栖息地。据此及对 16 条河流的现场考察,得出不同底质 α 值列于表 8.4。众所周知,大型木质残体可以大大改善森林河溪栖息地质量(Gippel,1995;Abbe et al. ,1996),因此,对于含有大型木质残体的河溪底质,也应该列出更普遍适用的 α 值。然而,我国河流中并不经常出现大型木质残体,在作者进行底栖生物采样的 30 多条河流中,均未遇到包括大型木质残体的底质,因此,没对这种情况确定 α 值。

表 8.4　不同底质的底质多样性 α 值(Wang et al. ,2009)

底质	漂石和卵石 (D>200mm)	水草	砾石 (2~200mm)	浮泥 (D<0.02mm)	粉砂 (0.02~ 0.2mm)	沙 (0.2~2mm)	非稳定沙、砾石 和粉砂河床 (0.02~20mm)
α 值	6	5	4	3	2	1	0

如果部分河床由一种底质组成,而另一部分由另一种底质组成,而且两部分面积均大于河面积的 10%,则两种底质的两个 α 值应该相加。但是,如果沙或粉砂充填于砾石间的空隙,则 α 值应取底质是沙或粉砂的值。如果河床由不同底质的三部分组成:漂石和卵石、水草、浮泥,而且这三部分面积均大于河面积的 10%,则此河的 α 值应为三者之和:$\sum_i \alpha_i = 6+5+4 = 15$。如果河床被运动的沙或砾石所覆盖,或河床很不稳定,则 $\sum_i \alpha_i = 0$。

Gorman 等(1978)综合考虑底质、流速和水深的影响,也开发了栖息地多样性指数。其研究认为,鱼类的物种多样性和丰度与底质、流速及水深的综合作用密切相关。他们提出的底质分类与本书类似,主要区别是其中应用的泥沙粒径分级。利用各点测量值的权重,他们还开发整个河段的流速和水深分级范围。本书指数采用了简单的方法,仅考虑流速和水深的多样性。

河流的生物多样性不仅取决于河流的物理条件,而且也受到生物的食物供给量和水质的影响。同一条河流,食物供给量对不同种类的生物差别非常大,应分别予以研究。一般来说,水体污染减少了物种数量,但耐污染物种的密度可能并不会减少。水质不是栖息地的固有特性,受到人为干扰因素影响。因此,栖息地多样性指数没考虑水质。水温对河溪生态也是一个重要因素。然而,在河溪的一个河段,水温通常变化不大,除非附近有温水排放存在。因此,在局部栖息地多样性分析中,一般不必考虑水温。只有当所研究的栖息地跨越水温差别大的不同类型水域时,在分析中才必须考虑温差。

高多样性的栖息地能够支撑高多样性的生物群落,这种现象可通过对长江上游几条山区河流底栖动物采样的分析结果来说明。图 8.34 所示为这些河流的栖息地多样性(H_D)与生物类群丰度(S)、Shannon-Wiener 多样性指数、生物群落指数(B)之间的关系。总的来看,栖息地多样性越高,生物类群丰度、生物多样性及生物群落指数均越高。然而,生物类群丰度与栖息地多样性相关性最好,明显呈现随栖息地多样性增高而上升的趋势。生物群落指数随栖息地多样性增高也呈线性增加。Shannon-Wiener 指数随栖息地多样性增高而增大,但点据较为分散。结果表明,类群丰度、生物群落指数是用于水质较好的河流栖息地分析的适宜生态指标。

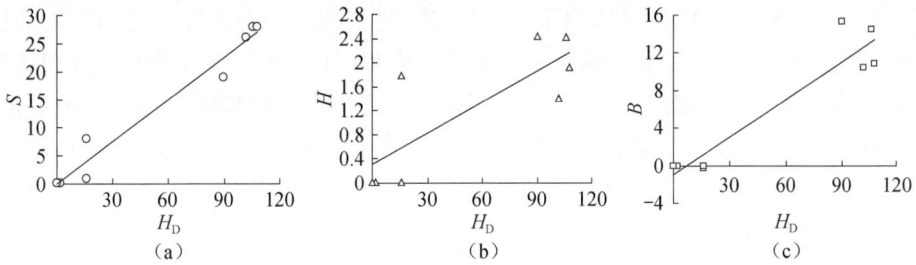

图 8.34　栖息地多样性 H_D 与生物类群丰度(S)(a)、Shannon-Wiener 多样性指数(H)(b)、
　　　　　生物群落指数(B)(c)之间的关系

2. 栖息地评价程序

　　栖息地评价程序(HEP)可用于几种不同类型的生物栖息地研究,包括影响评估、影响缓解和栖息地管理。对于两种一般类型的栖息地,栖息地评价程序能够提供相互比较的相关信息,如相同时间点不同区域的相对值,或不同时间点相同区域的相对值。

　　栖息地评价程序建立于两种基本的生态原理的基础上,即生物栖息地具有一定的维持野生动物种群的承载力,某种野生物种栖息地的适宜度可通过测量栖息地的植被、物理和化学特征来估计。对于给定物种的栖息地适宜度,可用栖息地适宜度指数(habitat suitability index,HIS)来描述,其值为 0(非适宜栖息地)和 1(最佳栖息地)之间。已经开发并发布了 HIS 模型(Schamberger et al.,1982;Terrell et al.,1997),美国渔业与野生动物局也对具体工程开发 HIS 模型提供了应用指导(USFWS,1981)。针对前文所述的许多计分指标,包括物种、种团和群落,HIS 模型可进一步开发(Schroeder et al.,1993)。

　　栖息地评价程序度量的基本单元是栖息地单元,计算公式如下:

$$\text{HU} = \text{AREA} \times \text{HIS} \tag{8.6}$$

式中,HU 为栖息地单元数(面积单元);AREA 为所描述的栖息地面积大小(km^2);HIS 为栖息地适宜度指数。从概念上来看,HU 同时将栖息地数量和质量综合至一个单一的度量中,且一个 HU 相当于一个最佳栖息地单元。栖息地评价程序可对拟议的修复措施所引起的 HU 数量的净变化进行评价,如应用于拟议的河流生态修复计划。栖息地评价程序的应用分为两步:一步是计算特定工程比较方案的未来 HU 数;另一步是计算与基准条件进行对比后的 HU 数净变化。

8.4.5　栖息地模拟

　　目前,有很多开发使用的栖息地评估模型。物理栖息地模拟模型(physical habitat simulation model)是美国渔业与野生动物局开发的,主要用于河流水流分析(Bovee,1982)。模型可针对不同鱼种的各个生命阶段,对研究河段内可能的栖息地进行评价。模型的第一组成部分是水力模拟,计算未测流量下的水位和流速(如水位-流量关系、曼宁方程、步进回水法)。模型的第二组成部分为栖息地模拟,将物种及其生命特定阶段相应于水深、流速和底质的栖息地适宜度曲线与水力数据综合在一起,模型输出结果是对所关注的物种及其生命周期的一条曲线,反映流量与可用面积的对应关系。

1. 滨河生物群落栖息地评价和生态修复概念模型

该模型建立的假设条件是:如果受影响河道中水深和流速的频率分布与拥有良好水生栖息地条件的参比河段相似,那么,生态修复河段的水生栖息地能完全模拟自然条件。研究点和参比点的数据可通过测量或计算机模型计算得到。拟议的生态修复设计与参比河段的相似性可用三维图表和统计表表述(Nestler et al.,1993;Abt,1995)。该模型已经在美国密苏里河和阿拉巴马流域成功应用,成为河流管理研究中进行环境分析的主要工具。

2. 鲑鱼种群模型

鲑鱼种群模型为美国开发的一种鲑鱼种群概念性数学模型,结合 12 年河流水流评价研究,用于加利福尼亚州 Trinity 河帝皇鲑(*Chinook salmon*)的研究。模型开发采用了联合研究小组方式,小组成员由当地河流系统和鱼类方面的专家组成(Williamson et al.,1993;Bartholow et al.,1993)。鲑鱼种群模型的结构介于传统的大批量种群模型与个体模型之间。大批量种群模型跟踪种群团组的运动,通常面积大,不考虑空间分辨率;个体模型跟踪种群个体,一般面积小,考虑许多层次的细节。概念性模型指出,鱼类的生长、运动和死亡率直接与栖息地的水流条件和水温相关,反过来决定了调节河流水流的时间和水量。栖息地容量由其水力特性和热力学特性决定,这些特性为模型空间计算单位。模型模拟过程包括产卵、生长(包括性成熟)、运动(淡水诱导性、栖息地诱导性和季节性)和死亡率(基数、运动相关、温度相关)。该模型局限于鲑鱼生命最初 9 个月的淡水栖息地,不包括河口和海洋栖息地。

3. 适宜度指数

适宜度指数(suitability index,SI)是栖息地模型的核心,此处通过中华鲟来阐述(易雨君等,2007)。中华鲟洄游至长江主要完成产卵、孵化及 1 龄以下幼鲟生长的过程,亲鲟寻找到适宜的产卵场产卵,受精卵即黏着在石坝、石块上,需经 120~150h 孵化;仔鲟脱膜而出,随波逐流,在长江下游及河口滩涂处渐渐发育成长;幼鲟长到一定阶段后转移至东海海区,直至性成熟。因此,中华鲟产卵场栖息地适合度的评价主要考虑产卵、孵化及成鱼生长。

　　影响中华鲟生长和繁殖的栖息地模型的因素通过合理组合建立适宜度方程,选取了 10 个关键因子,包括:①成鱼、幼鲟的水温(V_1,℃);②成鱼水深(V_2,m);③成鱼底质(V_3);④产卵水温(V_4,℃);⑤产卵水深(V_5,m);⑥产卵和孵化底质(V_6);⑦孵化水温(V_7,℃);⑧产卵流速(V_8,m/s);⑨产卵期悬移质含沙量(V_9,mg/L);⑩每年估算所得的亲鲟数与食卵鱼数之比(V_{10})。适合度指数 $V_1 \sim V_{10}$,是用来评价研究区域该因素对所研究生物生存的好坏程度。本节通过对大量资料的分析,得出了成鱼和成鱼产卵时对典型环境因素的适合度指数(SI)。

　　栖息地适合度

$$HSI = \min(C_{Ad}, C_{Sp}, C_{Ha}) \tag{8.7}$$

式中,C_{Ad} 为成鱼生存适合度

$$C_{Ad} = \min(V_1, V_2, V_3) \tag{8.8}$$

C_{Sp} 为产卵适合度

$$C_{Sp} = \min(V_4, V_5, V_6) \tag{8.9}$$

C_{Ha} 为孵化适合度

$$C_{Ha} = V_{10} \min(V_6, V_7, V_8, V_9) \tag{8.10}$$

　　其中,$V_1 \sim V_{10}$ 为适合度指数,是用来评价研究区域该因素对所研究生物生存的好坏程度。适合度以 0、1 为界,0 为完全不适合,1 为最适合状态,中间值表示物种对特定因素的适合程度。

　　通过分析以上资料,得出影响中华鲟栖息地的主要生态因子适合度曲线,如图 8.36 所示。

　　生物学家的研究结果发现,亲鱼选择的产卵时间和产卵地点主要受水温(V_1、

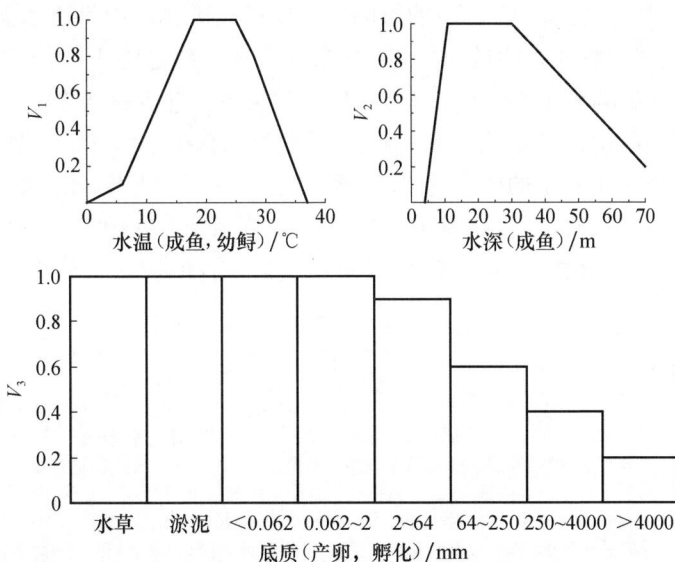

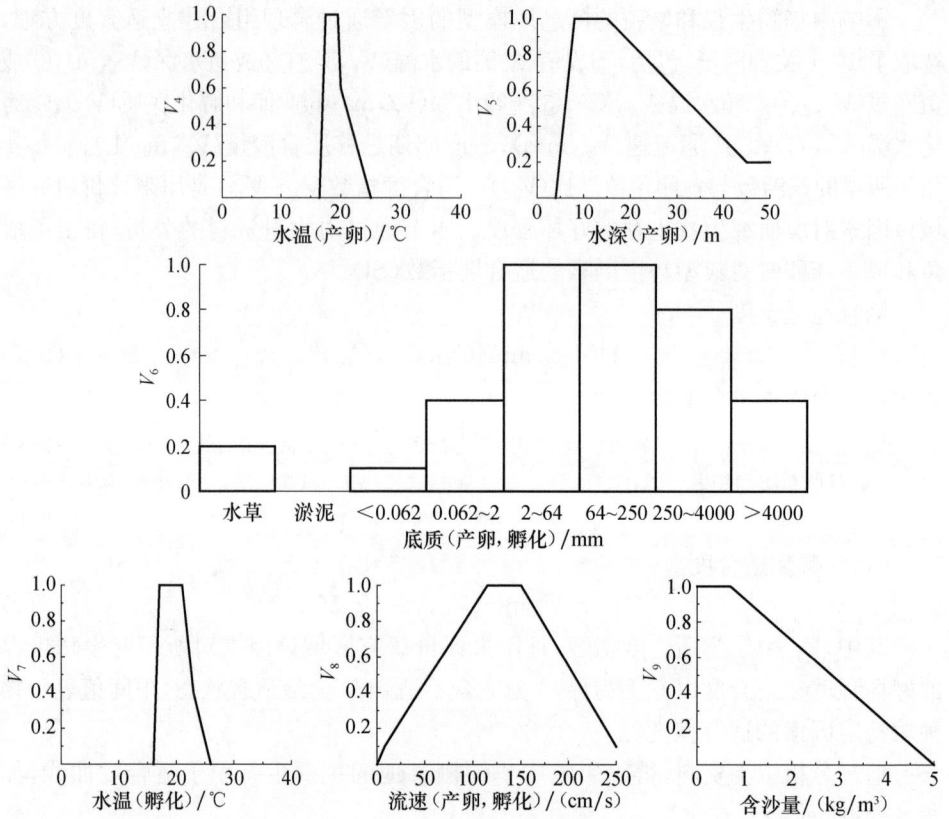

图 8.35 中华鲟生态因子适合度曲线

V_4)、水深(V_2、V_5)和底质(V_3、V_6)的影响。主要影响孵化的因素有水温(V_7)、流速(V_8)、底质(V_6)、悬移质含沙量(V_9)和亲鲟数与食卵鱼数之比(V_{10})。水温是孵化的基本条件,流速影响鱼卵的分布及在河床底部的黏附。过多的悬移质浓度导致鱼卵脱黏,从而影响孵化。据常剑波(1999)对底层鱼类捕食中华鲟卵的数量变动趋势的理论分析,得到 90% 以上的中华鲟卵都被敌害鱼类捕食的结论。长江中华鲟适宜度指数的原始数据列于表 8.5,适宜度曲线如图 8.35 所示。其中 V_{10} 为每年估算所得的亲鲟数与食卵鱼数之比,最大值为 1(即相对被吞食的鲟卵数最小的年份为 1),

表 8.5 中华鲟栖息地生态因子研究结果(易雨君等,2007)

参数	生态因素	说明
V_1	水温 (成鱼,幼鲟)	国家农业信息化工程技术研究中心的结果为中华鲟的生存水温为 0~37℃,生长适宜水温为 13~25℃,最佳生长水温为 20~22℃。当水温下降至 6~9℃时,中华鲟摄食量很少,生长停滞。郭忠东等(2001)研究表明,中华鲟生长适温性广,8~29.1℃均有其进食记录。颜远义(2003)研究认为,中华鲟属温水性鱼类,6℃时摄食量少,个体几乎不长大;10℃左右时生长缓慢,18~25℃是生长适宜温度,28℃以上摄食量减少,生长速率减慢,35℃以上有死亡危险。张洁(1998)提出幼鲟生长的适宜水温为 22~25℃

续表

参数	生态因素	说　明
V_2	水深(成鱼)	根据 1998~2001 年葛洲坝坝下宜昌江段的超声波探测结果,不同年份中华鲟分布地点的水深范围没有明显的变化,分布地点水深为 9.3~40m,90%的个体分布于水深 11~30m 的水域;烟收坝至古老背江段探测到的 11 尾中华鲟分布在 9~19m 水深
V_3	底质(成鱼)	美国的短鼻鲟与中华鲟在生活习性上非常相似。Pottle 等(1979)的实验证明,短鼻鲟幼鲟喜栖息于沙泥底质或砾石泥底质。中华鲟喜走深槽沙坝,即沿江河道水深较深且多沙丘的地方游移,并有明显喜停留在江底洼地或有较大起伏的地形处的行为
V_4	水温(产卵)	中华鲟催产水温 15.8~24.5℃。产卵期间水温为 20~17℃,水温下降到 16.5℃后,历年没有鲟鱼继续自然产卵。中华鲟产卵时葛洲坝下游江段日平均水温为 15.8~20.7℃,平均水温为 18.5℃。多数年份为 17.5~19.5℃,占统计年份的 79.31%。而在长江上游原中华鲟产卵场产卵时的水温为 17.0~20.2℃,平均水温为 18.5℃。两者的平均水温与变化范围都很接近。由此可见,中华鲟产卵的适宜水温为 17.0~20.0℃
V_5	水深(产卵)	Deng 等(1991)所划分的所谓"中华鲟稳定的产卵场"范围之内,区域水深为 4~10m。20 多年来的监测表明,在葛洲坝尾水区至古老背江段已形成了长约 30km 的新产卵场,水深为 10~15m
V_6	底质 (产卵、孵化)	中华鲟产卵场的自然环境特点是,河道的两岸山岭延绵,河岸陡峭;河床有石砾或卵石。葛洲坝二江泄水闸至腊脂坝江段河道微湾,主河道偏向南岸。河床底质由左向右一般为沙质、卵石夹沙、卵石和礁板石组成,从左向右底质逐渐粗化。中华鲟过去较集中的产卵场在金沙江的宜宾—屏山段,这里底质为岩石,产黏着性沉性卵,卵黏附于石砾上孵化。中华鲟是沉性卵,卵粒较大、较重,在天然状态下是黏附在江底的石块上孵化的
V_7	水温(孵化)	国家农业信息化工程技术研究中心的研究认为中华鲟孵化的适宜水温是 16~22℃,最适水温为 17~21℃。水温低于 16℃,孵化率明显下降,水温高于 23℃,孵化的畸形率上升。孵化水温要相对稳定,如短时间内水温突变达 3~5℃时,即会引起胚胎发育的异常或死亡;如水温低于或高于最适范围时,受精卵孵化率也会明显下降。王彩理等(2002)认为,培育中华鲟苗种所要求的水温为 12~29℃,其中适宜水温为 16~24℃
V_8	流速	李思发(2001)按葛洲坝修建前金沙江三块石产卵场的测定,产卵场底层的流速为 0.08~0.14m/s,中层为 0.43~0.58m/s,表层为 1.15~1.70m/s。中华鲟产卵场表层流速为 1.1~1.7m/s。中华鲟产卵时葛洲坝下游江段流速为 0.82~2.01m/s,平均流速为 1.35m/s。多数为 1.2~1.5m/s,占调查江段总数的 57.69%。其中在水位下降期间所发生的产卵活动中,日平均流速为 0.82~1.86m/s,平均流速为 1.24m/s;日最大流速为 1.20~2.33m/s,平均流速为 1.56m/s。在水位上升期间发生的产卵活动中,日平均流速为 1.17~2.01m/s,平均流速为 1.55m/s
V_9	含沙量	中华鲟产卵时葛洲坝下游江段含沙量为 0.073~1.290kg/m³,平均含沙量为 0.508kg/m³,多数为 0.3~0.7kg/m³,占调查江段 66.67%。其中,在水位下降期间所发生的产卵活动中,日平均含沙量为 0.17~1.29kg/m³,平均含沙量为 0.52kg/m³;在水位上升期间发生的产卵活动中,日平均含沙量为 0.41~1.02kg/m³,平均含沙量为 0.61kg/m³

其他年份的比值除以最大年份的比值为相应年份的适合度。

4. 植被-水淹周期模拟

植被-水淹周期模拟在栖息地评价中非常有用。水淹周期定义为水淹没的深度、持续时间和频率,能够确定在滨河区不同位置最可能出现哪种植物(图 8.36)。在多数情况下,滨河区植被明显不同于周围高地,滨河区内的植被也随高度发生梯度变化,其主要原因是各处的湿度条件或水淹周期造成的。对这种关系进行分析和处理,建立植被-水淹周期模型,可为分析滨河植被的现有分布提供有效工具,并可以在时间上向前或向后调动,得到其他植被分布方案,或设计新的植被分布。对各种植物的某处的条件适宜度进行描述,可利用模拟动物栖息地适宜度所使用的相同概念性方法。植被-水淹周期模型的基本逻辑简单明了,也就是只要能测量某处的湿度情况,更重要的是能预测某处的湿度变化,那么,就能够评估在此处最可能出现什么植被。

图 8.36　土壤湿度条件常常决定了滨河区植被群落

植被-水淹周期模型的两个基本要素是:不同位置某点湿度的物理条件;这些点对各种植物物种的适宜度。描述现有状况最为简单,可以选取一些位置直接测量这些点的湿度和植被。然而,如果要应用植被-水淹周期模型进行新条件下的预测或设计,则必须预测这些点的湿度条件。有效的植被-水淹周期模型通常包括以下三个组成部分(FISRWG,1997)。

(1) 河流的水文特征或水流形态。可通过如下形式表达,特征水流次序、不同流量水流发生频率的总结,如水流持续时间或洪水频率曲线;或水流流量特征值,如漫滩流量或多年平均流量。

(2) 水流与滨河区某点湿度条件间的关系。可通过测量各种流量所对应的水面高程,并总结为水位-流量曲线来表述此关系。这种关系也可以利用大量水力模型计算得到,只要这些水力模型能够计算水位和流量的关系,并考虑河道几何特性和糙率或水流阻力等变量。

(3) 某点湿度条件与实际或潜在的植被分布间的关系。此关系描述某点对某种植物物种的适宜度,或在某点湿度条件基础上的植被覆盖类型。这种关系可通过现场采样分析获得,对已知湿度条件下不同点的植被分布进行采样,然后得到给定湿度条件下这些点发现某种植物可能性的概率分布,就可确定这一关系。许多物种与湿度的通用关系也可从文献查到。

对于已经变化的或退化的河流系统,滨河区当前的湿度条件对当前的、历史的或期望的滨河植被可能非常不适宜。通过将植被分布与植被分布适宜度进行比较,能够较为简单地识别几种条件:①河流的水文条件已经改变。例如,如果河流流量因为分流或洪水衰减而减少,则滨河区各点会变得更干燥,因而不再适宜历史植被,或在过去水文条件下生长的长寿植被,适应不了目前的缺水条件。②滨河区淹没流量点发生了改变,因而河流流量与滨河各点的湿度关系不再相同。例如,河堤、河道及护岸的整修或增加或降低了滨河区的淹没点。③滨河区的植被已经发生变化。例如,通过清除或种植植被,使滨河各点的植被不再是适宜这些点的自然植被。

时空变异是许多河流生态系统特别重要的特征。满足生物要求的规律性、季节性变化就是河流生态系统时空变异的一个例子,常常纳入以栖息地适宜度和时间序列模拟为基础的生物分析中。生物分析中,极端水文事件很容易被忽视,因为广泛认为这些极端事件对生物群和建立起的河流特性都是破坏性的。但是,实际上,这些极端事件看起来是必不可少的,特别是对河道自然特征的维护,以及河流生态系统对于(发育演替过程)依赖扰动的物种的长期适应性。

美国西部滨河系统的三叶杨可以用做理解依赖扰动物种的例子。三叶杨依赖种子而再生,通常仅限于裸露、潮湿的场所,而这种条件的产生很大程度上依赖于河道运动,如河道蜿蜒、变窄或撕裂,或者依赖于在高海拔地区形成新的洪水淤积。在一些滨河系统中,河道运动和泥沙沉积往往并不像洪水那样频繁发生,而同样的洪水事件也摧毁树木根基。因此,维持现有的良好条件,或通过结构性措施加固河岸,往往会降低整个系统中这些依赖扰动物种的再生潜力。

有关植物物种水淹承受力的文献众多,文献综述包括摘要(Whitlow et al.,1979)、多卷专著《水位变化对滨河及湿地木本植物群落的影响》(Teskey et al.,1978;Walters et al.,1978;Lee et al.,1982;Chapman et al.,1982)。这类信息可以与现场湿度条件相结合,其湿度条件通过应用流量计算或洪水频率分析得出滨河区各点的淹没流量。计算得到的关系可以用来描述不同植物种群在各点的适宜度。例如,相对易于淹没的滨河点有可能会生长相对耐涝植物。淹没流量与洪泛区内的相对高程密切相关,在其他条件相同的情况(即在有限的地理区域,并且水文条件大致相同)下,相对于代表性水位的高程,如漫滩流量或年平均流量阶段,可以代表现场湿度条件。然后,可以根据当地确定的植被适宜度,判定不同高程地带可能生长的植被。

8.5 生态修复

"不管它,任其自然恢复。"在某些情况下,河流生态问题的最佳解决方案或许是移除施加给河流的应力,然后"任其自然恢复"。但事实上,由于大多数情况下这一自我恢复过程需要相当长的时间才能实现。因此,"不管它"这一观点很难被人们接受(Gordon et al.,1992)。受损河流生态系统的恢复是必要的。根据美国国家研究委员会(NRC,1992)规定,生态修复必须包括将一给定的生态系统恢复到近似它受到干扰前的状态。

8.5.1 河内结构用于栖息地恢复

自20世纪30年代中期,美国就开始应用人工河内结构(instream structure)改善鱼类的栖息地条件。之后,利用这些河内结构的方法逐渐扩展至全球。河流栖息地常常受到河道工程或水流调节引起的负面影响,目前,河内结构这一技术已越来越多地被用来修复这类栖息地(Brookes et al.,1996)。这一技术最初是用来改善河流,为鲑鱼提供休养条件。最近其应用更多地被扩展到退化河流,也包含鲑鱼之外的其他物种。河内结构仅仅是一个或更多地改善栖息地的局部方法,常见的类型包括堰、折流结构、散抛石、河岸覆盖、底质复原、鱼道结构及通河池塘和河湾。1995年美国一家机构对1234个河内结构的效果进行了评估,主要是根据其效果、给定结构相关的栖息地质量及鱼类对结构的实际利用等(URMCC,1995)。研究结论认为,河内栖息地结构一般会增加鱼类栖息地,但其中的18%需要维护。在输沙量过高处,河内结构的使用寿命较短,而且对栖息地改善的效果有限。典型的河内结构见表8.6。

表8.6　用于改善河内栖息地的一些结构技术

类　型	功　能
折流结构	导流;冲沙;束窄河道,以增加流速,形成阶梯深潭
堰坝或底坎	形成较大的水深;增加下游流速,以形成下游冲刷坑;增加栖息地的多样性
更换底质	更换新底质,为鱼类和底栖动物提高栖息地质量
提供直接覆盖的装置	安置在河床或河岸能浮动的覆盖,能够随流量调节其高度

在美国,很多垂钓组织已经利用河内结构改善鲑鱼及其他观赏性鱼类的栖息地,增加鱼类产量。20世纪30年代以来,美国林业署和美国渔业及野生动物署等联邦机构推广使用这类河内结构。关于此类工程的论著很多,介绍这些结构如何有效增加鱼类产量。然而,河内结构有时会对一些物种造成伤害,如海狸(NRC,1992)。Gore(1985)提出,底栖动物群落的恢复是关键,因为底栖动物是鱼类食物来源的主要组成部分。然而,针对任何单一物种的栖息地的恢复,并不等同于恢复

河流的原有生物结构和功能,因为后者涉及很多物种(NRC,1992)。

河流的生产力高,其关键特征是物理栖息地的多样性,另外,必须具有适当的水深、流速和底质类型。同时,鉴于植被覆盖也很重要,也需要考虑滨河植物群落(Hunt,1988)。对于鱼类产卵的栖息地,需要保证有适宜的水深和流速。但如果缺少了合适的底质,对在河床中产卵的物种而言,其栖息地的价值就会降低。同样,如果在恢复底质时,没有考虑成熟鱼种所需要的深潭,那么,其栖息地价值也是有问题的。目前,已经开发了许多方法量化栖息地价值,这些方法建立的概念是,某特定物种的丰度能够与特定栖息地的需求相关。例如,美国渔业及野生动物署开发了物理栖息地模拟系统模型,可用于栖息地改善的粗略预测和分析(Bovee et al.,1978)。

1. 折流结构

水流折流结构在栖息地改善中应用最为广泛。其功能或是导流,降低泥沙淤积;或是束窄河道,增加局部流速,生成冲刷坑及其相应的下游浅滩。折流结构的其他作用还包括:在笔直河道内促进蜿蜒性深泓线的形成,保护河岸不受侵蚀,通过形成沙坝增加滨河植被。

折流结构通常与水流方向呈 45°设置(Wesche,1985),当然,根据局部条件的不同,多种倾斜角度也得到应用(Cooper et al.,1976)。在实际工程中,还有采用双翼折流结构的,即在河段某一点相向设置两个折流结构(Seehorn,1985)。折流结构的形状也有多种,有的采用半岛形翼,有的采用三角形翼(White et al.,1967)。在一定条件下,三角形翼的折流结构能够缓解高水流对结构后侧河床和河岸的侵蚀。折流结构的高度一般依据低水流时的水位来确定,为了避免高水流对结构本身的损坏,其高度一般高于低水流水位 0.15~0.30m(Seehorn,1985;Wesche,1985)。折流结构在河道里伸展的长度各不相同,取决于具体的预期目标。例如,在美国东南部的河流中,一般要将河道束窄至接近河道自然宽度,折流结构才能有效(Seehorn,1985)。河道自然宽度可按具有相似坡度、流态、河床和河岸组成的邻近天然河段来确定。

对于控制水流,为鱼类和其他生物创造必要的多样性栖息地,折流结构是非常有效的。图 8.37 为漓江内设置的丁坝,以形成流速较低的栖息地。这类折流结构也可系列建造,河岸两侧交互设置,以形成蜿蜒性深泓线。系列折流结构的间距可按 5~7 倍河宽设置,与天然河流的阶梯-深潭间距相似(White,1975;Everhart et al.,1975)。这样可以在较宽的排洪河道内形成低水流时的蜿蜒型通道(Brookes,1995)。许多此类结构证明对河道中的鱼群数量和底栖动物具有显著促进作用。然而很少有研究采用更综合的方法,客观评价出口处水力要素和地形要素的影响,大多数研究针对单一物种的恢复。

图 8.37　漓江内设置丁坝以形成低速栖息地

　　理解折流结构如何对栖息地起作用,有助于改进这种结构的设计及其建筑材料的选择。通过合理的设计,折流结构在形成并维持深潭-浅滩系列的同时,还形成了高流速区。这些高流速区对某些鱼类和底栖动物非常关键。快速流动的水流将食物和氧气输送到某一河段位置,为了获取这些食物和氧气,鱼类要么必须耗费体力逆流而上,以维持其位置;要么必须找到距离高速水流尽可能近的庇护区域,从而享受高速水流带来的高溶解氧和丰富食物。很多生活在高速河段中的生物,尽管其本身已经具备在高速水流中维持位置或空间方向的能力,但大多数物种仍需要在水流主流之外具有可以停留或休息的位置。在天然河流中,生物可利用下切的河岸、滚石或树木残体所提供的低流速区域作为庇护所,但在退化河段中,可能不存在这种自然栖息场所,这种情况下,设置的折流结构就可以为这些生物提供庇护所。综合一些对大河小溪进行的研究发现,用于控制侵蚀的堆石折流结构(丁坝)所营造出的水生栖息地优于砌石铺面,砌石铺面不能有效地营造出高速区和低速区并存的条件(Shields et al.,1995)。

　　2. 堰坝

　　设置堰坝也可以重建深潭-浅滩的特性,增加栖息地的多样性。堰坝可以选用当地材料建造,如残木、滚石、石块、石笼等,建造费用相对较低。Wesche(1985)详述了各种堰坝的设计。设置堰坝能够阻隔河流流动,增加下游紊动,在下游冲刷出深坑,同时在上游蓄高水位。

　　图 8.38 为北京郊区拒马河上设置的堰坝,其作用是形成稳定的低水流和高水位的栖息地。在旱季,堰坝保障了鱼类和底栖动物生存所需的水深。在堰下,泥

沙冲刷形成冲刷坑,而冲刷的泥沙会输移一定的距离并沉积,从而形成具备浅滩的特性。堰坝还用于其他目的,如蓄积水流以利于鱼类通过,拦截沿河移动的用于鱼类产卵的砾石,拦截细颗粒泥沙,水体复氧,以及减缓水流使有机碎屑降落,从而提高底栖动物的产量等(Wesche,1985)。在河流内设置堰坝一般按整个河宽设置,有些在堰坝中设置凹槽,局部集中水流。对于低水能河流,堰坝可能是营造深潭-浅滩类型的最有效折流结构。

图 8.38　北京郊区拒马河上设置的堰坝

对于侵蚀和淤积较为严重的渠道化河流,设置堰坝所营造的栖息地特别具有价值。Cooper 等(1987)对美国密西西比河两种情况下捕获到的鱼类进行了比较,一种是作为梯级控制结构的堰下冲刷坑内捕鱼,另一种是在非恒定且渠道化河流内的天然冲刷坑内捕鱼。结果显示前者比后者捕获的鱼重量大,可捕获的鱼数量更多,且鱼的体长频率分布也更稳定。Cooper 等(1987)认为,天然冲刷坑会频繁地填充和冲刷,因此梯级控制结构营造的栖息地比天然冲刷坑更稳定。由于这种稳定性,鱼类产卵和繁殖成功率高,从而鱼产量高。

在河流设置堰坝已广为应用,能够在相对短时间内增加鱼类产量(Gard,1961;McCall et al.,1978;Carling et al.,1981;Shields et al.,1995)。在美国新墨西哥州利用该技术营造的人工深潭,其鱼产量比天然深潭高 70%,鲑鱼数量比后者多 50%,生物量是后者的 2 倍。

当然也有一些河内结构失败的例子(Wesche,1985)。在高水能河流中设置的河内结构可能会垮塌,尤其在大水时。河内结构垮塌后,泥沙含量过高,这种情况下一般难以达到提高栖息地性能的目的(Keown,1981)。但河内结构垮塌并不见得对改善栖息地一点作用也没有。例如,由于折流结构垮塌,散落的石块可为底栖动物提供适宜的底质,为鱼类提供停留或庇护场所。还有一些其他原因,导致折流结构不能起到增加生物种群的作用,如阻隔了鱼类通道(Johnson,1971)、缺少充足食物供应(Rockett,1979)等。

3. 底质改善

河道中放置滚石,可为鱼类提供遮盖,改善深潭-浅滩特性,为鱼类提供额外的栖息地,并保护河岸不受侵蚀。研究发现,随意抛掷的滚石可显著提高鱼类栖息地性能(Knox,1982;Lere,1982)。布置滚石时,通常使用 4 块滚石布置成钻石状。这种处理对输沙和河岸侵蚀的影响不像其他类型的结构那么明显,但是要注意避免水流方向偏向岸脚,那样会引起河岸侵蚀。

在河流及其附近没有石块时,可在河流中设置圆木或木桩,其生态优势比设置滚石更好。在沙质河床的河流中,树木残体是水生栖息地的关键组成成分(Shields et al.,1992)。尽管木质结构没有岩石结构存留的时间长,但木质结构能够提供碳源,更易为需要生活在淹没性树木残体上的生物所接受。木质材料成本低廉,且易于获取。

从生态学观点来看,河道底质铺设更天然的床沙可加快河流的恢复(Gore,1985)。但是,铺设人工材料也可能为鱼类和底栖动物改善栖息地条件,如铺设石灰石碎石和采石场废石(Gore,1985)。例如,在威尔士的 Afon Gwyfai,在重新铺设的砾石河床中很快栖息了底栖动物,为了清走这些底栖动物,进程缓慢,用了大约一年时间(Brookes,1988)。重新铺设砾石稳定性是一个关键问题。如果砾石不稳定,物种的多样性和丰度将会降低。在高水能的河流中,最好设置河内结构,维持砾石保留在原址(Claire,1980)。在上游河道改变或土地利用变化而引起输沙过高的河段,适于鱼类产卵的砾石很可能会被覆盖,这种问题常出现在低水能的下游河流。

4. 提供覆盖的设施

直接影响河道地貌的还有很多其他设施。在自然环境中,下切的河岸和悬垂的植物可以称为覆盖,对栖息地具有重要作用,鱼类利用覆盖来遮阴和隐匿。在河床或河岸可以安装人工结构,为鱼类提高额外的覆盖,包括悬置圆木、悬置平台、倾倒树木等(Claire,1980)。研究表明,这种覆盖在增加河段中的鲑鱼数量时特别有效(White,1975)。图 8.39 所示为沿悬崖修建的栈道,栈道为鱼类提供了遮阴和隐匿场所,并吸引河里的鱼群。在北美的水库中,采用并广泛测试了一种人工诱引鱼类的结构,由废旧轮胎和灌木或树枝等捆扎在一起,放置在水面,形成覆盖。Wilbur(1978)研究认为,建造这种结构的材料决定了能利用这种栖息地的物种类型。由树枝组成的这种结构在诱引鱼类时,在一定程度上比其他材料更好。树枝的间距和外形对吸引鱼类也起到重要作用,因此,在河流中使用灌木捆或木筏作为覆盖物时,需要考虑植物种类的选择。

图 8.39 沿悬崖修建的栈道为鱼类提供了遮阴和隐匿场所

5. 工程性圆木阻塞体

河流内的树木残体常会影响到河道内结构,增加深潭-浅滩结构的出现机会。结果导致具有树木残体的河流侵蚀减少,有机碎屑(水生底栖动物的主要食物源)的流动减缓,与顺直、缓坡、无碎屑的河流相比,其生物栖息地多样性要高。树木残体还为水生物种提供了栖息地覆盖,适合鱼类产卵。

在美国,河流中引入树木残体或圆木阻塞体已经广泛应用于河流生态修复。但是,对树木残体稳定性理解的局限也制约了这类修复措施的效果。工程性圆木阻塞体可以修复滨河栖息地,在一定条件下可有效保护河岸。甚至在迁徙速率为10m/a 的大型冲积河道中,圆木阻塞体的作用也可持续数百年,营造一个稳定的镶嵌体,镶嵌体养育了大型树木,反过来成为圆木阻塞体的来源(Abbe et al.,1997)。工程性圆木阻塞体的设计仿效天然阻塞体,以满足流域管理和生态修复的目标,如栖息地恢复和河岸保护(图 8.40)。

图 8.40 工程性圆木阻塞体可以恢复滨河栖息地、保护河岸(FISRWG,1997)

在美国华盛顿帕克伍德附近的一条河流上,研究者分析了人工设置圆木阻塞体的不确定性和潜在风险,认为其潜在的环境、经济和美学价值要超过其风险。为了控制 Cowlitz 河上游 420m 长的严重侵蚀段,开展了一项实验性工程,在河道里安置了 3 处工程性圆木阻塞体。建造好圆木阻塞体 5 周之后,遭遇到了一场 20 年一遇的洪水($850m^3/s$)。洪水后发现,工程性圆木阻塞体完好无损,满足了设计目标,原来遭受侵蚀的河岸线,变成了沿河岸线局部淤积的环境。洪水输运的约 93t 树木残体,被圆木阻塞体所拦截,减轻了下游灾难,增强了圆木阻塞体的结构稳定性。实验结果令人鼓舞(Abbe et al. ,1997)。

8.5.2　河道恢复

在某些情况下,为了达到生态修复的目的,最好将顺直河流变成蜿蜒型流道。对于那些设计河道仅考虑输移少量推移质的河流,在选择河床底坡和河道尺寸时,其设计流速可考虑为小到防止悬沙淤积,大到避免河床冲刷。增加河流的弯曲度,可为动物群落创造更好的栖息地。可按河长为河宽的 4~9 倍调整,形成蜿蜒型河道,并且不应均匀分布。例如,英国 Backwater 河是一条下切、顺直河道,在河流恢复工程中,开挖形成宽 15~20m 的新河漫滩,其中开挖了约宽 5m 和深 1m 的弯曲河道(Hey,1995)。初步计算表明,这条河道在漫滩流量时河床仅会稍微移动,且含沙量低。

对于小河溪的生态修复,在实施过程中还包括调整河道尺寸,其河道宽度和深度的平均值通过设计确定。设计值的确定要依据河流的流量和输沙量、床沙粒径、河岸植被、河床阻力和平均河床坡降。然而,河道宽度和深度可能会受到地形条件的限制,在设计中,一旦满足稳定准则,就必须考虑这方面的因素。在选择河道宽度和深度时,最简单的方法是采用该流域其他稳定河段或本地区相似河段的尺寸。参考河段是指具有期望生物条件的河段,在对比各种生态修复方案时,可以作为努力达到的目标河段。用于稳定河道设计的参考河段必须通过评估,保证其是稳定的,具有期望的生物条件。另外,参考河段必须与预期的工程河段在水文、输沙、河床和边岸条件等方面相似。通常,选择拟恢复河段的上游或下游的稳定河段作为参考河段。

(1) 河床与河岸的稳定。河床与河岸的侵蚀都会引起生物栖息地的丧失,因此,生态系统恢复要求河床与河岸的稳定。可采用传统的播种技术或种植裸根植物和盆栽植物,在河岸上部及河漫滩区域营造植被。然而,这种方法种植的植被难以承受水流的冲刷,在植被充分扎根之前,如果遭遇大水流,所种植的植物就会遭受毁坏。插栽(如柳树)或栽种树苗能更好地抵御侵蚀,可用于河岸的下部(图 8.41)。此外,如果栽种树苗的密度高,这些植物可以立刻起到缓解流速的作用。柳树和其他先锋树种具有可靠的发芽特性,能快速生长,可以随时剪枝用于插栽,这些特性使其特别适合应用于河岸绿化工程,应用于大多数综合河岸保护方法中。

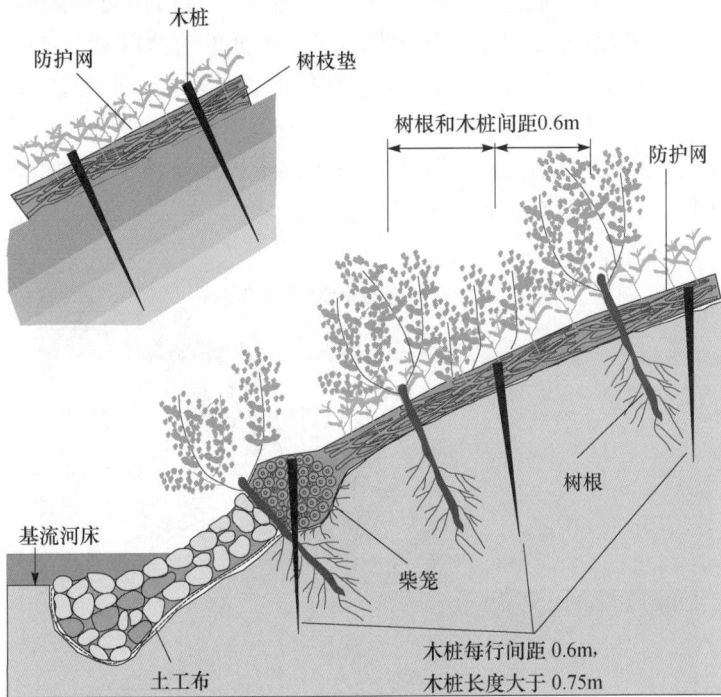

图 8.41 典型生态护岸

(2) 土工布系统。土工布已经广泛应用于公路、铁路和水利工程上,控制堤坡侵蚀,有些土工布上有开口,可以种植植物。应用于河流护岸的土工布,考虑环境保护的目的,一般采用自然且可生物分解的材料,如黄麻纤维或椰子纤维等(Johnson,1994)。土工布在河道护岸中主要应用在修建土工植生格栅中,具有很强的抗侵蚀作用,起到护岸和绿化的目的。欧洲利用天然纤维开发并标准化了一种专门用于河道的护岸材料,称为 Fiber-Schines,由圆柱状的天然纤维束组成,置入河岸,植物插入或生根于其中。土工植生塑胶格栅和其他非降解材料也可应用于特殊条件下,如需要有排水或增加护岸强度等。我国近年来在生态护岸上也开发使用了各种各样的技术,如土工材料固土种植基形成了土工网垫固土种植基、土工格栅固土种植基、土工单元固土种植基等多种形式。

(3) 树木枝干护岸。树木枝干护岸是将很多树干平行放置在河岸,缆成堆或用桩锚固。这种护岸方式降低沿岸的流速,拦截泥沙,并为植物生长提供基础,防止侵蚀。美国小型河流护岸中,使用东部红松(*Juniperus virginian*)或其他针叶树,其具有弹性的树枝可对水流产生扰动并拦截泥沙。工程中要注意树干的锚固,防止树干松散,四处漂移,撞击河岸或对下游造成危害。一些工程将大型树木与石块结合,并使树根在岸趾部突出到河岸面之外,其成效明显,不仅保护河岸不受侵蚀,而且改善了河岸水生栖息地(图 8.42)。这种树干与石块交叠的形式,可确保系统及岸坡的稳定性,突出树根有效地降低了岸趾处的流速(图 8.43)。树木枝干护岸的主要优点是重建了河流内大型树木残体的自然功能,即营造出动态的近岸环境,拦截有机质,为底栖动物提供居住底质,为鱼类提供避难场所。系统里的树木最终会腐烂,形成更自然的河岸体系。树木枝干护岸能够在树木植被恢复前稳定河岸,那时河道将恢复至更自然的河道形态。

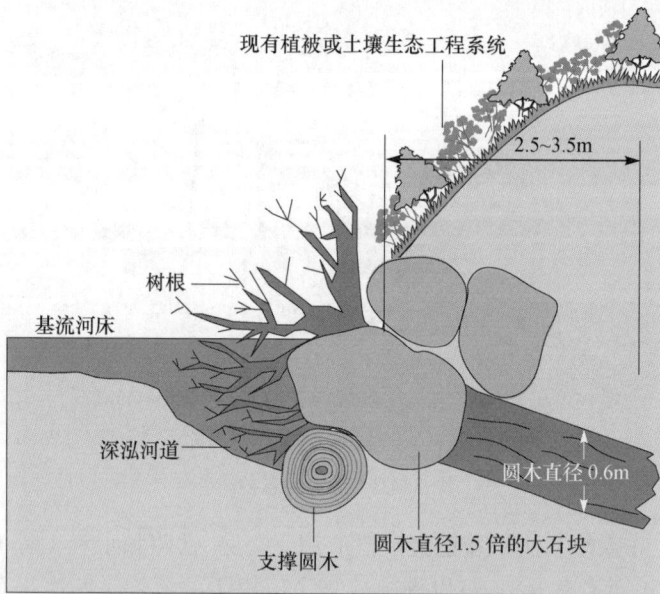

图 8.42　大型树木与石块结合用于护岸

图 8.43　突出树根有效地降低了岸趾处的流速

8.5.3　生态修复的设计

对拟议的生态修复方案进行栖息地质量和数量评价,可以指导河流栖息地生态修复工程结构的设计及进行方案调整。然而,应该指出,栖息地修复的最佳方法是在一个良好管理的流域内,恢复功能完整的、植被良好的河流廊道。人造结构不具有持久性,尽可能不要用于河流生态修复。为使生态修复效果长久持续,其设计应该建立在河流自然冲积过程上,与河漫滩植被相互作用,并与河流中的树木残体相关联,以营造出高质量的水生栖息地。

Newbury 等(1993)与 Garcia(1995)采用以下步骤恢复河流栖息地。

(1) 选择河段。优先选择的河段为:该河段鱼的实际养殖量(低)与潜在养殖量(高)之间的差别最大,具有很高的自然修复能力。

(2) 评估鱼类种群及其栖息地。优先选择的河段为:具有特别关注的鱼种及其栖息地。检查存在的问题是生物问题、化学问题还是物理问题? 如果是物理问题,则进行如下步骤。

(3) 诊断物理性栖息地问题。排水流域:在地形图和地质图上绘出流域分界线,标明样本流域和生态修复流域。河道纵断面:绘出河流主要的干流和支流的纵断面,识别引起河流发生急剧变化的非连续点(跌水、以前河基等)。流量:整理修复河段的流量资料,可采用已有资料或附近河流资料(洪水频率、最小流量、历史累计曲线)。河道断面形状测量:选择并测量样本河段,建立河道断面形状、汇水面积与漫滩流量之间的关系。量化设计流量对应的水力参数。修复河段测量:详细地测量修复河段,完成河道横断面及建设图,建立测量参考点。首选栖息地:利用区域参考河段和现场勘察,从生物学角度考虑,确定首选河道栖息地,并准备栖息地要素综述。对最为关注的物种及其生命周期各阶段,确定其多种限制要素。在有条件的地方,对参考河流开展河段勘测,确定当地水流条件、底质和避难场所等。

(4) 设计栖息地改善计划。量化诸如水力变化、栖息地改善和种群增加等预期结果。结合河流流量要求,综合选择和量化修复工程。考虑现状河流形状及其动力学条件,选择可能的计划和结构。对设计进行最小和最大流量测试,从历史累计曲线上设定各种临界点目标流量。

(5) 执行计划措施。安排定点位置和高程的观测,提出完成河流生态修复的细节建议。

(6) 监测和评估结果。安排修复河段和参考河段的定期测量,改进设计方案。

有证据表明,传统的护岸及河床稳定措施(如梯级混凝土控制结构、均匀抛石)设计标准可略加改善,不会引起原有功能丧失,能更好地满足环境目标,增加栖息地多样性。小型堰坝一般比折流结构更容易垮塌,而折流结构和随机抛石在一些情况下对环境效用最小。例如,较高流量却没形成足够的局部流速,在结构附近没能产生冲刷坑。随机抛石用在沙质河床河道时,特别易于引起床面冲蚀和自身被掩埋。Rosgen(1996)给出了各种鱼类栖息地结构适宜性的指导,可用于评价多种类型的河流;Seehorn(1985)针对美国东部小河溪提出指导;很多关于这方面设计的网页也可查到(White et al.,1967;Seehorn,1985;Wesche,1985;Orsborn et al.,1992;Orth et al.,1993;Flosi et al.,1994)。不管应用哪一类的指导,设计中必须考虑河流的相对稳定性,包括淤积和下切趋势。

设计流量下河流应该能够为期望的栖息地提供良好的水力条件。但是,还应该进行较大流量和较小流量的评估。应该避免河道过浅或高流量时床面竖直陡坎等不能被淹没,阻碍水流流动。如果河道需要用于下泄洪水,则必须调查拟议结构对大流量阶段过流所造成的影响。在利用标准回水计算模型进行计算时,这些工程结构可以按照束水、低堰或水流阻力系数增加等方式处理。堰和丁坝下游河道上的冲刷坑必须考虑,因为冲刷坑会引起较大的水头损失。水力分析还应包括对工程结构可能承受的水流流速或剪应力的计算。

如果水力分析表明修复河段中水位-流量关系发生变化,则水沙关系曲线也可能变化,从而引起淤积或侵蚀。对栖息地结构设计来说,尽管模型分析通常成本较高,但根据设定漫滩流量时流速和输沙量的关系,进行泥沙冲淤的粗略分析,有助于发现可能存在的隐患。必须尽可能地预测局部冲淤的位置和幅度,对于估计会发生明显冲淤的区域,在工程建成后应当留意观测。

用于水生栖息地工程结构的材料包括石块、栅网、立柱和倾倒的树木,应优先考虑采用自然条件下的当地材料。在一些情况下,可能采用一些修建河道或其他工程所遗留的石块或圆木。在长期淹没条件下,圆木能够使用很长时间。即使不能保证长期淹没,如果选择了抗朽的树种,圆木也能使用几十年。圆木和木材必须用螺栓或钢筋锚固至河岸或河床上,以免漂流;石块的大小应根据设计流速或剪应力来选择,避免冲刷。

8.5.4　人工湿地与食物斑块

(1)人工湿地。人工湿地的兴建主要是为了生态修复。湿地丧失已经成为很多河流系统严重的问题,主要原因是来沙减少、铁路和高速公路建设及排洪河道的治理等。受到各种开发和湿地丧失的影响,湿地中的植物群落和动物群落锐减。为恢复湿地生态,可采用人工湿地,如绿树水库。绿树水库为绿树成荫的浅水河漫滩蓄水区,通常是建造低堤并设置排水出口而形成的。美国的绿树水库大多兴建在西南部,通常在早秋蓄水,在3月末到4月中旬排水,排水目的是为了防止影响其中的阔叶树的生长(Rudolph et al.,1964)。绿树水库为许多动物提供了栖息场所。绿树水库的蓄水与自然的洪水泛滥机制不同,蓄水时间一般比自然洪水泛滥要早,水深比自然条件要高。随着天然洪水泛滥机制的改变,可引起植被变化,如植被再生能力降低,木材产量下降、树木死亡及病虫害。绿树水库妥善管理,需要对局部湿地系统进行充分了解,特别是对自然洪水泛滥机制、输沙和淤积等的了解。

绿树水库这种湿地生态修复方法也适用于我国。图 8.44 为九寨沟的一个湿地,类似于绿树水库。湿地绿树繁茂,为很多生物种群提供了良好的栖息地。

图 8.44 九寨沟类似于绿树水库的湿地(见彩图)

(2)人工巢穴结构。河流廊道中,滨河栖息地或陆生栖息地的丧失,使许多鸟类和哺乳动物赖以生存的树木及其树洞减少,从而造成这些动物物种的下降。洞巢鸟类所面临的最主要限制因素通常是能否得到筑巢材料(von Haartman,1957),其筑巢材料一般是树木上的枝杈或干树枝(Sedgwick et al.,1986)。为了弥补鸟类筑巢自然条件的缺少,在合适的栖息地建造人工鸟巢非常有效。例如,在美国伊利诺伊州和威斯康星州内的密西西比河两岸,洞巢鸟类的筑巢树木已经变得非常稀少,为了帮助双冠鸬鹚的生存,人们在电线杆上建造了人工鸟巢结构(Yoakum et al.,1980)。我国一些山区通过悬挂人工鸟巢箱,招引益鸟捕捉害虫,保护竹木健康生长,北京植物园近年就悬挂人工鸟巢达 3000 多个。很多例子表明,提供这类人工鸟巢结构,能够增加鸟的数量和密度(Strange et al.,1971;Brush,1983),而且还可促进雏鸟的成活(Cowan,1959)。

人工鸟巢必须合理设计,选择合适位置安放,以满足目标物种的生物需要(FISRWG,1997)。还必须考虑经久耐用、简易经济,并能提防掠食动物入侵。巢箱的设计要求包括:洞口直径和形状,巢箱内部体积,巢箱底板距开口的距离,材料类型,内部阶梯是否有必要,安置高度,以及需要安置巢箱的栖息地类型。除了人工鸟巢外,其他类型人工巢穴结构还有水鸟和猛禽的巢穴平台、松鼠的轮胎巢穴。有关滨河栖息地和湿地中洞巢生物的人工巢穴结构的具体要求,可以参考相关文献和一些与动物保护有关的出版物(Yoakum et al.,1980;Kalmbach et al.,1969)。

(3)食物斑块。食物斑块种植常常耗资大,结果总是难以预测,但是,可以在湿地或滨河系统中进行这种种植,最主要是考虑水鸟受益。食物斑块种植必须考虑的因素有:原生食物植物的环境要求,一年中引进的适当时间、水位的控制及土壤类型。可种植在湿地中较为重要的食物植物包括水池草(*Potamogeton* spp.)、荨麻(*Polyhonum* spp.)、浮萍(*Lemna* spp.)、浣熊尾巴草(*Ceratophyllum demersum*)、芦苇(*Scirpus paludosus*)和各种各样的草类。对这些食物植物的详细介绍可参见 Yoakum 等(1980)的描述。

8.5.5　流域和滨河植被恢复

植被是河流生态功能的一个基本控制因素,植被的数量、质量和生长条件对河流的生态功能具有十分重要的影响,包括栖息地、传输带、过滤带/隔离带、源/汇等功能。生态修复设计必须保护现存的原生植物,恢复植被结构,以创建出连续的河流廊道。通过评估,一些灌木和树木可用做生态修复,其中包括柳树、桤木、花楸、蔓越莓、藤枫、云杉、绿皮树、牧豆树和许多其他物种(Svejcar et al.,1992;Anderson et al.,1978;Flessner et al.,1992;Java et al.,1992;Anderson et al.,1978)。植物品种的选择,可以建立在为特别关注的物种提供栖息地的期望基础上。然而,目前生态修复的趋势是采用多物种或生态系统的方法。

20 世纪 40 年代,与美国南部的水库建设工程相结合,田纳西流域管理局开展了大范围的森林生态修复。公路和铁路迁至最高库水位影响以外的地方,或迁至堤坝顶部。由于担心公路和铁路在极端高水位时会遭到波蚀,为了降低这种可能性,田纳西流域管理局在水库和堤坝之间的农田上种植了树木。在 Kentucky 水库种植了大约 4km² 的树木,大多数种植在田纳西河支流附近含水丰富的土壤中。由于种树的目的是控制侵蚀,因此在植物群落组成及结构上没有考虑植物自然形态的重建。树木按等间距种植,按洪水承受力最大来选择树种。

毛乌素沙漠位于我国黄河流域中游区域,面积约 32 100km²。据考证,古时候这片地区水草肥美,风光宜人,是很好的牧场。后来由于气候变迁、战乱和过度开发,地面植被丧失殆尽,就地起沙,形成后来的沙漠,对黄河的河流生态也造成很大损害。1959 年以来,我国各级政府大力开展绿化工程,兴建防风林带,引水拉沙,引洪淤地,开展了改造沙漠的巨大工程。通过各种改造措施,毛乌素沙区东南部面貌已发生变化,水土流失得到控制,植被群落发育,一些动物得到恢复,找到了栖息地。图 8.45 为沙漠上的绿化工程。

入侵植被会影响原生物种的生长,或可能会成为当地植被的永久多余部分。

图 8.45 黄河中游沙漠上的绿化工程(见彩图)

例如,野葛可造成种植在牧场草地外的森林树种死亡。因此,开展一项生态修复工程,应通过与参照植物群落的对比,恢复植物群落分布的天然状态(Brinson et al.,1981;Wharton et al.,1982)。

在大规模的生态修复工程中,有时也包括种植林下物种,特别是在需要这些林下层植物满足一些特定目的时,如建立濒危物种栖息地的基本组成部分。然而,林下层植物通常不能耐受阳光的完全照射,如果生态修复区域尚未为森林覆盖,这些林下层植物通常很难建立。在那些林下层植物经过多年都难以自己建立的地方,可以考虑从邻近的林地引进林下层植物,或在树木生长后,形成适宜的林下层植物生长的条件再种植。林下层植物可用水力喷枪播种,使用特殊的罐车或罐船,安装泵和喷嘴,将种子、肥料和水混合在一起喷洒播种(图 8.46)。也可以使用拖拉机后安装条播机,开展大范围的播种(Haferkamp et al.,1985)。在播种机械不能进入的区域,可通过手工播种或飞机播种来实现。

图 8.46 利用水力喷枪进行林下层植物播种(FISRWG,1997)

过去,在河流廊道中的绿化工程中,常常选用外来植物物种,因为考虑到这些植物具有生长速率快、固土性能好,具有为野生动物出产丰富果实的能力,或其他看起来优于原生物种的优势。但是,外来植物的引入有时会产生意想不到的后果,常常被证明是非常有害的(Olson et al.,1986)。因此,目前一般不鼓励或禁止在湿地内种植外来植物物种,禁止种植外来滨河缓冲带植被。在某些特殊要求下可以考虑引入外来物种,即在生态修复工程中,能够保证外来植物种子不会扩散出去,当地采用的植被种群维持在原地(Friedman et al.,1995)。

8.5.6　建坝河流和渠道化河流的生态修复

河流上建设闸坝会大大改变河流系统的水文、地貌与生态条件。水库运行改变了水流、泥沙、有机质和营养物质的流动状态,对尾水区、下游滨河区和河漫滩造成直接物理影响和间接生物效应。对于坝下游河流廊道的生态修复,可通过改善水库运行和管理机制得到部分修复。在条件允许的地方,可结合适当的设计,应用最佳管理实践措施,调整水库运行方法,以降低水坝对下游滨河栖息地及河漫滩栖息地所造成的负面影响。例如,通过设计水库运行机制,模拟自然水流状态,可以部分恢复坝下游的河流廊道。这些运行机制的调整包括泄流计划、库水位的季节性调节、水库消落速率的时间及变化等(USEPA,1993)。

在大坝、引水工程和其他水利工程周围应根据情况建设适当的鱼道,这对于恢复生态退化河流的鱼类种群数量至河流退化前水平至关重要。然而,鱼道的设计、安装及运行流量一般要因地制宜。图8.47所示为美国Bonneville大坝上的鱼道,每年有逾百万的鲑鱼通过鱼道,跨越大坝洄游至上游产卵场。

河流渠道化及引水工程改变了河流的水力、水文条件,通常与土地利用相关联,在生态修复工程中,必须考虑这种影响。在一些情况下,需要对河道进行重新设计,以恢复原有的生态和水力、水文特性。以北京为例,其城区所有河道均已经渠道化,河岸和河床被混凝土板所覆盖。在这种情况下,滨河植物群落和底栖动物丧失了其栖息地,水质变差。目前有计划更换已有的混凝土护岸和河床,用土、石等自然材料护岸、护底,从而为底栖动物提供栖息地。预计采取这些措施后,虽然增加了一定的水量损失,将能维持良好的水质。

图8.47　美国Bonneville
大坝上的鱼道

对现有工程的调整,包括运行、维护或管理,要着眼于消除原有工程的负面影响,不改变现有效益或产生新的问题。例如,河堤可以从河道所在位置退后一定距离修建,形成良好的河流廊道,重建河漫滩的部分或所有天然功能。退后修建河堤允许洪水在堤内泛滥,使滨河的河漫滩和湿地有机会得到河水的补给。

生态修复中河道整修的目的是为了重建更自然的河道特性。例如,可以采取将均匀断面河道设计改变成蜿蜒河段,清除渠道化的硬质层,取消分水工程等。当然,在许多情况下,现存的土地利用可能会限制这些工程的实现。

8.5.7　其他生态应力作用下的生态系统恢复

1. 外来物种

对受到外来物种扰动的河流生态系统进行生态修复非常困难。外来物种入侵的情况各不相同,一些河流系统已经引进了外来物种,并且变得无法控制;而另一些河流系统只是为这些外来物种的传播提供了机会。另外,虽然各种土地利用情况下外来物种的控制具有相通的方面,但对每种情况进行外来物种控制的设计方法却各不相同。在有些条件下,控制外来物种会非常困难,特别是河流系统面积大,而且种群群落已经构建,这时外来物种的控制可能不太现实。在很多湿地和河边环境中,除草剂受到严格的管制,或限制使用,因此,当外来物种入侵范围较大时,很难找到易于应用的有效控制措施(Rieger et al.,1990)。河流系统中发现侵略性外来物种必须根除,但应当尽可能避免不必要的土壤扰动,避免破坏完整的原生植被。

在生态修复工程中,由于外来物种与原生植被、引进植被和人工种植植被的生长可能存在竞争,因此控制外来物种非常重要。外来物种在生长过程中会与原生物种争夺水分、光照和空间,对新种植植被的生长速率产生不利影响。为了改善绿化工程效果,应在植被种植之前将外来植被清除掉,新的植被种植后,对非原生植物也必须加以控制。例如,美国中西部的原生植物已经适应了在贫瘠土壤中生长的条件,如果希望促进原生植被的生长而施加化肥,则会适得其反,造成杂草丛生。控制外来物种普遍使用的技术有机械的(如锄地或耕地)、化学的(如除草剂)和火烧。

2. 农业

在一些农业区,农田附近建有阶地和渠道,形成一种生态缺乏的景观。这些农业区的结构特性影响了一些生态功能,如营养物和水流、洪水期间拦截的泥沙、蓄水、植物群落和动物群落的运动、物种多样性、内部栖息地条件及为水生生物群落提供的有机物等。

对农业地区的生态修复设计,应该考虑建立河流廊道内部与外部环境之间的功能性连接。这种内外功能性连接可通过以下要素实现:景观要素,如滨河植被的残留斑块、牧场或表现出多样性或独特性植被群落的森林;可支撑生态功能的生产用地;保留或废弃的土地;相关的湿地或草地;生态居民区;邻近的泉流和河流系统;动物群落等。从一种土地利用逐渐变化到另一种土地利用的边缘区(过渡区)将使环境梯度变缓,能使扰动减到最小。

3. 城市化

城市化对河流生态系统是最大的扰动,工业开发区、居民区的开发会严重损害滨河植被及水生生物群落。对于城市河流的生态修复,可采用如下 7 种修复工具(Schueler,1987;FISRWG,1997)。如果 7 种工具全部采用,通常能得到最佳结果。

(1)工具 1。部分恢复城市化开发前的水文机制。其主要目标是降低水流漫滩发生的频率,可通过在上游修建暴雨蓄洪池来实现,蓄洪池拦截并滞留暴雨径流达 24h 再排洪(即滞洪时间)。

(2)工具 2。降低城市污染的脉冲。在城市河流生态修复中,其第二目标是降低河流中的营养物、细菌和有毒物质的浓度,并且拦截过量的输沙量。总的来说,可以应用三种工具降低城市河流的污染物输入量:雨水回用池或湿地;流域污染防治计划;清除违法或违规连接雨水排水管网的污水管道。

(3)工具 3。稳定河型。随着城市河流使用年限的增加,由于严重的岸蚀和床蚀,河道逐渐加宽。因此,稳定河道非常重要,如果条件允许,应当恢复河型至平衡状态。此外,如果河道能提供河岸内切或上部覆盖,则有助于改善鱼类栖息地。根据河流级别、流域不透水覆盖及侵蚀河岸的高度和角度,可以采用一系列不同的工具稳定河道,防止进一步侵蚀。河岸稳定措施包括层叠抛石、灌木丛及土壤生物工程方法(如柳树桩、圆木和树根)。

(4)工具 4。恢复河流内栖息地结构。大多数城市河流内栖息地结构较差,典型的情况是在较宽且非稳定的暴雨河道内,有一些不太明显且浅水的低流量沟道。该工具的目标就是要恢复被侵蚀性洪水冲去的栖息地结构。修复工程的关键要素包括:构建深潭-浅滩结构;加深低流量沟道;河流横断面上增加更多河床复合结构。典型的措施包括:沿河道设置圆木堰坝、石翼折流结构及石簇堆。

(5)工具 5。重建滨河植被。滨河植被是城市河流生态系统的基本组成成分。滨河植被可稳定河岸,提供生态河流需要的树木残体和碎屑,还能为鱼类提供遮阴覆盖。因此,第五项措施就是沿着城市河网重建滨河植物群落。通过该措施,可实现原生物种的植树造林,清除外来物种,或借助割草作业实现植被的渐进演替。通常,必须有较宽的城市河流缓冲带保护河流滨河廊道。

（6）工具 6。保护关键的河流底质。稳定且分选良好的河床对于鱼类产卵和水生昆虫的再繁殖是关键的必需条件。然而,城市河流的河床常常极不稳定,而且常被细颗粒泥沙淤积所淤阻。因此,通常必须采取措施沿河道各点恢复河流底质质量。通过使用双翼折流结构和束水结构之类的措施,通常城市暴雨水流能够具有足够的能量,可以用来营造清洁的底质。如果河床上的泥沙淤积很厚,可能就需要采用机械方法清淤。

（7）工具 7。允许河流生物群落的再拓殖（recolonization）。如果城市河流下游有鱼障,阻止了鱼类群落的自然再拓殖,那么在城市河流中重建鱼类群落会很困难。因此,城市河流生态修复的最后一项措施包括:由渔业生物学家判断确定河流下游是否存在鱼障,鱼障是否能够移除,或者是否需要选择当地鱼苗在城市河段内再拓殖。

思　考　题

1. 生态系统不同尺度下的主要要素是什么? 举例说明。
2. 什么是栖息地,水生栖息地是什么?
3. 动物群落与植物群落的关系是什么?
4. 河流的主要生态功能是什么?
5. 请解释水生栖息地与河流物理特性之间的关系。
6. 河流生物区系如何分类?
7. 反映河流廊道生态条件特征的主要因素有哪些?
8. 什么是河流底质,什么样的底质好或不好,为什么?
9. 河流生态的自然应力有哪些,它们是怎样影响生态的?
10. 给出不同地貌尺度上人类诱发应力的例子。
11. 什么是生物指示物种,如何选择?
12. 河流生态系统的生物多样性的量度是什么?
13. 如何进行快速生物评价?
14. 栖息地评价程序是什么?
15. 河流内栖息地生态修复的主要措施是什么? 请解释其机理。
16. 如何进行河流内栖息地生态修复的设计?
17. 河流生态系统恢复的主要策略有哪些?
18. 城市河流生态修复设计的主要工具有哪些?
19. 对于外来物种扰动的生态系统,请叙述其生态修复措施及作用。

参　考　文　献

常剑波.1999.长江中华鲟繁殖群体结构特征和数量变动趋势研究.武汉:中国科学院水生生物

研究所博士学位论文.

郭忠东,连常平. 2001. 中华鲟小水体养殖试验初报. 水产科学,20(2):15-16.

胡德高,柯福恩,张国良,等. 1992. 葛洲坝下中华鲟产卵场的调查研究. 淡水渔业,22(5):6-10.

李安萍. 1999. 长江中的鲟鱼及其保护. 太原师范专科学校学报,(4):46-47.

李京东,王锡华. 2003. 外来入侵物种的危害及其防治. 泰山学院学报,25(3):82-86.

李思发. 2001. 长江重要鱼类生物多样性和保护研究. 上海:上海科学技术出版社.

王彩理,滕瑜,刘丛力,等. 2002. 中华鲟的繁育特性及开发利用. 水产科技情报,29(4):174-176.

王兆印,程东升,何易平,等. 2006. 西南山区河流阶梯-深潭系列的生态学研究. 地球科学进展,
　　21(4):409-416.

危起伟. 2003. 中华鲟繁殖行为生态学与资源评估. 武汉:中国科学院水生生物研究所博士学位
　　论文.

邢湘臣. 2003. 我国珍稀的中华鲟和白鲟. 生物学通报,38(9):10-11.

熊炎成. 2003. 鱼类营养学知识讲座(第九讲——鱼类食性类型及其对食物的选择). 渔业致富指
　　南,(9):53-54.

颜远义. 2003. 中华鲟生物学特性及养殖方法. 水产科技,(5):14-16.

杨德国,危起伟,陈细华,等. 2007. 葛洲坝下游中华鲟产卵场的水文状况及其繁殖活动的关系.
　　生态学报,(3):862-869.

易雨君,王兆印,陆永军. 2007. 长江中华鲟栖息地适合度模型. 水科学进展,18(4):538-543.

张洁. 1998. 鲟鱼养殖的技术要点. 北京水产,(1):18-20.

Abbe T B,Montgomery D R. 1996. Large woody debris jams,channel hydraulics and habitat for-
　　mation in large rivers. Regulated Rivers:Research & Management,12:201-221.

Abbe T B,Montgomery D R,Petroff C. 1997. Design of stable in-channel wood debris structures
　　for bank protection and habitat restoration:An example from the Cowlitz River,WA // Pro-
　　ceedings of the Conference on Management of Landscape Disturbed by Channel Incision,The
　　University of Mississippi:19-23.

Abt S R. 1995. Settlement and submergence adjustments for Parshall flume. Journal of Irrigation
　　and Drainage Engineering,ASCE,121(5):317-321.

Ackers P,Charlton F G. 1970. Meandering geometry arising from varying flows. Journal of Hy-
　　drology,11(3):230-252.

Anderson B W,Ohmart R D,Disano J. 1978. Revegetating the riparian floodplain for wildlife //
　　Symposium on strategies for protection and management of floodplain wetlands and other ri-
　　parian ecosystems. USDA Forest Service General Technical Report WO-12 B-2 Stream Cor-
　　ridor,(12):318-331.

Aronson J G,Ellis S L. 1979. Monitoring,maintenance,rehabilitation and enhancement of critical
　　whooping crane habitat,Platte River,Nebraska // The mitigation symposium:A national
　　workshop on mitigating losses of fish and wildlife habitats. USDA Forest Service General
　　Technical Report. Rocky Mountain Forest and Range Experiment Station.

Bartholow J M,Laake J L,Stalnaker C B,et al. 1993. A salmonid population model with emphasis on habitat limitations. Rivers,4(4):265-279.

Bayley P B,Li H W. 1992. Riverine fishes// The Rivers Handbook. Oxford:Blackwell Scientific Publications:251-281.

Beauger A,Lair N,Reyes-Marchant P,et al. 2006. The distribution of macro-invertebrate assemblages in a reach of the River Allier,in relation to riverbed characteristics. Hydrobiologia, 571:63-76.

Benke A C,van Arsdall T C,Gillespie Jr D M,et al. 1984. Invertebrate productivity in a subtropical blackwater river:The importance of habitat and life history. Ecological Monographs,54: 25-63.

Bisson R A,Bilby R E,Bryant M D,et al. 1987. Large woody debris in forested streams in the Pacific Northwest:Past, present, and future // Streamside Management:Forestry and Fishery Interactions. Washington:University of Washington:143-190.

Bovee K D. 1982. A guide to stream habitat analysis using the instream flow incremental methodology. Fort Collins:US Fish and Wildlife Service.

Bovee K D, Milhous R. 1978. Hydraulic simulation in instream flow studies-theory and techniques. Washington DC:US Fish and Wildlife Service.

Brady W,Patton D R,Paxson J. 1985. The development of southwestern riparian gallery forests // Riparian ecosystems and their management:Reconciling conflicting uses. Service General Technical Report.

Brinson M M,Swift B L,Plantico R C,et al. 1981. Riparian ecosystems:Their ecology and status. Washington DC:US Fish and Wildlife Service.

Brookes A. 1988. Channelized rivers:Perspectives for environmental management. Chichester: John Wiley & Sons.

Brookes A. 1995. The importance of high flows for riverine environments// The Ecological Basis for River Management. Chichester:John Wiley & Sons.

Brookes A,Shields F D. 1996. River Channel Restoration. Chichester:John Willey & Sons.

Brouha P. 1997. Good news for US fisheries. Fisheries,22(7):4.

Brungs W S,Jones B R. 1977. Temperature criteria for freshwater fish:Protocols and procedures. Ecological Resource Service,US Environmental Protection Agency.

Brush T. 1983. Cavity use by secondary cavity-nesting birds and response to manipulations. Condor,85:461-466.

Carling R F,Kloslewski S P. 1981. Responses of macroinvertebrate and fish populations to channelisation and mitigation structures in Chippewa Creek and River Styx,Ohio. The Ohio State University Research Foundation.

Carothers S W. 1979. Distribution and abundance of nongame birds in riparian vegetation in Arizona. Final Report to USDA Forest Service. Rocky Mountain Forest and Range Experiment Station.

Carothers S W,Johnson R R,Aitchison S W. 1974. Population structure and social organization of southwestern riparian birds. American Zoology,14:97-108.

Chapman R J,Hinckley T M,Lee L C,et al. 1982. Impact of water level changes on woody riparian and wetland communities. Washington DC:US Fish and Wildlife Service.

Claire E W. 1980. Stream habitat and riparian restoration techniques:Guidelines to consider in their use//Proceedings of Workshop for Design of Fish Habitat and Watershed Restoration Project,Columbus.

Cole D N,Marion J L. 1988. Recreation impacts in some riparian forests of the eastern United States. Environmental Management,12:99-107.

Cole G A. 1994. Textbook of Limnology. 4th ed. Prospect Heights:Waveland Press.

Cooper C M,Knight S S. 1987. Fisheries in man-made pools below grade-control structures and in naturally occurring scour holes of unstable streams. Journal of Soil Water Conservancy,42: 370-373.

Cooper C M,Welsch T A. 1976. Stream channel modification to enhance trout habitat under low flow conditions. Laramie:University of Wyoming.

Cowan J. 1959. 'Pre-fab' wire mesh cone gives doves better nest than they can build themselves. Outdoor California,20:10-11.

Croonquist M J,Brooks R P,Bellis E D,et al. 1991. A methodology for biological monitoring of cumulative impacts on wetland,stream,and riparian components of watershed//Proceedings of the International Symposium:Wetlands and River Corridor Management,Charleston:387-398.

Deng Z L,Xu Y G,Zhao Y. 1991. Analysis on Acipenser sinensis spawning ground and spawning scales below Gezhouba Hydroelectric Dam by means of examining the digestive contents of benthos fishes//Acipenser. Bordeaux:Cemagref:243-250.

Dolloff C A,Flebbe P A,Owen M D. 1994. Fish habitat and fish populations in a southern Appalachian watershed before and after Hurricane Hugo. Transactions of the American Fisheries Society,123(4):668-678.

Dramstad W E,Olson J D,Gorman R T. 1996. Landscape ecology principles in landscape architecture and land-use planning//Celebration of Life. New York:McGraw-Hill.

Dudgeon D,Corlett R. 2004. The ecology and biodiversity of Hong Kong. Hong Kong:Friends of the Country Park & Joint Publishing Company Ltd.

Dunne T. 1988. Geomorphologic contributions to flood control planning//Flood Geomorphology. New York:John Wiley & Sons:421-438.

Dunne T,Leopold L B. 1978. Water in Environmental Planning. San Francisco:W H Freeman and Company.

Erman N A. 1991. Aquatic invertebrates as indicators of biodiversity//Proceedings of A Symposium on Biodiversity of Northwestern California,Santa Rosa.

Everhart W H,Eipper A W,Youngs W D. 1975. Principles of Fishery Science. New York:Cornell University Press.

Federal Interagency Stream Restoration Working Group(FISRWG). 1997. Stream corridor restoration. The National Technical Information Service.

Flessner T R, Darris D C, Lambert S M. 1992. Seed source evaluation of four native riparian shrubs for streambank rehabilitation in the Pacific Northwest// Symposium on ecology and management of riparian shrub communities. USDA Forest Service General Technical Report. US Department of Agriculture.

Flosi G, Reynolds F L. 1994. California Salmonid Stream Habitat Restoration Manual. 2nd ed. Sacramento: California Department of Fish and Game.

Forman R T T. 1995. Land Mosaics: The Ecology of Landscapes and Regions. Cambridge: Cambridge University Press.

Forman R T T, Godron M. 1986. Landscape Ecology. New York: John Wiley & Sons.

Fretwell S D, Lucas H L. 1970. On territorial behavior and other factors influencing habitat distribution in birds. I. Theoretical development. Acta Biotheoretica, 19:16-36.

Friedman J M, Scott M L, Lewis W M Jr. 1995. Restoration of riparian forest using irrigation, artificial disturbance, and natural seedfall. Environmental Management, 19:547-557.

Garcia de Jalon D. 1995. Management of physical habitat for fish stocks// The Ecological Basis for River Management. Chichester: John Wiley & Sons: 363-374.

Gard R. 1961. Creation of trout habitat by constructing dams. Journal of Wildlife Management, 25:384-390.

Gippel C J. 1995. Environmental hydraulics of large woody debris in streams and rivers. Journal of Environmental Engineering, ASCE, 121:388-395.

Gordon N D, McMahon T A, Finlayson B L. 1992. Stream Hydrology: An Introduction for Ecologists. Chichester: John Wiley & Sons.

Gore J A. 1985. Mechanisms of colonization and habitat enhancement for benthic macroinvertebrates in restored river channels// Alternatives in Regulated River Management. Boca Raton: CRC Press.

Gorman O T, Karr J R. 1978. Habitat structure and stream fish communities. Ecology, 59:507-515.

Haferkamp M R, Miller R F, Sneva F A. 1985. Seeding rangelands with a land imprinter and rangeland drill in the Palouse prairie and sage brush bunch grass zone// Proceedings of Vegetative Rehabilitation and Equipment Workshop, Salt Lake City: 19-22.

Hey R D. 1995. River processes and management// Environmental science for environmental management. New York: John Wiley & Sons.

Hilsenhoff W L. 1982. Using a biotic index to evaluate water quality in streams. Madison: Department of Natural Resources.

Hunt W A. 1988. Management of riprap zones and stream channels to benefit fisheries// Integrating forest management for wildlife and fish. General Technical Report . North Central Forest Experiment Station.

Huryn A D,Wallace J B. 1987. Local geomorphology as a determinant of macrofaunal production in a mountain stream. Ecology,68:1932-1942.

Hynes H B N. 1970. The ecology of running waters. Liverpool:University of Liverpool Press.

Ikeda S,Izumi N. 1990. Width and depth of selfformed straight gravel rivers with bank vegetation. Water Resources Research,26(10):2353-2364.

Java B J,Everett R L. 1992. Rooting hardwood cuttings of Sitka and thinleaf alder//Symposium on ecology and management of riparian shrub communities. USDA Forest Service General Technical Report. US Department of Agriculture.

Johnson R R. 1971. Tree removal along southwestern rivers and effects on associated organisms. Yearbook of the American Philosophical Society:312-322.

Johnson W C. 1994. Woodland expansion in the Platte River,Nebraska:Patterns and causes. Ecological Monographs,64:45-84.

Kalmbach E R,McAtee W L,Courtsal F R,et al. 1969. Home for birds US Department of the Interior. Washington DC:US Fish and Wildlife Service.

Karr J R,Fausch K D,Angermeier P L,et al. 1986. Assessing biological integrity in running waters:A method and its rationale. Champaign:Illinois Natural History Survey Special Publication.

Keown M P. 1981. Field investigation of the fisher river channel realignment project near Libby, Montana. Inspection Report. US Army Engineer Waterways Experiment Station.

Knopf F L. 1986. Changing landscapes and the cosmopolitanism of the eastern Colorado avifauna. Wildlife Society Bulletin,14:132-142.

Knopf F L,Johnson R R,Rich T,et al. 1988. Conservation of riparian systems in the United States. Wilson Bulletin,100(2):272-284.

Knox R E. 1982. Stream habitat improvement in Colorado // Proceedings of Rocky Mountain Stream Habitat Workshop,Wyoming Game and Fish Department,Laramie.

Krebs C J. 1978. Ecology:The experimental analysis of distribution and abundance. 2nd ed. New York:Harper & Row.

Landres P B,Verner J,Thomas J W. 1988. Ecological uses of vertebrate indicator species:A critique. Conservation Biology,2:316-328.

Lee L C,Hinckley T M. 1982. Impact of water level changes on woody riparian and wetland communities-the Alaska region. Washington DC:US Fish and Wildlife Service.

Lee L C,Muir T A,Johnson R R. 1989. Riparian ecosystems as essential habitat for raptors in the American West//Proceedings of the western raptor management symposium and workshop. Institute for Wildlife Research,National Wildlife Federation.

Lere M E. 1982. The Long Term Effectiveness of Three Types of Stream Improvement Structures Installed in Montana Streams[Master Thesis]. Bozeman:Montana State University.

Lynch J A,Edward S C,William E S. 1980. Evaluation of management practices on the biological and chemical characteristics of streamflow from forested watersheds. Institute for Research on Land and Water Resources. Pennsylvania: Pennsylvania State University.

Mackenthun K M. 1969. The practice of water pollution biology. US Department of the Interior, Federal Water Pollution Control Administration, Division of Technical Support.

Magurran A E. 1988. Ecological diversity and its measurement. Princeton: Princeton University Press.

Matthews W J, Styron Jr J T. 1981. Tolerance of headwater vs. mainstream fishes for abrupt physicochemical changes. American Midland Naturalist, 105(1): 149-158.

May C, Horner R, Karr J, et al. 1997. Effects of urbanization on small streams in the Puget Sound ecoregion. Watershed Protection Technique, 2(4): 483-494.

McCall J D, Knox R F. 1978. Riparian habitat in channelisation projects // Proceeding of the Symposium on Strategies for Protection and Management of floodplain Wetlands and Other Riparian Ecosystems, Washington DC.

McKeown B A. 1984. Fish Migration. Beaverton: Timber Press.

Minshall G W. 1984. Aquatic insect-substratum relationships // The Ecology of Aquatic Insects. New York: Praeger: 358-340.

Moss B. 1988. Ecology of Fresh Waters: Man and Medium. Boston: Blackwell Scientific Publication.

Needham P R. 1969. Trout Streams: Conditions That Determine Their Productivity and Suggestions for Stream and Lake Management. San Francisco: Holden-Day.

Nestler J, Schneider T, Latka D. 1993. RCHARC: A new method for physical habitat analysis // Proceedings of the American Society of Civil Engineers, International Symposium on Engineering Hydrology, San Francisco: 294-299.

Newbury R W, Gaboury M N. 1993. Stream Analysis and Fish Habitat Design: A Field Manual. Gibsons: Newbury Hydraulics Ltd.

Noss R F, Harris L D. 1986. Nodes, networks, and MUMs: Preserving diversity at all scales. Environmental Management, 10(3): 299-309.

National Research Council(NRC). 1992. Restoration of aquatic ecosystems: Science, technology, and public policy. Washington DC: National Academy Press.

Odum E P. 1971. Fundamentals of Ecology. 3rd ed. Philadelphia: W B Saunders Company.

Ohio E P A. 1990. Use of biocriteria in the Ohio EPA surface water monitoring and assessment program. Ohio Environmental Protection Agency.

Olson T E, Knopf F L. 1986. Agency subsidization of a rapidly spreading exotic. Wildlife Society Bulletin, 14: 492-493.

Orsborn J F Jr, Cullen R T, Heiner B A, et al. 1992. A handbook for the planning and analysis of fisheries habitat modification projects. Pullman: Washington State University.

Orth D J, White R J. 1993. Stream habitat management // Inland fisheries management in North America. Bethesda: American Fisheries Society.

Plafkin J L, Barbour M T, Porter K D, et al. 1989. Rapid bioassessment protocols for use in streams and rivers. Washington DC: US Environmental Protection Agency.

Pottle R, Dadswell M J. 1979. Studies on larval and juvenile shortnose sturgeon. Northeast Utilities Service Co.

Reynolds C S. 1992. Algae // The Rivers Handbook. Oxford: Blackwell Scientific Publications: 195-215.

Ricklefs R E. 1990. Ecology. New York: W H Freeman.

Rieger J P, Kreager D A. 1990. Giant reed(Arundodonax): A climax community of the riparian zone// California Riparian Systems: Protection, Management, and Restoration for the 1990's, Berkeley: 222-225.

Rockett L C. 1979. The influence of habitat improvement structure on the fish populations and physical characteristics of Backtail Creek, Crook County, Wyoming. Wyoming Game and Fish Department.

Rodgers Jr J H, Dickson K L, Cairns J Jr. 1979. A review and analysis of some methods used to measure functional aspects of periphyton// Methods and Measurements of Periphyton Communities: A Review, Special publication 690. American Society for Testing and Materials.

Rosgen D L. 1996. Applied river morphology. Wildland hydrology, Colorado // Discussion of rhythmic spacing and origin of pools and riffles. Geological Society of America Bulletin, 91: 248-250.

Rudolph R R, Hunter C G. 1964. Green trees and greenheads// Waterfowl Tomorrow. Washington DC: US Fish and Wildlife Service: 611-618.

Ruttner F. 1963. Fundamentals of Limnology. Toronto: University of Toronto Press.

Schamberger M, Farmer A H, Terrell J W. 1982. Habitat suitability index models: Introduction. Washington DC: US Fish and Wildlife Service.

Schreiber K. 1995. Acidic deposition('acid rain'). In our living resources: A report to the nation on the distribution, abundance, and health of US plants, animals, and ecosystems. Washington DC: US National Biological Service.

Schroeder R L, Haire S L. 1993. Guidelines for the development of community-level habitat evaluation models. Washington DC: US Fish and Wildlife Service.

Schroeder R L, Keller M E. 1990. Setting objectives: A prerequisite of ecosystem management. New York: State Museum Bulletin.

Schueler T. 1987. Controlling urban runoff: A practical manual for planning and designing urban best management practices. Washington DC: Metropolitan Washington Council of Governments.

Schueler T. 1995. The importance of imperviousness. Watershed Protection Techniques, 1(3): 100-111.

Sedgwick J A, Knopf F L. 1986. Cavity-nesting birds and the cavity-tree resource in plains cottonwood bottomlands. Journal of Wildlife Management, 50(2): 247-252.

Seehorn M E. 1985. Fish habitat improvement handbook. US Department of Agriculture Forest

Service.

Shields F D Jr,Cooper C M,Knight S S. 1995. Experiment in stream restoration. Journal of Hydraulic Engineering,121:494-502.

Shields F D Jr,Smith R H. 1992. Effects of large woody debris removal on physical characteristics of a sand-bed river. Aquatic Conservation: Marine and Freshwater Ecosysystems, 2: 145-163.

Simmons D, Reynolds R. 1982. Effects of urbanization on baseflow of selected south shore streams,Long Island,NY. Water Resources Bulletin,18(5):797-805.

Smock L A,Gilinsky E,Stoneburner D L. 1985. Macroinvertebrate production in a southeastern United States blackwater stream. Ecology,66:1491-1503.

Strange T H,Cunningham E R,Goertz J W. 1971. Use of nest boxes by wood ducks in Mississippi. Journal of Wildlife Management,35:786-793.

Svejcar T J,Riegel G M,Conroy S D,et al. 1992. Establishment and growth potential of riparian shrubs in the northern Sierra Nevada// Proceedings of Symposium on Ecology and Management of Riparian Shrub Communities,US Department of Agriculture.

Sweeney B W. 1984. Factors influencing life-history patterns of aquatic insects// The Ecology of Aquatic Insects. New York:Praeger:56-100.

Sweeney B W. 1992. Streamside forests and the physical,chemical,and trophic characteristics of Piedmont streams in eastern North America. Water Science Technology,26(12):2653-2673.

Terrell J W,Carpenter J. 1997. Selected habitat suitability index model evaluations. US Geological Survey Information and Technology Report.

Teskey R O,Hinckley T M. 1978. Impact of water level changes on woody riparian and wetland communities. Washington DC:US Department of Agriculture.

United States Environmental Protection Agency(USEPA). 1993. Watershed protection:Catalog of federal programs. Washington DC:US Environmental Protection Agency.

United States Fish and Wildlife Service(USFWS). 1981. Standards for the development of habitat suitability index models(ESM 103). Washington DC:US Department of the Interior.

URMCC(Utah Reclamation Mitigation and Conservation Commission). 1995. Stream Habitat Improvement Evaluation Project. Prepared for the Utah Reclamation Mitigation and Conservation Commission and the U S Department of the Interior CUP Completion Act Office Managed by Utah Division of Wildlife Resources Prepared by BIO/WEST, Inc.

van Horne B. 1983. Density as a misleading indicator of habitat quality. Journal of Wildlife Management,47:893-901.

Verner J. 1984. The guild concept applied to management of bird populations. Environmental Management,8:1-14.

von Haartman L. 1957. Adaptations in hole nesting birds. Evolution,11:339-347.

Walburg C H. 1971. Zip code H$_2$O // Sport Fishing US Department of the Interior,Bureau of Sport Fisheries and Wildlife. Washington DC:US Fish and Wildlife Service.

Wallace J B,Washington D C,Gurtz M E. 1986. Response of Baetis mayflies(Ephemeroptera) to catchment logging. American Midland Naturalist,115:25-41.

Walter H. 1985. Vegetation of the Earth. 3rd ed. New York:Springer-Verlag.

Walters M A,Teskey R O,Hinckley T M. 1978. Impact of water level changes on woody riparian and wetland communities. Washington DC:US Fish and Wildlife Service.

Wang Z Y,Melching C S,Duan X H,et al. 2009. Ecological and hydraulic studies of step-pool systems. ASCE Journal of Hydraulic Engineering,135(9):705-717.

Ward J V. 1992. Aquatic Insect Ecology. 1. Biology and Habitat. New York:John Wiley & Sons.

Weitzel R L. 1979. Periphyton measurements and applications // Methods and measurements of periphyton communities:A review. American Society of Testing and Materials.

Wesche T A. 1985. Stream channel modifications and reclamation structures to enhance fish habitat // The Restoration of Rivers and Streams. Boston:Butterworth.

Wharton C H,Kitchens W M,Pendleton E C,et al. 1982. The ecology of bottomland hardwood swamps of the southeast:A community profile. Washington DC:US Fish and Wildlife Service.

White R J. 1975. Trout population responses to stream-flow fluctuation and habitat management in Big Roch-A-Cri Creek,Wisconsin. Verhandlungen der Internationalen Vereingung fur Theretische und Angewandte Limonologie,19:2469-2477.

White R J,Brynildson O M. 1967. Guidelines for management of trout stream habitat in Wisconsin. Technical Bulletin 39. Department of Natural Resources.

Whitlow T H, Harris R W. 1979. Flood tolerance in plants:A state-of-the-art review. Environmental and water quality operational studies. Technical Report. US Army Corps of Engineers Waterways Experiment Station.

Wilbur R L. 1978. Two types of fish attractions compared in Lake Tohopekaliga,Florida. Transactions of the American Fisheries Society,107(5):689-695.

Williamson S C,Bartholow J M,Stalnaker C B. 1993. Conceptual model for quantifying presmolt production from flow-dependent physical habitat and water temperature. Regulated Rivers: Research & Management,8(1&2):15-28.

Yoakum J,Dasmann W P,Sanderson H R,et al. 1980. Habitat improvement techniques // Wildlife Management Techniques Manual(4th). Washington DC:The Wildlife Society:529-403.

第 9 章　河流综合管理

9.1　河流综合管理原则

9.1.1　河流治理

一直以来,河流利用都是关乎国计民生的大事,如水力发电、航运、淡水养殖等对国民经济的增长做出了很大贡献。河流和滨河水域既是鱼类的栖息地,也是人们娱乐和休闲的好去处。随着社会的发展,为了满足对水和土地资源的需求,人们在许多河流上修建了大坝并将河道进行渠化治理,一些治理工程缺乏全局考虑,对河床演变和河流生态产生了不利影响,人们不得不考虑将河道重归"自然化"。近年来,人们认识到只有通过河流综合管理,河流利用、河床演变和河流生态三者之间才能互相协调。

直到 1750 年,世界范围的河流治理还是小规模的。随后,在欧洲开始了全面的河流治理工程,通过上游修建水库、下游渠化河道来控制河流(Gore et al.,1989)。到 20 世纪,随着建坝技术的发展,人们已经可以完全控制一条河流了。

库容指数(RI)为水库总库容与年径流量的比值,即

$$RI = 水库总库容 / 年径流量 \qquad (9.1)$$

RI 小于 10% 为自然河流;RI＝10%～50% 为半自然河流;RI＝50%～100% 为半控制河流;当 RI 大于 100% 时,河流为控制河流。图 9.1 是 6 条河流的 RI 值和总库容,从图中可以看出,黄河、密西西比河、科罗拉多河和尼罗河已经变成了人工控制的河流,长江和珠江仍处于半自然状态。

河流渠化和修建大堤也是常见的河流治理工程,主要为降低洪水位,增加输沙能力。这些工程常常改变河床演变过程。目前,河流综合管理在全球范围内得到重视,在设计和管理中考虑防洪、水资源发展、环境和生态保护等多目标的实现。人们意识到,健康的河流生态系统能够带来很大的经济效益,在当前形式下,应该谨慎地利用水资源,以免透支子孙后代的水资源。

在河流治理工程中,应考虑输沙、河床演变、生态保护和鱼类洄游等多种因素。河流综合管理包括以下三个方面:①对河流的上、中、下游及河口全盘考虑,统一规划,不因局部效益牺牲整体;②在通过水资源利用、防洪和发电等取得经济效益的同时,尽量减少对水文过程、侵蚀、河床演变、环境和生态的不利影响;③保护、修复

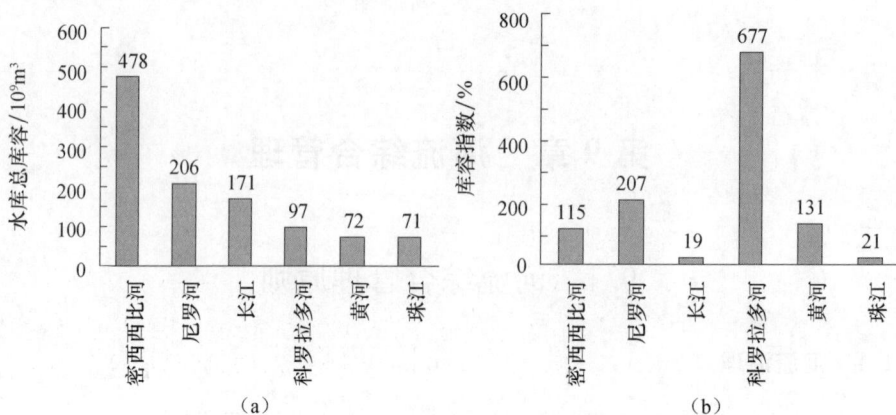

图 9.1 几条主要河流的总库容(a)和库容指数(b)

和改善河流生态和河流景观。从莱茵河、永定河和密西西比河的治理中,可以看到河流综合管理的必要性。

莱茵河是一条弯曲型河流,发生洪水时常常改道,导致滩地的宽度达到 10km 左右。19 世纪德国工程师 Tulla 通过裁弯、建坝和修建护岸等措施对整个莱茵河上游河道进行渠化治理。1872 年工程完成时,整个河道缩短了 23%,变成了窄深河道(杨安民,2006)。河岸硬化后,阻力减小导致流速提高。洪峰通过巴塞尔和卡尔斯鲁厄的时间由原来的 64h 减少到 23h,和来自耐卡河的洪峰在海德堡相遇,对下游造成了严重威胁,下游的防洪设施由预防 200 年一遇洪水降低为只能预防 50 年一遇洪水(江建国,1998)。同时,洪泛区的沼泽地和滩地从 1000km² 减少到 140km²。1860~1960 年,河道被冲刷了 2m,有些河段冲刷了 7m,威胁河岸和沿河建筑的安全,引起航道恶化并导致下游港口的取水设施闲置。为解决这一问题,德国人每年向莱茵河中喂砂 17 万~26 万 t(Kuhl,1992)。硬化河道降低了莱茵河的自我净化能力,污染问题日益严重,河流生态遭到破坏(王同生,2002)。过去 50 年,莱茵河流域的国家已经耗费巨资对莱茵河生态进行了初步修复。

类似地,多瑙河经过裁弯、硬化河岸和建坝等治理工程后,引起河道冲刷,洪水下泄过快,给下游防洪带来了很大威胁,因此人们呼吁将多瑙河重归自然化。

密西西比河流域面积占美国国土面积的 41%,在过去 200 年中经历了大规模的治理(Milliman et al.,1983),通过修建梯级坝和船闸以增加水深提高航运能力。中下游通过硬化河岸和修建丁坝群进行渠化(苏燕等,1997;后立胜等,2001)。下游的裁弯工程导致河道缩短 30%(Izzo,2004;徐国宾,2007),河道输沙大幅度减小,输送到河口的泥沙不到 100 年前的 1/3,导致过去一个世纪里密西西比河三角洲和海岸区域损失了 4920km² 湿地。人们提出许多措施以减少土地损失,维持路易斯安那港口的稳定。

官厅水库 1953 年建成,位于永定河上,其主要目的是防洪和向北京市供水。在水库建造初期,每年大约有 20 亿 m³ 的淡水流入水库。1953 年至今,永定河流域上游已建造了大量的水坝,导致河水在流入官厅水库之前已全部被开发利用。目前,官厅水库仅存有来自上游的 2 亿 m³ 城镇污水。永定河的生态健康已经受到严重影响,以至于该河流中几乎不可能有鱼类生存,底栖动物的物种丰度也已经从原来的几十种减少至几种。图 9.2 所示为官厅水库上端位于桑干河和洋河交叉口的永定河受污河段,该图还给出了在永定河采集到的两类底栖动物,寡毛纲和摇蚊科,这两类物种均非常耐污,在污染相当严重的河流中也可能生存。

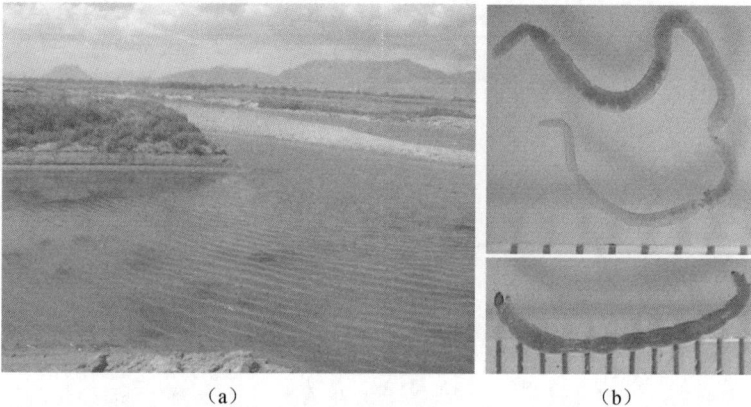

图 9.2　永定河受污河段(a)和采集到的两类耐污物种——寡毛纲和摇蚊科(b)(见彩图)

以上三个典型例子说明河流综合管理是十分必要的,河流利用必须和河流生态及河床演变过程结合起来,达到协调统一。河流综合管理指数 I(Wang et al.,2007b)为

$$I = w_0 R - w_1 H - w_2 S - w_3 G - w_4 E - w_5 L \tag{9.2}$$

式中,H 为水文管理指数;S 为泥沙管理指数;G 为河床演变和景观管理指数;E 为生态管理指数;L 为土地利用管理指数;R 为河流利用指数;w_i 为第 i 个指数的权重。

指数 R 代表发电、航运、供水、旅游和娱乐等取得的经济效益,H 反映水文循环过程的变化,S 反映了对泥沙概算的复杂影响,G 反映对河流地貌和景观变化的影响,E 反映生物多样性的改变,L 反映土地利用的变化。每个指数的权重 w_i 需通过实例研究来获得。I 值的大小反映河流综合管理的水平,I 值越大说明河流综合管理水平越高。

9.1.2　河床稳定性

河床稳定性是影响河流健康最重要的因素。根据河床的稳定性,可将山区河流和冲积平原河流分为 4 种类型:稳定型、侵蚀下切型、淤积抬升型和强烈走沙型。

稳定型河流具有稳定的河道,推移质输沙量很小,比较典型的有九寨沟、深沟、长江流域上游的嘉陵江和阿柯河、长江三峡库区的车溪和神农溪、我国东北地区的巴兰河和松花江、珠江流域的上坪水和东江、渭河流域上游的清姜河及北京郊区的拒马河等。侵蚀下切型河流是指河道正在遭受侵蚀的那些河流,如杜柯河、玛柯河和吊嘎河等。淤积抬升型河流是有大量泥沙淤积的那些河流,如黄河下游、长江中下游、嘉陵江流域上游的白水江和白龙江及涪江下游。强烈走沙型河流主要包括小白泥沟、蒋家沟和金沙江。

　　通过对这些河流进行底栖动物采样和物种鉴定相关研究。图9.3给出了研究

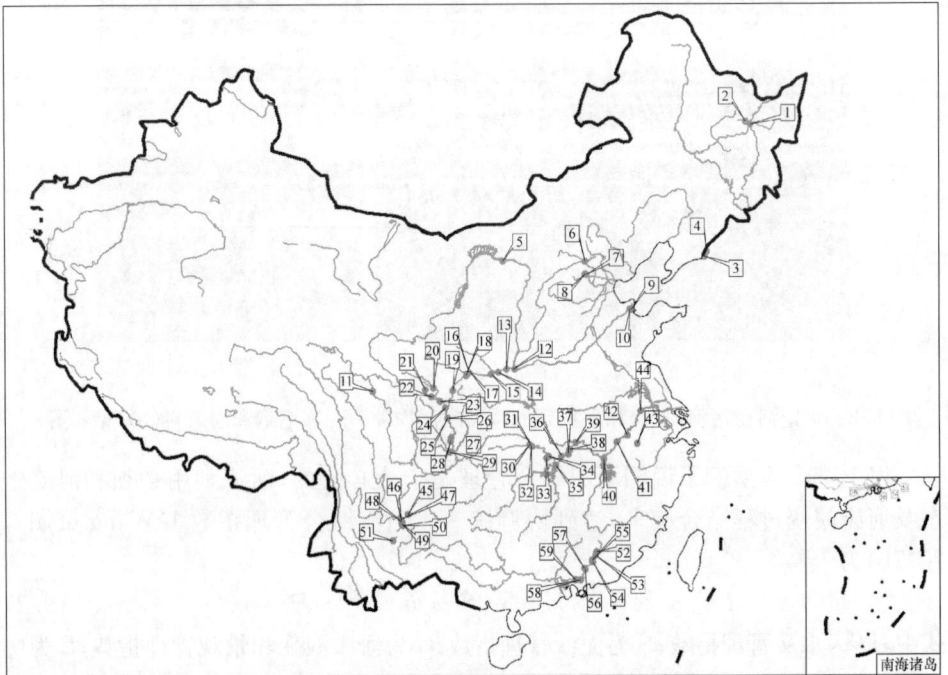

图 9.3　研究河流和采样点地理位置示意图

1. 松花江 ;2. 巴兰河 ;3. 鸭绿江 ;4. 鸭绿江爱河 ;5. 黄河上游-鄂尔多斯 ;6. 永定河 ;7. 拒马河 ;8. 拒马河 ;9. 黄河口-东营 ;10. 黄河垦利县胜利浮桥 ;11. 玛柯河 ;12. 渭河-潼关 ;13. 渭河-华县 ;14. 渭河-渭南 ;15. 渭河-咸阳 ;16. 渭河-宝鸡 ;17. 清姜河 ;18. 嘉陵江源头 ;19. 嘉陵江-略阳 ;20. 白龙江-武都 ;21. 九寨沟 ;22. 白水江 ;23. 白龙江-碧口 ;24. 白龙江-宝珠寺 ;25. 嘉陵江-亭子口 ;26. 嘉陵江-南充 ;27. 嘉陵江-李渡 ;28. 涪江 ;29. 嘉陵江-重庆 ;30. 车溪 ;31. 清江口 ;32. 清江口-长江 ;33. 长江-石首 ;34. 天鹅洲 ;35. 东洞庭湖 ;36. 洪湖 ;37. 长江-嘉鱼 ;38. 长江-簰洲湾 ;39. 东湖 ;40. 鄱阳湖 ;41. 长江-安庆 ;42. 长江-大通 ;43. 长江-芜湖 ;44. 长江-南京 ;45. 金沙江 ;46. 蒋家沟 ;47. 小江 ;48. 深沟 ;49. 小白泥沟 ;50. 吊嘎河 ;51. 盘龙江-昆明 ;52. 上坪水 ;53. 东江-枫树坝水库下游 ;54. 东江-龙川 ;55. 东江-河源 ;56. 柏埔河 ;57. 野趣沟 ;58. 东江-园洲 ;59. 西枝江牛轭湖

河流和采样点的地理位置。作者领导的课题组在 2008 年以前的研究得到了生物多样性和河床演变条件之间具有很高相关性的结论。2008~2009 年,课题组又对青藏高原的一些河流进行了研究,并在黄河、长江、澜沧江的源头,雅鲁藏布江及其支流,选取 16 个点进行底栖动物采样。在青藏高原研究得到的新调查结果也符合研究得出的上述相关关系。

根据采样点的物种丰度和密度值,绘制不同河床演变条件下的物种丰度和密度箱线图(图 9.4)。可以看出,稳定型河流底栖动物密度大,物种丰富,多样性高;侵蚀下切型河流动物密度、物种丰度和多样性较低;淤积抬升型河流动物密度、物种丰度和多样性更低一些;强烈走沙型河流物种丰度和密度均很低甚至为零,生态条件差。在影响河流生态的环境因素中,河床稳定性是最重要的,水质污染位于第二位。

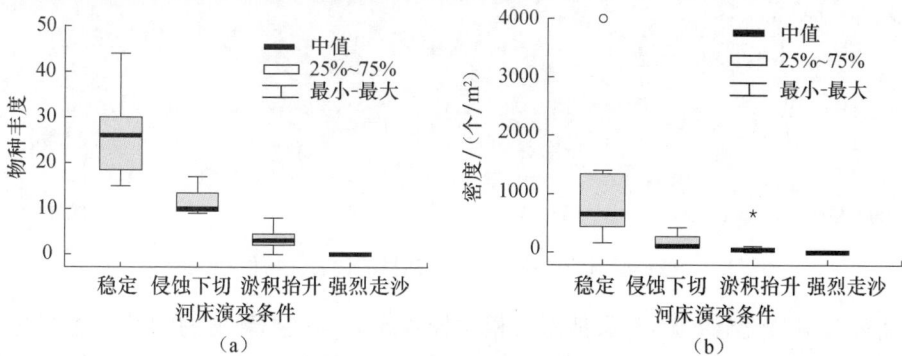

图 9.4 不同河床演变条件下的底栖动物物种丰度和密度箱线
(a) 物种丰度箱线;(b) 密度箱线

稳定型河流为各类底栖物种提供了稳定且多样的生物栖息地,进而能支持多样性高的水生生物群落。主要类群为襀翅目(石蝇科、短尾石蝇科)、蜻蜓目(箭蜓科、大蜓科、蜻科、大蜻科、河蟌科、蟌科、腹鳃蟌科)、蜉蝣目(四节蜉科、短丝蜉科、小蜉科、扁蜉科、蜉蝣科、河花蜉科、细裳蜉科)、双翅目(摇蚊科、大蚊科、蠓科、蚋科、鹬虻科)、毛翅目(纹石蛾科、短石蛾科、长角石蛾科、原石蛾科、小石蛾科)、广翅目(鱼蛉科)、鞘翅目(溪泥甲科、扁泥甲科、水龟甲科、龙虱科、豉甲科)、腹足纲(黑螺科、觿螺科、椎实螺科、扁卷螺科)、端足目(钩虾科)、蛭纲和涡虫纲等的相关物种。蜉蝣目、襀翅目、毛翅目这三类底栖动物的出现意味着河流条件比较自然,水质良好。图 9.5 所示为襀翅目和毛翅目几种代表性物种(段学花等,2010)。

侵蚀下切型河流受水沙条件影响河床不断被侵蚀下切,断面为 V 形,几乎没有冲积平原。河床底质一般为粗颗粒泥沙,如卵石、鹅卵石或砾石。侵蚀下切型河流(如吊嘎河),河床不断受到侵蚀,有机质浮泥难以滞留,生活在其中的底栖动物

蜉蝣目

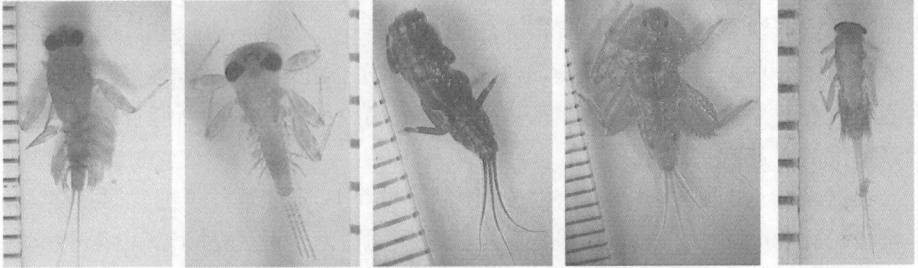

扁蜉科　　　　　扁蜉科　　　　　小蜉科　　　　　小蜉科　　　　　细裳蜉科

毛翅目

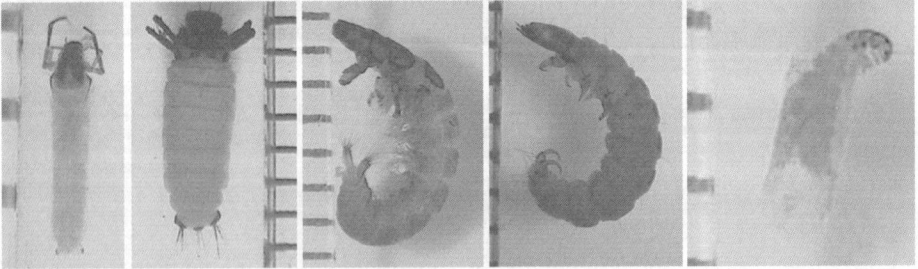

长角石蛾科　　　短石蛾科　　　　纹石蛾科　　　　原石蛾科　　　　小石蛾科

图 9.5　稳定型河流中襀翅目和毛翅目的代表性物种(见彩图)

不断被淘刷漂流至下游,只有抓附力相对较强或适应该类环境的物种才能在此生存,多样性较低。主要类群为蜉蝣目(四节蜉科、扁蜉科、短丝蜉科、小蜉科)、双翅目(摇蚊科、水蝇科、大蚊科、水虻科)、毛翅目(纹石蛾科)、鞘翅目(溪泥甲科、沼梭科、叶甲科、象甲科、水龟甲科、萤科)等的相关物种。图 9.6 所示为采自侵蚀下切型河流的几种代表性物种。

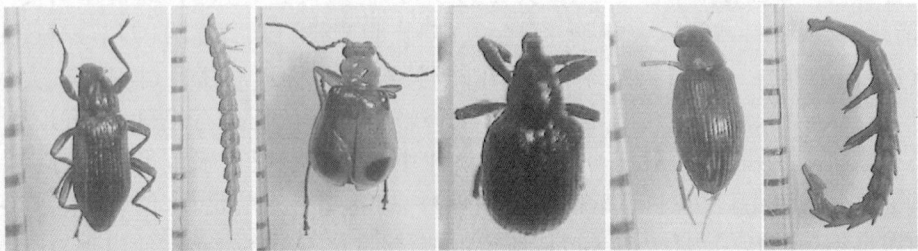

溪泥甲科　　　沼梭科　　　　叶甲科　　　　象甲科　　　　水龟甲科　　　萤科

图 9.6　采自侵蚀下切型河流中的鞘翅目代表性物种(见彩图)

淤积抬升型河流由于上游来沙在此沉积落淤而使河床不断抬升,河床底质一般为沙或粉沙,或卵石、砾石底质的粒间空隙几乎全部被沙填充。淤积抬升型河流经常发生淤积,而泥沙淤积会降低生境质量,对许多物种的生存造成危害。例如,沙会磨损蜉蝣的鳃,影响其呼吸等功能。与侵蚀下切型河流相比,淤积抬升型河流中的底栖动物多样性要更低一些。余国安(2008)对吊嘎河底栖动物生物量和河床淤积量进行调查分析发现,泥沙淤积会大大降低底栖动物的生物量(图 9.7)。主要类群为双翅目(摇蚊科、大蚊科、蠓科)、鞘翅目(龙虱科、水龟甲科、溪泥甲科)、蜉蝣目的部分科(蜉蝣科、细蜉科、小蜉科)、蜻蜓目的部分科(箭蜓科、大蜓科,蟌科)、寡毛纲(颤蚓科)、十足目等相关物种。

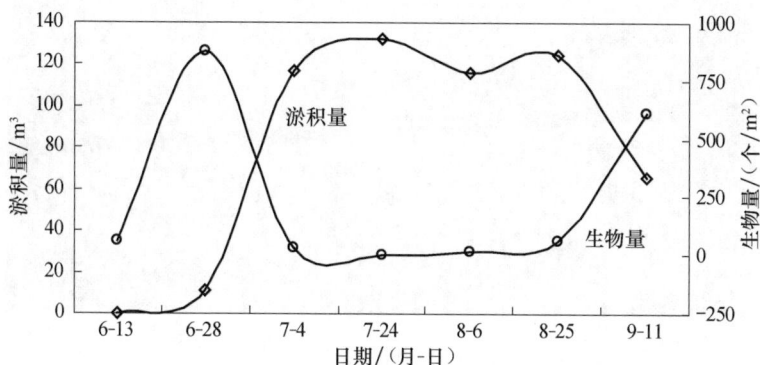

图 9.7　泥沙淤积对水生栖息地及生态的影响

强烈走沙型河流一般河势散乱,河床运动剧烈,推移质输移强度极大。例如,小白泥沟底质处于不断的运动和翻滚前行中,河床极不稳定,栖息地环境恶劣,底栖动物难以在此生存;蒋家沟河床底质主要为砾石,且推移质输沙极其剧烈。据考察,蒋家沟物种丰度为 3,物种密度仅为 1 个/m^2。小白泥沟、大白泥沟和黄河下游,床沙主要由粗沙和细沙组成,推移质输沙率极大,均未采集到底栖动物个体。

稳定型河流为多种多样的生物群落提供了稳定的生物栖息地。若在发生极端洪水事件时河流的边界仍能保持稳定,那么该河流处于超平衡的状态。美丽的九寨沟就是超平衡河流的典型代表。九寨沟的平均坡降大约为 4%。数以百计的滑坡产生了大量堰塞坝,形成了 118 个海子。这些海子的水面平得像一面镜子。在海子的下游,水流流过大石块,许多跌水、急流形成阶梯-深潭系统。跌水一般几米到几十米高,海子一般几十米到 80m 深,表面积达几百到 100 万 m^2。跌水和急流非常稳定,很多乔木和灌木生长于其上(图 9.8)。

超平衡的另外一个例子就是位于东江上游的一条山区河流(图 9.9)。这条河流河床上的大量巨石能产生很高的阻力,保护河床免受侵蚀。即使在极端洪水事件时该河流也可以保持稳定,其滨河植被生长得非常好。底栖动物和鱼类的生物多样性也相当高。一些灌木和草本物种已经在这条河流的河床上生长。超平衡河流具有很高的河床阻力和生物多样性,因此,具有很高的河流健康水平。

图 9.8　处于超平衡状态的九寨沟(见彩图)

图 9.9　东江上游达到超平衡状态的山区河流

9.1.3　河流管理的原则

1. 治理原则一：增加河水在陆地上的流动时间

河流是生命的载体，为各种水生生命提供栖息地。增加河水在陆地上的流动时间可以为水生物种提供更多的栖息地，并有利于人们对河流的利用。滩地和滨河湿地的生物多样性之所以很高是因为它们处于水陆交界地带。可以通过延长河道或降低流速的方法来实现这个目标。建坝符合这个原则，水库可为水生物提供稳定和多样的栖息地（Wang et al.，2007b）。而河道渠化、河岸硬化、裁弯取直和清障减糙等工程不符合这个原则（Kingsford，2000）。

通过对河流生物群落的研究发现，河流中水流流速小于 3m/s（洪水时也是如此）时，最利于水生物的生存，大多数水生物都生活在低流速的水域中。适合度指数（SI）为栖息地的物理化学条件对生物生存和繁殖的适宜程度。SI＝1 和 SI＝0 分别代表最好与最差的生存条件。图 9.10 是流速对中华鲟的适合度指数。对中华鲟来说，0.2～0.6m/s 的流速是最佳流速，当流速高于 1.5m/s 时，适合度指数（SI）减小到零。

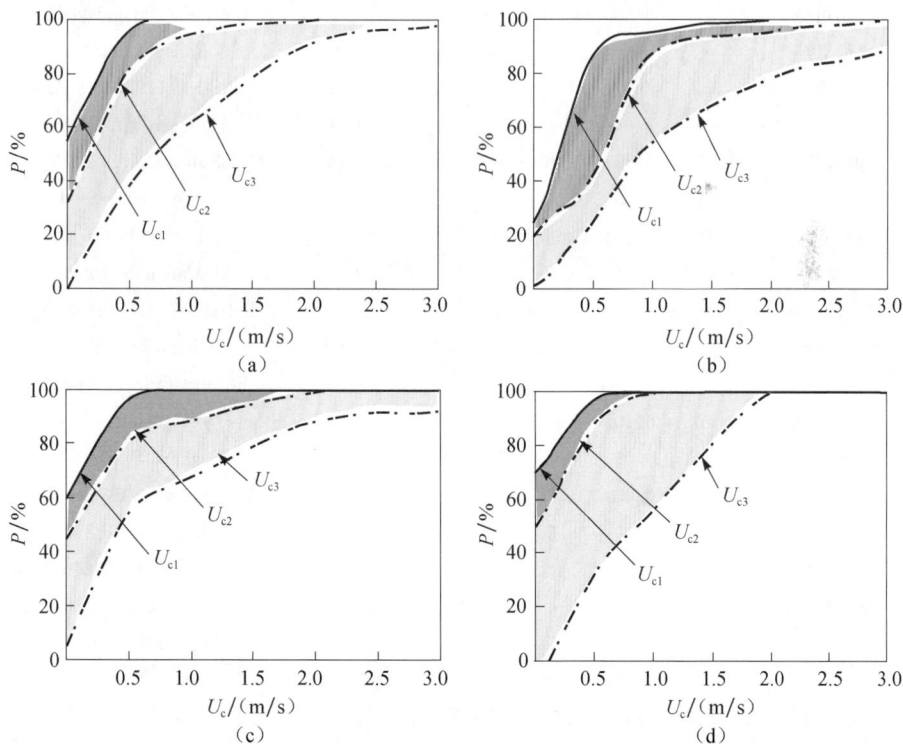

图 9.10　36 种鱼类的成鱼（a）、产卵和孵化（b）、鱼苗（c）及幼鱼（d）的临界流速累积曲线

Wang 等(2007b)统计了 36 种鱼类对不同流速的适合度指数。表 9.1 列出了 36 种鱼类的适宜临界流速 U_{c1}、U_{c2}、U_{c3} 的值,U_{c1} 是适合度指数 SI 增加到 1 的临界流速,U_{c2} 是 SI 开始从 1 减小的临界流速,U_{c3} 是减小到零的临界流速。在流速 U_{c1} 和 U_{c2} 之间适合度指数 SI 等于 1。

表 9.1　世界 36 种鱼对应的 U_{c1}、U_{c2} 和 U_{c3}　　　　　　(单位:m/s)

鱼种	成鱼			产卵和孵化			参考文献
	U_{c1}	U_{c2}	U_{c3}	U_{c1}	U_{c2}	U_{c3}	
中华鲟	0.15	0.45	1.52	1.15	1.50	2.6	易雨君等(2007)
青鱼、草鱼、鲢鱼、鳙鱼(四大家鱼)	—	—	—	0.27	0.90	4.15	Yi 等(2006)
美洲鲥	0.2	0.9	1.5	0.3	0.9	1.3	Stier 等(1986)
斑鲦	0	0.2	1.2	0	0.1	0.6	Williamson 等(1985)
北极河鳟	0.3	0.9	1.2	—	—	—	Hubert 等(1985)
太阳鱼	0	0.09	0.43	0	0.08	0.36	Stuber 等(1982a;1982b;1982c)
黑吻粗鳔	0	0.3	0.86	0.20	0.45	0.65	Trial 等(1983a;1983b)
长吻粗鳔	0.45	0.65	1.23	—	—	—	Edwards(1983a;1983b)
溪红点鲑	—	—	—	0.3	0.6	0.9	Raleigh(1982)
褐鳟	0.2	0.2	1.8	0.2	0.5	1.2	Raleigh 等(1986a;1986b)
割喉鳟	—	—	—	0.3	0.6	0.9	Hickman 等(1982)
虹鳟鱼	0.15	0.60	1.07	0.30	0.70	0.90	Raleigh 等(1984)
普闪岁	0.15	0.20	0.50	—	—	—	Trial 等(1983a;1983b)
扁头鲶	0	0.30	1.97	—	—	—	Lee 等(1987)
叉尾鲶	—	—	—	0	0.15	0.43	McMahon 等(1982)
大鳞大马哈鱼	—	—	—	0.3	0.85	1.15	Raleigh 等(1986a;1986b)
细鳞大麻哈鱼	0	1.22	2.04	0.50	0.70	1.50	Raleigh 等(1985)
亚口鱼	—	—	—	0.30	1.00	2.70	Edwards(1983a;1983b)
绿鳃太阳鱼	0	0.10	0.25	0	0.10	0.15	Stuber 等(1982a;1982b;1982c)
红耳鳞鳃太阳鱼	0	0.01	0.1	—	—	—	Beghart 等(1984)
大口黑鲈	0	0.06	0.20	0	0.03	0.10	Stuber 等(1982a;1982b;1982c)
小口黑鲈	0	0	0.6	0	0.4	0.9	Edwards 等(1983)
细斑黑鲈	0	0.06	0.85	0	0	0.30	McMahon 等(1984a;1984b;1984c)
内陆条纹鲈鱼	—	—	—	0.5	1.2	4.0	Crance(1984)
白鲟	0	0.1	0.7	0.6	3.7	4.6	Hubert(1984)
黄鲈	0	0.03	0.12	0	0.09	0.15	Krieger 等(1983)
短鼻鲟	0.16	0.45	1.52	0.30	0.76	1.52	Crance(1983)
斯劳鳔鲈	—	0.05	0.24	—	—	—	Edwards(1982a;1982b)
无鳔石首鱼	0.20	0.50	0.75	—	—	—	Sikora 等(1982)

续表

鱼种	成鱼			产卵和孵化			参考文献
	U_{c1}	U_{c2}	U_{c3}	U_{c1}	U_{c2}	U_{c3}	
大眼狮鲈	0	0.06	0.90	0.76	0.90	1.10	McMahon 等(1984a;1984b;1984c)
大口突鳃太阳鱼	0	0.06	0.25	—	—	—	McMahon 等(1984a;1984b;1984c)
白鲤	0.10	0.15	0.40	0.30	0.60	0.90	Twomey 等(1984)
白色刺盖太阳鱼	0	0.2	0.4	—	—	—	Edwards(1982a;1982b)

注:鱼类的临界流速 U_{c1}、U_{c2}、U_{c3} 的值,U_{c1} 是适合度指数 SI 增加到 1 的临界流速,U_{c2} 是 SI 开始从 1 减小的临界流速,U_{c3} 是减小到零的临界流速。在流速 U_{c1} 和 U_{c2} 之间适合度指数 SI 等于 1。

不同种类的成鱼、幼鱼、鱼苗和鱼卵的适合度指数所对应的流速范围是不同的。图 9.10 给出了与成鱼、幼鱼、鱼苗和鱼卵对应的三个临界流速 U_{c1}、U_{c2}、U_{c3} 的分布特征。图中纵坐标为对应的临界流速小于 U_c 的物种的百分比。例如,对于成鱼,大约 55% 的鱼类在静水中最适宜生存,97% 的鱼类在流速大于 2m/s 的水中最不适宜生存。图中条文状的阴影部分对应的适合度指数 SI 为 1,即最适宜生存或产卵的流速。图 9.10 表明,多数鱼类产卵需要较高的流速,幼鱼需要较低的流速。但是当流速大于 2m/s 时,无论是成鱼还是幼鱼,所有鱼类的适合度指数降到零,而产卵孵化和鱼苗的适合度指数降到 1 以下。

如果河流流速非常低,河流可能会发生水华,出现富营养化现象。根据现场调查分析,如果流速大于 0.3m/s,很少会发生水华。因此,河流流速为 0.3~2m/s,对河流生态最有利。

河流建坝降低了流速,延长了水流在陆地上停留的时间,符合原则一。从另一方面说,建坝对生态造成一些负面影响,主要是截断了迁移脊椎动物向其产卵地的路径。这种负面影响可以通过构建鱼道而得到一定的改善。然而,渠道化、硬质护岸、裁弯取直、为降糙而从河道和滩地内清除障碍等,均违背原则一。这些工程措施会损害生态,引起水生生物的死亡或非健康(Kingsford,2000)。

弯曲是河流的本性,将蜿蜒的河流改成顺直违背了河流的本性。裁弯取直集中了水流能量,引起河道冲刷和河岸侵蚀,导致河道不稳和破坏水生栖息地,不符合原则一。最近关于长江簰洲湾裁弯的呼声很高。簰州湾位于洞庭湖下游武汉上游,洞庭湖周边的居民支持裁弯,这样能降低洞庭湖的洪水位和洪水威胁,但武汉市民却担心裁弯后洪水下泄过快,威胁城市安全。根据原则一,裁弯取直后集中的水流能量要在下游得到发泄,将对下游造成更大的威胁,所以对长江中下游防洪来说并不是一件好事,所以与其裁弯不如加高洞庭湖大堤。

河道渠化涉及用来控制洪水、提高过水能力、开发和维持航运及控制河岸侵蚀的工程,包括加宽河道、重新规划河道、硬化河岸、筑堤及加固原有的渠道或新建渠道等,疏浚和清障工程也属于渠化工程。

　　渠化对河流地貌和生态都产生不利影响。用混凝土硬化河道和河岸的做法违背了原则一,光滑河岸相对于自然河岸糙率要小很多,导致近岸流速提高,威胁河岸和大堤安全。图 9.11(a)为桂林漓江的混凝土护岸。硬化河岸光滑的表面使洪水期间的水流流速高,直接冲击河岸,引起河岸冲刷,损坏混凝土护岸。图 9.11(b)所示为苏丹青尼罗河的硬化河岸,上面镶嵌石块以增加糙率,从而增加水流在近岸的阻力,使近岸流速降低。图 9.11(c)所示为康定折多河渠道化后,引起水流流速较高,鱼类和水生植物难以生存。河床由圆石和卵石构成,只能发现很少的底栖动物。

(a)

(b)

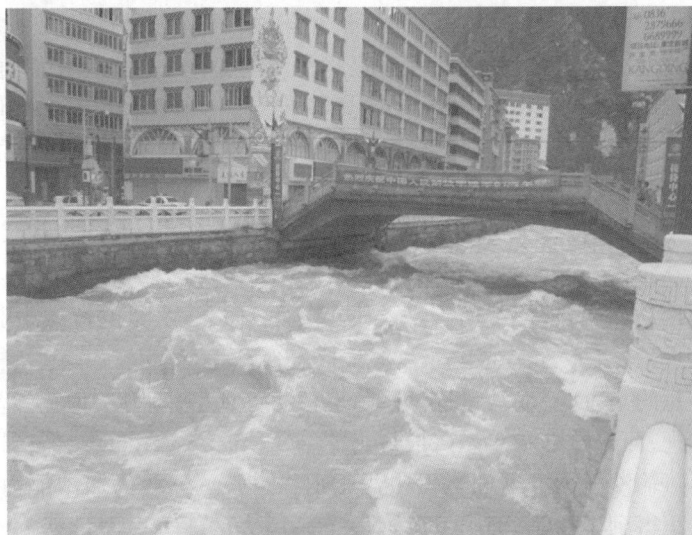

(c)

图 9.11　渠化对河流地貌和生态产生不利影响

(a) 桂林漓江的混凝土护岸被水流冲坏；(b) 苏丹青尼罗河的硬化河岸，上面镶嵌石块以增加糙率；

(c) 康定折多河渠道化引起水流流速较高，鱼类和水生植物难以生存

　　滩地植被可以降低洪水流速，延长洪水推进时间。许多学者研究了滩地植被影响河流水力特征和地貌特征的机理(Ikeda et al.，1990；Thorne，1990；Ikeda et al.，1991；Thornton et al.，2000；Carollo et al.，2002)。Andrews(1984)及 Hey 等(1986)研究得出，滩地植被可以通过增加阻力和降低近岸流速来保持河道地形的稳定，并通过其根系增加河岸稳定，加速滩地和岸边淤积(Gray et al.，1982；Abt et al.，1994；Lee et al.，1999；Elliott，2000)。

　　2. 治理原则二：降低产沙和输沙

　　泥沙是河床演变的主要动力，泥沙运动源于土壤侵蚀。因此，控制侵蚀对稳定河道至关重要。泥沙主要来自上游山区河段的侵蚀，如坡面侵蚀、细沟侵蚀、沟道侵蚀和河岸侵蚀，侵蚀改变了上游地形并破坏植被。土壤侵蚀后，被输运到下游并沉积，改变下游河形并淤埋水生栖息地。

　　我国在黄土高原上修建淤地坝符合原则二。黄河上游逾万个的淤地坝具有很好的水土保持功能，大大降低了进入黄河的泥沙量。黄河上游的泥沙大多来自黄土高原，黄河泥沙量的降低主要归因于黄土高原泥沙供应量的减少。图 9.12 所示为黄河唐乃亥站、潼关站和利津站的年径流量和年输沙量的变化，其中唐乃亥站位于青藏高原黄河上游，潼关站位于黄土高原黄河中游河段，而利津站位于黄河下游黄河三角洲河段(Liu et al.，2008)。唐乃亥站上游流域没有建坝，极少人工构筑

物,图 9.12 中显示的唐乃亥站的年径流量和年输沙量没有趋势性变化,仅随年降水量变化而波动,年输沙量的变化几乎与年径流的变化一致。相比而言,潼关站的年输沙量大幅度降低,而年径流量有一定的降低,输沙量和径流量的降低趋势不完全一致。其主要原因是黄土高原修建了大量的淤地坝,黄河上建造了约 3000 座水库和 9 座大坝,调控水流,拦截泥沙,从而大幅度降低黄河上的水沙量。利津站为黄河上的最下游站,代表了黄河入海水沙量。从图 9.12 中可见,利津站的水沙量自 20 世纪 70 年代开始大幅度降低。黄河下游水沙量的降低减轻了洪水风险,降低了河道的摆动速率,也使黄河管理的难度降低,但是,水量的锐减引起黄河下游河段的缺水现象,有关内容在第 6 章进行了讨论。

必须注意的是,河流输沙量逐渐降低会改善河流健康程度,但输沙量的速降也会对河流管理、河口造陆和生态造成压力。

增加河流输沙能力的治理工程违背原则二。某一河段的输沙能力增大后,该段的泥沙淤积得到了控制,但给下游河段带来更大的压力。而且高输沙河道很不

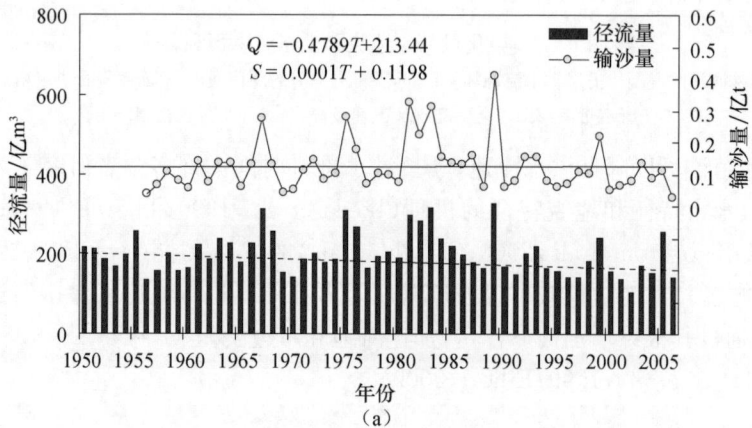

$Q = -0.4789T + 213.44$
$S = 0.0001T + 0.1198$

（a）

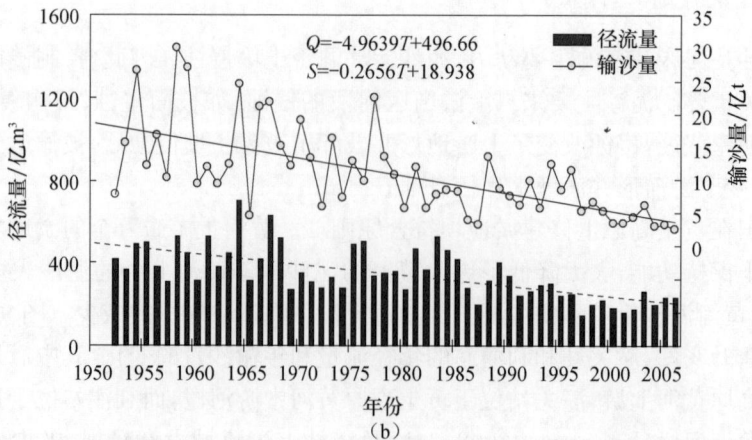

$Q = -4.9639T + 496.66$
$S = -0.2656T + 18.938$

（b）

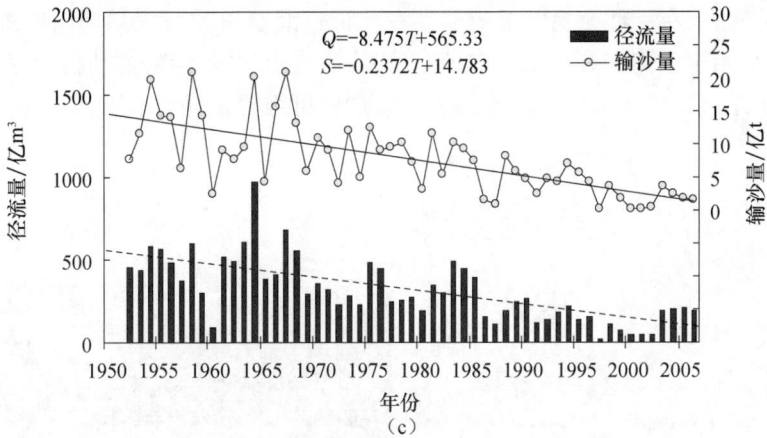

$$Q=-8.475T+565.33$$
$$S=-0.2372T+14.783$$

图9.12 黄河唐乃亥站(a)、潼关站(b)和利津站(c)年径流量和
年输沙量的变化(Liu et al.，2008)

稳定,难以控制和管理。明朝潘季驯提出束水攻沙的方略,即束窄黄河河道,提高
流速以提高输沙能力。1565~1592年,在潘季驯的领导下,把黄河河道束窄,防止
泥沙淤积,却造成了局部河道冲刷和下游淤积。从历史上看,潘季驯治河没有达到
稳定黄河的目的。Freeman(1922)支持潘季驯的束水攻沙,他的意见再次引发长
达数世纪的讨论,即束水攻沙还是宽河固堤分洪减沙。受中国委托,Engles于
1931~1934年经过物理模型试验得出,宽河固堤比束水攻沙对防洪更有利(En-
gels,1932;Yen,1999)。由此可见,束水攻沙的治河方略不符合原则二,应该放弃。

3. 治理原则三:提高生物栖息地的多样性和连通度

河流为大型底栖无脊椎动物和鱼类提供栖息地。大型底栖无脊椎动物包括各
种昆虫的幼虫如蜉蝣、石蛾、蜻蜓、摇蚊、虾蟹及寡毛纲、多毛纲等。它们处于河流
生物链的中环,既能消耗和转化污染物质和浮游生物,又为鱼类提供饵料。我们对
国内几十条河流进行底栖动物调查和采样分析表明,底栖动物物种丰富的河流,其
水生态环境和水质都好。相反,河道不稳定或发生污染的河流中,底栖动物的物种
少且单一。目前,底栖动物已成为河流生态快速评价的重要指示物种(Smith et
al.,1999;Karr et al.,1999)。研究表明,生物多样性与栖息地的多样性有直接关
系。栖息地的多样性越高,生物多样性越高。河流治理工程应着力于提高栖息地
的多样性,可以通过以下两方面实现:①增加河道和滨河水域中的水面面积,并提
高水体的连通度;②增加低流速和不同水深的水域,如港湾和湖泊等。

一些河流治理工程导致了栖息地的隔离,图9.13(a)是北京市区的一条混凝
土护岸河流,河流生态已经严重破坏。硬化河床中的大多底栖动物由于没有了遮

蔽已经消失,只有一些耐污的摇蚊还存在。最近北京市政府规划部门要求取消这种做法,采用土质河床和石块植被护岸,让河流自由呼吸,给底栖动物生存空间,改善河流生态。这样一来仅需原来一半的水量就可维持较好的水质。

(a)   (b)

图 9.13 北京市区的混凝土护岸河道(a)和许多物种已经消失的曾江上的通江湿地(b)

滨河湿地与河流连通对河流生态具有重要意义。图 9.13(b)为曾江的一处通江湿地,曾江为珠江流域东江的一条支流。曾江主河道的底质由石英砂组成,由于床沙不稳定,自该河床取样中没发现有底栖动物。曾江湿地与曾江有 100m 宽的出口相连,如同滨河湖泊。曾江所挟带的细小悬移质进入湿地并沉积。湿地中大部分区域有泥层覆盖,部分区域生长有水生植物。湿地的流速和水深分别为 0~0.5m/s 和 0~3m。湿地为水下无脊椎动物提供了丰富多样的栖息地,湿地取样分析得到的物种丰度达 31,无脊椎动物个体量达 343 个/m^2,并有多种鱼类生存。

大坝建设和水电开发截断了鱼类从下游到上游产卵的路径,危害生态。很多大坝上修建了鱼道以缓解这种生态危害。长江中下游河段是一处复杂的生态系统,有上千个湖泊和湿地。自然情况下,这些湖泊和湿地与长江连通,形成巨大的栖息地。人类活动,如防洪(堤坝建设)和渔业养殖等切断了湖江的连通,从而造成栖息地的破碎化。将这些湖泊和湿地与江河恢复连通,对于河流生态系统是重要的修复措施。

4. 治理原则四:保持和恢复河流的自然景观

河流在流动中塑造出千姿百态的地貌,称为河流景观。许多河流利用工程破坏或改变了河流景观:河流的自然弯曲变成了顺直河道,滨河植被被混凝土护岸替代,发电站取代了瀑布。近年来,人们认识到河流景观是大自然赐给人类的礼物,河流景观恢复成了公众关注的话题,一些景观修复工程也相继开展。

韩国首尔的清溪川历史上是条美丽的小溪,随着社会工业的发展,清溪川变成了一条严重污染的河流,河床被污泥和垃圾覆盖,以至于不得不将其改建成地下排水沟。进入 21 世纪后,在市民的要求下,政府斥资 3.6 亿美元来恢复清溪川的自然景观。图 9.14(a)展示了在高楼林立的喧闹都市,具有阶梯-深潭、小桥流水、滨河植被和临水小径的清溪川,为大都市增加了几分妩媚。清溪川已成为河流景观治理的典范(Kyung et al.,2007)。

我国著名的风景区九寨沟,过去是一条泥石流沟。在灾害治理中,人们尽量减少人为干扰,通过适当的工程控制泥石流,利用生态系统的自然恢复力和减灾屏障功能逐步达到灾害的根本控制,同时保持和恢复景观(崔鹏等,2003)。图 9.14(b)是九寨沟的瀑布。景区每年的旅游收入和源于旅游的其他经济效益超过 2 亿元,是三门峡水电站发电收入的数倍。

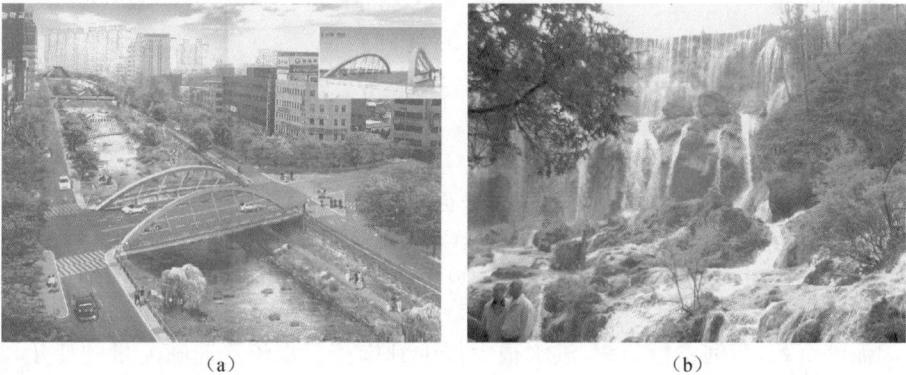

图 9.14　修复后的韩国清溪川(a)和风景迷人的九寨沟(b)

9.1.4　河流极限流速定律

天然河流存在一个值得注意的现象:河流流速通常为 0~2.5m/s,而流量大小却可以跨越几个数量级,如根据河流规模,流量可以由 0 变动到几千或几万立方米每秒。对于冲积河流,流速在较小的范围内变动,而通过过水断面的水流却可以由枯水变化到充满河槽并漫滩。极限流速定律对河流综合管理具有重要意义,通常当流量较小时,随着流量的增加,水流流速增加,达到平滩流量以后,流量的继续增加不会引起流速的显著变化,水流流速将趋近于一个极限值,即河的极限流速,通常河流极限流速不超过 2.5m/s。

图 9.15 为松花江一级支流拉林河蔡家沟站、第二松花江五道沟站、第二松花江吉林站、嫩江阿彦浅站的流速与流量(V-Q)关系曲线,当流量 Q 增大到一定数值后,流速 V 趋于某一渐近数值,即极限流速(贾艳红等,2009)。

图 9.16 为黄河花园口和高村水文站的流速-流量关系(刘晓燕,2007)。黄河因含沙量较高,河流动态变化显著,河床断面形状和面积每年都在发生变化。近几

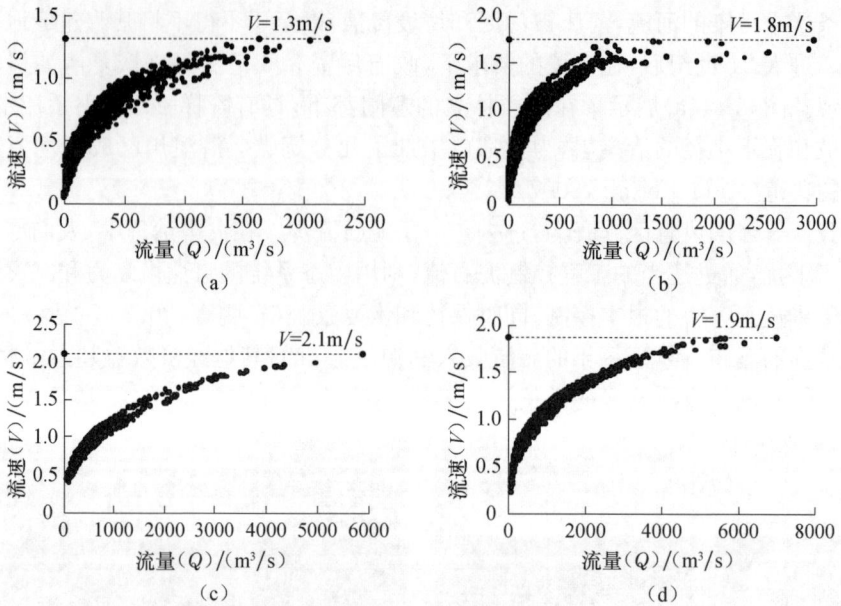

图 9.15　拉林河蔡家沟站、第二松花江五道沟站、第二松花江吉林站、
嫩江阿彦浅站的流速(V)与流量(Q)的关系

(a) 拉林河蔡家沟站(1950~1987 年);(b) 第二松花江五道沟站(1955~1984 年);

(c) 第二松花江吉林站(1955~1984 年);(d) 嫩江阿彦浅站(1952~1987 年)

年因泥沙沉积,黄河主槽萎缩,洪水很少侵蚀到岸壁。水流流速随流量的变化,在断面面积较小的河床中增速较快,在断面面积较大的河床中增速较慢,因此流速-流量关系图中测点分散,但水流流速仍没有超过 2.5~3m/s 的极限流速。

山区河流受两岸及河床岩石限制,断面不能自由调整,特别在山区峡谷段,遇大洪水时,水流流速可能高于 2.5m/s,但山区河流沿程出现这些较高流速的河段并不长。图 9.17 所示为长江宜宾-重庆-宜昌河段遇 30 000m³/s 的正常洪水流量

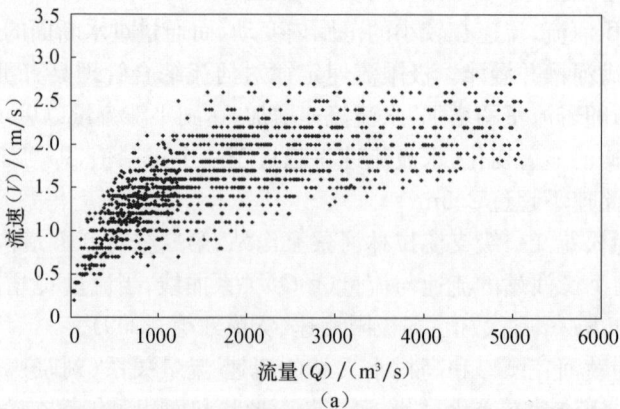

(a)

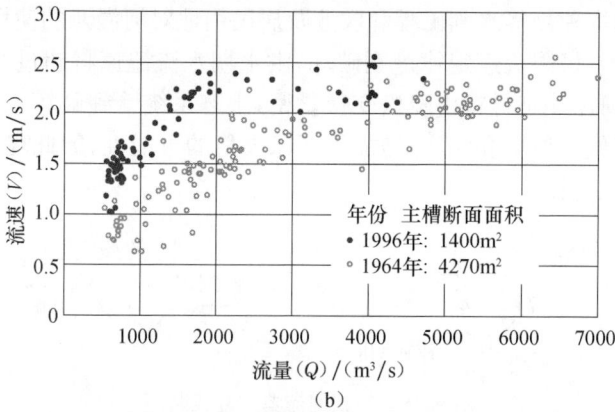

图 9.16 黄河花园口和高村水文站流速-流量关系
(a) 花园口(1971~1990 年);(b) 高村(1964 年和 1996 年)

时,水流流速的沿程分布。尽管图 9.17 中有几处断面水流流速高于 2.5m/s,但整个河段水流流速平均值仍低于 2.5m/s。

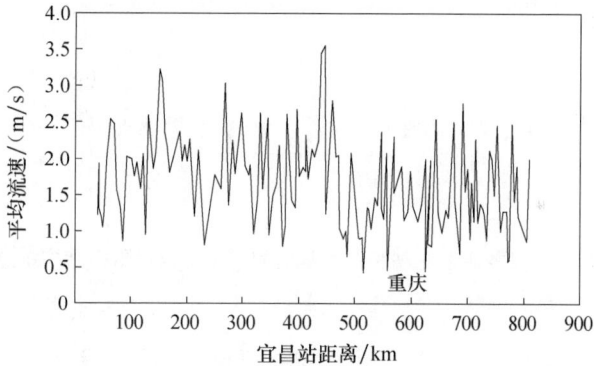

图 9.17 宜宾-重庆-宜昌河段流量 30 000m³/s 时的平均流速

河流极限流速定律具有地貌学和生态学意义。由表 9.1 可以看出,鱼类不能生活在流速较高的水流中,河流流速保持在 0.3~2.5m/s,利于大部分鱼类生存。另外,天然河流形成了复式河床断面,使流量变化时,断面面积随之改变,而断面形状保持不变,因此天然复式断面使河流具有较高的稳定性,如洪水期流量可能比多年平均流量大 10 倍,但复式断面为水流提供了足够的扩散空间,使水流流速始终低于极限流速而不侵蚀河床。

图 9.18 所示为典型的具有河槽和河漫滩的复式河床结构。工程上将河漫滩看成河床的一部分,遇罕见洪水,其上的生命和财产也会受到威胁。当流量超过平滩流量时,随着水位的增加,断面面积急剧增加,使得水流流速不超过极限流速。

人类活动,如修堤建坝等水利工程和农业及居民用地对河漫滩的使用,限制了漫滩水流的自由发展,极限流速定律遭到破坏,洪水期水流流速将超过 2.5m/s。人类活动也将导致河床建筑材料由疏松变得紧密,生态系统受到破坏。河流出现较高流速后,水流将侵蚀岸壁和河床,增加了河床失稳的可能性,因此堤坝在设计时需考虑到极限流速定律。

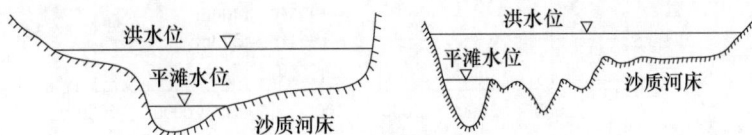

图 9.18　冲积河流典型复式断面

图 9.19 为河漫滩上建坝和在束窄后的渠道中设置阻力结构的实例。大坝将水流限制在狭长渠道中,为了使水流流速不超过极限流速,树木和灌丛等措施可用来增加水流阻力,降低流速。在束窄后的渠道中设置阻力结构,使洪水期尽管漫滩水位较高,但流速较低,河床和河漫滩仍保持稳定。设置阻力结构导致的较高洪水期水位可通过增加坝高解决,通常与较高水位相比,较高流速给大坝带来的危害更大。

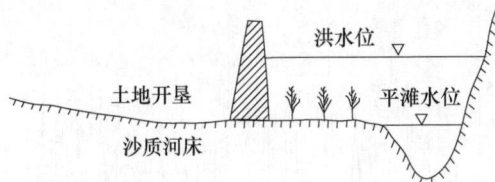

图 9.19　河漫滩上建坝和在束窄后的渠道中设置阻力结构示意图

9.2　泥沙与河床结构

河流系统为众多河道所组成的网络,它的各个组成部分之间相互影响。在考虑人类活动与河道演化之间的关系时,目前至少有五大挑战:①对大自然规律和某一特定区域定量变化的预测存在不确定性,而且还有干旱、湿润环境下的差别,因此急需能减少这种不确定性的模型(Burkham,1981);②在河道、河段、河网等不同级别的河流变化中隐含了反馈效应,因为这些变化往往是在不同的环境条件下出现或触发的;③由于河流对阈值条件的敏感性,全球气候变化这样的因素有必要加以考虑;④在河流恢复措施中,应当将综合了地貌学内容的河道设计包括进来;⑤人类在河流变迁中扮演的角色因各地的文化差异而有所不同,且会随时间改变,更好地理解这一点有助于改进河流景观设计与应用。

9.2.1　河流网络

Horton 定律(Horton,1945)是河流网络研究中最核心的定律之一。该定律所揭示的线性关系在许多天然河网的研究结果中都是基本成立的(Ciccacci et al.,1992;Kinner et al.,2005)。此外,一些基于随机游走模型所计算生成的河网也较符合 Horton 定律(Shreve,1966)。因此,很多学者认为 Horton 定律在河流网络中是普遍适用的,不过这个观点仍有争议。

Horton 定律中,按式(9.3)~式(9.5)定义了几种 Horton 比:

$$R_B = \frac{N_\omega}{N_{\omega+1}} = e^B \tag{9.3}$$

$$R_L = \frac{L_{\omega+1}}{L_\omega} = e^D \tag{9.4}$$

$$R_A = \frac{A_{\omega+1}}{A_\omega} = e^H \tag{9.5}$$

式中,R_B、R_L 和 R_A 分别为分支比(或支流比)、长度比和面积比;B、D、H 为常数。如果这些比值为常数,则式(9.3)~式(9.5)可改写为

$$N_\omega = R_B^{\Omega-\omega} \tag{9.6}$$

$$L_\omega = L_1 R_L^{\omega-1} \tag{9.7}$$

$$A_\omega = A_1 R_A^{\omega-1} \tag{9.8}$$

Horton 定律认为,R_B、R_L 和 R_A 是与河流级别和河网结构无关的常量。也就是说,不同级别河流的 Horton 比都是一样的。然而,该观点受到了研究者的质疑。例如,Kirchner(1993)认为对于不同的河网,Horton 比不能保证为常量;刘怀湘等(2008)对不同河网的研究结果表明,只有河网中包括了 8 级以上的河流(大约1000km 长度级别的河流)时,整个河网的平均 Horton 比才可看做常数。而在比较低的河流级别上,不同级别河流及不同河网之间的 Horton 比存在较大差异。

图 9.20 中给出了河网平均 Horton 比与该河网中最大河流级别 Ω 的关系,数据来源于 Stankiewicz(2005)与部分中国河流(刘怀湘等,2008)。对于数值为 5 以下的河流级别,可以看出不同河流的 Horton 比是很不一样的。而随着河流级别的升高,Horton 比逐渐收敛。分支比、长度比、面积比最后分别收敛于 4、2、4。这种 4-2-4 规律看起来只在高河流级别的河网中适用。

在较低的河流级别上 Horton 比的差异很大。Howard(1967)曾将河流网络按形态划分为:格栅状河网、平行状河网和放射状河网等。不过,这种分类法有时会将类似的河网结构划分到不同类别中,而且它也缺乏定量的描述。刘怀湘等(2008)将河流网络划分为羽状河网、叶状河网和枝状河网。他们把 GoogleEarth 作为主要数据来源,该软件提供了全球各个区域的卫星图像,并可根据"观察高度"参数来调

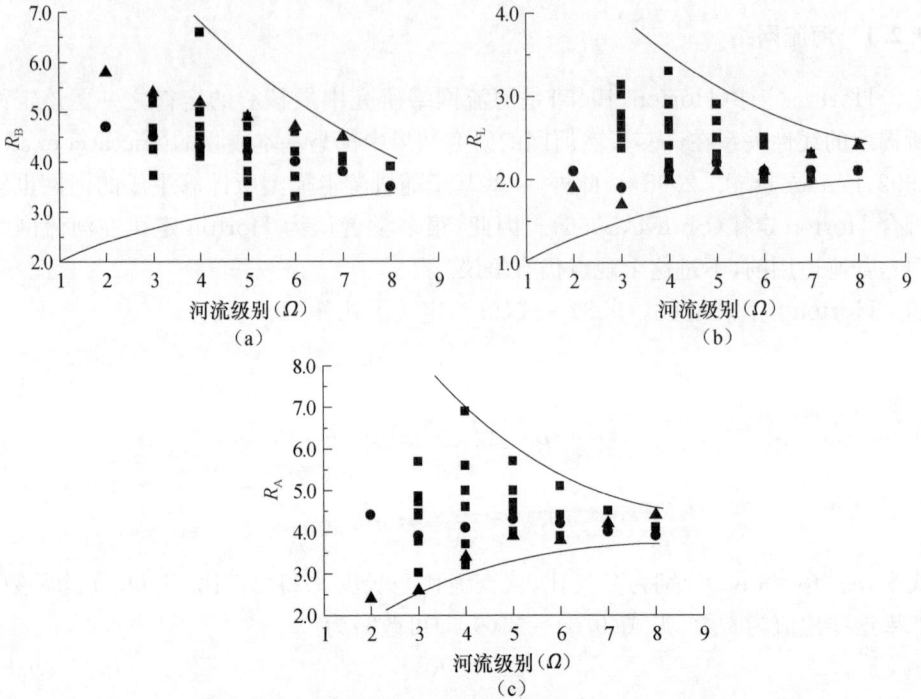

图 9.20　Ω 级河流网络中的 Horton 比(刘怀湘,2008)

(a) 分支比 R_B;(b) 长度比 R_L;(c)面积比 R_A

■数据来自于 Stankiewicz(2005);▲延河;●诺敏河

节图像分辨率。研究分析中将"观察高度"予以固定,因此所有数据都是基于相同分辨率。图 9.21(a) 显示了我国西部黄土高原附近一个典型的羽状河网的卫星图;图 9.21(b) 则为东北部典型枝状河网。图 9.22 中绘出了三种典型河网结构的示意图。其中,羽状河网包括了大量的 1 级小支流,它们流入高级河流,形成了羽毛状的结构;叶状河网拥有一条主流及其两侧的平行支流结构,看起来就像叶子一样;枝状河网则类似于树枝,不断地向上游分叉。

对三种典型河网结构进行了统计,得到它们的 Horton 比。图 9.23 显示它们的 Horton 比与河网级别的关系。羽状河网的分支比在 4 级以下时达到了 12,这比枝状河网(4)和叶状河网(5)要大得多。而当河网级别高于 4 以后,三种河网结构的分支比急剧减小并逐渐向 4 收敛。其他两种 Horton 比也有类似的趋势。其中,枝状河网的 Horton 比与级别基本无关,而羽状河网的比值则在很大范围内变动。也就是说,在不同空间尺度上(大流域与小流域),枝状河网有最好的自相似性,而羽状河网的自相似性非常差。

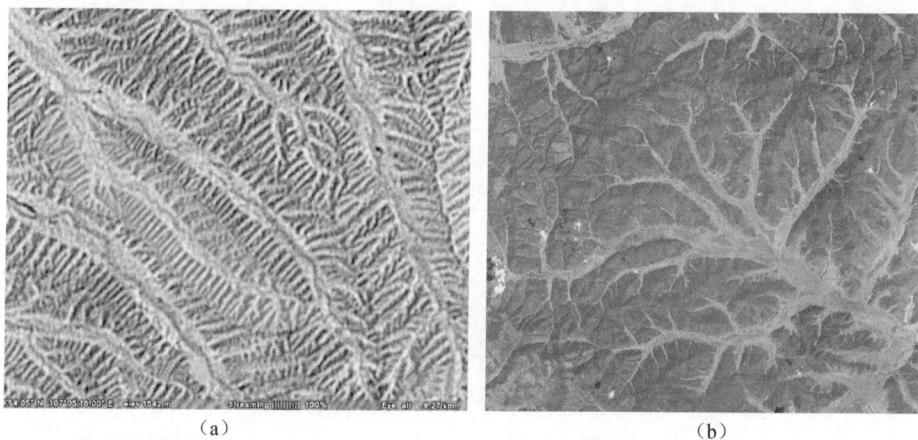

图 9.21　黄土高原附近典型羽状河网(a)和东北部典型枝状河网(b)(见彩图)

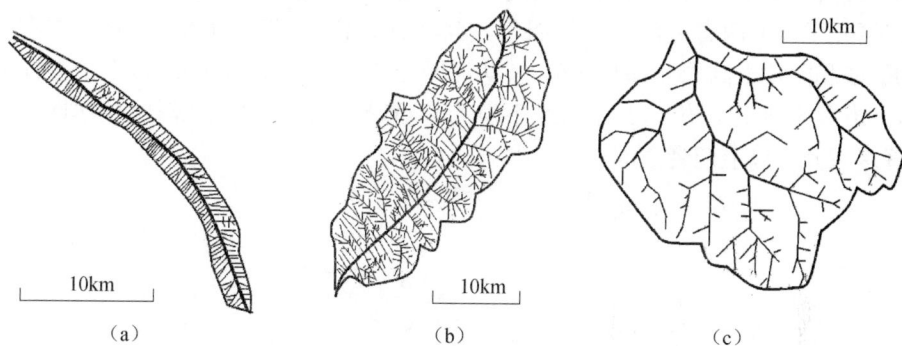

图 9.22　三种典型河网结构

(a) 羽状河网(黄土高原北);(b) 叶状河网(延河);(c) 枝状河网(诺敏河)

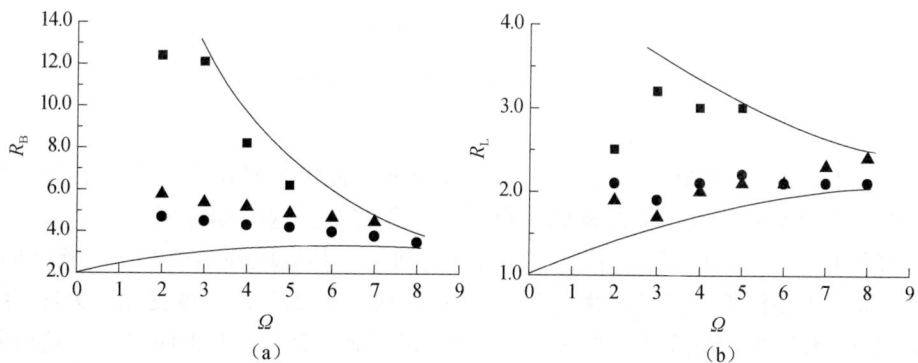

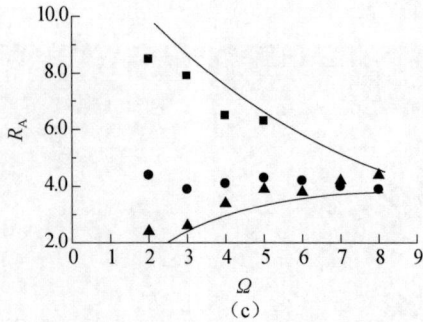

图 9.23　三种河网结构 Horton 比与河网级别的关系

(a) 分支比 R_B；(b) 长度比 R_L；(c) 面积比 R_A

■羽状；▲叶状；●枝状

三种典型河网结构在外形上也是不一样的。从图 9.24 中可以看出，三种河网的流域面积都随主流长度加长而增大。不过，对于同等的长度，枝状河网的流域面积最大，大约呈平方增长，而羽状河网的流域面积最小，几乎与河长为线性关系，叶状河网介于以上两者之间。一般而言，羽状河网出现于年降水量 200mm 左右的区域，如我国黄土高原北部与西部；枝状河网处于年降水量 800mm 以上的湿润区域，其沿程床沙很不统一，从上游至下游为卵石、砾石、砂和黏土等；叶状河网所处的降水区介于以上两者之间。

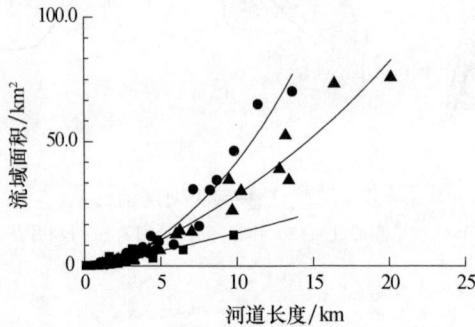

图 9.24　三种河网流域面积与主流长度的关系

■羽状；▲叶状；●枝状

三个 Horton 比中，分支比最为本质和重要。枝状河网在不同级别上的分支比都大约为 4，这是其河网结构的一个重要地貌特征。这种四分规律可用于对河网的识别。图 9.25(a) 显示了雅鲁藏布江的河网。其流域外形类似于羽状河网，流域面积也与河长近似于线性关系。不过，该河网有 275 条 1 级支流、70 条 2 级支流、17 条 3 级支流、5 条 4 级支流及 1 条 5 级主流。分支比基本保持为 4，这说明雅鲁藏布江应该是枝状河网而不是羽状河网。一般而言，枝状河网应该是二维横向展宽的,而雅鲁藏布江由于受欧亚大陆板块与印度板块之间挤压的关系,流域外形发生变异,变成了接近一维的长条形。

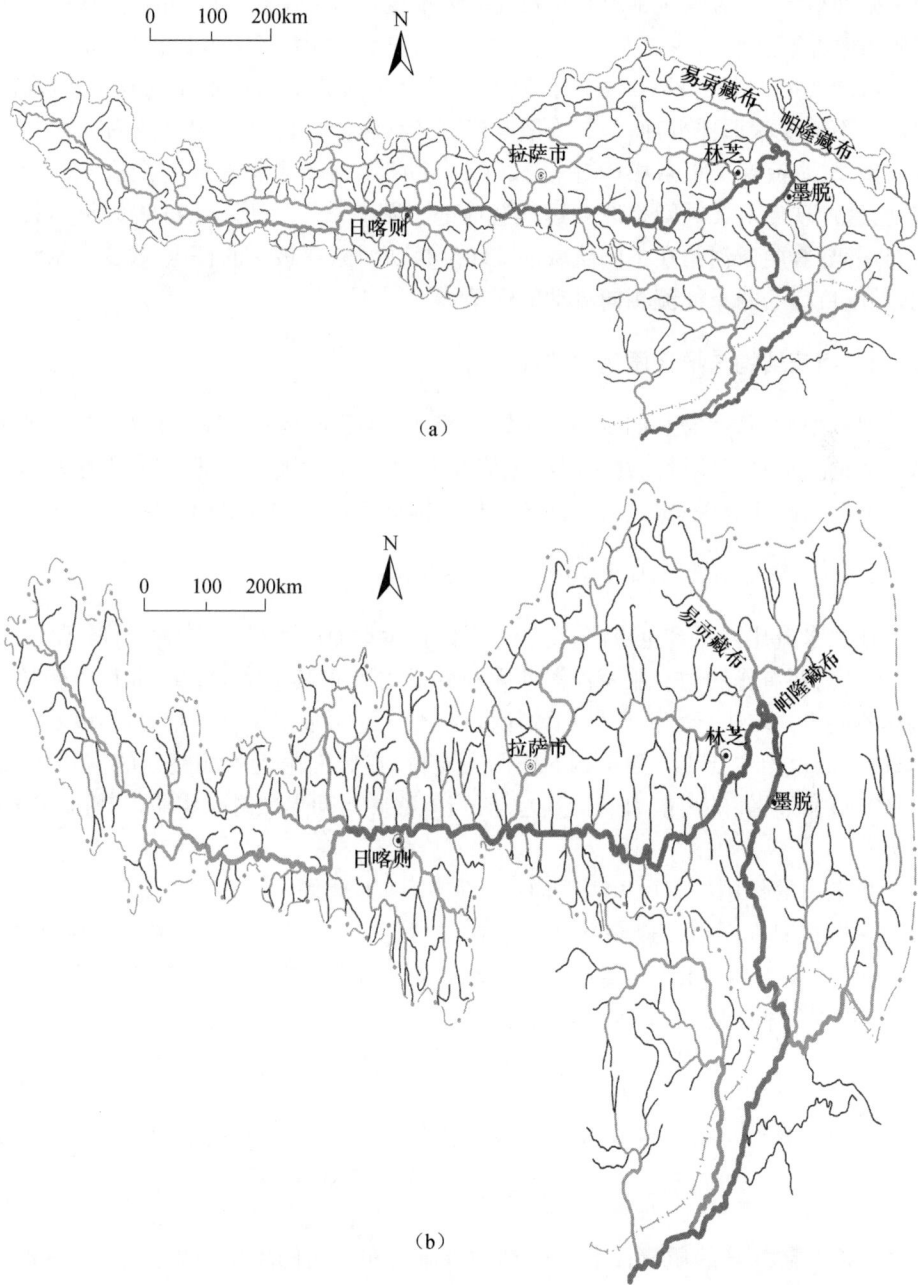

(a)

(b)

图 9.25 雅鲁藏布江河网(a)和推测的数百万年前的雅鲁藏布江河网(b)

雅鲁藏布江流域地貌的形成与地质和地貌过程均相关。在数百万年的进程中，由于印度洋不断扩张，推动着刚硬的印度板块沿雅鲁藏布江缝合线向亚洲大陆南缘俯冲挤压，使喜马拉雅山和青藏高原大幅度抬升(Ni et al.，1984)。这种以小的倾角俯冲于亚欧板块之下的印度板块持续向北的强大挤压力，引起了雅鲁藏布江流域的变形。图 9.25(b)显示推测的数百万年前的雅鲁藏布江流域形状，那时的流域不似现状那样窄，而是二维横向展宽枝状河网。目前，易贡藏布和帕隆藏布相向流动，水流在交汇点相撞[图 9.25(a)]。两条河流几乎在同一个流域但相向流动，这种现象毫无疑问是地貌过程造成的。图 9.25(b)所示为推测的早期雅鲁藏布江河网，两条河是在不同流域的。印度板块对欧亚板块的挤压，改变了水流方向，形成目前的两条河流相向流动的现象。

9.2.2　河床结构与推移质运动的等价律

河流中的河床结构(如阶梯-深潭系统等)及推移质运动对水流产生阻力，消耗水流能量。从水流能量消耗和对河床演变影响上看，河床结构和推移质运动存在着此消彼长的相互关系，这就是河床结构与推移质运动的等价律。

1. 推移质运动及河床结构对水流能量的消耗

挟沙水流比清水容重更高，泥沙易于停止运动而产生淤积，为保持泥沙颗粒的运动，就需要有作用力克服悬浮泥沙颗粒的重力阻止其下沉淤积。推移质颗粒运动的不同方式取决于水流条件和颗粒粒径，在床面滚动或滑动的推移质颗粒(接触质)所受的重力主要由床面接触的作用力支持，在床面附近弹蹦跳跃的推移质(跃移质)则由颗粒间的离散力支持其运动，当推移质运动强烈时跃移质是其运动的主要方式。

离散力的作用机制可以用下面一个实例(王兆印等，1985)来说明，图 9.26 中，t_1 时刻颗粒 P 在 1 点以速率 V 相对于颗粒 P_1 运动，与 P_1 碰撞后在 t_2 时刻到达 2 点，速率变成了 V'。由于碰撞，速率的大小及方向都发生了变化，产生加速度。设 $t_2 - t_1$ 时段颗粒 P 的平均加速度(a)为

$$a = \frac{V' - V}{t_2 - t_1} = \frac{\Delta V}{\Delta t} \tag{9.9}$$

根据牛顿运动第二定律，必然有一个力作用于颗粒 P，其大小为

$$F = Ma = \frac{M[(\Delta V \cdot i)i + (\Delta V \cdot j)j]}{\Delta t} \tag{9.10}$$

式中，M 为颗粒 P 的质量；i 和 j 分别为沿流向和垂向的单位向量。ΔV 及其两个分量如图 9.26 所示，分别对应作用力 F 和它的两个分力。垂向的力即离散压力，维持颗粒运动不下沉；而沿流向的分力为离散剪力，对水流产生阻力。由颗粒运动

产生阻力引起的能量消耗可表示为

$$e_{\mathrm{P}} = \frac{M(-\Delta V \cdot i)}{\Delta t} u_{\mathrm{P}} \tag{9.11}$$

式中，u_{P} 为推移质颗粒的平均速率；e_{P} 为单个推移质颗粒单位时间内的能量消耗。由于水平分力与流向方向相反，因此$-\Delta V \cdot i$ 为负。假定单位面积床面上有 N 个推移质颗粒运动，则该区域推移质运动消耗水流能量的总和为 Ne_{P}。

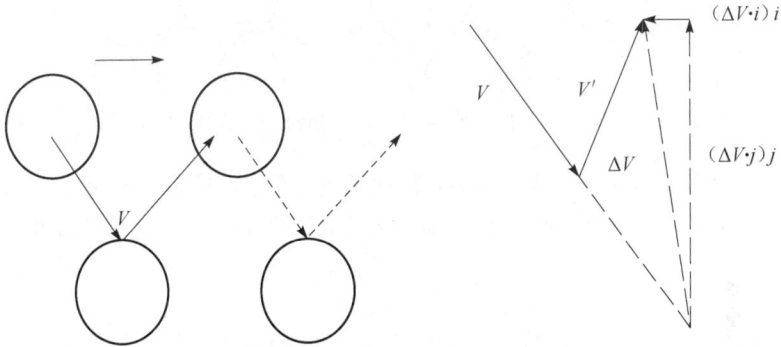

图 9.26　碰撞后颗粒间离散力的产生

推移质运动消耗的能量来自于水流能量，水流的势能可表述为 $P=\rho ghUs$，式中 U 为水流的平均流速，ρ 为水的密度，g 为重力加速度，h 为水深，s 为床面坡降。推移质运动消耗部分水流能量，因此有

$$NM \frac{(-\Delta V \cdot i)}{\Delta t} u_{\mathrm{P}} = \beta \rho ghUs \tag{9.12}$$

式中，β 为系数。可将式(9.12)改写为

$$J_{\mathrm{b}} = \beta s = \frac{NM}{\rho h} \frac{(-\Delta V \cdot i)}{g\Delta t} \frac{u_{\mathrm{P}}}{U} \tag{9.13}$$

式中，J_{b} 为推移质运动引起的能坡消耗。单宽推移质输沙率为 $g_{\mathrm{b}}=gNMu_{\mathrm{P}}$，因此 J_{b} 与推移质输沙率成正比。

如图 9.27 所示，推移质运动对河床起保护作用。推移质运动颗粒 P 通过碰撞床面颗粒产生离散力，与此同时，床面颗粒也受到反作用力 F，F 的分力 F_{y} 对保护床面不受侵蚀破坏具有重要作用。河床上泥沙颗粒的起动主要取决于水流的上举力，而 F_{y} 作用于床面颗粒却与上举力方向相反，因此抑制了床面的泥沙颗粒起动。推移质运动随着水流速率的增加而增加，当 F_{y} 与上举力相等时，床面不再被侵蚀，推移质运动也就达到了平衡。推移质层如同一层防护层，可保护床面不被继续侵蚀剥离。水流速率越高，床面的剪应力越强，推移质颗粒就越多，推移质层也就越厚，使床面在不同水流条件下保持稳定。

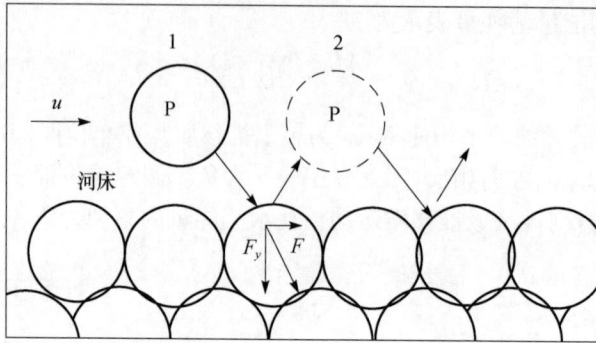

图 9.27　推移质运动对床面颗粒的反作用力

　　河床结构提供了较高的阻力消耗水流能量。阶梯-深潭系统的河床结构对水流能量消耗,可采用沙垄的阻力水头损失公式进行近似计算(钱宁等,1983):

$$h_\mathrm{L} = \alpha \frac{U^2}{2g}\left(\frac{\Delta}{h}\right)^2 \tag{9.14}$$

式中,Δ 为沙垄高度;α 为系数。Chang(1970)通过试验发现 α 等于 1.9,且 (Δ/h) 的指数不是平方数 2,而应该取 1.8。

　　如果单位长度上有 n 个沙垄,即 $n = 1/\Lambda$,其中,Λ 为沙垄的波长,则单位长度总的水头损失(即沙垄造成的能坡损耗)为

$$J_\mathrm{S} = \frac{h_\mathrm{L}}{\Lambda} = \alpha \frac{U^2}{2g\Lambda}\left(\frac{\Delta}{h}\right)^2 \tag{9.15}$$

对于大河中的沙垄,Δ/h 远小于 1,由沙垄的形态阻力引起的水头损失或阻力远大于床面泥沙颗粒产生的水头损失。例如,Simons 等(1960)通过实验发现,对于 0.28mm 的沙粒,沙纹或沙垄的摩擦力比由沙粒产生的摩擦力大 2～3 倍;对于 0.45mm 的沙粒,这一比值为 2～4。

　　对于发育阶梯-深潭系统的山区河流,阶梯-深潭系统产生的阻力类似于沙垄,因此可采用式(9.14)近似计算。然而,由阶梯-深潭系统产生的阻力远大于沙垄产生的阻力,这是由于 Δ/h 远远大于 1。水流能量大多直接消耗在阶梯-深潭系统上。阶梯-深潭系统消耗水流能量同样也能保护床面不被侵蚀,这与推移质运动的保护床面的机制相似。

　　水流的势能主要消耗于克服河床结构阻力和沙粒阻力,其余的能量消耗于推移质运动,因此有

$$p = \rho g q s = \gamma q (J_\mathrm{S} + J_\mathrm{b} + J_\mathrm{g}) \tag{9.16}$$

式中,J_g 为床面上颗粒的摩擦力导致的能坡损耗,在山区河流中,J_g 非常小,通常可以忽略不计。在阶梯-深潭系统非常发育的河流,如九寨沟,由河床结构导致的能坡损耗非常大,等于河床的床面坡降 s,因此没有推移质运动。若河床结构一旦

被特大洪水或泥沙淤埋摧毁,J_b 将变得非常大,甚至等于水流能量就会导致强烈的推移质运动产生。

2. 河流中河床结构与推移质运动的关系

Zhang 等(2010)于 2008~2009 年汛期对小江流域 15 条山区河流进行了野外测量及实验。测量河流及位置如图 9.28 所示。由于阶梯的高度和长度通常不规则,J_S 不能直接测量,因此引入阶梯-深潭系统发育程度 S_p 来反映阶梯-深潭系统对水流及推移质运动的影响。对图 9.28 中的测量河段同时测量单宽推移质输沙率 g_b、水流能量 p 及阶梯-深潭系统发育程度 S_p。其中,推移质输沙率的测量采用类似于坑测法的子-母双槽采样器(图 9.29),先将母槽(外槽)埋设到床面上,使其上边缘与床面齐平,测量时再将子槽(内槽)放入母槽,经一段时间取出子槽,对收集到的泥沙进行称重即可得到该段时间内的推移质输沙率。

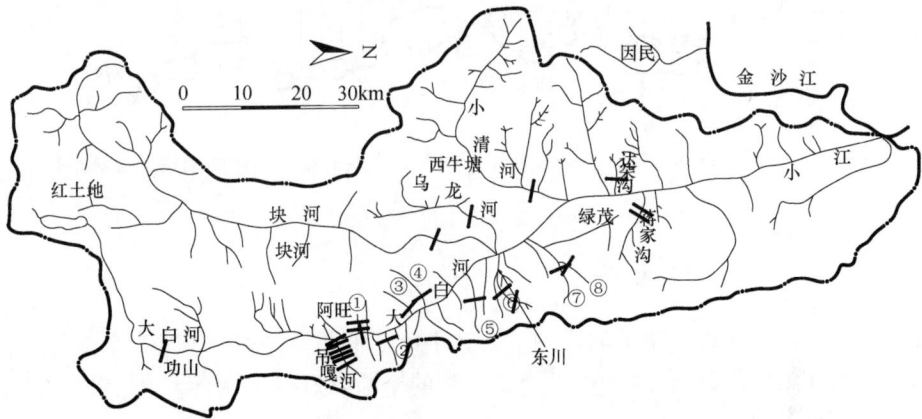

图 9.28　云南小江流域主要河流推移质输沙率测量点分布
①阿旺小河;②陶家小河;③小白泥沟;④大白泥沟;⑤小海河;⑥深沟;⑦大桥河清水沟;
⑧大桥河浑水沟;一测量断面

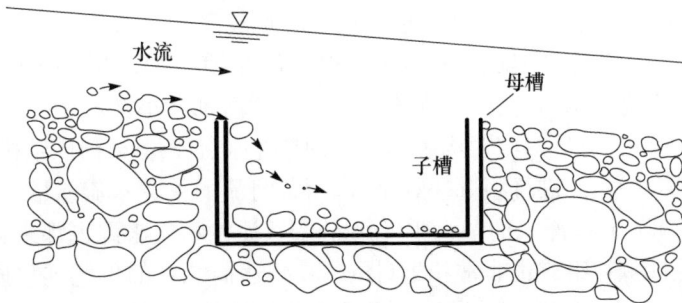

图 9.29　子母槽推移质采样器

阶梯-深潭系统发育程度 S_p(参见第 4 章定义和介绍)采用自制的河床结构测量排(图 9.30)进行测量,计算公式采用式(9.17)。

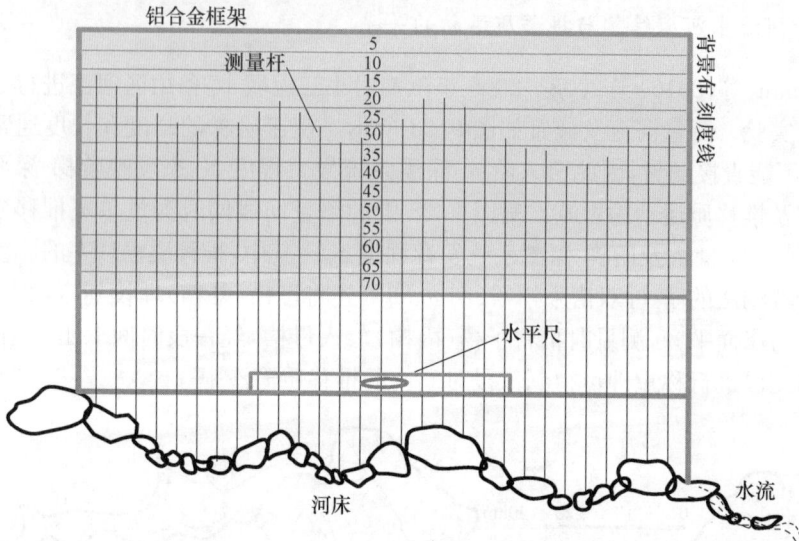

图 9.30　为测量河床纵断面形态和河床结构发育程度而设计的床面结构形态测量排

$$S_p = \frac{\sum\limits_{k=1}^{m}\sqrt{(R_{k+1}-R_k)^2+5^2}}{\sqrt{[5(m-1)]^2+(R_m-R_1)^2}} - 1 \qquad (9.17)$$

式中,R_k 为统一换算后整个河段测量系列中第 k 根测量杆相对于第 1 个测量排幅第 1 根测杆床面位置的读数值;m 为总读数的个数,数字"5"为测量排上相邻两根测量杆的水平间距。

河床结构引起的能坡损耗 J_P 虽然不能直接测量,却可以间接通过测量 S_p 来描述。一般 S_p 值越大,能坡损耗 J_P 越高。虽然式(9.13)给出了推移质运动引起的能量损耗计算方法,但由于 J_b 也不能直接测量,因此采用单宽推移质输沙率 g_b 来描述。通常推移质输沙率越大,能坡损耗 J_b 也越高。

图 9.31 所示为小江流域两条河床结构不同的山区河流,其中查箐沟为蒋家沟的支流,浑水沟为大桥河的支流,且蒋家沟与大桥河都是小江右岸的一级支流,二者相距不到 5km。分别对查箐沟和浑水沟的单宽水流能量 p、河床结构强度 S_p 及单宽推移质输沙率 g_b 进行测量并对比,这两条河流的单宽水流能量非常接近(查箐沟 $p=9.20$kg/ms;浑水沟 $p=10.16$kg/ms),泥沙物质来源也都来自于泥石流沉积物,且泥沙颗粒组成也非常相近(图 9.32),然而二者的单宽推移质输沙率却相差非常大。其中,查箐沟的阶梯-深潭系统发育程度 S_p 值达 0.155,阶梯-深潭系统消耗了较多的水流能量,使得剩余的水流能量不足以支持推移质颗粒运动,因此

测得单宽推移质输沙率 g_b 非常低,仅为 0.0001kg/ms。而浑水沟的情况正好与之相反,浑水沟几乎没有河床结构发育,测得阶梯-深潭系统发育程度 S_p 值仅为 0.04,大部分水流能量通过推移质运动消耗,测得单宽推移质输沙率 g_b 高达 18.9kg/ms,相当于查箐沟单宽推移质输沙率的 20 万倍。

(a)　　　　　　　　　　　　　　　　　　　　(b)

图 9.31　不同河床结构的山区河流(见彩图)

(a) 查箐沟(p=9.20kg/ms,S_p=0.155,g_b=0.0001kg/ms);

(b) 浑水沟(p=10.16kg/ms,S_p=0.04,g_b=18.9kg/ms)

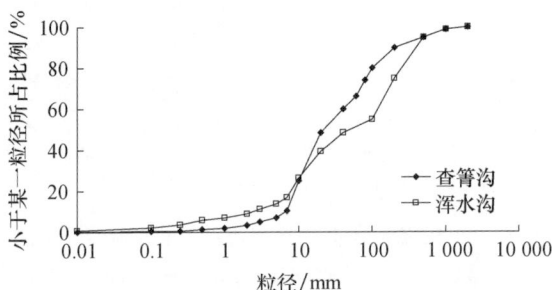

图 9.32　查箐沟和浑水沟的床沙颗粒级配

同样的例子还有阿旺小河和大白泥沟。两条河流的实测单宽水流能量几乎相等(阿旺小河 p=2.6kg/ms;大白泥沟 p=2.5kg/ms),泥沙物质也都源自泥石流沉积物,不同在于阿旺小河长期发育阶梯-深潭系统,河道较为稳定,滨河植被发育,实测阶梯-深潭系统发育程度 S_p 值达 0.18,大部分水流能量被阶梯-深潭系统消耗,水流无力挟带推移质泥沙,因此测得推移质输沙率 g_b 极低,仅为 0.000 15kg/ms。相反,大白泥沟没有阶梯-深潭系统发育,测得 S_p 值非常小,仅为 0.025,水流能量主要通过推移质运动消耗,因此测得推移质输沙率 g_b 较高,达 9.3kg/ms,大约是阿旺小河推移质输沙率的 6 万倍。

　　由于山区河流中床面泥沙颗粒的摩擦力引起的水头损失很小,可忽略不计,则对于一定水流能量的河流,较强的河床结构(即 S_p 值较高)通常伴随着较低的推移质运动;而较强的推移质运动也常伴随着较低的河床结构强度。通过实测小江流域 15 条山区河流在不同水流能量条件下的河床结构强度及推移质输沙率(图 9.33),发现对于水流能量一定的情况下,推移质输沙率随着河床结构强度的增加明显减少。当 S_p 值小于 0.05 时,推移质运动将十分强烈,而当 S_p 值大于 0.35 时,单宽推移质输沙率减少到几乎为 0。

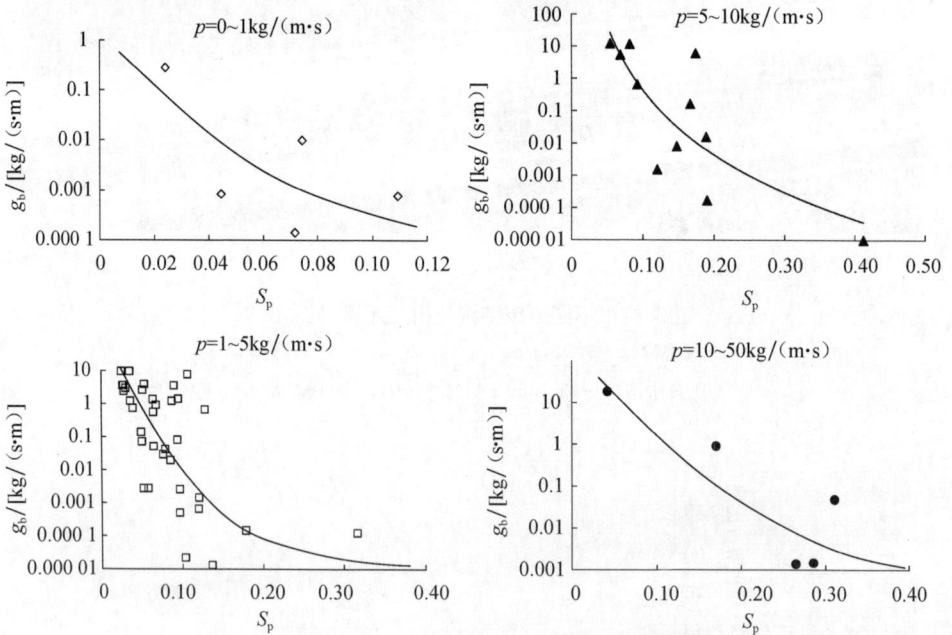

图 9.33　小江流域 15 条山区河流在不同水流能量条件下
河床结构强度(S_p)与推移质输沙率(g_b)的关系

　　式(9.16)可改写为

$$\frac{\gamma q J_b}{p} = 1 - \frac{\gamma q J_S}{p} \tag{9.18}$$

式中,由推移质输沙率引起的能坡损耗 J_b 与推移质输沙率 g_b 成正比,由河床结构引起的能坡损耗 J_S 与阶梯-深潭系统发育程度 S_p 成正比。尽管 J_b 和 g_b 之间的关系及 J_S 和 S_p 之间的关系尚不明确,但推移质输沙率与水流能量的比值 g_b/p,似乎可以表述为无量纲数 S_p 的某一函数。图 9.34 给出了 g_b/p 与 S_p 值之间的关系。

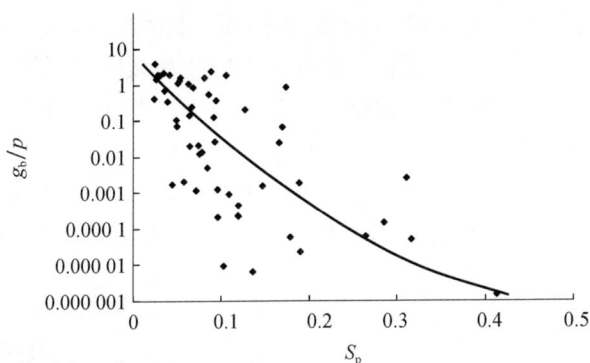

图 9.34　推移质输沙率与水流能量比值 g_b/p 与阶梯-深潭系统发育程度 S_p 值的关系

3. 河床结构发育实验

河床结构在增加床面阻力、消耗水流能量和防止床面侵蚀等方面有重要作用。本节对其进行了两种试验,第一种设置在蒋家沟河谷里,共进行了三次试验(刘怀湘等,2009;刘怀湘等,2010)。图 9.35(a)中给出了该试验的主要布局,它主要设置在蒋家沟河谷左侧的泥石流沉积物上。图 9.35(b)为第一次试验中,水流挟带泥沙流经试验河道并侵蚀边岸的情景。经过剧烈的河床演变后,试验河道逐渐稳定并趋于平衡。

(a)

(b)

图 9.35　蒋家沟左侧的试验布局(a)和试验河道中含沙水流侵蚀边岸(b)

图 9.36(a)中给出了试验场地中的原始泥沙粒径分布。该图包含多种类型的泥沙:黏土、砂、砾石、卵石及漂石。由于在卵石和漂石的空隙中充填了大量的细颗粒,因此试验场地表面看起来是非常平坦的。试验流量用蒋家沟上自制的一座小型坝体控制,该坝主要由就地采集的巨石构成。图 9.36(b)显示了第一次试验中引入试验河道的流量过程线(虚线)。该流量的波动是特意用来模拟天然情况下的

洪枯水流循环的,其中洪水流量通常维持 $1\sim2h$。推移质的测量值也绘在图 9.36(b)(黑三角)中。推移质输沙率在洪水期非常高而在枯水期很低。起初河道宽度为 $1\sim3m$,平均值为 2m。因此,洪水期的单宽推移质输沙率约为 3kg/ms,这是非常高的。河床演变过程特别快,因此在 $6\sim10$ 个水文循环后就大体上达到了初步平衡。当然,由于输沙沿程连续,此时的推移质输沙率仍是很高的,与上游来沙相等。没有控制上游来沙,因此推移质输沙率也随着流量与来沙的波动而变化。

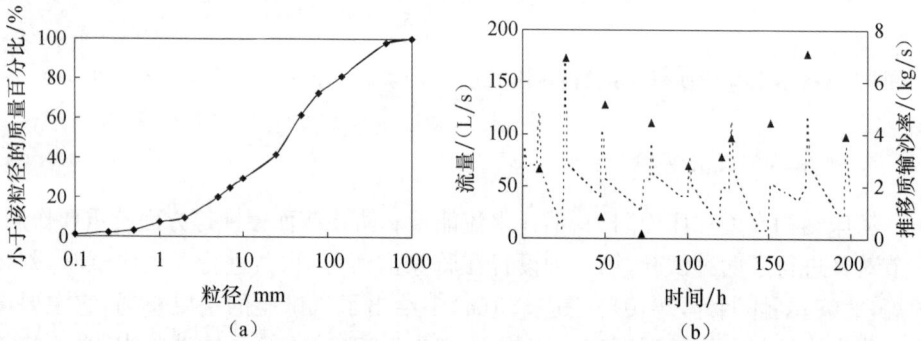

图 9.36　试验场地原始粒径分布(泥石流沉积物)(a)和第一次试验中引入河道的流量(虚线)与推移质(黑三角)随时间的变化(b)

　　该项试验中,水沙从蒋家沟主流中导入试验河段,然后再排回主流。试验主要是在人工河道最下游的 60m 长河段中进行的,上面设置了 15 个测量断面。在试验河段及其上游之间制作了一个 2m 长的混凝土水槽,放置流速计来测量入口流量,同时该水槽也被用做河道纵剖面的一个基准点。试验中测量了 15 个断面处的河床结构、河宽、水深、侵蚀淤积及河道迁移等。

　　三次试验分别是在不同条件下进行的。图 9.37 中为每次试验所形成的河道纵剖面。第一次试验中,推移质、悬移质和水流经混凝土槽导入试验段。河道被冲刷、拓宽并逐步趋于平衡。河床结构的 S_p 值大约为 0.08。图 9.37 中的相应纵剖面被标记为挟沙水流。第二次试验中,推移质被上游挖出的沉砂池所过滤,仅仅水流与悬移质流进试验段。河道发生了下切,直至床面上形成了明显的阶梯深潭结构。最终河道下切停止,达到平衡(纵剖面无推移质),此时 S_p 值约为 0.13。在第三次试验前,又开始导入推移质,由于淤积的缘故河床逐渐上升,S_p 值再次减小为 0.08(纵剖面有推移质)。然后开始第三次试验,再次去除了上游来的推移质,不过此次在河道中建造了人工阶梯深潭来增大床面阻力。人工阶梯采用 $50\sim300mm$ 粒径的石块搭建,间距为 $1\sim2m$,S_p 值约为 0.11。这种情况下河道开始下切(纵剖面人工结构)。人工结构纵剖面与有推移质纵剖面大部分相同,这显示出在河床演变过程中河床结构与推移质的作用相似。然而,人工结构和推移质运动对横断面的影响是不一样的。有推移质的试验中,河道并不是很稳定,会发生横向摆动与弯道迁移,而人工结构试验中河道要相对稳定很多。

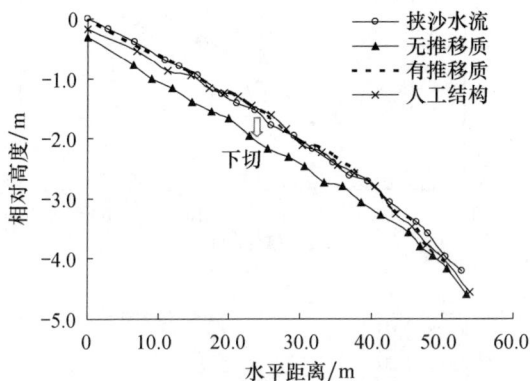

图 9.37　蒋家沟试验后的最终纵剖面

在三次试验中,对悬移质都没有加以控制,因为它对河床演变的影响相对较小。试验初始时悬移质浓度大约为 16.7kg/m³(试验段入口处)和 48.3kg/m³(试验段出口处),说明很多床面细颗粒泥沙被冲刷而成为悬移质。当试验逐渐接近平衡时,入口、出口处的悬移质浓度分别是 22kg/m³ 和 25kg/m³,反映出此时试验段中冲刷已不那么强烈。

4. 河床结构破坏试验

无论是天然的河床结构还是人工建造的河床结构都能起到控制侵蚀下切、减少推移质运动的作用。那么若河床结构发生破坏将会发生什么呢? 是否会导致河床下切、推移质运动加强呢? 为寻求问题的答案,进行了第二种试验——破坏河床结构试验。试验于 2010 年 5 月在小江流域的吊嘎河、小白泥沟及浑水沟进行,由于 2010 年该区域遭遇连续 7 个月的大旱,河流水量很小,为基流,可近似为恒定水流,河流上游没有来沙,水流长期冲刷河床带走推移质的同时也逐渐发育了一定程度的河床结构,与水流能量达到平衡,因此,尽管这些河流的河床结构发育强度并不高,但在长期的冲刷下已使这些河流的推移质运动降到了最低。

每条河流选择 20～30m 作为试验河段,试验河段有较小阶梯-深潭系统发育,实验开始前对试验河段的河床结构强度、水流能量、推移质输沙率及泥沙颗粒级配进行测量。然后,移除试验河段上组成河床结构的关键石块,使河床结构破坏。河床结构破坏后水流流量保持不变,但水流受到的阻力减小,水流流速增加,床面开始冲刷,推移质运动明显增加,且推移质颗粒粒径也变得更粗,测量此时的推移质

运动及河床结构强度,并与破坏河床结构前的各项参数进行比较,结果如图 9.38
所示。

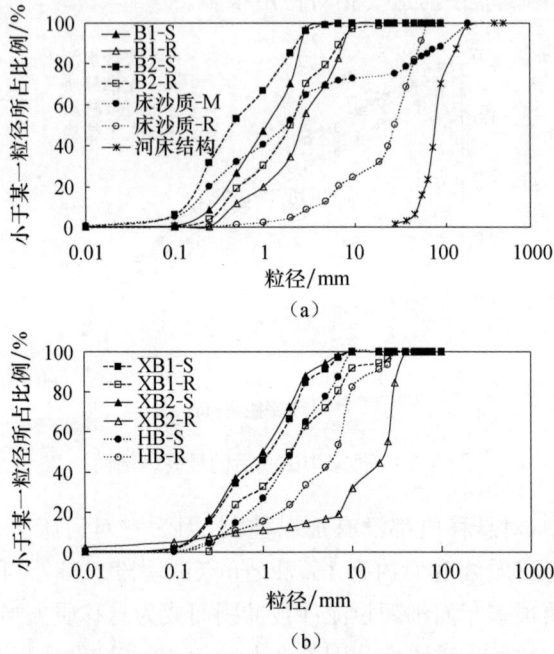

（a）

（b）

图 9.38　移除河床结构前后的颗粒级配
（a）吊嘎河;（b）小白泥沟和浑水沟

　　图 9.38（a）给出了吊嘎河河床结构破坏前后颗粒级配的变化,其中 B1-S 和
B2-S 为移除河床结构前两个不同断面的推移质颗粒级配,B1-R 和 B2-R 为移除河
床结构后两个断面推移质颗粒级配,床沙质-M 和床沙质-R 分别为破坏河床结构
前、后的床沙质颗粒级配;河床结构为被移除的河床结构颗粒级配。试验前的床沙
级配很宽,包含有各种不同粒径的泥沙颗粒,其中大量粒径小于 10mm 的沙和砾
石是推移质的主要组成部分。阶梯-深潭系统消耗水流能量,降低水流流速,使细
沙存于深潭段。图 9.38（b）反映小白泥沟和浑水沟破坏河床结构后的推移质颗粒
级配变化,其中 XB1-S 和 XB2-S 为试验前两个测量断面的颗粒级配,XB1-R 和
XB2-R 为破坏河床结构后两个测量断面的推移质颗粒级配,HB-S 和 HB-R 分别
为浑水沟破坏河床结构前、后的推移质颗粒级配。从图中可以看出,与吊嘎河的试
验相同,河床结构破坏后,小白泥沟和浑水沟的推移质中值粒径增加了 2～20 倍。
由此可知,河床结构破坏后推移质颗粒将会变粗。

　　图 9.39 反映了吊嘎河、小白泥沟和浑水沟试验中河床结构破坏前后推移质输
沙率及河床结构强度的变化。可以看出,S_p 值降低后小白泥沟和浑水沟的推移质

输沙率增加了近 100 倍,吊嘎河增加了近 10 倍。同时,也证明河床结构对推移质输沙的影响是可逆的,换句话说,河床结构发育能减少推移质输沙,而破坏河床结构则会导致推移质输沙增强。对于一定的水流能量,河床结构和推移质运动的消能作用可以相互转化。

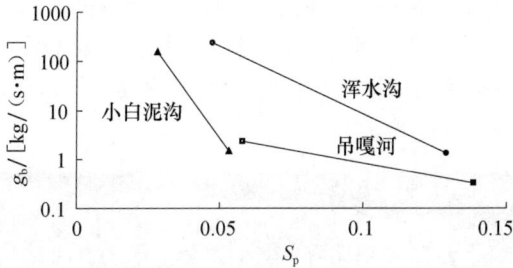

图 9.39　移除河床结构前后试验河流推移质输沙率 g_b 及河床结构强度 S_p 的变化

5. 河床结构控制推移质运动

雅鲁藏布大峡谷水流能量(p)非常高,而阶梯-深潭系统也非常强。阶梯-深潭系统消耗了大部分水流能量,因而在峡谷中没有发生强烈的推移质运动。图 9.40 显示了雅鲁藏布江的河床纵剖面,有 5 处尼克点,图中用数字标注。④~⑤尼克点为大峡谷上游段,是世界上最深的峡谷。大小为 5~15m 的巨石交叠,形成了巨型的阶梯-深潭系统。

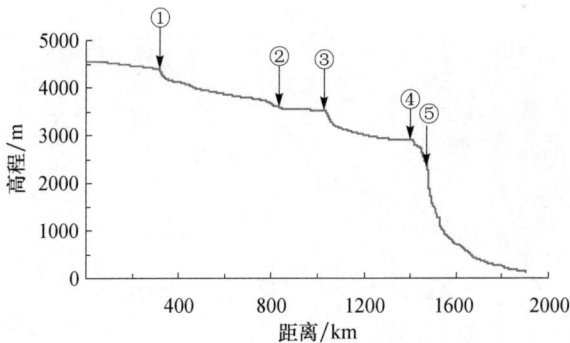

图 9.40　雅鲁藏布江的河床纵剖面
数字标注处为尼克点,④~⑤尼克点为大峡谷上游段

雅鲁藏布江的阶梯-深潭系统对水流造成很高的阻力,水流形成数米高的巨浪[图 9.41(a)]。水浪消耗大量水流能量,产生巨大噪声。虽然河床底坡高达 0.04~0.06,但平均流速仅为 3~4m/s,河中的泥沙是作为悬移质输移的。这主要是因为阶梯-深潭系统平衡了水流能量,而且没有发生强烈的推移质运动,水流没有挟带卵石和砾石穿越大峡谷。

　　雅鲁藏布江在大峡谷下游呈藕节状,狭窄的藕节部分为峡谷[图 9.41(a)],河床底坡大,有阶梯-深潭。藕节之间为河面较宽部分,河床底坡较缓。作者对宽河段部分进行了泥沙研究,发现此处泥沙组成主要为砾石和细沙,泥沙最大厚度高达 200～400m。10～200mm 的卵石未被输送至大峡谷,而是沉积在上游较宽河段。大峡谷中的阶梯-深潭系统消耗了水流能量,保护河床免受冲刷。因此河流上游段稳定,大量卵砾石推移质储存在此。图 9.41(b)所示为雅鲁藏布江大峡谷下游位于印度的 Brahmaputra 河,河床主要组成为沙,而不是砾石,证明大多数砾石推移质没有穿越大峡谷输移至印度。

(a)

(b)

图 9.41　雅鲁藏布江大峡谷河段和大峡谷下游河段(见彩图)
(a)雅鲁藏布江大峡谷中巨型阶梯-深潭系统(尼克点④附近);(b)雅鲁藏布江大峡谷下游
位于印度的 Brahmaputra 河

6. 等价律的应用

河床结构与推移质运动的等价律有十分广泛的应用前景。例如，莱茵河上游建坝或堰等拦蓄了大量推移质泥沙，使得坝或堰的下游河床冲刷下切，为防止河床下切，德国工程师采用了人工喂沙的方法，自 1978 年起每年向莱茵河倾倒 17 万 t 卵石（Kuhl，1992）。然而，人们发现很难找到足够量的卵石进行持续喂沙，且喂沙的经济成本也非常高。根据河床结构与推移质运动的等价律，其实可以用增加河床结构来取代推移质，当河床结构强度拥有足够的阻力时，河床下切将得到控制，水位也会维持稳定。

河床结构与推移质运动的等价律可用于解决长江三峡水库下游河床的冲刷问题。由于水库淤积了大量泥沙，使长江中下游河床冲刷了近 10m，河段的洪水水位也同样降低。图 9.42 给出了长江中游白洋河的河床断面变化情况，该断面距离三峡水库大坝约 88km。自 2003 年水库开始蓄水以来，长江中游河段就开始冲刷下切，与 2002 年的河床断面相比，2008 年河床下切了近 10m，而且若不采取措施，河床下切仍将继续。

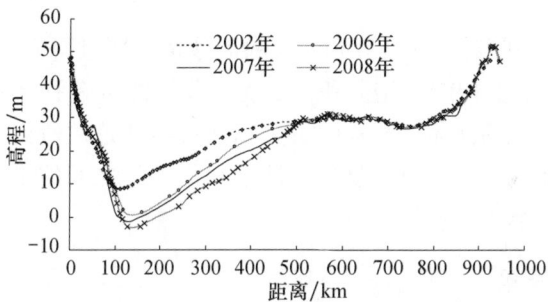

图 9.42　距离三峡大坝 88km 的长江中游白洋河实测断面变化（中华人民共和国水利部，2009）

长江中游河段下切带来的严重后果是洞庭湖的分洪将减小，河湖的连接纽带将被切断或部分切断，其生态系统的功能将大大削弱。而洞庭湖的分洪作用对长江的防洪起着十分重要的作用，洪水从松滋口、太平口、藕池口等数条水道进入湖区，自岳阳附近回归河道，成为长江的一座天然水库，对调节长江的水量起着重要作用。许多鱼类也自湖区迁徙到河道中产卵，幼鱼再游回湖区生长。然而 20 世纪 60 年代对河道的裁弯取直，80 年代葛洲坝水库的运行及 2003 年三峡水库的蓄水，都使得河床下切，进入洞庭湖的水沙大大减少。对于解决河床下切问题可以采用增加河床结构的方法。根据河床结构与推移质的等价律，长江的河床下切可以通过增加阻力单元进行控制，如投入四面体的透水框架结构。四面体透水框架最先应用于河道护岸，试验表明，四面体透水框架附近的流速能至少降低 50%，因此可以有效地控制床岸侵蚀（Tang et al.，2009）。四面体透水框架能改变其附近的流速分布,使床面附近的流速降至最低。如若将足够多的四面体透水框架投放在长江中游河段床面上,其对水流能量的消耗和床面保护作用类似于进行推移质"喂沙",河床的下切也将终止,使洪水水位恢复到与建坝前相同。而且水流将会很快重新分流进入洞庭湖,鱼类的洄游繁殖也不会受到影响。但是应用这种人造河床结构方法之前必须先分析其对航道的影响。

9.2.3　泥沙概算——粒径级配分析方法

泥沙概算研究的是泥沙在流域内不同区域的分布状况。这种方法主要考察泥沙量的分布,而不考虑泥沙的输运过程。国际水文科学学会在 1988 年组织了一次关于泥沙概算的专题研讨会,研讨会组织者有意选择一个能引起广泛研究兴趣,并能代表目前重要研究方向的主题(Bordas et al.,1988)。目前,泥沙概算方法的研究还处在起步阶段,还需要制订必要的监测、建模策略,对概算方法中涉及的问题开展深入研究。在已有的泥沙研究中,研究者关心的主要是流域内的侵蚀过程及流域出口处的泥沙沉积。目前,人们已经开始逐渐认识到必须把这两者结合起来,建立泥沙概算方法,确定整个流域中侵蚀-输运-沉积三者体系中各个组成环节之间的关系。

Wang 等(1997)曾对泥沙概算和河流的需沙量开展过研究。河流的需沙量包括很多方面,如建筑材料挖沙、造陆所需的泥沙及保持河流平衡所需的泥沙。河流泥沙问题的研究应包括河流产沙量的研究和河流需沙量的研究,而不是只研究其中的一个方面。泥沙概算研究的就是产沙量和需沙量之间的平衡,并考虑人类活动对这个平衡的影响。

1. 长江泥沙概算

长江全长为 6300km,是我国最长的河流,流域面积为 180 万 km²。图 9.43 为长江流域示意图,图中标出了部分水文站、气象站、支流、通江湖泊及泥石流发生区的分布情况,示意图下方为沿巴塘—重庆—鄱阳湖剖面从西边的源头到东边河口的高程变化图。长江流域高程变化范围从西到东由 5000m 下降到海平面,跨北纬 25°～35°,流经青藏高原、云贵高原、四川盆地、三峡、江汉平原、长江下游平原,最后在上海汇入东海。其中,从源头到宜昌(三峡大坝坝址)为上游,从宜昌到湖口(鄱阳湖口)为中游,从湖口到大通为下游,大通以下为河口段。

通过分析长江上游泥沙输运的时空变化,可以发现其中存在的矛盾。在最近的 30～40 年,我国西南地区的土壤侵蚀量从范围和数量上看都有明显的增长(Smil,1993;Wen,1993;Edmonds,1994;Lu et al.,1999),但在宜昌水文站观测到的上游输运下来的泥沙量却没有明显增长。同时,许多研究(唐克丽,2004)已经表明,长江上游的年土壤侵蚀量约为 22 亿 t,但是宜昌站实测的年输沙量却只有 5 亿 t

左右。因此,大量的泥沙堆积在上游河段内的某些区域。

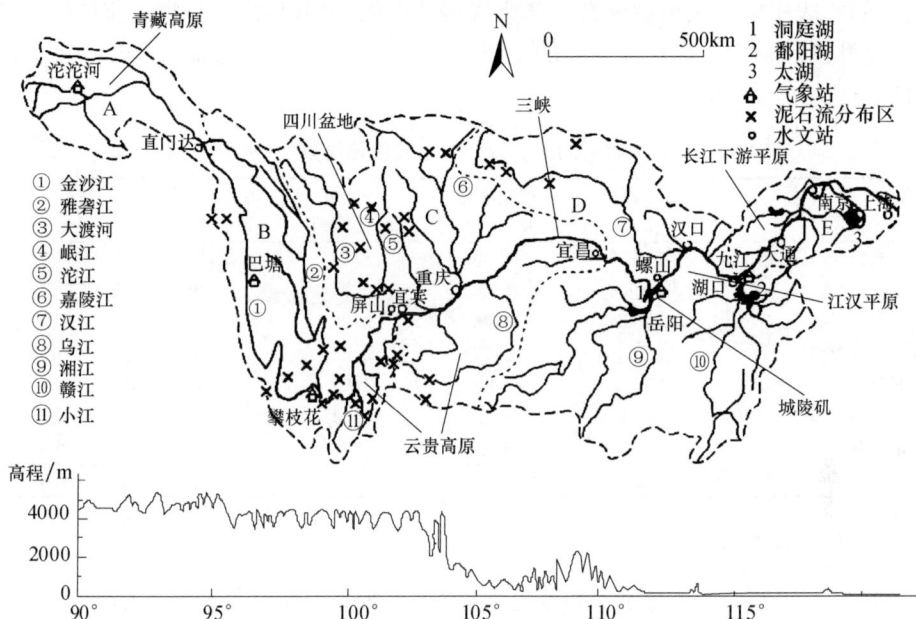

图 9.43　长江流域示意图及自西向东的高程变化

在长江流域,土壤侵蚀量、输沙量和泥沙堆积量都有大量的历史实测数据,也有一些资料整编成果。在长江干流和支流上设置了大量水文站、监测断面和水位站。水文站每天都进行水位、流速、流量、悬移质浓度和推移质输沙率等指标的常规监测。其中,推移质输沙率采用推移质采样器测定。河床形态测量则是由设置在河流、河谷和冲沟的站点及监测断面不定期进行。通过河流流量、悬移质浓度和推移质输沙率可以计算得出河流的总输沙量。相对而言,推移质输沙率的测量误差较大,但推移质在总输沙量中所占的比例一般小于 1‰,不会影响总输沙量的计算精度。沉积在河床和水库中的泥沙量则可以通过断面法计算。

一般,土壤侵蚀可以通过以下几个方面进行估算:①通过遥感技术和野外调查确定土壤侵蚀区面积;②在小流域(一般为数十到上百平方千米)的下游测定各侵蚀区的泥沙输移比;③通过分析流域每年的输沙量计算泥沙冲刷量;④通过测量降雨期间小型采样区内的土壤侵蚀量直接得到土壤侵蚀模数;⑤各个小流域的土壤侵蚀量之和就是整个流域的土壤侵蚀总量。

根据文献资料,长江上游的年土壤侵蚀总量为 16 亿～22.4 亿 t,该数值因统计方法的不同而有所差异。余剑如等(1988)利用评价统计方法,得出长江上游年土壤侵蚀总量为 16 亿 t。唐克丽等得出的数据为 22.4 亿 t/a。虞孝感采用的数值为 21.79 亿 t/a。1990 年水利部遥感技术应用中心公布的利用遥感方法测定的土壤侵蚀总量约为22亿t。表9.2表示虞孝感提出的长江上游不同流域分区的土壤侵蚀模数,表中的土壤侵蚀模数为各土壤侵蚀区的平均值,而不是整个流域的平均值。金沙江和嘉陵江为长江泥沙的主要来源。本书采用的长江流域年土壤侵蚀总量的数值为21.79亿t。

表9.2　长江上游不同流域分区的土壤侵蚀模数(虞孝感,2003)

流域分区	分区面积 /km²	侵蚀区面积/km²	侵蚀量 /(亿 t/a)	占总侵蚀量比重/%	侵蚀模数 /[t/(km²·a)]
金沙江(长江上游)	488 900	223 800	8.29	38.04	3 704
嘉陵江	159 900	92 400	5.59	25.65	6 043
沱江	27 800	14 800	0.92	4.22	6 216
岷江	135 400	5 800	2.53	11.61	4 362
长江(屏山—寸滩)	45 700	24 400	1.07	4.97	4 385
乌江	86 600	46 300	1.91	8.77	4 125
三峡库区(寸滩—宜昌)	61 100	36 500	1.48	6.79	4 055
合计	1 005 400	444 000	21.79	100	4 908

2. 长江上游泥沙堆积量

　　长江上游的年土壤侵蚀总量为21.79亿t。但在葛洲坝开始蓄水的1980年之前,宜昌站的多年平均悬移质输沙量也仅有5.14亿t,推移质输沙量为0.954亿t(0.878亿t的沙质推移质加上0.0758亿t的卵石推移质)。长江上游土壤侵蚀总量与宜昌站输沙量的差值高达16.55亿t。因此有大量的泥沙沉积在流域上游。

　　金沙江流域是长江泥沙的主要来源地。如图9.43所示,该区域分布着很多泥石流沟谷,坡降非常大,年侵蚀总量超过8亿t。表9.3列出了几条泥石流沟出口处测得的产沙量数据。泥石流沟单位面积的产沙量通常比整个流域的平均值大40倍以上。以小江流域为例,它是金沙江的支流之一(图9.28),河长138km,流域面积3043km²,在这个小流域中分布着107条泥石流沟,其中蒋家沟因泥石流发生频率高而为人们所熟知。这些泥石流沟每年向小江输入大量的泥沙。蒋家沟的产沙量达142 200t/(km²·a),其中只有2%的泥沙向下游输运进入小江。

表9.3　长江上游泥石流沟单位面积产沙量

泥石流沟	面积/km²	单位面积产沙量/[t/(km²·a)]	数据年份	参考文献
古乡沟	26.00	470 020	1964～1965	王文濡等(1985)
柳湾沟	1.97	124 970	1963	杨针娘(1985)
火烧沟	2.03	126 100	1973	杨针娘(1985)
泥湾沟	10.30	65 500	1965	杨针娘(1985)
浑水沟	4.50	374 240	1976～1978	张信宝等(1989)
蒋家沟	48.60	142 200	1965～2000	中华人民共和国水利部(2001)

　　通过比较采集自大量支流、泥石流沟及长江中上游干流的泥沙样本的粒径分布,可以研究流域上游的泥沙堆积量(Wang et al.,2007a)。推移质输沙是山区河流泥沙输运的主要形式,它包括粗砂、砾石、卵石和漂石。图 9.44 中就有小江支流吊嘎河的推移质粒径级配曲线。吊嘎河 2006 年 6~9 月汛期推移质和悬移质的测量数据表明,这 4 个月中推移质与悬移质的比值为 21% : 79%,远大于长江泥沙中二者的比值(2% : 98%)。事实上,从山区河流到支流,从支流到干流,推移质输沙量都会逐渐减少。换句话说,由于河床坡降随河流级别的升高而减小,粗颗粒泥沙在山区低级别河流中输运,在高级别河流中则停止运动。

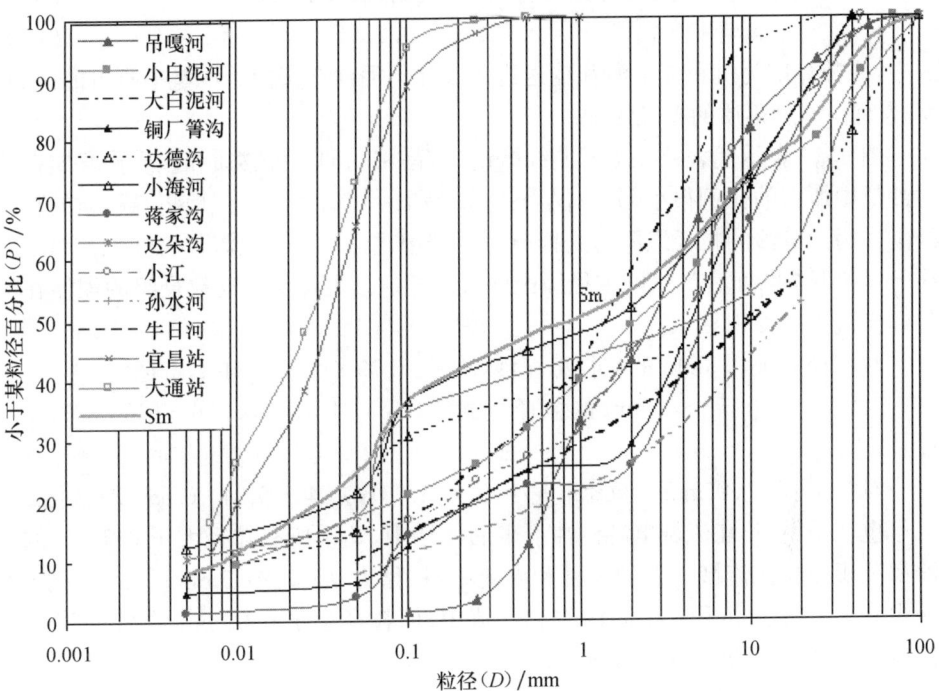

图 9.44　长江上游泥石流沟谷和支流中的泥沙沉积物与宜昌站、大通站悬移质的粒径级配曲线
S1.吊嘎河推移质;S2~S11.泥石流沟和支流泥沙沉积物;S2.小白泥沟;S3.大白泥沟;S4.铜厂箐沟;S5.达德沟;S6.小海沟;S7.蒋家沟;S8.达朵沟;S9.小江;S10.孙水河;S11.牛日河;S12.宜昌站悬移质;S13.大通站悬移质;Sm.长江上游侵蚀泥沙代表粒径级配

　　图 9.44 为沉积在长江上游泥石流沟谷和支流中的泥沙沉积物与宜昌站、大通站悬移质的粒径级配曲线对比图(王裕宜等,2001;万新宁等,2003;康志成等,2004;谢洪等,2004;许炯心,2005)。图中所有粒径级配曲线都是几十个样品的平均值。根据泥沙粒径大小将它们分成 n 个粒径组:$D_1 \sim D_2, D_2 \sim D_3, D_3 \sim D_4, \cdots$其中下标 $1,2,3,\cdots$ 为顺序数。ΔP_i 是粒径为 $D_i \sim D_{i+1}$ 的泥沙在总量中所占的百分

比。沉积在河流上游河道中的粒径为 $D_i \sim D_{i+1}$ 的泥沙量 (S_{di}) 可以用式(9.19)计算：

$$S_{di} = S_{up}(\Delta P_i)_{up} - S_{down}(\Delta P_i)_{down} \tag{9.19}$$

式中，up 和 down 分别为长江上游和宜昌站。这样，S_{up} 就是宜昌以上长江上游区域的侵蚀产沙量；S_{down} 为宜昌站的输沙量。

从长江流域上游侵蚀下来的泥沙的代表粒径级配可以通过下面的方法粗略估算：①取长江上游河床和泥石流沟沉积物的粒径级配的平均值，记为 S_a；②由于有部分泥沙以悬移质的形式输运进入长江(侵蚀总沙量的 23.6%)，侵蚀下来的泥沙的代表粒径级配 Sm 需要考虑这部分泥沙，并用式(9.20)计算：

$$Sm = 0.764S_a + 0.236S_{12} \tag{9.20}$$

式中，系数分别为沉积在上游和输送进入长江的泥沙在侵蚀总沙量中所占的比例，S_{12} 为宜昌站悬移质的粒径级配。

图 9.44 表示代表粒径级配曲线 Sm。宜昌站的卵石推移质和沙质推移质在总输沙量中所占的比例很小，分别仅为 0.15% 和 1.7%，可以近似地将悬移质的粒径级配作为总输沙的粒径级配。这样就可以利用式(9.19)及上游代表性粒径级配曲线 Sm 和下游断面宜昌站的粒径级配曲线的相应读数计算不同粒径组的泥沙在沟谷和支流中的堆积量。

对粒径大于 0.5mm 的粒径组泥沙，$S_d = 21.79 \times 0.528 = 11.51$ 亿 t。

对粒径为 0.05~0.5mm 的粒径组泥沙，$S_d = 21.79 \times 0.226 - 5.14 \times 0.35 = 3.13$ 亿 t。

对粒径小于 0.05mm 的粒径组泥沙，$S_d = 21.79 \times 0.246 - 5.14 \times 0.65 = 2.02$ 亿 t。

也就是说，长江流域上游侵蚀下来的泥沙中，几乎所有粒径大于 0.5mm 的泥沙都沉积在长江流域上游的沟谷和支流中，粒径为 0.05~0.5mm 的 4.92 亿 t 泥沙中有 3.13 亿 t 沉积在上游沟谷和支流中，而粒径小于 0.05mm 的 5.36 亿 t 泥沙也有 2.02 亿 t 沉积在这些区域。

图 9.44 所示吊嘎河推移质的粒径级配曲线是由 18 个沙样根据推移质输沙率计算得出的平均值。吊嘎河的推移质输沙率在汛期高达 100kg/(m·min)，这远远高于长江的推移质输沙率。然而，大部分的推移质不会被输运到宜昌站，而是沉积在长江上游的沟谷和支流中。

3. 长江泥沙输运

图 9.45 为长江年径流量和年输沙量沿程分布。多年平均径流量从上游到下游沿程均增大，而多年平均输沙量则从源头到宜昌(三峡大坝坝址)沿程增大，并在宜昌达到最大值 5.14 亿 t/a。宜昌到螺山段，长江从山区进入冲积段。宜昌到汉口(武汉)段，由于泥沙的沉积，输沙量减小。

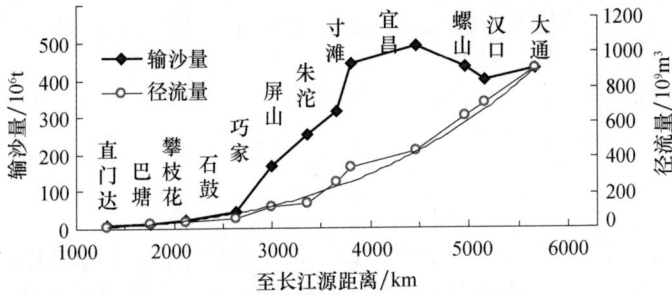

图 9.45　长江年径流量和年输沙量沿程分布
数据点表示各观测站 1950~2000 年实测数据的平均值

长江中下游为冲积河流,输沙量随着水流输沙能力的变化而变化。图 9.46 为宜昌、汉口和大通站枯水期及汛期输沙总量与流量的关系图。在宜昌站(上游),由于泥沙和水量都来自上游河段,其输沙量总是与流量成正比。但是,在汉口站和大通站(中下游),输沙量在 10 月到第二年 6 月的非汛期与流量成正比,而在 7~9 月的汛期,输沙量与流量的相关性很差。这是由于长江中下游河段非汛期的泥沙主要为床沙质,流量越大,从河床侵蚀的泥沙越多,输沙量也就越大;在汛期,大部分泥沙来自上游河段的输运,而有 50% 水量来自中下游河段,泥沙和水量来自不同的河段,且大部分的泥沙为冲泻质,使得输沙量与流量的相关性不大。

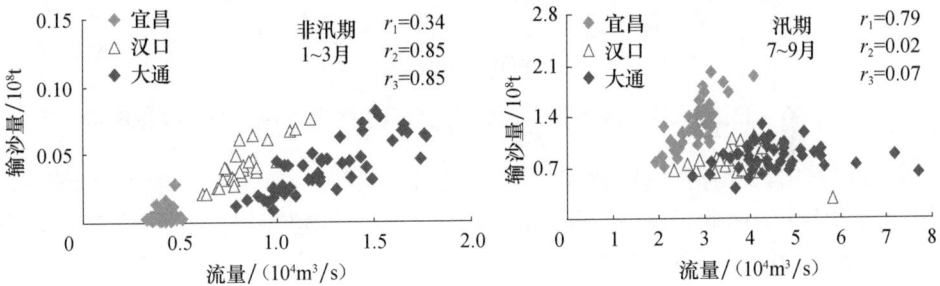

图 9.46　宜昌、汉口和大通站枯水期(1~3 月)及汛期(7~9 月)月均输沙量
与月均流量的关系(r_n 为相关系数)

4. 需沙量

长江流域的需沙量主要包括三个方面:①河床演变所需沙量;②用于建筑材料的挖沙量;③用于造陆所需的泥沙量。

长江中下游的河床演变及河道的横向摆动受两岸堤防工程的约束,泥沙沉积和冲刷主要影响河床纵剖面形态。由于冲积河流河床上没有建筑物和自然尼克点,床沙质主要由砂粒组成。根据最小能耗原理,冲积河流的形态总是朝着最小能耗发展(Yang,1996),这可以用式(9.21)来表示。

$$\frac{\mathrm{d}P}{\mathrm{d}x} = \frac{\mathrm{d}}{\mathrm{d}x}(\gamma s Q) = \gamma\Big(Q\frac{\mathrm{d}s}{\mathrm{d}x} + s\frac{\mathrm{d}Q}{\mathrm{d}x}\Big) = 0 \tag{9.21}$$

式中,P 为河流功率;Q 为流量;γ 为水的容重;s 为河床坡降;x 为河长。这样,河流达到平衡状态的河床纵剖面可以用式(9.22)计算。

$$s_{n+1} = \frac{s_n}{Q_n}\Big[Q_n - \frac{\Delta Q_n}{\Delta x_n}(x_n - x_{n-1})\Big] \tag{9.22}$$

长江宜昌以下的河段为冲积河段,由于两岸支流汇入,干流的流量沿程逐渐增大。因此,达到平衡的坡降沿程减小,河床纵剖面为一条下凹的曲线。图 9.47 为 1971 年及 1982 年实测的河床纵剖面。河床演变朝着计算出的纵剖面(虚线)发展。由于工农业的飞速发展,长江沿岸的引水量剧增,中下游支流沿程入流水量逐年减小。如果该江段沿程入流水量减少 10%,达到平衡状态的河床纵剖面将有所不同,如图 9.47 中的实线所示。很明显,实测的河床纵剖面正朝着平衡纵剖面发展。

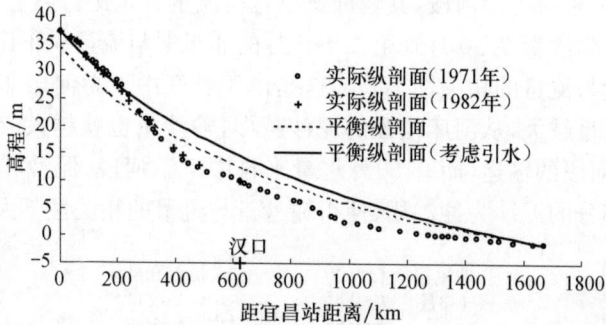

图 9.47　长江中下游实测河床纵剖面与达到最小能耗的平衡河床纵剖面对比

可以看出,平衡河床纵剖面高于目前的河床纵剖面,长江中下游的河床演变以泥沙淤积为主。因此,长江中下游达到平衡状态还需要淤积大量的泥沙。但是,长江中下游河段的泥沙淤积量取决于每年上游来沙量的多少。图 9.48 所示为长江中下游泥沙净淤积量(淤积量减去冲刷量)与上游(宜昌站)和汉江总输沙量的关系。其中,净淤积量的数值不包括洞庭湖的净淤积量。宜昌站和汉江的来沙量占长江中下游来沙量的 95% 以上。长江中下游的泥沙净淤积量随着总来沙量的增大线性增大。当上游和汉江的总来沙量超过 2.8 亿 t 时,长江中下游将发生淤积。当总来沙量达到 5.0 亿 t 左右时,有近 1 亿 t 的泥沙沉积在中下游河道中。由于长江目前的河床剖面远未达到平衡状态的剖面,在没有人类活动干扰的情况下,达到最小能耗的河床演变将需要很长一段时间。

洞庭湖位于宜昌和武汉之间,是长江汛期的分洪区之一。当宜昌站的输沙量超过 1 亿 t 时,将有一部分泥沙被水流带入洞庭湖并沉积在湖中。洞庭湖的淤积量与宜昌站的来沙量成正比。长江中下游的泥沙概算式可以用下面的关系式

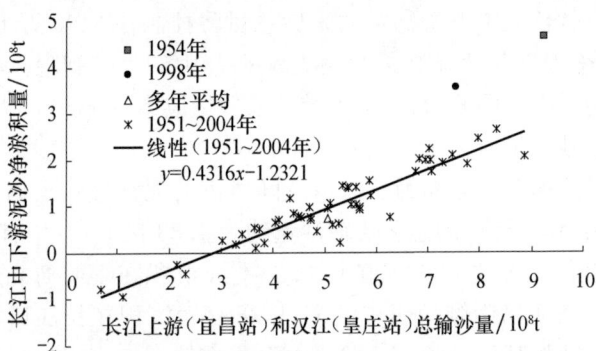

图 9.48　长江中下游泥沙净淤积量与上游（宜昌站）和汉江总输沙量的关系

表示。

$$S_Y + S_H = S_F + S_T + S_E \qquad (9.23)$$

$$S_F = k_1(S_Y + S_H - S_{c1}) \qquad (9.24)$$

$$S_T = k_2(S_Y - S_{c2}) \qquad (9.25)$$

式中，S_Y 为宜昌站年输沙量；S_H 为汉江的年输沙量；S_F 为长江中下游河床演变作用沉积的泥沙量，正值表示淤积，负值表示冲刷；S_T 为沉积在洞庭湖区的泥沙净淤积量；S_E 为大通站的年输沙量，也是进入河口区的输沙量；S_{c1} 为中下游开始发生淤积时上游和汉江的总来沙量，S_{c2} 为洞庭湖区开始发生淤积时宜昌站的来沙量；k_1 和 k_2 为无量纲系数。通过实测数据统计分析可得 k_1 和 S_{c1}，k_2 和 S_{c2} 的值分别为

$$k_1 = 0.4316, \quad S_{c1} = 2.85 \times 10^8 t$$

$$k_2 = 0.2905, \quad S_{c2} = 1.05 \times 10^8 t$$

　　根据式（9.22）～式（9.24）及 k_1 和 S_{c1}、k_2 和 S_{c2} 的值，进入河口区的泥沙量可以用式（9.26）表示。

$$S_E = 0.2779S_Y + 0.5684S_H + 1.538 \times 10^8 \qquad (9.26)$$

　　当宜昌站和汉江的来沙量减少到 0，输运到河口区的泥沙量约为 1.5 亿 t，这些泥沙都来自于长江中下游的冲刷。

　　长江沿岸的挖砂量有持续增加的趋势。20 世纪 90 年代，宜宾、泸州和重庆（不包括万县）每年从长江挖取卵石和河沙作为建筑材料的数量分别为 516 万 t 和 1014 万 t（易哲文，2003）。据估算，长江上游，包括攀枝花、万县和宜昌在内的其他城市从长江挖取的砂量与前述几个城市的挖砂量相当。这样，长江上游每年的采砂量约为 3000 万 t。而长江中、下游的采砂量数量更大。80 年代早期，长江中下游的采砂量约为每年 4000 万 t，到 90 年代末，这一数字上升到 8000 万 t（Chen，2004）。水利部长江水利委员会于 2003 年颁布了《长江中下游干流河道采砂规

划》。根据该规划,长江中下游每年的采砂总量将控制在 3400 万 t 之内(沈泰等,
2003)。但实际采砂量并没有减少,实际总采砂能力约为控制限额的 6 倍,很多地
方非法采砂活动猖獗。因此,长江中下游的采砂量应不少于 8000 万 t,长江上游和
中下游目前的采砂总量应在 1.1 亿 t 左右。

　　长江需沙量的第三个方面为长江口造陆所需的泥沙量。根据 1951～2002 年
的数据,每年输送到长江口的悬移质输沙量约为 4.33 亿 t。其中有 0.45 亿 t 的泥
沙沉积在大通至徐六泾之间的河道中;0.28 亿 t 沉积在崇明岛北侧的北支河道;
0.04 亿 t 沉积在崇明岛南侧的南支河道;1.38 亿 t 沉积在长江口入海口处,抬高
了入海口处的大陆架高程;1.8 亿 t 输送并沉积在钱塘江口;其余部分的泥沙则输
运进入深海(吴华林,2001)。图 9.49 为长江口泥沙沉积量分布示意图。

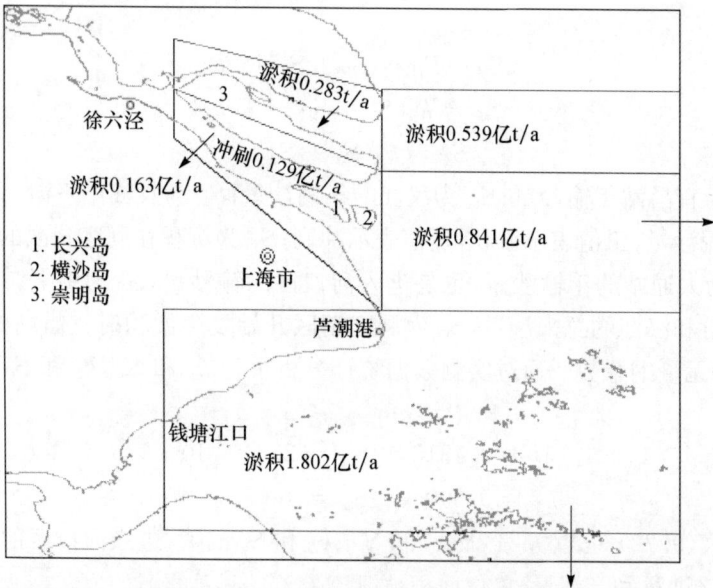

图 9.49　长江口泥沙沉积量分布示意图

　　图 9.50 为长江口泥沙沉积物(沉积物 1 和沉积物 2)和大通站悬移质的粒径
级配曲线。这些粒径级配曲线的比较结果表明,大通站悬移质中粒径小于
0.01mm 泥沙的百分数比河口沉积物中的百分数高 10%。换句话说,输运到河口
的悬移质泥沙约有 10%没有沉积在河口,而是随洋流输送进入海洋。因此,输运
到河口的泥沙有 45%沉积在长江口用于造陆,另有 45%的泥沙输运并沉积在钱塘
江口形成沙槛,而仅有约 10%的泥沙输运进入海洋。

　　长江口的造陆对于上海市的发展具有非常重要的作用。在过去的 50 年,已在
长江口新造 800km² 的陆地(金忠贤等,1997)。天然造陆的速率开始减缓,已不能
满足人们对土地日益增长的需求。因此,人们开始采用或计划采用各种工程措施,

加速长江口的造陆进程。上海市政府制订出了一个在未来 20 多年内利用泥沙在长江口新造 1000km² 陆地的宏伟计划。据估算,每年用于造陆所需的泥沙为 3 亿 t。

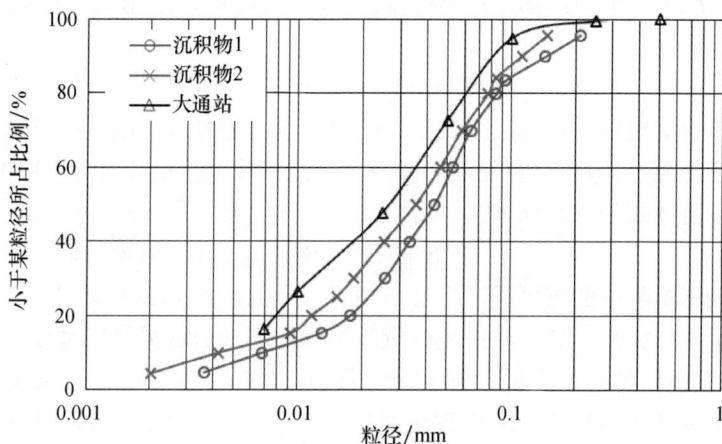

图 9.50　长江口泥沙沉积物和大通站悬移质的粒径级配曲线

　　由于输送到下游和河口的泥沙量明显减少,不能满足河流对泥沙量的需要。目前,泥沙的缺乏使河流研究者和泥沙管理者面临着新的挑战。20 世纪 80 年代中期以来,宜昌站的年输沙量已经从多年平均的 5.14 亿 t 减小到 3.92 亿 t,在 2003~2004 年更是减小到约 1.0 亿 t;同期,大通站的年输沙量也从 4.27 亿 t 减小到 3.27 亿 t,在 2003~2004 年下降到 2.0 亿 t 以下。另外,建筑材料挖砂和长江口造陆的总需沙量超过 3.0 亿 t。因此,长江的缺沙量大约为 1.0 亿 t(Wang et al.,2007a)。

5. 泥沙概算矩阵

　　流域侵蚀量和产沙量(单位面积被河流带走的泥沙量)数值不等,两者之差为堆沉积在流域中的泥沙量。地表物质被侵蚀后,大部分堆沉积在上游沟谷中,这些堆沉积下来的泥沙又可能被再次侵蚀,因此流域侵蚀是多级的,侵蚀量是重复计算的。泥沙概算矩阵可以清晰描述流域的多级侵蚀产沙过程,并反映侵蚀量、产沙量、泥沙堆沉积量之间的大小关系(Jia et al.,2012)。

$$B = \begin{bmatrix} E_1 & D_1 & T_1 \\ & E_2 & D_2 & S_2 \\ & & E_3 & S_3 \end{bmatrix} \tag{9.27}$$

式中,B 为泥沙概算矩阵;E_1 为滑坡崩塌重力侵蚀量,搬运距离数十米到数百米;D_1 为滑坡崩塌后稳定堆积体构成山坡的泥沙量;T_1 为滑坡崩塌体被水流搬运走的泥沙量;E_2 为沟蚀河床侵蚀的泥沙量;D_2 为 E_2 中搬运数千米后留下参与河床建造的粗颗粒泥沙量;S_2 为 E_2 中被水流直接输送入江的泥沙量;E_3 为坡蚀和面蚀量;S_3 为坡蚀面蚀后直接输送入江的泥沙量。

式(9.27)矩阵中的量都是每年单位面积的侵蚀、搬运、沉积、输送入江泥沙量。流域总侵蚀量为

$$E = E_1 + E_2 + E_3 \qquad\qquad (9.28)$$

流域产沙量是指每年通过流域出口的泥沙量可通过水文站进行量测。流域产沙量远小于侵蚀量,因为只有较细的侵蚀泥沙能够被水流挟带通过流域出口断面。通常产沙量通过式(9.29)计算。

$$S = S_1 + S_2 \qquad\qquad (9.29)$$

泥沙概算矩阵中的量可通过野外实测、地形图比对、示踪技术、"3S"技术和流域泥沙质量平衡关系得到。应用泥沙概算矩阵的典型流域需经历过较强的土壤侵蚀过程,且应包括各种不同的侵蚀类型。图 9.51 为嘉陵江上游刘家沟流域示意图。刘家沟流域主沟长 6.82km,流域面积 11.76km²,刘家沟属嘉陵江(长江第二大支流)上游西汉水流域的二级支沟,刘家沟的水先汇入燕子河,燕子河再汇入西汉水。

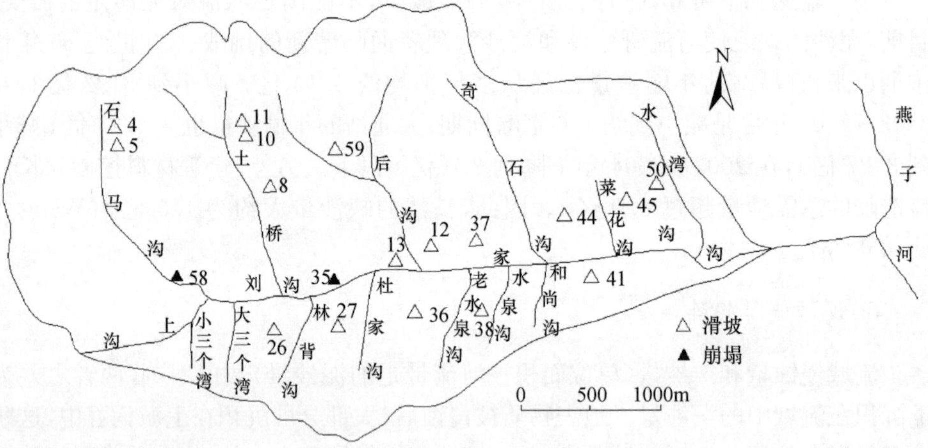

图 9.51　刘家沟流域及 1960~2009 年滑坡、崩塌体示意图

2008~2009 年,对刘家沟流域进行了野外调查和测量,发现流域内有滑坡 17 处、崩塌 2 处,据资料记载和当地走访,这些滑坡崩塌发生于 1960~2009 年,利用激光测距仪测算了滑坡崩、塌体的方量,得到 E_1 为 13 万 t/(km²·a),其中 T_1 为 1 万 t/(km²·a),说明滑坡崩、塌体有 92% 留在原地,仅有 8% 变成后来沟蚀和面蚀的材料。

E_2 通过 1984 年和 2004 年的地形图比对得到。刘家沟流域沟蚀河床侵蚀的泥沙量为 7300t/(km²·a),其中 96% 侵蚀后沿途沉积,未流出流域出口控制断

面(D_2)。

E_3 通过 ^{137}Cs 土壤侵蚀核素示踪技术得到(Jia et al.,2010)。经实地考察和资料分析后,利用直径 10cm 的土钻采集了西汉水流域 10 个地点 20 个坡面的土壤样品,每个土壤全样总长 60cm,质量约 10kg。^{137}Cs 含量用探测器为 BE5030 型的 γ 谱仪系统进行测量,然后用非农耕地的剖面分布模型和农耕地的简化模型进行土壤侵蚀和沉积速率的计算。^{137}Cs 实测本底值为 $1600\sim2402$Bq/m^2,平均值为 2022Bq/m^2。对于未受干扰的区域(如选取的本底区域),^{137}Cs 比活度随深度的增加呈指数递减规律。采样坡耕地的侵蚀速率为 $2000\sim6000$t/(km^2 • a),属中度或强度侵蚀;坡耕地侵蚀强度沿坡面的分布,通常上部坡面发生极强度或强度侵蚀,中部坡面发生强度或中度侵蚀,下部坡面发生中度或轻度侵蚀。采样林草地的侵蚀速率很小甚至为 0;植被发育很好的林草地下部剖面可能会发生沉积,沉积速率可能高于 1000t/(km^2 • a)。坡度和植被覆盖度影响土壤侵蚀和沉积速率,通常坡度越大,侵蚀速率越大,植被覆盖度越高,侵蚀速率越小。西汉水流域坡蚀和面蚀侵蚀速率 E_3 为 2700t/(km^2 • a)。

刘家沟流域总产沙量为
$$S = S_1 + S_2 = 300 + 1300 = 1600\text{t/(km}^2 \cdot \text{a)}$$
流域总侵蚀量为
$$E = E_1 + E_2 + E_3 = 130\,000 + 7300 + 2700 = 140\,000\text{t/(km}^2 \cdot \text{a)}$$

泥沙经侵蚀后,很少一部分经流域出口控制断面输出,大部分堆沉积在流域的坡面和沟谷中。流域总侵蚀量主要是由重力侵蚀和沟道侵蚀贡献的,这两部分侵蚀对流域上游的地貌形成起到了决定性作用。河流输送的泥沙仅是流域细颗粒泥沙中的一小部分。单位面积的年输沙量是产沙量,其中 80% 来自坡蚀面蚀。泥沙输移是下游冲积河段河床演变的主要动力。

泥沙概算矩阵可应用于小流域,结果可用于估算大中流域的总侵蚀量。根据刘家沟流域的泥沙概算矩阵,可推出长江流域的总侵蚀量大于 22 亿 t。刘家沟流域总侵蚀量比总产沙量大 80 倍,如果利用这一结果估算整个长江流域的总侵蚀量,得到长江流域总侵蚀量将大于 150 亿 t。现有资料对长江上游总侵蚀量的估算值仅为 22 亿 t,这一数值是将典型小流域直接测量结果和大中流域遥感卫星图片分析结果综合得到的,测量点通常位于典型小流域下游,所有典型小流域侵蚀量之和为整个大流域的总侵蚀量,估算过程中没有考虑滑坡、崩塌重力侵蚀量(E_1)。

9.3　河流综合管理

河流综合管理要综合减灾、发电和社会发展等目标,达到可持续生态系统的要求。河流管理问题多种多样,包括河床下切及其引起的滑坡和崩塌、土壤侵蚀及泥石流、引水及水污染、建坝及栖息地丧失、城市化与防洪、输沙与造地、水库运行与生态压力、河流过程与地貌演变等。对于山区下切河流,规划良好的系列梯级水坝能够有效防止河床下切,同时满足发电和栖息地保护的目的。良好的底栖动物栖息地应该具有稳定的河床,由漂石、卵石和砾石等构成,底泥和水生植物也是底栖动物良好的居所。底栖动物典型的栖息地包括:具有漂石和卵石的山区河流、河边河湾、滨河湖泊和湿地、回水区和缓流区等。对于山区河流综合管理,可以应用人工阶梯-深潭系统,实现控制下切、减灾、生态改善和修复。有选择地采用一些木本植物和当地多样的林下物种进行植被修复,有利于控制土壤侵蚀和修复陆生生态。如果水污染控制在一定的临界值以下,河流生态系统则拥有多样性的水生植物和底栖生物群落,能够消耗营养物及有机污染物,起到净化水质的作用。

9.3.1 采用人工阶梯-深潭系统防治河流灾害和修复河流生态

我国西南地区许多河流因河床持续侵蚀下切导致岸坡崩塌、滑坡和泥石流灾害,使河床环境经常处在剧烈变化之中,不能形成相对稳定和多样性的水生生物栖息地环境,抑制了河流生态的良性发育。吊嘎河是小江(金沙江一级支流)上游大白河一级支流(图9.52),位于云南省会泽县和昆明市东川区境内,其源头位于会泽县境内的上黄草岭(北纬25°56.078′,东经103°19.741′,海拔2608m),在东川境内的阿旺镇(北纬25°54.075′,东经103°15.057′,海拔1490m)汇入小江上游大白河,总落差1118m,流域内沟壑纵横,水土流失较为严重。

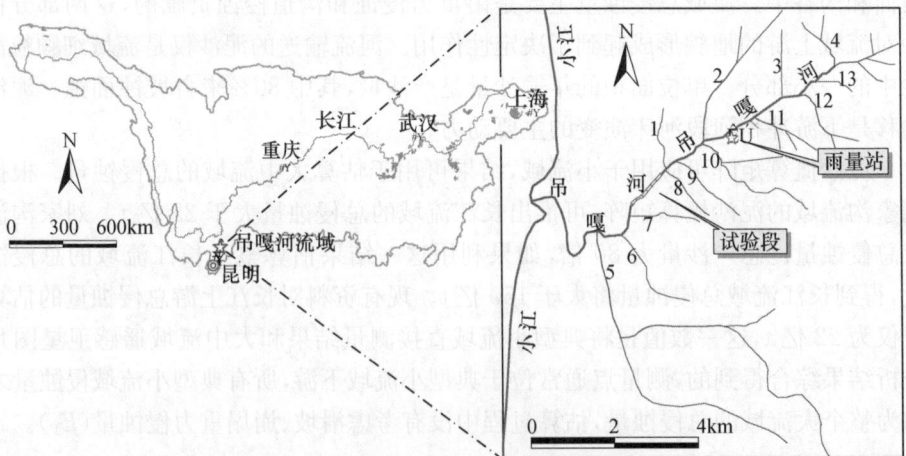

图9.52 吊嘎河流域示意图及试验段位置

1.犁头山沟;2.撵熊箐沟;3.荨麻箐沟;4.出水洞沟;5.豹子箐大沟;6.路政沟;7和13.无名冲沟;8.大麦地沟;9.小箐沟;10.张家地河;11.大石洞沟;12.银槽子沟

吊嘎河主河道长约12km,主河床平均坡降9.6%,流域面积约54km²。该流域岩性主要包括页岩、灰岩、泥岩、砂岩与碳质页岩互层、角砾岩、红土和其他松散堆积物等,主要树种包括桉树、黑荆、云南松(主要分布于海拔 2500m 以上)、滇杨、核桃树等,而灌木和草本植被则非常多样,其中灌木主要有紫荆泽兰、荨麻、千里光、坡柳、苦楝等,草本则有狗牙根、黄背草、节节草、小木通、三叶鬼针、竹叶草、凤尾蕨、青蒿、小果荨麻等(杨吉山,2009)。

由于河床坡度大,吊嘎河河床严重冲刷下切,引发两岸岸坡失稳,形成数处大型滑坡体。河流生物栖息地和生态系统经常受滑坡、泥石流和高强度泥沙运动影响而破坏。近几十年来,流域生态环境处于持续退化状态。吊嘎河流域年降水量1000mm 左右,大部分降水分布于汛期 7~8 月,其中日降水量在 35~55mm 的局部暴雨十分常见。现状条件下,流域年侵蚀模数达到 3000t/(km² · a)(吕态能,2000)。由于滑坡、泥石流等输送巨量泥沙进入河道,因而吊嘎河泥沙运动强度非常强烈。当然,人类活动在一定程度上也增加了土壤侵蚀强度。吊嘎河大部分河段没有发育有效的河床结构形态,导致其河床侵蚀下切持续发生,而严重侵蚀下切带来的大量泥沙又进一步抑制了河床结构的发育。均质、单一的河流栖息地环境和不稳定的河床抑制了河流生态的多样性。

阶梯-深潭系统增加水流阻力(Aberle et al. ,2003),因而有效耗散了水流能量,稳定了河床(Wilcox et al. ,2006)。在有些情况下,阶梯-深潭系统形成的水流阻力达到河流总阻力的 90%,而颗粒阻力和河道形态阻力不到 10%(Curran et al. ,2003)。发育阶梯-深潭系统的河流大多生态环境良好。有关的研究发现,发育阶梯-深潭系统的山区河流其大型底栖无脊椎动物的物种丰度和多样性水平显著高于没有发育阶梯-深潭系统的山区河流(Wang et al. ,2009;Cereghino et al. ,2001)。

目前,阶梯-深潭系统已成为山区河流治理和生态修复的重要策略,如美国蒙大拿州通过在 Kleinschmidt 河上修建人工阶梯-深潭系统改善鲑鱼和三文鱼的栖息地(http://fwp. mt. gov/habitat/futurefisheries)。近年来,阶梯-深潭系统的设计标准及其生态作用开始得到重视(Lenzi,2002;Lenzi et al. ,2003;Todd et al. ,2003;Weichert,2005;Weichert et al. ,2009)。野外试验发现,河床地貌变化(即便微小程度的改变)影响生物多样性和某些特定生物种群的出现(Bona et al. ,2008)。因而,人工阶梯-深潭系统可以控制河床侵蚀,同时保持良好的水生态系统功能(Comiti et al. ,2009)。为控制河床下切,抑制滑坡和泥石流灾害,并修复河流生态,在吊嘎河利用人工阶梯-深潭系统进行了野外试验(Yu et al. ,2010)(图 9.53)。

选择一段长约 200m 的河道作为监测段,在人工阶梯-深潭系统布置前及完成后,对试验段河床微地貌、水生栖息地环境,包括水面面积、河床底质、水面流速、水深及水生态进行监测,并对试验段典型断面流速分布、河床结构发育程度和推移

(a)　　　　　　　　　　　　　　　(b)

图 9.53　吊嘎河试验段(2006 年 6 月)(a)和修建的
人工阶梯-深潭系统(2007 年 3 月)(b)(见彩图)

质输沙过程进行测量。在试验段人工阶梯结构上游段、深潭段及阶梯之间的典型
位置布置 46 处监测横断面,分别位于阶梯结构上游端、阶梯结构下游侧的深潭、阶
梯上游壅水滞水区,监测人工阶梯-深潭系统布置前及布置后横断面高程的冲淤变
化;同时监测纵断面(深泓线)冲淤变化。横断面及纵断面冲淤变化主要使用电子
经纬仪测量。图 9.54 为 12 级人工阶梯结构的监测段平面图。

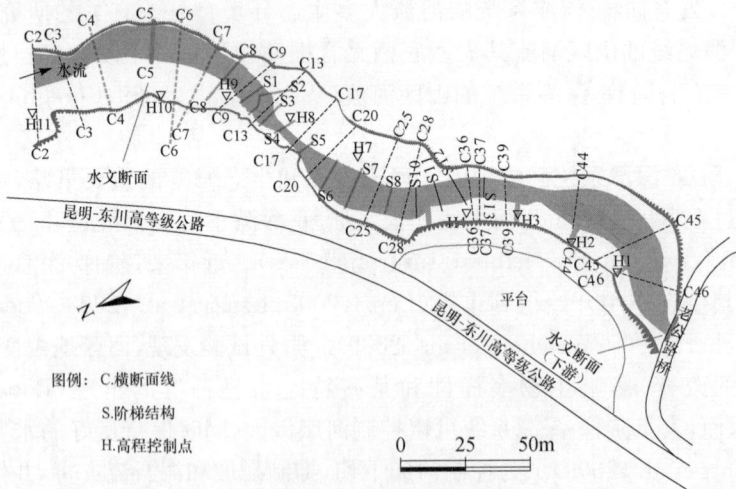

图例: C.横断面线
　　　 S.阶梯结构
　　　 H.高程控制点

0　　25　　50m

图 9.54　吊嘎河试验段及典型断面线

　　在过去 40 年里,吊嘎河试验段河床以平均每年约 5cm 的速率持续侵蚀下切,
局部河段侵蚀和冲刷更为严重。2006 年的地貌测量显示,40 年前修建于吊嘎河上
的一座公路桥其底部高程已高于下游河床高程 2.2m。吊嘎河的持续侵蚀下切给

当地生态环境带来一系列负面影响,甚至引起塌岸、滑坡和泥石流灾害。

　　人工阶梯-深潭系统完成后,吊嘎河试验段河床侵蚀下切得到有效控制(图 9.55),试验段局部位置有泥沙落淤,在人工阶梯-深潭试验进行的前 3 个月,试验段河床总体平均上升了约 20cm,后渐趋稳定。泥沙淤积主要发生在阶梯结构上游,淤积深度 20～50cm,淤深受阶梯结构垭口与河床床面高差影响。与之形成对比的是,试验段下游河道由于没有人工阶梯-深潭系统保护,侵蚀下切仍在继续发展[图 9.55(b)～(e)]。

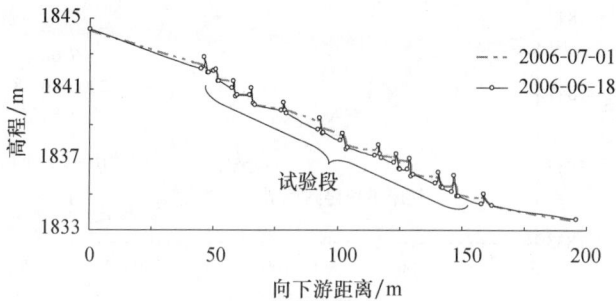

(a)

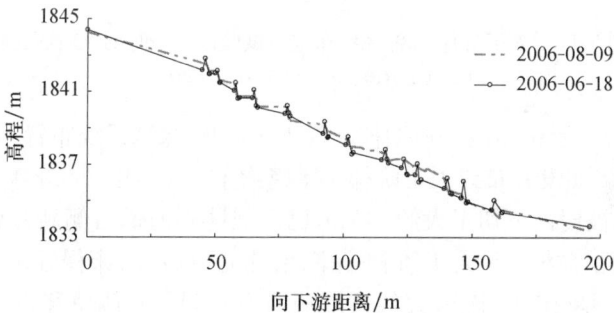

(b)

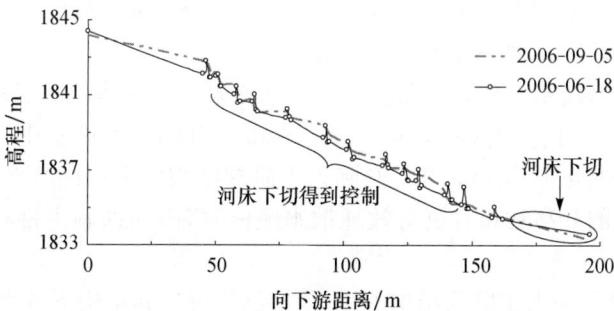

(c)

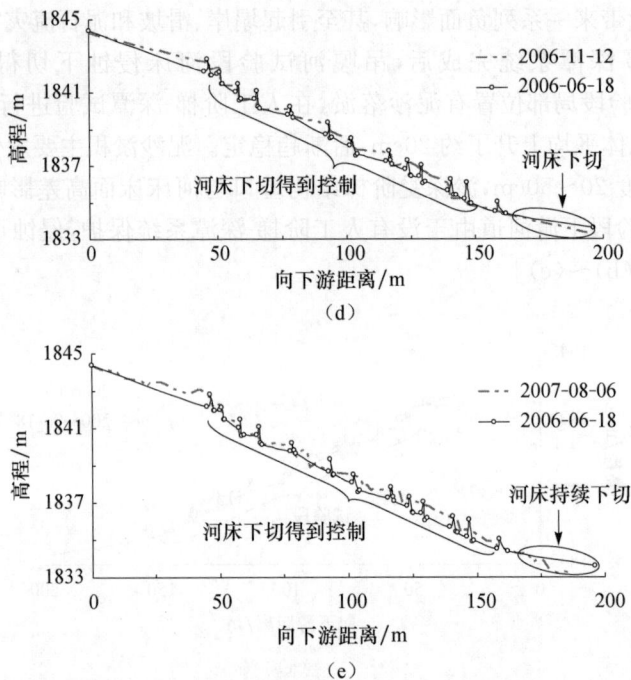

图 9.55　人工阶梯-深潭系统布置后试验段不同时期纵断面比较

(a)、(b)、(c)、(d)2006 年；(e) 2007 年

　　图 9.56(a)显示试验段一典型横断面人工阶梯-深潭系统布置前和布置后高程冲淤变化过程。在没有布置人工阶梯-深潭系统前,仅 3 年(2003 年 6 月～2006 年 6 月)该断面就被侵蚀下切了大约 0.7m,已经威胁到河道右侧新修建的昆明-东川高等级公路的路基安全。人工阶梯-深潭系统完成后,河床侵蚀下切得到有效控制,横断面线高程渐趋稳定,深泓线逐渐从河道右侧向左侧位移,在汛期洪水期间甚至有部分泥沙在河道右侧落淤,河道横断面高程有所上升,对沿河路基起到了保护作用。而对于试验段下游河道,由于没有人工阶梯-深潭系统对河床的保护,此处河道持续冲刷下切,如图 9.56(b)所示。

　　阶梯-深潭系统形成的水流阻力构成了水流阻力的主体。曼宁系数(n)随河床结构发育程度(S_p)的上升而增加(Wang et al.,2009)。本试验中,河床结构发育程度系数从自然条件下的 0.13 上升到人工阶梯结构布置后的 0.21,S_p 值有了明显提高。S_p 值的升高意味着更有效耗散水流能量,因而抑制了推移质运动,保护了河床。

　　图 9.57 显示一人工阶梯结构上游、阶梯结构垭口和结构下游深潭段水流流速分布。阶梯结构上游、阶梯梯顶垭口、阶梯下游深潭段和深潭下游河道具有明显不同的流速分布(图 9.57)。流速的显著差异和不断变化使水流能量的消耗更为有

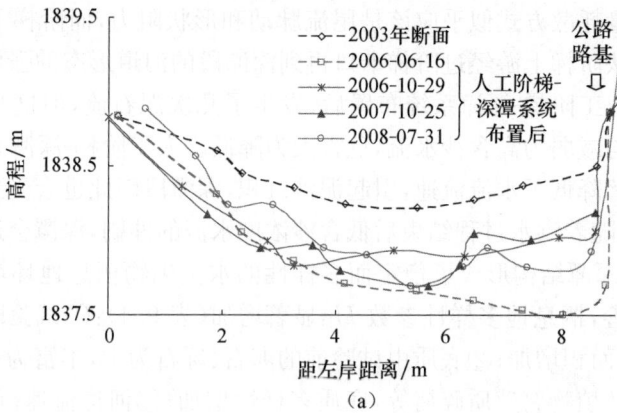

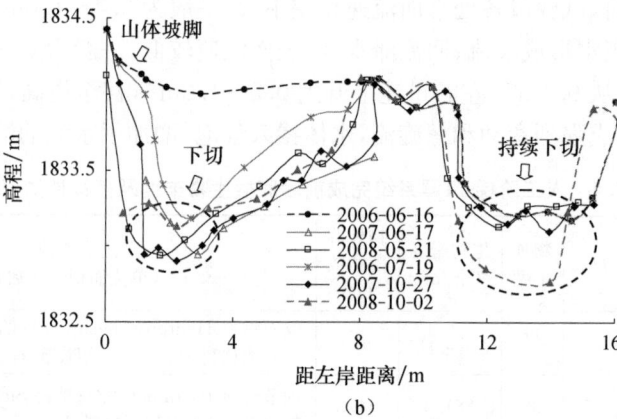

图 9.56　布置人工阶梯-深潭系统后试验段—典型断面冲淤变化(a)和
试验段下游—断面冲淤变化(b)

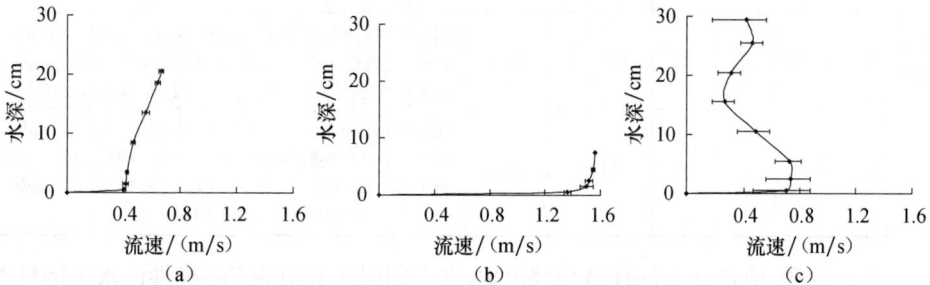

图 9.57　吊嘎河试验段实测流速分布

(a) 阶梯上游和尾水段,水深 0.22m;(b) 阶梯梯顶垭口,阶梯高度 0.8m,梯顶水深仅为 0.08m;

(c) 阶梯下游 0.5m 处深潭,水深 0.3m,水流紊动非常强烈,流速难以测量

效,尤其是阶梯下游的深潭段,水流的漩滚、紊动强烈,对水流消能也起到重要作用
[图 9.57(c)]。相关研究表明(Curran et al. ,2003;Wilcox et al. ,2007),河道中最

有效的水流能量耗散方式似乎应该是尾流脉动和形状阻力,而阶梯下游深潭的剧烈水流漩滚及从阶梯上游经过阶梯卡口再到深潭段的河道形态的强烈变化十分满足此类条件。人工阶梯-深潭系统布置后,发生了几次泥石流,但这几次泥石流过程到试验段时均减弱为高含沙水流,危害大为降低。人工阶梯-深潭系统形成的巨大水流阻力显著降低了水流流速,引起泥沙沉积,深潭段因此也会受到泥石流沉积物淤塞。不过,随着洪水过程结束后低含沙浓度水流的冲刷,深潭会逐渐恢复。

人工阶梯-深潭结构形成了稳定而多样性的水生生物栖息地环境。由于三个方面因素的改善,栖息地多样性参数 H_D 显著增加(表 9.4):①试验段水面面积扩大,水生栖息地面积增加;②底质由试验前的卵石、砾石为主,丰富为石块、卵石、砾石、细沙、淤泥及植物腐殖质碎屑等,底质多样性增加;③河道流速范围得到扩展。人工阶梯布置前,试验段各处水面流速相差不大,一般为 0.4~1.0m/s;布置后,在阶梯上游段为壅水形成缓流、回流滞水区,表面流速较低,一般为 0~0.1m/s;而在梯顶附近,流速从 0.1m/s 左右迅速上升到 0.5~1.2m/s 甚至更高,然后跌入阶梯下游的深潭,形成强烈紊动和螺旋流,水体掺入气泡,增加了水流的溶解氧浓度。

表 9.4　人工阶梯-深潭系统完成前后底栖生物丰度及多样性的变化

河道特征	采样日期/(年-月-日)	H_D	物种丰度	生物密度/(个/m²)	物种群落指数(B)	主要物种(单位面积个体数)
自然河道	2006-06-13	12	17	61.5	9.5	纹石蛾科 Hydropsychidae(17);四节蜉科 Baetidae(9);沼梭科 Haliplidae,沼梭属 Haliplus sp. (7)
人工阶梯-深潭	2006-06-28	22	39	881.5	11.3	四节蜉科 Baetidae(492);蚋科 Simuliidae(150);大蚊科 Tipulidae,朝大蚊属 Antocha sp. (65)
	2006-09-11	12	28	612.8	10.8	四节蜉属 Baetis sp. (330);花翅蜉属 Baetiella sp. (70);摇蚊科 Chironomidae 一种(57);摇蚊科 Chironomidae 一种(48)
	2006-11-12	30	35	1087.5	11.7	四节蜉科,四节蜉属 Baetidae,Baetis sp. (445);四节蜉科,花翅蜉属 Baetiella sp. (257);扁蜉科 Heptageniidae,假蜉属(139);纹石蛾科 Hydropsychidae(66)
	2007-03-10	42	22	5217	11.8	四节蜉属 Baetis sp. (3280);摇蚊科 Chironomidae 一种(1394);摇蚊科 Chironomidae 一种(186);摇蚊科 Chironomidae 一种(124);花翅蜉属 Baetiella sp. (78);溪泥甲科 Elmidae(39)

不同底质、流速和水深环境交替出现,在空间层次上塑造了多样性的水生栖息地环境,栖息地多样性指数从试验前的 11 上升到 9 个月后的 42。随着水生栖息地环境提升,试验段底栖动物物种丰度、生物密度和生物群落多样性指数 B 也随之上升,其中底栖生物密度和物种丰度分别从 61.5 个/m²、17 种上升到 5217 个/m²、22~37 种,水生生态明显改善。

由于人工阶梯-深潭系统提供了稳定的水生栖息地环境,河床逐渐发育水生植被,河流显得绿意盎然(图9.58)。自然条件下吊嘎河采集到的主要底栖物种包括纹石蛾科、四节蜉科和沼梭科等;人工阶梯-深潭布置后,许多以前在吊嘎河采样未发现的物种在新的水生环境中发育生长,如蚋科、细蜉科(Caenidae)、石蝇科(Perlidae)、沼石蛾科(Limnephilidae)等,物种趋向丰富和多样。四节蜉科物种主要通过摄食附着于基质表面的藻类和细颗粒碎屑等;蚋科栖于流水中,主要为滤食者,是其他水生生物(如鱼类)的重要饵料;沼石蛾科从流水中滤食有机质颗粒作为食物(Peter et al.,1994;Glenn et al.,1994;Gui,1994)。可以看出,新出现的物种是一些对栖息地环境要求比阶梯-深潭系统布置前更高的物种,说明试验段水生栖息地环境得到改善,它更有利于底栖动物发育和栖息,因而促进了水生生态的提升。

图9.58　人工阶梯-深潭系统布置两年吊嘎河河床逐渐发育水生植被

虽然人工阶梯-深潭系统在众多河流生态修复工程中得到应用,但吊嘎河野外试验可能是第一个将控制河床侵蚀下切、减灾和河流生态修复结合起来的案例。

山区河流的人工阶梯-深潭系统代表了一种河流向自然状态的回归,河流以前的自然状态具有相对非均质、多样性的床面条件,但是由于河床下切和土地利用变化的影响,泥沙通量增加,因而河床结构变为均质和单一(Fryirs et al.,2009)。床面条件的变化改变了河流过程和淤积形态,并促进试验段深潭的维持。提升河流的自然状况是改善沿河生态关系的关键环节(Brierley et al.,2008)。布置阶梯-深潭系统使河流结构具有显著的非均质性,因而为不同物种提供了多样性的生物栖息地,继而显著改善河流生态。随着人工阶梯结构的修建,底栖大型无脊椎动物的丰度增加,水生生物多样性也上升。

9.3.2　人工阶梯-深潭系统治理泥石流

1. 2008年文家沟大滑坡及泥石流

人工阶梯-深潭系统可以用来稳定滑坡体上的新生沟谷并控制泥石流。"5·12"

地震触发的文家沟大滑坡填埋了文家沟及其支流,松散堆积物的厚度达 20～180m
(滑坡引发的灾害链见第 4 章)。文家沟滑坡形成的堆积物范围、地震前后文家沟
沟道的变化如图 9.59 所示。滑坡堆积物由大小不同的松散颗粒组成,大的有几米
的巨石,小的为不到 0.01mm 的黏土,大石头主要分布在滑坡体的顶部。滑坡体
的孔隙率约 30%,极易被水流侵蚀。由于滑坡体的高孔隙率使得低强度的降水也
很容易入渗到堆积体中。2008 年的降水强度超过 30mm/d 就会引发泥石流。
2008 年 9 月 23 日,降水量达 88mm/d 时,约有 90 万方泥石流出沟。泥石流侵蚀
文家沟滑坡体,形成下切最深达 50m 的新沟道。出沟的泥石流淤埋了不少位于沟
口的民居。新生文家沟沟谷比原来的沟谷短了 1400m,抬高 100m 左右。新生沟
谷并不是在原来沟谷的正上方,而是向右岸偏移了约 150m。

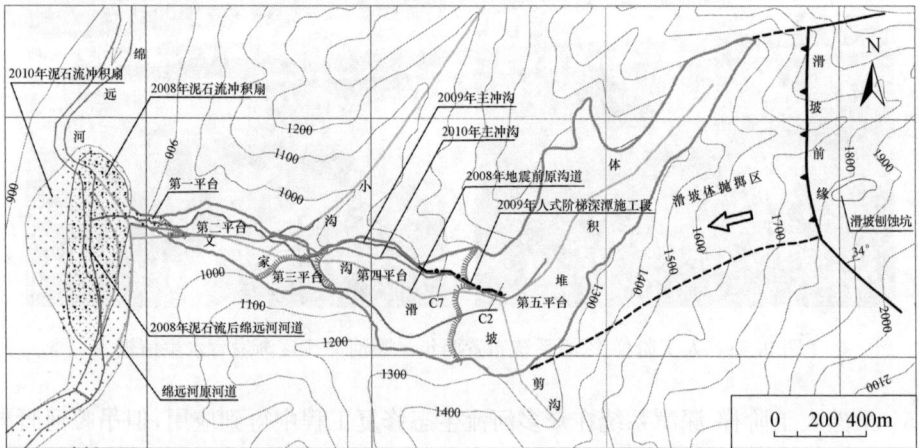

图 9.59　文家沟滑坡体及地震前后的河道

　　图 9.60 所示为 2008 年地震前后文家沟滑坡的一个横剖面变化(距沟口约
1500m,面向上游)。滑坡堆积物的厚度超过 150m。堆积体的中间比两边高,因而

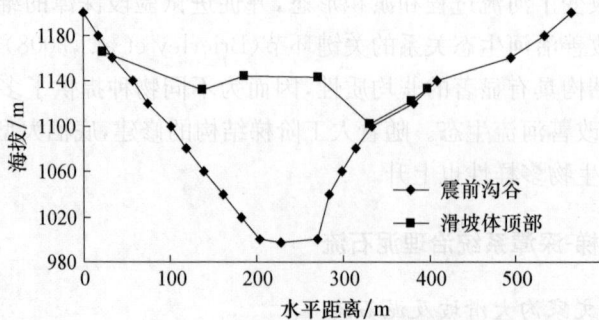

图 9.60　"5•12"地震前后文家沟横剖面变化

在 2008 年汛期,几次泥石流的下切导致滑坡体两侧形成冲沟。右侧的冲沟明显低于滑坡体的中部和左侧。地表水主要流经滑坡体右侧,因此形成了现在的文家沟深切沟谷。新的文家沟流域面积约 4.50km^2,沟谷坡降约 0.18,沟谷深度达 50m,两侧边坡 40°～50°。

图 9.61(a)为地震前后文家沟的纵剖面变化,图 9.61(b)为地震后文家沟经过泥石流的下切后的景象,下切深度达 50m。两侧边坡是松散堆积物。当流水不断侵蚀新生沟谷,两侧松散堆积物可能会崩塌混掺进入水流中而形成泥石流。因此,震后的文家沟处于不稳定状态。2008 年,在降水强度小时,雨水完全渗入松散沟床,在降水强度超过 30mm/d 时,就会引发泥石流。

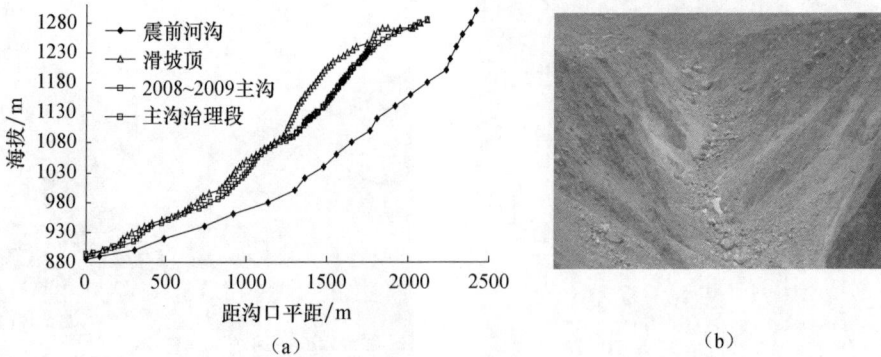

(a)　　　　　　　　　　　　　　　　(b)

图 9.61　2008 年地震前后文家沟纵剖面变化(a)和文家沟滑坡堆积体上
泥石流侵蚀形成的新生沟谷(b)

2. 2009 年构筑的人工阶梯-深潭系统

为了稳定文家沟新生沟谷和减轻泥石流灾害,从 2009 年 5～6 月在文家沟沟谷上游 400m 长的沟道内构筑了 33 级人工阶梯-深潭系统,共耗资 20 万元。阶梯设计的思路如下:用 2～4 块巨石作为骨架在河道上形成阶梯,辅之以大石和略小的石头嵌入其中形成互锁结构,以增加其稳定性;在两翼,用铁石笼架构以保护边坡(图 9.62)。由于沟道的附近没有供车辆或机械设备行走的道路,阶梯-深潭系统的修建完全依靠人力。通过人力将沟谷两侧巨石移至沟道内作为阶梯的骨架[图 9.63(a)]。2008 年泥石流暴发后沟道内堆积的有些巨石达 500t 重,正好可以用做阶梯的骨架,再与 0.5～1.5m 直径的大石一起形成 2～4m 高的大型阶梯[图9.63(b)]。虽然 2009 年的雨强比 2008 年大,但仅仅发生了一场很小的泥石流,没有伤害生命和财产损失。

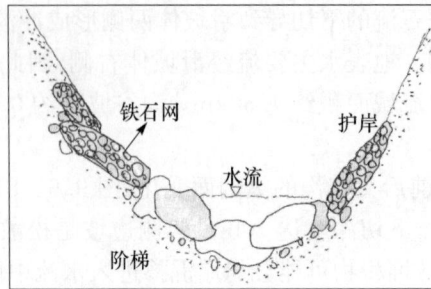

图 9.62　以巨石为骨架辅之以中大石头和两侧铁石笼构筑的人工阶梯

　　　　　　　　(a)　　　　　　　　　　　　　　(b)

图 9.63　稳定文家沟滑坡体上新生沟谷在 2009 年 6 月构筑的人工阶梯-深潭
系统(a) 大于 1m 直径的巨石由沟谷顶移至沟内和巨石构筑的阶梯(b)

　　阶梯-深潭系统增大了河床的阻力,水流经过阶梯后跌入其下方深潭,大部分水流能量被水流漩滚所消耗。由于水流紊动非常剧烈,强烈的混掺消耗大量的水流动能,使平均流速不高。由水跃对水流总能(势能和动能之和)的消能率可由式(9.30)计算(倪汉根等,2008)。

$$\eta_{bj} = 1 - \frac{h_d + \dfrac{q^2}{2gh_d^2}}{z_1 + h_1\cos\alpha + \dfrac{q^2}{2gh_1^2}} \tag{9.30}$$

式中,参数 h_d、h_1、z_1、α 如图 9.64 所示;q 为单宽流量;g 为重力加速度。由于阶梯-深潭系统水流的复杂性和危险性,使得难以对水流参数进行测量。对于汹涌的洪水,这些参数通过现场估算得到

$$q = 2\text{m}^3/\text{s}, \quad h_d = z_1 = 1.5\text{m}, \quad h_1 = 0.5\text{m}, \quad \alpha = 30°$$

因此可得水跃的消能率约为 0.42。

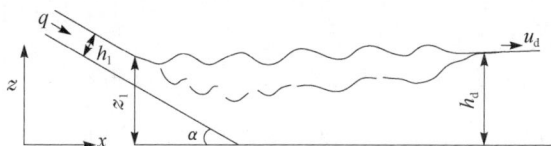

图 9.64 由陡坡流入水平渠道产沙水跃的参数示意

如图 9.65 所示,水流的能量也会在阶梯上消耗。非常强烈的紊动在阶梯上发生并混掺大量的空气,这与应用广泛、研究深入的阶梯式溢洪道中的水流消能方式相似。溢洪道的设计是为了提高水流的消能率(Chanson,2001),设计者必须对能量耗散有准确的预测。阶梯溢洪道上单宽流量增加会使水流从跌落水流转变成滑行水流。滑行水流的特点是自由水面掺气非常充分(Rajaratnam,1990)。在水气交界面,空气不断的掺入和逸出,导致两相混合物产生强烈的水气运动,其能量耗散机理相当复杂(Chanson et al.,2002;Carosi et al.,2008)。

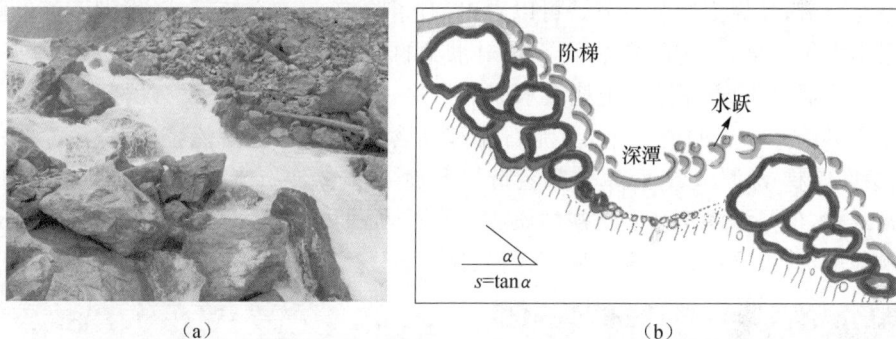

图 9.65 阶梯-深潭系统剧烈水跃(a)和阶梯上紊动引起能量耗散(b)

阶梯溢洪道的水流消能率 η_{st} 如下所示:

$$\eta_{sp} = \frac{E_0 - E_b}{E_0} \times 100\% \tag{9.31}$$

$$E_0 = H + \frac{u_0^2}{2g} \tag{9.32}$$

$$E_b = h_b \cos\alpha + \frac{u_b^2}{2g} \tag{9.33}$$

式中,E_0 为溢洪道顶部的水流相对参考平面所具有的能量;H 为相对参考平面的溢洪道顶部水面高度;u_0 为溢洪道顶部断面平均流速;α 为溢洪道斜面与水平面的夹角;E_b 为相对参考平面溢洪道下游底部的水流能量;h_b 为溢洪道下游底部的水流深度;u_b 为溢洪道底部断面平均流速。

科学家在此方面有大量的研究(Shvainshtein,1999)。消能率的经验公式如下

(陆芳春等,2006):

$$\eta_{\mathrm{sp}} = 0.97\exp\left(-4.08\,\frac{h_{\mathrm{k}}}{h_{\mathrm{t}}}\right)\times 100\% \tag{9.34}$$

式中,h_{k} 为临界水深;h_{t} 为阶梯式溢洪道的总高度,或溢洪道所有阶梯的总高度。

对于阶梯-深潭系统,$h_{\mathrm{k}}/h_{\mathrm{t}}$ 为临界水深和阶梯高度的比值,约为 0.25。阶梯上的消能率约为 0.35。

阶梯-深潭系统的消能率可由式(9.35)计算。

$$\eta_{\mathrm{sp}} = 1-(1-\eta_{\mathrm{hj}})(1-\eta_{\mathrm{st}}) \tag{9.35}$$

阶梯-深潭系统总的消能率为 62.3%。由于水流的能量也会被边界摩擦消耗,水流可以挟带的固体颗粒的能量有可能不到水流总能量的 1/3。换句话说,在阶梯-深潭系统构筑后,泥石流起动所要求的水流流量将需要原来的 3 倍以上。在文家沟,2008 年几乎所有降水量超过 30mm/d 时都会暴发泥石流,而 2009 年在新生沟谷中构筑阶梯-深潭系统后,仅在 7 月 17 日降水量达到 91.2mm/d 时才触发小型泥石流,其规模约 2 万方。可以看出,有了阶梯-深潭系统后,触发泥石流的降水量增大了 3 倍,这与阶梯-深潭系统对水流的耗散相印证。

因为通过阶梯-深潭系统耗散水流能量后,在 2009 年几乎没有引起沟床的下切发生。由于水流的能量不足,泥石流和高含沙水流从上游流经阶梯-深潭系统时,会在阶梯-深潭区域落淤,并不会带往下游。这样,泥石流变成不会形成灾害的正常洪水,但是深潭可能会被泥沙淤满。不过,后期的低含沙水流或清水能够带走细颗粒的泥沙,在一定程度上恢复深潭(图 9.66)。

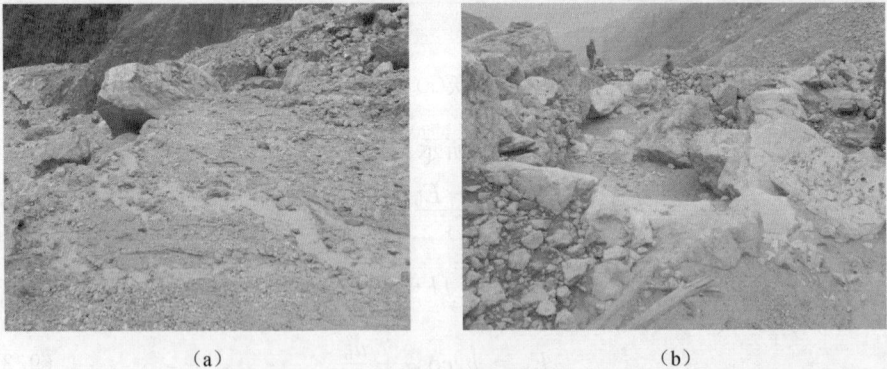

(a)　　　　　　　　　　　　　　　　　(b)

图 9.66　被泥石流淤积物填满的深潭在低含沙水流(a)和清水期间得到部分恢复(b)

根据设置在文家沟的雨量计记录,2009 年超过 30mm/d 降水强度的暴雨有 5 次。阶梯-深潭系统在每次暴雨后会有一些破坏,但是每次暴雨后研究团队都会进行相应的修复。仅仅在 2009 年 7 月 17 日降水量达到 91.2mm/d 时,有一次规模约 2 万方的小型泥石流发生在阶梯-深潭系统的下游段,没有造成严重后果。

对文家沟附近没有阶梯-深潭系统的泥石流沟进行调查时发现,2009 年有 20 多次泥石流暴发。在文家沟上游 7km 处的黑洞岩沟暴发了两次规模超过 30 万方的泥石流,每次都将绵远河堵塞。另外,在文家沟上游 2.5km 处的雍家沟暴发了两次超过 15 万方规模的泥石流。下游 7km 处的小岗剑发生了 6 次泥石流,每次都将绵远河堵塞,造成清平乡至绵竹的交通中断。

3. 2010 年拦沙坝

2010 年,阶梯-深潭系统被 20 道拦沙坝代替,其中上、下游各一个主坝。坝系 2010 年 2～7 月修建,投资约 1000 万元。2009 年阶梯中的巨石被破碎成小于 0.5m 的石头,用做拦沙坝的建筑材料(拦沙坝位置和尺寸如图 9.59 所示)。除了一座坝高为 8m、一座为 3m 之外,其余的坝高为 6m,坝基约 3m。图 9.67 是坝的设计图。上游的主坝长约 84m,下游的主坝约 220m。上下游主坝的间距 867m,上游主坝到其下游的拦沙坝距离为 68m;其他的坝长为 20～27m,间距 20～40m。

图 9.67　拦沙坝的设计图(a)和实体图(b)

坝系在 2010 年 7 月 28 日完成。8 月 13 日降水量为 98.5mm/d 暴雨时,文家沟暴发了规模为 450 万方的泥石流。全部 20 个坝被冲毁,沟床下切达 50m,沟道溯源侵蚀向上游延伸 130m。如图 9.68 所示,水流的能量没有耗散而在大坝处集中,水流溢出大坝后淘刷大坝的基础。由于沟床中的大石头被拉走作为坝体的建筑材料,使得沟床极易被水流淘刷,导致坝基悬空而倒塌。两侧边坡松散堆积物本就处于休止角状态,沟床的下切增大了边坡的坡度,导致边坡极易垮塌。降水时,大量的两侧边坡的堆积物汇入水流,与水混合形成泥石流。因为沟道右侧接近基岩山体,所以水流主要向左岸侵蚀,侵蚀宽度达 80m,引发巨大的灾难,14 人不幸死亡,大量震后新建房屋被埋。

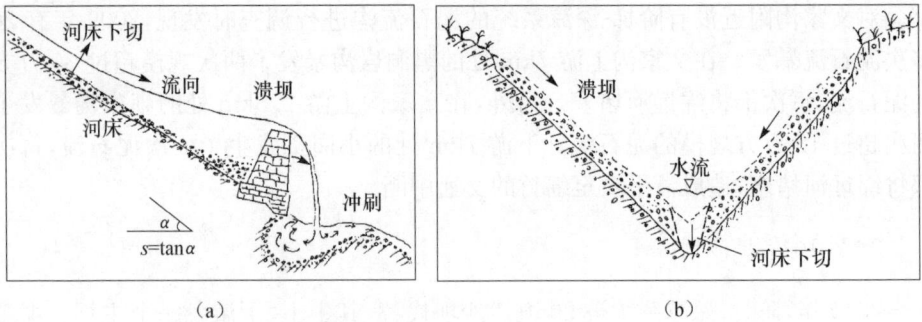

图 9.68　水流溢出后淘刷坝基导致溃坝(a)和沟床下切增加两侧边坡坡度并
引发崩塌,以致发生泥石流(b)

　　对于触发 2010 年 8 月 13 日大型泥石流的降水强度有不同的报道,主要的差别在于短时间的雨强。没有系统的文家沟降水量数据,几次降水量数据是由安装在当地民居房顶的雨量计得到。据报道,2010 年 8 月 13 日的雨量在文家沟为 98.5mm、小岗剑为 227mm(文家沟以南 7km)、楠木沟为 163mm(文家沟以南 8km),系统的降水量资料从绵竹市气象局获得,但是其雨量站的位置离文家沟约 50km,8 月 13 日的降水量仅为 6mm,相差甚远。因此有人用 227mm/d 的降水量作为文家沟的泥石流触发值。

　　用 E_k 表示沟谷水流方向单位长度水体的动能。水体的高度为 h,沟谷宽度为 B。如图 9.67 所示,水流淘刷河床,两侧边坡的松散堆积物随之也汇入水流。假定在初始位置 1 时水流中不含泥沙。在运动 Δx 距离后到达位置 2 处,因为固体物质进入水体,高度 h 和宽度 B 都会增加。流体的能量变化表示为

$$\Delta E_k = \frac{1}{2}(M_2 u_2^2 - M_1 u_1^2) \tag{9.36}$$

式中,M_1 和 M_2 分别为位置 1 和位置 2 的流体混合物的质量;u_1 和 u_2 分别为位置 1 和位置 2 的流体混合物的速率;动能增加 e_1 是由于势能的释放;动能减少 e_2 是由于沟床的摩擦力所致;动能增加 e_3 是由于固体物质的势能释放;动能减少 e_4 是由于输运过程中颗粒间的碰撞所致;因此

$$\Delta E_k = e_1 - e_2 + e_3 - e_4 \tag{9.37}$$

　　水流从位置 1 到位置 2 所释放的势能为

$$e_1 = \rho g h B S \Delta x = \rho g S h B u \Delta t = \rho g S Q \Delta t \tag{9.38}$$

式中,ρ 为水的密度;S 为沟床坡降;Q 为水的流量;Δt 为水体由位置 1 运动到位置 2 的时间。因沟床和边坡摩擦力导致能量的耗散为

$$e_2 = \tau_0 (p_B + p_w) \Delta x = \tau_0 (p_B + p_w) u \Delta t \tag{9.39}$$

式中,τ_0 为沟床和边坡的平均剪切应力;p_B 和 p_w 分别为沟床和边坡形成的湿周;u 为流体速率。

固体物质释放的势能为

$$e_2 = \rho_s g S (B\Delta h + d_L L_L + d_R L_R)\Delta x = \rho_s g S Q_s \Delta t \tag{9.40}$$

式中，ρ_s 为固体物质的密度；Δh 为沟床下切深度；d_L 和 L_L 分别为左侧滑移层的厚度和长度；d_R 和 L_R 分别为右侧滑移层的厚度和长度；Q_s 为位置 2 的泥沙量。

Bagnold(1966)提出颗粒碰撞引起的分散应力对沟床的作用力为 T，即

$$T = 0.013 \rho_s (\lambda D)^2 \left(\frac{\partial u_p}{\partial z}\right)^2 \tag{9.41}$$

式中，D 为颗粒直径；u_p 为颗粒速率；λ 为线性浓度(Bagnold,1954)

$$\lambda = \frac{1}{\left(\dfrac{C_v^*}{C_v}\right)^{1/3} - 1} \tag{9.42}$$

式中，C_v^* 为颗粒紧密堆积时的最大浓度，均匀圆颗粒时为 0.73(Bagnold,1954)。

颗粒间的能量耗散的计算式为

$$e_4 = T B \Delta x = T B u \Delta t \tag{9.43}$$

将式(9.38)~式(9.40)和式(9.43)代入式(9.37)，得

$$\frac{\Delta E_k}{\Delta t} = \rho g S Q - \tau_0 (p_B + p_w)u + \rho_s g S_s^Q - T B u \approx \frac{\partial E_k}{\partial t} \tag{9.44}$$

一般情况下，水流释放的势能与湿周产生的摩擦力相平衡。如果式(9.44)中第三项(从固体物质释放的势能)大于或等于第四项(固体颗粒碰撞导致的能量耗散)，整个的能量将增加或保持不变。水流将不断淘刷沟床和两侧边坡，越来越多的泥沙加入到水流中，并最终发展成泥石流。如果沟道的坡降大，式(9.44)中第三项会远大于第四项。泥石流继续发展依赖于对沟床下切和岸坡的崩塌。在此情况下，沟床上的阶梯-深潭结构对控制泥石流的形成变得尤为关键。如果沟道内没有发育结构，或结构被毁，那么沟床很容易被洪水淘刷，反过来就会进一步促使岸坡崩塌。沙石汇入水流中并不会减少流体的能量，因此固体含量高的灾害性水流就会形成。2010 年文家沟泥石流的发生与此相符。如果固体物质包含大量的巨石，那么由于力 T 与直径二次方成正比，则式(9.44)中第四项可能会略大于第三项。这样，动能可能减少，速率也随之变小。

图 9.69 给出了 2010 年文家沟泥石流后的纵剖面，还给出了相应 2008 年、2009 年的纵剖面及 2009 年坝系的位置。从沟口起 1300~1800m 的沟段，文家沟滑坡堆积物厚度约 150m。2008 年发生泥石流时下切约 50m，形成新的沟道。2009 年，阶梯-深潭系统抑制了泥石流的发生，稳定了沟谷，沟床的纵剖面与 2008 年相比没有变化。2010 年沟道中的阶梯-深潭系统被坝系代替，由于坝系并不能控制沟床下切和泥石流发生，沟道又一次下切约 50m。沟床虽仍比震前的文家沟沟道要高，但沟道的坡降较 2009 年变大，边坡变得更陡，沟道切深。

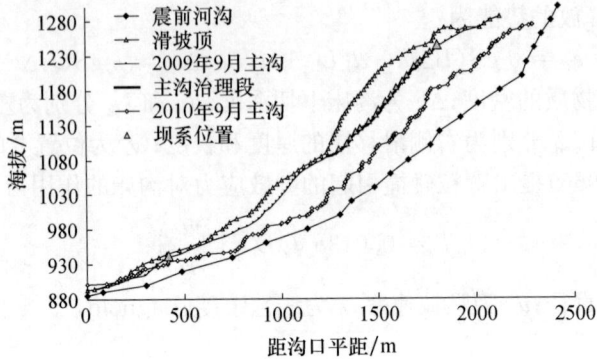

图 9.69　2010 年文家沟泥石流后沟道纵剖面与 2008 年、2009 年沟道纵剖面的比较

图 9.70 所示为拦沙坝被泥石流损毁后在边坡上所残存的部分。上游的主坝完全被毁,沟道展宽约 130m。图 9.71 所示为文家沟沟道的两个横剖面。相应位置如图 9.59 所示。横剖面 2 在 2009 年没有变化,主要原因是阶梯-深潭系统的保护作用,使沟道没有下切。然而在 2010 年,坝系对沟道下切和边坡侵蚀没有发挥作用,沟道下切了 16m,展宽达 90m。横剖面 7 在 2009 年有轻微的淘刷,主要原因是此处阶梯-深潭系统部分破坏,但在 2009 年 8～9 月对阶梯-深潭系统修复后,沟床又抬高,这个横剖面在 2009 年基本保持稳定。不过,在 2010 年,沟床下切了45m,并展宽到 70m。

(a)　　　　　　　　　　　　　　　(b)

图 9.70　沟道下切后悬于边坡的残存坝体(a)和上游主坝冲毁、沟道展宽(b)

图 9.72 所示为 2009 年和 2010 年从沟内 6 处样品得到的沟床和边坡的粒径级配,2008 年和 2010 年的级配分布也在图 9.72 中给出。2009 年沟床的物质颗粒和 2008 年的泥石流颗粒比 2010 年时沟床和泥石流颗粒要粗。因为堆积物中的颗粒粗,所以 2008 年的泥石流为两相泥石流。2008 年泥石流后的沟床和边坡中有许多巨石,在 2009 年被用做构筑阶梯,但是在 2010 年,所有的巨石被破碎,用来建

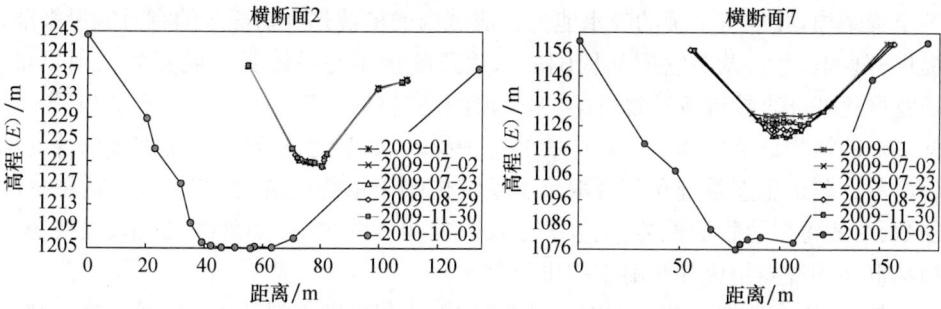

图 9.71　横剖面 2 和横剖面 7 在 2009 年和 2010 年的变化

20 个坝,但是这些坝很快就被洪水冲毁。固体颗粒变细,泥石流也不再是两相流,而更接近伪一相流。因此,2010 年的泥石流更有杀伤力和灾害性。2010 年泥石流过后,沟床和边坡的颗粒比 2008 年、2009 年细了很多。

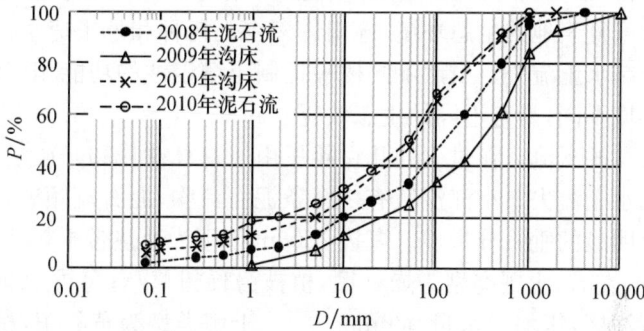

图 9.72　沟床、边坡和泥石流级配分布

　　坝系毁坏并不意味着其对泥石流的防治是不成功的。在很多地方,拦沙坝用来防治泥石流取得了成功,其关键是拦沙坝应该让水流的能量耗散而非蓄积。虽然文家沟的拦沙坝设计了许多透水孔,但是泥石流所挟带的大石头将透水孔堵塞使得水流不能流走。水积聚在库中将增加坝体受到的压力,并使地下水的水位抬高。在松散堆积物达到饱和后会非常不稳定,成为引发泥石流灾害的主因之一。拦沙坝的高度应该比较低,只拦截大石块而不蓄积水流。更好的措施是,将拦沙坝和阶梯-深潭系统结合起来会获得控制泥石流的最优结果,拦沙坝可以将泥沙拦挡下来,而阶梯-深潭系统则将水流能量耗散以保护沟床不被下切。

9.3.3　陆地生态系统管理中的人工林树种选择

　　植被是控制土壤侵蚀的最有效方法,在这方面没有任何一种人造材料的耐久性和有效性能与植被相比。植被减轻地面受雨滴击溅侵蚀、减缓地面径流速率、保护土壤结构,并维持土壤的吸水能力。流域内的植被是生物群落的有益能量来源,提供栖息地,并且调节它们从周围的水生及陆地生态系统吸取或释放太阳热量。植物群落特征直接影响动物群落的多样性和完整性。覆盖面积大且水平和垂直结构多样的植物群落比那些相对均质的植物群落,如草地,能够支持更加多样性的动物群落。陆地生态系统和部分水生态系统依赖于植物群落的复杂性,包括植物的层数、组成每层植物的种类、竞争关系及碎屑物质的供应(如落叶、倒木、残枝等)。植物群落的种类组成和年龄结构也很重要。

　　然而,许多自然植被由于农业种植、城市化和采矿遭到破坏或毁灭。在亚热带地区,植被的自然恢复需要 100 年左右(Zhuang,1997),而人工造林可以缩短这一过程。因此,人工造林是促进植被恢复和控制水土流失最有效的方式。在植被遭到破坏的山坡上选择适当的树种造林,树冠的遮蔽可以为本地树种提供栖息地。草本植物和动物群落在林下生境都发育了复杂的群落结构。人工植被加速了植物群落的演替过程(王费新等,2006)。20 世纪 80 年代,长江上游实施了"退耕还林"和其他工程来恢复当地的生态环境,选用许多乡土树种和外来速生树种来增加植被覆盖度和控制水土流失。虽然不同树种控制土壤侵蚀的功能相似,但不同人工林树种林下环境不同,具有不同的生态效应。

　　小江是长江的支流。在过去的几百年里由于森林砍伐和开矿活动,小江流域经受了严重的水土流失。小江流域有 107 条泥石流沟,泥石流频繁发生。小江流域的气候具有明显的垂直分带性。海拔 1500m 以下为亚热带干热河谷区,年平均降水量 700mm 左右,土壤类型为燥红壤,植被为稀树草丛;海拔 1500～3000m 为温带半干旱湿润区,年均降水量 900mm 左右,土壤类型为黄红壤,植被为山地常绿阔叶林与针叶林;海拔 3000m 以上为寒温带湿润高山区,年平均降水量 1200mm 左右,土壤类型主要为棕壤、草甸土,植被为高山灌丛草甸(张纵等,2006)。每年 5～10 月为雨季,降水量占年总降水量的 88%(杜榕桓等,1990)。

　　在第 2 章讨论过,恢复植被及多层次布设拦砂坝是侵蚀控制的有效方式,如果植被覆盖度从 0.1 恢复到 0.65,土壤侵蚀率就可以从 13 000t/(km² · a)降到几乎为 0。但是,调查和分析表明,不同种类树木树冠的生态效应是非常不同的(杨吉山等,2009)。调查和分析的地点位于小江流域海拔 1600～2200m 的区域,这个区域雨季多暴雨,土壤侵蚀严重,是泥石流固体物质的主要来源区。20 世纪 80 年代以来在该区域实施了植被恢复措施,种植了不同种类的人工林,通常不同种类的人工林种植在不同的山坡上。

　　经过挑选,选择了种植 4 种不同人工林的山坡,人工林种类分别是桉树(*Eucalyptus* spp.)、黑荆(*Acacia mearnsii*)、银合欢(*Leucaena leucocephala*)和云南松(*Pinus yunnanensis*)。被选择坡面的坡度、土壤类型、质地、含水量等方面具有一定的可比性。每个被调查林地设置的调查样方面积为 10m×10m,并重复设置 2

个调查样方。在每个调查样地中又随机设置 3 个 1m×1m 面积的草本层植物样方。造林时间通过访问护林人员获得,并通过用生长锥取树芯对林龄进行确认和矫正。表 9.5 列出了取样点和样方的概况。

表 9.5　调查样地和样方的基本情况

取样点编号	人工林树种	样方位置	海拔/m	方位/(°)	坡度/(°)	树龄/a
1	桉树	东经 103°09.311′ 北纬 26°14.737′	1635	NW6	30	3
		东经 103°16.155′ 北纬 25°54.110′	1914	ES 23	22	8
		东经 103°16.045′ 北纬 25°53.981′	1825	SE10	35	14
2	黑荆	东经 103°16.095′ 北纬 25°54.154′	1999	SE50	10	4
		东经 103°16.191′ 北纬 25°54.329′	1957	SE59	27	7
		东经 103°16.197′ 北纬 25°54.106′	1914	SE52	24	—
3	银合欢	东经 103°07.994′ 北纬 26°14.733′	1635	SE4	31	4
		东经 103°13.228′ 北纬 26°06.881′	1645	SE65	16	10
		东经 103°12.431′ 北纬 26°06.300′	1587	SE7	17	20
4	云南松	东经 103°16.097′ 北纬 25°54.086′	1934	SE37	17	4
		东经 103°17.633′ 北纬 25°54.730′	2176	SE49	40	14
		东经 103°17.612′ 北纬 25°54.827′	2152	NW23	35	20

所有的样地都是 20 世纪 80 年代退耕还林以后种植的人工林,这些坡地在退耕还林以前由于长期的耕作,原生植被已经完全被破坏。这些坡面坡度都大于 10°,水土流失非常严重。造林方式稍有差异,其中桉树、黑荆采用营养杯育苗 1 年移植造林,云南松、银合欢采用种子直播方式造林。造林后采取了封育措施。

图 9.73 是 4 种人工林覆盖度随树龄变化的情况。总体上,4 种人工林覆盖度随林龄的增长而显著增加。黑荆林生长速率最快,林龄 7～8 年时冠层覆盖度可以达到 80%;银合欢种子产量大,具有很强的天然更新能力(宗亦臣等,2007),林龄 10 年的银合欢林冠层覆盖度也可达到 80% 左右。然而,20 年林龄的银合欢林冠层覆盖度反而有所下降,这主要因为植株密度变得过大,冠层枝叶稀疏化造成的。云南松林冠层覆盖度增长相对缓慢但比较稳定,20 年林龄的云南松林冠层覆盖度

约 65%,比 8 年林龄的黑荆及 10 年林龄的银合欢覆盖度还要小一些。桉树林冠层覆盖度随林龄增长最缓慢。黑荆与银合欢人工林植被覆盖度最大,因此对水土流失的控制作用非常有效。

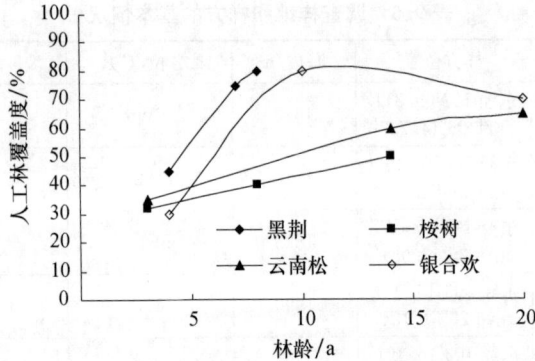

图 9.73　4 种人工林覆盖度随林龄的变化

　　人工林为林下生态群落的发展提供了栖息地。表 9.6 列出了林下灌木和草本植被的平均高度、分层覆盖度、数量、种类的基本情况。银合欢林下次生灌木种类数很少。在 10 年林龄的银合欢林下出现了杜鹃(*Rhododendron* sp.)和膏桐(*Jatropha curcas*)两种次生灌木种类,但在 20 年林龄的银合欢林下只发现了蓖麻(*Ricinus communis*)这一种次生灌木种类。作为对比,在 20 年林龄的云南松林下出现了 20 种次生灌木种类,其中占优势的种类包括尖萼金丝桃(*Hypericum acmosepalum*)、新木姜子(*Neolitsea aurata*)、棣棠(*Kerria japonica*)、槲栎(*Quercus aliena*)等。从图 9.74 可以看到 20 年林龄的银合欢与同样林龄的云南松林下次生植物群落发展的对比情况。云南松林下出现了 12 种次生灌木和 22 种次生草本,形成了林、灌、草三个层次的结构;而银合欢林下只出现了 1 种灌木和 4 种草本种类。

表 9.6　样地内 4 种人工林群落结构

人工林种类	林龄/a	乔木层				灌木层				草本层		
		高/m	胸径/cm	覆盖度/%	密度/(棵/hm²)	高/m	数量/棵	种类数	覆盖度/%	高/m	覆盖度/%	种类数
桉树	3	3.1	1.4	32	2600	0.3	5	2	6	0.10	25	7
	8	21.0	16.4	40	1000	1.5	18	5	10	0.45	93	12
	14	22.0	18.5	50	1100	1.3	23	6	15	0.45	93	14
黑荆	4	9.2	2.6	40	5600	0.2	20	1	4	0.10	20	11
	7	11.0	8.3	75	3200	1.1	31	4	7	0.05	6	9
	8	11.5	9.1	80	2900	0.6	23	5	6	0.15	9	7

续表

人工林种类	林龄/a	乔木层				灌木层				草本层		
		高/m	胸径/cm	覆盖度/%	密度/(棵/hm²)	高/m	数量/棵	种类数	覆盖度/%	高/m	覆盖度/%	种类数
银合欢	4	5.5	1.9	30	3700	0	0	0	0	0.10	22	5
	10	14.0	3.6	80	2200	1.5	10	2	4	0.50	88	8
	20	16.0	4.5	70	6000	1.4	2	1	2	0.05	0.7	4
云南松	4	3.0	1.9	35	3400	0.2	7	2	1	0.15	30	8
	14	4.5	5.6	60	2000	0.5	94	7	11	0.15	18	13
	20	15.2	17.8	65	1400	2.5	136	12	26	0.20	46	22

注：乔、灌、草的高度及胸径是样地内（200m²）样本的平均值。

　　　　　　　（a）　　　　　　　　　　　　　　　　　（b）

图 9.74　20 年林龄的云南松人工林（其中林、灌、草分层明显，样地内有 12 种灌木和 22 种草本植物）（a）和 20 年林龄的银合欢人工林（样地内只有 1 种灌木和 4 种草本植物）（b）（见彩图）

　　结果表明，不同的人工林种类控制水土流失和促进林下植物群落发展的效果有显著差异。复杂的植物群落可以支持复杂的动物群落，用于植被恢复的木本植物种类选择可以影响陆地生态系统，而陆地生态系统又进而影响水生态系统。根据植被-侵蚀动力学的研究，小江流域具有一定的自动恢复到森林状态的能力（参见 2.3.2 节）。适当地选择人工林树种可以有效地控制水土流失，同时恢复陆地生态系统。

思　考　题

　　1. 为什么河流稳定对河流生态非常重要？

　　2. 河流管理的准则有哪些？

　　3. 极限流速定律的含义是什么？

　　4. 用一个例子说明河床结构与推移质运动的等价律的应用。

5. 土壤侵蚀量和输沙模数的值为什么存在差异?

6. 阶梯-深潭系统为什么能够减轻地质灾害、改善河流生态?

7. 阶梯-深潭系统如何耗散水能、控制泥石流?

参 考 文 献

崔鹏,柳素清,唐邦兴,等. 2003. 风景名胜区泥石流治理模式:以世界自然遗产九寨沟为例. 中国
　科学 E 辑:技术科学,33(增):1-9.

杜榕桓,康志成. 1990. 云南小江流域砂石化过程及其整治. 中国科学院东川泥石流观测研究站:
　22-33.

段学花,王兆印,许梦珍. 2010. 底栖动物与河流生态评价. 北京:清华大学出版社.

刘晓燕. 2007-06-30. 河流健康若干理论问题探讨. www. Chinawater. net. cn.

后立胜,许学工. 2001. 密西西比河流域治理的措施及启示. 人民黄河,23(1):39-41.

贾艳红,王兆印. 2009. 冲积河流的极限流速. 清华大学学报(自然科学版),49(3):356-359.

江建国. 1998-09-04. 让莱茵河重新自然化. 人民日报. 第 7 版. http://web. peopledaily. com. cn/
　engling/9809104/target/newfiles/G104 htm/.

金忠贤,石刚平. 1997. 上海市滩涂开发利用规划研究报告. 上海市水利局.

康志成,李焯芬,马蔼乃,等. 2004. 中国泥石流研究. 北京:科学出版社.

刘怀湘,王兆印. 2008. 河网形态及其与环境条件的关系. 清华大学学报(自然科学版),48(9):
　1408-1412.

刘怀湘,王兆印. 2009. 山区河流床面结构发育野外现场实验研究. 水利学报,40(11):1339-
　1344.

刘怀湘,王兆印,于思洋. 2010. 山区河流河床结构的发育分布. 清华大学学报(自然科学版),
　50(6):857-860.

陆芳春,史斌,包中进. 2006. 阶梯式溢流面消能特性研究. 长江科学院院报,23(1):9-11.

吕态能. 2000. 东川严重水土流失区植被恢复对策. 水土保持研究,7(3):134-137.

倪汉根,刘亚坤. 2008. 击波 水跃 跌水 消能. 大连:大连理工大学出版社.

钱宁,万兆惠. 1983. 泥沙运动力学. 北京:科学出版社.

沈泰,杨淳,吴志广,等. 2003. 长江中下游干流河道采砂规划综述. 人民长江,34(6):1-4.

苏燕,王兆印. 1997. 密西西比河的治理经验及效果评价. 泥沙研究,(1):1-8.

唐克丽. 2004. 中国水土保持. 北京:科学出版社.

万新宁,李九发,何青,等. 2003. 长江中下游水沙通量变化规律. 泥沙研究,(4):29-35.

王费新,王兆印,杨正明,等. 2006. 南亚热带水土流失地区人工加速植被演替过程. 生态学报,
　26(8):133-140.

王同生. 2002. 莱茵河的水资源保护和流域治理. 水资源保护,(4):60-62.

王文濤,章书成,王家义,等. 1985. 西藏古乡沟冰川泥石流特征. 中国科学院兰州冰川冻土研究
　所集刊,(4):19-35.

王裕宜,詹钱登,严璧玉,等. 2001. 泥石流体结构和流变特性. 长沙:湖南科学技术出版社.

王兆印,钱宁. 1985. 层移质运动规律的实验研究. 中国科学 A 辑:数学,28(1):102-112.

吴华林. 2001. 器测时期以来长江河口泥沙冲淤及其入海通量研究. 上海:华东师范大学博士学位论文.

谢洪,钟敦伦,李泳,等. 2004. 长江上游泥石流灾害的特征. 长江流域资源与环境,13(1):94-99.

徐国宾. 2007. 黄河下游河道渠化治理. 泥沙研究,(1):1-7.

许炯心. 2005. 近 40 年来长江上游干支流悬移质泥沙粒度的变化及其与人类活动的关系. 泥沙研究,(3):8-16.

杨安民. 2006-11-20. 浪漫莱茵河(一). 大众科技报. http://www. cpst. net. cn/dzkjb/2006/0709/4％A3％AD1. htm.

杨吉山,王兆印,余国安,等. 2009. 小江流域不同人工林群落结构变化及其对侵蚀的控制作用. 生态学报,29(4):1921-1930.

杨针娘. 1985. 暴雨黏性泥石流流速公式的初步探讨//中国科学院兰州冰川冻土研究所集刊. 北京:科学出版社:199-206.

易雨君,王兆印,陆永军. 2007. 长江中华鲟栖息地适合度模型研究. 水科学进展,18(4):538-543.

易哲文. 2003. 长江上游的泥沙. 四川水利,(5):29-33.

余国安. 2008. 河床结构对推移质运动及下切河流影响的试验研究. 北京:清华大学博士学位论文.

余剑如,刘载生. 1988. 长江上游的水土流失与河流泥沙,水土保持学报,(1):3-18.

虞孝感. 2003. 长江流域可持续发展研究. 北京:科学出版社.

张纵,施侠,徐晓清. 2006. 城市河流景观整治中的类自然化形态探析. 浙江林学院学报,23(2):202-206.

中华人民共和国水利部. 2001. 中国河流泥沙公报 2000.

中华人民共和国水利部. 2009. 中国河流泥沙公报 2008.

宗亦臣,郑勇奇,张川红,等. 2007. 元谋干热河谷地区新银合欢天然更新的初步调查. 生态学杂志,26(1):135-138.

Aberle J,Smart G M. 2003. The influence of roughness structure on flow resistance on steep slopes. Journal of Hydraulic Research,41(3):259-269.

Abt S R,Clary W P,Thornton C I. 1994. Sediment deposition and entrapment in vegetated streambeds. Journal of Irrigation and Engineering,ASCE,120(6):1098-1111.

Andrews E D. 1984. Bed-material entrainment and hydraulic geometry of gravel-bed rivers. Geological Society of America Bulletin,95:371-378.

Bagnold R A. 1954. Experiments on a gravity free dispersion of large solid spheres in a Newtonian fluid under shear. Proceedings of the Royal Society of London, Series A:Mathematical and Physical Sciences,225:49-63.

Bagnold R A. 1966. An approach to the sediment transport problem from general physics. US Geological Survey Professional Paper,422-I:37.

Beghart G,Maughan O E,Twomey K A,et al. 1984. Habitat suitability index models and instream flow suitability Curves:Redear sunfish. Report to National Ecology Center Division of Wildlife and Contaminant Research. Washington DC:US Fish and Wildlife Service.

Bona F,Falasco E,Fenoglio S,et al. 2008. Response of macroinvertebrate and diatom communities to human-induced physical alteration in mountain streams. River Research and Applications, 24(8):1068-1081.

Bordas M P,Walling D E. 1988. Sediment Budgets. International Association of Hydrological Sciences.

Brierley G J,Fryirs K A. 2008. River Futures:An Integrative Scientific Approach to River Repair. Washington DC:Island Press.

Burkham D E. 1981. Uncertainties resulting from changes in river form. Journal of the Hydraulics Division,ASCE,107(HYS):593-610.

Carollo F G,Ferro V,Termini D. 2002. Flow velocity measurements in vegetated channels. Journal of Hydraulic Engineering,128(7):664-673.

Carosi G,Chanson H. 2008. Turbulence characteristics in skimming flows on stepped spillways. Canadian Journal of Civil Engineering,35(9):865-880.

Cereghino R,Giraydel J L,Compin A. 2001. Spatial analysis of stream invertebrates distribution in the Adour-Garonne drainage basin,using Kohonen self organizing maps. Ecological Modelling,146(1-3):167-180.

Chang F M. 1970. Ripple concentration and friction factor. Journal of the Hydraulic Division, ASCE,96(2):417-430.

Chanson H. 2001. The Hydraulics of Stepped Chutes and Spillways. Leiden:A A Balkema.

Chanson H,Toombes L. 2002. Experimental investigations of air entrainment in transition and skimming flows down a stepped chute. Canadian Journal of Civil Engineering,29(1):145-156.

Chen X Q. 2004. Sand extraction from the mid-lower Yangtze River channel and its impacts on sediment discharge into the sea//Proceedings of the 9th International Symposium on River Sedimentation. Beijing:Tsinghua University Press,3:1699-1704.

Ciccacci S,D'Alessandro L,Fredi P,et al. 1992. Relation between morphometric characteristics and denudation processes in some drainage basins of Italy. Zeitschrift fur Geomorphologic, 36(1):53-67.

Comiti F,Mao L,Lenzi M A,et al. 2009. Artificial steps to stabilize mountain rivers:A post-project ecological assessment. River Research and Application,25(5):639-659.

Crance J H. 1983. Habitat suitability index models and instream flow suitability curves:Shortnose Sturgeon. Report to National Ecology Center Division of Wildlife and Contaminant Research. Washington DC:US Fish and Wildlife Service.

Crance J H. 1984. Habitat suitability index models and instream flow suitability curves:Inland Stocks of Striped Bass. Report to National Ecology Center Division of Wildlife and Contaminant Research. Washington DC:US Fish and Wildlife Service.

Curran J H,Wohl E E. 2003. Large woody debris and flow resistance in step-pool channels,Cascade Range,Washington. Geomorphology,51(1-3):141-157.

Edmonds R L. 1994. Patterns of China's Lost Harmony:A Survey of the Country's Environmen-
    tal Degradation and Protection. London:Routledge.

Edwards E A. 1983a. Habitat suitability index models and instream flow suitability curves:
    Longnose Dace. Report to National Ecology Center Division of Wildlife and Contaminant Re-
    search. Washington DC: US Fish and Wildlife Service.

Edwards E A. 1983b. Habitat suitability index models and instream flow suitability curves:
    Longnose Sucker. Report to National Ecology Center Division of Wildlife and Contaminant
    Research. Washington DC:US Fish and Wildlife Service.

Edwards E A,Bacteller M,Maughan O E. 1982a. Habitat suitability index models and instream
    flow suitability curves:Slough darter. Report to National Ecology Center Division of Wildlife
    and Contaminant Research. Washington DC: US Fish and Wildlife Service.

Edwards E A,Gebhart G,Maughan O E. 1983. Habitat suitability index models and instream flow
    suitability curves:Smallmouth Bass. Report to National Ecology Center Division of Wildlife
    and Contaminant Research. Washington DC: US Fish and Wildlife Service.

Edwards E A,Kriger D A,Gebhart G,et al. 1982b. Habitat suitability index models and instream
    flow suitability curves white crappie. Report to National Ecology Center Division of Wildlife
    and Contaminant Research. Washington DC: US Fish and Wildlife Service.

Elliott A H. 2000. Settling of fine sediment in a channel with emergent vegetation. Journal of Hy-
    draulic Engineering,ASCE,126(8):570-577.

Engels H. 1932. Grossmodellversuche ueber das Verhalten eines geschiebefuehrenden gewun-
    denen wasserlaufes unter der einwirking wechseln der wasserstaende und verschiedenartiger
    Eindeichungen. Wasserkraft und Wasserwirschft,27(3&4):25-31,41-43.

Freeman J R. 1922. Flood problems in China. Transactions,ASCE,85:1405-1460.

Fryirs K A,Brierley G J. 2009. Naturalness and place in river rehabilitation. Ecology and Society,
    14(1):20.

Glenn B W. 1994. Trichoptera-aquatic insects of china useful for monitoring water quality//Nan-
    jing:Hohai University Press.

Gore J A,Petts G E. 1989. Alternatives in regulated river management. Boco Raton:CRC Press.

Gray D H,Leiser A T. 1982. Biotechnical Slope Protection. New York: Van Nostrand-Reinhold.

Gui H. 1994. Ephemeroptera,Aquatic insects of china useful for monitoring water quality//Nan-
    jing:Hohai University Press.

Hey R D,Thorne C R. 1986. Stable channels with mobile gravel beds. Journal of Hydraulic Engi-
    neering,ASCE,112(8):671-689.

Hickman T,Raleigh R F. 1982. Habitat suitability index models and instream flow suitability
    curves:Cutthroat trout. Report to National Ecology Center Division of Wildlife and Contami-
    nant Research. Washington DC: US Fish and Wildlife Service.

Horton R E. 1945. Erosional development of streams and their drainage basins:Hydrophysical approach to quantitative morphology. Geological Society of America Bulletin,56:275-370.

Howard A D. 1967. Drainage analysis in geological interpretation, A summation. The American Association of Petroleum Geologists Bulletin,51(11):2246-2259.

Hubert W A,Anderson S H. 1984. Habitat suitability index models and instream flow suitability curves:Paddlefish. Report to National Ecology Center Division of Wildlife and Contaminant Research. Washington DC:US Fish and Wildlife Service.

Hubert W A,Helzner R S,Lee L A,et al. 1985. Habitat suitability index models and instream flow suitability curves:Arctic grayling riverine populations. Report to National Ecology Center Division of Wildlife and Contaminant Research. Washington DC:US Fish and Wildlife Service.

Ikeda S,Izumi N. 1990. Width and depth of self-formed straight gravel river with bank vegetation. Water Resources Research,26(10):2353-2364.

Ikeda S,Izumi N,Ito R. 1991. Effects of pile dikes on flow retardation and sediment transport. Journal of Hydraulic Engineering,ASCE,117(11):1459-1478.

Izzo D. 2004. Reengineering the Mississippi. Civil Engineering,74(7):39-45.

Jia Y H,Wang Z Y,Zhang X M,et al. 2012. Estimation of soil erosion in the Xihanshui Watershed by using of 137Cs technique. International Journal of Sediment Research,27(4):486-497.

Karr J R. 1999. Defining and measuring river health. Freshwater Biology,41:221-234.

Kingsford R T. 2000. Ecological impacts of dams, water diversions and river management on floodplain wetlands in Australia. Australian Ecology,25(2):109-127.

Kinner D A,Moody J A. 2005. Drainage networks after wildfire. International Journal of Sediment Research,20(3):194-201.

Kirchner J W. 1993. Statistical inevitability of Horton's laws and the apparent randomness of stream channel networks. Geology,21:591-594.

Krieger D A,Terrell J W, Nelson P C. 1983. Habitat suitability index models and instream flow suitability curves:Yellow Perch. Report to National Ecology Center Division of Wildlife and Contaminant Research. Washington DC: US Fish and Wildlife Service.

Kuhl D. 1992. Fourteen years of artificial grain feeding in the Rhine downstream of the barrage Iffezheim // Proceedings of the 5th International Symposium on River Sedimentation, Karlsruhe:1121-1129.

Kyung S L,Zeng L. 2007. The restoration and protection of Cheongyechon in the city of Seoul, South Korea. Chinese Landscape Architecture,7:30-35.

Lee L A,Terrell J W. 1987. Habitat suitability index models and instream flow suitability curves: Flathead Catfish. Report to National Ecology Center Division of Wildlife and Contaminant Research. Washington DC:US Fish and Wildlife Service.

Lee S,Fujita K,Yamamoto K. 1999. A scenario of area expansion of stable vegetation in a gravel-bed river based on the upper Tama River case. Annual Journal of Hydraulic Engineering,

ASCE,43:977-982.

Lenzi M A. 2002. Stream bed stabilization using boulder check dams that mimic step-pool morphology features in northern Italy. Geomorphology,45:243-260.

Lenzi M A,Comiti F. 2003. Local scouring and morphological adjustments in steep channels with check-dam sequences. Geomorphology,55(1-4):97-109.

Liu C,Sui J,Wang Z Y. 2008. Changes in runoff and sediment yield along the Yellow River during the period from 1950 to 2006. Journal of Environmental Informatics,12(2):129-139.

Lu X X,Higgitt D L. 1999. Sediment yield variability in the upper Yangtze,China. Earth Surface Processes and Landforms,24:1077-1093.

McMahon T E,Beghart G,Maughan O E,et al. 1984a. Habitat suitability index models and instream flow suitability curves:Spotted Bass. Report to National Ecology Center Division of Wildlife and Contaminant Research. Washington DC:US Fish and Wildlife Service.

McMahon T E,Gebhart G,Maughan O E,et al. 1984c. Habitat suitability index models and instream flow suitability curves:Warmouth. Report to National Ecology Center Division of Wildlife and Contaminant Research. Washington DC:US Fish and Wildlife Service.

McMahon T E,Terrell J W,Nelson P C. 1984b. Habitat suitability index models and instream flow suitability curves:Walleye. Report to National Ecology Center Division of Wildlife and Contaminant Research. Washington DC:US Fish and Wildlife Service.

McMahon T E,Terrell J W. 1982. Habitat suitability index models and instream flow suitability curves:Channel Catfish. Report to National Ecology Center Division of Wildlife and Contaminant Research. Washington DC: US Fish and Wildlife Service.

Milliman J D,Meade R H. 1983. World-wide delivery of river sediment to the oceans. Journal of Geology,91:1-21.

Ni J,Barazangi M. 1984. Seismotectonics of the himalayan collision zone:Geometry of the underthrusting Indian plate beneath the Himalaya. Journal of Geophysical Research,89(B2):1147-1163.

Peter H A,Wang Z M. 1994. Simuliidae. Aquatic insects of China useful for monitoring water quality. Nanjing:Hohai University Press.

Rajaratnam N. 1990. Skimming flow in stepped spillways. Journal of Hydraulic Engineering, ASCE,116(4):587-591.

Raleigh R F. 1982. Habitat suitability index models and instream flow suitability curves:Brook Trout. Report to National Ecology Center Division of Wildlife and Contaminant Research. Washington DC:US Fish and Wildlife Service.

Raleigh R F,Hickman T,Solomon R C,et al. 1984. Habitat suitability index models and instream flow suitability curves:Rainbow Trout. Report to National Ecology Center Division of Wildlife and Contaminant Research. Washington DC:US Fish and Wildlife Service.

Raleigh R F,Miller W J, Nelson P C. 1986a. Habitat suitability index models and instream flow suitability curves:Chinook Salmon. Report to National Ecology Center Division of Wildlife and Contaminant Research. Washington DC:US Fish and Wildlife Service.

Raleigh R F,Zuckerman L D,Nelson P C. 1986b. Habitat suitability index models and instream flow suitability curves:Brown Trout. Report to National Ecology Center Division of Wildlife and Contaminant Research. Washington DC: US Fish and Wildlife Service.

Raleigh R F, Nelson P C. 1985. Habitat suitability index models and instream flow suitability curves:Pink Salmon. Report to National Ecology Center Division of Wildlife and Contaminant Research,Washington DC:US Fish and Wildlife Service.

Shreve R L. 1966. Statistical law of stream numbers. Journal of Geology,74:17-37.

Shvainshtein A M. 1999. Stepped spillways and energy dissipation. Hydrotechnical Construction, 33(5):275-282.

Sikora W B, Sikora J P. 1982. Habitat suitability index models and instream flow suitability curves:Southern kingfish. Report to National Ecology Center Division of Wildlife and Contaminant Research. Washington DC:US Fish and Wildlife Service.

Simons D B,Richardson E V. 1960. Resistance of flow in alluvial channels. Journal of the Hydraulics Division,ASCE,86(5):73-99.

Smil V. 1993. China's Environmental Crisis:An Inquiry into the Limits of National Development. New York:M E Sharpe.

Smith M J,Kay W R,Edward D H D,et al. 1999. AUSRIVAS:Using macro-invertebrates to assess ecological condition of rivers in Western Australia. Freshwater Biology,41(2):269-282.

Stankiewicz J. 2005. Fractal river networks of Southern Africa. South African Journal of Geology, 108:333-344.

Stier D J,Crance J H. 1986. Habitat suitability index models and instream flow suitability curves: American Shad. Report to National Ecology Center Division of Wildlife and Contaminant Research. Washington DC:US Fish and Wildlife Service.

Stuber R J,Gebhart G,Maughan O E. 1982a. Habitat suitability index models and instream flow suitability curves:Bluegill. Report to National Ecology Center Division of Wildlife and Contaminant Research. Washington DC:US Fish and Wildlife Service.

Stuber R J,Gebhart G,Maughan O E. 1982b. Habitat suitability index models and instream flow suitability curves:Green Sunfish. Report to National Ecology Center Division of Wildlife and Contaminant Research. Washington DC:US Fish and Wildlife Service.

Stuber R J,Gebhart G,Maughan O E. 1982c. Habitat suitability index models and instream flow suitability curves:Largemouth Bass. Report to National Ecology Center Division of Wildlife and Contaminant Research. Washington DC:US Fish and Wildlife Service.

Tang H W,Ding B,Chi Y M,et al. 2009. Protection of bridge piers against scouring with tetrahedral frames. International Journal of Sediment Research,24(4):385-399.

Thorne C R. 1990. Effects of vegetation on river bank erosion and stability//Vegetation and erosion. Chichester:Wiley:125-144.

Thornton C I,Abt S R,Morris C E,et al. 2000. Calculating shear stress at channel-overbank interfaces in straight channel with vegetated floodplains. Journal of Hydraulic Engineering, ASCE,126(12):929-936.

Todd M,Mike L. 2003. Natural channel design of step-pool watercourses using the'key-stone' concept. ASCE Conference Process,18:1-11.

Trial J G,Stanley J G,Batcheller M,et al. 1983a. Habitat suitability index models and instream flow suitability curves:Blacknose Dace. Report to National Ecology Center Division of Wildlife and Contaminant Research. Washington DC:US Fish and Wildlife Service.

Trial J G,Wade C S,Stanley J G,et al. 1983b. Habitat suitability index models and instream flow suitability curves:Common Shiner. Report to National Ecology Center Division of Wildlife and Contaminant Research. Washington DC:US Fish and Wildlife Service.

Twomey K A,Williamson K L,Nelson P C. 1984. Habitat suitability index models and instream flow suitability curves:White Sucker. Report to National Ecology Center Division of Wildlife and Contaminant Research. Washington DC:US Fish and Wildlife Service.

Wang Z Y,Li Y T,He Y P. 2007a. Sediment budget of the Yangtze River. Water Resources Research,43:1-14.

Wang Z Y,Lin B G,Nestmann F. 1997. Prospect and new problems of sediment research. International Journal of Sediment Research,12(1):1-15.

Wang Z Y,Melching C S,Duan X H,et al. 2009. Ecological and hydraulic studies of step-pool systems. Journal of Hydraulic Engineering,ASCE,134(9):705-717.

Wang Z Y,Tian S M,Yi Y J,et al. 2007b. Principles of river training and management. International Journal of Sediment Research,22(4):247-262.

Wang Z Y,Qian N. 1985. Experimental study of motion of laminated load. Scientia Sinica Serries A,28(1):102-112.

Weichert R. 2005-10-30. Bed morphology and stability in steep open channels,PhD dissertation, No. 16316. ETH Zurich. http://ecollection. ethbib. ethz. ch/eserv/eth:28455/eth-28455-02.

Weichert R B,Bezzola G R,Minor H E. 2009. Bed erosion in steep open channels. Journal Hydraulic Research,47(3):360-371.

Wen D Z. 1993. Soil erosion and conservation in China//World Soil Erosion and Conservation. Cambridge:Cambridge University Press:63-85.

Wilcox A C,Wohl E E. 2007. Field measurements of three-dimensional hydraulics in a step-pool channel. Geomorphology,83(3-4):215-231.

Wilcox A,Nelson J M,Wohl E E. 2006. Flow resistance dynamics in step-pool channels 2:Partitioning between grain, spill, and woody debris resistance. Water Resources Research, 42: W05419.

Williamson K L,Nelson P C. 1985. Habitat suitability index models and instream flow suitability curves:Gizzard Shad. Report to National Ecology Center Division of Wildlife and Contaminant Research. Washington DC:US Fish and Wildlife Service.

Yang C T. 1996. Sediment Transport:Theory and Practice. New York:McGraw-Hill.

Yen B C. 1999. From Yellow River models to modeling of rivers. International Journal of Sediment Research, 2: 85-91.

Yi Y J, Wang Z Y, Lu Y J. 2006. Habitat suitability index model of four major chinese carp species in the Yangtze River. River Flow, 2195-2201.

Yu G A, Wang Z Y, Zhang K, et al. 2010. Restoration of an incised mountain stream using artificial step-pool system. Journal of Hydraulic Research, 48(2): 178-187.

Zhang K, Wang Z Y, Liu L. 2010. The effect of riverbed structure on bed load transportation in mountain streams // IAHR-River Flow 2010-International Conference on Fluvial Hydraulics Braunschweig.

Zhuang X Y. 1997. Rehabilitation and development of forest on degraded hills of Hong Kong. Forest Ecology and Management, 99: 197-201.

（a）

（b）

图 2.6 我国太行山北部植被发育

（a）生长在薄土层和石缝里的荆条；（b）厚土层（前）和薄土层（后）发育的两种植被的对比

（a）

（b）

（c）

（d）

（e）

（f）

图 2.9 几种常见的自然生态应力对植被造成的破坏

（a）云贵高原坡面侵蚀造成植被破坏；（b）黄河三角洲盐碱化导致灌木、草本和乔木死亡；

（c）台湾 1999 年地震引发滑坡摧毁了九峰二山上的植被；（d）病虫害降低植被活力；

（e）张家界冰雪压断树木；（f）珠江流域东江上游森林火灾烧焦林地

（a）

（b）

（c）

（d）

图 2.13　脆弱植被的保护

（a）用草方格种植草和灌木，固定沙丘；（b）新种植灌木的保护；
（c）沙丘上的脆弱植被易于摧毁；（d）沙漠植被形成的结皮非常脆弱

（a）

（b）

（c）

图 2.14　云南高原金沙江流域植被演替过程

（a）从地衣和苔藓类等低等植物到强阳生草本植物的演化；（b）逐渐发育阳
生草灌混合植被；（c）乔灌草混合植被

（a）   （b）

图 2.40   自然封育 26 年后对照样地植被现状（a）和人工种植大叶相思林

加快植被演替 24 年后植被现状（b）

（a）   （b）

图 2.50   植物学证据用于河床演变研究

（a）河边倾斜的小树主干上生长出垂直的枝条，可以推断半年前一场洪水；

（b）四川小金川河中濒死的树说明河中曾有相对稳定的沙岛

（a）   （b）

（c）   （d）

图 3.1   4 种类型的滑坡和崩塌的实例

（a）太行山北部白云质灰岩柱状岩石崩析发生的岩体倾倒；（b）北京市郊区拒马河侵蚀下切引发的岩崩；

（c）四川省汶川震区绵远河文家沟崩塌；（d）四川省汶川震区绵远河支流文家沟滑坡

图 3.13　云贵高原小江流域蒋家沟伪一相泥石流的沉积物

图 3.14　云贵高原豆腐沟两相泥石流的沉积物

图 3.16　豆腐沟中由两相泥石流产生的石街现象

图 3.52　云南昆明东川区的深沟流域

（a）

（b）

（c）

（d）

图 4.1　下切河道的 4 种类型

（a）坡面上因侵蚀形成的细沟；（b）细沟形成冲沟；（c）四川省长江上游杂谷脑河的一条小溪
出现深切现象；（d）美国科罗拉多河的大峡谷是一条复合下切河流

（a）　　　　　　　　　　　　　（b）

（c）　　　　　　　　　　　　　（d）

图 4.7　下切河流地貌演变的 4 个典型阶段实例

（a）小江支流处于快速下切阶段；（b）大金川处于下切和展宽阶段；

（c）长江上游块河处于淤积展宽阶段；（d）大渡河上游处于平衡阶段

（a）　　　　　　　　　　　　　（b）

图 4.18　长江流域上游发育的阶梯-深潭系统

（a）长江流域上游小山涧上的阶梯-深潭系统；（b）四川省河宽

约 20m 以上的小金川河上的阶梯-深潭系统

(a)   (b)

图 4.31 河流上发育的肋状结构

(a) 四川省岷江支流皮条河；(b) 广东省东江一支流

图 4.34 东北巴兰河两段满天星结构河段

(a)

（b）

图 4.35 河流岸石结构

（a）四川省大渡河岸石结构；（b）长江支流嘉陵江上的岸石结构

（a）

（b）

图 4.36 河流簇丛结构

（a）汉江一支流褒河中发育的漂石簇丛结构；（b）湘江流域金鞭溪中发育的菱形卵石簇丛结构

图 5.50 四川岷江江心洲发育

图 8.2 基底、斑块、河流廊道及镶嵌体

（a）北京郊区的森林基底；（b）德国 Wolfsburg 的城镇斑块及其周围的河流廊道；（c）德国 Leinbach 河河流廊道及其滨河森林基底；（d）加拿大班芙由森林、湖泊和群山组成的镶嵌体

图 8.3 组成流域的要素

（a）流域上游（长江流域的神农架山）；（b）山区河流（黄河流域渭河支流的清江）；（c）冲积河流（苏丹尼罗河流域的青尼罗河与白尼罗河交汇处）；（d）河口（意大利威尼斯潟湖的波河河口）

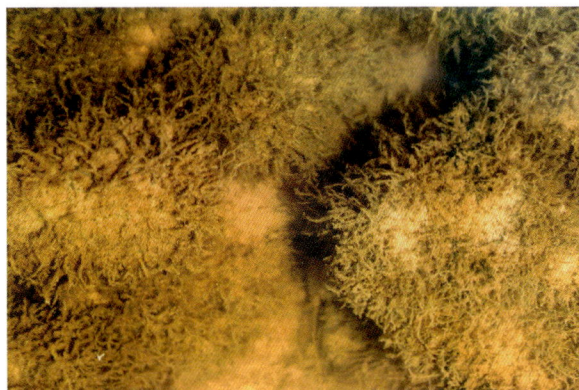

（a）

（b）

（c）

（d）

图 8.7　水生植物

（a）圆石上的苔藓；（b）眼子菜；（c）浮萍；（d）芦苇

（a）

（b）

图 8.8　稳定性不同的河道

（a）长江流域上游色曲河；（b）长江流域上游大白河

(a)

(b)

图 8.14　自然应力:高含沙量对水生生物群落施加了强应力

(a)台湾具有高含沙量的一条溪流;(b)台湾东海岸高含沙的浑浊海水

图 8.27　大渡河支流宝兴河因引水而断流

(a)

(b)

图 8.28　牲畜放牧对生态正反两方面的影响

（a）青藏高原的阿克河因畜牧业发展而增加的生态压力；（b）牛粪提供了草原的主要营养

(a)

(b)

(c)

(d)

图 8.32　引入我国的几种外来植物

（a）长江口生长的互花米草；（b）生长在云南省的紫茎泽兰；（c）北京一处污染河流中的凤眼
莲迅速蔓延；（d）东北生长的豚草

图 8.44　九寨沟类似于绿树水库的湿地

图 8.45　黄河中游沙漠上的绿化工程

（a）

（b）

图 9.2　永定河受污河段（a）和采集到的两类耐污物种——寡毛纲和摇蚊科（b）

蜉蝣目

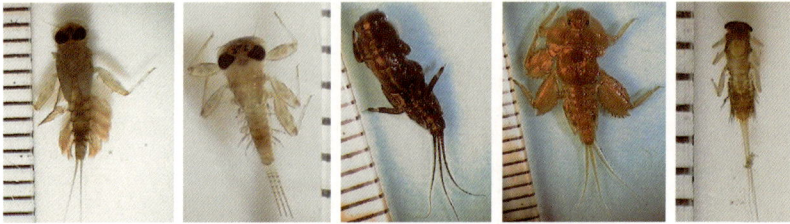

扁蜉科　　　　扁蜉科　　　　小蜉科　　　　小蜉科　　　细裳蜉科

毛翅目

长角石蛾科　　短石蛾科　　纹石蛾科　　原石蛾科　　小石蛾科

图 9.5　稳定型河流中襀翅目和毛翅目的代表性物种

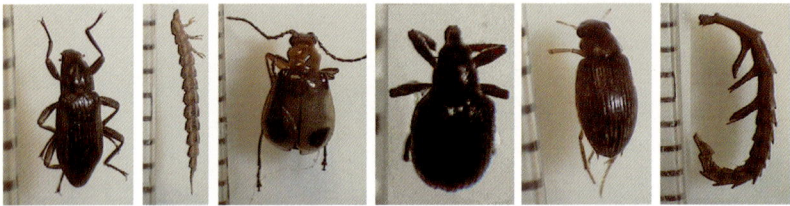

溪泥甲科　　沼梭科　　叶甲科　　象甲科　　水龟甲科　　萤科

图 9.6　采自侵蚀下切型河流中的鞘翅目代表性物种

图 9.8　处于超平衡状态的九寨沟

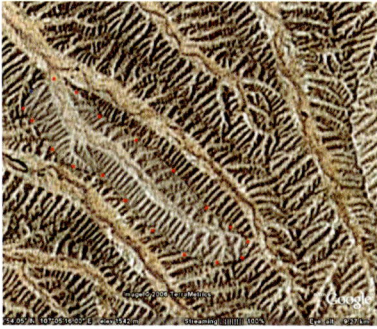 

(a) (b)

图 9.21　黄土高原附近典型羽状河网(a)和东北部典型枝状河网(b)

(a) (b)

图 9.31　不同河床结构的山区河流

(a) 查箐沟($p=9.20\text{kg/ms}, S_p=0.155, g_b=0.0001\text{kg/ms}$)；

(b) 浑水沟($p=10.16\text{kg/ms}, S_p=0.04, g_b=18.9\text{kg/ms}$)

(a) (b)

图 9.41　雅鲁藏布江大峡谷河段和大峡谷下游河段

(a) 雅鲁藏布江大峡谷中巨型阶梯-深潭系统(尼克点④附近)；(b) 雅鲁藏布江大峡谷下游
位于印度的 Brahmaputra 河

（a）

（b）

图 9.53　吊嘎河试验段（2006 年 6 月）（a）和修建的
人工阶梯-深潭系统（2007 年 3 月）（b）

（a）

（b）

图 9.74　20 年林龄的云南松人工林（其中林、灌、草分层明显，样地内有 12 种灌木和 22 种草本植物）（a）和 20 年林龄的银合欢人工林（样地内只有 1 种灌木和 4 种草本植物）（b）